鬼師の世界

高原　隆【著】

あるむ

はじめに

『鬼師の世界』というタイトルに惹かれてこの本を手に取られた方も多いかもしれない。「鬼師とは何ぞや」といった感覚であろう。この感覚ないし反応は一般の日本人として正しい。「鬼」の意味は何となくわかるし、「師」もわかる。しかし、鬼と師が合わさった「鬼」＋「師」、つまり「鬼師」になると「あれっ」といった何か気持ちが少し動揺し、「何、これっ」といった如何《いかが》わしさや、胡散《うさん》臭さ、怪しさ（妖しさ）、恐ろしさ、または怖さのようなものが次々と心の中に立ち上がってくる。鬼の師、鬼の師匠とは何ぞや。踊りの師匠、お花の師匠、書道の師匠なら納得がいくが、「鬼」の師となると前代未聞。とても受け入れ難い。

面白いのはこの鬼の師匠は現実にいるし、そのうえ具体的な「師」を名乗っている。鬼「仙」、鬼「源」、鬼「作」、鬼「萬」、鬼「吉」、鬼「長」、鬼「百」、鬼「亮」等《など》など。事実、昔、実際にあった話だが、電車の中で「おーい、鬼仲さーん」と本人から少し離れたところから呼び掛けられ、自分のこととすぐ分かりはしたものの、振り向くと、その呼びかけと同時にそれを聞いたその車両に乗っていたほかの乗客が一斉に「オニナカ」と呼ばれた人物に振り返り、その怪しみを抱《いだ》いた視線の集中砲火を浴び、反対に動顛《どうてん》した人もいる。「鬼……何とかという人はいったい誰だ」といった咄嗟《とっさ》の反応なのである。その後、その人はショックで実際に「鬼」を外した別の呼び名に変更している。

つまり、この話からも分かるように「鬼師」とは日本社会ではきわめて特殊とはいえ、一般名なのである。ちなみに辞書には「鬼師」は出て来ない。たとえば『大辞泉』（一九九五：三八六〜三八八）には「鬼」の項から始まって、鬼薊《あざみ》、鬼遊び、鬼板、鬼打ち、……と続き、「鬼し」にたどり着く。しかし、これは「鬼師」のことではなく、「《「おに」の形容詞化》鬼のように荒々しく残酷であるさま」とある。ただ響き合うものがそれとなくある感じはするが……。このあと、鬼縛、鬼千匹、鬼蘇鉄、鬼太鼓……と鬼の付く言葉が次々と連なり、最期の項、「鬼渡し」までほぼB5判にして二ページにわたって鬼の語句が記述されている。数えてみると、「鬼」だけの項も含めて七六項目の鬼が並べられているが、「鬼師」は無い。この事は文字通り日本社会一般に「鬼師」は存在していないことを意味している。またそれゆえに人々は「鬼師」を見たり、耳にしたりすると、びっくりするのである。未知との遭遇といえよう。

この本は社会にはいまだ存在しない、認知さえされていない人々について書かれている。もちろん筆者である私自身が知らなかった。しかし、「鬼師」に出会う前にすでに日本各地にある焼き物の産地（たとえば瀬戸焼、萩焼、有田焼など）で陶磁器の置物を作っている人々を探求していた。いずれは「陶彫の世界」を書こうと考えていた頃である。そして今から一八年前の一九九八年に奈良を訪れた時、屋根の上にある置物を見つけたのが事の始まりであった。「家の中に置く」置物と「家の外に置く」置物が出会い、その不思議さになぜか引き込まれたのである。置物は家の中（内部）と思い込んでいたので、建物の外部に置く置物でしかも焼き物であることに驚きと新鮮さがほぼ同時に体を駆け巡ったのを今でも強烈に覚えている。屋根の上の置物は一般に「鬼瓦」といわれている。それを作る人々を「鬼師」と呼ぶ。ただ呼び名は時代や地域によっても変わる。瓦師、鬼板師、鬼寄り、そして時にはバンクモノ（晩苦者）などともいわれる。

興味深いことがある。「鬼師」と「鬼瓦」の関係が陰と陽であることである。「鬼師」は知らないが、「鬼瓦」は知っている。辞書がその事実を明白に物語っている。『鬼師の世界』は筆者が一九九八年から二〇一七年前半までちょうど一八年の歳月をかけて直接現地に赴き調査した成果である。「鬼瓦」についての研究は数多《あまた》あり、そして事実、参考にもさせてもらった。ところが、「鬼瓦」の陰をなす「鬼師」についての本格的な研究はなかった。「鬼瓦」を陰《かげ》で作り続けている「鬼師の世界」を知ることで、陽の世界をなす鬼瓦についてより明瞭な理解が深まることになる。またなぜ「鬼瓦」が陽なのか、そしてその意味についても考えることが可能になってくる。

数々の鬼師と出会った。そして数々の鬼師が作った鬼瓦と出会った。これら鬼師と鬼瓦の限りない出会いを通して見えなかったものが見えてきた。『鬼師の世界』を読み通すには強い意志が必要である。ただ、通り抜けた暁には私が知る鬼師の世界が姿を顕わすはずである。ただし、志半ばで挫《くじ》けた人は『鬼師の世界』の簡易版である『鬼板師　日本の景観を創る人々』を読んでもらえればよい。また完読された方も簡易版を続けて読めばさらに理解が深まるはずである。知り合えたたくさんの鬼師の方々、会えることはなかったが鬼瓦を昔から今に残されて逝かれた鬼師の方々に一言ここに感謝の意を表したい。鬼師と鬼瓦がちょうどコインの裏表のように思えるようになったこの頃である。

平成二九年一〇月　高原　隆

目次

参　黒地から白地へ

四　鬼瓦白地

五　鬼瓦文化と土管文化の共生

揮毫／画　梶川亮治

鬼師の世界

三州鬼師の系譜（★はバンクモノ）

⑴ 名もない瓦職人　江戸時代

⑵ 永坂杢兵衛（系）　江戸後期～昭和前期 [1790年～1944年]　代々永坂杢兵衛襲名（初代～10代）

⑶ 山本吉兵衛系　明治時代（明治７年頃）～現代 [1874]

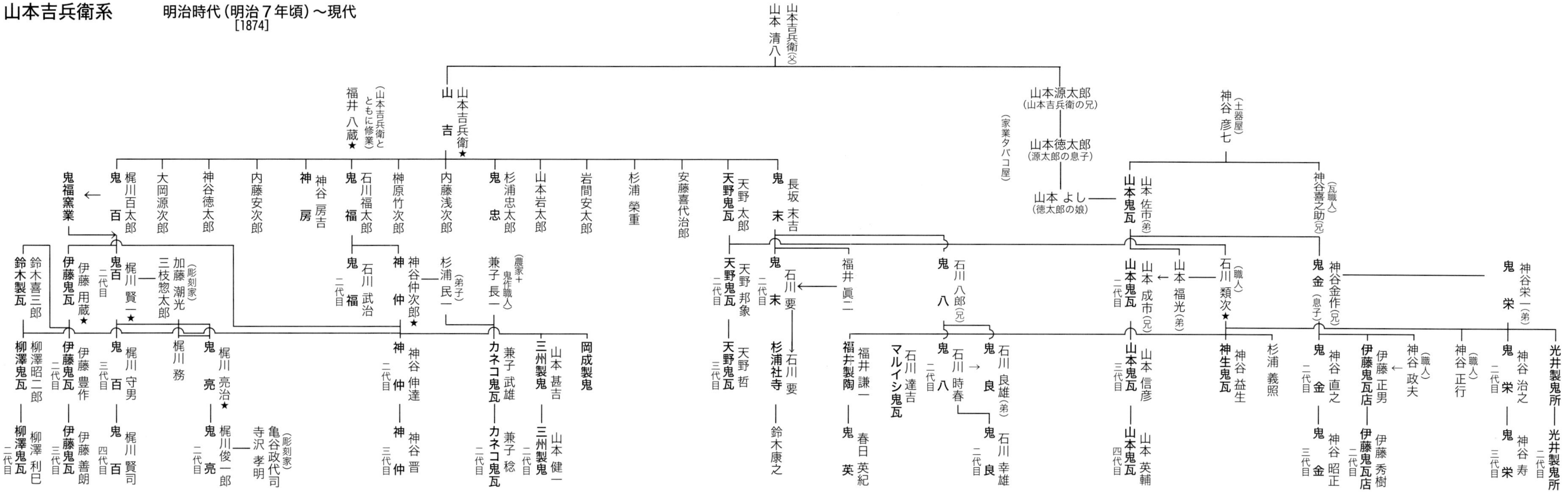

⑷ 岩月仙太郎系　明治時代末期（明治43年頃）～現代 [1910]

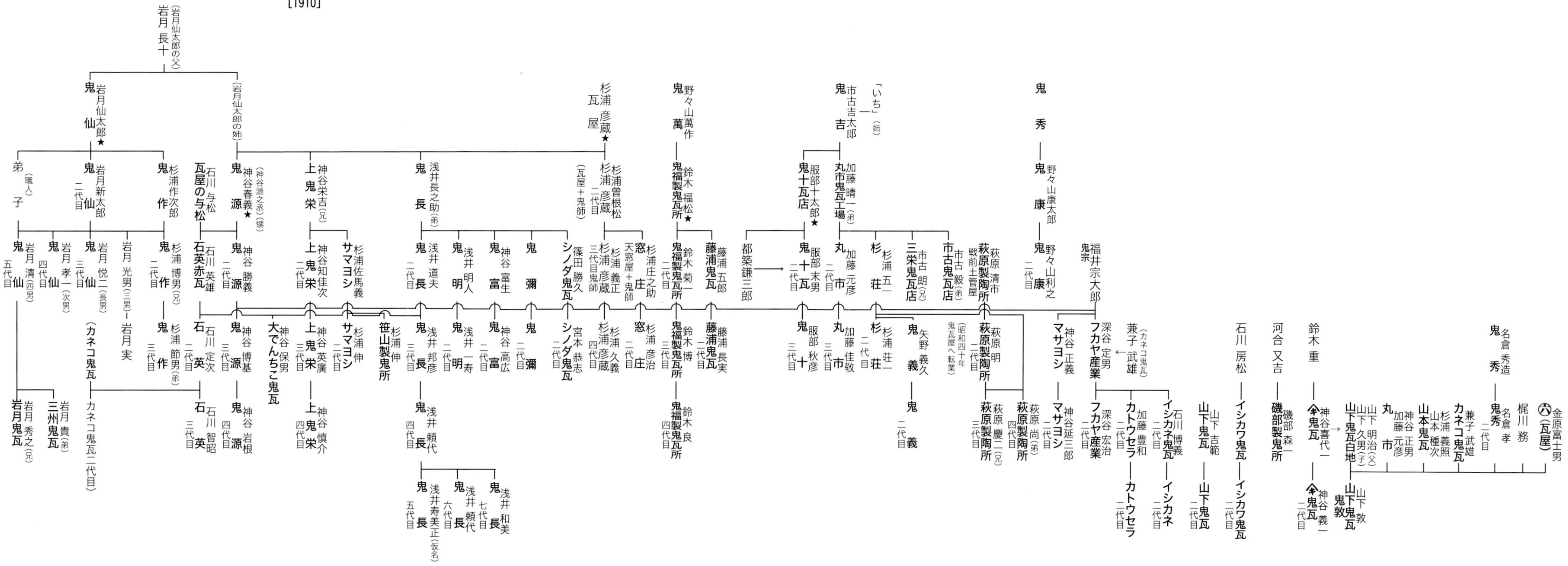

壱　三州鬼瓦

［序］三州鬼瓦の伝統と変遷

この「鬼師の世界」への旅立ちは、はっきりとしたきっかけがあり、その日時さえもわかっている。愛知大学国際コミュニケーション学部が一九九八年六月六日に新学部として開設記念講演会を行っているが、その時に特別講演者として呼ばれた人が米国インディアナ大学フォークロア研究所のヘンリー・グラッシー教授であった。私はその時直接全てにわたる世話係兼通訳を担当しており、その当日「二一世紀におけるコミュニケーション」の講演と別室での質疑応答及びレセプションが終わるとすぐにヘンリーと彼の家族キャッシー（妻）とエレン（娘）、そして私の四人でＪＲ豊橋駅から新幹線で京都へ、そして近鉄奈良線に乗り継ぎヘンリーたちの希望していた古都奈良へと小旅行をしたのである。その翌日、法隆寺へ行った時、そのあたりの民家の軒が異様に低く、我々の目線が自然に屋根へと届くのに気づいた。

その当時、すでにヘンリーと私は二人で共同プロジェクトを組んでおり日本各地の焼き物の産地を訪ねては、その地に息づく伝統的手法による、特に「置物の世界」を追っていた。別名「陶彫」と呼ばれている。この陶彫は焼き物の世界では末端に辛うじてその身を置いているというのが実情であり、本流の「器の世界」とははっきりと一線が引かれている。ところがそのようにか細い傍流とはいえ必ずその各地にこういった陶彫の伝統があることも事実であり、そこに我々は興味を示し、その伝統の深さと技と美に惹かれたのである（図1、図2）。そして置物といえば、「布袋様」、「恵比須様」、「大黒様」、「鍾馗様」など一般的な姿が浮かんで来るのであるが、実際は土地土地の焼き物の特徴を体現して家々の玄関や床の間などに鎮座している。ところが、なんとふっと目に飛び込んできたのが屋根にたたずむ黒い姿の「弁天様」だったのである（図3）。「あれっ」と思い、他の屋根にも目を凝らしてみると、「お福さん」や「鍾馗さん」なども目に映ってきた。普段はなかなか目が届かない屋根の上に何か知らない世界が潜んでいることに気がついた一瞬であった。後はその気づきを確認する作業を自動的にしていた。「あっ！　ここにも」「あっ！　あそこにも」といった具合である。そういった中に、何やら怖い形相をした鬼の姿も目に止まり始め、「これは何か在るな」と確信のようなものを心に抱いて、翌々日に奈良を後にした（図4）。その時の予感は「屋根瓦と密接な関係を持つ、知られざる陶彫の世界」とでもいったものでで様々な色彩を持つ各地にある焼き物の陶彫の世界とは対照的に、モノ

図１　瀬戸焼　達磨大師（瀬戸市　増田重幸作）

図２　萩焼　布袋（小野田市　檜垣八郎作）

図３　屋根の上の弁天様（奈良市）

クロのまだ目に見えない「屋根の陶彫の世界」がどこかにあり、それを製作する人々が今も必ず活躍しているはずだと思い込み始めた。京都でヘンリー一家と別れ、豊橋に戻るや早速、瀬戸市で独特な陶彫の世界を作り上げている加藤進さんに私自身の考えを話し、何か心当たりはないか訊ねてみた。加藤さんは少し考えてすぐに「直接は知らんけど、高浜は瓦の産地だで、高浜市役所にでも電話されてみやあ」と返事をされた。

愛知県矢作川《やはぎ》の中流域にはトヨタ自動車の本拠地のある豊田市がある。そこへ流れ込む支流の源に猿投《さなげ》神社そして背後には猿投山がなだらかな緑の稜線を描きながらそびえており、またそこら一帯は瀬戸焼のふる里でもあり、今でも昔の窯跡が散在しており陶器の破片は簡単に見つかる。焼き物好きにはこたえられない所である。この猿投山の裏側が瀬戸焼で知られる瀬戸市である。一方の高浜市は矢作川の下流域にある瓦のまちであった。そこには矢作川という同じ水の流れに沿って何か繫がりのようなものがあるような気が当初からして仕方なかった。瀬戸焼も高浜の瓦も同じ土物即ち粘土から生まれる。土と水と火と人が織りなすその交流の妙である。

高浜市役所へ電話すると、すぐに返事があり、「それは鬼瓦屋さん

図４　鬼面相をした鬼瓦（奈良市）

のことでしょう」と言われ、「鬼瓦屋さんは、高浜では鬼板師と呼ばれ、その組合があります」とのことだった。そして紹介されたのが当時組合長の上鬼栄《かみおにえい》さん、さらに「もし良ければ」と言って、鬼源さんと鬼亮さんという何やら曰くありげな、そしてどことなく怪しげな響きのする計三人の鬼板師（鬼師）さんへと、文字通り未知の世界へと扉が開いたその瞬間であった。紹介とはいえ、ただ先方から電話番号と名前を教えてもらっただけである。「直接の紹介はできません」と丁重に断られてしまった。その頃は何も知らない「鬼師の世界」が目前に迫ってきていた。

三州と瓦産業

高浜市及びその近郊の町々から製造される瓦は「三州瓦」と呼ばれている。三州とは三河の国の別称であり、現在の愛知県東部を指し、特に三州瓦とは三河地方から産出する粘土で焼いた瓦を一般にいう。その現状は今日では高浜市と碧南市を中心に瓦産業が集中している。まず三州瓦工業協同組二つの瓦産業組合の分布からも明らかである。まず三州瓦工業協同組合にはその当時（一九九八年）六八名の組合員が加入しており、その内訳は高浜五三、碧南六、刈谷六、安城二、半田一となっている。一方、愛知県陶器瓦工業組合は組合員数五一であり、その内訳は高浜二九、碧南一四、半田四、刈谷一、大府一、豊田一、岡崎一となっている。この事は逆に高浜市、碧南市を中心とした近郊諸都市への瓦産業（組合員）の広がりが見え、なぜ高浜市を中心として生産される瓦が「三州瓦」といわれるのかの実態及びその理由を示しているのである。

地理的には矢作川下流域の衣浦湾一帯で製造されている瓦を三州瓦と

いってもいいだろう。瓦産業が特に集中している高浜市と碧南市へは何度となく足を運んだが、大量の瓦を焼く町のイメージとしての窯と煙突は現在ではほとんど姿を消しており、町の中に散在する工場の中に窯と煙突は入り、一般の人の目には見えなくなっている。あえて瓦の町を彷彿させる光景はといえば、工場の側にある広場に整然と平積みされてビニールシートで覆われている多数の瓦の群塊であろう。煙突から出る黒煙に代わり、瓦の原材料やできあがった瓦を運ぶトラックの撒き散らす粉塵が、この町に瓦産業があることを如実に教えてくれる。平成六年通産省「工業統計表」によると三州粘土瓦は高浜、碧南、刈谷などを中心に生産されており、全国生産量の約四五％（年生産枚数は約七億一千万枚）、金額にしておよそ七四〇億円の生産をあげている全国一の瓦の生産地である。また平成一〇年においては、全国生産量の約五一・九％（年生産枚数は約六億四千万枚）、金額にして約六四一億円になっていて三州瓦生産の変化の様をわずかながら示している。ちなみに全国第二の瓦の生産地は島根県の石州瓦であり、全国生産量の約一七％をシェアしている。さて三州瓦生産の中心にある高浜市は平成一二年において人口三万八一二七人、隣接する碧南市は人口六万七八一四人、愛知県名古屋市から四〇㎞圏内に入り、碧海台地と矢作川沖積地からなる平坦な地にある。

ここで三州瓦の歴史について少しふれておきたい。これについては駒井鋼之助（一九六〇、一九六三、一九六六）が詳細に調べている。まずどのように三河の地に現在のような瓦の技術が伝わってきたかについての推測である。それは古く奈良・平安時代へと遡る。その時代に三河に七ヶ寺が造られ、その廃寺跡から当時の古瓦が多数出土していることである。この事から瓦の技術が寺院の建立と共に伝わり、三河地方に土着化した可能性が考えられる。また鎌倉時代に入ると、渥美半島の伊良湖岬で奈良の東大寺の瓦が焼かれ、建久二年（一一九一）の東大寺再建の際に使われている。ただその三河の瓦の葺かれた東大寺は二度目の兵火によって永禄一〇年（一五六七）に火災に遭い、長い期間をおいて宝永五年（一七〇八）に建て直されている。しかし残念ながらその現在の建物である東大寺には三河の瓦は載っていない。ただこの事からも三河の地に瓦の技術が伝わっていることが十分推測できるのである。

現代の三州瓦に直接歴史上関わってくると思われる話が「三州瓦五百年説」である。この説に基づいて元祖三州瓦の家とされる碧海郡桜井町（現安城市）の岩瀬家には三州瓦元祖の碑が建っている。その説とは岩瀬家一七代目岩瀬善四郎が寛正元年（一四六〇）室町時代に瓦製造を始めた事を指す。碑それ自体は昭和四年（一九二九）に当家三七代目の善太郎によって建てられている。この説について疑義を唱えたのが駒井（一九六六）であった。理由は主に三点あり、⑴岩瀬家は武家であった。⑵岩瀬家付近にも近郊の寺々にもその時代を示す証拠としての布目瓦が見つかっていない。⑶当時（戦乱時代）の田舎では瓦の製造販売を必要とする需要があるはずもなく、瓦の営業は成り立たない。以上の理由から駒井は従来の通説を退けて江戸時代に入ってから岩瀬家は瓦師を始めたのではと推測している。

瓦はもともと寺院の専用物として使用されて来たわけであるが、一六世紀後半の桃山時代になると築城が盛んになり瓦の需要が増大する。三河にも豊橋の吉田城、岡崎城、西尾城、刈谷城、安祥城（安城）などが築城されている。これをもって三河の地に瓦の技術が大きな第二波として伝わり、再土着化またはそれまでに土着していた瓦技術の活性化を促したと考えられる。このように瓦の技術的な基盤は長い年月をかけて主に寺院と城の建築と補修工事に触発されて土地の伝統技術として少しずつ広まっていったように思われる。

さらに技術と同時にそれを生かす原材料としての瓦に適した多量の粘土が矢作川下流域から衣浦湾一帯にかけて出ることが三州瓦を育んできた文字通りの土壌になっていることは明らかであろう。

そして三州瓦を発展させる経済的または政治的な要因が瓦の技術の蓄積に有機的に繋がっていることも見逃せない。それが江戸時代、江戸での瓦の需要を賄ったのが幕府直轄地であった三河の三州瓦であったことである。この江戸と三河を結ぶ物資の海上輸送の出現が矢作川下流域及び衣浦湾に面する地域に瓦産業を生み出す決め手となった。当時の大量輸送手段は船であった。そしてこの船便はなんと第二次大戦近くまで続き、貨車に代わるのである。

以上「三州瓦」がどのように三河の地に育まれてきたのかを概観してみたが、いきなりこの地方に誕生したわけでも、また他の地方から突然移植されたわけでもない。三河の地方特有の風土、長い歴史、経済、政治、宗教などの諸条件が土地の人々との生活と深く関わり合いながら三河という土地独特な伝統産業としてゆっくりと成長してきたようである。また矢作川はその中流域に発達している瀬戸焼の原料となる猿投山の良質の粘土などを長い年月をかけて下流域にもたらし、この地域に土物の技術の基盤を築き上げたのみならず、土物を受け入れ伝える広い文化的な基盤が土地の人々の間に形成されたのではないかと思われる。当然のことながら瓦の技術と焼き物の技術、いわゆる土物一般の技術と知識において、人の交流は矢作川を媒介に古くからあったと考えるべきであろう。焼き物の産地での瓦への応用で有名な例は国宝でもある岡山の閑谷《しずたに》学校である。備前焼の瓦が使用されており、瓦と焼き物との親近性を示す良い例といえる。閑谷学校の例は焼き物の世界が瓦の世界へと関係した例だが、逆の例も存在する。それが山口県萩市の阿川典夫さんのケースである。阿川さんは家がもともと瓦屋であり、本人も実際瓦を作って焼いておられた。床下にあった鬼瓦を見せながら、「昔、鬼師が鬼瓦を作りにここに来ちょった」とも言っていた。ところが阿川さんは瓦を焼きながら地元の焼き物、萩焼に興味を示し現在は瓦屋を廃業し、独立した萩焼の「天正山窯」を持ち通常の茶器のみならず陶彫の世界を独自に切り開いている。以上のことから「矢作川粘土文化圏」とでもいえるものが遙か縄文時代にも遡る太古から存在し、この地への仏教の伝播と共に瓦の技術がこの「矢作川粘土文化圏」の中に取り込まれ、その新しい枝葉として成長し、この地方特有の「三州瓦」なるものが生まれたと言ってもいいのかもしれない。

瓦と鬼瓦

瓦

瓦とは屋根葺きの材料であり、屋根といえば「瓦」と連想するのが現代では自然な感じがするがそれは一つの思い込みに過ぎない面もあり、事実多様な材料が屋根を覆う素材として使われている。銅板、トタン、アルミ、ガルバリウム、プラスチック、スレート、板石、セメントなどである（図5）。ではもともと伝統的には屋根素材は瓦だったのが、現代的な変化として新しい素材が急に登場したのかといえば、意外にそうではなく、瓦葺きのみでなく、藁葺き、板葺き、柿《こけら》

図5　カラーベスト（ブルー）の屋根（豊橋市岩田町）

図6　和瓦の屋根（豊橋市岩田町）

図7　本瓦葺き（奈良市興福寺）

図8　桟瓦葺き（豊橋市岩田町）

葺き、茅葺き、檜皮《ひわだ》葺き、杉皮葺きなど階層、用途、風土、伝統、時代などに応じて様々に昔から変化して来ているのである。こういった様々な素材からなる現代の屋根ではあるが、その中でも独特な伝統と美を育んできたのが「粘土瓦」つまり一般にいう「瓦」である（図6）。

今日でこそ屋根の一般的なイメージは瓦葺き屋根を持つ日本家屋の風景として定着している。一時期鉄筋コンクリート造りの家には屋根らしい屋根がなく、四角い箱形の建物が多かったが、それさえも瓦葺きの屋根が一部定着し始めた観がある。ところがこの瓦葺き屋根としての日本のイメージは思いのほか新しく、江戸時代、八代将軍徳川吉宗によって享保五年（一七二〇）、度重なる大火が原因で江戸の民家に瓦葺き奨励の布告が出され、一般町民にも普及し始めたものである。全国に普及するのは明治時代になってからであり、それも都市部から広がっていったもので、決して古くからあった日本の一般的な光景ではない。しかも一七二〇年以来ゆっくりと一般民家に広がっていった瓦は、その布告以前にあった瓦とは基本的に違う日本独自の型を持つ瓦であった。その名称を「桟瓦《さんがわら》」といい、現代では一般に「和瓦」と言われている。桟瓦の発明は延宝二年（一六七四）に近江三井寺の瓦工、西村半兵衛によってなされ、事実上、日本に瓦屋根をもたらし、現代日本の風景の基盤を築いたのであった。現代日本文化のある意味で知られざる父的存在である。ところが逆に今日では、瓦屋根の存在はあまりにも日常的な風景として空気のように毎日の生活にとけ込んでおり、人々の意識の上にのぼることは少なくなってきている。

では桟瓦以前の瓦はいったい何だったのかと言えば、平瓦と丸瓦を組み合わせた「本瓦葺き」という屋根が日本の瓦屋根であったのである。これに対して現代の一般民家に広がっている瓦屋根を「桟瓦葺き」という。当時、一般民家は草葺きか板葺きがほとんどで、瓦葺きは基本的に寺社や城郭に限られており、瓦が伝来したと言われる五八八年以来約千年あまりそういった状態が続いたのである。言い換えれば、その約千年もの長い間、異国の宗教である仏教寺院の屋根を覆っていた瓦のスタイルは異国の中国式だったのである[1]。それ故、いかに日本の屋根及び全体的な日本の風景が桟瓦の出現以降変化したかが想像できると思う。それも事実上の変化は明治以降、本格的に一般民家に桟瓦が広まってからのことである。瓦の日本における長い歴史の中で、いわば日本の屋根はほんのつい最近になってようやく実質上の日本化を遂げたと言えよう。一方、本瓦葺きの屋根は現代でも日常生活の中で見ることは可能である。一般にお寺の屋根は本瓦葺きが多く、基本的な屋根のスタイルになっている。お寺に行くと何か日常の光景に比べて一種独特な違和感や雰囲気を覚えるのは、本瓦葺きの屋根に負うところが大きい。本瓦葺きの屋根は重厚であり、事実その伝統の重さを感じさせる。そして本質的に本瓦葺きは異国中国式瓦であり、そういった違和感はある意味で日本人として自然な感情であろう（図7）。桟瓦葺きの屋根は本瓦葺きの屋根と直接比べるとやはり軽く浅い感じがするのは否定できない。あっさりとしていると言ってもいいかもしれない。それが屋根瓦の世界の日本なのである（図8）。つまり日本の屋根は長い年月をかけて文化変容をしてきたといえよう。

鬼瓦

屋根の上の瓦を見上げると、いろいろな種類の瓦があることに気がつく。日本では瓦は大きく和瓦と洋瓦に分かれ、和瓦が本瓦葺きと桟瓦葺きに分かれる。洋瓦はS型、スパニッシュ型、フランス型に分かれる。さらに製法上からこれらの瓦は大きく「いぶし瓦」、「塩焼き瓦」、「釉薬瓦」、「無釉薬瓦」の四つに分かれる。そしてこれらの組み合わせによって多種多様な形状・色彩の瓦屋根が登場することになる。このような瓦が屋根の大部分を被うわけだが、屋根の隅や端にあたる様々な場所は、装飾を兼ねた「役瓦」といわれる特殊な形状の瓦が使われている。私とヘンリー一家で奈良へ行った際に気がついた屋根の上の風変わりな瓦がそういった役瓦の一部だったわけである。そして建物の中で一番高い場所を「棟《むね》」といい、その端を飾る瓦を屋根の「棟飾瓦」といい、一般には「鬼瓦」と呼ばれている。

「鬼瓦」という名称から「鬼」の形をした瓦を想像したくなるが、現在の日本の屋根に載っている「鬼瓦」は本来の鬼の形から逸脱し、多様な形をした鬼瓦が各家々の屋根に使われている。それ故この伝統的な名称に疑義を唱える人々もいる。駒井鋼之助（一九六八）はその代表格の一人である。駒井の挙げている別の名称として、藤沢一夫「棟端飾板」、木村捷三郎「棟端飾瓦」、駒井「大棟飾瓦」としている。こういった考えが出るのはもっともであるが、要は見方の問題であろう。鬼瓦の機能に目を向ければ、駒井の言わんとすることが良くわかる。一方、現代の鬼瓦が鬼面を持つもともとの「鬼瓦」から由来してきたものと解釈すれば「鬼瓦」の謂われが良くわかるし、今日に至るまでの変化の様も一目瞭然となる。機能にこだわると歴史的な意味合いが消えてしまうことになる。

奈良市に在住の「瓦博士」の異名を持つ、小林章男氏（大正一〇年～平成二二年）は鬼瓦を含めて建物の棟端を飾る意味を次のように述べている。

「住居の一番高い処、それは棟で、日本人は古くからずっと、天に最も近い処に神様は天降ると信じ、高い頂き、すなわち高山の頂上であり、神代木《じんだいぼく》の梢であったり、低くても岩山の岩角にでも突出したところに神は降臨されると信じて礼拝してきた」（小林 一九八五：一）

「日本人の心は棟を、特に棟端を神の降臨される処として飾り、祝い、崇め、祈って願い事まで掛けるほどであった」（同上）

この小林の指摘は日本人の民間信仰や神の道の考え方を表しているが、仏教の伝来と共に日本へ伝えられた瓦の技術（五八八年）をもとに、なぜ棟端飾り瓦が「鬼瓦」として特異な発展を日本で遂げたかの核心部分を説明しているように思える。

鬼瓦のことに関しては小林の右に出るものは現在のところなく、小林の長年の実地研究に基づく鬼瓦の豊富な成果を参照することなしには鬼瓦について語ることは困難である。生前には、小林は瓦宇工業所という瓦工場を近鉄奈良駅から歩いて一〇分足らずの処に持ち、その会社の二階に小林の文献に出てくる鬼瓦の実物が整然と所狭しと並んでいた。それは文字通り博物館の体を成しており、その「鬼瓦」コレクションは国宝級といっても言い過ぎではない。世界でそこにしかないものを小林は自分の手元に置いていたのである[2]。

その小林によると、日本へ瓦が伝えられた西暦五八八年頃に当時の朝鮮半島にあった新羅・高句麗には人獣面相の瓦ができていたが、日本へ伝来したのは百済の蓮華文様であった。さらにその飛鳥時代から鎌倉時代の終わり頃までの約六百年間は棟端を飾る瓦として「吻《ふん》」と呼ばれ、招福の神として使われてきたという。製法は木型に粘土を押し込んで型取りする作り方であった。それが突然、急に、「鬼」、「オニ」、「鬼瓦」と変化し、「オニ」と銘《しる》された棟端飾瓦が貞治二年（一三六三）に出現した。招福神の「吻」が鬼化し、想像で創られた角を付けた鬼面相へと変化したのである（小林 一九九八、二〇〇一）。「鬼瓦」の誕生であり、棟端飾瓦の日本化が起こったのである。レリーフ式で平板で型押しから成形されていた「吻」が手作り鬼へと工法が変わり立体化していったのだ。「桟瓦」誕生に先立つこと三一一年前のことであった（図9）。

図9　鬼瓦（東京都浅草寺　異文化江戸東京物語展　1999年）

図10　鬼面相を持たない鬼瓦 (1)（豊橋市岩田町）

図11　鬼面相を持たない鬼瓦 (2)（豊橋市岩田町）

ところが、この「日本式」鬼瓦よりも後から生まれた日本式桟瓦が実質的に鬼瓦の流れを再度変えるのである。桟瓦は「本瓦の普及版」とでもいうもので当然の事ながら寺院から民家へと瓦葺きを普及させていったのであるが、当初はこれまで通りの鬼瓦がそのまま使用されていたのである。ところがその鬼瓦が隣近所互いに睨み合うので相互に鬼瓦を嫌い始め、鬼らしくない鬼、つまり鬼瓦の変容が民衆レベルから起きていったのである。鬼瓦の第二次日本化といってもいいかと思う（図10、図11）。そしてもともとの鬼面相をした「鬼瓦」は桟瓦のもとの瓦である本瓦が現在主に寺院に残っているように、いわゆる鬼

図12　小林章男と鬼瓦（奈良市 三人展　2000年６月11日）

の相をした鬼瓦が今も寺院の屋根に載り棟端から睨みを利かしているのである。

鬼師と鬼瓦

小林によると「……鬼面の瓦に二本の角を生やし、頭を前に出し、屋根の上からじーっと睨み出す鬼面瓦を生んでくれたのが瓦大工『橘の寿王三郎吉重』なのです」（小林 一九八二：八）。ここに初めて登場する瓦大工吉重こそが現在の「鬼瓦」を完成させた人物ということになる。無名の鬼師はそれまでにも多数いたと思われるが、歴史上名前が実名で鬼瓦と共に残っている今でいう「鬼師第一号」である。三州では昔から鬼師のことを「鬼板師」といって伝統的な鬼瓦を作る特殊技能を持った人々を指す。他でもない「瓦博士」こと小林章男氏は「鬼師」として文化庁より国の選定保存技術保持者として昭和六三年に任命されている。日本の文化財保存のため日夜努力していたのが小林の真の姿で、鬼瓦の世界の「生きた人間国宝」であった（図12）。

ところで三州瓦地区は瓦業界の分業化が進み、鬼瓦業者は事実上専門化して、鬼板屋として独立しているのが特徴である。その三州鬼瓦の起源であるが、これまで追っていった「三州瓦」と同様にはっきりと同定することは現在のところ困難である。ただ瓦の技術の伝播と三州への土着化及び三州が長い年月をかけて培ってきた「矢作川粘土文化圏」の存在を考えると、三州鬼瓦の起源は思いのほか古いように思える。なぜなら寺院や築城の際使われる本瓦葺きは平瓦と丸瓦からなる本瓦だけでは十分でなく、やはり役瓦が要所要所に必要となり、鬼瓦は棟を飾る重要な役割を担っていたからである。しかも日本式鬼瓦

図13　「三州鬼瓦工芸品」指定のために特別出品された狛犬（経済産業省別館２階231会議室　2017年９月５日）

の技術は日本式桟瓦が登場する約三百年も前の一三六三年に現れており、三州鬼瓦は記録にこそ残っていないが、現在の記録から推測される起源よりかなり古いと思われる。一方、鬼瓦産業としての「三州瓦」はやはり享保五年（一七二〇）の徳川吉宗による民家への瓦葺き奨励の後、地場産業として本格的に栄え始めたものと思われる。鬼瓦は通常の瓦とセットではじめて屋根の用を成すものであるから、「三州瓦」の勃興と共に、鬼瓦の世界も活気づいたものと思われる。この享保五年の民家への瓦葺き奨励政策は「瓦葺き禁止令の解禁」を意味しており、さらにこの事件とよく符合する記録が高浜市春日神社に奉納され、現在高浜市かわら美術館三階の展示室に置いてある「享保八年、三州高浜村瓦屋甚六……」と刻み込まれている瓦焼きの狛犬一対である（図13）。享保八年と享保五年との間に三年の差があるが「鬼師十年」と言われるように一朝一夕に完成できる技術ではなく、また「瓦葺き禁止令」が意味する社会的背景はもともとあった瓦葺きの需要を時の権力者が自分の都合で勝手に操作していたに過ぎず、これら二つの事例から「三州瓦」の基本的技術とそれを担う人々は享保五年以前からすでに存在し、活躍していたと考えられる。もっともそれが桟瓦の発明の年である延宝二年（一六七四）をさらに遡り、本瓦葺きが主流であった時代の鬼瓦作りへと続いているのかは現在のところは判断の材料を持ち合わせていないが、可能性としては十分考えられると思う。

さて江戸時代享保五年の民家への瓦葺き奨励は江戸の瓦葺きの需要を押し上げ、徳川家と深い繋がりのある三州は、その主要な供給先となり瓦産業を成立させた。興味深い事実は三州から江戸へは現物の瓦を海運を利用して大量に送りつつ、同時に三州周辺の各地へ瓦師を送り出していたことである。これによって当時の運送能力で賄えないところを技術者の出稼ぎという形で各地に起こってきた瓦の需要を支えてきたのである。この出稼ぎについて調査している資料が『屋根瓦は変わった――信州の瓦屋と三州の渡り職人』（細井　一九九八）である。その中に最も早い出稼ぎの例の証明を見ることができる。天明元年（一七八一）愛知県知多郡常滑村の出身である岩田源兵衛が相浜に来て瓦焼きをしたのが始まりとある『南佐久郡誌』と、佐久市根岸の小松国男氏所蔵の鬼瓦に書かれてある「干時天保六乙未年閏七月中旬造之竈元　相浜瓦屋　源重郎　細工人　岩田氏」とを結びつけ、岩田氏本人かまたはその一族の可能性を示唆しているのである。言い換えると、この事例により三州から信州へ瓦職人が出稼ぎを始めた年の確認が少なくともでき、また瓦職人と鬼師との深い繋がりが同時に見えてくる。また寛政元年（一七八九）には知多郡の瓦師一三名が瓦の株をこれ以上増やさないように願い出ている様を述べ、三州で瓦師として独立できなかった者が新天地を求め、幕末の頃から信州に来るようになったのではと言っている。この三州の瓦職人の中部・関東、果ては新潟まで渡り職人として流れていった様は『高浜市誌資料㈥』に詳しい。明治七年（一八七四）の戸籍簿から抽出した数字で三州高浜村からの瓦出稼ぎ人数は七六人となっており、その中にはかなりの数の鬼師と呼ばれる鬼瓦を作る職人が含まれていたと見てよいだろう。これは異常な数の数字であり、三州高浜村を中心に「三州瓦」が地場産業としてしっかりと根付いている様と「三州瓦」技術の伝播の様子を物語っている。

このように三州鬼師の持つ技術の伝統は古いものであるが、現在の高浜市、碧南市及びその近郊で三河流鬼瓦を今も受け継いでいる鬼師たちの直接の基礎を創ったといわれる元祖は大きく二つの系統に分かれるようである。一つが山本吉兵衛の流れである。『高浜市誌資料㈥』は次のように言う。「吉兵衛は清八の次男で福井八蔵と共に江州在へ明治始めにかけて十年近く出稼ぎをしている。天保一二年発業は清八時代白地作りでもしていたかと想像する」（杉浦茂治編　一九六八：一四）。「現在の高浜の鬼瓦業者は、ほとんど吉兵衛の弟子の筋目であろうし、近在での一鬼板瓦屋の元祖である」（同上）。山本吉兵衛の碑が一五名の弟子たちによって明治四三年一二月に建立され高浜市青木町に現在も建っていることからしても、山本吉兵衛が現在の三州鬼瓦業界へ残した影響力は大きい。現在、はっきりと山本吉兵衛を元祖とする鬼板屋は三派に分かれる。第一群が山本吉兵衛の直弟子、石川福太郎の流れを汲む鬼板屋である。神仲、三州製鬼、カネコ鬼瓦、岡成製鬼の四社がそれに該当する。第二群は山本吉兵衛の直弟子、長坂末吉を祖とする鬼板屋である。鬼末、福井製陶、鬼良の三社がこの流れを汲む。第三群を形成するのが、山本吉兵衛の直弟子、梶川百太郎を祖とする鬼板屋で、鬼百、鬼亮そして梶川務の梶川一族である。

上記の山本吉兵衛を元祖とするグループの他にもう一つ大きな流れが三州鬼瓦の伝統の中に存在する。それが岩月仙太郎と神谷春義のなす鬼師群である。この二人はもともと先に紹介した明治期の出稼ぎ職人で、一緒に技術を磨いたといわれている。つまり鬼瓦技術において同一系列の二人であり、神谷春義が「鬼源」を、岩月仙太郎は「鬼仙」を起こしている。現在の両者の子孫はそれぞれに元祖としての正当性を主張しているが、この二人が山本吉兵衛に対抗する別の鬼板屋の流派を形成した技術的に同根の三州鬼瓦の祖であることは確かである。「鬼源」の流れからは上鬼栄工業、サマヨシ製鬼所、鬼長、鬼明、鬼富、鬼弥、シノダ鬼瓦が現在グループを形成している。一方の「鬼仙」からは石英と鬼作が出ている。

以上で三州鬼瓦の歴史的な現在までに至る展望を描いたことになるが、鬼師と鬼瓦の現状について別の側面から詳述してみたい。三州鬼瓦の世界は「黒地《くろじ》」と「白地《しらじ》」を作る二系統の鬼瓦屋に大別される。「黒地」とは、いぶし銀の瓦（いぶし瓦）を昔から黒地と呼び、窯で焼いた鬼瓦は基本的に黒くなる[3]ことからこの名があり、実際に自らの工場に窯を持ち、完成品の鬼瓦を製作する鬼瓦屋を指す（図14）。「白地」は窯に入れ焼く段階を残すのみになったいわば未完成の鬼瓦や役瓦をいい、水気を含んだ黄灰色の瓦用粘土は各役瓦としての最終成形段階で窯入れ準備完了に至ると乾燥され、白っぽい鬼板となるのである（図15）。そしてこの白い鬼板が窯で千度以上の火で焼成されると黒い和形の伝統的な鬼瓦になる。

なぜ「黒地」と「白地」とを大別するのかといえば、「黒地」の完成品まで作る鬼瓦屋と、「白地」の段階まで作り、それを他の鬼瓦屋なり瓦屋におろす鬼瓦屋の二種類のグループが存在するからである。事実二つの鬼瓦組合が高浜市及び碧南市に存在する。「黒地」の組合を「三州鬼瓦製造組合」といい、平成一四年現在一九社加入している。「白地」の組合は「三州鬼瓦白地製造組合」と称し、二八社から構成されている。この二つの鬼瓦製造組合の存在こそが三州瓦の世界における鬼瓦製造の独立した立場を明白に示している。そしてこれら「黒地」と「白地」の鬼瓦屋さんを一軒一軒訪問し、鬼瓦と鬼師の世界とはいったいどのようなものなのかを実地でフィールドワークを開始したのである。もちろん最初からこの区別がわかっていたわけではなく、実地に行って話を聞きながら少しずつ理解していった。そのうちに「あっ、これは白地屋さんだな」、「あっ、これは黒の鬼屋さんだな」といった感じで判断できるようになってきた。要は窯を持っているかいないかの違いになってくるが、工場の様子や雰囲気からも十分に察することができる。各鬼屋さんによって窯のサイズの大小はあるにしろ、平均一辺が三m前後の銀色箱形の鋼鉄製ガス窯である。また鬼屋さんの経営規模の違いによって窯それ自体の大きさだけでなく、窯の数が変わってくる。焼成され扉を開けた窯の中を何度も見せてもらったことがあるが、「いぶし銀」の瓦とはいえ、やはり全体的な印象は「黒」である。そしてこの窯を持っていない鬼瓦屋さんが「白地屋」ということになる（図16）。

「黒地」と「白地」の区別が事実上、組合の組織さえも分けている重要な基準の一つになってはいるが、実はもう一つ決定的に鬼瓦の世界を識別する境界が存在する。それは作り方に関わる区別であり、最終的な完成品の鬼瓦の質的な違いに関わってくる。その違いは「手作り」であるか、それとも「プレス（機械）」であるかの差であり、一言に差といっても質を決定する窯以上に重要な、文字通り決定的な違いを形成するものである。イメージとしての「手作り」と「プレス（機械）」の区別は「黒地」と「白地」の区別とほぼ重なり合うといっていい。つまり「手作り」と「黒地」が一組であり、「プレス（機械）」と「白地」がもう一つのセットを成すのである。そして、全国からの大量の需要に応じきれない黒地の手作り鬼に対して、プレスによる大量生産でもってその需要に対処するといった基本的産業構造がここに浮かび上がってくる。日常生活の中で屋根に目がいく一般の人は稀だと思うが、現在の一般家屋の屋根に載っている瓦はほとんどプレス製である。例外的に鬼瓦に関しては時折手作りのものを見つけることができるかもしれない。現在（二〇〇二年）全国の瓦製造の約五一・九％を占めている三州瓦は

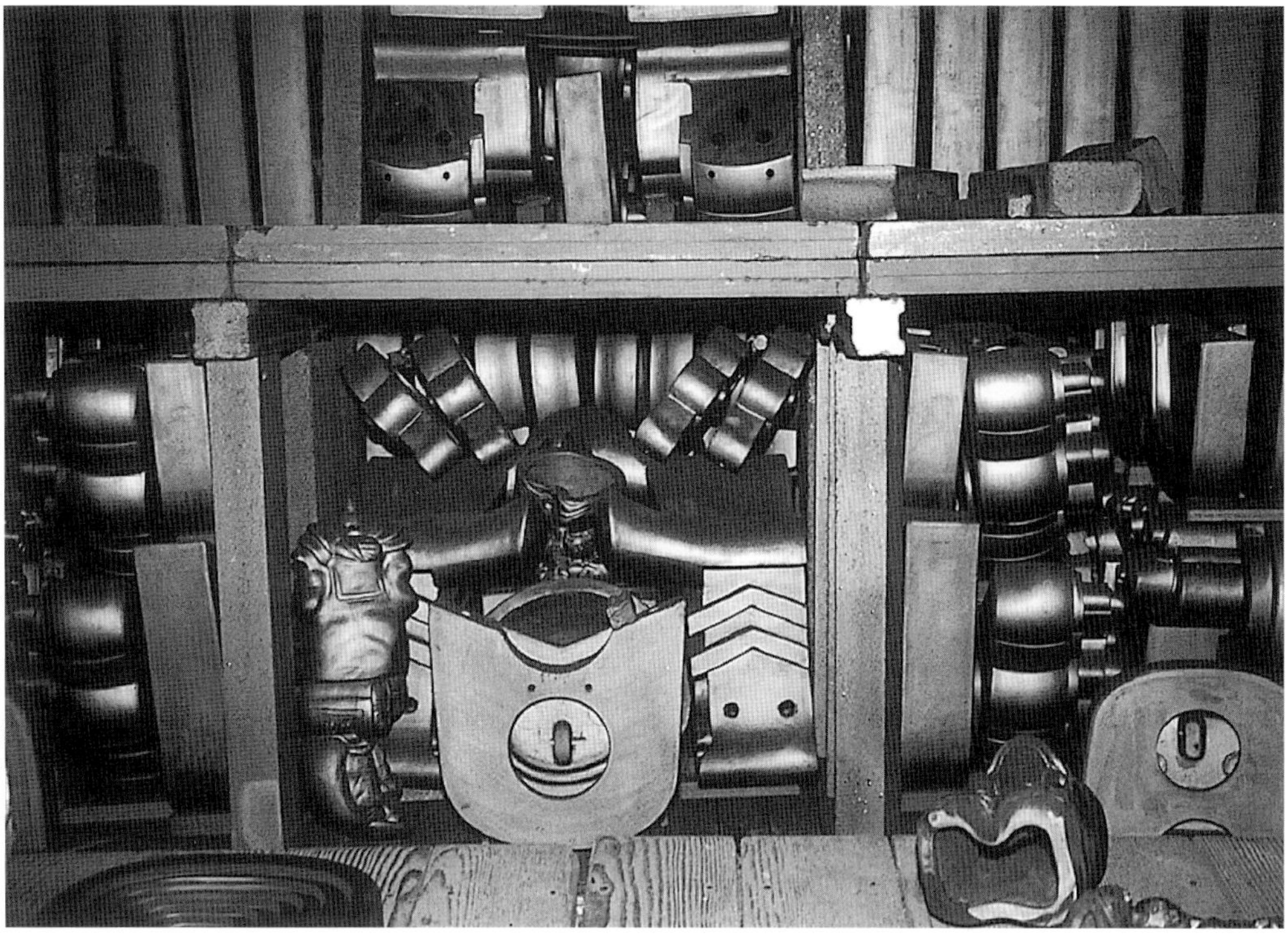

図14　黒地：焼成した窯の扉を開け窯から出す直前（高浜市　鬼十）

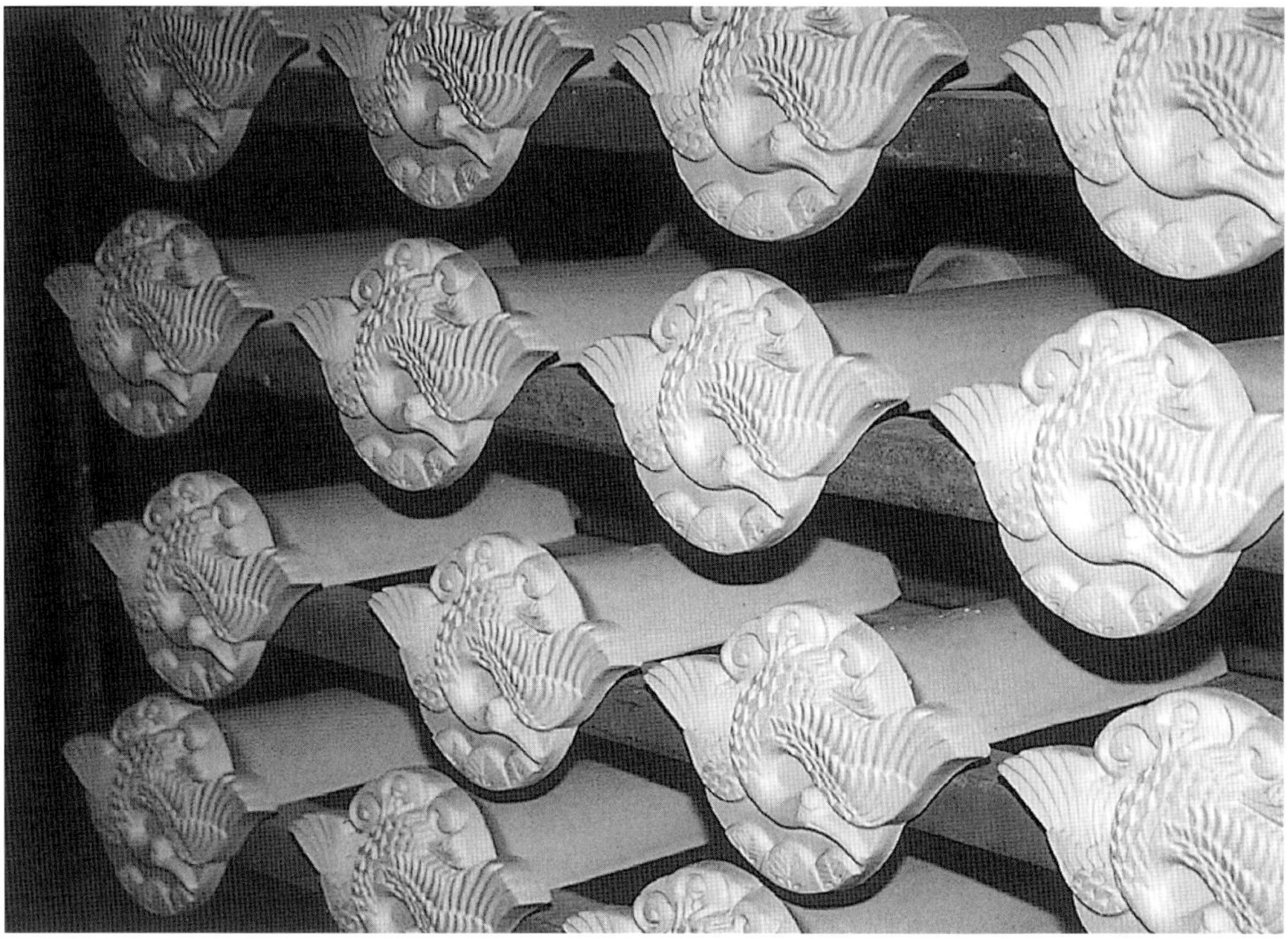

図15　白地：乾燥中の鶴巴群（高浜市　山下鬼瓦白地）

図16　ガス窯（高浜市　鬼十）

必然的に、急増する需要に応じるために急速に機械化を進めていったのである。鬼瓦の世界も例外ではなくこの流れに沿って機械化がほぼ同様に推進されたわけである。その結果が「白地」の誕生であり、「手作り」の伝統的技術を持たない人々の鬼瓦業界への参入、そして彼らによってプレス製鬼瓦が大量に造られ始め、「黒地」に比べ二倍近くの白地屋が存在する現在の状況になったのである。

ところが「黒地」イコール「手作り」、「白地」イコール「プレス（機械）」の構図は一般論としては正しいが、現実は黒地、白地とも多様に変化しているのが実態である。まず気がつくのが黒地組合と白地組合への組合員のダブリである。六社ある。神仲、サマヨシ製鬼所、萩原製陶所、鬼長、福井製陶、柳沢鬼瓦がこれにあたる。なぜかと言えば黒地から白地への乗り入れが一方にあり、白地から黒地への乗り入れが他方にあるからである。言い換えると、伝統的に手作りの「黒地」であった鬼板屋が白地の要であるプレスを導入していった現実が明白な事実として存在する。大量の需要に自ら対処しようと経営方針を転換したケースである。逆に白地の人々が黒地へと転換していったケースもある。つまり窯を導入し自ら焼成し始めたわけである。さらに進めて手作りへの移行をも現実に試みている白地屋さんが何軒かあるのも事実である。ただ全体的な傾向は「手作り」から「プレス（機械）」への移行が大幅に黒地の世界に起こったことと、鬼瓦や瓦にもともと関係のなかった人々の鬼瓦業界への大量参入である。

「白地」と「プレス」の結び付きは特に一般的なイメージとして強いものがあるが、白地の世界にもやはり手作り専門で鬼瓦を製作する人々がある。単純に窯を持っていないだけで、もっぱら手作り鬼を作る人々である。カネコ鬼瓦、シノダ鬼瓦、神生鬼瓦などがそうである。

また白地組合には入っていないのだが白地の手作り鬼を製作し、鬼百の流れを汲む梶川務のような人もいる。

　また現象としては興味深く、そして一般的な傾向として、本来黒地・手作りの鬼瓦屋さんが二代目または三代目になって経営を主に担当するようになり、また先代に代わって社長職に就いている人々の中には、職人としての手作り鬼を目指すことを早い段階から降り、プレスを導入し、営業・経営中心に切り替えたところが何軒もある。これとは反対に現社長は手作り鬼の技術を持たないプレスによる白地鬼生産専門なのだが、息子である第二世代の中に手作り鬼を目指す人々が出て来ている。山下鬼瓦や石英がそういった方向を取ろうとしている。伝統が人を作り、人が伝統を作るダイナミックスが起こっているのである。

鬼師の現在

「鬼師」本来の意味は小林章男のいう「吻」が鬼化した貞治二年（一三六三）以降の橘の寿王三郎吉重に代表される手作りの立体的な鬼瓦を作る職人を伝統的に指す。一人前になるには最低一〇年の歳月を必要とするといわれ、文字通りの手作り職人の世界に生きる人々を意味する。そして現代でもそういった技術は受け継がれ、いくつかの鬼瓦屋の特徴を創り、三州鬼瓦の伝統を基盤から支えている。黒地の組合である三州鬼瓦製造組合の成員は何らかの形で三州鬼瓦の伝統に関わっていると見て差し支えない。日本独自の棟端飾瓦としての鬼瓦は約六五〇年前後の長い歴史を持つ特殊な技術に支えられた独特な職人集団といえる。ところが延宝二年（一六七四）の桟瓦の発明による屋根瓦の大衆化は日本独自の鬼瓦の世界をさらに日本化させ、事実上、屋根瓦の世界に、焼き物の世界でいう陶彫の世界を本格的に導入することになった。焼き物の世界もやはり粘土細工の土物の世界である。鬼瓦以外の役瓦の中、特に隅蓋瓦にその傾向が濃厚である。隅蓋または留蓋といわれる役瓦は小林（二〇〇一）によると、室町時代（一三九二～一五七三）に使用され始め、桃山時代末期（一五八二～一六〇三）から江戸時代（一六〇三～一八六七）にかけて本格化したという。小林は寺院・神社を中心に調査しているが、桟瓦の民間への普及と隅蓋瓦の普及とその陶彫化の同時性に私は特に注目したい。本来家の中に置物として飾られた陶彫がなんと屋根の大衆化の波に打ち上げられ、一気に屋根の上にあった鬼瓦の世界と日本的な融合を起こしたといっても良いであろう（図17）。その動きの背後にある原理が小林（一九八五）のいう「物を高いところに祀る」という考え方であろう。

　これによって鬼瓦の世界は本来の鬼瓦の伝統を保持しつつ、より柔軟性のある鬼瓦の領域を陶彫を導入しながら開拓することになるのである。この事を指して第三の鬼瓦の日本化と呼びたい（図18）。

　鬼師の世界の調査を始めて思うことは鬼瓦の第二次（鬼面相の退潮）及び第三次（鬼瓦の領域の拡大と陶彫の導入）日本化が江戸時代に起こったとすれば、第四の更なる鬼瓦の日本化が第二次世界大戦後の昭和の時代から現代にかけて起きているといえる。この間何が起こったかといえば、屋根の瓦化がこの時代に全国レベルで日本の津々浦々まで及んでいったのである。日本のいわゆる高度成長時代を経て、大衆レベルでの近代化の波が屋根の世界へ波及したわけである。すでに戦前には機械化が瓦の世界で始まっていたとはいえ、本格的に稼働するのは高度成長期であった。自動式のトンネル窯の登場がその変化を象徴的に体現している。その具体的な例が東洋瓦工業㈱が昭和二六年（一九

図17　隅蓋瓦：玄武（豊橋市岩田町）

図18　鬼瓦：恵比須（高浜市）

五一）に高浜で最初にトンネル窯を採用したことである（図19、図20）。

一品一品を大切にする手作りの伝統的な世界に生きる鬼瓦業界は、押し寄せる超大衆化の波に飲み込まれることになる。伝統的手作りの鬼瓦組織である「黒地」組合では事実上この巨大な大衆化の波に対応できなくなったのである。その市場を埋める新しい鬼瓦業界における近代化の動きが「白地」の組合であった。つまり鬼瓦製造の機械化である。手作りで一品一品作っていた作業を機械で一気に造るシステム・技術を開発していったのである。いわゆる「プレス」の導入である。必要は発明の母のたとえ通り、ここ高浜から「プレス」の機械は開発され、ちょうど高浜村を中心に江戸時代後期から明治・大正時代にかけて瓦職人が日本の各地に技術と人をもたらしたように、三州のプレスが全国へと波及し日本の鬼瓦の世界を変えていったのである。この動きはある意味で鬼瓦の製作技術の先祖帰りといえる。つまり小林章男の言うように手作り鬼の出現をもって鬼瓦の誕生とするなら、その前の時代、「吻」の時代へ原理的には立ち返ったのである。「吻」は実際に、木製の型押しからレリーフ式の棟飾りとして成形されていたからである。

この荒波があまりにも大きく、鬼瓦業界はその対応に躍起になり、鬼瓦業界の存亡をかけて対処し、プレス化を進めていったのである。ところが現在、鬼瓦業界の足元を支えてきた手作り鬼の空洞化が急速にその間に進んでしまった。さらに膨大な需要に応じたプレス鬼に対する需要が、特に阪神大震災（一九九五年一月一七日）以後急激に落ち込み、屋根瓦の世界は伝統的な鬼瓦を必要としない「平板」といわれ

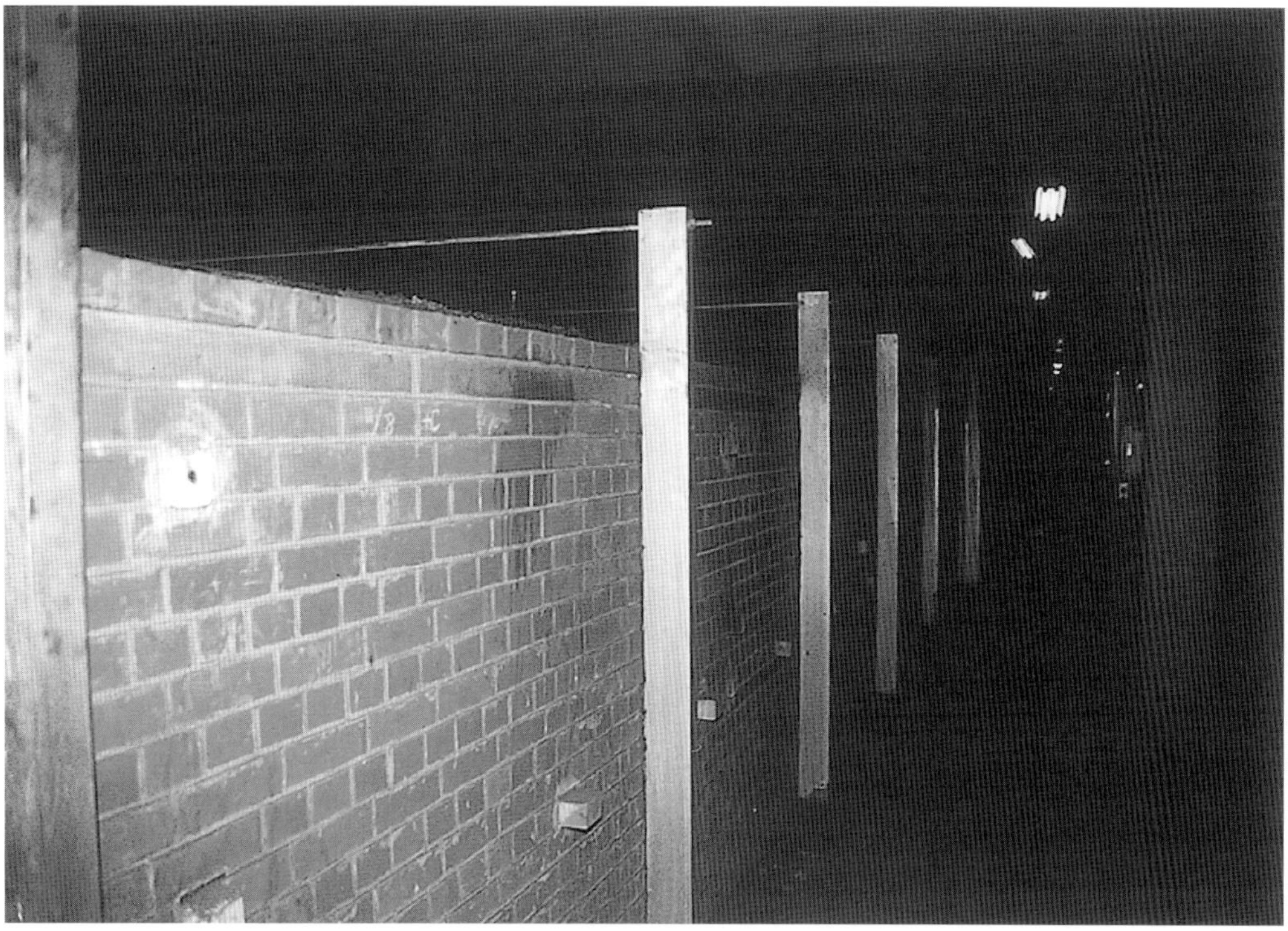

図19　トンネル窯：トンネル状焼成室　全長64m（高浜市　大でんちこ鬼瓦）

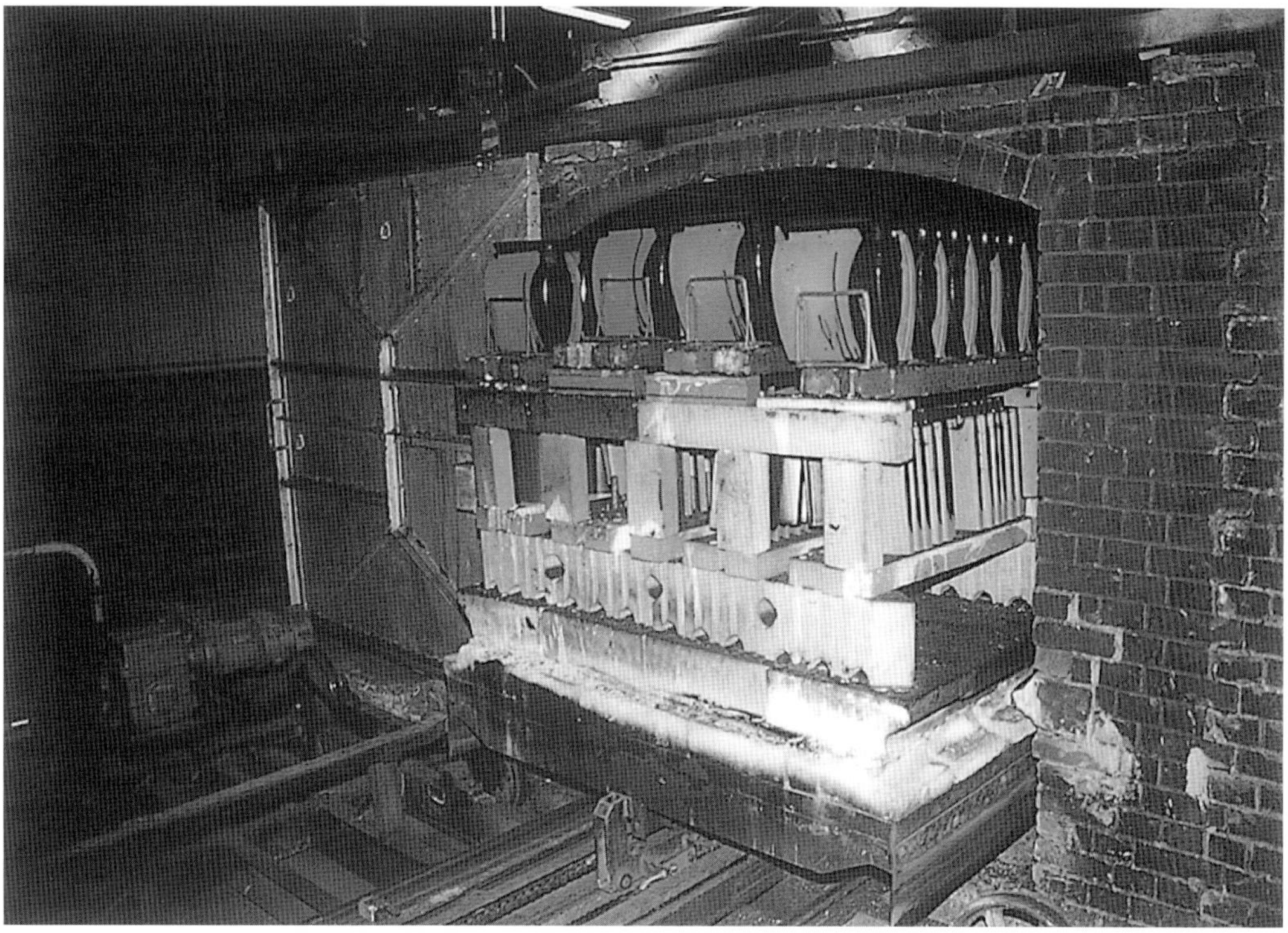

図20　トンネル窯：焼成出口（高浜市　大でんちこ鬼瓦）

る新しい型の瓦に急速に移行した。「黒地」と「白地」の鬼瓦の世界が震撼し、その対応に十分処理しきれないでいるのが現在の一般的な状況である。そうした中でも動じないグループが存在する。大衆化の波に屈せず、貞治二年（一三六三）以来の鬼師の伝統である手作りの鬼瓦技術を連綿と受け継ぎ、さらに錬磨してきている鬼師の人々である。伝統の中のそのまた伝統の部分は三州鬼瓦の世界が現実に直面する危機の時代にも動ぜず、次なる世代へとその技は静かに伝えられていっているのである。

注

[1]　本瓦は瓦の製法が朝鮮半島百済より伝来して以来の形式で、主に寺院の他に宮殿、神社、そして一般家屋にも使われてきたが、基本的には寺院を中心に使われ別名「堂宮瓦」とも呼ばれる。ただ「本瓦」という名称は江戸時代に考案された「桟瓦」と区別するために付けられたものである。現在は「本瓦」・「桟瓦」とも「和瓦」と呼ばれ、「本瓦」は日本式の瓦のように思われている。しかし「和瓦」は明治以降導入された「洋瓦」に対して付けられた名称である。つまり「本瓦」は厳密に言えば中国大陸に源流を持つ、中国式瓦である（藤原・渡辺 一九九〇）。ところが瓦生産の実際の現場では慣習として久しく「本瓦」と「桟瓦」は共に「和瓦」と呼ばれてきたこともあり「本瓦」を日本式と考えているように思える。

[2]　瓦宇工業所は長く近鉄奈良駅の近くにあったが、小林章男の晩年に工場を同じ奈良市郊外の針インターの近くに移転した。しかし、小林が二〇一〇年一一月に亡くなった後、二〇一四年一一月五日に破産し、瓦宇工業所は無くなってしまった。

[3]　いぶし瓦とは、窯で高温（一一〇〇度近く）で焼いた瓦を最後の工程で空気を遮断して、昔の達磨窯（土窯）の時は松葉を、現在のガス窯ではブタンガスを入れて燻《いぶ》し、「いぶし銀」といわれる銀色を発色させた瓦のことをいう。和瓦とは基本的にこの「いぶし銀」のことを指す。年数を経るといぶし銀から黒色へと変わっていく。

弐　鬼瓦黒地

［1］山吉系――山本吉兵衛系（壱）

三州の鬼板屋は「黒地《くろじ》」と「白地《しらじ》」を作る二系統の鬼板屋に大別される。「黒地」とは自らの工場に窯を据えて、完成品となる鬼瓦や役瓦などを自らの窯で焼成し、窯から出た、焼成された鬼瓦などが、外見上の色が黒いところからその名がある。一方の「白地」は窯に入れて焼成される準備ができた鬼瓦や瓦を指し、生の粘土から職人の手を経て成形され、乾燥中または乾燥を終えたものを指す。そしてその焼成前の色が白いところから焼成後の「黒地」に対して「白地」と呼ばれている。この章では黒地を生産する三州鬼板屋の現状を、インタビューを通して語る鬼師たちの声を中心に、今に生きる鬼師の世界として描いてみたい。

「黒地」と「白地」の鬼板屋はそれぞれ組合を持っており「黒地」が三州鬼瓦製造組合といい、「白地」が三州鬼瓦白地製造組合である。手元にあるのは「優雅な銀色　三州鬼瓦」と銘打った三州鬼瓦製造組合員名簿である。これに基づいて上から順に紹介していくのも一方法ではあるが、少し趣向を変え、各鬼板屋を由来に沿って大きなグループないしは流派として名簿より構成し直し、それぞれを一つの集合と見なすのである。そしてグループごとの現在及び歴史を見ることによって各流派の三州における全体との比較から各グループの鬼板屋の特徴、並びに三州鬼瓦の全体としての特徴が浮き上がってくるはずである。つまりここでは三州鬼瓦――黒地の世界[1]の全体像に迫ってみたい。

三州の黒地の鬼瓦を生産する鬼板屋は伝統的に大きく二つに分けられる。山本吉兵衛《やまもときちべい》を元祖とするグループと、神谷春義の鬼源と岩月仙太郎の鬼仙の二つを伝統上共通の元祖とするグループである。山本吉兵衛に端を発する鬼板屋は黒地では神仲、福井製陶、鬼良、鬼百、鬼亮がそのメンバーである。もう一方のグループである神谷春義・岩月仙太郎を元祖とする鬼板屋は鬼源、鬼長、上鬼栄工業、笹山製鬼所、鬼仙、鬼作である。ところが以上の二グループに属さない鬼板屋が別に八軒あり、これをその他のグループとしたい。三州黒地の鬼板屋はこのように大きくは実質上三つのグループに分けられる。この章ではその第一グループである山本吉兵衛を元祖とする鬼板屋群についてその輪郭を捉えてみたいと思う。

山本吉兵衛（文政一三〔一八三〇〕～明治三七〔一九〇四〕）は山本清八

図1　山本吉兵衛　肖像画（山本家所蔵）

図2　舎（やまきち：山本吉兵衛の経営する鬼瓦屋の屋号）で作った鬼瓦（山本家所蔵）

（現山本鬼瓦の祖先）の次男で、明治の初めのころ、およそ十年近く職人として出稼ぎ（バンクモノ）に出、明治七年（一八七四）のころ高浜で鬼瓦屋を始めたといわれている（図1、図2）。現在高浜市青木町にある山本吉兵衛の碑は明治四三年一二月建立になっており、一五人の弟子の名が刻まれている。それ故に『高浜市誌資料㈥』（一九七一）は「現在の高浜の鬼瓦業者はほとんど吉兵衛の弟子の筋目であろうし、近在での一鬼板瓦屋の元祖である」と言っている。しかし二〇〇二年における三州一帯の鬼瓦屋の現状はかなりの変化が見られる。

　現在、山本吉兵衛グループは元祖としての山本吉兵衛を中心に一つにまとまりはするものの、吉兵衛の弟子であり職人であった人々によって三派に分かれている。第一のグループは職人石川福太郎の流れを汲む石川福太郎系である。その中には黒地の神仲及び白地の三州製鬼、カネコ鬼瓦、岡成製鬼が存在している。第二グループは職人長坂末吉から出ている長坂末吉系である。福井製陶、鬼良、鬼末がここに属している。第三グループが梶川百太郎を祖とする梶川百太郎系である。鬼百と鬼亮が黒地の鬼板屋としてあり、白地組合には参加していないが白地を作っている梶川務もこのグループに入る。以下これら三つのグループについて詳述することによって山本吉兵衛の伝統を持つ鬼板屋の特徴を探ってみたい。

図3　石川福太郎　肖像画（石川家所蔵）

石川福太郎系――㈱神仲（及び白地として三州製鬼、カネコ鬼瓦、岡成製鬼）

石川福太郎の系列は現在四社ある。その全てが白地の組合である三州鬼瓦白地製造組合に所属しており、そのうちの一社である神仲が白地と共に黒地の組合・三州鬼瓦製造組合にも加入している。本家本元の石川福太郎の興した鬼福は今は鬼板屋として存在していない（図3）。

㈱神仲

◇――神谷仲次郎　［神仲初代］

このグループ唯一の黒地の鬼板屋が神仲である。初代の神谷仲次郎の姉が鬼福へ嫁いだことにより、石川家と神谷家は親戚となっている。その縁により初代神谷仲次郎（明治二〇年一〇月一三日～昭和四一年九月四日）はなんと小学校四年生で姉のいる鬼福へ弟子入りし、鬼瓦の技術を修業し始めたことが、神谷家が鬼板屋「神仲」になる始まりとなった。もう一つ時を遡ると次のような流れになる。三州鬼瓦の元祖といわれる山本吉兵衛のところで修業していた職人の石川福太郎が独立して鬼福という鬼瓦屋を始め、そこへ神谷仲次郎の姉が嫁いだ訳である。その姉の嫁いだ鬼福へ弟の仲次郎が修業に行き、後に独立して「鬼仲」という鬼瓦屋を創業したのは、大正六年または八年とかのことで、その創業の年ははっきりしていない（図4、図5）。

現在の屋号である「神仲」はもともとは「神仲」ではなく、他の鬼板屋の伝統と同じように頭に「鬼」が付いた「鬼仲」という鬼板屋だった。それがある出来事によって現在の「神仲」に変わったのである。二代目の神谷伸達は次のようにその逸話を語っている。

親父は仲次郎といいます。仲次郎ですからその「仲」をとって神さんの「神」に仲をやって「神仲」、そういうことに。それで、これはこれでエピソードがございましてね。あのー、申し上げますとこれはつまらん事ですが、親父がある旅行の時に東海道線に乗って片方は近くに乗る、親父の方は戸から遠くに離れて乗る。そういうことでお互い乗り合ったところが、「鬼仲さん、こっちだよーっ」て言って大きな声でその同業者が呼んだと。で、そうすると、そこに乗っておったそのお客さんたちは「鬼仲」とはどういう人だと、「鬼」の付くような人はどういう人だということで、一斉にこっちを向いたと、こうですね。で、まあ、体中から汗が出てきて、それでまあ、こやー、普通まあ一般的には鬼板屋は、えー、鬼長とか鬼源とかいう鬼を頭に着けて屋号にしておって、私のところも「鬼仲」という屋号でおったんですが。そういうようなことがあって、「とても……、そのー……」、っていうことで「神仲」にしようということで、神仲と。

図5　鯉付き巴蓋（神谷仲次郎作）

図4　神谷仲次郎

神仲は大正六年（または八年）に始まり現社長の三代目神谷晋《しん》に至っているが、鬼板屋として大きく一度中断している。それが他の鬼板屋も同様の状態となった大東亜戦争である。神谷伸達は次のように語り、戦後になって二代目伸達が神仲に加わり、新しい時代が始まった様子が分かるのである。

たまたま操業して間がないころ関東大震災（一九二三年）があって、まあ、その後が大変で、一時地震景気といったような時があって、昭和（一九二六年）に入る。昭和に入って先ほど申し上げたように、昭和恐慌というそういう時代を経て、そして支那事変あるいは太平洋戦争へ突っ込んで行ったんですが。で、昭和一八年頃ですかね、要するに、あのー、挙国一致体制ということでそんなそのー、「鬼瓦や瓦つくっとっちゃいかん」ということで全廃させられました。ですからそういうことで鬼瓦を中止しました。

ではその鬼瓦空白期間何をしていたかといえば、なんと八幡製鉄所の炉の煉瓦を鬼瓦の代わりに作っていたという。この時に出てくるのが「矢作川粘土文化圏[2]」的な動きであり、すぐに神仲ではこの事態に対応し、瀬戸から煉瓦会社と契約を結び工場を貸すことにより鬼瓦から煉瓦へと転換を計っている。粘土文化の交流の良い事例を示している。それと共に神仲のこの動きは社会変化に対するその対応の早さをも物語っている。ところが戦後になるとこの煉瓦工場との賃貸契約があり、三年ほど鬼瓦製作再開を待つことになった。そしてこの昭和一八年から昭和二三年にわたる鬼瓦の空白期間が次の世代の始まりをも意味することになる。

第二次神仲が始まったのが昭和二三年であり、この時事実上、初代神谷仲次郎と二代目伸達の二人で再起業を決定し、さらに一番弟子といわれる杉浦民一を加えて開業にこぎ着けている。伸達はこの時に起こった伝統的な技術伝承に関わるエピソードをいくつか語っている。個人的な出来事であるが、同時に三州鬼瓦の技術伝承の型をも示している。

いまだに記憶ははっきりしておるんですが、要するにあの、親父は「鬼の技術は見て盗んで覚えた」、そういうことをまあ常に言ってましたんで、まあ、あの、たまたま一番弟子の杉浦民一さんという人が鬼を作っていましたんで、まあ、それを見ながら今日の技術を覚えた。そういうことなんですが、いまだにその親父が「こうやって鬼は作るんだ」っていう手本を見せてくれた記憶はない。

そういうことの中でまた、「おまえ、おれは優しいだ」と。「誰々さんのところへ行くと今日作ったものが明日の朝行くと手でげんこつでクシャッと潰してある」と。

まだそこらはいい方。下手にすればタタキっていいましてねえ。鬼をこう、えー、叩き板っていうんですが、それで背中をピッとたたかれると。そういうようなことの中で、まあ要するに私以前の人たちはそういう厳しい状況の中で育ってきた。

で私はそんなことは一回もなかったんですが、そういうことでまあ鬼を作り出したと。

◈――神谷伸達

［神仲二代目］

伸達（昭和三年一月一日〜平成二三年一〇月二六日）の場合、五人兄弟の中の一人息子であり、子供のころから親の働く姿を見て育ったが、実際に鬼瓦を始めることになるのは昭和二三年、二二、三歳の頃であった。次の逸話も三州鬼瓦の技術伝承の型を伝えると共に、鬼板屋それ自体の継承が絡み合って、いかに伝統技術の継承が理想と現実に挟まれて難しいものかを物語っている。いつ頃鬼瓦を継ぐ決心をしたのかという私の質問に答えて出てきた話である。

これはね、戦後ですね。戦後、要するに親父が「鬼をやるぞ」という、先ほど申し上げたように二〇年に敗戦になって二、三年建陶社というところでそういうまあ別のものを作っておったんで、それが期限が来て「今から鬼板を作らないか」ということで、その時に決心したということですねえ。

ほで、その決心をするのにねえ、親父、その、とにかく親父は教えてくれんもんでねえ。だから「私を渡り職人に出せ」と。二、三年。二年なら二年、三年なら三年、きちっと期限を切って。で、俺、日本中へら一本で技術を覚えてくる。それだで、しばらくは外に出してくれ。この話を随分やったんですがね、親父はどうしてもうんと言わない。最後まで「いかん」と。「おまえ一人だけだでいかん」と。

「一人だけだで、出て覚えて来なだめじゃないか」、ということをまあどうですかね、しつこいほど言っても許可がでん。出んもんだで、まあちょっとその当時は出してくれなきゃってんで、ちょっと家を出てやな、そいでちょっと離れた温泉で一週間か十日ごろついた事もありましたけどね。

あの、それはね、要するにいまだに長野県だとか群馬県だとか、滋賀県とかそちらの方で要するにあの当時そういう職人を「バンクモン」と呼んでおったんですね。バンクモンという渡り職人は大体ね、要するに若い時に行くんでね、行った先、行った先で鬼を作って次から次と渡ってくんですが、要するにその、女房を作っちゃうんですね。で、時によってはその瓦屋さんの親方の娘さんに惚れちゃうとか。

そうなると体を取られちゃうと、向こうへ。「一人だけの倅をまあ、よその瓦屋に取られてどうなる」というね。そういう心配。当時全然そんなこと思わなかったんですがね。思わなかったんですが、二〇年、二五年過ぎて、「何で親父は俺を職人に出さんかったんかな」ということをね、えー、思うといろいろそういうことがあって、一人だけの倅を他県の瓦屋の娘さんに取られちゃうというような事が心配だったなあと。

で、お袋にそんな話をしたら、「そりゃそうだねえ」、と。肯定されたような、まあそういう事もありましてね。ですから、えー、まだまだ近代的な産業といいますか、そういう事になってくるにはまだ日が浅いですね。まあ、四〇年ぐらい、四〇年か四五年ぐらいでしょうな。それ以前はほんとにまあ手作り職人で、はい。そんなような当時のまあエピソードみたいなものを含んでね、まあ、「難儀して覚えて来た」というのが実情ですな。

最後のコメントにあるように神谷伸達は手作り職人の世界と戦後暫くして始まったプレス導入による鬼瓦製作の機械化という近代化の時代を経て来ている（図6、図7）。戦後の再出発の時点では手作りの鬼瓦を製作する鬼板屋であった神仲は、その後急速に近代化の波に乗りプレスへと移っていった。そのプレス化への道を選択したのが他ならぬ伸達であった。伸達は次のように述べている。

　プレスはね、実は正直申し上げると私のとこが一番早かったんです。はい。機械化するっちゅうのは。

一番早かったということは伸達はプレスの開発に大なり小なり関わっており、事実碧南の小笠原鉄工所と共同で行った鬼瓦のプレス化について次のように語っている。

　実はその前に金（型）で、その鬼を作ろうということを試みた人があるんです。これは戦前ではあった。ところが、この機械でニュッと全部圧縮して形にしようということが何としてもできなかったですね。ということはどこに原因があったかというと、この粘土の中の空気が圧縮され膨らんじゃうんですね。で、そこで、

図6　神谷伸達（自宅と旧神仲工場）

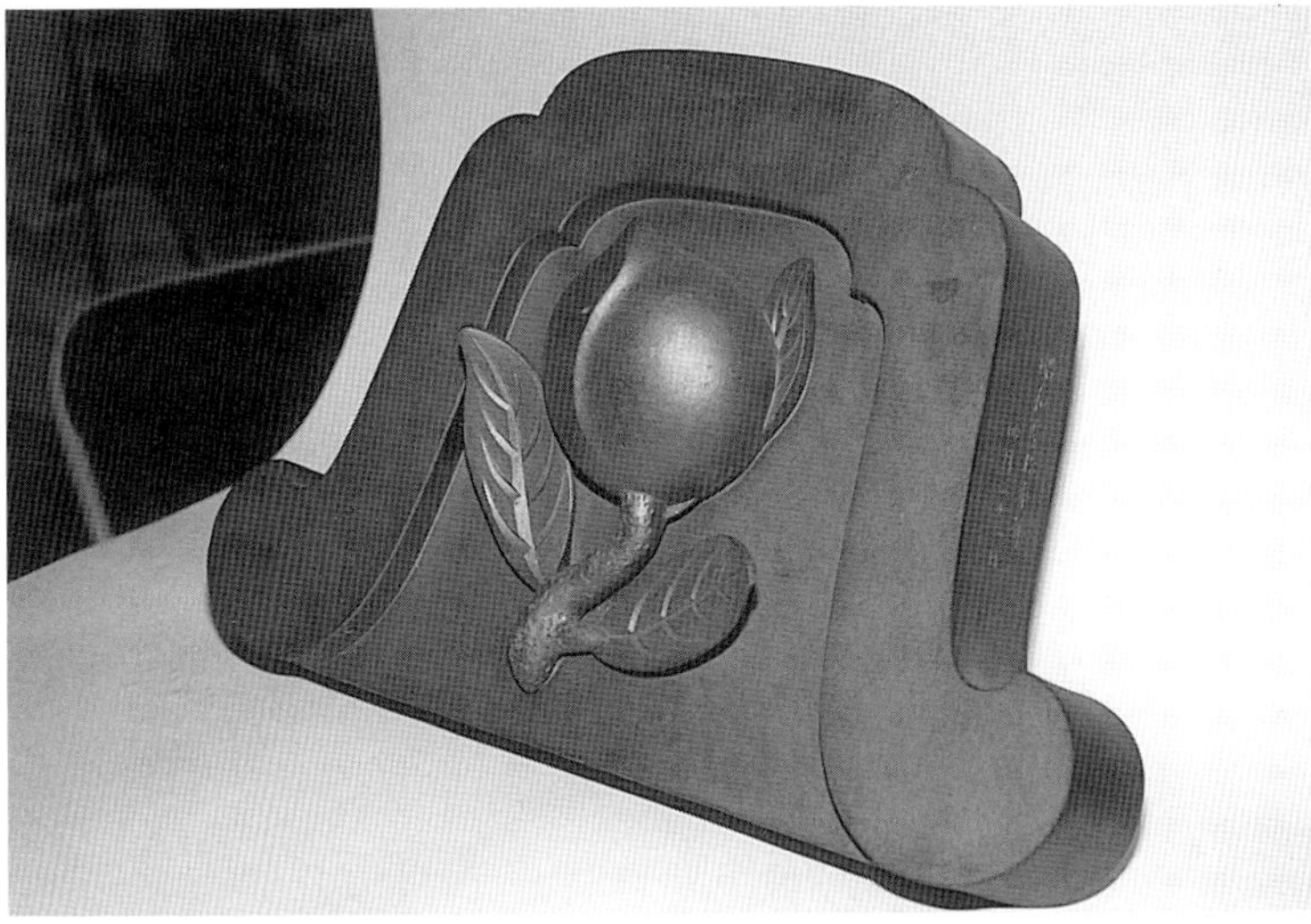

図7　据え鬼（復元された鬼瓦　名古屋城隅櫓　神谷伸達作）

要するに、あの、これは碧南に小笠原鉄工所というのがあって、今はやってませんよ。やってませんが、当時これが真空土練機《どれんき》といいましてね。要するに粘土の中の埋まっとる空気を抜いて脱気して、そして、あの、粘土を板にすると。それでやるとピチッと入っちゃうね。それが当時わからんで、小笠原という人と、「おい神谷さん、鬼をこれでやってみよう」といったような話で、やって、意外に良かったですね。ですから今の瓦屋さんも一切合切鬼板屋も全部プレス物は真空脱気ですね。要するに空気を抜くと。

以下、私と伸達の会話がプレスを中心に続く。プレスの導入と共に神仲は急速に販路を拡大した。もともと関東向けの鬼瓦を作っていたこともあり、関東の以北へとマーケットを拡張し、同時に工場におけるプレス化に加速が加わった様がうかがえる。

高原　そのプレスに移ろうとした動機は何ですか。
伸達　こりゃあやっぱしねえ、時の需要に追い付けなかったんですわね。
高原　それほど出たわけですか。
伸達　出たです。特にまあ、これもこんな事言っちゃあ何ですが、その当時先ほど言ったように。
高原　それは何年ぐらいですか。
伸達　二八、九年の頃。
高原　昭和ですか。
伸達　はい。でしょうかねえ。その真空土練機を試作したり何かし出すのはその頃だと思うんですよ。
高原　それから何年かけて完成したんですか。
伸達　二、三年はかかったでしょうな。で、三〇年半ばちょっと前、ぐらいから実用化しておったんじゃないかな。これはちょっと定かじゃないです。で、うーん、要するにその三州でもその鬼の技術者がだんだん、若い人が、やる人が少なくなってきたと同時に、他県組も同じ事ですね。そうかといって鬼の需要は減らないと。
高原　ははーっ、家は建つわけですね。
伸達　そうなんです。それでまあ、私ども、まあ私どもというより私一番初めに東北の方に出たんです。仙台、茨城、茨城から向こうの仙台の方にね。向こうに瓦屋さんが五、六軒あって、「どうしても、どうしても鬼がほしい」ということで随分仙台方面に売りました。で、そういう需要を賄いきれん。地方の方はどういうことかと言いますと、地元が一〇円だと、東北の方は二〇円で売れるんです。
高原　出荷の時点で?
伸達　そうそう、そうそう。倍で売れるんで。
高原　そりゃ、笑いが止まらんというか。
伸達　そうそう。で、だから、地元の長い間のお得意さんにこう、そうかといって多少出荷しなきゃいかん。東北ばっか出しとったら、あるいはそのー、石州の方ばっか出しとっちゃいかんで、地元の方にも出すんですが、地元の人は「何で神谷さん、鬼持って来ん」と。こういうことでしょっちゅう叱られとる。そりゃ、あんた、東北持ってっちゃうもんだ。

ほいで、「こりゃいかん」ということでまあ、金型化が盛んになったということでしょうな。そいで、それが、ここ七、八年ぐらい前に飽和点に達しちゃって、それであの、今も言ったように瓦の形態も変わってくる。

以上のように神仲はもともとは伝統的な手作りの鬼板屋であったが、二代目の伸達によってプレス化へと転身し、社会の需要に合わせて鬼板屋の近代化の先駆け、さらには、近代化のモデル的な工場へと変貌していったのである。そして現在、プレス物と手作りの比率はプレス九割強に対し、手作りは残り一割未満といった状況になっている。

神仲はインタビューを行った一九九九年九月二二日時点ですでに伸達から三代目社長の晋へとさらに世代が交代しており、正直言って、運良く二代目伸達と三代目晋の両方から快くインタビューに応じてもらい、かなり詳しく神仲及び三州鬼瓦の世界について語ってもらうことができたケースである。フィールドワークの場合、どうしても運不運があり、その当事者と二代にわたって会える場合は幸運といえよう。

◈——神谷晋　［神仲三代目］

さて三代目晋《しん》の場合であるが、昭和二九年生まれで、愛知大学卒業後すぐに跡継ぎとして神仲に入り、屋根工事の施工、そして製造部へ移り、現在経営者として活躍している。伸達の話からも明らかなように市場における急速な需要の拡大があり、鬼板屋の近代化（機械化）が進んでいったわけであるが、実際にいかに変貌していったかについては神谷晋から知ることができる。神仲は時代の変化に速やかに対処する気風があり、神仲の流れが同時に三州鬼瓦の流れを表しているところが多分にある。

自分の小学校の頃というのは、まあ達磨窯の焼成で、純粋な手作りあるいはまあ石膏の型置き生産が鬼屋の一般的な姿だったんですね。その頃というのは我々鬼屋は当然その達磨窯でその焼成した燻しの製品として、問屋さんに納めていたと。また、貨車便でね、鉄道で送るケースが多かったなあと思うんですけど（図8）。

片や瓦屋さんというのも当然あったんですよね。で、問屋さんというのは鬼は鬼屋さんから買う、瓦は瓦屋さんから買うというそういう形態、今とちょっと違うんですけど、そういう形態でした。

瓦の焼き方の変遷から時代区分すると、伝統的な燻し瓦の全盛時代が過ぎて、次が塩焼き瓦の時代、そして陶器瓦の時代へと移って来たわけであるが、この陶器瓦は現在でも主流で、神谷晋によると高校の頃から二〇歳過ぎたぐらいに陶器瓦が盛んになって来たという。そして大量に瓦を生産するシステムとして登場するのがトンネル窯である。この新しいシステムに対応して出てくるのが鬼瓦用のプレスである。

陶器瓦というのはトンネル窯で焼成をするのが主だった。今、家では単窯でやっていますけど。単独炉でね。あの連続窯のトンネル窯で焼成をするんですけど、それが全盛になって来た。でそうすると、自ずと鬼瓦も今まで通りでいると、そうすると我々鬼

図８　焼成中の達磨窯とその黒煙（現在ではこの光景はまちから消えてしまった）

屋っていうのは焼く前の素地の段階の物を出荷すると。素地出荷と。だから数も格段に増える。出荷個数も格段に増えると。そうすると手作りでは追い付かない。で、どうしたかというとプレス成形。

要するに金型の良く出る種類の物から金型を揃えて鋳物の金型を揃えて、それでプレス成形することによって、もう一〇倍も二〇倍もたくさんできるようになるわけですよね。手作り施工に比べてね。で、素地工場というのが今の神仲でいうこの工場なんです。鬼に関していうと素地で出荷するそういった時代が来たわけですよね。それが今でも続いています。いや今はもう逆にその鬼屋が製品化しちゃって出すという時代になっちゃたんですけど、その一つ前は鬼屋が素地として素地の段階で瓦屋さんに買っていただくと。それがもう二〇年から二五年続いたんですよ。

神谷晋はこういった変化を鬼の三段階の変化として捉え、「黒の鬼の時代」、「素地の鬼の時代」、「製品化した鬼の時代」と言っている。最後の製品化とは陶器の製品を指す。いわばこの三つの流れが手作りの鬼瓦が白地としてプレス化され、さらにプレスの陶器の鬼瓦へと変貌していった様を示している。具体的には神仲の現場の声を聞くことにしよう。

神仲も窯を入れて、例えばいろんな種類の、いろんな色種の物を焼くようになるんですわ。銀黒だとかシルバーの色だとか、オレンジ、ワイン、ブラック。もう本当にうちもねえ、二〇種類、二

○色ぐらいの鬼の在庫を持った。まあ今は限定して来ましたけど。だから生産管理から製造管理から在庫負担なんていったら大変なもんで。それがある程度、自社で素地も作り、プラス余力があって焼成までやれるところでしか、やっぱりやれないですよね。

図9　神谷晋（神仲の製造工場にて焼成完了後の窯出し作業中　2002年）

ところが神仲はさらに変貌を続けており、現在では鬼瓦生産が従来の半分以下になり平板の道具物を素地から作り、焼き上げて、平板メーカー[3]に特殊瓦として納めるようになっている。神谷晋の次の言葉が神仲の経営方針をよく示している。

うちも何というのか、付加価値が多少低くってもやっぱり出る物を作っていかにゃー、という方向でまあ流れに乗り遅れずにという方向でね。

このように神仲は手作りの鬼瓦からプレスの鬼瓦へと変化し、さらに鬼瓦の生産を大幅に縮小させ、伝統的な鬼瓦の形態を持たない平板瓦用の特殊瓦を生産するような体制になっている。ところが神谷晋は次なる変貌をさらに進行させており、それが干支やガーデニングといった新しいマーケット開拓である（図9）。

鬼の技術を生かした何かないかなあと。だから「鬼の技術」プラス「今の鬼」ですとか、瓦の素材を使った物をね。で、一つはこの前の干支があればちょっとどうだろうと。あるいはガーデニングのね、瓦素材の、あの、まあプランターというのか、まあ植木鉢のような物はどうだろうかということでまだ手探りの段階でね。できるだけ商品開発をね、売れる物を、まあ何ちゅうか手がけていきたいなあと、思っているのが現状です。

神仲はもともと黒地の伝統的な鬼板屋であったが、現在（一九九九年）は大きく変貌を遂げ、機械化による平板の特殊瓦の生産工場へと実態を移している。こうした変化は何と神仲で働く従業員の領域にまで及び、近代化とはいったい何なのかを如実に体現している。神谷晋によると現在従業員が二四、五人で、そのうち三分の一がブラジル系なのだという。

鬼屋というより瓦屋さんの方で我々よりも早い時期にね、雇い入れしてみえて、鬼屋も瓦屋さんと同じように「それじゃちょっとね、入れてみようか」ということだったんですよ。もう一つ先を言うとね、こちらにあの自動車部品を作っている工場がやはり、高浜、刈谷、碧南、ありますよね。トヨタ関連の物をね。そういったところはすでに我々よりも何年か前に、もうブラジル人を雇っているんですよ。

このように伝統的なイメージの鬼瓦屋からは想像できない鬼板屋、それが現在の神仲であり、進取の気風を二代目の伸達から確実に受け継いでいる。

長坂末吉系――福井製陶、鬼良、鬼末

福井製陶

◈――福井眞二　[福井製陶初代]

長坂末吉の系列は三社であり、直系は鬼末である。しかし直接インタビューをした当時鬼末は白地組合に属していたので、ここではまず福井製陶の方を先に取り上げる。ただ長坂末吉の直系が白地というのは他の系列と比べても変わっている。ところで福井製陶は純粋に黒の鬼板屋ではなく、同時に白地組合にも所属している鬼板屋である。現在（二〇〇三）は二代目福井謙一が工場を経営している。初代は福井眞二（大正元年一〇月一五日～平成四年七月二八日）でもともとは百姓をやっていたという。普通の百姓だったと謙一は言うが、初代と名が付いているように実は百姓の合間を見て鬼瓦を作っていたのである。つまり百姓と職人が半々の生業《なりわい》を成していたわけで、古い形の鬼師としての職人姿を残していたように思われる。眞二は職人として長坂末吉の経営する「鬼末」へ働きに行っていたわけで、系統的には長坂末吉系に入る。ところが他にも当時、鬼板屋としての屋号を挙げていなかった「福光」という鬼板の白地屋でも職人として仕事をしており、鬼師としての伝統の流れが初代の段階から複線化しているのがわかる（図10、図11）。家に帰ってからも仕事をしていた様子を二代目の謙一は次のように語っている。

うちでもちょこっとやりかけたこともあるもんだんね。仕事場というような仕事場じゃないけど、まあ、百姓の納屋の横ぐらいでね。ごそごそごそと作っとったこともあるもんだで。

実は、初代眞二は鬼瓦の職人としてずっと通したわけではなく、普通の鬼瓦の白地屋から土管屋といった家業まで営んできている。全て土物であるところにこれらの職種間に共通するものがあるが、実際に現在の福井製陶となり鬼板を作り始めたのは昭和四六年（一九七一）という。創業者は初代ではなく二代目の福井謙一（昭和一一年八月三一日～平成二〇年七月八日）であった。福井製陶になる前までは土管屋で

あった。出発した段階では福井製陶は白地屋であり、昭和六一年頃に窯を導入し、黒地の組合に加入している。つまり福井製陶は鬼板屋としては比較的新しい。しかも他業種としての土管屋から鬼板の白地屋に変わったいわゆる新興の白地屋グループに属する。ところが現在の

図10　福井眞二

図11　獅子巴蓋（福井眞二作）

出荷に占める機械（プレス）と手作りの比率は六対四となっており、全くの門外漢から鬼瓦の世界へ参入して来たわけではないことがわかる。この四割の黒地の部分が通常の白地屋にない特徴で、福井製陶をして初代眞二に遡る縦糸があることを示唆しているといえよう。この伝統を形作る縦糸の目を少し追ってみたい。そうすることによりいかにして伝統が生まれてくるかの契機を知ることができる。

◈――福井謙一　[福井製陶二代目]

福井製陶創業者である謙一には父、眞二の鬼を作っている姿が今もはっきり刷り込まれており、いつ頃父親が鬼師であることに気が付いたか、という問いに次のように答えている。

小学校三年か四年生の頃じゃないかなあ。気がついたんわね。鬼師っていうまではいかん。「なかなか根気のいる仕事だなあ」と思ったなあ。ま、手伝うっていうようなことはせやせんけど、親父が作っとる土を持ってきて、ごたごたしたことはあるわな。

実際に直接鬼瓦作りに関わるようになるのは謙一が一八歳の時（一九五四年）である。中学校を卒業して暫く家業の瓦造りを手伝っていたところ、父親から小僧として鬼板を習いに行くように言われる。

親父が、ま、「土仕事やるなら鬼板ならっときゃー」。鬼板ならっときゃ、何でもやれる」っていうことでね。まあ、その頃、まだ知らんけど、「まあ、行ってみるか」ってな調子で行っただけん

どね。

謙一が小僧として入った鬼板屋は屋号を上げていないが当時「福みっつぁん」と呼んでいた、また父親の眞二が白地を納めていた山本福光[4]という鬼瓦屋であった。謙一は通いながら「福光」で三年と少しの期間小僧として働き、年《ねん》（年季）を明けて職人となった。直接付いて習った事実上の師匠は石川類次《るいじ》であったという。当時の様子を謙一は次のように言っている。

職人さんは五人おったねえ。丁寧に、今よりも仕事が丁寧にやりよったもんだね。数できんもんね。手作り、石膏で、石膏から起こして。機械みたいなもんありゃせんもんね。何でも作っとったよ。全て作っとった。

そしていかに小僧として覚えていったかを謙一は回顧する。

見て覚えて、隣に教えてくれる人がおったもんだんね。ほんだもんだで、まあ、教えてもらっただね。一つ仕上げると、見てもらって、いかんところがあったら、「ここがいかんでー、こうせよ」とか。じっくり手間かけて、しっかり基礎を仕込まれてきた。

具体的に話してほしいという要望に次のように答えている。

最初はね、一番簡単な、「めがね」っていうやつだけんね。「めがね」っていう鬼だけんね。

このめがねは別名「すはま」とも呼ばれていたといい、次のようにさらに継いでいる。

俺はその鬼から習ったような気がするけんね。すはまの次は「ごまた」……「五寸またぎ」ってやつだけん。ほれから順番にだんだんと大きくなってくんだけど。親方が、「今度これやってみよ」って。石膏型持って来て、「これやってみよ」ってやるだけんね。石膏抜いてへらをかけてね。ほいで教えてもらう人に仕上げたやつを見てもらって、ほいで、許しがでやー、ほいでいいだ。ここがいかんなら、ここがいかんで直すだけで。

師匠の石川類次からは次のように言われたという。

まあ、基礎ができればね、今度大きい鬼になってきても、あのー、一緒だで、「最初肝心だで、しっかり覚えないかん」って、……へらの入れ方ね。

謙一の師匠に対する言葉が「最初から厳しかったね」である。何でも作れる腕のいい職人さんであったといい、原型も作っていたという。そして小僧から職人になってからのことを次のように物語っている。

まあ、やっぱり、年《ねん》明けてからの勉強ですよ。全部が全部作れる、作ってから年が明けるじゃないもんね。ある程度のところまで行って、後は、まあ、そういうへらの使いとかなんか教えてもらやー、後はまあ、自分でねー。年明けてから自分で勘考して、作る、作るだわね。

年が明けて[5]職人になって仕事場では次のような状況が展開する。

なかなか三年半やそこらじゃーね、まだ他にも職人さんがおるし、あー、作らせてもらえんもんね。職人さんでも待たないかんもんね。ま、ある程度覚え、覚えてから、順番にね。あのー、作らしてもらえるようになるだけんどね。

そして年を明けると、それまで小僧の時は当時、小遣いとして月七〇〇〇円もらっていた者が、一個いくらの出来高制に移るのだという。つまり、腕のいい職人と腕の良くない職人とではかなりの差が付くことになる。謙一は良い腕の職人の定義を簡潔にこう言う。「速くて綺麗」。実に明快である。

このように一八歳で小僧として福光で働き、修業したのであるが、年が明けて家が土管屋を始めると人手が足りないことを理由に福光をやめて、鬼瓦から離れ、土管屋になり、福井製陶へと移るまでの約七年間を過ごすことになったのである。以上のように謙一は初代眞二の影響を受けながら現在の福井製陶へと辿り着いていることがわかる。ただ直接、父親の眞二から鬼板の作り方を習ったことはないとのことで、今の福井製陶は福光流であって、長坂末吉からは少しずれることになる。最も初代眞二も長坂末吉の鬼末から福光へと職人として移っているので、内部における技術的な流れが大幅に変わったとはいえない。変化はすでに初代の眞二の時に起きていたのである。

創業が昭和四六年で手作りの白地屋として始め、昭和四八年にプレスを導入している。最初は一人で始めたとのことであるが、昭和四八年にはプレスを入れて員数を増やし、現在（二〇〇三年）六人が工場で働いている。そのうち従業員が四人とのことである。謙一は当時、手作りの鬼瓦を作っており、娘婿の春日英紀と一緒に手作り部門を手がけていた。このように次の代へ（三代目）の手作りの受け渡しを成功させ、次のように言っている。

石膏型から教えて、今、まあ、手でやれるようになったけんね。七分ぐらいはまあ、ちょっと移りかけて来たかな。

福井製陶では白地が六で、黒地が四の割合なのであるが、石膏で仕上げる鬼とプレスによる機械で作る鬼の出来上りの違いについて訊ねてみた。

全然違う。石膏型で、あの、プレスがあるもん、石膏型で作っとったら、まあ、全然違う。口じゃ言えんね。

そして手作りの鬼瓦を作るときの姿勢を次のように語っている。

「小言が来んように、きちっと作らにゃいかん」と思って。あまり難しいこと考えんと、ともかく綺麗に仕上げることだね。まあ、「注文してくれた人に、気に入ってもらえるように作らにゃいかんなー」っとは思って作っとる。変なもん作ると、また買ってもらえんようになっちゃうといかんで。その程度しか思ってへんけど（図12、図13）。

図12　福井謙一（鬼瓦製作中）

図13　大黒天（福井製陶所　福井謙一作）

このように福井製陶では出荷上は白地のプレス物が六割を占めており、それをもってプレスの白地屋であると言えなくもないが、残りの四割が手作りの黒地を生産しており、しかもそれを担当する職人が社長である福井謙一本人であり、もう一人の職人も娘婿の春日英紀で、黒の鬼板屋として手作りの伝統という縦糸を次の世代へと渡し終えている。白地のプレスとのバランスをうまくとりながら経営している仕事場が印象に残っている。

鬼八と鬼良

◈石川八郎　［鬼八初代］

長坂末吉系の第二社目が鬼良である。鬼良は系図的に少し複雑になっている。現在は鬼良という一つの鬼屋なのであるが、実際は今は存在しない「鬼八」という鬼屋と「鬼良」との合体したものが鬼良である。初代を誰にするかで見方は変わってくるが、まず石川八郎（明治三三年生まれ）が小学卒業して一二、三歳の頃長坂末吉の鬼末へ小僧として入り、職人となり、やがて大正一一年に独立し鬼八を創業する（図14、図15）。

◈石川良雄　［鬼良初代］

その鬼八へ弟の石川良雄が入り鬼を習う。ところが兄の八郎が亡くなり、当時中学生の八郎の息子時春は弟の良雄に育てられ中学を卒業するのである。時春は卒業と同時に一四歳で良雄の経営する鬼良[6]へ入った。さらに良雄の息子の現社長である石川幸雄が何と職人である

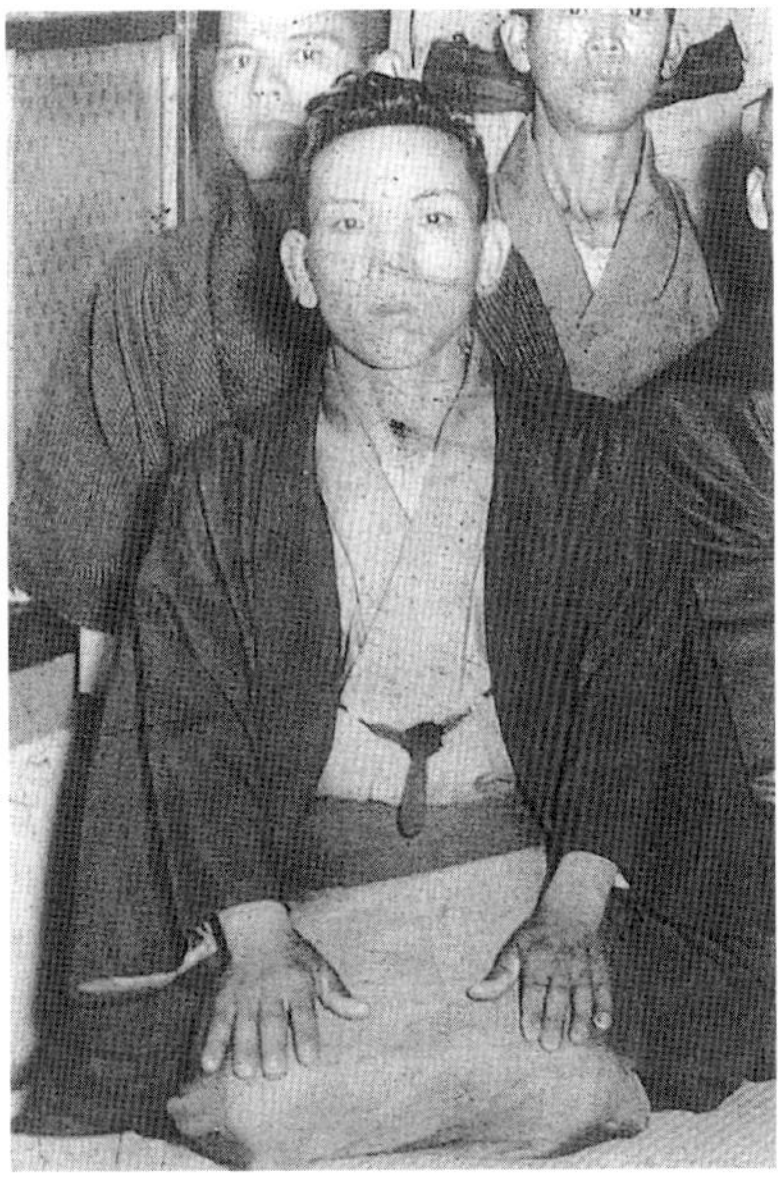
図14　石川八郎（兄）

図15　影盛（石川八郎作）

図16　石川良雄（弟）

図17　吹き流し（石川良雄作）

鬼良の時春から直接鬼の技術を学んだのであった。それ故に石川良雄を鬼良の初代とすると石川幸雄は二代目という事になるが、実際の伝統上の流れを見ると石川八郎を初代に立てれば四代目といっても良いかとも思われる。石川家の内部の事情で本来は鬼屋が鬼八と鬼良の二つになるべきところが、キメラのように「鬼八」と「鬼良」が合体して表向きは鬼良となっているのである。元祖の長坂末吉の流れを直に伝えている鬼屋である（図16、図17）。

❖石川幸雄
［鬼良二代目］

伝統の継承上おもしろいと思われるのは、石川幸雄はまだ父親の良雄が健在であったにもかかわらず、従兄弟に当たる職人の石川時春から鬼板の技術を学んでいる点である。幸雄は次のように言っている。

親父が教えてくれなかった。まあ、年が開いていたから、やっぱり教えにくいんじゃないですか。自分の息子っていうのは。

実はこれと似たようなことを同じ山本吉兵衛の系列で、石川福太郎派に属している神谷伸達も述べている。事実、伸達は父親である仲次郎からは習わずに、当時神仲にいた職人の杉浦民一から伝統を引き継いでいる。偶然かもしれないが興味あるパターンだと思う。そして少し形は違うが福井製陶の福井謙一も父親の眞二からは直接には習っていない。謙一の師匠は福光に職人として働いていた石川類次であった。

ところが伝統の継承は少なくとももう一つ形態があり、それは直接的な技能の修得には関わらないが、伝統が息づく環境の中で幼い頃から生活する日々の体験を通して伝わっていく何かである。石川幸雄はその辺の事情を小学校の思い出として語っている。

（宿題は）全然やって行かなかった。親も「勉強しろ」じゃなく、「うちの仕事を手伝いなさい」ということを言っていたので、もう、それをいかにうまく逃げていくかっていう。鬼瓦業を手伝うのか、または畑に行って野菜とか、今でいう瓜とか、西瓜とかいろんなもん作っとったんです。両方やっていましたから。それで草を取りに行くとか、夏休みは草取り、冬は麦踏みとか。とんとんと、足であれをやりに行くんですよ。夏休みは長いですから、「泳ぎに行くなら、海泳ぎ行くなら、うちで埃を払い、煤を払いなさい」って。黒く、焼けると黒い煤が出るんですよ。ガスで分解しますから。それを払えとか、いろいろ手伝うことをやらされました。

このように鬼良は鬼板屋であり同時に畑を五、六反所有する鬼屋が主、農業が従の形態を取っていた。ただ一九九〇年代の初めに土地を埋め立て借地にしたという。つまり小さな子供の頃から高校生の頃まで、実際に家で働きながら学校へ通っている状態だったのである。

昔はやることが一杯あったんですよ。達磨窯で、今みたいに、こういった四角い、……燃料がガスでしょう。昔は薪とか、石炭を使いましたので、そうすると、結局、窯の中からそれを一応出しますね、燃え滓を。それを選り分けるんですよ。使えるものをもう一遍使うと。要するに炭ができるんですよ。炭と、全く石炭で完全に燃え切ったものと分類して分ける作業があるんです。それで、もう一回それを使うんです。

この事に関して石川幸雄はガス窯に変わる以前の風変わりなこの土地特有の風物誌を語ってくれた。伝統的な産業がいかに土地の生活と一体化しているかがわかる。

まあ、瓦屋さんなんかは炭を売ったりとか、「瓦炭」なんていって、今でいうと備長炭みたいなのがありますよね。あれはなかなか火がつき難《にく》いんですけど、瓦炭っていうのはすぐ火がつくんです。で、昔は瓦屋さん、このあたり全部あったですから、それで、結構、瓦屋さんは売ってみえた。

ところが鬼屋の方はこのいわば廃物である炭のリサイクルを鬼屋の中で完結していたのである。

でも鬼屋の場合、それを再利用して窯の中で、「あぶり」っていうんですかね。瓦の場合はたとえばこんなに薄いですから、鬼は、こんなに厚いですから、火を付けてからある程度五〇度、六〇度を最初長く、ずーっと置くんですよ。そのために昔炭を使ったみたいですね。そのようなことを、結構、私たち、小さい頃にやらされました。

さてこのように独特の生活環境に育っていった石川幸雄であるが、一時期鬼から離れる。一八歳から三三歳まで自動車の整備士として働き、車の整備工場を将来営む計画でいた。ところが三三歳の時、父親の良雄から家業を継ぐことを頼まれ、それを受けたのであった。その事を次のように語っている。

車のメカニックやっとったのが、鬼瓦、今やっとるんですよ。苦しいですよ、なかなか。ハンディ背負ってますから。中学校からとか、高校からいきなりここに入っとれば良かったんですけれど、そういう事じゃないですから。まあ、いまだに半端なんですわ。

そしてそのハンディに対する覚悟を同時に話し、手作りへの情熱を示す語りが続く。

俺なりに苦しんで来ましたよ。だから、人が三日でできるところを十日掛かってやれば良いんだから。十日掛かっても出来や出来。出来ん奴はいつまで経っても出来んからね。だから僕の場合は、まあ、人が三日なら十日掛けてもやりゃいいかと。死ぬまで勉強だと思って。今はそう思っているけど。

確かに三三歳という歳は鬼師の世界では想像以上のハンディだと思われるが、幸雄の場合は常に師匠である従兄弟の石川時春が側におり、手作り鬼への道を共に歩んでいるのが特徴である（図18、図19）。

幸雄は技術の習得に関しては次のように話してくれた。

いつも言われているんだけど、結局数作らにゃ駄目だって事です。あのー、難しいからやっぱりどっちかっていえば人間逃げたい。難しいもんとか、こう大きいもんとか、こう嫌がるもんは逃げたいと。でも、そういうもんに向かっていく、それも嫌がるものも作っていくことによってそれを、いくつか一晩に一個、二個、一〇個やるなら、百個作った方が上手いだろうし、多分。やっぱり下手は下手なりに数を扱うことによって上手くなる。下手ながらでも作っていくことによって。

純粋の職人であれば問題はなく、確かにこの通りにやって努力すれば上達して行くであろう。しかし、幸雄は鬼良の親方である。ここに幸雄を含めいわゆる「親方」の難しさが潜んで来る。親方は仕事柄、職人のように一日中同じ仕事に集中できない。おそらく職人や従業員

図18　石川時春（鬼瓦製作中）

図19　家紋笹竜胆飾瓦（石川時春作）

を十分に抱えているところは親方と職人たちとの仕事の分離が起こってくると思われるが、鬼良は幸雄と時春そして幸雄の姉の三人で仕事を主にしており、親方の幸雄は独特な状況に置かれている（図20）。それが「営業」、「配達」、「作る」といった三位一体の体制である。作るという時間がどうしても削られてしまうのである。

この問題に関連して、昔と今の違いについて幸雄は次のように言っている。

図20　石川幸雄と鬼瓦（石川幸雄作）

昔なんか、配達っていうのが無くて、「庭渡し」というのが結構多かったんです。「取りに来てくれていくら」と。でも、今、県外持ってってって、とか、鬼を配達する時代になったですわ。道路が良くなって。だから、ある人は大阪だろうが、京都だろうが、奈良だろうが、みんな持ってきますよね。現地へ。もうひどいと、屋根屋さんの本宅じゃ、倉庫じゃなくて、現地の現場をしますもんね。親方がそういう作業までしていると、例えば今日京都だとか奈良へ朝行けばもう一日終わりですよね。鬼を積んで、そういう事やってますので、もう大体仕事が出来なくなったくらいです。毎日出とるわけです。その合間を見てやっとるっていうのが現実ですから。

この現状は別の視点から見ると、鬼屋と瓦屋がそれぞれ独立分離していることを示している。屋根は鬼瓦と一般の瓦のセットで葺かれるので運搬もセットで出せばかなり問題が解消されると思われるが、その事について聞いてみると。

積んだ瓦と一緒に行けば良いわけでしょう。瓦屋と一緒に行く場合はもちろんあるだろうけど、鬼は鬼屋、鬼だけで行くっていう、県外走っとる車が多いです。

ここに三州の鬼板屋は日本でも独特な状況に置かれていることがわかる。逆に他県では鬼屋はその独立性を失い瓦屋の傘下に入ってその従業員になっているところが多いという。鬼屋の独立を維持するために三州の、特に黒の伝統的な手作りの鬼板屋は経営者としての親方と、職人としての親方の狭間に立たされているといえよう。鬼良の経営の特徴は手作りへのこだわりなのかもしれない。鬼屋としての鬼良は製造を手作り一本に絞っている。プレス生産を一切しない。しかし多様な注文に応じるために他社にプレスの半製品つまり白地を発注し、自社で焼いて出荷している。その比率が現在（二〇〇三年）のところ、手作りの自社製品が四割、他社製品が六割といった状況である。

そういった鬼良の性格を次の言葉が良く表している。

　仕事全体が特に減っていますから、営業もやるときはあります。大概は土でも、作らにゃいかんわ。営業専門じゃないですから。に向かっている。暇があればね。

鬼末

　長坂末吉の興した鬼末を継ぐ二代目に当たる石川要を親方とする鬼板屋である。長坂末吉の文字通りの直系に当たる。ところがいろいろと内部は複雑であった。石川要の鬼末はインタビューした当時（平成一二年二月一五日）白地屋として三州鬼瓦白地製造組合には入っていたが、現在はどこの組合にも入っていない。実際に工場に行った時は窯があるにもかかわらず黒地の組合には入っていなかった。表向きは白地の鬼屋であるが同時に黒地もやっているところであった。広い工場ではあるが、当時訪れた際に気が付いたのはかなり内部が荒れている様子であった。その広い工場の中で石川要に会い、いろいろと話を聞いたわけである。現在は鬼末は事業の失敗と病気のため、解体され、鬼屋としての鬼末自体が無くなっている。ちょうど一つの鬼屋が無くならんとする間際に立ち会ったのであった。

◈——石川要　［鬼末二代目］

　長坂末吉と石川要がなぜ同じ鬼末なのかが物語の始まりである。実は長坂末吉の一人娘が石川家に嫁いだのが事の起こりであった。そして八人の兄弟の子供が産まれたわけである。石川要はその中の次男であった。[7] 長坂末吉にも四人息子がいたのだが、不幸にも皆亡くなってしまい、一人娘である石川要の母親のみが残ったのであった。そういった事情であったが、石川要は養子として長坂家に入らず、職人として鬼末に入り、結果、鬼末の二代目になったのである。伝統の継承の難しさが現実に起こった一つの例だと言える。

　石川要は中学校を卒業して豊田の工場へ一年ほど勤めたが、仕事が合わず、父親の家のすぐ近くにあった野々山という焜炉《こんろ》屋で働き始めている。一四、五歳の頃、焜炉の世界に入り、それは同時に粘土の世界に入ったことを意味していた。母親が長坂の出なので当然小さい時から鬼末には出入りしていたわけである。実際に鬼末に意識して出入りし始めたのは焜炉屋で働き始めた頃からといい、一八歳頃から徐々に鬼末へ移り始め、二四歳の時に正式に鬼末で働き始めている。その時の心境をこう述べている。

　自分にこの仕事が向くかどうかはその時は不安だったけどね。

　石川要が鬼末に入った時はすでに四、五人年配の職人がおり、その中に混じって働き始めたのである。石川要が鬼末へ移った時、長坂末吉は七〇歳ぐらいだったという。そして二、三年して亡くなったのであった。長坂末吉が亡くなると、その当時鬼末にいた四、五人の職人さんが少しずつ独立し始めたという。そういった環境の中で石川要は鬼瓦の技術を習得していった。その石川要が一番影響を受けたという職人が福井眞二である。当時歳が二五歳ぐらい離れており、福井から特に技術的なことを三、四年教わったという。

ここに実におもしろい伝統の系譜が見えてくる。福井眞二は福井製陶を興した福井謙一の父親であるが、福井謙一は福井眞二からは教わったことはなく、直接の師匠は福光という鬼板屋にいた職人の石川類次であった。ところが石川要は福井眞二から教わっている。つまり長坂末吉の伝統は福井眞二を通して鬼末の二代目である石川要に鬼末の仕事場で伝わったといえる。

福井眞二が鬼末を去った後は石川要は一人で技術を磨くことになる。石川要は次のように言っている。

やはり鬼というと自分でやってるだけでは駄目だもんね。人の仕事を見て盗むというか。だから口ではなかなか教えてくれないもんで。

つまり石川要は目標とするような鬼師が作った鬼瓦を見て、自分で研究をして自分の技術にしていったということになる。普通は鬼瓦が研究材料なのであるが、ごく稀には、目標にしている人の仕事場へ行ったこともあるという。その時のことを少し語っているが、鬼師同士の独特な攻防が伺えて興味深い。

いや、行ったこともあります。でも、なかなか嫌がるもんね。それはね、へら動いとっても止めちゃうっていうかね。そういう人がおるもんね。人の仕事見て習うというのかな。

「見る」というと穏やかな表現だが、やはり「盗む」がより「見る」の意味としては近いかもしれない。そして次のように鬼師の習性を語る（図21）。

だもんで、鬼師というと外へ出ると上ばっか見て。屋根を見てるもんで。特に古いのが好きだったね。昔の人はどのように作っておったかっていうこと。やっぱり技術的には昔の人は優れておったね。

このように基本的には手作りを主体に来た鬼末であるが、昭和五〇年代になり、生活上、プレスを導入している。ただ鬼末の場合、プレスよりも手作りへの強いこだわりがはっきりしている。根っからの職人気質の人のように思えるのである。それ故に事業とのバランスが取り難かったのかもしれない。鬼面を手作りで製作するときの気持ちについて石川要は語っている。

現代風の鬼面というのは通用せんもんでね。昔の荒削りの、何というのかね、勢いのあるものをね。現代風は綺麗にやりすぎてるわね。荒っぽさがない。昔のものは屋根に上がって見るとその凄さがわかる。

先代の長坂末吉について訊ねてみた。確かにわずかな間の師弟関係ではあったが、石川要は先代を尊敬している様が伝わってくる。なぜなら石川要は私を高浜市郷土資料館に保存されてある長坂末吉の鬼瓦を見せにわざわざ連れていってくれたからである。感慨深げに先代の鬼を見つめていた石川要がとても印象に残っている（図22）。

図21　石川要と観音像（石川要作）

図22　旧高浜町役場の鬼瓦（長坂末吉作）

石川要はこう先代について言っていた。

まあ、先代の方が凄いと思うな。やっぱり感覚的にもレベルが上だと思うな。だで、「昔の人は創造力があった」と思うね。

山本吉兵衛の職人の一人、長坂末吉から派生した鬼師の一群について見てきた。鬼瓦の伝統は実際に長坂末吉のもとで働いていた職人を通して現在の各鬼屋へ伝わっていることがわかる。ただ職人から職人へと伝わる技術の流れを追っていくと、現在、鬼末、鬼良、福井製陶の三軒が長坂末吉の系統として残っているが、福井製陶は初代の福井眞二と二代目福井謙一との間に技術の伝統上での断絶があり、長坂末吉系と共に山本佐市の系統を持つ山本福光の流れを多分に取り込んだ鬼板屋になっている。またなぜ長坂末吉の鬼末で職人であった福井眞二が、山本福光の経営する鬼瓦屋で働き始めたのかもここに於いて推測可能になる。長坂末吉が七二、三歳で亡くなったからである。福井眞二は暫く鬼末で働いていたが三、四年後に福光へ職人として移ったのである。そしてその福井眞二が福光へ移る前までの期間に、長坂末吉の伝統は当時まだ若い職人であった二代目鬼末になる石川要に伝えられていたのである。

注

［1］「黒地の世界」と銘打ってはいるが、文字通りの黒地の世界ではなく、黒地の組合である三州鬼瓦製造組合に属している鬼板屋の世界の意味であり、黒地の意味が多様に変化しているのが現状である。

［2］「鬼師の世界——三州鬼瓦の伝統と変遷」の中で議論した考えで、愛知県の矢作川を中心とする三河地区一帯に良質の粘土が存在し、昔からその天然資源を利用して独特な粘土文化が栄えて来たことを指す。

［3］大半の住宅産業、例えば積水ハウスなどのハウスメーカーを指し、従来のセメント瓦やカラーベストから瓦志向に転換し、粘土瓦で平たい洋風な屋根瓦を使っている企業をこのように呼んでいる。

［4］系図的な事であるが、山本福光は現在の山本鬼瓦工業㈱社長の祖父に当たる山本佐市の経営する「山本鬼瓦」という鬼板屋の職人であった。

［5］小僧から職人になるという意味である。

［6］石川良雄は戦時中、仕事が無くなったので、豊田工機に勤めていたが、終戦後昭和二二年、「鬼良」として鬼を作り始めた。

［7］当初、長男の清《きよし》が鬼末を継ぐ予定で働いていたが、すぐに辞めてしまい、次男であった石川要が鬼末を継ぐことになった。

［2］山吉系――山本吉兵衛系（弐）

梶川百太郎系――鬼百、梶川務、鬼亮、㈱伊藤鬼瓦

梶川百太郎《かじかわひゃくたろう》の系列は三社あり、鬼百、鬼亮、伊藤鬼瓦がそれに当たる。全て黒地の鬼板屋である。そして鬼板屋として屋号は挙げていない梶川務が白地の鬼師としてこの系列に入る。鬼百、梶川務、鬼亮が碧南で活躍しているのに対し、伊藤鬼瓦は碧南を出て、東三河の豊橋に居住地を変え事業を展開している。これまでは、梶川百太郎系は梶川三兄弟がそれぞれ独立した鬼板屋と考えていた。ところが二〇〇三年にさらに継続して調査した結果、伊藤鬼瓦の存在が判明した次第である。

鬼　百

◈――梶川百太郎　［鬼百初代］

梶川百太郎直系の鬼板屋が鬼百である。初代梶川百太郎は明治五年（一八七二）に生まれ、明治四二年（一九〇九）数え年三八歳で他界している。現在では鬼百においても、他の梶川一族にとってもすでに百太郎は伝説上の人物になっている。何故そうなったかといえば、梶川務のいう次のような理由からである。

おじいさん、お顔、見たこともないだでね、我々は。あの、親父がねえ、小学校一年生の時におじいさんという人が亡くなられたんだから。我々はおじいさん、写真で一度、古い写真ね、載っとる姿を、顔見たぐらいでね（図1、図2）。

つまり百太郎はすでに口承世界の人物になっているのである。務による百太郎の話を紹介する。

おじいさんっていう人がどういう人だったか、「腕のいい人だった」って事は、あの、聞いとるけどね。あの、「百太郎さんの職人さんたちが腕の良い職人だった」って事は、良く言われとったって事はわし方《がた》、聞いとるけど。

図１　初代鬼百　梶川百太郎

図２　獅子巴蓋（碧南市狭間神社　梶川百太郎作）

百太郎の腕の良さは職人として山本吉兵衛のもとで働いていた時に、親方である山本吉兵衛に見込まれてその娘と結婚し、養子に迎えられている事からも分かる。そのまま居れば今の鬼百はなかったことになる。しかし百太郎は親方の吉兵衛と性格が合わず、自分の子供を五人置いて家を出て来ている。百太郎は鬼百を興して独立し仕事を展開するが、残念なことに小学校一年生であった賢一を残して亡くなり、鬼百は一時断絶する。

❖——梶川賢一　［鬼百二代目］

途絶えた鬼百を興すのは百太郎の二人息子の一人、賢一（明治三四年～昭和三〇年）であった。百太郎のあと、残った職人は鬼福窯業へ行ったという。その際移ったのは職人だけでなく、鬼百の道具・機械一式が移動し、文字通り鬼百は消滅するのである。残された賢一がいつ鬼福窯業へ小僧として丁稚奉公に行ったかは定かではない。梶川務によれば、遅くとも十代の初め頃ではなかったかという。鬼福窯業は元来百太郎の取引先だったかもしれないと務は言い、「向こうの鬼福窯業のお爺さんが、その、賢一をおれんとこでほじゃ預かるという形で、親父は鬼福窯業へ行く」という事になり、賢一の弟は近くのお寺に引き取られ、一家離散のようになったらしい。賢一は鬼福窯業で小僧から始め、結果、以前百太郎のもとにいた職人から鬼を習うのである。そして賢一は二十代になって鬼福窯業から独立し、鬼百を再興している。一時、鬼屋として断絶はあるものの、梶川百太郎の鬼板の技術や流儀は百太郎の弟子であった職人を通して賢一が継承している。賢一の人柄は賢一の息子である務が率直に述べている。

西端の弟（梶川亮治）そっくり。見かけも性格も。そや気の強い負けず嫌いでね。ほや気が強い。気が小さいくせにね。食い、一杯飲むと、「こんなー、鬼百知らんかー」って。ほや弟もそういうとこ、あるでね。ありゃ気が強いとこある。西端の弟も性格がよう似とる。負けず嫌いなとこが（笑）。一番血を継いどるのは西端の弟だと思う。

あの、洒落者でね。余所へ行くと、人に馬鹿にされちゃいかん。背の小さい人だったで、その余所へ行ってこの、こみやる（見下す）といかんって事で、クーッと胸を張ってこう、余所行ってね。そんで余所行って、身だしなみはきちんとして行かんとってね。何を着ていくか、あれ着ていくかって、もう、お袋が難儀する。

あの、お袋が言ったことがあるけど、嫁入りして来た時に親父が何て言ったかって。「家に居るときは俺を馬鹿にしても良いけども、人前では俺を立ててくれよ」ってね。

怖い親父だった。直ぐ、直ぐ暴力。口で言うよりも手が出て来とった。わし方、子供の頃は、ほや兄貴もみんなよう叩かれて。

鬼百の長男、梶川守男に昭和二八年に嫁いだ梶川初枝は義父に当たる賢一について次のように言っている。

お父さんっていう人はちょっと引っ込み思案の方で。言って悪いけどちょっと日和下駄、高下駄履いて、ちょっと鳥打ち被《かぶ》ってマント着て、お洒落。着飾って出る人で。あの、はにかみ屋だったね。ほいでまあ、ある方が帰られてから、どこの方って言ったら、「姉さんが行っとったじゃないのか、集金行ってくれよ」って言われとるぐらいね。どっちかって言うと、そういう差し出な事が嫌いな方で。

コツコツ、コツコツ、この仕事一目でね、やりなさる人でした。まあ、営業マンじゃない。お父さんは特にね。あの、自分ね、ちょっとたまにどっかへ出て行くと、そこで見て来て。ウィンドーで「良いな」って思うと直ぐ帰って来て、夜も昼もない。直ぐそこで作ってみようと思や、やる方でした。

賢一は戦争前までは頼まれると山形の方まで鬼瓦を作りに出張していたと務は言っている。

この辺、やっぱり仕事が一年通してなかっただ。みんなそれぞれ親父も、あの時分、その縄張りがあってね。うちの親父は遠州の方へ。あの、瓦屋さんに出張にね。頼まれると、どこそこの家へ、一〇日なら一〇日。隣の瓦屋さんにまた一〇日っていうようでね。鬼を作りに。ほうすっと向こうさんは瓦屋さんだから乾かして自分で焼かっせる。そういう事は皆、職人はやっとったみたい。親父はまあ、遠州の袋井辺りがどうも縄張りだったみたい。そんで、「まあ頼まれて、山形の方の大きなお寺も行って作って来た」っていうような、そんな話もわし聞いたことがある。

このように賢一自身、腕に自信があり、色々な地方を一種の「バンクモン[1]」のような形の旅職人として修業を兼ねて出張し、仕事をしていた様が窺える。賢一が鬼百再興の過程でとりわけ貢献したと考えられることは鬼百の流儀の中へ彫刻の要素を導入し、そこに芸術的な感覚を加味したことである。梶川初枝が賢一と彫刻家との出会いと、その葛藤の様子を伝えている。その様は新しい伝統の産みの苦しみを物語っているようにさえ思われる（図3、図4）。

その自分の作ったのが、あの、気にいっとるのにある人が、なんぼかいいな、崩されちゃって。「こんなの駄目だ」って崩されちゃった。怒っていられたけどね。ほんでも反省して見えた。「ああ、そうか」って。あっ、三枝《さえぐさ》先生っていうだわ。ほいで、その人も、その先生が「これがいいだよ」って、「こういう風に作るだよ」っ

図３　二代目鬼百　梶川賢一（50歳前後）

図４　六寸ビン付影盛立浪台付玄関鬼（碧南市新川町　岩本歯科玄関　梶川賢一作）

て言って。落ち着いて、幾月もなっていくと、もうそれが自分で分かるじゃないかね。あの先生の良さが。だけん、率直に言われると怒れるだね。自分はこんなに上手に作ったのに、何でね、そんな風に悪い。自分の作ったもんが何でも良いと思ってみえたもんで、お父さん。ほんとの昔職人だね。

ここに出て来るのが日展作家の彫刻家、三枝惣太郎であり、その弟子、加藤潮光である。やはり偶然の出会いというよりも、賢一の鬼師としての力量が二人の彫刻家との関係を形成したと見て良いであろう。しかし、賢一は昭和三〇年九月二八日に数え年五五歳で亡くなる。

二代目鬼百の賢一のもとに五人の兄弟が残された。その中で、鬼師になったのは長男の守男、五男の務、七男の亮治であった。暫くは三人兄弟が協力して鬼百を盛り立てていた。しかし末っ子の亮治が昭和四三年に独立して鬼亮となり、継いで五男の務が昭和四五年に独立し、屋号を掲げない白地屋となり、務と亮治は外から鬼百に協力して行くことになった。言い換えると、三代目鬼百守男と、白地屋となった務、鬼亮となった亮治という梶川百太郎系の分裂・拡張が起きたのである。この出来事を別の見方で見ると、ここに三人の鬼師を育てた賢一の存在とその貢献の重要さが理解できる。現代という鬼瓦業界にとって厳しい状況に置かれている昨今、単に梶川一族のみならず、より広い意味での鬼瓦の伝統に対して賢一の成したことはその重みを増しているように思われる。

❖——梶川守男　［鬼百三代目］

まず三代目鬼百になった守男（大正一四年一一月一五日〜平成二七年五月三〇日）について見てみたい。名鉄新川町駅の踏切を渡って直ぐ近くにある鬼百を調べていた時に、守男には何度も会って話を交わしている。正式にインタビューをしたのは二〇〇三年三月九日で、今は守男専用の部屋のようになっている事務室で、守男と、息子の賢司と守男の妻初枝を交えて話を聞いた。守男は大正一四年生まれで、その時七八歳であった。仕事場で少しずつながらも製作をしている。ただ目が悪くなり、手も少し不自由とのことで細かい作業が難しいという。守男は初めて会った時の印象を言うと少し風変わりな感じがする人である。自ら、「ぼけた。いや、惚け取っちゃいかん」と言いながら話してくれた。印象に残る守男の言葉は自分自身のことを振り返って語った次のような声であった。

無惨な人生だよ。結局ね、人生の生き方を知らんだってね。寂しい人生だったね。今日までを考えると。

この言葉には他人には分からない様々なことが含まれているように思われる。いろいろ勘考すると、鬼百三代目としての重圧から漏れるうめき声のようにも聞こえる。守男からは細かい事柄を聞くことは難しかった。ここでは守男の声と、弟の務が語る守男についての話をもとに守男像を構成してみたい。守男は高等小学校を卒業して賢一のもとで鬼を修業し始めているから、計算すると一四歳前後に当たり、鬼師の世界に入るには理想的な歳であった。しかし、時代が守男を鬼の修業から引き離す。守男が鬼師を始めた時は、昭和一四年（一九三九）であった。その辺りの事を務がこう語っている。

あれ（守男）も学校卒業して直ぐ親父と一緒に鬼を作っとっただね。だけど、戦争がひどくなって来てね。わしはまだ子供だったで。兄貴が、わしがた小学校一年、一、二年の頃、兄貴が親父と仕事しとった記憶はあるだ。かすかに。「ああ兄貴はやっとるなあ」って記憶があるだ。そのうちに、その、もう鬼なんか作っとる時代じゃなくなった。戦争がひどくなって来てね。そんで兄貴は会社に行ったんだ。豊田の自動織機だったか。そいで何作っとったというと、そや、あのー、飛行機のラジエーターかなんかの、ボロボロのラジエーターを。「そんなん直ぐ穴が空いてしまう」ってよう言っとったけどね。あの修理だな。ハンダ付けみたいな事やったり。なんかして、その、みんなあの頃は若いもんで、みんな会社行っとったですよ。

つまり当時、軍需工場へ働きに行っていたことになる。さらに守男は兵隊にもなっている。

あ、兵隊にちょっと取られとった。終戦、会社行っとって、召集令状が来て、終戦まで半年ぐらい兵隊行っただ。もうほんとに、終戦末期、戦争末期、ひどくなった時代に行って。浜松の航空隊に入った。整備兵として取られた。親父もまあ、これで息子もまあ飛行隊なんか取られや、「まあ、これが兄貴の見納めだ」って言って。だいぶショックだったみたいだけどね。

守男はこのように鬼師になる大切な時期を戦争のためにその大半をふいにしている。その上、師匠である父親の賢一とも戦争までのわずかな期間余りうまく行かなかったようなのである。息子の賢司の「戦争に行く前に鬼瓦をどれくらい家《うち》でやっとった」という問いかけに対して守男が次のように答えている。

そんなもん、そりゃあ、親父さんに就いてやっとったけど。親父さんが根性が小さいでね。小さい親父さんだった。背も小さいし、根性も心も小さかったねえ。もう、僕を脅しまくるの。自分で苦労してきたでね。自分が苦労してきたなら、自分は子供のためにちょっとね。もっとしっかり教えにゃいかんなっていう風じゃねえだもんだん。自分が一番先。何やるでも。子供はあと。そういう親父さんだったね。いろんな恥ずかしい思いして今日があるわね。生きとるのが不思議だわね。

終戦後は暫く鬼瓦の仕事はなく、鬼百では土器（火鉢とか七輪）を作って白地で小島製陶という土器屋へ納めていたという。さらに電気焜炉の熱板を作っていたところ、少しずつ瓦が出始め、本来鬼師の賢一は本職の鬼瓦へと移っていったのである。ちょうどこの頃に守男の弟の務が高等小学校二年生の卒業を待たずに終戦後のどさくさも伴って中退し、鬼百で土器を手伝い始める。ここで何が起こったかといえば、鬼百賢一のもとで、二一歳の守男と一三、四歳の務とが同じ仕事に就くという新しい事態であった。務は次のように当時を振り返る。

その頃まんだ、鬼作ってなかったもんだん。土器、土器を手伝っとった。熱板を作っとった。それから親父が鬼を始めるようになって、鬼を作るようになった。そんで、一年も経たん内に、鬼を作りだいて直ぐだわ。兄貴、兄貴のやつと俺のやつを比べるようになった。親父が。

ほんで、「こや違うな」と。綺麗に仕上げるだね、見たのを。あの、直ぐ、直ぐ親父がやっとるような形でヘラが持てるようになって。それを親、お袋も見とって、「お前ならやれるな」って。「お前ーっ」とお袋がよう褒めてくれよったで。親父がそういう目で見とったと思うね。

だから死んで行く時に、あの、「務がおや、やっていけるわ」って言っとったみたいだけどね。親父が、「あいつならやっていけるで、ほいで兄貴が窯炊いてやっていきゃいいわ」って言って、どうもそんなことをちょっと漏らしとった。

このように守男には当時の「鬼百」の鬼師として資質的に何か満たされないものがあったらしいことが分かる。務がその何かについて説明している。

まー、手先が不器用というか、やっぱりこういう仕事はちょっと天性みたいなもんがないと、これに向く性格でないといかんじゃないかなー。兄貴はどーもその、わしの作ったもんと親父がたまに比べて見とるところ、ちらっと見たことがあるけど、兄貴は嫌な顔しとりおったけど。

簡単なもの仕上げても、あか抜けがせんだった。兄貴のはね。お袋もだから親父から聞いとったのかな、「務ならいいもんが出来る」ようなことを。「あいつならやれるなー」ていうことをお袋に漏らした。だからお袋は私を大事にしてくれおったわな。「お前の腕は大事だで」ってお袋はよう言ってくれよった。で、励みにはなったわね。兄貴はほだで天性的にそういうものに向かなんだかもしれんね。

ここに「鬼百」であることの難しさが全面に出て来る。鬼百の血筋を引いた守男には才能がないというわけではない（図5）。また約五

図５　三代目鬼百　梶川守男

年にわたるフィールドワークを通して知った他の鬼師たちと比較しても特に遜色があるわけでもない。ただ賢一や務が目ざす「鬼百」の鬼師として大事な資質としての何かを満たしていなかったのである。務が次のように守男について補足している。

まあ、普通のまあ、普通のもんなら出来るけど、ちょっと高級な良いものが、あー、できんってことだな。

この「高級な良いもの」が実は「鬼百」の売りなのであった。結果、窯を炊いたり、配達をしたりといった仕事を主に守男は兄弟の間で受け持つようになったという。こういった場合、他の多くの鬼瓦屋は手作り鬼からプレスによる鬼瓦の大量生産へと転換していき、時代の波に乗り、営業を拡大し近代化の道を選択したのである。守男はそういったプレスによる事業拡大の道にも性格が合わなかったらしく、酒で気を紛らわすようになり、仕事の意欲を無くしていってしまうのである。これが原因で五男の務と七男の亮治が鬼百から独立することになる。守男の場合、このように色々な条件が次々と重なり合い、物事がうまく行かず、守男のインタビューの言葉へと繋がっていく。「寂しい人生だったね、今振り返ると」。

守男はこのように一つの挫折感を背負っている。しかし、守男の人生を振り返ってみると、何事にも敏感でものを見る目が研ぎ澄まされるはずの多感な年頃を戦争のために翻弄されている。その上、父、賢一との折り合いが悪く、自らの感性を十分磨くことが出来なかった事が務の言う鬼師としての資質を欠く原因になったことは否定できない。ただ、守男独自の味わいのある作品を作っていることも事実である（図6）。喜寿を迎えた現在でも黙々と製作している姿を見ると、守男は鬼瓦を作ることが元々好きなのだと思う。すでに父親との確執もなく、売り上げにも関係しない自由に作れる今こそが守男にとって待ち望んでいた時なのかもしれない。

図6　お福（梶川守男作）

梶川賢司

［鬼百四代目］

現在の鬼百は実質上、四代目の守男の長男賢司に移っている。昭和三一年生まれで、四代目鬼百として活躍している。小さい頃は絵を描いたり図画工作のようなものが好きで大人しい子だったという。当時はまだ叔父に当たる務や亮治が鬼百で一緒に守男と仕事をしていたといい、後に美術と賢司が関わるようになった叔父たちの思い出を少し語ってくれた。

絵とか彫刻とかそういうのが、地元の有名な彫刻家の人がおって、叔父さんたちがちょっと習っておったし、それから絵やなんかもサササッとこう描けるみたいだったもんで、何かと、こう見て貰ったとかで、まあそういうのが影響しているんじゃないかと思いますけどね。

碧南高校では、実際に絵画が好きだった故に美術クラブに入っている。さらに名古屋造形芸術短大の彫塑科に二年行っている。鬼瓦をするために美大へ行ったのかと聞いてみた。

そうじゃないです。正直言って、絵の方が好きだったもんで、その大学も一次志望、二次志望があって、油絵科の方を一次にしてあって。たまたま入る人が多かったもんで。「二次の方の彫塑でもいいか」と面接の時に言われて、「良いです」って言って、そっちに決まったじゃないかや。

ある意味で、油絵科から彫塑科への変更は運命的なものであった。それについて賢司はコメントをしている。

良かったですよ。そんな、絵の才能があるとは思っとらんかったでね。好きは好きだったけどね。あの、クラブ入っとってもそう大した絵は描けてないと思ったでね。ほんだで、かえって物作りの方が良かったじゃないかと。

美術学校に行くのに関しては特に父親や叔父たちから指示はなかったという。しかし、賢司のケースはやはり二代目鬼百賢一から流れる芸術家との繋がりという伝統を現代的に表しているように思われる。ただ家では鬼の仕事が賢司には待っており、鬼板屋の生活の一端を知ることが出来る。

父親は、「はよ卒業してうちの仕事やれ」って、それこそね、「高校も行かんでいい」って言うぐらいで、まあ、そう強くは言わんかったけど。

高校生の時でも、こう、例えば、うち、昔の達磨窯でやってると、朝早くから窯開ける。月に一回かそこら、もうちょっとぐらい窯を開けますもんで。窯を開ける時になると朝早くやりますもんで、窯を開けてから熱い中、手伝って、こう、窯ん中入って火がつくぐらいの、こう、眉毛が燃えちゃうぐらいの中で代る代る入って行って、出して、一通りちょっと一段落してから学校へ行った思い出があるで。

大学に行っている間も事情は殆ど変わっていない。美大に行きながら同時に鬼瓦の仕事をしていたのである。

　窯を炊いて、叔父さんが積みに来ていただいてたもんで、昔からで、その叔父さん（務）は独立してやってるんですけど、窯の時は積みに来ていただいとったもんで。まあ、大学二年の間に窯を積む時はその叔父さんと一緒に積んで、まあ一緒に積んで覚えるという事で、毎回一緒にやって。そんで、卒業したと同時に仕事を家に入りまして、もう、ほんとならまあ、一遍その叔父さんのとこで少し、その、修業というか、行った方が良かったんですけど。家にちょっとゆとりが、ちょっと父の体調のことや色々のことがあって出られなかったもので、ずっと家におる。

図7　四代目鬼百　梶川賢司（鬼面　梶川賢司作）

図8　本鬼面花雲足付（高浜市かわら美術館　平成12年7月2日市民創作劇「林さん家の福鬼」にて、梶川賢司作）

賢司は大学を出ると直ぐに鬼百に入り仕事を始めた。叔父の務のもとでの修業の話があったにもかかわらず、鬼百での諸般の事情で実現されず、父親守男について鬼を修業していくことになる。鬼瓦の師匠のような人は誰か他にいるか尋ねてみると賢司は二人の叔父、務と亮治を挙げた。賢司は鬼百三兄弟の流れを伝統として受け継いでいることになる（図7、図8）。

　まだあんまり得意でないとか、知らない

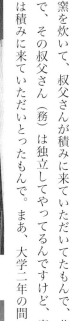

ものに関しては参考に聞き、教えていただくということで。例えば、図面を描いたら持ってって、こう、手入れして貰って、「この方が良いぞ」といわれて、こうするような事はちょくちょく。毎回は向こうが忙しいもんで遠慮しちゃって、たまにですけど。あの、いい鬼瓦作りたいと思いますもんで。

このように叔父の務や亮治から鬼瓦の教えを受けながら鬼百としての伝統を賢司は受け継いでいる。そして同時に賢司流の鬼面をも模索していることを賢司は語っている。

梶川務

最近ちょっと困ったなと思うのは指定がない場合、鬼面を作るのにちょっと鬼面の顔の形って言うのか、どことなく一つ一定化して来たような気がしますので、もうちょっと何かバリエーションをと思っておりますけどね。ま、自分なり一生懸命作っておりますけど、まあ、ちょっと、違ったもんもまた、違った鬼面というか、もっともっと変わったもんを作ってみたいと思っております。

◈——梶川務

鬼板屋の屋号を挙げない白地屋として活躍している手作り専門の鬼師が梶川務である。二代目鬼百、賢一の五男として昭和七年（一九三二）に生まれている。務は小さい頃のことを話してくれた。

勉強なんかやったことありゃせん。子守ばっかしとった。子守やっとったばっか覚えはあるけど。勉強なんか大嫌いでやったことあやへん。

ほんで終戦後、高等一年まで行っただ。高等二年生の頃になったらもう、学校行くのいやんなっちゃって。行ったたって勉強なんかせりゃへんようなことで。先生もやる気がねえっていうような状態だったでね。あの、来たけりゃ来りゃいいぐれえの、その終戦後はそんな風だった。まあ、「行きたあねえ」って辞めて……。だから、あの、高等小学校も中退だわ、私。

このように学校は正式に卒業せずに、そのまま鬼百の賢一のもとで働き始めたのは、何と務が一三、四歳の頃である。何を見るかで物事は変わる。務は学校こそ中途半端な形で終えている。ところが鬼師になるにはその事が逆に理想的なスタートを切ったことになる。その上、戦争が終結し、日本の再生が始まる社会復興元年に鬼師の世界に入ったのである。ここが七歳年上の兄守男と大きく違うところである。務は鬼百で手伝っていたが、まだ社会復興は人々の生活の基礎レベルにあり、鬼瓦の注文がないので、土器や電気焜炉の熱板を一、二年やっていたという。鬼瓦は作ってはいなかった。務はとりあえず、まず「粘土の世界」に入ったことになる。暫くして賢一は鬼の注文を少しずつ受けるようになり、日本社会が「食」から本格的に「住」へと復興の槌を振るい始めると共に、務は「鬼の世界」へ賢一と共に移行するのである。そして鬼を作り出すと直ぐに賢一と同じような形でヘラが持てるようになったという。務はその理由を次のように言っている。

土いじりが好きだったかもしれんね。まあ、向いとったって言うのかな。親父のやるとこ見てずっと育って来とるで、そういうとこ向いとっただかもしれん。それと、親父の手先の器用なとこを、「血を貰った」って事だと思う。

ところがそれから暫くしてその務に転機が訪れる。父親の賢一が昭和三〇年の秋に亡くなるのである。務が二三歳の時であった。ちょうど賢一が病に伏していた頃、天理教の大きな仕事を受注しており、主力の賢一なしで、何と務を中心に兄の守男と弟の亮治を加え三人で、鬼瓦を完成させている。そしてその時に師である賢一から「務がおや、やっていけるわ」と言われている。その当時のことを務は回顧する。

その、死ぬ時に、大きな仕事を受け取ったもんだん。わしも作ったことのねえようなもんだったけどね。天理教の。わしも全然作ったことなくて、手でそんな大きなもの作ったの初めてだったけど。作ったもんを見てそう言った。親父が。

父親、賢一のこの言葉は務に多大な力を与えたと思われる。そして天理教の鬼はさらに意外な結果を務にもたらす。

ほしたら、そのものは（務たちの製作した鬼瓦）、あの、天理教の本部へ持っていって、その、飾っとったね。屋根に載せる前に。ずーっと並べて。その時にそこの鬼福さんと、京都の鬼屋さんと三軒で作った。

そして天理教の人が次のように言ったという。

「私の作った鬼が一番良かった」って言われたそうだ。「鬼百の鬼が一番良かった」。

だからみんな名人だ、上手だいう人がおって作っても、そんな俺は初めて作ったような者が褒められていいもんかなと。うん、ほいで、自信がついた。

務は天理教の鬼と賢一の死を境に急速に自信をつけ、文字通り一生の一大転機を形成している。師、賢一から独立のきっかけとなった天理教の鬼は、その製作過程を通して、鬼百の伝統の技術や様式に新しい深みを加えたものと思われる。そして天理教の鬼の製作者であった務たちにその技は基本的な鬼の流儀（鬼百系の天理教スタイル）[2]として伝わっているのである（図9）。さてその伝統の継承であるが、賢一から鬼百の伝統を如何に教わったかについて務は次のように言っている。

ああいうものは、教わるって言ったって。わし方のやっとること、親父がそのまあ、図面を引くと、ねえ、紙に書くと、「おい、こいつ、これ作れ」ってなもんでね。ほんだで、そりゃまあ、うーん、下手だったら、「こんなもんは」って、まあ、よう怒っておったけどね。で、そんなことで暮れて行くわね。そのうちに出来る

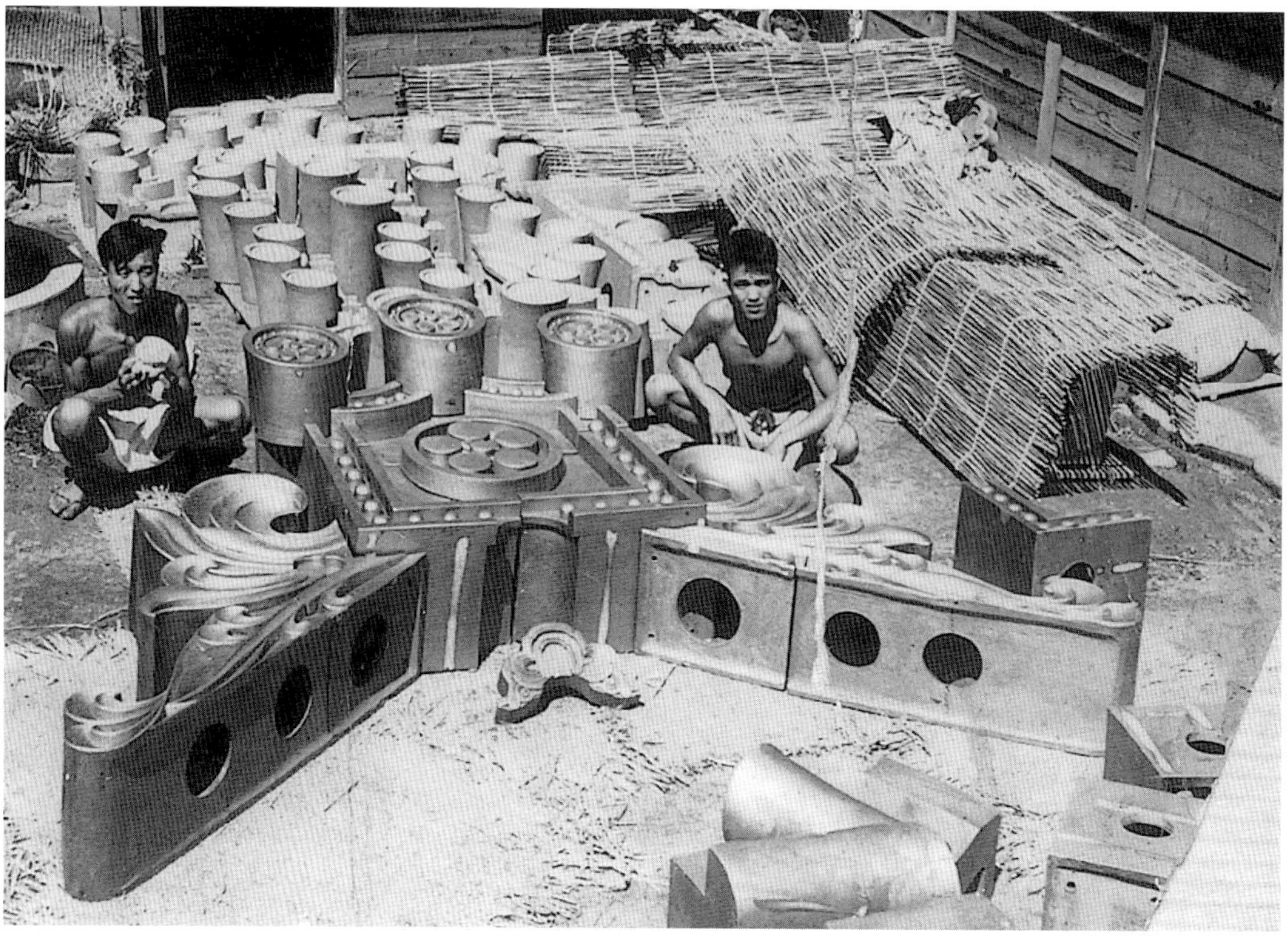

図9　天理教の鬼瓦（鬼百の仕事場にて、左 梶川務　右 梶川守男）

ようになって行くわね。ヘラでも自分で持って磨いとるうちに、だんだん自分で覚えて行くもんね。で、親父のやっとるとこ見て覚えてくってとこだわな。まあ、大工の、その小僧が仕事覚えて行くと一緒で、やれる事からやらされて行くって事だね。職人の仕事なんてそんなもん。うん。

と淡々と職人の世界について語っている。ところが鬼百は単なる職人の世界ではすでになく、賢一は彫刻家と交流を開始していた。務は天理教での鬼の評価を知って直ぐに「これは加藤潮光氏のお蔭だなと思った」と言っている。彫刻家、加藤潮光との関係は他の鬼板屋にない特徴を鬼百へもたらす。務はその加藤潮光のもとへ通い始めていたのである。

一九、一九。鬼を始めるようになったら直ぐだったように思う。一二、三で（今の）中学一年生の時からそんなこと（土器作り）、二、三年やっとって一五、六で鬼屋をね。一五、六の頃だったかなー、鬼を作り出して二、三年経って一八、九の頃だったのかなー。加藤潮光氏が日展に入選していた頃だったで。で、行くようになって、「やっとくと良い」って言われて行くようになって、二、三年してからだと思うね。だから鬼を作るようになって四、五年なっとったのかねー。

加藤潮光は鬼百の伝統を理解するのに鍵になる人物なので、加藤潮光と務の出会いについてさらに尋ねてみた。

それは、あの、やっぱり親父が好きでね。ああいうもんが。やっぱり自分もああいう物を作るもんだから、好きで、潮光さんの彫らしたなんか、彫った物が。いや、潮光さんが遊びに見えたのかな。潮光さんとこ遊びに行ったのかな。見に行ったのかな。友達と二人で遊びに行ったのかな。何か潮光さんがお出でるようになっただ。親父の処に遊びに。そんで私があの、職場でその、そういうもん、粘土細工みたいな。その頃は粘土細工だ。わし方のやることは粘土細工だった。くるめていじって顔を作ったり、大黒さんの顔作ったり、観音さんの顔作ったりしとるんだから。

そういった交流がきっかけで、加藤潮光は務に声を掛けたのであった。

「まあ、そういう事が好きならな。あの、基本だけでも覚えると良い」っちって。そいで「来い」。その、潮光さんもその時に、潮光氏も日展に入選されて、一番頭に血が上っておった時だ。カーッと来とった時だ。で、「一緒にやらめいか」と。「やっちゃどうだ」って。そして行くようになった。出会いはそんなもんだ。

しかも運の良いことに加藤潮光の家が鬼百から近かったのである。務はそういった偶然の運と出会いに助けられて加藤潮光からいわば「粘土のデッサン」と呼べるような教えを受けるようになる。

あの、別にあの、そこへ作りに行くわけじゃないけど。うちで作っては持ってって見て貰ってね。あの、妹の顔を作ったりね。おばあさんの顔を作ったりしてね。その、デッサンっていうものを知らんもんだん。いきなり、このね、顔を粘土で作って、妹の顔を作って。初めて作ったのは妹の顔だったけど持ってって、ほいで先生に直して貰って。で、展覧会、「展覧会出せ」って言ってね。公募展が松坂屋であったもんだん。ああいうとこに出す、出しよったです。だから、先生のとこに弟子入りしたってわけじゃない。家で作っては、持ってって見て貰って直して貰うっていうような、そういう、そういう形ですよ。だで、大した彫刻もできんけど、ほんでも鬼を作るくれえの事なら、何とか出来るもんだんね。

務は彫刻と鬼をいきなりここに繋げている。その理由を加藤潮光からの秘伝のような言葉で伝えている。

あの加藤潮光氏が言ったんです。「お前なあ、鬼の図面引く、一本の線を引くのもなあ、勉強すると変わって来る」と言って。うん。「一本の線を引くのに変わって来るんだで勉強せよ」って。その、「彫刻家にならんでも何でもええで、職人でええんだで、その、そういう勉強しとくと良い」って言われた。

務は加藤潮光のその言葉を自分の経験を通して確認している。

そや、やって見てそう思ったな。自分で今描いたもんでも、はあ一年も経つと、「ちょっとこいじゃまずかったな、ああこっちのがええなあ」っていう。そういう風に、その、分かるでね。やっぱり、ああいう勉強した方が良い。あの、高浜の人方《がた》でも、まあ、

図10　加藤潮光（55、6歳頃）

あの、手作りの鬼で生きて行くなら、ああいう勉強するべきだと思う。

さて、ここで彫刻家、加藤潮光（大正五年〜昭和五二年）について少し紹介したい。務は加藤潮光についていろいろ語ってくれた（図10）。

元々ね、その加藤潮光さんっていう人も、あの名古屋の昔でいう彫物師だね。そういうとこの弟子入りだったもん。で、やっぱり手先器用だったもんだん、そうやって独立してやって見えたけど、生活は苦しかったと思うよ。

その、町の彫物師が三枝惣太郎という東京の美大を首席で出たという人に出会い、日展に常時入選するようになる。暫く碧南市の文化協会の会長をやっていたが六〇歳で亡くなったという。務はその三枝惣太郎による加藤潮光への指導光景を体験談として語ってくれた。

あの加藤潮光氏もその三枝惣太郎っていう先生に指導して貰った。その、指導して貰った人、多いですよ。三枝惣太郎っていう人がみた、まあ、弟子というのか、弟子っていうのは昔は。そんなん弟子じゃなくって、作って、「先生見て下さい」と。この、「作りました。見て下さい」って、出張してお出でおった。

潮光氏が裸像作るとね。見て、わしも一緒になったことがある。そうすっと二人で、「こうじゃねえんだ」って言って、「モデルそのまま作っとったって駄目だ」って言ってね。こう、土をバーンとぶつけてねえ。「これは」って言って、「ちょっとこれは正中線が曲がっとるぞ」って言って、こうやって直いていかせるおったけどねえ。ほりゃ、風は普通のサラリーマン、学校の先生みたいな人だった。

務はさらに話を継いで言った。

それから、主は、潮光さん、木彫作家だでね。仏像よう作って見えたけどね。「仏像が変わった」って言って、三枝先生がよう言いなさった。「ほれ見よ」って。ちいとこう、日展に二、三回入選して来たら。「仏像のな、仏像は仏像の線があるんだ」と。「ただ人間とは違うんだ」と。うん、「仏は仏の線を出さにゃいかん。それが出て来た。見よ」って言って、褒めらっさるおったでね。

そして務は一言付け加えるのである。「だから、そういう勉強すると良いって。ほうすっと鬼でも、良いもんが出来るようになるっちゅう事だわな」。加藤潮光の場合、一介の町の彫物師であった人物が、三枝惣太郎という本物の彫刻家に出会い、彫物師から木彫作家になったわけである。

ここから務は思いを一気に鎌倉時代、古代へ、鬼の世界へ馳せるのである。務の話したことは「鬼師の誕生譚」といってもいいかもしれない。

昔の鎌倉時代の鬼でも見ても、鬼瓦見てもね、ありゃ下手なのもあるけどね。ああいう仏師という人たちが居ったね、鎌倉時代には。ああいう人たちの指導を受けた人の跡が分かるね。そういう良い鬼面を見るとね、「うわっ、これは鬼板師じゃないわ。これは仏師の流れを汲んどるわ」っていう事が分かるような良いもんがあるでね。

その昔、その法隆寺だとかね、ああいうとこに載っとる鬼を作った人は、ほりゃ仏師の人方《がた》が影響しとると思う。わしはそう思う。そう見えてしょうがない。そうとしか思えん。ただ、わし方《がた》みたいな独学じゃあ、ああいう鬼面はできんと思う。

務はさらに「鬼師と仏師」についての考えを、自らの経験に基づいて展開していく。

鬼師でも前はそう、仏師が、後ろから指導を受けて始めたことだと思う。そんなもんだ。まあ、わしゃ想像でものを言っとるだけどね。初めなんてそんなもんじゃないかなー。

「その感じは作ってみて、初めて分かる訳ですよね」と務に尋ねると、

うん、わし方はそういう鬼を見てねー。ああいうものが、平《ひら》の瓦職人が、瓦屋が、ああいう図案はできんと思う。うむ。ああいうものは、古代鬼面というものはね。あのー、図案化したものが出来とるでね。古代鬼面なんか。それを見て加藤潮光氏が言ったもん。

務は実際に若い頃、仏師と鬼面の関係をすでに鬼師として体験しているのであった。

いっぺんね、東京のね、仏師という人が、東京のお寺さんの鬼をやったのをね、私が持っとるのをあんたがね、写真撮って行かれた古代鬼面があるだけどね、簡単な古代鬼面が。あの鬼面はね、東京の、その、関保寿《せきやすかず》という仏師だわ。仏師が持ってきた。「こういう物を作ってくれ」と持って来てお出でたことがある。それを加藤潮光氏が見て、「この物がお前分かるか」と。「この良さが分かるか」と。その時、わからなんだ。こんな汚ねえもんがと。今になって毎日毎日こうやって見とると、「やっぱり違うなー」と。仏師です。その人は仏師だ。

その人方はね、その大きな紙、図画用紙に鬼面のデッサンをして

図11　梶川務（作業場にて獅子巴蓋を製作中　2002年）

ねえ。何枚か持って見えたけどねえ。ああいう人達が古い、その、ものを。それは昔からある鬼ですよ。京都、奈良に載っとったものを、あのスケッチしておいただよ。デッサンしておいただ。で、あの、その関っていう人は、自分でデッサンした鬼面じゃない。昔からある鬼面を、自分でデッサンして、「こういう物が昔あった、こういう物が良いんだ」と。「こういう物を作ってくれ」って言っておいでた。

作ってみるとやっぱり、そういう物をデザインしたっていうと、或る程度の力がなけりゃ、そういう物はできんと思う。昔、その古代鬼面というものは、単純化した線のその鬼面はね。あの、そういう仏像彫刻やる人が初めて「それが良いんだ」と言って、「作れ」っておいでたって事は、それだけの良いものだって事だと思うがな。ほや、加藤潮光氏も褒めた。「これは良いものだぞ」って。うん。だから、相当、力のある人方《がた》とかが作っとったと思う。

務の父、賢一に端を発する彫刻家との交流は鬼百の鬼瓦技術・様式を昇華させる独特な感覚を育むことになった。務はその事を「技術と感覚」といった言葉で捉えている。まず技術については次のように述べている（図11）。

先生が作っとる姿を見たりして覚えて行くもんだと思うよね。だから、隣で一緒に仕事しとることが指導になるじゃないのかね。職人仕事でも、大工さんでも、左官さんでも、きっとみんなそうだと思うけどね。こう、体で覚えるっていうのかね。手や体で覚

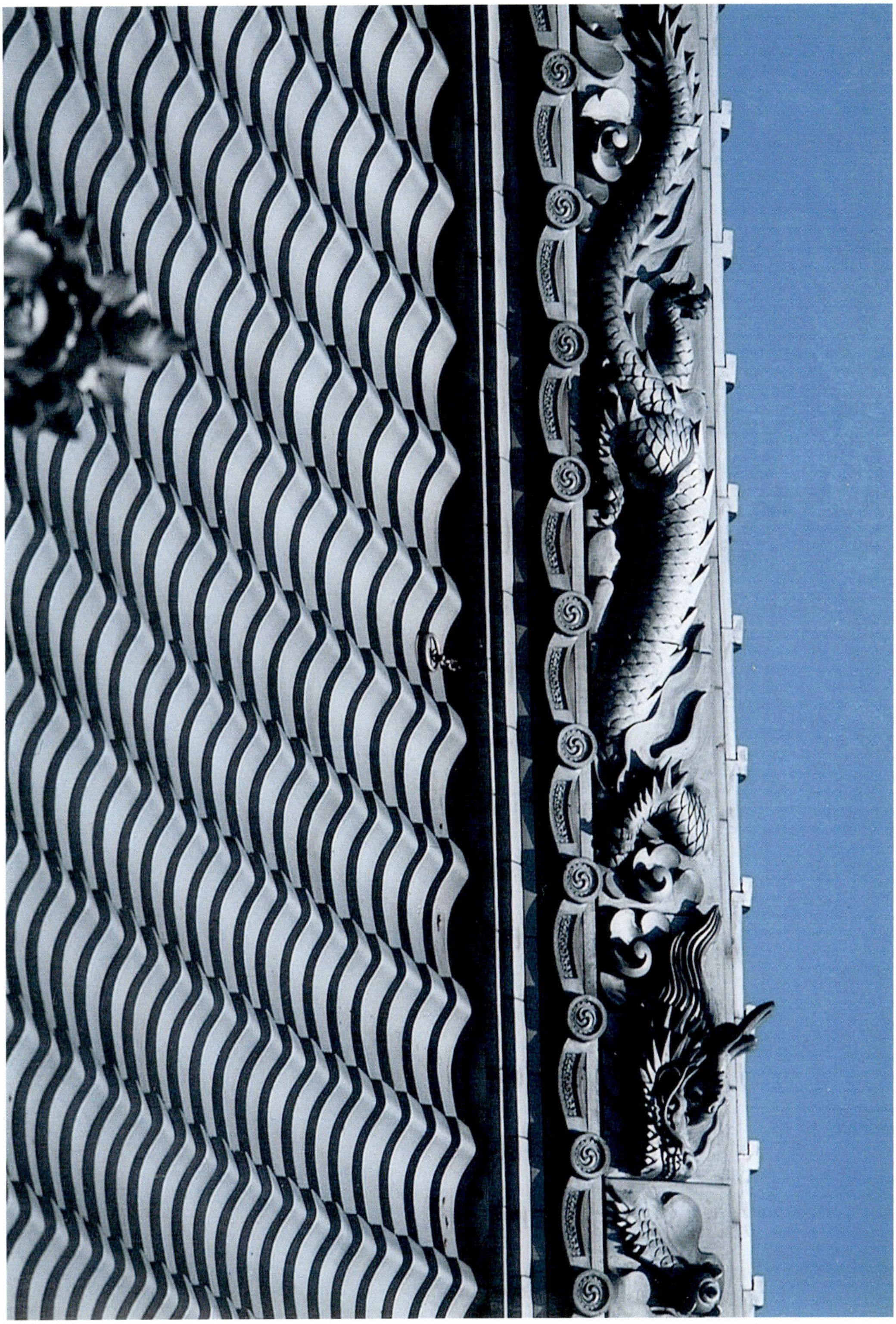

図12　龍棟込（豊橋市祥雲寺　梶川務作）

えるって事だと思うけどね、技術っていうものはね。

ところが技術だけでは十分でないと務は主張する。感覚が伴わないと唯の物作りに終わり、感動は生まれて来ないという。

感覚はまあ仕様がない。まあ自分で養わなきゃしようがないけど。技術なんてものは、技術というものはあんなものは簡単なもので。ちょうどね、轆轤《ろくろ》、お宅が山口の出だと言われた萩の陶芸の轆轤でも、あんなものを回すのは一週間も轆轤ひねくっとったら、スーッとこうやって土が伸びてきて、それなりに茶碗が出きるっていうことでしょ。まあ、一週間か一〇日か、毎日毎日こうやって伸ばしとれば。ただ伸ばすならそれだけだけど、それを使って人に感動を与えられるような物を作るとなると、そりゃ、長年の努力がいるわね。人に感動与えるような茶碗が出来るかどうか、そこが勉強だね。本当は。

務は鬼師にとって必要なその感覚を養成する道を自らの体験に基づいて示す（図12）。

技術だけなら、職人の技術だけなら、親父のやっとる事をね、見て覚えやいいだけども。それじゃなくて、美術を通して、彫刻とか絵、絵でも良いと思うんです。そういう美的感覚、センスだね。茶碗作るでも、きっとそうだと思うけどね。茶碗作る方でも、そういう感覚っていうのかセンスっていうのかね。そういう物を勉強しなくってね、その、人に感動を与えるような茶碗にしても、置物にしてもですよ、できんと思うけどね。だから、我々の仕事は彫刻を通してそれを学んだ方が良い。早いと。一番早い！

務は平成一七年一〇月一六日に、その夏体調を崩して亡くなった。訃報を聞いた時、「エーッ」と思ったくらいである。巨星が墜《お》ちた感じがした。

鬼亮

◈——梶川亮治　［鬼亮初代］

鬼師三兄弟の末っ子に当たるのが梶川亮治である。昭和一三年（一九三八）に生まれている。亮治は父、賢一が昭和三〇年九月二八日に亡くなった後も鬼百に留まり、守男や務と一緒に鬼百の一員として鬼瓦を作っていた。しかし鬼百における諸般の事情により結婚すると同時に（昭和四三年三月三日）鬼百を出て、独立し、鬼百から新しく派生した鬼板屋「鬼亮」を興している。初代鬼亮の誕生である。鬼百の流れからいうと初代百太郎から数えて三代目に当たる。鬼百から車で五分少々の処にある、碧南市の西端が鬼亮の所在地である。梶川三兄弟を見ていくと、戦争がそれぞれ三人に大きな影響を及ぼしていることが明白である。亮治の場合、小学校一年生（七歳）の時に終戦を迎えている。守男（二一歳）や務（一三歳）との違いが明らかで、中でも直接戦争に翻弄された守男とは同じ兄弟とはいえ、鬼師としての境遇に質的な差異が生じている。育ち盛りの亮治にとって、終戦の記憶は食べ物だったようだ。

食べるものが何もなかったの。で、特にうちはこう、代々が物を作る家なんです。昔から鬼瓦屋というのはね、旦那衆が多かったので、農家の片手間というのが多かったのです。だから高浜の人だからね、終戦後、また戦争中でも食べることに困らなかったと思う。何かと家で芋でも南瓜でも茄子とかあったと思う。うちの場合何もなかったんです。職場だけだったんです。で終戦直後食べる物が無くて何を食べたかというと、糠《ぬか》ですね。糠を食べてたんですね。あの当時。米なんか全然食べれない。小麦粉もなかったんですよ。だから馬の食べるようなもの。

このような状態が当時の日本を広く被っており、「食」が緊急の課題であり、鬼屋である鬼百も、鬼の注文がないので、鬼を作らずに土器を生産していたわけである。それに従事していたのが賢一、守男、務だったのである。亮治の次の言葉からもその頃の様子が伺える。

小学校六年生の時の恩師にこの間会いましてね。そしたら先生が「お前たち、あの時、栄養失調だったからな」って。腹が大きくてね、栄養のあるもの食べてない。大根の葉っぱだとかそういう物ばっかだったからね。腹が減ってしょうがないのね。で背が伸びる時に伸びれなかったの。そらもう苦しい思いして。あの当時子供が多かったから、親父も大変だったと思う。もう食べることばっか考えてたと思うよ。中学校入る頃になって、外米、外国のタイ米っていうのがね。今でいう細い長いやつ。ただね、変な匂いがするんだけど、そんな事言っとれんから、とってもおいしいと思って食べた。

亮治が中学生になる頃から「食」の問題が次第に改善され始めて来て、日本に「住」の需要が出始め、鬼瓦の世界がそれと共に復活した。さらに急速に拡大する鬼瓦の需要に対し、鬼瓦の世界そのものが変容するといったことが起きるのである。このような状況の中、亮治は中学校を卒業し、碧南高校の夜学へと進んでいる。何故夜学かと言えば、昼間、鬼百を手伝いながら鬼瓦の修業に入ったからである。このように亮治は鬼百で鬼師として働く賢一や兄たちの姿を見ながら成長し、一五歳になると直ぐに鬼師の世界へ入ったことになる。その上に夜、高校へ通っていたのである。別の見方をすると、その頃亮治の協力が必要となるほど鬼瓦の需要が出て来たことになる。

夜学の先生がとても良い方だったんですよ。今のような先生ではなくて、学校行くのが楽しくってね。夜、それこそ何も食べんで五時頃から九時頃までの時間だったと思いますけど。食べるものも何もなくて、食パンがね、コッペパンと言うんですけど、それを摘みながらね、学校で勉強した覚えがあります。

その一方で、亮治は碧南高校時代に職人の仕事を一通り覚えてしまったと次のように言っている。

高校の夜学に行く四年間の間にね、あの、大体のことは仕事覚えちゃったのね。普通もっと掛かるんですけれど、私、好きだったから、ドンドン、ドンドン、先進んで行きますもので、職人の仕事ってこの程度の事っていうようなことでね、限界を感じたんです。

この言葉自体に亮治の特異な才能を窺わせ、その当時の様子が分かるのである。この事に関して、亮治は自らの経験を振り返りながら「理想的な職人になる時期」について語る。

一番肝心要の時期、「覚える時期」っていうのがあるんですよね。中学校出たての一五、六の時から何も知らないところへ叩き込まれるというのがね、あれがもう職人には一番大事なことなんやね。何の疑問もなく仕事に没頭できるというのかな。それはやはり一五、六の時から叩き込まれないと、それは身に付かないと思う。それで、やはりこう「二〇歳過ぎてからだとね、職人仕事には遅い」っていうことよく言われますけど、その通りだと思います。

亮治はこの「覚える時期」に一つ条件を加える。それが「昔から好きなものは伸びてくってのがあるでしょ」である。そう言う亮治の「好きさ加減」とは一体どのようなものなのかが、以下の亮治の言葉から理解できる。

人が良い物、兄貴が良い物を作ったり、親父の良い物を見るとね、負けん気で、夜にね、それを真似て作っちゃうということがあるんですよ。きっと今見れば笑えてくるようなことだと思いますけれど、その位の熱があったですね。

夜、寝っこなしでも、親父の作った物とか、兄貴の作った物で「あっ、これ良いな」と思う物はね、夜、真似て作ってしまうということは、よくやりましたね。

その「好きさ加減」とは亮治の事実上の師である、賢一や務に対して負けん気を覚えてしまうほどのライバル意識を持った闘争心なのであった。務もその頃のことを述懐している。

私と一緒に、こう仕事の台を並べてね、仕事をやりながら。まあ、必ず、一つの物を作る時には、必ず一つの同じ物を作ると。一から教えていったですよ。鬼を一つ作る。「お前、これこれ一つ作って見よ」って言って。あの、手を取って、なかなかあの、我々は教えることができんでね。わし方の仕事は僕の作っとるとこを見てやるよりしようがないだもんねえ。

そして覚えて行くもんだと思うけどねえ。えー、でやっぱりあれも、手先が器用だったで、教えてやると直ぐ、僕そっくりな物作りよったでねえ。器用なとこはあった。うん、三年もすりゃねえ、よほど出来るようになってくるもんですよ。

務の言葉が亮治の言った事をいわば裏書きしていると言える。亮治はさらに図面を引くことをその当時に覚えたといい、その意味で職人仕事を卒業したというのである。「何歳頃ですか」と尋ねると、亮治ははっきりした年を答えるのであった。

一九歳ぐらい。それから彫刻を始めたのは一九歳、高校三年の時に彫刻を始めたんです。

つまり、それほどに意識されている、いわば次に続く修業の時期との明瞭な違いがあったということになる。その第二次修業が彫刻との出会いである。ここに兄、務の言う、「技術と感覚」の修業の図が当てはまる。亮治は鬼師としての職人仕事の「技術」を碧南高校の夜学時代にマスターし、「感覚」の修業に移行していったのである。それが加藤潮光との出会いであり、彫刻を亮治は始める。ただ元々亮治は絵が好きで、兄の務に彫刻の世界へ無理矢理誘い込まれた模様である。現在は、鬼師でありながら彫刻も水墨画もするという多才な亮治であるが。務がその辺りのことについて昔の亮治の姿を語っている。

まあ、好きでなけにゃ、勉強したって金になるもんじゃないだで、これはね。誰も給料くれる訳じゃないだで。だから、昼間仕事やって、夜コツコツ、コツコツとやる。そうやって覚えてくもんだもん。わしらだってそうやって夜ね、夜、彫刻をやって、昼間は仕事せにゃならん。そうやって覚えて来たんですわ。

まあ、「道楽だ」って、やっとるというかもしれんけど。それがみんな自分の身についていくだでね。我々の職業にね、身に付く、身になるだで、やはり努力せないかんと思うね。

あれ（亮治）はね、元々、絵が好きだった。小さい頃から絵が好きでね。「彫刻はやだ」って言った事がある。「俺は絵描き、絵をやるんだ」って言って。ほだけど、僕が彫刻やっていたから、だから潮光氏のとこ行っとったから、「お前も、お前、絵もええけど、絵なんか何時でも描けるで、彫刻をこの若いうちにやらなあかんだ」って。で、一緒にやって。

中学時代から、やっぱり、そのあいうことが好きなんだ。我々祖父の血をそれが伝わっているのかね。絵が好きで。主に、あの、水彩絵の具ですよ。風景だとか、何だとか。なかなか上手かったですよ。だから、「絵をやりたかった奴を無理矢理彫刻をやらせたで」って、あれはよう怒りよったけどね（笑）。

このような経緯で、亮治は加藤潮光のもとへ出入りするようになる。その頃のことを亮治が語っている。

始めた時はね、首ばっか作るわけですよ。で、作っても作っても壊されちゃうのね。今から言うと壊されちゃうんですけれど、面を先生作ってくれるわけですね。すると面の上へまた表情付けて持ってくわけですね。と、こう、またもとの黙阿弥で、結果、空間のデッサンなんですね。

この奇妙な、粘土で作っては壊され、作っては壊されの作業について、潮光先生が亮治に次のようによく言ったという。

これは何をやっているかわからんと思うけれど、これは鬼瓦の基礎になるでなあ。

それを亮治は「空間のデッサン」と名付けている。結果、亮治は鬼師の道と彫刻の道を同時に歩むことになった。そしてこの二つの世界が共振をし始めることになる。つまり務の言う「技術と感覚」が共鳴し、何か新しい世界が生まれるのである。それは文字通り心の琴線に触れる出来事であり、亮治は身を持ってそれを体験、体得するのである。亮治はその事を次のように述べている。

彫刻をやりますと、今まで目に付かなかったところが目に付くようになりましてですね、考え方が一変するんですね。これは自分がやってみないと分からない事で、細かく説明というのはなかなか難しいんですけれど。見る目が変わって来るんですね。

ではどのように彫刻と鬼瓦作りが重なってくるかであるが、亮治は彫刻の必要性を説きつつ、その間の繋がりを説明している。

基本的にはやはり、彫刻みたいな物、また絵だとか、彫刻だとか書だとか、そういった物は絶対必要だと思います。そして、それを通り抜けてただ彫刻に基づいて基礎的な例えば、鳩を作るにしても、始めは実際の鳩を見て作るわけですけれど、そのような物だと、どうしても堅苦しくなるわけですね。そうではなくて、素朴な物を要求されることがあるんです。遠くで見る物だから、何の衒《てら》いもなく、飄々とした作品を要求されることもあります。それは一つの製作の過程の中で生まれて来るものだと思うんですね。よく何も知らなくて粘土細工で出来《でか》いた物ではなくて、基礎を知ってて、それを省略してきて、素朴な物っていう、それで内容のあるような物というのは、やはり基礎にそういったものがあっての事かなということはあるわけですね。

亮治はこの事を「一つ極めて、それから自分のものになる」と言っている。さらにこの言葉をより一般的に説明している。

初めは、どうしても親父だとか、また先輩とか、また古い物を見て、良い物を見て、それを真似するところから入るのではないかなと思います。真似しているうちはまだ修業の段階なんですね。そして真似した物というのは、その真似したその物を越えるということはないんです。それを越えようと思うとやはり、自分の独特の考えを上乗せして、自分の物を表現しないと、それを越えるということはまずあり得ないと思う。

そして亮治は「この事は私たちの仕事だけではなくて、どんな仕事でもそうだと思います」と付け加えている。自分の独特の考え方を上乗せする世界を亮治は別の言葉で表現し直す。

自分独自のもの、そういう物っていうのは、自分の感覚一つで、自分独特のものでしょ。自分を表現できるからね。とてもこう作りがいがあって、作ってても楽しい。

直接の仕事の関係でいうと、重要文化財とか国宝とか以外の物で注文があれば、殆ど鬼亮に任せて貰えるという。それ故、日々、独特な鬼亮の世界が日本各地に創造されているのである。ところが、この亮治の目指す世界とは反する世界が、仕事として時に来るという。それが「模写の世界」である。その世界は亮治の言う、「自分独自のもの」を拒絶するのである。具体的には重要文化財とか国宝とか言われるお寺などの鬼瓦の復元である。この事について亮治は次のように言っている。

ただ、仕事としてはあんまり嬉しくない。こういう仕事というのはね。というのは自分を表現するということがないんです。自分の気持ちをそこに入れたら駄目なんです。この古い物でもね、自分の感覚で、ちょっといじるだけでもっと良くなるなというのはあるわけやね。そういう事がやれない。「ここが違うじゃないか」と責められちゃう。それだったら、もう文句言われないように、その通り作るわけです。

亮治は模写と創造との間の葛藤を次のような具体例を出して語る。

獅子でもあの時代に作ったんですが、ろくな獅子じゃない。ひどい獅子だったんです。それでも「その通り作れ」と言うんです。その時ほど「情けない」と思ったことはない。私たち今まで何やったんだと。これ作ってもね、何のために作ったのかなと。自分という物が残らない。あれは本当に寂しい思いをしましたね。ただ勉強にはなったんです。昔の物を写す、一つの技術みたいなもの。「なるほど昔の人はこうやって作ったんかね」と、裏表を良く見ますからね。そういう点で勉強にはなったんですけど、「作ってて楽しいものではなかった」んです。

ところが、現実にはなかなか国宝級のものが回って来ることはないのだという。国宝のお寺の一部分、山門とか鐘楼とかは時折あるが、本堂をやることはまず無いらしい。鬼亮の場合、京都にある日蓮本宗総本山要法寺の一件だけだという。三年の歳月を掛けて事実上一人で作ったとか。国宝クラスのものが仕事として入ってこない理由を亮治は次のように言っている。

なかなか国宝クラスのものは貰えない。瓦屋さんが請けるわけですね。この瓦屋さんがどれだけ文化財や大きなゼネコンと繋がりがあるかっていう事なんですよ。それがないと、いっくら名前が通ってても、ルートに外れちゃって全然仕事が来ないんですよ。不思議なもんで。

つまり国宝クラスの鬼瓦の復元は必ずしも、技術的に優れているところに仕事が回って来るわけではない事がこれで分かるのである。鬼亮はすでに定評のある黒地の手作り鬼瓦の老舗《しにせ》のようになっている。文字通り手作りだけの鬼板屋である。特に鬼面を得意とする鬼瓦屋で、割合からいうと四分六で、六分方鬼面という。手作り一〇〇％でその中の六割が鬼面なのである。ところが亮治は鬼面をやり始めてまだ二〇年余り（二〇〇三年当時）であり、実際に三河地方ではそれほど鬼面の需要もなく、三河にある鬼面自体もそう古くないという。一方、奈良、京都は鬼面が多いのである。理由はお寺の本山がその地域に集まっており、鬼面というのは本山に限られていたからだという。そして地方には末寺が建てられ、鬼面を使わずに、一歩下がった経ノ巻などが納められるわけで、三河地方は鬼面が載っているお寺は少ない。ところが二〇年ぐらい前から日本経済にゆとりが出始めた頃、お寺の修復の際に寄付金が檀家から十分集まるようになり、本山に倣い末寺でも鬼面を使うようになったのだという。当然の事ながらこういったお寺の鬼瓦の変化は製造元へと直接影響を及ぼすことになる。

私たちでも、若い頃、三十代、四十代っていうのはね、四十代の中盤位じゃないでしょうか、鬼面をやり出したのは。それまではそんなに鬼面はなかったですよ。私たちは鬼面よりも獅子だとか、牡丹だとか、また波だとか、雲だとか、自然のそういったものを抽象化したそういった物を作ることが多いんです。

需要があっての鬼板屋である。ちょうど、戦争中や終戦直後などのように鬼瓦の需要が零になった時もあり、そういった時は鬼板屋であるにもかかわらず、土器を作るという事になるわけである。そして需要零の時とは逆の状況が一九七〇年後半から一九八〇年代にかけて鬼瓦の世界に起こったことになる。その時に起きた現象が鬼瓦の中でも本流に当たる鬼面の地方での需要増加であった。もともと、鬼面の伝統の余り無かった三州鬼瓦の世界に鬼面が勃興することになった。

この新しい状況に対して生きて来るのが務の言う「技術と感覚」であり、亮治の言う「模倣と創造」である。結果からいえば、亮治は鬼面の模倣から始めて、亮治の鬼面を創造したのである。別の見方をすれば、新しい需要の波が亮治に新しい鬼面を生み出させたとも言えよう。亮治はその為の「技術と感覚」を十二分に持っていたことになる。その鬼面の創造に至る過程を亮治は語っている（図13、図14）。

鬼面は鬼面で、また努力しないと出来ないという事もあるんじゃないでしょうかね。初めはね、そこら中、京都、奈良の物を見ますよね。で見て来て、そのまま作りますよね。ただ私幸いに、彫刻やったり絵やったりしたお蔭で、鬼面の中でも、例えば法隆寺の中でも、良いものと悪いものとあるんです。良いものと悪い物の目利きっていうのか、見る目がないとね。法隆寺に載ってるものは全て良いという風に考えてしまうと、変なものが出来てしまうと思うんです。

法隆寺の中でもね、良い物は二、三点です。あとの物はそんなに素晴らしいというものはないんです。それを見極める目がないと。それはやはり彫刻やったりそのようなことをやることで身に付くものではないでしょうか。例えば京都の清水寺の鬼面が良いと。で清水寺のもんでもひどい物もありますし、良い物もあります。その良い物と悪い物の区別。それを付けるには、自分に力がないと見極めが出来ないんです。で、そういう物を見ながら、参考にしながら作って。

ここに、良い物と悪い物を見極める目、つまり「感覚」が作用してくる。普通の人はどうしても「法隆寺」とか「清水寺」という鬼瓦の前に付く名前に影響されて独自に見極めることが困難であると思う。

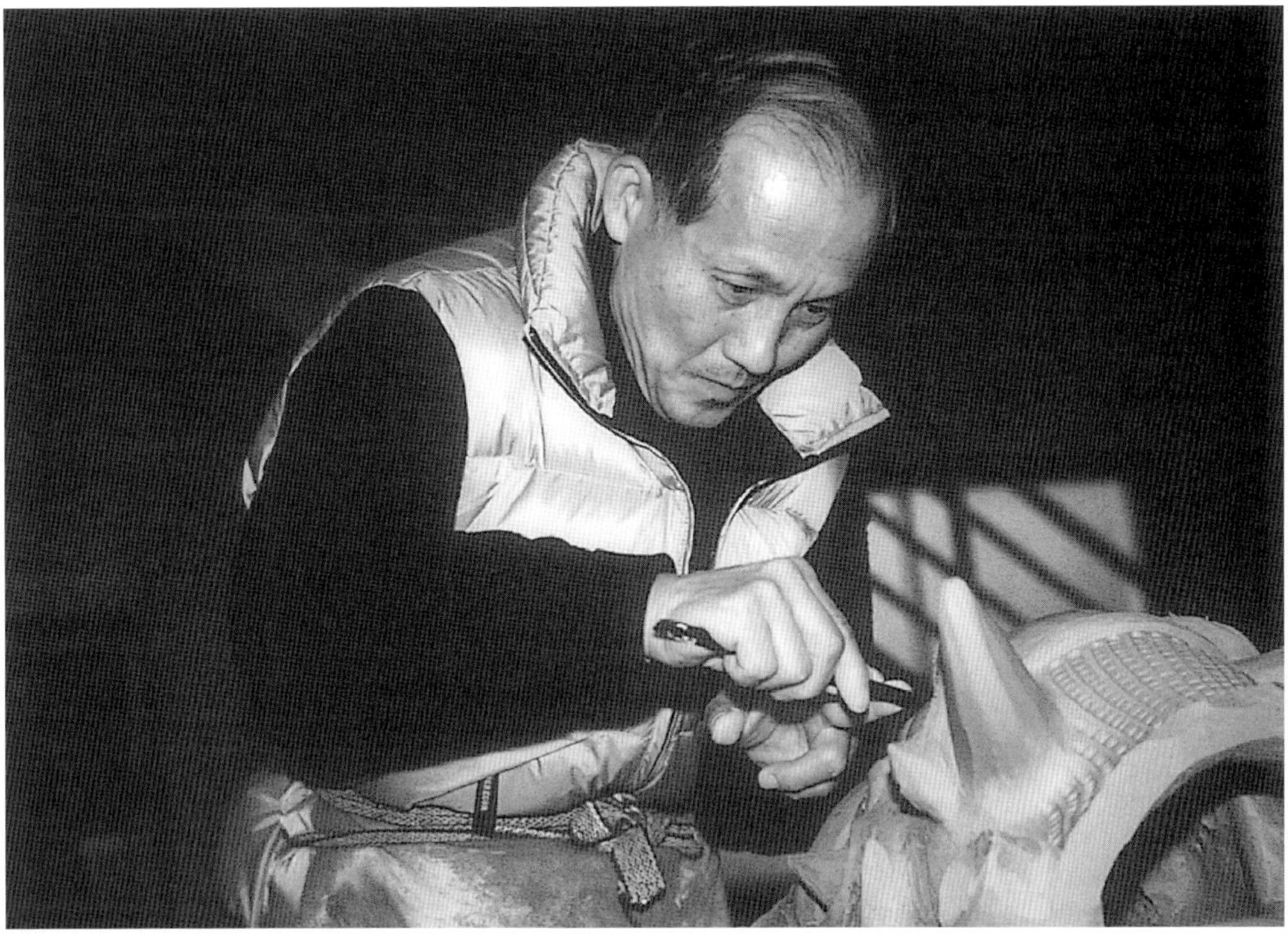

図13　初代鬼亮　梶川亮治（鬼亮の仕事場にて鬼面製作中　2002年）

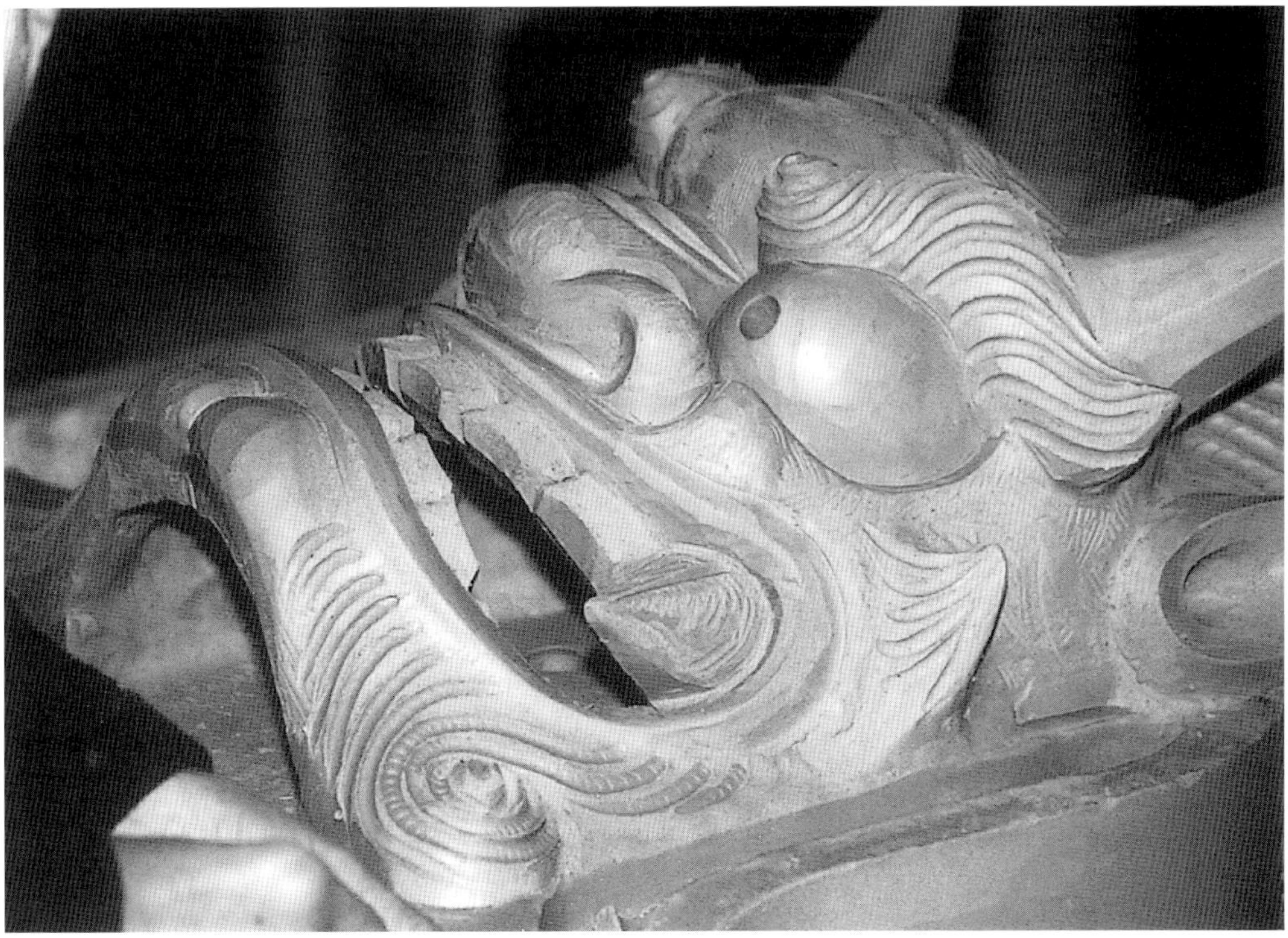

図14　図13にて製作中の鬼面（梶川亮治作）

記号の呪縛に掛かり、実体が見えなくなるのである。この心の壁を乗り越えることが出来る時、理想的な模倣の世界へ入ることが可能になる。しかし、亮治はこの段階に留まらず、次のステップへと進む。

でもね、真似ると、それを越えるっていうことがないんですね。前に言いましたように。やはり、自分独自の物を作りたくなるのね。で、やはり、もう自分独自の物を作るようになるわけです。それを出してお客さんが、今度来て、「あれ良かったね」と言ってくれると、とっても自信になる。それの積み重ねの中じゃないでしょうか。

新しい鬼面への創造に至る道はただ一人、亮治の力によるだけではない事がここに図らずも見えてくる。亮治の作品はそれだけで成り立つわけではなく、お客さんの評価、フィードバックを受けて、創造・成長への道を歩むのである。亮治はその辺りのことを次のように語っている。

人にアピールする、そういう物って言うのは、やはり、二つ並べて置きますと、あー、やっぱり通じるんだなという事はありますね。自分の感性みたいなものが、一つの自信になるんですね。二つ並べて、「こっちが良いね」と言われると。ああ、なるほど、二つ並べてどうだって言うと分かるんだなっていう。

ただこれだと、勝ち組は問題ないが、負け組の道が閉ざされることになる。それを防ぐためのヒントを亮治は教えてくれた。

ただ、職人というのは人が良い物作った時、悔しくて夜寝れないことがあるんですね。「あん畜生、あんだけのもの作りやがった。今度はあれ以上のものを作ってやる」とかね。そういう負けん気がないと成長しないよ。「あいつは凄い」と言ってね、頭下げて参ってしまったらもう駄目。

このように亮治という才能は鬼百という伝統ある環境に生まれ育ち、鬼瓦や鬼面の需要の増大という大きな意味での環境と、鬼亮の作品に対する評価というフィードバックをもたらす人的環境に恵まれて大きく開花したと言えよう。

◇◇――梶川俊一郎　［鬼亮二代目］

鬼亮にはすでに三州鬼瓦の手作りの世界を担う新しい世代が育ちつつある。いずれ二代目鬼亮となる亮治の長男、梶川俊一郎がその人である。昭和四五年（一九七〇）生まれである。経済的に厳しい現在の鬼瓦業界にあって、本格的な手作り専門の鬼師の誕生は、鬼亮という一鬼板屋にとってだけでなく、三州鬼瓦全体の将来にとっても大切な期待の星である。一九九八年に「鬼師の世界」を知って以来、何度となく訪れている先がここ鬼亮である。その度毎に亮治から「鬼師の世界」を教えて貰ったと言っても過言ではない。その訪問の際に隣の仕事場で常に黙々と鬼作りに励んでいたのが俊一郎であった。時折、仕事場に亮治も奥さんもいない時、お茶などを出してくれて対応してくれることはあったが、いつも見る姿は働く職人としての俊一郎である。それ故、直接深く話を聞いたのはインタビューの時（一九九九年一一月二六日）なのである。まず俊一郎が育ってきた環境について尋ねた。

一番自分が仕事に関係して覚えている事は、小学校三年生ぐらいの時ですか。うーん、いつも気が付くと、親父が仕事場で何か仕事ずっとやってて、日曜日も土曜日もほとんどずっと仕事やってて、夜遅くなると、窯積みだとか、土練りだとか、お袋と一緒に二人でやってましたね。自分たちが寝てからだとか。そうですね。窯をやるっていうとほとんど親父がこっち、仕事場の方に来ちゃって、うちにはおらんとか。まあ、うちは直ぐ近くなんで、別に、そう、何て言うのかな、疎外感ていうものは無いんですけど。ま、気が付くと親父が、親父の姿で思いつくのは小さい頃で思いつくのはこの仕事をやっとる後ろ姿ぐらいですかね。

かなり早い時から俊一郎は家を継ぐことを姉と俊一郎の二人故に、意識していたようである。中学になるとその事を具体的な夢として作文にしている。

中学校ぐらいの文集になって来ると、新しい工場でも建てて、自分はもういっちょ前でやっているだろうみたいな事を、この間、昔の作文が出て来て、それを読んでたんですけど。「昔から考えてることが変わってないなあ」と思って。えー、まあ、一人前になってるだろうっていうところが、ちょっとそこが違うなって（笑）。

俊一郎の場合、一生の職業を父、亮治の働く後ろ姿を見て迷いなく選んでいる。もっともただ見ていただけでなく、父の仕事をなんと小学生の頃から手伝い始めているのである。昔で言う小僧として働く仕事をすでにしていたことになる。

うちの仕事を実際言って、やり始めたのは小さいころですけど、数珠掛けとかを持つとか、皮を磨いたりするのは小学校の高学年ぐらいになった時にやり始めたんで。

そういった事は思いもしなかったので、「そんなに早くですか」というと、

遅いですけどね、かなり。かなりブーブー言いながらも（笑）「えらーい」とか言いながらやってましたけど。まあ、大体それくらいから。中学校の夏休みとか。お手伝いですけどね。そんな感じで始まってって。まあ量が増えたのは大学の五年、五年目みたいな時から始まって。

俊一郎は名古屋芸術大学美術学部彫刻科に入って五年間彫刻を学んでおり、実際に仕事に就いたのは二四歳であった。

「まあ、いくら何でもやらなあかん」と。手の方が動かなくなりますからね。やっぱり、箆《へら》ある程度扱ってたとは言っても、細かい細工とかはやっぱり、見とるよりもやらにゃあ、何とも進みませんので。まあ、その、五年六年目かな。二四ぐらいから始めて、

それから今に至るんです。

この話の時点からさらに四年が経過しており、俊一郎は現在（二〇〇三年）、本格的に鬼師の修業を始めて、ほぼ一〇年経っていることになる。俊一郎の特長は父、亮治と同じく、鬼師でありながら同時に彫刻家であることである。ここに独特な鬼亮の世界が形成される源がある。父の働く後ろ姿は俊一郎が鬼師になることを決定づけたが、同じく亮治の芸術家としての姿は俊一郎を彫刻への道へ歩ませる。

小さい頃から、小学校のはっきりは覚えてないですけど、三年か四年くらいの時には、その、親父が自分の作った作品を文化会館とかで、個展、個展ですよね。個展みたいな事をやって、来る人、来る人が「おー、凄い」とか、うちに来たお客さんでも「はあーっ」とか言って、感心して帰ったし。そいで、絵とか描いたの見ても、「上手いんだなあ」とか言って。「親父が、上手いんだあ」とか思って。「そういうのを、そのあと続けていかんていうのはちょっと勿体ないかなあ」と思って。まあ、結構その辺りが計算高いんですけど（笑）。ちょっとでも、やろっかいなみたいな感じで大学過ごしてたんですよ。

俊一郎の原点は全て、父、亮治に収束されてくる。芸大では俊一郎は五年間具象を専攻している。卒業して本格的に鬼師の世界へ入ってから、ほぼ二年間抽象の世界を模索したという。その頃の微妙な心の揺らぎを俊一郎は語っている。

抽象の物を作りながら、何か、「もしかしたら自分で逃げてるかな」っていう気もしてたんですよ。親父がこういう細かい作品出来ますからね。それから逃げてるような。

ところが俊一郎はある時、大学卒業して二年ぐらい経って友達の処へ遊びに行った折に、その友人の先生だった寺沢孝明のアドバイスがきっかけになり具象へ舞い戻っている。その時のことを次のように言っている。

「お前もそういう鬼瓦とかは、よく人の顔とかで、そういう骨格とかその量とかを掴む仕事を訓練していった方が良いだろう」ということで、「具象で何か物を作ったらどうだ」って言うのを聞いて、最初は「えらいな」と思ったし、大学時代に、そう、ある程度しか伸びなかったから、「ちょっと怖いな」って思ってたんですけど。

その抽象と具象との違いを俊一郎は次のように説明する。

職人っていうのはやっぱり、知識よりも、その、経験がやっぱりものを言う仕事ですから、彫刻でもそうなんですけど、具象は特にそうなんですよね。その、勉強して、本ばっか読んで、その、その時閃いた形で物を作るっていうのが抽象の仕事なんですよ。実際にものを観察しながら、そのものから受けた、それを見て、それをこっちの作品に反映させるのが具象の仕事。

図15　鍾馗飾り瓦（碧南市栗山町　梶川俊一郎作）

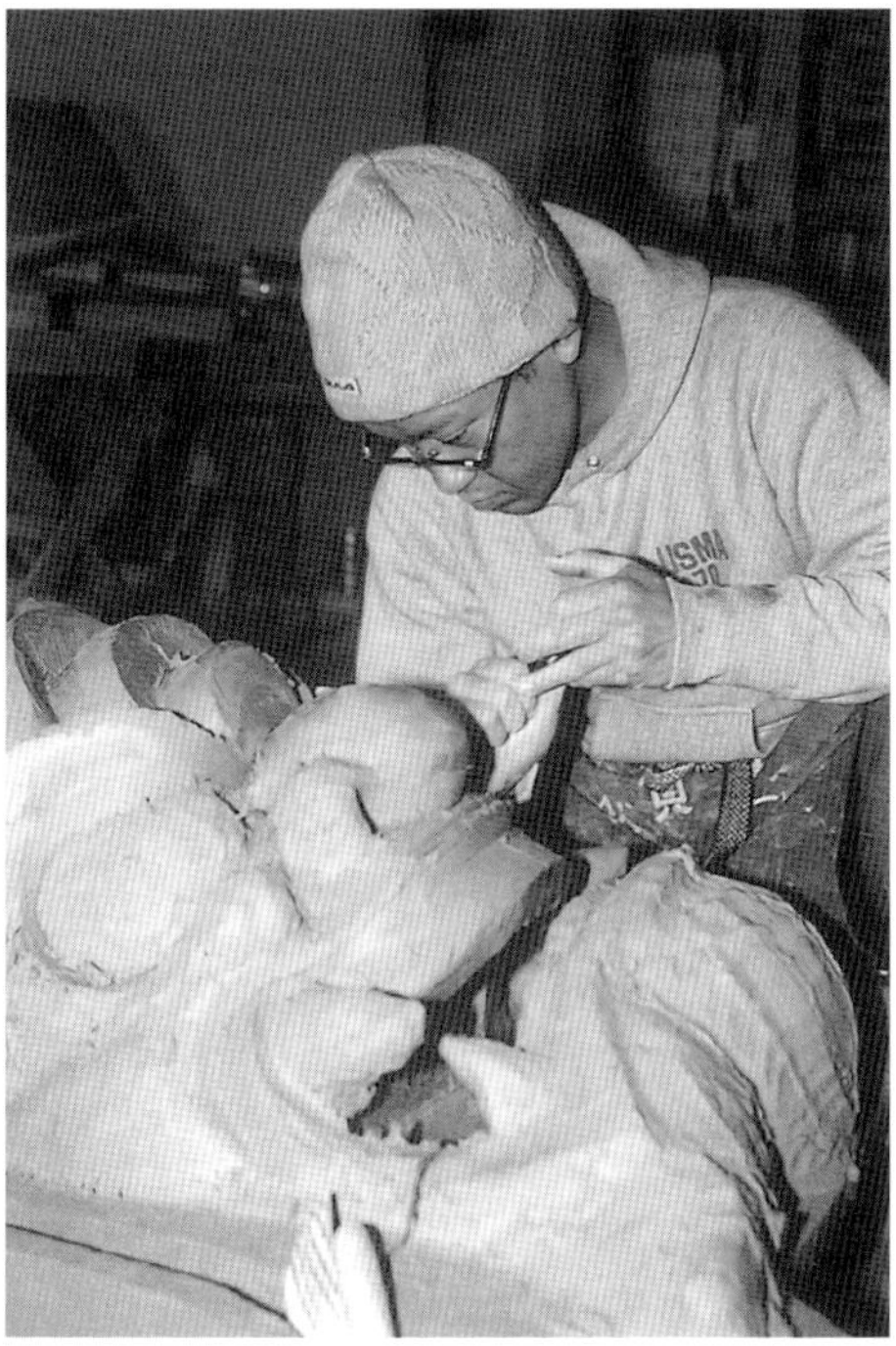

図16　二代目鬼亮　梶川俊一郎（鬼面製作中：秋田県　石龍山勝平寺本堂二尺三寸跨鬼）

そして、この具象の仕事を鬼瓦に結びつけ、何が本当の手作りの鬼瓦なのかを語っている。

鬼瓦も、これを（屋根に）上げた時に、どういう風に映るのかっていうのを考えながら、その、やりながら形を探してくっていうのがやっぱり鬼瓦ですから。一つのことに凝り固って、あの、ここに目、ここに睫毛とか、眉毛とか、そういう風にやってくんじゃ、それはプレスの仕事と変わりませんもんね。

なかなかに手厳しい手作り鬼瓦の世界に対する指摘だと思う。俊一郎によると手作り鬼瓦には二種類のものがあり、一つが本物の手作り鬼瓦、そしてもう一つが、手作りによるプレス型鬼瓦となる。これは亮治の言う「模倣と創造」の違いに当たる。完璧な手作り鬼による模倣は俊一郎の言う手作りのプレス型鬼瓦という事になろう。俊一郎は抽象を通り抜けて具象に入っているので、その違いを良く認識しており、さらに具象の世界を職人の世界へと投影させ、鬼瓦の世界を極めようとしている（図15、図16）。

やっぱり「職人の世界では経験がものを言う」っていうのはこれは本当だなって思いますよ。彫刻の具象の部分では、よく先生も言われますけど、やっぱり、何回も何回も、何十回も作っていかないと、いくらなんていうの、あの、天才なら話は別ですけど、そうじゃない普通の人がやるわけだから、「みんな考えることなんてそんなに変わらないから、もうあとは経験だけがその差になるだけだから」って。それまでは、そんな、「出来るじゃろ」って思ってたけど、彫刻やるようになって、「ああ、やっぱり経験なんだな」と思って。ちょっと反省して。

抽象のことが具象を映し出す鏡のようにこの後続けて述べられていく。

抽象の時は違うんですよ。抽象は形だけですから。その仕事っていうのは、抽象はもう、その場所に確かに合うものっていうのは考えますけど、そこに置いた時の形がもう頭に浮かんだら、そこで仕事は終わっているんですよ。

俊一郎はさらに具象の要求する経験とは何かを抽象との違いから説くのである。

やっぱり、立体に起こした時の違いでしょうかね。抽象だと幾何形態で考える。僕が考えるのは幾何形態で作るのが多いんで。中には石をやってられる方で、石に聞けっていう感じで作って行かれる方もおるんですけど。僕が作る抽象は、そういう風に一度考えてそれをそのまま起こすっていうような仕事ですから、それ以上動かないんですよ。でも具象の彫刻っていうのは、どうしても人間であるとか、複雑になって来ますよね。人間が立つだけでも、一本でストーンと立っている訳じゃなくって、こっちにこう張りがあって、こっちにも張りがあって、それがもう三六〇度で起きているんですよね。

それを何ちゅうのかな、実際にこう土に起こしてみると、それがもうやって見なきゃ分かんないところがあるんですよ。一場面では格好良くなるなと思って作っても、じゃ反対方向から見たらどうだろうとか。じゃ横から見たらどうかとか、そういう事を考えちゃうと出来ないんですよね。

この具象の三六〇度全方位性が作り手の視線に多角性を要求し、立体に自然さを与えることになる。ところが俊一郎が言っているようにそこは経験がものを言う世界なのである。一般の人々は出来上がった物を見てただ自然に、リアルに思うだけなのであるが。このように彫刻を錬磨することにより、作り手は三六〇度全方位感覚を体得することになる。これが鬼瓦作りに非常に有利に作用する。そこの処を俊一郎はこう指摘している。

鬼瓦はどっちかっていうと、視線でいっても下から見上げるものですから、下からこういう風に見ることを考えてるだけですけど。ただ鬼っていうのがあって、屋根に上げるものもあれば、こういう風に（台の上にある置物を指して）本当に彫刻的なものもありますから。

つまり、鬼師一筋に生きた人にとって当然のことながら得手不得手が出て来ることになる。全方位感覚が採れる人と採れない人では仕事の質や幅に多大な違いが生じると思われる。俊一郎も言っているように天才は別にして、普通の人がこの感覚を身につけるにはその感覚の養成を全面的に要求される彫刻が最短コースとなろう。手作りの本物の鬼師を目指すならそれは単なる最短コースではなく鬼師なら必ず通らねばならない必修コースなのかもしれない。そして亮治の言う「空間のデッサン」がそのコース名なのであろう。

ところが鬼瓦は鬼瓦で独特の経験が要求される世界なのであり、理想的な鬼師はこの二つの世界の経験を融合させ、新しい美へと昇華する事が課題になる。俊一郎はその体現者である亮治を師としており、修業の様子を語ってくれた。

まだ自分の仕事が親父の図面とかを見て、それを如何に、その、「どうしたいのか」っていうのを読み取ってやることを考えてるんで。まだ（彫刻を）生かせる仕事が出来てないんですよね。

図面とか起こされた物を自分が、それ汲み取って仕上げてって、それを親父に見せて、「ここはもっとこう深くしなきゃいけない」だとか、「そうしないと壊れるぞ」とか、まだそういうアドバイスを聞きながらやって。鬼瓦とか鬼、鬼面自体は自分で付けさせて貰ってるんですけど、やっぱりそれも、こう、一応見せて、その、「もっとここはこうした方が良いぞ」とか、やっぱり経験は向こうの方が完全に上ですし、こういうのはやっぱり聞く耳持たないと、自分も伸びていかないですし。

一度自分で「こうだ」と思ってやったんだけど、「これで良いの」とか言って、それを仕上げて、自分で焼いてみたんですけど、全然やっぱり、「何か迫力がない」って言うのかな。説明的なんですよね、すごく。眉毛だぞ、角だぞっていうような感じで、すごく説明的で、一つ一つがバラバラなんですよ。同じ大きさで、同じ様についてはいますけど、やっぱり、それはその時には「自分の彫刻が生きてなかったな」っていうのを感じて、これやっぱり、「まだ聞かなあかん」と思って、今それを教えてもらいながらやってるとこです。まあ、きっと、死ぬまで、親父が生きている間中ずっと、言われながらこれやってくんだろうなって、今は。

俊一郎はすでに経験の重要さを十分に経験を通して認識しており、師からのアドバイスに対しての心理的な葛藤を通り越して積極的に吸収しようとしている。

昔は「嫌だな」って思っていたけど。今はあんまり。それはしょうがない。しょうがないというか、「そうせな自分が良くならないな」というのは思ってますけど。

当時、俊一郎が平成一一年（一九九九）日展彫刻部門において具象で「夏の日」という題で入選し、暫くしてインタビューした頃の話である。俊一郎はさらに平成一三年にも日展に同じく入選（題「あすなろ」）している。三州の鬼師だけでなく、日本全国の鬼師の中でも、鬼師の日展入選は初めてのケースである。[3] 勿論作品は鬼瓦ではないが、俊一郎が本物の手作り鬼への道の現代的なモデルを提示しているように思える。

梶川百太郎に始まる鬼百の流れを追っていった。百太郎によって山本吉兵衛の鬼瓦の技術が鬼百にもたらされ、それが鬼百系鬼瓦の土台になっていることが分かる。ところが鬼百系の鬼瓦を特異なものにした人は二代目賢一であった。賢一は百太郎が早くして亡くなり鬼百それ自体も解体していた中で成長し、自力で鬼百を再興した中興の祖である。しかも単なる中興の祖ではなく、鬼百に彫刻の世界を導入したのが賢一であり、それによって鬼百は他の鬼板屋と一線を画するようになっていく。山本吉兵衛系の鬼瓦の「技術」に彫刻の世界を通して、独特の「感覚」が加わるのである。それを巧みに融合させて出来上がっていったのが鬼百系の鬼師に流れる鬼瓦の美のように思われる。

二代目鬼亮　梶川俊一郎

現在（平成二九年）、実質、鬼板屋、鬼亮を運営しているのは二代目となる梶川俊一郎である。二〇一七年四月の時点で四七歳になる。前回インタビューをしたのが一九九九年なので、俊一郎が二九歳の頃である。それ以降、父、亮治に優るとも劣らず、俊一郎は著しい成長を遂げて今に至っている。まずは親方になった俊一郎の現況を聞いてみた。

俊一郎の、今

あの頃は（二九歳の頃）、つまり家の中を見れば良かったんですけど、最近は外も見ることが多くなって来て、他の方が、職人さんがやってるのを、何ていうんだろ、他社の人方《がた》を見る機会が増えて来たり、あと、うーん、そうですね、いろんな人の話を聞くことが多少なりとも増えて来たので、うーん、何ていうのか、こうでなきゃいけない、常に、いつも、父親（亮治）の仕事を見て、あのー、「こうでなければ」、「こうしなければ」、というような感じでやって来たんですけど、うーん、先ほども言った、そのー、他の会社の人や、それとは別に、家《うち》の若い子が入って来たりとかして、そういう仕事のやり方とか、ま、教えているんですけど、やっぱり個人差があって、いろいろな向き合い方をしてるんですが、それはそれで「僕も見習わなければいけないなあ」という事が、あの、多かったんですね。あのー、そんなこと思い始めたのは、まだ最近なんですけど。

俊一郎の仕事の環境が大きく変わって来ていることがわかる。亮治が親方であった頃は、俊一郎は職人として家の中だけに意識を集中していればよかった。つまり亮治と俊一郎の関係で世界がほぼ鬼瓦に関しては完結していたのだ。しかし、中心となる亮治が身を引き、鬼亮の親方となった俊一郎は、二つの世界に対応せざるを得なくなる。まず他社の鬼板屋と交流が始まった。さらに家の中でも従業員を内に抱えることになり、外と内との二重の他者との交流に直面するのである。シャカ族のゴータマ・シッダールタが二九歳で父の王城の外へ出て、出家をした話が、その時、頭を過《よ》ぎった。俊一郎は多様な世界の存在に慄然とするのである。

他社さんの方とかを見てて、昔は、父の仕事を見ながらその方たちのを見ると、「ちょっと良いのかなあ」って思ってやって来たのですが、やっぱり、こう、その方たちは、そのー、その方たちなりのお客を持って、いろんな大きな物件もやられてたり、有名な物件やられたりすることで、どんどん、こう、職人としてのレベルが上がって行くのが目に見えてわかりましたし、それに比べて僕はまだ、こう、どうしても父の仕事しか見てないから、ちょっと小さいていうのかなあ、うーん、何ていうのか。幅が狭いっていうのか……。どうしても真似だから、真似から出られないっていうのか。そういうのも危機感を感じるようになって来ましたねえ、うーん。

同じように家の中の他者、従業員に対しても俊一郎は驚きの目を向けるのである。そこには拒絶とは逆の多元性を受け入れる目が存在していた。

あのー、そう、家の若い子たちでも、そりゃ、もう、芸大出だったりとか、そのー、そういうのが好きだっていうだけで入って来てる子もいるんですけど……。あのー、でも、そんなにヘラの使いが上手《うま》いわけでもない。だけど、何か作ったものに、口惜《くや》しいけど、魅力をこっちも感じざるを得ない。

そういう事を、何か好きでやってるなあっていう、そういう粘土を弄《いじ》るのが好きなんだなあっていう。

こうした「他者」が創りだすモノやその姿を見つめながら、俊一郎はそれを鏡として、そこに映る自分の姿に気づくのである。

お客が求めているものが、あのー、カチカチの、こうー、何ていうのかなあ、骨格があって、確かに大切なんですけど、それが出来たらお客さん喜ぶかっていったら、それだけじゃないなあって。前からも少しは分かっていたつもりなんだけど、やっぱり、こう、何ていうんですかね……。「華《はな》がない」、それだけでは。あのー、「自分よがりに成り過ぎてたのかなあ」っていうように思うようになりましたね、最近は。

これは、俊一郎の視線が変わったことを意味している。亮治と俊一郎の世界では俊一郎は亮治を見ていればよかった。亮治から自らの位置を知ることが出来たのである。しかし、亮治から独立した今、自らを知るために、他者を求め始めたのである。

こう、「自分一人で仕事やってんじゃない」っていうのを、うーん、あの、感じるようになりましたねえ。あのー、うーん、父みたいなのは少し特殊な方で、うーん、そこまで行こうと思ったらなかなか、今の自分では厳しいとこがあるので、やはり、他社の人たちとも交流を持ちながらも、自分をこう、新たな方向へ持って行くようにしないと……。

なんだろ、小さい、作品が小さくなっちゃうんじゃないかなあーと思うようになりましたねえー。もっと他の人との交流を持たないといけないのかなというふうに思っていますねえ。苦手なんで、そういうところは苦しいんですけど……。

また、親方として鬼亮を運営する心境をも語っている。これまで作ることに専念していた俊一郎から売る難しさ、商売に戸惑う俊一郎の姿がある。

でも、いまだに、うーん、何ていうんですかねー。作っている時は「これでいい」、「これでいい」っと思っているけど、ここにも（『文明21』第11号抜刷）多分書いてあるんですが、終わってみると、また、写真に撮ってみると物凄く、こう、ガッカリするっていう事があるんですよねー。うーん。

いつも、こう、「怖い」って思っていながら出荷したりだとか、するんですよねー。「これでいいのかなあー」と思って。でー、必要以上に怖いから何か思ったよりも大きなものを作ったりだとか……。「小さくするのが怖い」っていうのか、「喜んでもらえないんじゃないかなー」と思いながら、出来るだけ大きく見えるように作んなきゃーっていうふうに。うーん……。

まだまだ、作品を創って楽しんでいるっていう感じでは今までないですね。うーん。「ちょっと他人《ひと》のことを気にし過ぎなのかなー」って思うんですけど。でも商売なのでやっぱりお客さんが喜んでくれて何ぼなんですねー。

このように俊一郎は対他者（社）との交流の重要性を認識し、それを少しでも発展させようと考えている。一人の俊一郎では最早やって行けないという考えに至っているのであった。

僕も、地域で、三河の中で、鬼瓦をやってくっていう、しかも二代目。ああいう父の二代目っていうことなので、まあ、いろんな見方もされるんですけど、やはり、自分もある程度、年齢も来て、自分のやれることもやれないことも見えて来ているので、だったらそれを、こう、なんだろ、補うというとちょっといけませんけど、何というかな、「地域全体で伸びて行けるようなことも一面考えて行かなきゃいけない時期なのかなあー」っていうふうに……。

それは父からすると、ちょっと弱気に見えるかもしれないですけど、あのー、当然、自分の技量も上げて行かなければいけないけれど、「皆さんとうまくやる」っていうのも今は大切なのかなあって思うことが……、思うようになってしまいましたね。

鬼瓦、父と他者（社）の違い

形をこう、親父の中は、「好きで好きでたまんない」っていう、鬼瓦が。で、「どうだ、見てくれ」っていう。しかも楽しんで、楽しみながら創ってるから、「見てるものが飽きない」っていうか、嬉しくなっちゃうっていうのか。

あのー、波一つ取っても、飽きさせないし。あのー、こう、何ていうのかなあ、切れも物凄いですし、仕上げの切れとかも。何ていうのかな、スピード、スピード感も、物凄く表現されてて、で、見てて楽しくなる鬼瓦を、自分も楽しみながら創ってくという。「本当に、創るために生まれて来た人だなあ」っていう。

まあ、御蔭様《おかげさま》で、彫刻とかやらせていただいて、あのー、そういう学校へ行かせていただいて、今、仕事場離れているんですけど、夜んなって帰って来て、帰ると、親父が最近では、小さく、人形とかを作っているのを見るんですけど、何ていうんですかね……。「狂っているんですよね」、でも。「狂っているんだけど、でも、これは良いんだろうな」っていうものがほとんどなんですよ。

「やっぱり、これは駄目でしょ」と思うこともあるんですけど、あのー、そんなに狂ってても、それが一つの、あの、味になるて言うと……。味っていうのはあまり好きではないんですけど、何ていうのか、個性というか、不完全さの可愛さがあって、じゃ、不完全だから未完成なのかというと、そうじゃなくて、ま、これはこれで、一つの商品としてなったなという。はい、落ちがついたなっていうものを創って行くんですよ。

いくら、「ここところ、ズレてるよ」って言っても、「まあ、職人のやることだから、いいじゃない」とか言って、言いながら、創っているんですけど。最終的には「それでいいよね」っていう、こっちも認めざるを得ないようなものが出来て来るんで、「こりゃ、敵《かな》わんな」っていうふうに、「そこじゃないんだなー」って思うんですよね。

このように、まず父、亮治の最近の状況を、俊一郎の眼から見た亮治の作業の様子を話してくれたのである。この話のすぐ後に、他者（社）との違いを俊一郎は「楽しんだ量」と表現している。その楽しみの様がまさしく俊一郎が語っている「好きで好きでたまんない、楽しんで、楽しみながら創ってる」父の姿なのである。

うーん、他社との違いは、その楽しむ、向こうも楽しんでられるんですけど、やっぱり、長年の技量だとか、楽しんだ量がやっぱり違うんじゃないですかね。

でも、あのー、最近、他社の方が作ったものとかを見た時に、あのー、やっぱり、こう、いろんな、……仕事が違うんじゃないですか……。現場で、こう、鬼瓦送られて来て、それをこう、復元したりする仕事、ようやられているみたいで、で、それを必死にやっとられるんですね。うーん、で、やっぱり、それをお座なりにやる人たちもおるんですけど、必死になってそれを復元しようとして、やっとられるのを見て、やっぱり、「これなら、お客さんも喜ぶだろうな」っちうぐらい、上手く作ってましたね。

俊一郎は父と他者との違いを指摘した上で、他者の良さをも認めながら自らに戻って行くのである。常に自己と向き合っているところが俊一郎にはある。

まあ、細かく言っちゃうと何かあるんでしょうけど、僕のは写真とか映像とかで見ただけですけど、「ああ、これなら納得するでしょうね」という、僕がお客さんでも喜ぶだろうなというぐらいの事をやっていたので、やっぱり、それも生半可じゃないですからね、それも……。

そういう勉強したわけじゃないのに「必死で喰らい付いていって、作ったんだなあ」と思って、ある意味、ちょっと感動しちゃってー、「俺だったら、そこまでやったかな」っていうふうに、ちょっと吃驚《びっくり》しましたねえー。

だから、そういったものを、他社さんの作ったものだとか、見た時に、「じゃー、自分はどうかなー」って思った時に、何ていうか、「自分は負けているんじゃないかなあー」って思うことが、結構かなりありますね。

ずっと、「父の仕事を真似なきゃー」と思って、当然真似なきゃー、あのー、製品ですので、あの、同じものを出していかないといけないので、あのー、必死で真似るんですけど、「何《なん》か、ちょっと面白みに欠けるなー」っていうのか……。

正確には作ってるつもりですけど……、ま、「ちょっと華《はな》がないなあ」というふうに思うので、皆さんが「父のと違うなあ」っていうのはある。他社の人が自分たちの仕事と父の仕事とは違うっていうのは良いですけど、僕のをそんなに持ち上げるほどではないだろうなと思うんですよ。うーん、正直な話ね。

あのー、自信がないとか、そういうわけではなくて、「そんなに離れた位置にいるわけじゃないな」て、いうふうに私は思っていますし、「どうにか、こう、面白くしなきゃーいけないなあー」と……。うーん、変な方向に大きくしようとする癖があるので、それが良くないなあーと思うんですけど、「もっとこう、全体で、こう、華のある作品を創っていきたいなあ」と思っています。

華がある

すでに俊一郎の語る言葉の中に頻繁に出る言葉がある。まるで鏤《ちりば》められているかのような言葉が「華」なのである。俊一郎が目指す一つの重要なテーマが「華がある」かどうかのように思える。実際、話を聞きながら、「華がある」とは何か、わかるようで、わからなかったので尋ねたのである。

「華がある」か。魅力ですね。魅力があるか、無いか、という事です。どんなに左右対称に作っても、どんなに骨格勉強しても、華がないものは、華がないですし、それが間違ってても、華があるものには、華がある。……ありますから。それが、楽しんだか、楽しんでないかの差ではないかなあ。

うん。「好きかどうか」というのもありますしね。そこなんじゃないかなあと思います。好きだから喰らいつくっていうのもありますし、苦しければ手は動いていても、身体が離れようとするし。うーん……、うーん。何でしょうね。それはいくらやってもー、何だろ、うーん、もう、そこは……。

ここで俊一郎は具体的な「華がある」状態を日展での会場における自分自身の体験を交えて説明してくれた。人が作品に惹かれる様が浮

図17　左「道化」 2009年　日展　名古屋

図18　見つめられる「Stand by me」(1)　2010年　日展　名古屋

図19　見つめられる「Stand by me」(2)　2010年　日展　名古屋

き上がってくる。実際に魅《ひ》かれるのである。花に虫が引き寄せられるように。

作品展、展覧会やって、いつも展覧会で、会場で、あの、当番があるんですよ。まあ、そこにボーっと立って人の流れを見てるんですけど。

「自分のところ、作品のところで、どれだけ人が足を止めるのかなー」と思っているんですよ。それで、見てて、「ああ、行き過ぎられたなー」。「ああ、負けたなあー」て、いうふうにいつも思ってるんですよね（笑）（図17）。

で、足が止まって、グルって回ってくれたら、「まあ、ま、ま、ま……、気を惹いたかなあー」と思って、「何か見てくれてるなー」と（図18）。

ほんと、素通りだったり、あの、何だろ、キャプションだけ見てる人だとか……。うーん、そういうところしか見てない人だとか。そういう人の眼の動きを見てるんですけど、良いものの前では、僕は知らないですけど……。僕から見て、良いか悪いかはわからないですけど、やっぱり、良いものの前では、沢山の人が少し足の動きが止まるし、遅くなりますし、なかには回る人も出て来るし、グルグルっと……（図19）。

やっぱり、こう、「派手に作っても薄いなーと思ってる時は、人の動きは止まんないなー」と思って……、と思いますし、そういう「華がある」っていうのは、そういうところに出ちゃうんじゃないですかねー。

そして、やはり鬼瓦に帰るのである。「華がある」鬼瓦とは何かという事になる。俊一郎は次のように述べている。

だから、鬼瓦とか作ってても、何だろ、やっぱり、こう、派手に作っても、うーん、目が止まらないなー、自分の作品に目が止まってもらえないなーと思う事が多々ありますし。うーん、そういう時は、「ああ、負けたな」と思う時が……。よく思いますよ、ええ（笑）。「マズイ」って……。「何がいけなかったんだろうな」とよく思ったりもしますし。うーん、ま、気持ちでしょうかねー。……うーん。……何か、楽しんで作ってる人の方が強いです。作品がね。

「今作ってて苦しいですか」という問い掛けに、俊一郎はその心情を吐露するのだった。

そうですね。結構、苦しいこと多いです。あのー、彫刻とかって、結構完成させるのが苦しいんですけど、仕事で、完成させるのが苦しいことが多いですね。「不完全だなあ、……出来が悪い」っていうか。その事を思うと、僕なんか、ヘラを置いてしまうというか（笑）、まだ、「出来てないなあ」と思う。……って、手が遅くなる。迷うっていうのか、迷い、迷いやってますねえ。

彫刻家、梶川俊一郎

すでに二九歳の俊一郎の記述にもあるように、俊一郎は鬼師であり、彫刻家である。二つの顔を持ち、それぞれの世界で頂点を極めようとしている。ここでは彫刻家の側面に比重を置きながら俊一郎を見ていく。何と俊一郎は二九歳のインタビュー以後、大きく羽撃《はばた》いていた。それは鳥の巣立ちをイメージさせる。その羽撃きの軌跡が尋常ではない。平成一一年（一九九九）、俊一郎二九歳の時にそれは始まる。第三一回日展（日本美術展覧会）に「ある夏の日」で初入選をしている。その後、平成一二年、平成一四年を除いて、何と毎年、平成二八年（二〇一六）まで日展に作品が飾られているのだ。さらに入選を毎年果たすことにより、平成二五年度からは無鑑査に認定されている。その俊一郎が芸術について語っている。いかに俊一郎が二九歳から現在にかけて変容してきたかをその言葉から垣間見ることが出来る。話はやはり、俊一郎が持つテーマである「楽しさ」と「苦しさ」で始まる。

うーん。こういうのでも、小さいのは楽しいんですよ。小さく、これぐらいで作ってる時はすごく楽しいんです。けど……、これをまた大きくしよう、作品を、こうー、マケット（maquette フランス語：雛《ひな》形）ていうのか、まあ、ミニチュアを創ってる時は楽しいんだけど、大きくして、完成させようと思うと、あのー、なかなか大変ですね。苦しむことが多いですね（図20～22）。

小さくても、それを、こうー、完成させようと思うと、それはそれで苦しいんですけど、ザクッて創ってる時は、本当に楽しいん

図20　マケット１（上）
図21　マケット２（中）
図22　マケット３（下）

ですねえー。

これでも、創ってる時は宙に浮かして作るんですよ。後ろに心棒立てて、宙に浮かした状態で、こうやって作るんだけど……。あのー、これ、別に鬼瓦の話じゃないんで、あれなんですけど。あの彫刻って、だいたい、一般的な日展でいう彫刻っていうのは、こう、心棒が立ってて、ここに足が付いてて、こう立ってるんですよね。

でー、こうすることで、立ってるってことをまず意識しなくてはいけないです。そうしないと、人の眼というのは、別に勉強していなくても、人間が立っているかどうかを、あの、敏感に感じ取るので、「倒れてるなあー」と思わせたら、ダメなんですよ。

ただ、空中に揚げちゃったりだとか、逆さまにしちゃったりすると、そこん時は、人間はなぜか、立ってるとか、その重力に対する、そのー、何ていうんですかね、不自然さを感じなくなってくれる。宙に浮いてるこん時は、宙に浮いてる中での形だけを見てくれるような、なるんじゃないかと思ってる。だから純粋に、モノのフォルムだけを追い求めることが出来てくる。求めていいことになる。

うーん、これが、人間が立っている形にすると、もうこん時はさっきも出した、重力に囚われるというのか、不自然さに人間の眼が、先に、目が見つけようとするっていうことになる。だから、彫刻のある一つの縛りを取るという事で、宙に浮かすという仕事をする。

何か楽しいかなって思うようになって、それが小さい時はすごく楽しいんだけど、大きくしようと思うと、材料が、強度というものがあるので、粘土で作ってると、パカッと割れたり、剥がれたりする。フォルムを求め過ぎて、結局、壊れやすくなる。時間との勝負だったり、心棒をどういうふうに入れるかという事とか、そういう、何だろ、技術的な、何ていうのかな、問題が起きて来るので大変ですね。（図23、図24、図25及び図17）

「楽しさ」と「苦しさ」を合わせ持つ彫刻の世界を語りながら、俊一郎は芸術が持つ問題点を指摘している。そしてこの問題点が「芸術

図23　マケット4

図24　拡大マケット「道化」

図25 拡大マケット「道化」（裏）

の世界」と「職人の世界」を結びつける架け橋となって行くのである。俊一郎が持つ、もう一つの顔、鬼師の世界が前景化するのだ。その切っ掛けとして俊一郎は自らの後輩の例を挙げている。

現代美術の方で、また、ちょっと、僕、何ていうのかな、後輩の子が、その、造形屋さんにバイトに行ってて、「ある現代美術の方の仕事を手伝わさせてもらったんだけど」っていう話が来て……。何を作ったていうのかあ……。何かよくわからない、物凄く大きな三メーターか何か大きなものに、細かいビーズです。あれを張り付けて行くという仕事らしく、……があるんですけど……。

その作家は、小さいのを作って、「これでお願いします」って言っただけで、あとは職人さんたちが大きくする仕事をやって、で、もって、それにビーズを張り付ける仕事をみんなはやらされたっていう。

うんで、「物凄く大変だったのは、俺たちなんだけど、あの、あれで評価されるのは、あの人、一人だからね」って言って……。

何か、不思議な、現代美術、……。現代美術って言い方、今、おかしいんですけど、今の美術ってのは、不思議アートっていうのかなあ。本人の技量じゃなくて、本人の発想だけが貴重なのであって、なんだ、そこにかかる労力は関係ないっていうふうに見られちゃう。それが芸術……、何ですね、今は。

芸術は「発想」なのか「技量」なのかという議論であり、疑問である。俊一郎はこの視点をさらに掘り下げていく。すると「芸術の世界」と「職人の世界」が繋がって行くのであった。つまり、世間でいう「芸術家」と「職人」が重なり合って行くのである。それをまさに体現しているのが目の前にいる俊一郎その人なのであるが、同時にそこに「鬼師の世界」が浮き上がって来る事がわかるのであった。

うーん、僕ら職人だと、自分が一から図面を起こして、まあ、(鬼瓦を)焼かない方もおられるけど、まあ、焼いてお客さんの屋根にまで送るのが、僕らの仕事っていう、終始一貫した事なんですけど……。うーん。まあ、「違う」って言や、違うけど……。

漆(器)の方でもねえー、結局、木地屋さんが一回目の塗りをやる人、ほれから、最後の化粧塗りをする人が、分業になってるので、何ていうのか、誰が一番というわけではないでしょうけどね、あの世界は。皆が、どの部の人も、リーダーなら良いんですけど。

今、後輩がやったという仕事は、どう考えても、その小さいのを作った人がリーダーで、あとは手下なので、「それでいいのかなあ」っていう、不思議なんですけどね。うーん、それで世間が認めるなら、そうなんでしょうね。うーん。

つまり、ここにはハッキリと「芸術の世界」と「職人の世界」の違いが浮き彫りにされている。ところが芸術は職人なしには成り立たないのである。この境界線が非常にアンバランスで、不透明なのだ。

今ちょっと雑談から出た事ですけど、うーん、発想だけでも芸術家ですもんね、えー。

だから、どこに区切りをつけるかっていうのは本当に難しいですね。烏滸《おこ》がましいていうか、うーん。どこでもやってることは一緒だったり、どの時代でもある事なんですよねー。

そして、俊一郎は一気に過去へと飛ぶのであった。現代から過去へ。そこには俊一郎が言う通りの区切りが出来ない芸術の世界があったのである。さらに「芸術の世界」とピッタリと寄り添う影が映るのであった。「職人の世界」である。「芸術の世界」と「職人の世界」は光と影の関係にあり、まるでコインの表と裏のような存在であることが見えて来たのだった。これを突き詰めていくと、重なり合い、融合しあって、一つになって行くことになる。つまり、美は、芸術が言う「発想」と職人が言う「技量」が遺伝子の二重螺旋《らせん》構造のように交叉し合いながら、創造されていくのである。

そうそう、運慶、快慶だって、あのー、創ってる仁王像でも、一人で作ってるわけではなく、あれも、分業制でやってて、でも、名前が出て作家はこの人ってのは、運慶だったり、快慶だったりするわけで、ま、一緒と言えば、ま、一緒ですかね。

うーん。ま、その場合は本人も彫ってますけど……。

今、「現代美術ってこれでいいのかなあ」って言ってましたけど、考えてみれば一緒ですね。今も昔も。要はやってる人たちが、それで納得して、見てる人が、それを納得すれば、それでいいのかも……。て、とこですね。

鬼瓦と彫刻

このテーマは他社の鬼板屋が特に興味を持つ内容だと思われる。すでにその関係についてはこの「梶川百太郎系」の前半でいかに梶川一族が彫刻を鬼瓦作りに取り入れて行ったかの経緯に関して詳述している。ここでは、やや見方を変えて、鬼師であり、彫刻家の、つまり、梶川一族が目指す理想を体現している俊一郎に鬼瓦と彫刻の違いという観点から語ってもらうことにした。

基本、物を作るんで、そんなに違いはないんですが、ただ、仕事にしているか、してないかでやっぱり、ちょっと、作家としてやって行こうという方とは、ちょっと違いますよね。

やっぱり、心構えが変わって来ると思いますし、そんなにうまい子じゃないなあと思ってても、これを仕事にと思う子は、やっぱり作ってくと、作品が変わってくというのか、周りが変えるていうのか……。その子が変わるのもあるんですが、やっぱり、周りが、それを望んで変えるっていうのか……。そういうのがあるので、一緒くたに僕は、一緒というのは烏滸がましいんですけど、あのー、物を作るという面では同じ気持ちでやってるつもりです。

そして、鬼瓦の特徴について俊一郎が語っている。この場合の鬼瓦とは「鬼瓦をつくる」という事を意味する。

先ほどから何度も繰り返しているんですが、そのー、経済活動としてのもの作りという事でもあるので、あのー、どうしても妥協しなければいけない部分も……。金銭的な問題やら、技量的な問題やらで、こう、あのー、「もうこれ以上は時間が掛けられない」とか、うーん。次を、「次に行かなければ」と思わなければいけないので、うーん。

この「鬼瓦」の持つ特色に対して、「彫刻」が抱える特色を並べて、両者の違いを明らかにしている。

彫刻も、結局、僕は展覧会に出しているので、展覧会だと、期日が、きっちり決まっていて、そこは仕事と一緒なので。でも、ま、一つの仕事にかけられる時間としては、かなり長いのでね、ま、「これ以上かけちゃーいけない」ていうのはあるんですけど、まあ、出来るだけ長く作ることは出来る。恵まれた仕事のやり方だと思うんですけど、彫刻の方には……。

鬼瓦の方にはある一定の線引きをして、これだけ、これだけと、時間を区切るので、その間にどんだけのものが出来るかていうことですよね。うーん。そんなかで、お客さんに楽しんでもらえるものが出来ないと。

彫刻はただ単に……、ただ単にって言っちゃいけないな。うーん、自分の思いのたけで作っていいんですけど、自分の言いたい放題百パーセントでいいんですけど……。

仕事（鬼瓦）の方は僕の言いたいことが聞きたいんじゃなくて、その家に、お寺に載せる人が、あのー、何ていうんだろ、満足するものっていうことでね。ま、そういうものを求められれば、別にやればいいんですけど、そうじゃない時は、いい塩梅《あんばい》でやって行かないと。皆さんにとっていいようにしないといけないんで……。

「鬼瓦と彫刻」というテーマはすぐに「職人と芸術家」へと移って行った。モノから人へと範疇《はんちゅう》が動いたのだ。同じと言えば同じ、違うと言えば違う。この二つのテーマは近くて遠い、遠くて近い、不思議な関係にある。実際のところ、当事者が戸惑うテーマなのである。それほどに拮抗《きっこう》し、時には重なり合う。

……職人のほうが、こう、自分を殺すっちうのですかねー。滅私奉公っちうのか……。あのー、どうなんだろ。お客さんに媚びるじゃないけど、さっきもずっと言っているけど、何ていう……。別に、職人は主張しているわけじゃないですよね。自分のやれることをやる。技術の冴えは見せるけど、うーん、あの、それで、こう、あの、何ていうのかな……。何だろ、何だろ、突き詰めていくと結局、同じことになってしまうので、口でうまく言えないんですけど……。どうなんだろ……。

本当の意味での芸術家っていうのは、お金とか、そんなに気にしませんよねー。本当の意味の人なら……。

職人的な形態でやって来た、伝統工芸だとか、日展みたいな感じだと、結構、彫刻家であっても、職人的なことがあるので、あのー、そういった人たちをたくさん見て来ているので、あまり職人との違いが判らなくなって来ているんですけど。

俊一郎が職人と芸術家の狭間でもがきながら自問自答しているのがわかる。それほどに、職人と芸術家の境界というのはあるようで、無いような不明瞭な領域なのである。それでも俊一郎は自分なりの考えを出して来たのだった。「職人と芸術家」について次のように俊一郎は述べている。

まあ、日展に限らないで見ると、成功してる、してないにかかわらず、関係なく考えると、芸術家というのは、自分をどんどん表現しよう、そのためには手段を選ばないですし……。

でも職人はもっと道徳的……、道徳的っていうのか……。そのー、道義的っていうのか……。あー、何だろ……。きちっと枠が決まってるというのか……。職人仕事っていうとなんかちょっと悪い感じがするけれど、そのモラルの中で、その、「時間も限られてる、金銭も限られてる、でも、お客さんのために」っちう、そういうふうに、ある程度の、そう、枠の中で仕事がやれる人たち。

芸術家の人たちっていうのは、その枠がない人たちですよね。それで成功すればいいですけど、まあ、食えない人たちも沢山いるみたいですし……。

でも、ある程度、食って行こうとすると、結局、日本の中では、職人的な、その枠の中で仕事をする芸術家も、が、結構多いですよね。

だから、「違う」って言えば、違いだし、「同じ」って言えば日本の中では同じようなふうに見えますけどね。うーん。まあ、自由奔放にやって成功する人はわずかでしょうね。うーん……、うーん……。ちょっと両方に、似てると言えば似てるんですけど、うーん……。僕には、何か、同じように見えちゃうんですけどねー。ま、多少、作品にかける時間が長い。

お客さんの方を見てるのか、作品の方を見てるのか……、の振り分けがちょっと違うのかですかね。「作品の方ばっか見てるのが芸術家で、ちょっとお客さんの方に気を遣《つか》うのが、職人」かなという……。うーん。良い面も、悪い面もそこにあるんですけど……。うーん、また、それを逃げ場にする人もいるし、うーん、それをいい方向に持って行く、モチベーションにする人もいる、いますし、うーん、判り辛いですかね、今までは……。

鬼亮としての俊一郎

俊一郎は鬼亮を引き継いだ今、俊一郎自身の姿勢が大きく変貌を遂げてきている。その変貌の様子をここで紹介してみたい。一人の鬼師が変容するのである。ちょうど蛹から蝶へと姿形が変わり、動きが様変わりするのである。

今までは悩んでいりゃー良い時間だったわけですよ。その、父が商売をしてる間は。悩んでてもいいんですけど、自分が、こう、商売を引き継いだ形になったら、悩んでばっかりいたら、仕事にならないんですよ。作って出していかないといけないので……。ある程度のところで、見切りをつけて行くという、それが、そのー、父の思ったようなもので、見てきた、そういった仕事を、まで、行《い》ってなかったとしても、あのー、作ってかなきゃいけないですし……。

今は、従業員さんも雇っていることですし、その人たちとどうやって回すかっていうことも……。その人たちのレベルをどこまで上げるのかとか、自分の仕事をしながら、他人の仕事も見て、「ここ、もうちょい、こうしとって」とか……。ああして、こうして、で、明日になったら、あれを乾燥場にまわしたり、焼く準備に入るために、こう、あそこ片づけたりとか……。そういう事もいろいろ考えるようになると、あの、何だろ、「すべて親父のスタイルを真似るっていうわけにはいかなくなって来た」っていうのかな。

うーん、やれるところと、やれないところというのは分担をしていかないと、うーん、いけないなというふうに。そうすることで、その子たちが助けになってくれれば、その間、時間が自分も出来るので、そしたら、仕事をこう、何ていうんだろ、何ていうんだろ、うーん、もっと詰めた仕事が出来る。時間を作る手助けにもなるので、うーん、今はそういう事をした方がいいだろうなという思いですね。

うーん。あとは、数作るしかない。これ以上余分なことをしている場合じゃないっていうのか、うーん。悩んでる場合じゃないので、作れるものを早く作るっていう、そういうスタンスを採ってますねー。

今までは鬼師になるために父に従い、父を真似てきた俊一郎が、鬼師であり、同時に、親方として鬼亮を運営する父の立場に変わったのである。実際に仕事が移り始めたのは、五、六年前からで、鬼亮で従業員を安定して使うようになってからのことだという。その時に従業員と直に相対《あいたい》を俊一郎がしていたのが始まりであった。本格的に移ったのはここ二年ぐらいの出来事だという。ちょうど俊一郎の母親である梶川絢子《あやこ》が亡くなった頃とも時期的に重なるので、一つの世代交代のタイミングが偶然に交差したように思われる。

家族会議開いてとか、そういうわけでもないですし、何となく……。何となくじゃいかんな……。何だろ。僕も家族が増えて来たから、「ちょっと頑張らなきゃねー」と思っているし、父も、まあ、体力的な問題もあるでしょうし、母が亡くなったというのもあるし、まあ、孫が出来たら、気分的におじいちゃんにもなりますんで……。

まあ、「ちょっと、息子に移して行くかー」ていう気持ちも、まあ、別に聞いたわけじゃないんですけど、あったんでしょうね。それで、僕も「やらにゃかんな」という気持ちもあったんで、まあ、ちょうど、あったかなあていう……。

よくある、こう、「そこに座んなさい」という、「今日からお前は……」とか、そういうんじゃないですね。もう必然、これが、うーん。良かったのかな、まあ。不幸中の幸ちゅうやつで……。皆、家族一緒に暮らすようになったし。うーん、ま、ちょうどいいタイミングだったのでしょうね。これが、この先、続いて行かなければいけないので、答えはこの先にあるんですけどね。

このように、鬼亮では世代が皆が示し合わせたかのように交替がなされたのである。そして俊一郎の鬼に対するものの考え方が変わって来たのだった。

今まで、あまり、こう、（父に）近づき過ぎてたのが、少し、離れて、仕事として……、あのー、趣味じゃないんで。「商売として考える」というのを少し覚えたっていうとこですかねー。まだ、そんなに商売が上手いわけではないので、お客さんが持って来ていただいた仕事を、あのー、出来るだけ百パーセントに近い形で渡すちゅうのかなあ。うーん。そういう、うーん、心がけでやっています。

俊一郎の変化は鬼亮だけに留まらず、三河全体に関心が広がっていることも特徴として挙げられる。つまり他者（社）へと視線が拡大しているのである。

あのー、やっぱり三河ってのは、全国の中でも鬼瓦の産地として、あのー、瓦の生産も、物凄く多いですし、必然的に鬼瓦の作る量も、ま、他の地方に比べて多い方ですので、みんなで食ってかなきゃー、ま、自分の生きる場も無くなってくという事なんですよね。

それと、今までは、仕事がたくさんあった時は、同じ三河の地区の中で、仕事が多かった時に、そんなふうに思ってるのはおかしいんだけど、対他社っていう感じで、少し考えてたんですけど。

最近になると、こう、あの、お客の漏れ聞いた話とかを聞いてると、まあ、「三河ってものは、安物を出す」とか……。あのー、良いものは、やっぱり、ここじゃなくて、岐阜だとか、滋賀の方だとか、まあ、あと、奈良、京都の方に行ってというのを聞いて、まあ、ちょっとモヤモヤするというのかなあ……。自分の三河の地区が負けちゃうというのかなあ……。

あのー、何かちょっと悔しいので、あの、うーん、少しずつでもいいから、こう、三河が盛り上がるような方向でね、やって行ければ、その方が皆ね、活性化して良いんじゃないかなあーていう。ほんと、それで自分が食うに困ってはいけないんですけど、許される範囲でやって行きたいなあーと思ってるんですけどねー。うーん、まあ、ちょっと甘いとこもあるんでしょうけども、うーん、どうなんでしょうね。他の方たちがどう考えられてるのかよく判らないんですが、「出来るだけ付き合っていきたいなあ」と思うんですけどねえー。

ここで俊一郎が語っているように、少しでも三河の鬼瓦のレベルを上げたいという密かな願望を持っているのであった。これは実際に俊一郎が何度か似た内容のことを他でも語っており、印象に強く残っている。その考えの背景にあるのが、父、亮治が行った無量壽寺の鬼瓦製作であった。それは鬼亮一社で出来る規模のものではなく、多数の他社を交えて制作した共同事業であった。こうした集団での鬼瓦製作を通して、三河の鬼瓦技術の向上を図りたいと考えているのだ。俊一郎は次のように言う。

無量壽寺の事もありまして、やっぱり、集団でやることの難しさもありますけど、集団でやることの強さっていうのもありますし、うーん。

無量壽寺は規模の大きな集団による鬼瓦製作事業であったが、注文に応じて小規模で恒常的に小集団を特定の鬼師が組んで行っているケースも三河には存在している。「チーム牡丹《ぼたん》」である。鬼十《じゅう》の服部秋彦、鬼英《ひで》の春日英紀、そして鬼敦《あつ》（山下鬼瓦）の山下敦《あつし》がそのメンバーである。三人の鬼師による鬼瓦の集団制作が、実際に展開されている。集団になることによる相乗効果は大きいと考えられる。最近では「チーム牡丹」によって京都の知恩院の鬼瓦の復元を行っている。商売敵的な、孤立化する、蛸壷的な鬼板屋が大勢を占める中、それとは逆の流れも存在することは事実である。俊一郎が言うように、集団でやることの強さが、各々の鬼師が持つ技や特性が相乗効果をもたらし、三河の鬼師の技量の底上げが期待できることになる（図26～28）。

鬼瓦を教える

親方になった俊一郎は仕事場に従業員を抱えて仕事をしている。もともとは鉄工所であったという建物を借りて二人の従業員に仕事を教えながら鬼亮を運営している。俊一郎がどのように鬼瓦を教えているのかたずねてみた。

そうですね、あのー、自分も父と同じように、同じ部屋の中で仕事をして、まあ、いつでも見てもいいっていう状況で、ところどころ、「雲はこうやって付けて下さいねー」とか、「彫る時はこうして下さいね」って言って、一回ぐらい見せて、まあ、いつも、それを横でやってるので、見るともなしに、見てもらえばいい。僕、隠すこともないですし、「どうぞ」っという感じですね。

で、時たま、時たまっていうのか、彼らにある一定のところまで付

図26、27、28
知恩院鬼瓦復元中
チーム牡丹

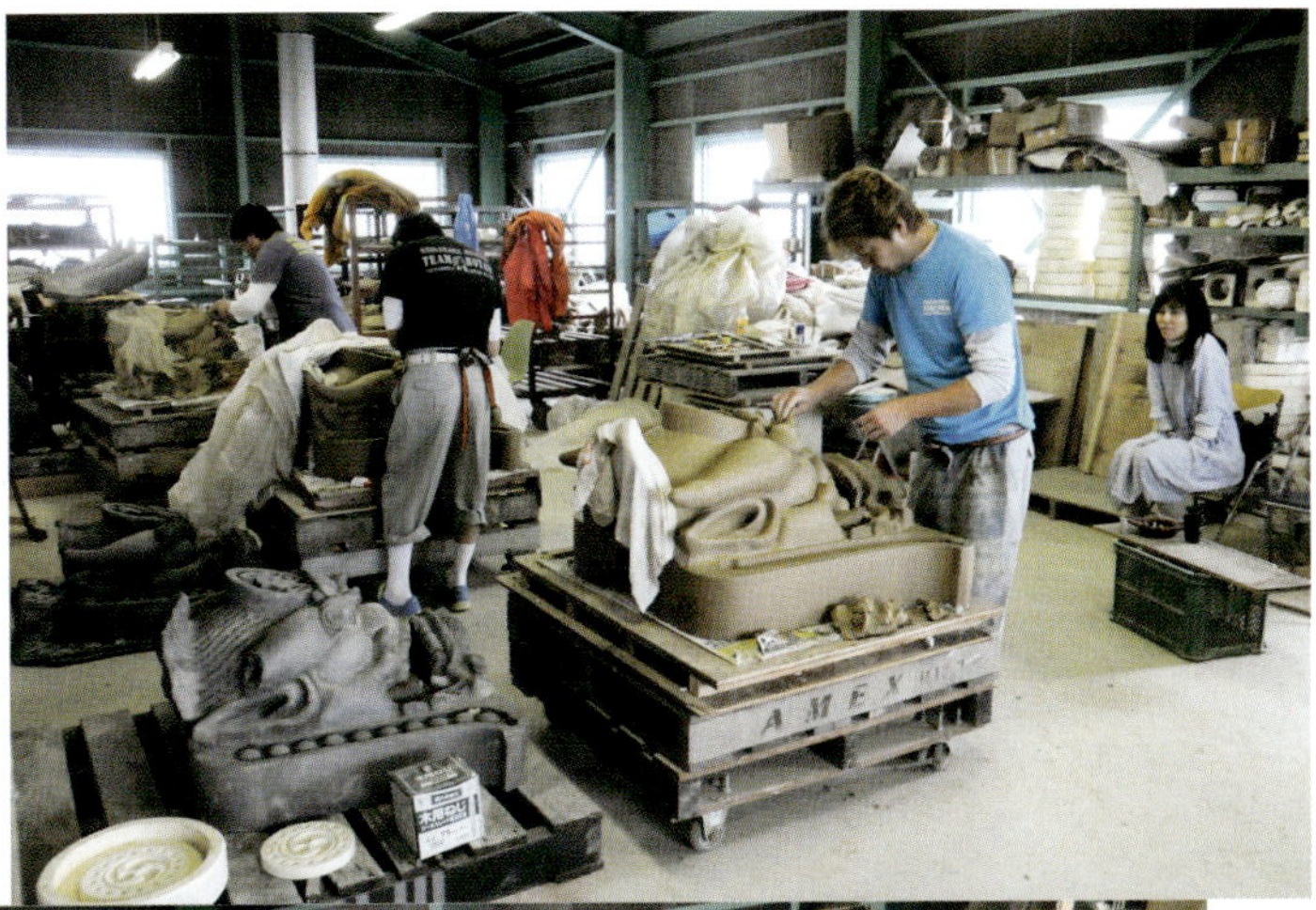

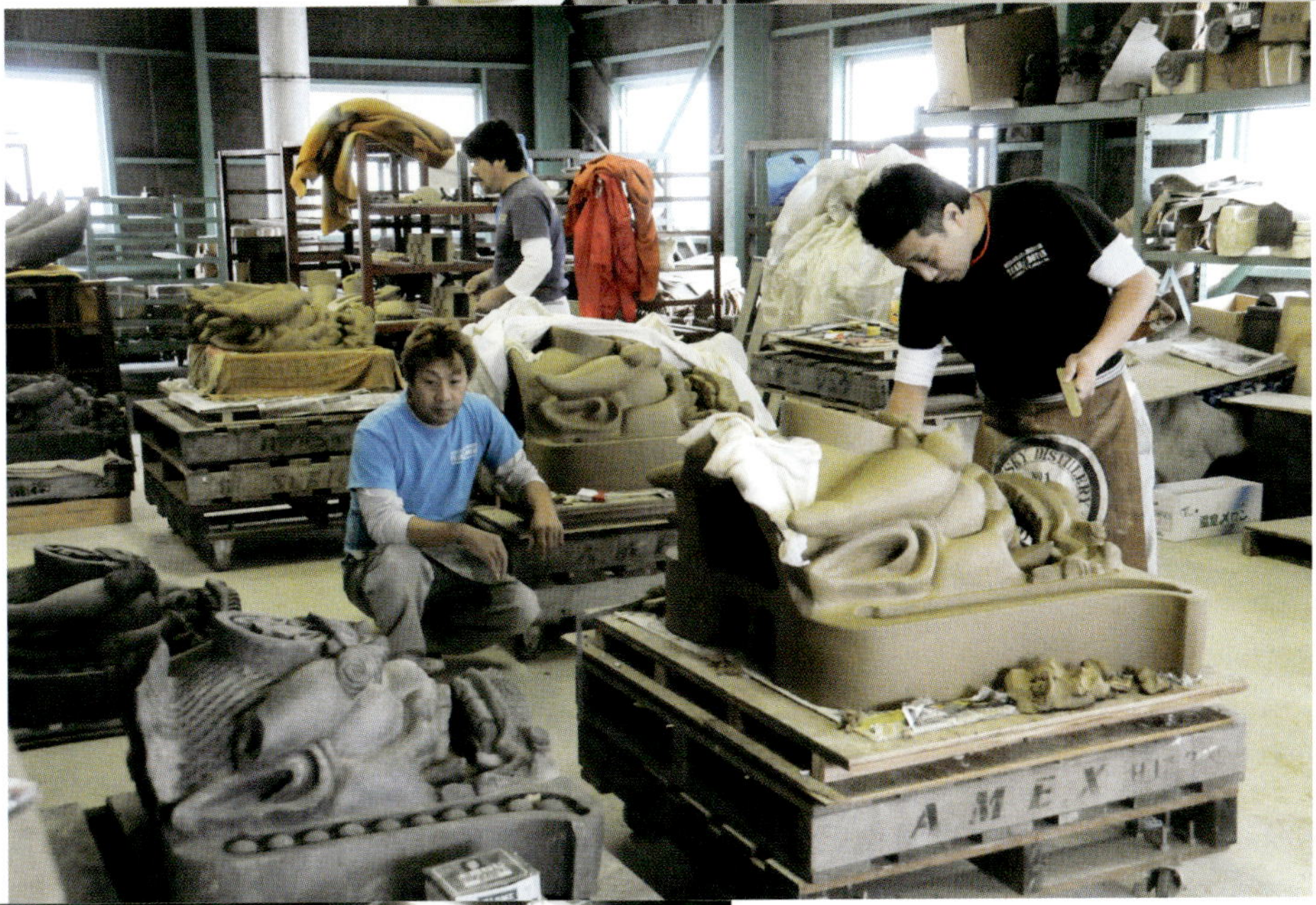

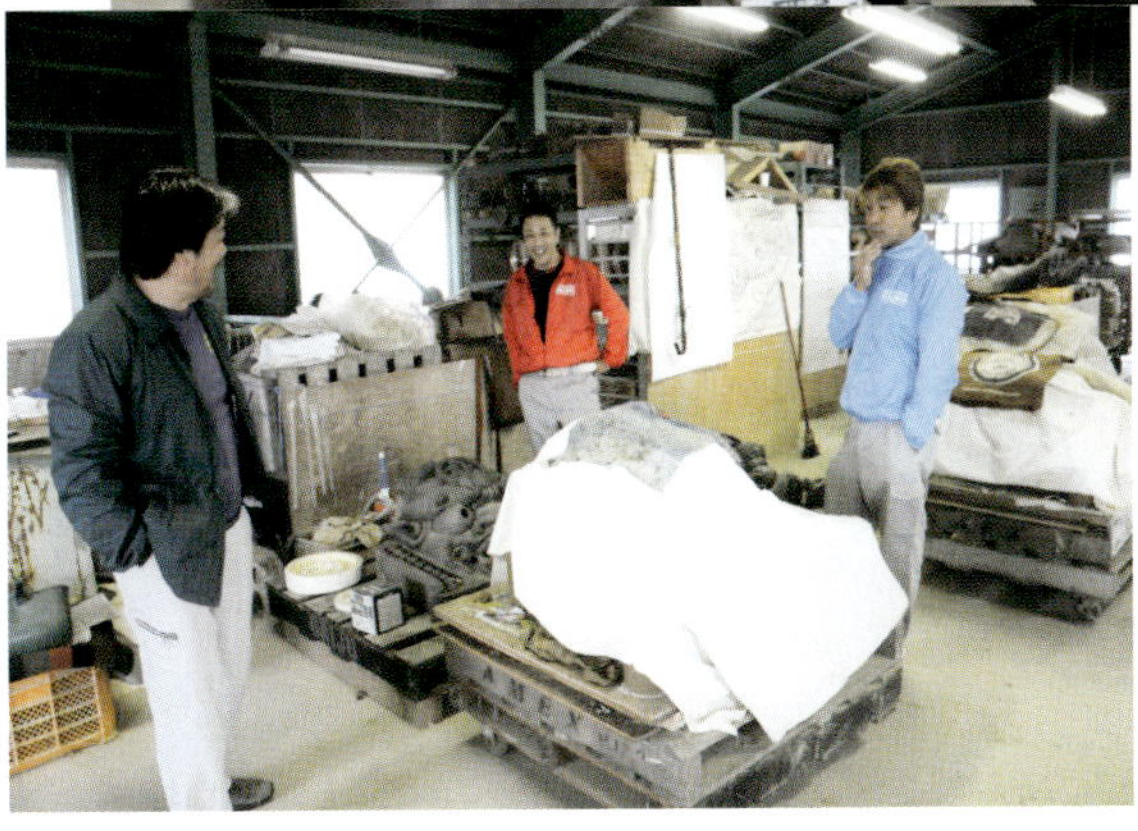

チーム牡丹
左 鬼十 服部秋彦
中 鬼敦 山下敦
右 鬼英 春日英紀

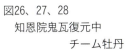

けてもらったりしたら、あのー、うー、それを僕が受け取って、削ったりとか、しながら、また、付け直したりだとか、あの、削ったりだとかしながら、うーん。

指導っていう指導は一通りはまずはしますけど、それ以降は、自分たちに任せて、任せちゃって、あのー、仕上げる時に、僕がいじるなり、ある程度、仕上げてもらったやつを、また僕がちょこっと仕上げ直したり、えー、の、指導ですかね。

ここからは他の鬼板屋でも何度も耳にした言葉、「見て覚える」についての俊一郎の考えを紹介する。弟子と親方の二方向からの鬼瓦修業を体験している俊一郎の言葉には説得力がある。

あのー、端的に「見て覚える」のは正しいやり方だと思うし、隠しちゃうのが一番良くないんですけど。あの、何だろ、「見て覚える」……、結局それしかないんですよね。あの、この角度、自分の角度を「こうせい」、「ああせい」、と言う世界じゃないので……。

その子が、その形になるようにしてあげれるような、見ているだけじゃなくって、「見て覚える」のは、見て覚えるんだけど、あの、何ていうのかなあ、「やってみないと、自分がやらないと、おぼわらないんですよ」。

うーん。当然そうなんですよ。見てるだけで、自分の手が動くかと言うと、そうじゃない。ダンスだって見てれりゃ踊れるわけじゃないので……。あの、見て、じゃ、それをやろうとするかっていう、それが、本人に委ねられちゃってるので、やれる、やれない。

あと、まあ、見てる通りやってるつもりなんだけど、出来ない人もいますし。それは誰しもあるんだけど、それでも、仕事なんで、あのー、やれないとー、ある程度やれないと製品として出せないので。あのー、それ、やってもらわないと困る。

実は俊一郎クラスになれば何も出来ないことは無いのではと思っていた。ところが、俊一郎もある意味、出来ない人でもあると、正直に語るのであった。

やっぱり、やろうと思っても出来ない方《かた》って見えられるみたいで。うーん、僕だってやれないところはあるわけですよ。親父みたいには。出来ないところはあるけれど、まあ、それでも、まあ、親父が、「もう、わかった。これは、これでいいよ」って言うくらいまでは、あのー、何ていうの、消化させるっていうのか、あのー、あるレベルまでのものは、作る技量は身に付けたつもりでいるんですけど……。

そうじゃない方もいるので、うーん。やっぱり、この業界に入る方が少ないなかで、ある程度一端《いっぱし》になるていうのは、本当、難しいですね。

俊一郎は最後に「見て覚える」についてまとめている。

人を教える……。結局、見るだけでも、……、見るだけじゃないですね。実際にやる、やろうとしないと……。やろうと思って出来ない人もいるけど、「まずはやらないと出来ない」、という事。だから、端的に言えば、「見る」で正しいんだと思います。ま、SFの世界じゃないので、ダウンロードして何かなっちゃうでもない。こればっかりは……。

父と子

数々の賞に輝く父と子が目の前にいた。実際のインタビューは俊一郎が一人でしたいと言ったので、父と子が同席することは無かった。そうした中で、父も子を認め、子も父を認め、さらに、亮治が創る作品を見て、ズレとか、狂いとかを指摘する俊一郎がいる。それゆえ、次のような質問を俊一郎に投げ掛けたのである。「技術的なことはすでに俊一郎さんは越えておられると思うんですが、お父さんにまだ達していないところとは、どういったところがあると思います」……と。さらに畳み掛けて、「華っていう事になりますかねえ」、……と。

うーん、そうですねえ。それ……、技量的にもまだ、まだまだですよ。ええ、やっぱり、本当に、まだまだですよ。うーん。でもそれが結局、華にも通じて来るんですけど……。

うーん。ヘラの仕上げ、シビの一本にしても、その波の中で生かすも殺すも、その一本なんですけど、的確にそれが入れるのは父ですし、どうしても、それを追っかけて入れる形になるので……。あのー、「最良の一本がなかなか引けない」っていうかなあ。

うーん。それはまだまだ引けてないので、そういうのが出来るようになれば、また、華も出て来るようになるんですけども。だから、技量的なものですかね。まだまだ追い付いてないですね。はい。「追い付いた」なんて思ったことは無いですね。

何と俊一郎ははっきりと父を越えたことは無いと断言するのであった。それほどはっきりした差が二人の鬼師の間にある事になる。

うーん、無いですね。うーん、その、狂いだとか、それは考えてみれば、ちょいとやれば、まあ、あの、ちょっと目に厳しくなれば、あのー、「見ることが出来るんですよ」。じゃ、厳しいから、自分出来るかと言ったら、出来てない。

それよりは、狂いは少ないかもしれないけれど、やはり、こう、何だろ、何ていうか、やっぱり、狂ってるなあというのは、あとから見えて来るんで、自分で。自分で作ったもので、見えて来るんで、もう、そこはあまり気にしないように。うーん、気にし過ぎないようにて、言うんですかね。

うーん、それよりも仕上げなり、なんなりの技量の方をもっと追い付いていかなくてはと、いま、まだ思っているところですわ。

で、そう思いながら仕事してるというところなので、うーん。まだ、越えたなんて、とても思っていないですし……。

たとえば復元で来る鬼でさえも、僕はそれよりも、何だろ、あの、「わー、良く出来てるなー」と見ることが多々ありますのでー、昔の人を越えたことも、と思ったことも最近は無いですね。

このように、俊一郎は自分自身の実力を極めて冷静に、そして極めて謙虚に、捉えているのであった。

どんなに、何だろ、へちゃに、「へちゃ」てわかるかな……。「不細工に出来てても、それはそれなりに、面白いんじゃないかなー」っていうふうに思ったりもするんで……。好き嫌いはありますけどー。でも、何か、それの時代背景だとか、そういうので、「これが好まれたこともあるのかもしれない」と思えば、そのー、あのー、「こんなん出来悪いわー」って言ってられることもないですねえ、自分は、はい。

取り敢《あ》えずは、そのー、「いい、悪いは最近、あまり思わない」ようになって来たし、思わないようにしてる面もありますし……。あのー、それぞれ、その地方で好まれていたものなら、そのように作ってあげたいなと思いますので、……はい。やっぱり、自分ちの御飯が一番好きじゃないですか。だから俺はこうだから、「こんなん駄目だよ」なんて思えないですし、その人には、それが良かったんだから……。

目指す鬼

俊一郎が目指す鬼とはいったい何なのかを聞いてみた。事実、何か目指すものがあるのと、ただ漠然と物事に取り組んでいるのとでは、出来上がるものがかなり変わって来るからである。俊一郎の場合は、そこが明確であった。

やっぱり、このー、何ていうんだろ、「もっと魅力のあるものを創りたい」っていう事だけですかね、今は。うーん。見て、人が見て、自分が見て、あの、「良《い》いな」、「楽しいな」って人が思ってくれるようなもの。堅苦しいなっていうものじゃなくて、上手《うま》いなあじゃなくて、何か楽しいな、何か良いなっていう（図29、図30）。

逆に、技量的に良いとかじゃなくて、「何か良いね」っとか、「手元に置いときたいね」って思えるようなものを創れたらいいですかね。自己満足ではなく、お客が言ってもらえるようなものが出来たら、それに越したことは無いですよねー。

ま、どこまで行っても納得するようなことは、性格上、職人さんはみんなそうだと思うんですけど。あのー、ね、無いと思うんで。

職人さんは出来上がったもの、自分が作ったものに対して決して満足しないという言葉は他の鬼板屋でもしばしば耳にした言葉である。事実なのだと思う。しかし、なぜそうなのかは、なかなか、やはり、

図29　創作鬼「野菜」と大黒天（梶川俊一郎作　2017年）

図30　大黒天（梶川俊一郎作　2017年）

判るようでわかりにくい言葉であった。俊一郎はそれに対してわかりやすく説明を加えてくれた。

僕らの代って、鬼瓦って、粘土相手なんで、そのー、結構自由度が広いっていうか、あのー、何だろ、うーん。自由度が広いていうか、あのー、何だろ、うーん、自由度が広いっていう事は、そのー、良いと思える幅も広いですし、悪いと思える幅も広いんで、あのー、なかなか、これがって思うことは無いと思うんですねー。

うーん。技法っていうのも、ヘラの仕上げとかの技法ってのは、決まってるけども、あのー、その、地方、地方の、型も、ある程度、決まってるけれど、個人に任せられる、その、何ていうのかな、波が並んでいたとしても、どの強弱を持って作るかという事も、この、あの、違いをどういうふうに付けるかという事も、あのー、こっちの職人に任せられるので……。あのー、何だろ、納得しなけりゃー、ずーっと納得できない世界ですよね、僕らは。

あの、木地屋さんとかも、あれも、器をガーッと削ってる、それだけの仕事と言っちゃいけないけど、それだけの仕事って言っちゃーいけないですけど、あれでさえも「納得できる仕事は無い」って言うじゃないですかー。

あれに比べて、物凄くやることが多いので、もっと納得できないことが多いんですよ。うーん。……の中で、「何《なん》かいいなあ」っていうふうに言ってもらえる仕事が出来るようになれば……、まあ、とりあえず、その一点か……。出来たらいいなあと思ってます。

平成二九年の梶川亮治（七九歳）

長年書き続けてきた「鬼師の世界」が今年、平成二九年に一つにまとまり、本の形になって出版することになった。その時すぐに思い浮かんだのは鬼亮さんの事であった。「鬼師の世界」というテーマでフィールドワークを始めて最も早く出会った鬼師の一人が梶川亮治であった。それから何年か経ち、「鬼師の世界――黒地：山本吉兵衛（2）」が愛知大学『文明21』第11号に出たのは二〇〇三年一〇月のことである。その中で初めて「鬼亮」について書いた。ただいきなりは書けなかった。テーマそのものを理解するのに時間がかかったのだ。しかし、その時の基礎となった資料は一九九九年一一月二六日に鬼亮の仕事場で亮治から聞いたインタビューであった。今年は二〇一七年である。それからほぼ一八年の歳月が過ぎようとしていることに気づき、亮治の現在の心境ないしは境地を一度聞く必要があり、またそれを記録に残すことの重要性を鑑みて、年が明けて間もない一月一三日にもう一度、二時間余りに及ぶインタビューを行った。もちろん一九九九年から二〇一七年の間、鬼亮とまるで行き来がなかったのではなく、反対に紙面では書き切れないほどの交流を積み重ねて、今では人生の師といえるほどの関係に至っている。

鬼瓦、その現在と未来

まずは鬼瓦業界を取り巻く現状（二〇一七年）について亮治は自ら

の人生を振り返りつつ、次のように語っている。

こー、とても貧しい生活の時から、あのー、バブルの時から、こー、時代的な流れでねえ。とてもいい時代を生きて来たのかなあーと。やればやっただけお金になるという時代もあったし、今のように売りたくても売る先がないような、ねー、そういう時代にも今なって来てて。で、ま、業界としても瓦屋さんがドンドン、ドンドン無くなっちゃって、小さな瓦屋さん、みんな無くなってしまって、残ってるのはあと本当に数軒ですよねー。組合も追っ払って、もう陶器瓦の組合に吸収されてしまうという、そういうふうな、今、状態なんですねー。

このように瓦業界並びに鬼瓦業界が直面する現状の厳しさを指摘したうえで、亮治はこれからの時代、すなわち未来について述べている。長年の経験に基づく亮治独自の未来への読みである。

こんな時代が来るということは本当に想像しなかった。本当に想像しなかったんですよ。「鬼がない、鬼がないような、そういう屋根がこんなに広がって来る」っていう事は思わない。

ほだけども、あのー、「これはねー、一時期の、あのー、流行《はやり》だ」と思う。このままで行くようなことはないと思う。「また和風建築の良さっちゅうのは、あのー、見直されて来るんだ」と思う。ほの時に、技術が残っているかどうかというのが、一つの大きな問題になって来るんですよ。

亮治は和風建築がまた見直されると言ったあとに、なぜ洋風で鬼瓦を持たない家が増えて来たのかについて分析している。

日本人のものの考え方が、今、変わって来てるんだと思う。すごく変わったんだわー。ハウスメーカーで、合理的な今の、住むに住みやすい家。自分一代。核家族に適した家。自分が生きとるうち、家がもてばいいと。二代、三代もつような、そんな家《うち》は必要ないと。あとは空調効いとれば生活できると。快適な生活ができると。

で、そうゆうような時代に入って来てね、もっと、まだ、今はわりに、あのー、何ていうのかなあ、商売ができないとすぐ、あのー、それを、うー、整地にして、ハウスメーカーに、そのー、土地を売ってしまうというところが多いじゃんねー。アパートを作ったり、そのことでねー、アパートが増えすぎてて。で、今もねえ、アパートで住んでる方《かた》が、そのー、結果的には、まあ、今のお金で七万円とかかかるんですよね。そうするとね、建て売りの住宅ねー、あのー、月々四万円ぐらいで、あのー、生活ができるんですね。

ほっとね、自分の家を持った方が安くなるのね。うーん。ほんで、あのー、アパートだったら払いっぱなしだけども、自分のうちなら、形として残りますからねえ。

だから小さな家がいっぱいできるわけですよ。うんと。景観そのものはね、もうどこ行っても、どの町行っても、ハウスメーカーが主導でやってるもんで、上にソーラーなんか付けたりなんかして。どこに行っても同じような形ばっかりになって来るんですよ。うーん、で、それがねえ、果たしていいのか悪いのかっていうのは、これは大きな問題だと私は思うんですよ。

亮治が鋭く指摘しているような現在のハウスメーカー主導の「鬼瓦が載らない」洋風な家が日本中に広がった主因は、ハウスメーカーに原因があるというよりも、戦後の民法改正（昭和二二年）による大家族制から核家族制への移行にある。この時行われたアメリカ合衆国の影響が、日本において実際の世代交代を経ることを通して、「家族」のみならず、現実に「日本の家屋」へ、そして「日本の景観」へと目に見えるほどの規模で、今、日本中に広がって来ているのである。これらの三つは一つにリンクしている。日本（文化）の変容が起きているといっても言い過ぎではない。日本という屋台骨が音を立てて軋《きし》み、揺らいでいるのだ。亮治はこうした事態に対し、先に述べた未来への予言へと戻って行く。

ほんで、これから先のことを見てもね、ああいう、家に愛着を持てないような、そういう、今は、時代に入《はい》ってきてるけど、そうではなくて、やっぱり家ってのは、人格を形成するうえではとても大事なもんだと思ってるの。だから、今でも、また、ある程度余裕のある方は、和風建築に、あのー、帰りつつあるよね。

うーん、そういう事はねえ、あのー、今、あのー、私らが、私なんか、もうあと数年のことだからね。あのー、そういう形を見て、死ぬということはないと思うけど、そういうふうな傾向に行くということはねえ、間違いないんですよ。

ここで、鬼師、梶川亮治の受賞歴について簡単に述べておきたい。実は亮治自身も大きく変容を遂げているのであった。二〇〇六年　高浜市飾り瓦コンクール大賞受賞。二〇〇七年　碧南市市政功労者受賞。二〇〇七年　国際公募アート未来展彫刻部入選。二〇一三年　厚生労働大臣賞（現代の名工）受賞。二〇一五年　黄綬褒章受章。二〇一五年の褒章は皇居にて授与されている。このように、特に二〇〇〇年代に入ってからの輝かしい受賞歴が続いている。鬼師の世界においては異例である。亮治が創り上げてきた独自の鬼瓦の世界とその深さ、到達度、ないし貢献度がそれぞれの関係機関に認められて来たことを意味する。これに対し、亮治は次のように話すのであった（図31）。

自分が、ここへ、えー、到達するでもね、自分ひとりの力では絶対なれるもんじゃないんですね。あの、いろんな手助けが次から次、こう現れてねえ、ほんで、自分というものを形成してくれたんだなあーと。ほんとに、これは自分で「よし」ではなくて、これを、また、そういう心ある人に伝えて行かないといかんだろうなということはあるわけですねえ。

同じ文脈で、亮治はインタビューからほぼ一八年たつ今、自分がどのように変化したのかについて語ってくれた。

図31　梶川亮治　獅子図作成中（平成27年）

自分が、身体《からだ》が弱ってくることによってねえ、いろいろなことが、こう、わかって来たね。それは家内（梶川絢子《あやこ》　昭和一五年四月一四日～平成二二年一二月四日）が亡くなってからの話ですね。特に、うーん、あのー、家内が居る時はねえ、ものすごく自分でも自信過剰ぐらいね、あのー、自信持ってね。「何の、向かうところ敵なし」というような気持ではね……。あのー、「誰でも言いたいことがあったら言ってくれ」ぐらいの、そういう強い気持ちを持ってたのね。

ところがね、家内が亡くなってからよくわかったんですねえ。自分は生かされているんだろうということが。仏の道に近くなったのかねー。うーん。自分は生かされているんだと。自分がこうやって商売できるまでの過程をずーっと追ってみるとね。ほんとに恵まれた、自分は立ち位置ちゅうか、場所にいたのかなあーと思う。生まれた時から（図32）。

図32　梶川絢子（壬生寺にて）

兄弟の、私、七男だけども、七男という年にね、七男として生まれたこと自体が恵まれたとこに生まれたのかなあっていう。そういう気がしますよ。

鬼亮の師

亮治があげている鬼瓦の師は次のような人々である。これらの人々がほぼ時系列順に亮治の前に現れて大切なものを学んでいったという。まず、父であり親方でもあった梶川賢一。器用さという素質を受け継いだという。そして一番大きな影響を与えたのは兄の梶川務だと語っている。

あの人は天才だった。職人の天才だった。うん。で、あの人とずーっと仕事やってたのね。でね、その仕事をこう、見て覚えるよねー。で、覚えて来て、で、兄を超えるっちゅうことは、そんな意識はなかった。一所懸命まねるちゅうのが一所懸命だった。

次に亮治の前に現れた人物が彫刻家の加藤潮光であった。加藤潮光からは彫刻のみならず水墨画をも習っている。

芸術の眼、あのー、点からモノを見る、そういう事はねー、自然ーに、あの、蓄積されるんじゃないのかなー。いきなりバッと入るんじゃなくって、何度も何度も注意されながら、描《か》いとるうちに、そういった心構えちゅうのか、そういうものが自然に、あのー、身体に沁《し》みて来るんじゃないのかなー。先生がよく言われたことは、「何でもええで、続けなきゃだめだぞ。続けなかったら……。牛の涎《よだれ》のように……、あのー、たゆまず続けることが必要なんだ」っちゅう、そういう事言われたのね。

加藤潮光が昭和五二年（一九七七）に亡くなり、次に現れた師はなんと、亮治の長男である梶川俊一郎であった。亮治は俊一郎の実の父親であり、親方であり、師でもある。それにもかかわらず、俊一郎から学ぶところが大きかったのである。

あのー、子供が育ってきて、彫刻を始めるよねー。で、日展出すようになるよねー。ほと、自分も毎日、そのー、作品を見てるわけ。ほするとねー、自然に目が肥えてくる。うーん、ほで、これは、この方がいいとか悪いとかいうのは、自分が作っているような雰囲気になってね。わし、一言もモノいわへんよ。見るだけ。物言えない。もー、私らが言えるあれじゃないもんで、見とるだけだわ。見とるだけだけど、自然に人物とは、こういうもんだなーちゅうのが、自然に、自分で分かった。うん、だから彫刻のいいの、悪いの、見ればわかる。そういう目ていうのは毎日見とる強さちうのは、あるよなあ。

うーんで、鬼瓦も自然ーんに見方が変わって来る。

ほりゃーねえ、あのー、特に私だと、細工もんが多いのね。いろいろな動物入れてくれとか、あのー、いろいろな、何ちゅうのかなあ、あー、龍だとか、鳳凰だとか、そういったものを入れて作ってくれとか言われたときでもね、必ずそういった体形みたいなものを頭の中に入れてね、作って行くじゃんね。ただ、こう、粘土細工と違って、そういった基本的なものを頭に描いて作る。その違いていうのは大きいじゃないのかなーと思いますけどねえ。

加藤潮光そして梶川俊一郎との一連の出会いにおいて、亮治に実体験としての美意識革命が体感として起こったのである。美に目覚めるとか覚醒するといった状態に至ったと言える。そして次に現れた人物が小林章男《あきお》（大正一一年〔一九二二〕～平成二二年〔二〇一〇〕）であった。

潮光先生が亡くなると、今度は小林先生って、あのー、瓦のね、こりゃー、あの、人間国宝の方なんだけども、その方が現れて、ほんで、鬼瓦の、瓦の歴史みたいなものを、まあ、そういったものを通してだねー、あのー、いろいろ展覧会を一緒にやらしてもらったということはね、とても大きな意味があった。いま、考えてみると（図33）。

うん、ほのー、私はあの時にね、あまりそういう事感じなかったの。ところが今になっていろいろな書物をこう見てね、本を見てね、あー、先生はこういう事言いたかったんだーちゅうことがわかったのね。で、そこで初めて、今まで刻み込まれたことがね、あの、本読んだことで、いろんな、こう、時代とマッチしてね……。こう、何ていうかなあ、あのー、わかる、そういう理解できる、そういう今、あー、場所に来たのかなあーという思いがするんです。うーん、だから、あのー、今までバラバラだったものが、一つになって、うーん、自分の中にあるんだなーと（図34）。

亮治が最後にあげたのが碧南市文化財審議委員会の仕事であった。瓦を見た時のものの考え方が変わったと話している。文化財としてのものを見る目を培ったのである。

それともう一つねえ、私、二四年になるんだけども、文化財の審議委員の、会長にも四年間やらしてもらったんだけども、その事が大きい。

ここで、亮治が話してくれた鬼瓦作りについて紹介したい。亮治の語りから本来の「鬼瓦」そして「鬼瓦作り」とは一体何かが伝わってくる。

鬼瓦という仕事は、あのー、何ていうのかなあ、うーん、もともと一子相伝というような形でね、明治までは、同じですよ。そういうような一子相伝のような形で伝わって来たんですね。

で、そこには一子相伝というものの、ほのー、一つの大きな、あのー、こー、長《おさ》、長になる人がいて、その眼がみんな光ってたのね。

作るものがものすごく、そりゃー、御用窯みたいなようなものだからね。えー、一枚一枚が精度が高いものを作ってたの。だから

図33　小林章男　86歳　三人展（平成20年６月29日）

図34　明王　小林章男作　鬼江戸展（平成11年11月14日）

途方もない、高額なものではなかったかなーと。

土を掘るでもねえ、あのー、田んぼの中から出てくることはなかったわけですよ。あのー、古いものは。あのー、よく、奈良の小林さんが、……小林先生（小林章男）が、あー、言ってみえたのかね。ほのー、「炭鉱と同じで、あのー、まず井戸のように掘って、それから横へ掘って行くんだよ」っていうような。そして「粘土を掘ったものをね、その粘土が果たして瓦になるかどうかちうのはねー、また、あのー、それを吟味するのが大変な、あのー、事だったんだ」とーいうようなことを言われて……。で、土の出るところでも、「ここの瓦、土は、あのー、貴族のものに、えー、館《やかた》に使うんだと。ここは豪農とか、豪商とか、そういったところに使う土。区別して掘り場まで決めていたんだよ」っていう話を聞いていたんだよねえ。

全て足で練って、それで、あのー、手で作るわけですからねえ、一枚一枚がそりゃ当然高いもんになるわけですよ。

鬼瓦の伝承 (1)

このように昔の瓦作り一般について亮治は話すと、次に「一子相伝」の三河版に話を移したのである。三河への瓦・鬼瓦の技術の伝播にかかわる話である。

あのー、もともとねえ、そういう大きな、あのー、瓦の産地、京都、奈良あたりでもね、職人は何人か使ってやるわけね。でー、肝心なところは、やっぱり、あのー、本当の、身近な人しか教えないのね。

で、ほこで働いている人間は、もう無限にいたんだと思いますよ。で、その人方《がた》が地方に出て、あのー、そういう指導をする、瓦を作ることはしてたと思う。だから、その瓦を作るてのは、三河でも古い年号の、たまに瓦が出てきます。とても稚拙です。うん、まともに見られるような形ではない。

このように三河への瓦の伝播はまず名もない瓦職人によって伝えられたと亮治は説く。その証拠が三河から時折出土する古い瓦の作りの稚拙さを挙げている。そうした三河の土地へ本格的な瓦・鬼瓦の技術をもたらした人物がいる。永坂杢兵衛である。

うーん、やっぱり、正式に、あのー、三河で習ったていうのは、あのー、永坂杢兵衛さんて方が見えるんですよー。ほの方が慶応の時代に、あのー、ほんとの、幕末に、あのー京都に行かれて……。

あのー、こちら（三河）でも瓦を作っていたんですよ。ほれだけど、これではダメだと。正式に覚えとかなダメだということで、あの、直接行ったんだねー。京都に行かれて、九年間（一七八一〜一七八九）修業されて帰ってみえたんです。

経巻型　跨鬼吹流
海徳寺
大鬼板かわら
図35　経ノ巻　跨鬼吹流足付（永坂杢兵衛作）

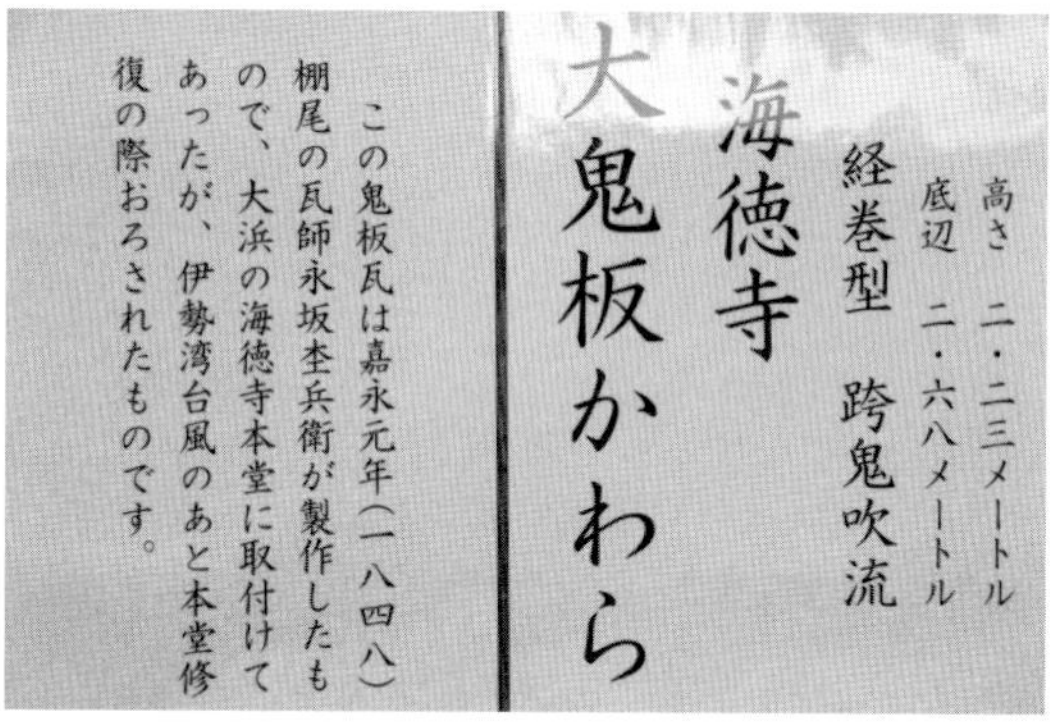
高さ　二・二三メートル
底辺　二・六八メートル
経巻型　跨鬼吹流
海徳寺
大鬼板かわら
この鬼板瓦は嘉永元年（一八四八）
棚尾の瓦師永坂杢兵衛が製作したも
ので、大浜の海徳寺本堂に取付けて
あったが、伊勢湾台風のあと本堂修
復の際おろされたものです。
図36　嘉永元年（1848）（碧南市　海徳寺）

ほの時の、初期で、初期に作った鬼瓦を見ることがありますけど、それはねえ、ほとんど、京都のその通り、京都の鬼瓦の形のものを作ってたよねえ。

うーん、ほんで、代々そこは永坂杢兵衛という名前を名乗って、今の方が一〇代目なんですが、もう当然、あのー、戦前までで。あのー、戦後はやめてしまわれたんだけども。あのー、何代も瓦屋さんを続けてみえた（図35、図36）。

亮治はこのように述べた後、「一子相伝」の事実について初代永坂杢兵衛について言及するのである。

で、えー、でも、その、おー、修業先、自分が京都のどこに修業に行って、えー、勉強されたかっていう事は一切、どの書類を見ても、資料を見ても出て来ない。それは一子相伝だから、修業するときに釘を刺されてるんじゃないのかなー。「名前を出すな」と……。

「一子相伝」による本格的な瓦・鬼瓦技術が杢兵衛によって三河の

地にもたらされると、永坂家はその技術の伝承へと重心を移すことになる。ところが亮治がすでに述べているように永坂杢兵衛は十代続かずに、昭和一九年に廃業を余儀なくされている。亮治の話が続いた。

それもまた、あのー、一般の民家の、あのー、その当時は、あー、家《うち》ではとても使うような瓦ではない。本当に神社仏閣の、そういう瓦の、葺き方とか、作り方を教えてもらって来た。そういう、こうー、あのー、図面がありますので、あー、当然、こういう事を習って来たんだなあという事は、よーく分かるんですよ。

ほんでねー、あのー、おー、習ってきて始められた、そのー、瓦ていうのは、確かに、あのー、いい瓦であるわけね。ところが、あのー、うーん、二代目の方が逝《い》かれて、えー、四代、五代……。五代目ぐらいまでは、当主の方が図面を引いて、職人に作らせるっていう形になって来るわけですね、だんだん。

ほするとね、あのー、うーん、その当時、瓦をそうやって作るという事はね、ものすごい教養のある方なんですね。で、資料もきちっと残されてね。で、あのー、村のいろいろな役も受けると。うーん、庄屋もやるっていうような。また、あのー、陣屋がありますで、陣屋に務めてたという事がありますよねー。

そうするとねー、ご当人が、あのー、鬼瓦を作ることはもうないんですよ。瓦を作るという事はないんですよ。もうみんな、職人を、職人任せになって来るわけね。だから、いつの間にか、こう、あのー、仕事が忙しくなれば、自分のところだけでは出来なくなるんですよ。だから、余所で、あのー、瓦を買い、自分のとこと合わせて、あのー、出荷するという形になって来るわけですね。

……とね、あのー、結果的には、あのー、それが進んでくると、今でも同じ形態を、どこの瓦屋さんも辿るんだけども、あのー、瓦はただ、利益だけのために、利益追求するために、技術そのものはおろそかになる。

自分が、本人が、あのー、こう、続けておる場合はねえ、あのー、やっぱり形に拘《こだわ》るんですねえー。それが商売として、あのー、大きくなればなるほどね、自分が手え出すことが出来なくなるんですね。やっぱり、職人任せになって来るわけ。また事務なんかでも、すべて番頭任せになる。

ここまで来ると、永坂杢兵衛を越えて、現在の瓦・鬼瓦業界一般の話へと波及していくことになる。技術を伝えることの難しさが浮き彫りになって行く。亮治は六五年余りの鬼瓦人生を見つめながら、実際に起こった事例の数々が脳裏をよぎるのであろう。

ね、そうするとねえ、創《はじ》め、何ていうのかな、あー、当主が描いていたものとは似ても似つかぬものになって行っちゃうんじゃないのかなー。でー、今の瓦屋さん見とってわかりますようにね、トンネル窯の社長さんだって、偉がって何代もやって見えるところありますよ。だけども、瓦作ることは一切できません。あー、型で、金型で、でかいたものしか、もう無いわけですから。

と、ある意味、こういう職人の仕事っちゅうのはねえ、えー、何ちゅうのかなあ、一子相伝じゃないけども、あのー、小さく、こうー、せめて、もう、ほんと、五、六人の中の生活ではないのかなあと思いますよ。それを大きくなれば必ず、ほの、技術の伝承というのは難しくなる。

鬼瓦の伝承 ⑵

つまり、「一子相伝」は、決して江戸時代のことではなく、技術の伝承の世界においてはある意味、現在も生き続けている原則なのである。この「一子相伝」の形が変容し始める時、技術の伝承に影が差し始め、やがては「一子相伝」の崩壊とともに、本来の技術が断絶するのである。亮治は六五年の鬼瓦人生において実体験して来たのだ。

亮治は技術の伝承を軸に話をさらに展開していった。それは「復元」と「石膏型」と「手作り」の間に横たわる技術の問題であった。

ほんで、ただ古いものを真似すればいいもんだというもんでもないんだと思いますねー。うーん。今、どうしても、あのー、復元だという事でねえ、古いものを真似するんだけども、それは、あのー、そういう指導があるから、仕方なくて真似するんだけども、今は、あのー、自分たちで、自分本人が、あの、このー、「平成の時代に、えー、即した、そういった鬼瓦をどうやって表現するか」っていうところまで思いつく人は少ないんじゃないのかなーっと。

今まである、こー、形、カタログみたいなもので、踏襲されて、そのまま真似て終わり。どうしてこういう形になったとか、そういう事考える人、いないんじゃないのかなーっと。

私自身としては、あのー、そうではなくって、あのー、うー、形そのものは、やっぱり、きっちり、踏襲するとこはしないといけないんだと思う。だけども、あのー、その中に縛られることはないんですよ。自由にその範囲の中で、自由に自身で表現することは出来るんだと思う。

うーん。その技術をみんなは、あのー、どうしても今まではね、型で、今の世代の人方はみんな、石膏型でおぼわって来てるわけでね。だから、そこへ到達することが、まず出来ないんだと思う。うーん、その型の中のイメージしか、自分の頭にないからね。だから自由な発想が出来ないんじゃないのかなーと。

「石膏型」を鬼作りの始まりにおいている手作りの鬼師と、「石膏型なしで鬼作りを身に着けた手作りの鬼師との質的な違いを亮治は指摘しているのだ。石膏型が鬼作りの創造性を縛る心的な制約になっているというのである。

手作りばっかで上がって来ると、自由な発想が、自分独自の考え方ちゅうのが、当然出て来るんだと思う。出て来て当然だと思う。

うーん、それが出来ないっちゅうのは、まだまだ未熟だという事じゃないのかなあ。はっきり言うとね。

その中で、こういうような時代（鬼瓦が載らない屋根を持つ家が大半を占める日本）に入って来てねえ、どうやって残して行くかっていうと、やっぱり、あのー、その当時でも、あのー、私が、こー、うーん、どうかなあ、四〇、五〇の時にね、もう、手作り一本に絞ってやるようになったんですねえ。でも、「他《た》、業者の人は、一般の人が買えやすいような単価で出すには、石膏の型を作らないとだめだ」と。……いう事で、型を一所懸命作ってたよねえー。私、一切、型作らなかったのよね。で、手間かかっても、手作りで、執着したんだけども、その時、みんなに笑われたんですよ。「儲かるのに、何も、手作りで作ることはない」って。笑われたんだけど、もー、私は「そうではない」と思ってたのね。「手作りやることに意味があるんだ」と。また「残るとしたら、それしか、残ることは出来ないんだろう」と思ったの。

鬼瓦の伝承 (3)

亮治は別の角度から技術の伝承について話し始めた。「技術の伝承」はそれ自体では成り立たないのである。いくら素晴らしい技術を持つ鬼師がいても、いくら素晴らしい弟子がいたとしても、そして「一子相伝」的環境が整っていたとしても、もう一つ重要な要素が必要なのである。最重要といっても言い過ぎではない。それが需要の存在である。それもただの需要ではなく、知識ないしは確かな見識を持った施主の存在を欠かすことが出来ない。これなしには需要がたとえあったとしても、「悪貨は良貨を駆逐する」法則の通り、石膏型ないしはプレスで作られた安い鬼瓦が使われてしまうのである。せっかくの需要がただの泡銭《あぶくぜに》になってしまい、技術の伝承を止め、さらには文化の荒廃を招くことになる。亮治は三つの実例を挙げ、リアルに説明してくれた。

たとえば、こないだ、まんだ図面を描《か》いて送ったとこだけんど、東京のあるお寺なんですけども、それはこーだったんですよ。二ヶ所ぐらい、……三ヶ所か、……。三ヶ所から見積もりがあったの。ほだけど、なぜそういう事になったかっていうと、それはねえ、設計士（前田伸治）の方が、「鬼瓦は鬼亮」って謳《うた》ってくれたの。だから、どこへ、こう、見積もり出《だ》いても、鬼瓦は私のとこの見積もりを取るわけ、……ね。うーん、で、なぜそういう事になったのかっていうとね、それは禅寺（慧然寺《えねんじ》）だったんですよ。で、「禅寺の場合はどういう鬼が最適か」と。うんで、「どういうものが良《い》いか」と……。うーん、という向こうからのお尋《たず》ねだったの。うんで、それは禅寺の中の、ま、お庫裏《くり》なんだけども、途方もない大きなお庫裏なんです。うーん、東京でこんな家が建つのーというようなものです。

で、それに茶室が付いてくるわけです。で、「茶室の鬼も描いてくれ」と、……いう事で、私、ちょっと図面を描かしてもらって、「禅寺であれば、あのー、こういう鬼瓦が最適ですよー」っという形で、鬼瓦の屋根の大きさを見てね、「こういう形がいいよ」っていう形で姿図を描くわけね。ま、それが出してあって、いつ入《はい》って来るかわかりませんけども。うーん、そういうふうなことでねえ、向こうからいろいろ指定があるよね。うーん。「こういうところに使う鬼瓦で、一遍図面を制作してくれ」っというような事ですねえ。やっぱり、これは今までの経験があるんで、そういう事がすぐ、こう、頭に浮かぶわけねー。

この例のように、設計士が「鬼師の世界」をよく知っていると、建てようとする建物にあった鬼師を指名することが出来る。するといくら工事を請け負う会社が複数になり、また屋根工事の見積もりが多岐にわたろうと、特定の鬼師に見積もりの依頼が来ることになる。そしてこの例のように数社から一人の鬼師に見積もりが舞い込む。結果、最良の鬼が建物を飾ることになる。ところがそうした指定がないと、次のような事態が起こるのである。

普通、お金は、あのー、普通、任せてしまうと、業者に任せてしまうと、……一番安い、カエズ（海津型鬼：簡素な型の鬼瓦）みたいな鬼瓦でやってしまうんです。だけど、私は、「それは駄目だよ」って。やっぱり神社、仏閣っというのは、あのー、そういう格式があるからね。「（しっかりした）鬼瓦を使わなきゃ、駄目だよ」って、……いう事は常々言ってるわけ。

そして亮治は実際の例を挙げて話してくれた。一般の人々はもちろん何も知らない。たとえそこへ行ったことがあり、実際に目の前に立って見たとしても気が付かない世界なのである。「知る」と「知らない」ことによって起こる喜劇であり、悲劇である。文化のレベルが確実に下がり、破壊され、しかも世代を越えて続くことになる。正《まさ》に、悪貨は良貨を駆逐するのである。

でー、先だっても京都へ行った時にね、ちょっと話が外れますけど、京都に東福寺っていう大きなお寺が、秀吉が創ったっていう大きなお寺がありますよ。[4] そこの塀がねえ、すごく立派に出来てた。立派なもんが出来た。塀としては……。

ほだけどね、鬼瓦、何が使ってあったかというと、昔のトイレの鬼ですよ。三河のトイレの鬼ですよ。プレスの鬼の。

うーん。お寺の人は何《なに》いも知らないと思う。うん。ほだけど、お寺は一切合財、こう、お任せで、下へ流すわけね。ゼネコンでも何でも通すわけ。ほうするとね、下へ来るまでに予算が無くなっちゃうのね。ほうと、屋根屋さんとしては、あのー、「この範囲であれば、この鬼瓦しか使えないよ」という形で、そうなっちゃうのね。

だで、これをねえ、お寺自身が自覚するか、または設計士が、その辺のところを自覚してね、ほのー、「お寺だから、そういうものを使え」と、指示がないと、ほの、使えない。また予算も降りて来ない。

もう、はい、やっぱり、そういう、こう、忠告する何のための文

図37　無量壽寺　本堂（平成28年12月24日）

化財保護課が……、京都やなんかだったら、……あるのかと言いたいね。

もう、しょっちゅう、小言ばっか。古いもの見て、「その通り作れ」とかいう小言は言うくせに、そういうものになると一切ものを言ってないのね。だから、そういうトイレの鬼を載せてしまうという……。うーん、ほの、それでは意味がないんですよ、お寺の持つ。うーん、そういうところが、私は、あのー、情けない。

これは、私たちの宣伝も悪いのかもしれない。もっと、こう、私たちの話を、業者、鬼瓦を作る業者が、もっと発信していかにゃ如何《いかん》かもしれないねー。

「東福寺の塀」とは逆のケースも存在する。兵庫県加東市の三草山近くにある念佛宗三寶《ぽう》山無量壽寺である。平成二〇年七月一七日に落慶《らっけい》が行われている。創建されたその時点で、世界遺産であろうその壮大な伽藍は現地を訪れて見て、初めて実感する壮麗さと荘厳さがある。その本堂を高さ九m、幅八・八mのギネスブック公式認定の梶川亮治が手掛けた鬼瓦が圧倒的な迫力でもって睥睨《へいげい》している。強い力場（フィールド）が辺りを包んでいる。無量壽寺の場合は寺の住職自らが鬼師とその鬼瓦を選定している。そこが特殊であり、美に対する見識の圧倒的な高さを示している（図37）。

先ほど、あんた、念佛宗の、あー、無量壽寺見てみえたでしょ。結果的にはね、一番最初に原型を作る形が、だーれも出来なかっ

図38　鬼面付経ノ巻足付　無量壽寺本堂（梶川亮治作）

たんですよ。余所《よそ》で。で、私が作って、あの、念佛宗の住職の方が見えて、「これなら良い《ぃ》」と……、いうお墨付きを頂いて、ほんで、出来たんだよ。

うーん、（鬼瓦作りに）かかることが出来たんです。それまではねえ、誰が作っても（住職は）納得されなかったんだ。うーん。で、巡り巡って、私んとこへ来て、ほで、あのー、こう、一つの御縁ですよねー。やらして貰えたちゅうのはー、うーん。そういうふうで、あのー、鬼を創らして貰ったんですけどね。えー（図38）。

最初に三話と言ったが、「鬼瓦の伝承(3)」がいう需要の存在は特に重要なので、さらに追加して書き込んでいきたい。事実、亮治もこのテーマには話に特に熱が入っていた。つまり、鬼師は自ら努力して鬼師になって行くが、それ以上に大事なことは「需要」という社会からの力強い要請が鬼師を育てることになる。その力が文化を育む源泉となる。文字通りの「生きる活力」となる。「生活」である。

あのー、復元ちゅうのは名は良いけども、

そうではないんだよ。あれはねえー、ただ予算をケチりたいんだわ。古いものを使うところがあったら使おうと。焼き直してでもええで、それを使えばそれだけ安く上がる。それだけ屋根工事の自分の取り分が多くなるちゅう事だわ。

だけど、それは違うんだろと。百年過ぎたものがねえ、いっくら焼き直しても、土の質がもう変わっちゃってるからねえ、あのー、耐用年数来てるからねえ、焼き戻してももどりゃーせんだわ。それと、何度ぐらいで焼いたかそれも分かんないでしょ。焼くことによって大きな傷が出たり、ほういうものは全部こっちが背負《しょ》って直さなならん。ほたら、えらい手間がかかる。で、色でもね、焼き直してねー、昔のまんまの色になります、一応は。ほだけども、ひと月すると、また元へ戻っちゃう。真っ黒けになっちゃう。うーん、もうそこはねえ、風化してるから、もう駄目なんですよ。うーん、で、あの、何ちゅうのかなあー、焼き縮みが大きいもんでねー。昔より今は高温で焼くからね。どうしても鬼が小さくなり、変形したりしやすいじゃん。

もう、そんなちゃちなこと言わんと、うーん。そういう復元なら復元でいいで、あのー、新しいものを載してほしいなーと思いますよ。瓦がそれだけ安いんだから、鬼瓦にかかる代金くらい（笑）知れてるじゃない。私は思うけど、うーん。すぐ、そこで、儲かるような目先の欲ばっか囚《とら》われて、ほんで、自分、結果ねー、檀家の方なんかでも、自分の伸び代を大きくするよと。残れば飲んでしまうわな（笑）。ね。

（笑）、だからね、「そういうところ、惜しむな」と。私はそう思うがなー。うーん。

自分の身びいきではなくて、えー、モノの考え方としてね、良いものを後世に、「いいものを残すんだ」という気持ちがほしい。

亮治はさらに、一見、業種の違う宮大工にも苦言を呈している。最近では伊勢神宮の遷宮も行われて宮大工の活躍は脚光を浴びているが、業界内にいる亮治の眼は厳しい。

あのー、いまは、あのー、これはね、一言、言っておきたいことは、あのー、文化財なんかをやる、あのー、宮大工ちゅうのは、大工工事ちゅうのはねえ、だいたい決まっちゃってるよねー。受けるところが。それ方《がた》はね、仕事をものすごく受けてる。もう四年先、五年先の仕事を受けてる。

その代わり、こん時《どき》、仕入れる時に、他《ほか》、仕事無いわけだから、叩くんですよ。うーん。ほとね、職人が、それぞれの職人が育たなくなっちゃう。うーん。後継者育成ってことは出来ないわ。うーん。

食っていければねー、職人ちゅうのは何としてでもね、あのー、残るんですよ。好きな人がいるからね。ほだけども、食って行けんくなったら、ほんな、何の魅力もない。そりゃ、無理だわ。生活出来んだから。うーん、ほだでー、あのー、叩くのー、お互いにー。技術の伝承というのは同じだから。宮大工だってね。

亮治の苦言はさらに建築業者にも波及している。常日頃から身に染みて感じている事柄なのである。「需要」の存在が「鬼師」の存在の鍵になっていることが伝わってくる。これが消えた時、鬼師は消滅するのである。

建築業者でもね、考えないと。自分さえよければいいじゃない、ケチ付ければいいだけじゃなくてね。もっと広い意味でね、モノを見て、うーん、発注する時に考えて、どこが限度かってことは職人だからねえ……。

ほのー、何ていうのかなあ、食べて行ければいいちう、そういう事もあるけども、やっぱり、後継者っていうのは、ある程度、職人抱えたりしたら、もうこれ以上したら職人、工賃でないなあーちう事は、あるわけだから、ほりゃ、無理だな。どうしても無理。

昔であれば、丁稚奉公みたいな形で、タダで使うことが出来るけど、今はもう、出来ようが、出来まいが、初任給は出さにゃーならんでねえ。ほと、それも払えんことんなっちゃうでね。ほだで、あのー、ほどほどのとこで考えないと、そういった良い職人ちゅうのは育たんじゃないのかなーと、私は思うけどなあー。

復元と創造（時代に合った鬼瓦）

需要という側面から復元が持つ問題点を亮治は指摘したが、実はもっと本質的な問題点を復元は抱えているのである。ここにまず言葉の綾ないし含みについて言及したい。「復元」というと「元《もと》に復《ふく》す」となる。つまり、「元の状態に戻す、または戻る」の意味を持つ。ちょうど壊れた細胞が元の状態に復元するイメージが重なる。そこには否定的な意味合いが存在しない。ところが、鬼瓦の復元は何を意味するのかと言えば、屋根に載っていた鬼瓦が古くなって傷みが激しいので、新しく元通りの形に作り替えることである。しかも、出来る限り、そっくりに、正確に作り替えることが要求される。つまり「コピー」である。日本語に訳すと、複製ないし複写、か、模写であろう。表現が「コピー」となると、ネガティブな意味合いが出て来る。もちろん「オリジナル」に対してである。オリジナルとコピーではその違いは歴然としてくる。鬼瓦の復元はこのオリジナルとコピーの関係により近い。等しいと言ってもいいかもしれない。または、それ以下。復元という言葉を使うと、その言葉の力に幻惑されて、本質を見失ってしまうのだ。亮治はこの「復元」の持つ問題点を鋭く突いている。

あのー、復元ありきでまず話が来ますよね。ほうするとどうしても、あのー、復元してあげようと、こっちも商売だからね、してあげようと思う。だけどね、言うべき時には言わないと、いかんだと思う。

うん、良《い》いものであれば、残すべき。うん、ほだけど、ほのものを見てね、良いか、悪いかを決めるというね、それを自分が自信を持っていないと、あのー、「これは、こういうもんだで、もう作るまでないよ」と。うーん、「これだったら、今出来る良いものを残した方がいいよ」という、自分で判断できる力がないといかんだと思う。

うん、そうでないと相手の言うなりで、「ほじゃ、このままで作っときましょう」と。良いも悪いもない。あとは責任ないよというような形で納めてしまうこと自体、おかしいんだと思う。うん、ほれは、良い、悪いは、やっぱり判断をできる知識は、自分は鬼板屋としては、みんな持たにゃいかんだと思う。

亮治は、まず、復元の前の前提に、復元するオリジナルにあたる鬼瓦が、復元するに値するか否かの問題を提示している。そして、それを判断する力を鬼師は持たないといけないという。その背後には、「何でもかんでも古ければ復元すればいいというものではない」という亮治の考えが存在する。

これは自分の我儘《わがまま》とか、そういう事ではなくて、あのー、時代的な背景があるもんだでねー。あのー、いつの世にも良いものが載っているとは限らないんですよ。酷《ひど》いものもあるんです。トンデモナイものもあるんです。で、そういうものを何も復元する必要はない。うーん。そういう事を言っているんです。

同じ鬼瓦作るでもね、あの、これを見て、あのー、「あんたの最高のものを作って下さいよ」っていうような形でね、発注する方《ほう》もしてもらった方が、あの、今の時代に合った、あの、良いものが出来るんじゃないのかなあ。んで、それを図面に起こしてもらって、比較対象してもらえばいいじゃない。

自分は、たとえば、文化庁の方が、あのー、これに拘《こだわ》るなら、ここまでなら許されるけど、ここまではちょっと無理だよーっというような、そういう知識を持ってもらいたいんですよ。

ただ模写だけをするていうねえ、そういう目的のためにねえ、こう、あのー、作らせるちうのは何か間違っているんじゃないのかなーと。私は思うけど、うーん。

あのー、相手にある程度委《ゆだ》ねるっていう事も必要ではないのかなー。専門業者に委ねるっちゅうことは必要ではないのかなーと。うーん。また、意見を聞くっちゅうことも必要じゃないのかなあ。ただ、あのー、はじめに、「復元だー」、「復元だー」って言うて、それだけでモノを考えるじゃなくて。うーん。

具体的な事例を亮治は挙げてこの考え方を発展させる。現場における復元の様子が眼前に広がることによって復元に対する姿勢がより柔軟なものに移行する機会に変わるのである。

こないだの黒門、東京の黒門の鬼瓦を作らしてもらったのよね。で、異様な感じがしたのね。ほだけど、一切、こっちの考え方は、あの、モノを入れないのね。考え方、うん。

うんで、古いもんですからね、真っ黒けなんですよ。で、瓦もダメだと。瓦は新しくするって。ほんで、鬼瓦はどうするだと。鬼瓦は一個使うと。一個は新しく作ってくれと。んで、色は元の色にしてくれと。ほだもんで、一遍銀色に焼いたものを焼き戻してね。で、真っ黒けにしてね、ほんで出したのね。

で、その鬼が良いのか悪いのかっちゅうのはあるんですよね。決して良くない。うん。もう、下から見たら（鬼が）見えない。判《わか》んない。それだったら、「これは何も、あのー、復元することないんじゃないか」と。うーん、それはそれとして飾っとけばええ。

で、「そのイメージを大事にして、黒門にあった鬼瓦を考えてもらえないか」という、そういう提案も必要ではないのかなーと私は思うわけですよ。うーん。「ただ今までこれが載っとったで、これに忠実に復元せいちうのはね。うーん、それは、おかしいんじゃないのかなー」っと、私は思うけどなー。

この東京の黒門（寛永寺）の話を聞くと、復元への疑問が自然に浮き上がるのだが、亮治は話を現代のみならず、過去へと遡《さかのぼ》らせるのであった。復元への疑問は何と国宝でもある奈良の東大寺正倉院へと波及する。東大寺そのものは度重なる兵火に会い、再建が繰り返されているが、正倉院は奈良時代創建のままである。もちろん、当然のことながら、修復が行われている（図39、図40）。鬼瓦も例外ではない。

ここに「復元」の問題が登場する。

うーん、私、いい例に正倉院の鬼瓦見てもらえばわかるように、そんな細かいこと拘《こだわ》ってないよ、今まで、代々。うーん、その都度ね、何ていうのかなあ、時代に合った鬼瓦を載してね……。みんな、てんでんバラバラ載っていますよ。

うーん。それはそれでいいんだと思うんだ。その時、鬼師は一所懸命に作ったと思うんだ。うーん。それはそれで良いんじゃないかと（図41～45）。

統一せにゃいかんという事で、今はね、古いものの、それも、どの時代のものを、こう、真似るかっていう事をやってねえ、ほで、決めるんだけど。それも学者先生方が決めらっせる事だからね（笑）。

作る当事者にも一遍意見として聞いてもらう必要もあるんじゃないのかなあーと。うーん、当事者は当事者の、作る者の、考え方があるからね。その意見も入れて、自分方の意見をまとめてもらうという事も必要ではないのかなあーと。

このように正倉院を見ると、そもそも復元という考え自体が存在していないことがわかる。その時代、その時代に生きた鬼師が自身の持てる技と力を出し切って鬼瓦を創っている。ここに「復元」と「創造」の問題が出て来る。つまり、「コピー」と「オリジナル」の関係である。

図39　正倉院　修復工事中（平成23年10月～平成26年10月）

図40　正倉院　工事前外観

図41　正倉院　鬼瓦 (1)

図42　正倉院　鬼瓦 (2)

図43　正倉院　鬼瓦（3）

図44　正倉院　鬼瓦（4）

図45　正倉院　鬼瓦 (5)

今はねえ、だから、確かに、その通りに作ってあるけども、何か、味ってのかなあ、そういう事まで考えてないんじゃないのかなー。

うーん、あのー、親方が当然作るじゃなくて、職人任せの仕事だからね、今は。うーん。あのー、言われるまんまのものを作ってるていうそういう職人さんの世界。うんで、単価がこれだけだでいう事は分かっているわけだからねえ。いかに早く作るかっていう事しか頭にないんじゃないか。だからどうしても何ていうのかなー、手の抜けたもの、あのー、要領よう作ってあるなあと思うけども、魅力がない。

だけど、昔、鬼瓦ってのは、長《おさ》の中の長が創るだでねえー。うん、鬼瓦ちうのは。だから、あのー、法隆寺の鬼瓦でも、南大門の鬼面でも、右と左が違うようなもんで……。長が、二人の長が創ってるのね。だから、もう、全然迫力が違うじゃんねー。お互いに良いとこがある。うんで、競い合って創ったような、そういう趣があるけども……。

今のものちうのは、その「模写」の、「模写」の、「模写」っていう、復元。「コピー」の、「コピー」の、「コピー」っていうようなものになって来るでしょ。ほうすっと、魅力も何もない。

うーん。ただ、ああ、よく似とるなあーていうだけの、ああ、これを見て作ったんだねえというだけの話で、鬼瓦としての持つ意味合いみたいなもの……。そこまでわかる人、いないかもしれないけど。こう、感じるものね。パワーを感じない。

昔のものっちゅうのは見ただけでパワーを感じるよねー。うーん、そういうものが、今、感じ取る術《すべ》がないちうのかなー。うん、そういう事があるかなあー。うーん、そんな気がするけど。

うーん、みんな心を込めて作るちうけど、どこを心を込めて作っとるのかって言いたくなる。綺麗に仕上げることだけに夢中になっとっただけじゃないーっていうような。

亮治がいみじくも喝破しているように、唯《ただ》の復元作業ではないのである。亮治は鋭く、「模写」と言っている。それも「模写」の「模写」の「模写」。コピーの、コピーの、コピー……、のコピーの……。当然、オリジナルが本来持つ力はコピーからは抜けることになる。形は真似ることが出来ても、オリジナルが持つ、創られたパワーは移すことは不可能である。その影のような模写のそのまた模写の模写となると、さらに虚ろな何かにならざるを得ない。亮治は自らの直感で、パワーと表現している。「復元」は「オリジナル」とは似ても似つかないモノになるのだ。

うーん、あのー、彫刻でもそうだけど、あのー、はじめ、モノが判《わか》らん時はねえ、形ばっか、線がきれいだとか、あのー、形がいいとか、そういうとこ、見てるけど……。内面的なものをいかに表現するかが芸術なもんで、そこが判らないと、ほんとの良し悪しなんて判らんじゃないのかなーと思うんですよ。

絵でもそうですよ。絵を見て、景色を見て、景色をそのまま写してね……。決して良く無いじゃんね。うーん。

景色の中の、ほのー、何ていうのかなあー、あー、……、そこにある空間……、空間ちうとなかなか難しい表現……。何ていうのかな……、奥行きちうのかなあ……。あのー、ほこに居《お》るような、あのー、このー、空気感ちうのかなあ、うーん。そういうものを感じ取れるような絵じゃないと、ほんとの良《い》い絵とは言えないんじゃないのかなー。

うーん。良い絵ちうのは、ほのー、微妙に、現物とは違うものが描いてあることがあるよね。うーん。位置的に違っておってもね、ほこに空気感っていうもの、質感みたいなもの、感じ取ることが出来る、表現してある絵ってのは、良い絵ではないかなーと思うんですよ。

そのー、第一次、二次元の世界のね、モノを、三次元で見せるという事ねー、立体的な。そういうものが描けて初めて絵じゃないのかなーちう……。ただ、あのー、こう、表面的な処理だけで、綺麗に描いてあることが、良い絵ではない。それはただの写真にすぎない気がするんです。

彫刻でもね、一緒だと思う。うん。形だけではなくて、何か、中、作品の中から訴えてくるような、そういうものをどうやって表現するかっていう事ではないのかという……。

鬼瓦でも、突き詰めていくと、そういう事になるんだと思います。うん。そこまで行かないと本当の良い鬼師とは言えないんじゃないのかなあという……。うーん、それを、今、苦労しているんだよねー。わし方でも一所懸命苦労するのは、そういう事だと思う。

鬼瓦を創る

鬼師は小僧から始まって、必死になって鬼瓦を作る技術を直接の師匠から長い年月をかけて学び（真似び）、鬼師になって行く。今、目の前に平成の日本に生き、鬼師としての頂点を極めた人物、梶川亮治がいる。その亮治に後世へ、「鬼師の世界」のために、「鬼瓦を作る」のではなく、「鬼瓦を創る」つまり鬼瓦を創造する際のヒントないし、その源泉について尋ねてみた。これは他の鬼師が亮治に聴きたくても聞けない話であるし、同時に、亮治も伝えたくても言葉では表せない、表わし難い領域の内容でもある。

それはなかなか一言では言えないんだけどねえ。図面を描《か》いていく段階でねえ、そういうモノちうのはイメージとして膨らんでくるよね。ここは、この雲は一つ全体のバランスから見てね、この雲はちょっと変えて、あのー、付《つけ》にゃーいかんなあとか。そういうのはねー、図面を描く段階で……。図面が完成したら、もう、頭の中で完成してるんですよね。当然どこの鬼板屋も一緒だと思うけども、それでなかったら図面は引けないと思う。

あのー、鬼瓦というのは、常に下から見るもんだようっちう、細かい、綺麗な仕事も必要だけども、それだけじゃないんだ。下から見た時に、どのように見えるかっていう事が第一のイメージなんですよ。

その事を考えないと、あのー、小手先の仕事になっちゃうんですね。うーん。下から見た時に、どのような、こう、雲を付けた時に、あのー、雲がそれぞれ、引き合って、生きていくかっちうのは、それは、口ではなっかなか説明できないよね。

ここからは亮治は雲の「創り方」について話すのである。何か具体的なものを参照にしながらその奥義である「創る」に迫ることになる。

これはどこの鬼板屋でも経験しているんだけども、鬼の雲の形、三河の雲の形ちうのは決まったものがあるんです。それは吹き流しっちう形があるんですけど、もう、それは三河独特なんですね。京都でもあるんだけど、三河はもう、ものすごく、何ちうのかなあ、雲の流れを踏襲してきちっーと守って来ている。

で、ところが、今では岐阜やなんかの鬼瓦見てると、もう、吹き流しそのものは、もう、毛嫌らうのね。うーん。そしてね、荒目流しに。荒目流しっちうと、簡単な鬼なんですよねー。そのものに統一している。

という事はねー、屋根屋の発想なんです。うーん、屋根屋はいかに簡単に棟に納めることが出来るかという事しか頭にない。鬼の形も、良いも悪いも分からへん。うーん、だからああいう形になってしまう。これ、屋根を見ればすぐわかりますよ。ああ、これ岐阜だなあというのはねえ。

うーん。で、三河っていうのは、やっぱり吹き流しの形っちうのはね、三河のあれは形だと思いますよ。うーん。だから、あのー、うーん、誰が見ても、あのー、三河はああいう京都のお寺でもそうですけど、吹き流しの形ちうのは、物凄く郷愁みたいなものを感じるよねー。

岐阜の荒目流しと三河の吹き流しという地方が持つ独特な雲の形について言及した後に、亮治はその言い難い創造の領域へと入るのであった。

ほで、良いか、悪いかは、それはねー、あのー、雲の形それぞれの、こうー、家の、こうー、鬼瓦屋の持っている形っちうのは、まあ、型やらなんやらで、えー、修得したものが頭にあるんだろうと思う。だから、他の形の中から、抜けることが出来んことが多いね。

うーん。そうではなくて、あの、雲っていうのは、あの、うーん、いろいろと表現の仕方があるんだと思う。ただ一つの形だけで、まとめてしまうんじゃなくて、ほの形そのものがね、丸く、表面が丸くあったり、ベタンコであっても、その、もー、雲の芯を抜くときの雰囲気ちうのは、何ていうのかなあ、その時の鬼に対する感性、そういったものが自分に備わってないと、あのー、なかなか口では説明出来ない領分だと思うですよ。

うーん、それこそねえ、チマチマやってたら、勢いっちうのは絶対出て来ないのよね。一気の、こー、決断してね、これはこういうふうに、ビッとこう行く、ヘラのスピードだとか、そういったものまで影響することがあるんですねえ。チマチマしたものは、どこそこ、あのー、形に、流れに、無理が出ちゃうとか、そういう事あるんだと思います。

亮治は雲を創る話から流れを一気にヘラのスピード感を持って、鬼瓦の世界へと進展させて行ったのである。この話から受け取り方は様々かもしれないが、益するものは計り知れないと思われる。

それと、やはり、これはねえ、あのー、鬼瓦そのものだけではなくて、空間をいかに生かすか。うん。その空間を生かす自分の眼がないとなかなか、あのー、表現出来んじゃないのかなあーと。

たとえば鬼瓦の形、どんな形でもいいんですけど、形が、その形がベストかどうかという事は、ねえ、自分の感性だと思うんですよねー。うんで、やっぱり自分だけの世界に入《はい》てしまえばええかちゅうもんだけじゃなくて、万人誰が見てもええ形というのはあるんですよ。

たとえば絵を見ても、あのー、何ていうのかなあ、真四角の箱のような色紙のものの中に描いた場合、とても描き辛いですよね。うーん。俳句だとか、あのー、色紙で。あのー、ほんの小さな絵を描く分にはいいけど、大きなものになると、やっぱり全体のバランスを見ると、やはりそういった、こう細長い、あのー、そういった形の方が納まりがいいとか、そういうものがあるように、鬼瓦でも、あのー、誰が見てもいい形ちうのは、あの、「何か知らんけど、惹き付けられるなあー」というような鬼瓦があるんだと思う。

それはベストの形という事なんですねー。その家に対してのねえ。バランスとか。そういうモノは、自分で、口では表現できないし、自分の、うーん、感覚の中で、あのー、養って行くもんだと思う。

ただ形、あのー、こういうもんだって、形を作ればいいもんではなくて、いかに、ほのー、家とのバランスが取れてるかっちうのは、ただ何寸の鬼で、どうの、こうのちう話はよくありますけれども、そうではなくて、たとえば唐破風《からはふ》みたいな玄関鬼なんかでも、そうなんですけど、玄関の唐破風のアールがみんな、唐破風の勾配ちうのは違うんですよ。だからその勾配に合わせてね。ほで、軒先がどれだけあるかという事を考えてね。ほと、どれくらいのものの、あのー、形を持ってた方が格好が良いとか、そういうものは自分で、あのー、こー、感じるもんだと思う。

うーん、寸法が向こうは「予算がないからこの中で納めてくれー」て言われるかもしれない。ほと、一寸、二寸のことであれば、それは何とでもなるんです。という事は何言ってるかというとね、あのー、寸法、棟を積む高さはそれでいいんですよ。向こうの注文で、予算がないなら、その棟の高さの鬼瓦の寸法を作ればいいんです。ほだけど、鬼瓦の表面に付く雲の流れとかそういうものは、ほの枠の外へ出しても何の異常も感じないのね。だから、それは、一寸、二寸、どうでも調整がつくわけ。ほれでいて、いかにバランスがいいかっていう事を、それを頭に入れないと、その枠の中に納めてしまうというのは、あのー、全体のバランスで言えば、ほんと、もう見れないものになってしまうていう事は当然あるんだと思う。

そういう事なんですよ。だから、なかなか口では説明しない、し難《に》いちうことがあるという事はそういうことなんですわー。はい。すみません。

鬼亮の今（歳を取る）

亮治に八〇歳を前にしての心境を聞いてみた。十代の半ばから始めて、鬼瓦の道一筋に人生を駆け抜けてきた鬼亮こと梶川亮治の言葉である。一般の人が現在では六〇歳前後で本業から退くことを思うと、驚くべき人生と言えよう。

ほんでね、自分が好きな鬼瓦を創り続けてね、来《こ》れてきたこと自体が幸せだなあと思っておりますよー。うーん。今もねえ、名前を見てね、名前で、「こういうふうなものを作ってほしい」って注文も、方々ですけど、ありますけど。そういうのはとても嬉しいよね。うーん。そういう鬼瓦を創っとる者にとってはとても幸せじゃないのかなあっと思います。

物作りっちうのは、このー、いっくら歳食ってもねえ、眼と手、そして歩くことが出来たら、もう何時《いっ》までも出来るんですよ。うーん、そんな重労働じゃないんでねー。

でー、創る楽しみみたいなものがね、次から次へと湧いて来るよねー。あのー、手が空《す》いた時にはねえ、また一遍、もう一度、個展をやってみたいなと思っているわけ。で、大きい、その会場も、だいたい、この辺でやってみたいなという当てがあるもんで、……。だねー、それに合ったようなものを作らないかんなあと思って、手がけておるだけども。生きとるうちに、出来たらいいなと思っていますけども。えー。

さらに歳を取った今、亮治自身の仕事への現状または姿勢を聞いたのである。結果、亮治は八〇歳を迎えようとする現在においてもその鬼瓦へかける情熱は衰える様子を見せないのである。そして自身の鬼瓦作りの変化をも自覚しているのであった。

あの、あの、仕事がない。今は昔ほど、迫られて。という事は、大きな仕事はもう、そんなにやりたくないのよ。うん。それはもう子供たちに任してるの。うん、「大きな仕事は、もう、お前たちやってくれー」と。で、小さなもの、そういうものであれば、うん、何でもやったるよーって言って（図46）。

何も変わったことないね。変わることもない。今のままだと思う。うん。ただ、あのー、どうかなあ、一気に仕事が出来なくなったんだな。うーん。こんなん一日で出来るぞと思うようなんが出来ん（笑）。結果、手間が掛かるんだな。うーん。どーかなあ。昔だったら一日だなーというのが、半分位しかやれないなあ。二日掛かるちう事だわ。

うーん、ほだけど、仕事の手間とかね、そういうものは変わらんと思う。うん、あのー、勢いとかそういうものはねえ、そんなん、自分では変わって来たなあていうことはないと思う。

ただ、これだけは許してほしいと言ってるのは、自分は目が悪くなったんです。で、細かいとこまで、見ることが出来ない。遠眼《めがね》かけてやっとるとねー、こー、鬱陶《うっとう》しくてね。ほで、やり辛いちうことはあるんです。

うーん、で、根を詰めるちうことがなかなか難しい。うーん。ほだけども、たとえば、小さな、こういう細工もんちうけど、そういうものの表情を創る時はねー、物凄く楽しい。うーん、あのー、自分の思う通りに、あのー、出来る。うーん、たとえば、子供であったり、老人であったり、自由自在に指の感覚でねえ。

創ることが出来る楽しさっていうのは、やっぱり今までの経験か

図46　細工物の群れ（梶川亮治作）

らかなーと。

で、見てすぐわかる。ほのー、その作品が良いか悪いかちうのは。顔が前へ出とるとか、後ろへいっとるとか、身体がおかしいとか、そういうのはねえ、見て、一発でついてわかる。だから、昔自分の作ったもんでも嫌になっちゃうもんがありますよね（笑）。

このように亮治は歳と共に身体的な衰えは自覚しながらも、逆に鬼師としての質的な進化を常に続けているのであった。美に対する嗜好も変化を遂げている。しかも創る喜び、楽しさを伴いながら。「創る」ことが産みの喜びなのかもしれない。

物の考え方としてね、あのー、たとえばね、利休や創っとっても、何点も何点も利休創るんですよ。だけどね、始めは木彫のように作ったの。木をね、削ったようなヘラ跡を残しながら。今はね、土の質の、質感を出すような仕上げ方をするよね。これは歳のせいだと思う。うん。あのー、「自分方は粘土で作るんだ」と。やっぱり、「粘土の質感っていうのをどっかで表現せにゃいかんなあー」と。ただ綺麗にヘラが当たっとるのが良いとか、そういう問題ではなくて。うーん、私はそう思う。うん、やっぱり、そういった何ていうのかなあ、粘土の持つ味みたいなものを、いかに表現するかていうことだと思うね。

そういうふうなところは変わって来たことは事実だね。それともう一つね、あのー、こう、注文もらってね、いろんな絵を描いてくれ、図面を描いてくれって言われるの、とても楽しみだね。うーん。いろんなものをねー、発想して描いて創るちうのはねえ、ほんと楽しい。

まとめ

鬼師の世界の頂点に立つ人が鬼亮を起こした梶川亮治である。長い鬼瓦人生の間に日本社会自体が大変革していた。和瓦を持つ家の消失である。社会から鬼瓦が消えて行ったのだ。代わって現れたのは鬼瓦を持たない洋風な建物である。始めは点であったものがアッという間に線になり、線が繋がって面になって日本社会を覆うようになった。今ではいわゆるハウスメーカーが工場で造って現場でクレーン車で組み立てる大きなプラモデルのような家が普通になってしまった。どの町に行っても似たような家が立ち並んでいる。

「マクドナルド現象」である。日本中どの町に行っても同じマクドナルドがある。どこのマクドナルドに入っても同じメニュー、同じ味、そして同じような建物だ。ハウスメーカー各社が作る建物はこのマクドナルドに酷似している。マクドナルドは和食ではない。メイド・インUSAである。そしてすぐに出来上がる「ファストフード」である。ハウスメーカーのスタイルも同様である。「ファストハウス」と言っても言い過ぎではない[5]。ファストハウスの場合、対象が大きすぎて、またすぐに出来上がってしまうので、なかなか人は気がつかないのである。「マクドナルド」と「ハウスメーカー各社の建物」との間に違いが存在する。後者ははるかに数が多い。かつては新鮮味のあった洋風の建物がどこにでもある陳腐な建物になり、和瓦を持つ家が逆に新鮮味を帯びるようになって来ている現在（平成二九年八月二四日）である。海外からの観光客が急速に増えて来ている今、彼らはどちらの家に魅力を感じるであろうか、この日本において。亮治は言う。「ある程度余裕のある方は、和風建築に帰りつつあるよね」。

梶川亮治、梶川俊一郎が織りなす鬼板屋、鬼亮の平成二九年における現状を、平成一五年にまとめたものの追加として合冊の形にした。その間の歳月を埋める必要があると強く思ったのである。他の鬼板屋も厳密に言えば同様のことが言えるのは事実である。現時点では最早その間隙《すきま》を埋めることは出来ない。完全な記録や記述はない。現実は文字の世界を越えて、変化し続けるのみである。

㈱伊藤鬼瓦

梶川百太郎系で異色な鬼瓦屋が伊藤鬼瓦である。何故異色かというと、他の鬼百、鬼亮、そして梶川務が百太郎と直接血の繋がった子孫であるのに対し、伊藤鬼瓦は、初代用蔵が百太郎の職人として鬼百の伝統を受け継いでいるからである。もう一つ異色なのは、用蔵は職人をしている間は碧南・高浜の鬼板屋で働いていたが、独立するとき、豊橋に移り、伊藤鬼瓦を興している事である。そして現在三代目に当たる善朗の経営する鬼瓦屋へと至っている。

◈――伊藤用蔵　［伊藤鬼瓦初代］

初代用蔵は明治一四年に生まれ、八五歳で昭和四一年（一九六六）に亡くなっている。十代の頃に縁あって百太郎の経営する鬼百に入っている。五年ぐらい居たという。用蔵の息子である二代目豊作による

図47　鬼百にて修業中の職人　伊藤用蔵

と、鬼百を出て二〇歳の頃に用蔵は父の皆蔵と信州の善光寺参りに歩いて行ったという。一方、百太郎は明治四二年（一九〇九）に亡くなっているので、逆算していくと用蔵は一四、五歳の頃、鬼百へ小僧として入ったものと思われる。そして何かの理由で、鬼百を二〇歳前後になった時に出たのである。指先がとても長く、手先の器用な仕事覚えの早い人だったらしい（図47）。その事は息子の豊作が父、用蔵から聞かされた善光寺参りの旅の話から知ることが出来る。その旅の道中で、何と用蔵は旅職人をしながら中山道を通り、東京へ出て、清水、豊橋と寄り、西尾に帰っている。ここから当時の善光寺参りの習慣や鬼瓦の旅職人の有様が分かる。

善光寺、昔はみんな行っただね、死ぬ前に歩いて行ったもんね。こっから岡崎出てねえ。岡崎からずっとあっちの伊那の方通って、だんだん信州路に入って。ほいで、あの、仕事しながらね。ほんで、ここで鬼瓦作ると、「お前さんいい仕事する。わしゃ方に来てやってくれんか」という。「ほや、やってもいいがな」って。ほんで、そこまあ泊って、次へ一週間なり、一〇日なりそこに居って。それからまたそこやっとると、他の鬼屋が見に来て、「こや綺麗な鬼寄りだ。[6] お前さんどうだい、わしゃ方ちっとやってくれんかい」「そややっても良いけど急いどって、お祖父さん（豊作から見て）連れとって信州の善光寺参らんならんでね」。

その当時は善光寺への道中や、善光寺周辺、かなり多くの瓦屋が在ったらしい。用蔵は一週間おきぐらいに瓦屋を渡り歩いて、鬼瓦を作りながら路銀の足しにしていたのである。

まず善光寺からずっと向こうね、あの瓦屋が沢山あってだね。あっち行くと、そこらで、ここで一週間仕事せると、一週間やって、そんで今でいう、こういう板でやってちゃんとするじゃなくて、あの、雨戸を外いてね、戸を閉める雨戸。あいつを持ってきてパンパンとねかいて、ほんでそこに鬼瓦作ってね。足でね、ずっと回って、あの順番にずっと来て、そいであの東京に出ただね。東京に出て、そいから東京からちいと汽車に乗って、そいで今思うと、清水の辺りで降りただらあと思うだね。清水で降りると、その、瓦屋さんが沢山あったもんだん。そやまた、「作っておくなはれ」ってね。ほんで作ってやると。ほうすっと、「こや上手いこと作るなあ、お前さん。お前さんの細工はほんとにあか抜けしとるでね、ちいとおらあで腰を据えてやってくれんかい」って。「ほややってもいいよ」って。ほんで一週間なり二週間やって、そんでまあ暇貰って。早よ家へ、旭村に帰らにゃいかんもんだん。お祖父さんもついとるもんだんね。

こうして清水では三ヶ月くらい居たという。かつて豊作が東京に用事があって車で走って行く時にたまたま用蔵を乗せていて、清水の辺りを通った時に、「この辺りでわしゃ仕事したことあるがや。あんなとこだっただ。あの山の下んとこに、瓦屋が三軒ぐらい在って、おら、あそこで仕事したことあるがや」と言っていたという。豊橋でも清水の時と同様に三ヶ月近くいたらしい。豊作は豊橋での事を次のように語っている。

あのずっと向こうの、線路より向こう側で。大きな瓦屋さんだった。そいで、そこ行ったら、まんだ親父さんはね、二〇歳か一九ぐらいだっただよ。そいでそこへ寄ったらね。「そや、いいとこへ来たのう、お前。この間まで来とったけど、まあ、その人は辞めてっちゃったで、お前さん来てくれや、他に頼めん」って言うげなもんだん。ほんで「やらして貰うで」って。そんでなんしょ鬼を、最初作るっていうと、ないもんだけど、うちの親父さんはお寺の鬼を作っただね。「そんなの出来るかいね」って。ほや、「ほじゃ出来る」で。で作ったら綺麗に作ったげなもんだん、「ほや上手に作るなあ」っていって。「お前さん腕が良い」って言って、ほやちっと当分やっていってね。あの、東海道、豊橋の駅に入る、あの手前の向こっかわの辺りの、『ふたまさ』とか何とか言う瓦屋が在るんだよ。今無いけどね。そんなとこに働いて、なんしょ、どんだけとか居った。三ヶ月ぐらい居ったじゃないかしらん。そいから、あの、碧南に帰った。

用蔵はこういった一連の瓦屋回りの旅をしながら鬼瓦の技術を鍛えていったものと思われる。碧南に戻ってから、高浜の鬼瓦屋で何年も働いたようである。中でも鬼忠鬼瓦店が一番長く、約一五年職人として勤めたという。腕の良い、評判の職人だったらしい。しかし、用蔵は昭和六年に伊藤鬼瓦として豊橋で独立する。豊作が一四、五歳の時であった。用蔵がどういった人だったのかを豊作に聞いてみた。

まあ、どっちかって言うと気が短かったね。あー、一遍言ったこと、二度三度もやっとると、職人だろうが小僧だろうが、「馬鹿者」って、「お前、ン、どこ向いてやっとるんだ」なんて言ってね。そのくらいね、叱りおったよ。きつかった。あや、軍隊行かなんだけどね。あの、何か言うことがね。

ほんで気にいらんと、あの、「難しいことはやれんで、どっか他の人に頼んだらええ」って言って、断っちゃうぐらいだったね。ほんで、自分の思うように作れや、やるだ。こいつは、こういう風にしてこうなってって。「そんな難しいこと言って、ああだとか、こうだとか言っとっちゃね。ほんなやれへんで。やれるとこ行って頼んどいで」って言って、そのくらいの親父だっただよ。なかなか言いたいこと言ってね。今日《きょうび》あんな事言ってちゃ、鬼は売れやへんけどね。昔は良かっただね。職人気質ってやつだ。

図48　初代伊藤鬼瓦　伊藤用蔵

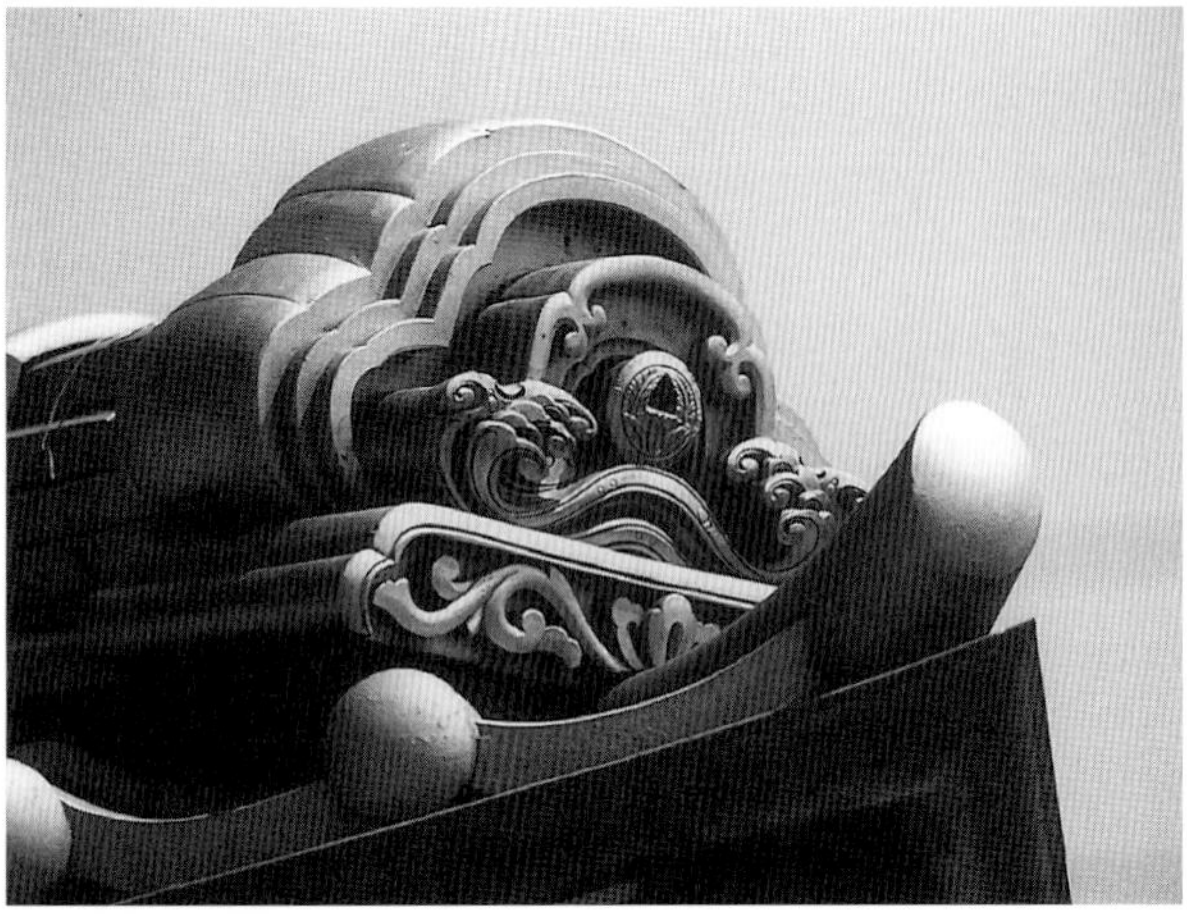

図49　七寸影盛一文字若葉立浪台付き
（伊藤鬼瓦本宅、伊藤用蔵作）

このような用蔵であるが一面、鬼師の神さんと言われるほど親切だったという。

気に入や、まあ、あんな事までしてやることねえって事まで、あんで一生懸命であの、やってやるね。例えば困っとる人があやね。わし方《がた》がこいで作って、こういうとこ直いてあげるで、ほんで、直せなんて。自分の人工《にんく》取れんでも、手伝ってやってね。

普通の職人なんて、横向いとっても見とっても、手伝やへんけどね。そういう事をしたもんだん。「ああ、用さんは鬼板師の神さんだ」ってみんなが言う。「鬼瓦屋の神さんだ」って。「神さんがお出でた」って。そんで教えてやったって。ほんで自分の人工やらんで教えちゃうじゃあね。こうせよ、ああせよって。よう、そういうだったよ（図48、図49）。

鬼師は技を教えるどころか見せることさえもしないような処がある中で、用蔵は「鬼板師の神様」と言われるほどの人柄で人望があったことが分かる。用蔵は鬼百で基本的な鬼師の技術を取得した後、主に鬼忠で技を磨き、職人として成長している。豊橋に出てからは高浜の鬼板の流儀に東三河独特の関東向けの雲を高く、丸みを持たせた流儀を加えて、鬼板を変容させ、新しい土地で新参の鬼板屋として成功している。高浜から豊橋まで現在、車で二時間余りかかる。そのわずかな距離なのであるが、三州から東三河へと土地が変わると鬼の流儀が変わることがこれで分かる。そういった意味でも伊藤鬼瓦は異色であり三州鬼瓦の変種なのである。

◈――伊藤豊作

［伊藤鬼瓦二代目］

用蔵の長男が豊作であり、二代目として伊藤鬼瓦を継いでいる。豊作は大正六年（一九一七）生まれで訪れた当時（二〇〇三年）、八六歳であった。七七歳まで手作りの鬼瓦を作っていた。現在は悠々自適の生活をしている豊作に無理を頼んでインタビューに応じてもらった。父、用蔵の話はその過程で語られたものである。豊作は愛知県碧海郡旭村で生まれ育っている。現在の碧南市である。茅葺きの家だったといい、祖父の皆蔵の時は農家であったが、生まれた時、父用蔵はすでに鬼瓦職人であった。五人兄弟（男二、女三人）の長男である。学校は嫌いだったという。昔の高等小学校を卒業すると、当時、西尾にあった商業学校へ商売を覚えるために行くように用蔵から言われる。しかし、学校が好きでないことを理由に、卒業するや仕事に就いている。そして、用蔵の指示で、新川にあった鈴木清十という荒地屋へ小僧として一年半ぐらい働く。鬼瓦の基礎としての荒地《あらじ》の作り方を習いに行ったのである。一三歳の頃である。

(用蔵は）この鬼を作る専門だったもんね。で、最初わしが行ったとこはね、粘土を練って、ほいで、このくらいの厚みのね、この荒地を取る。そこの工場へ行っとるだよ。そいつをやらんと、その、元が出来やへんもんね。その、板をこうやって、そいつに模様描いといて、こう、鎌でズッと切ってね。

豊作が鈴木清十から用蔵の処へ戻るのを待っていたかのように、用蔵は昭和六年（豊作一四、五歳）に豊橋へ移り、職人から親方になり伊藤鬼瓦を始めた。豊作は豊橋に移るや、用蔵について鬼の修業を開始したのである。その頃の鬼屋の様子を豊作の話から知ることが出来る。

夜までやっちゃいかんとかね。ほいで、一ヶ月でも一日と一五日は休まにゃいかんとかね。ほいから夜残業やっちゃいかんとか。ほんで、売れんくなると、午前中仕事してね、午後は休まんにゃいかん。ほんだもんで、急ぐもの作る時にはあんた、雨戸を閉めてね。ほんで中、電気つけるだけど、電気が昼中来やへんもんね。あの昔は。今、電気がついとるだけど。ほんでランプ点けてね、ほんであの、隠れて仕事したです。わしと親父さんとね。ほいでそうやってやらにゃ、間に合わへんもんね。ほんで、半日くらいやってね、朝早くから。ほいで、ちゃんとあんた、ランプ点けて、電気が朝何時になると消えちゃうだら。

夜点けて、そんだもんだん、あの、また暗い電気でね。この、今で言うこういうやつ（蛍光灯を指しながら）じゃないだもんだん。あの、球みたいなやつだもんだん。あの、だけん、あんた、ほんと、まあランプのが明るいぐらいだったね。あの、石油ランプでパッと火を点けると、こうやってやると、パッと明るくなった。あいつをね、二つくらい点けといた。ほいで仕事した。ええ、ほや、あんた、あの、暖房はないしね。まあ、炭をおこいて、炭を部屋の中にボンボンやっといて、窓を少し開けとかにゃ、ガスでやられちゃうでね。ほいで、焜炉にね、あの、こういう丸たいような、昔は四角いこの、こういう焜炉、そいつで炭を一杯、この、こういう焜炉、そいつで炭を一杯おこいといて。

ほや、親方の炭だもんだんね。窯を炊く度に、ドンドン出て来るもんだん。ほんで、こっちあんた、わしゃおじいさん、嫌がっとったもんだん、これをああいう箱の中一杯入れてくれるじゃん、親方がね。ほいだから、炭を始終取ると、炊いてね、そこで湯を沸かいて、そんで、その中に入れとや、洗えるだもんだんね。そんでなくても手が荒れちゃうでね。あの、粘土、油っ気を吸うもんだん。そう、やってた。

豊作は昭和一四年（一九三九）に兵隊に取られて、満州、そしてノモンハンまで行っている。そして昭和一六年に帰国していた。兵役はもう無いと思い、その年の二月に志づを嫁に迎えている。ところが、同じ年の五月に再度召集が届き、ビルマへ送られたのだった。

満州行って来たもんだんね。「まあ来やへんでいい」って言って。ほんでもらったら、あんた、何のこたあない。えー。おっかあが二月に三日に来て、ほいで、えー、三月、四月、五月、五月に召集が来た。

終戦後、捕虜生活を一年ほどして、昭和二一年一〇月に無事日本へ帰国している。インタビューを二回にわたって豊作とした時も、特に戦争中の話が延々と語られ、如何に戦場での生活が心に残り続けているかを知ることになった。結果、豊作は二三歳で戦場へ行き、三一歳まで、兵隊として過ごしたことになる。豊作の場合、一四、五歳から用蔵と最初の召集が来る二三歳まで鬼瓦を作っており、事実上、鬼師になった段階で兵隊に取られている。その後、兵隊としてほぼ七年余りのブランクがあったとはいえ、元の鬼師に問題なく復帰している。豊橋に帰った時は親方の用蔵は二人の若い職人と一緒に鬼瓦を作っていたという。

鬼の修業は主に用蔵から習ったといい、用蔵の仕事を手伝いながら見て覚えたことになる。ただ豊作が兵隊で留守をしている時、用蔵は一人職人を鬼師として仕込んでおり、豊作が兵隊から帰って来ると、その豊作より二、三歳年上の尾藤仙市という細工の上手な職人から、新たに技を覚えたという。同じ仕事場で職人として一緒に親方の用蔵のもとで働きながら腕を磨いたわけである。一方、豊作の代になってから、近代化の波が豊橋にも押し寄せ、豊作は積極的にプレスによる機械化を導入し、事業を拡張している。ただ豊作自身は手作りの鬼師として七七歳まで鬼瓦を作り続けている。その豊作にいい鬼瓦とは一体何かを尋ねてみた。

とにかく、見てね、まず傷のないことだね。傷があるといかんね。ほいですうっと傷があると、これがもう、とってもいかんだね。うーん、屋根に載して傷を載したって言っちゃね。こや魔除けだもんだん。火事の神さん、火の神さん、ほれから、あらゆる、何か飛んで来ても鬼でぼってくれるだもんね。鬼に、この、切れたような傷があっちゃいかんもん。まず第一に傷がないことだね。そいで叩いてみても音が良い。ちょっと鬼に傷があるとね、あの、

図50　二代目伊藤鬼瓦　伊藤豊作と伊藤志づ
（達磨窯焼成中：土窯時代の夫婦共に働く様子が良くわかる。1967年以降この光景は急速に日本から消滅）

図51　伊藤鬼瓦本宅に載る鬼面（伊藤豊作作）

叩くと分かる。コトコトといっとる。ほんで、あの、傷が何もないやつを叩いても、あの、シーンシーンシーンシーンといって。そんだけ音が違うでね。

それから、まあ、焼けた色だね。ああいうような色（窓から本宅の屋根を指して）。光っとるね。

「銀色に光っていますね」というと、

うん、そうそう。とろんとしとっちゃいかん。光っとらにゃいかん。

ほいで、あの、寒さにね、堪えるように作れと。雪が積もってずっと、直ぐ溶けてくれりゃいいけど、寒い時がずっと続いとるとね。凍っちゃうじゃんね、鬼が。ほいだもん、ボロボロになっちゃう。表面がね。ほやひどいもんだね。ほんだもんだん、今、粘土、気をつけとるで、今はないけど。昔はなんしょ、凍っちゃうだね。

あとはまあ、出来具合だね。うん、形だね。あんまり、頭木偶助《あたまでくすけ》でもいかん。黒（黒の燻し銀の鬼瓦）がばっと肩が張っとってもいかんし。足の上と横の間隔がようとれとらにゃ。ほいで、細工も、あんまりひとところばっか凝らんで、全般的にスラッと、誰が見ても、ほや「上手く、手際よく作っとるな」と思われることが大事だ。誰が見ても、「ああ、いい格好だね」っていうようにならにゃいかんね。格好だね。まず、屋根に置いて。

さて、用蔵が昭和六年に豊橋に出て来て、伊藤鬼瓦になったが、終戦後、昭和二七年頃までは白地屋で近郊の瓦屋から販路を広げつつ鬼瓦の白地を納めていたという。豊作が戦地から戻って鬼師に返り咲くと、間もなくトラックを購入し、出荷の販路をさらに広げ始める。豊作の戦争体験がここに生かされている。そして昭和二七年には土窯を築き、製品として黒地の鬼瓦を出荷し始める。伊藤鬼瓦の一つの重要な転機である。こうした一連の動きの中から用蔵と豊作は高浜にはない伊藤鬼瓦のスタイルを生み出しながら、浜松、袋井、掛川そして東京一円に顧客を開拓していったのである（図50、図51）。

◈――伊藤善朗　［伊藤鬼瓦三代目］

実質上、伊藤鬼瓦の近代化は三代目の善朗の時に完成される。善朗は昭和二二年、豊作が戦地から帰ってきて生まれている。一八歳で高校を卒業するや、伊藤鬼瓦へ入っている。しかし、実際は小さい時から鬼瓦の世界へ浸っていたのである。善朗は次のように回顧している。

家の親父っていう人（豊作）は凄く厳しい人だったね。厳しいっていうよりも、僕、一回も父から叩かれたことはない。子供の時から。でまあ、正直言って鬼瓦やっとったもんですから、あの、生活とかそういうもんで、全然困らなかったですね、僕の場合は。だけど家の親父っていうのは、これが好きなもんですからね。飲むことが好きで。飲むとね、なんしょ、愚図る人なんです。うん。子供がその、子供の時、まだ、私が小学校の時分からね、飲まんっちゅうとね。ほうともう、「鬼瓦つくらにゃいかん」、「図面がひけにゃいかん」、「何せいな」って。ほんな、まあ、まんだねえ、右も左もわからん時分にさあ、そういう、その、ご機嫌の良い時はいい。何かころっと変わるだな。

「善朗は親の七光りでいいわ」って、みんな人は言うですけれどね。ほんな、とんでもない。ほりゃね、とにかく、ご飯食べてても、まあなんしょ、そう言うもん。まあ、僕は「虐めだ」と思ってたんだけど。ほんな弟やなんかでもね、もう、「お前ら向こう行っとれ」。ほれが一つ酔っちゃうね。まあそれが、まあほんとに毎日だった。

このように、親の期待を一身に背負った善朗は自らの性向とその運命とに葛藤することになる。

鬼瓦、まあ覚えにゃいかんもんでね。ほんで、僕はまあ、ああいうこと、あんまり好きじゃない。正直言って、好きじゃない。だけど、僕は「この仕事やるだ」って事は、まあ、ずっと思ってた。

高校時代も鬼瓦の仕事が生活から離れないような状態を続けている。

高校行っても、正直言って土窯炊くじゃないですか。親父とお袋とねえ。朝早く起きて薪やって。雨降っとやさあ、その前に入れとかにゃいかん。ほんで、窯を積んで、その砂入れたりして、その密閉を良くするためにね。そういう風にね、まあ、「嫌だな、嫌だな」と思いながらもね、その方もやって。ほんで、窯っちゅうと薪を運ばにゃいかん。三輪車で運ばにゃいかん。手伝いをせにゃいかん。ほいで僕はね、高校なんてのはね、あの正直言って、あまり行かなんだ。

このような不安定な気持ちを抱きながらも、一八歳から本格的に鬼を覚え始め、二七歳までには手作りの鬼を作れるまでに辿り着いている。ただ善朗本人は「上手くないですよ。時間が掛かるでね」と言っている。豊作の説教はこの間もずっと続き、何度か家を出ようと思ったことさえあるという。

豊作が善朗に継がせたかったのは手作りの鬼瓦の伝統であった。ところが、伊藤鬼瓦自体が豊作の代から急速に拡張を開始し、遂に新しい転換点がやってくる。それがプレスによる鬼瓦作りの機械化と、それまで土窯であったのが、ガス窯が開発され、その導入に踏み切ったことである。伊藤鬼瓦は昭和四六年（一九七一）にプレスを入れ、昭和四九年（一九七四）にガス窯を導入している。善朗が二七歳の時であり、伊藤鬼瓦の手作り鬼から善朗主導による鬼造りの近代化への転換が行われる。善朗は二七歳を最後に手作りの鬼瓦から完全に手を引いている。転換点を示す象徴的な出来事である。これによって伊藤鬼瓦は豊作の手作り鬼の生産と善朗のプレスによる鬼の生産とに二分されるようになり、自然、豊作からの善朗への圧力が急速に減じることになる。善朗は心理的な圧迫から自由になるにつれ、次々と新しい企画を打ち出し始めた（図52、図53）。

まずガス窯の導入（一九七四）である。当時の煤煙問題、空気汚染の問題が大きく社会問題となり始め、通産省などからの指導を背景に出てきた新技術であった。その頃今ある伊藤鬼瓦一帯は九軒近くの瓦

図52　三代目伊藤鬼瓦　伊藤善朗（伊藤鬼瓦工場内にて）

図53　七寸影盛表二段立浪台付（磯部長作の家に載る善朗最後の手作り鬼瓦
豊橋市三ノ輪町　伊藤善朗作）

屋が集まっており、国道一号線を挟んで、向かい側が互いに煤煙で見えないくらいだったという。善朗はその新技術を何と全国に先駆けて導入したのである。高浜の鬼瓦屋が見学に来たという。善朗の導入したのはガス窯だけではなかった。同時に女性を従業員として二名現場に採用している。当時、鬼瓦屋の奥さんが家業を手伝うことは慣習としてあったが、女性を労働力として雇うことはなく、画期的なことであった。新ガス窯を見に来た鬼瓦屋さんたちが伊藤鬼瓦の仕事場で女性が働いている姿を見て皆驚いたという。[7]

ところがガス窯が他の瓦屋へ普及するにつれて製品としての鬼瓦（黒地）の需要が半減し、その分を白地で卸すようになったという。つまり半製品である白地の鬼瓦を買って瓦屋が自分のガス窯で製品にし、出荷することで少しでも差益を出す動きになったのである。旧来の土窯に比べて、新しいガス窯が如何に便利になったかをこの変化は物語っている。さらに昭和四二年頃からトンネル窯で陶器瓦のメーカーが大量に陶器瓦を生産し始め、瓦自体が銀色から陶器瓦へ移り始めた。銀色ばかりであった瓦の需要が昭和四七年頃（一九七二）から急激に変化し始め、銀色ばかりを生産していた伊藤鬼瓦は銀色の需要がさらに激減し、何らかの手段を打つ必要に迫られたのであった。善朗は陶器瓦メーカーに対抗して、瓦に必ず使われる、陶器の鬼瓦のガス窯による焼成に挑んだのである。結果、一年以上（昭和四九年〜昭和五一年）掛けて試行錯誤の末、陶器の鬼瓦の焼成開発を完成させている。鬼瓦業界で最初の快挙であった。善朗はその辺りのことを次のように語っている。

例えば僕の知り合いの工事屋さんがね、「影盛のこういう物を注文したんだけど、ヨッちゃん悪いな」って。黒で今まで注文しとったんだけど、色に変わっちゃった。色に変わっちゃったて事は例えば灰シルバーに変わっちゃうと、あやへんじゃないですか。ねえ。いやあ、みんな変わっちゃってっちゃったんだね。あの当時。まあ珍しいから陶器瓦に替わったんだね。あの予算がどうとかこうとかじゃなくてね。やあ、色のカラーの方が良いって訳でね。そういう事で替わっちゃう。ほんで、今まで一万円の物が、それこそ三千円や四千円で売らんならんなっちゃうでしょ。じゃあ、てわけで、「鬼瓦、何とかこのガス窯でできんだろうか」と思ってね。

ほんで、僕がその、そういう一年ちょっと掛かって、色々なとこまあ見に行ったり自分でね、ほんとに徹夜で中の焼成温度、火とか出してね、本で勉強した。そんで何とか、物になるかなとか思ったってね、売れる製品無かったです。何回でもあの、鬼瓦ふしゃってね。中には一つ二つね、やあ製品だなって思うやつがあった。それは工事屋さんに、勿体ないからって僕あげた。ほんで、だけど買ってもらう製品じゃないもんね。やっと何とか買って貰えるようになって、まあこれならっていうわけで、「いくらか」って。まんだほんとそりゃ製品じゃないんだけど、ほんでも、買ってくれるようになった。それが問屋さん紹介してくれるね。[8] で、銀黒ってのがね、出来るようになって。そしたら、それがもうほんと、あの当時、飛ぶように売れただね。うん。ほいで、うちしかないだもんだん。もうそれと、とにかく行きゃあね、もう、あの当時三トン半ね。問屋さん行くとね、「やあ、ほいじゃあ、よう来たなあ」ってね、ずっと注文書いてくれた。それこそほんとに、三杯も四杯もね。うちも「こんなにくれて大丈夫かしら」って思うぐらい売れた。

このように善朗は伊藤鬼瓦を近代化に向けて離陸させて以来、積極的にそれを促進させ、日本社会と、瓦業界の変化に迅速に対応して来たのである。ある意味で鬼瓦業界の近代化の舵取りをし、伊藤鬼瓦が近代化の震源地になって来たと言えよう。

現在、鬼瓦業界は厳しい状況に置かれており、深刻な不況の波が直撃している。さらに追い打ちをかけるように、ちょうど過去、銀色の瓦から陶器瓦への移行が大々的に起こったのと同じ事態が、瓦の形状において起きている。和瓦から新製瓦、つまり平板瓦への変化である。伊藤鬼瓦では一昔前は八割ぐらいが和瓦で、二割ぐらいが新製瓦（当時ではS瓦など）であった。ところがこの比率が現在（二〇〇三年）ではほぼ逆転して、和瓦が三割弱で、残り七割が平板瓦になっているという。困るのは鬼瓦屋で、鬼瓦とは和瓦用の鬼瓦を指し、平板瓦の鬼瓦はまだ本格的なものがデザイン化されていない。多くの鬼瓦屋は平板用の道具物[9]を作って対処しているのが現状である。伊藤鬼瓦では和瓦用の鬼瓦のみを生産している。稼働率はフル生産の七割だという。その内プレスと手作りの割合が六対四になっている。伊藤鬼瓦の場合さらにプレスと手作りの鬼瓦の外注もしている。つまりその時々の注文の量と内容によって柔軟に対応し、在庫調整をしているのである。

平板瓦への異常な需要のシフトは和瓦用の鬼瓦を作って来た鬼板屋

を直撃している。伊藤鬼瓦は和瓦の鬼瓦のみの生産なので、かなり厳しい状況のはずなのであるが、善朗は何とここでも先手を打っている。屋根の施工工事の仕事を昭和六〇年（一九八五）に開始させ、伊藤鬼瓦の事業体制を二重構造にしているのである。

今までもう、見込み生産でドンドンドンドン、ドンドンドンドンやってもね、見込みで仕入れても、十分それで賄ってたんだけど。そんだけやっぱり鬼瓦使う、あれが少なくなったっていう事ですよね。鬼瓦屋さんだけじゃ、大変です。今はもう、例えば、ほんだで鬼瓦屋さんが例えば、あの、平板のね、道具を作ったり、いろんなもんに工夫してね、まあやっとるのが現状だと思うんです。はい。そうでしょう？

それじゃ、ほんとはいかんわけです。そんだけ需要がないって事。鬼瓦だけでは、あの、間に合っていかないって事だね。だで、うちはまあお蔭でね、そういう施工工事の方も課して来たからね。当時は鬼瓦の、その儲けたもんで、その先行投資してたからね。だから今逆に、こっちに助けてもらう、施工工事で（笑）。

施工工事そのものからだけでなく、施工工事によって鬼瓦の取引先の確保も安定化してくる。つまり、伊藤鬼瓦は施工工事のための瓦をメーカーから購入する。そのメーカーに逆に鬼瓦を買い上げてもらうという形の相互取引への発展が起きるわけである。経営上の面だけでなく、善朗は屋根の施工工事から来る経験を通し、現在の平板瓦の流行に対して機能上の面から、和瓦と平板瓦の比較をしながらハウスメーカーやユーザーに向かって疑問と警告を投げ掛けている。

平板瓦が本当に良いもんかどうかっていうのは、歴史がないからね。和瓦っていうのは、もう、鬼瓦作るような瓦っていうのは歴史がある。何で歴史があるかっていう事ですよね。そこの辺りを、やっぱり今のユーザーの方ね。まあ、例えば家を新しく新築される方々、ハウスメーカーさんの慣れたもので行くわけでしょ。で、これがどういう用途にある？　もちろん屋根瓦だから雨をしのぐとか色々なもん、勿論あるんだけど。だけど、歴史が十年弱のね、中で、どうかなと。

僕んたち、僕は施工工事業者の面もあるからね。そういう経験もあるからね。やっぱ、庇《ひさし》が、もう早く腐っちゃうんじゃないかと。そういう通気性の無いもんだもんね。で、あの和瓦の波状の紋っていうのはね、昔はよう考えたなと。あの、こんなんに、要するに桟《さん》のとこがね、通気性が良く作ってあるわけだね。下地が丈夫くね。ほんだでお寺のね、例えば、ものっていうのは、捲《めく》ってもなる雨漏りっていうのがね、なければ、下地が十分ですよ。また葺き替えたって、出来るんだからね。今、普通の民家葺き替えりゃ、足がズボッて入っちゃう。

伝統的な和瓦の屋根に対して一見モダンでスマートな感じのする平板瓦の家が急速に増えて来ている。しかし、善朗の言うようにその屋根は深刻な問題を抱えていることが分かる。実際に屋根に上っている人が実態を知って言及しているのである。ユーザーもハウスメーカーも足が実際に屋根に及んでいないところが大きな違いであろう。

このように伊藤鬼瓦は用蔵の時に鬼百の職人となり鬼瓦の世界に入り、鬼百の流れを今に伝えている。しかし、伊藤鬼瓦は鬼百系の中では異色である。手作りの伝統を固守する鬼百系の鬼板屋の中で、逆に近代化の先端を走ってきている鬼屋である。さらに用蔵が鬼百を二十歳の頃出て以来、実質上は鬼百との交流は途絶えていた。ところが、善朗の代になり、事業が拡張し、機械化が進むにつれ、逆に手作り部門が縮小することになり、一種の先祖帰りが起きたのである。それまで交流の無かった鬼百系の鬼師である梶川務に鬼瓦を外注するようになったのである。善朗は次のように務との仕事の始まりを語っている。

あの家の先代（梶川賢一）のことも知っている。だからこういう人だったよ、厳しくてね、こういう人だったよ、一刻な人だったって事も知ってる。で、そう言う事で、あの、鬼百さんは、ね、例えば凄く腕が良くて、何か注文したときは、何か特殊な物は、あの、そっから前に貰ったこともあるんだよ。だけど、その今いう、直接ほじゃ、ダイレクトにね、聞くのはまあ僕たちが、こう、初めて。やっぱりうちの技術じゃ賄えん物があった時、梶川さんにお願いしたのが始まりでね。

要するにきっかけって言うのは、まずあの鬼板師の技術がね、まあ特殊なもの持っておられる。で、あの、特に鬼面、あの鬼面の作り方、あの創作がね、凄く、そのー、こう、私たちにない一つのこの技量っていうのか。それにやっぱり、その、「作品に自分たちが惚れた」っていう事がありますね。

務が伊藤鬼瓦の注文に応じて鬼瓦を手作りしていったことにより、伊藤鬼瓦に薄くなりかけていた鬼百系の鬼瓦が再度復活してきたことになる。そもそも伊藤鬼瓦と鬼百との関係を知った先が務からであり、不思議な縁を感じる。務は白地で鬼瓦を伊藤鬼瓦へ納めるため、日本のどこに務の手による鬼瓦が実際にあるのか全く知らない。これが白地屋の一つの特徴のように思える。ところが善朗は次のように同じ質問にはっきりと答えている。

まあ、関東ではね、関東、要するに東京ね。えー、だで、群馬、茨城ね。ほんでそっちの方は梶川さんね。まあ、勿論東京もそうなんですけど。「あの辺りはあの梶川さんは有名ですよ」。

つまり伊藤鬼瓦の販路の各地点に務の鬼瓦が載っていることになる。

まとめ

梶川百太郎系の鬼師の世界を眺めてきた。文字通りの直系に当たる鬼百、務、鬼亮は、手作り鬼瓦の伝統的な流儀をしっかりと伝え、さらにその伝統に西洋美術の近代彫刻と美を加え、独特な手作り鬼の伝統を育んで来ている。単なる手作り一〇〇％の伝統に固執した鬼屋ではない。職人の技とその世界を西洋美術・彫刻の導入を通して「手作り鬼瓦の近代化」を創造的に成し遂げている。それは「機械化による近代化」ではなく、「美的概念・美的感覚の近代化」である。それを創造的に行っているので、そこに独自の美の世界が生じている。手作り鬼瓦の世界の地平を美的に広げたといえる。そして梶川百太郎系の異端児が伊藤鬼瓦である。他の百太郎系の鬼板屋が「手作り」による鬼の近代化を志向しているのに対し、伊藤鬼瓦は同じ近代化でも、鬼瓦の「製作技術全般」の近代化の先端を開拓して来ていると言えよう。

注

[1]「バンクモノ」とは『鬼瓦をつくる』(二〇〇三)によると、「渡り職人のことであり、その名称の由来は、その日その日の泊まるところを常に考えねばならず、晩のことが苦になることからきているという」と説明されている。

[2] 鬼亮である梶川亮治から直接「うちの鬼の基本的スタイルは天理教の鬼なんですよ」と聞いたことがある事がこの理由の一つである。理由の二つ目として、独立のきっかけとなった身体技法は必ずしも鬼瓦に限らずだが、独立以後の基本的な技となって行くところがあるからである。

[3] 彫刻の世界での公募展に入選したケースは俊一郎が最初ではなく、梶川務がMC展において、梶川亮治がMC展、日彫東海支部展、文協展(愛知県主催)などで再々入選している。

[4] 東福寺は一二三六年(鎌倉時代)に九条道家により創建されている。その後、相次ぐ火災により焼亡した。豊臣秀吉は東福寺再興、再建に関わった諸侯の中の一人である。

[5] マクドナルドに代表される注文すればすぐに出て来る食物、「ファストフード」。フォーエバー21に代表される月ごとに流行がかわり、手軽な価格で最新のファッションを楽しめる衣服、「ファストファッション」。そしてアメリカで開発、発展し、アメリカ全土に広がっているプレハブ工法化されたツーバイフォー工法(プラットフォーム工法)。つまり、工場で造られ、現場で即、組立てられる家、「ファストハウス」。これら全てアメリカが生み出した大量生産、大量消費、大量流通、そして大量廃棄型の経済システムである。このアメリカン・システムが衣(ファストファッション)、食(ファストフード)、住(ファストハウス)にわたって日本社会を覆《おお》い尽しているのである。日本のアメリカ化である。

[6] 鬼瓦をつくる旅職人のことを「バンクモノ」、漢字では「晩苦者」ということになるが、地方によって呼び名が違っていたことがわかる。用蔵が鬼の旅職人をして歩いた時代の信州では鬼をつくりに寄る者として、「オニヨリ」(鬼寄り)と呼ばれている。

[7] 二〇〇三年五月現在は伊藤鬼瓦には女性が一〇人働いており、その内訳は、現場が六人、事務が四人である。一方、男性は一三人で、現場が七人、営業が六人である。女性は多い時で現場に一〇人いたという。

[8] 最初に陶器の鬼瓦を納めた先が長田鬼瓦と大沢瓦店だという。

[9] 平板瓦以外で屋根の瓦として必要とする様々な形状の特殊瓦を指す。

[3] ㈱柳沢鬼瓦と鈴木製瓦

第四グループ[1]に属する鬼板屋として、柳沢鬼瓦を調査した。ところが詳しく話を聞いて回っていくにつれ、意外な展開になってきたのが柳沢鬼瓦である。しかし、まずは最初に設定した第四グループの一《いち》鬼板屋として取扱っていくことにする。なぜなら当の初代柳沢鬼瓦に当たる柳沢昭二郎が語った事柄の範囲では、第四グループのカテゴリーに入るからである。それ故、調査した順にここでは柳沢鬼瓦について述べていくことにしたい。そして実際に調査を進めるに従ってその都度新しい展開になっていったのである。ここがフィールドワークの面白いところであり醍醐味でもある。

柳沢鬼瓦へはじめて訪れたのは平成一二年（二〇〇〇）一月二〇日である。当時は柳沢鬼瓦だけでなく、ほかの鬼板屋へも次々と立ち寄り工場《こうば》を見せてもらい、事務所で話をいろいろ伺うといった事をかなり頻繁にしていた。理由は当時、私自身まだ鬼板屋の様子が雲をつかむような感じで、はっきりとした輪郭を描き切れていなかったのである。興味深くやりがいのある研究対象にめぐり会えたことは明らかであったが、何しろザッと二、三年ほどかけてつかみきれる相手ではなかったのである。全体像を把握するのにしばらく時間がかかった。事実、全く白紙の状態からこの研究は始まっている。そして実際にまとめ始めたのは平成一四年に入ってからの事であった。平成一〇年に調査を始めているから、ほぼ四年間は地道に実地調査を集中して重ねていた事になる。豊橋から蒲郡を抜けていく国道二三号線は私にとって調査街道になった。碧南・高浜はその先にある。車で片道九〇分ほどの距離である。朝方出ると夕方あるいは夜遅くになって豊橋へ戻るのが常である。その間にはその二三号線自体がバイパス化されて途中の道が大幅に変わっていった。現在（平成二九年）も工事中である。それ故に行き慣れた道なのに迷うこともたびたびある。

それでもやがて第一グループ、第二グループ、第三グループといった三州鬼瓦の鬼板屋の地図が見え始め、それぞれに自分なりに分けたグループごとに第一グループから書き始めて現在に至っている。柳沢鬼瓦は第一グループから第四グループに分けた時点では第四グループと見なした。それ故、結果として平成二一年へとずれ込んだ次第である。この第四グループの特徴は、主だった鬼板屋としての系図を持たない、新興の鬼板屋群を指す。

㈱柳沢鬼瓦

――柳沢昭二郎［柳沢鬼瓦初代］

柳沢昭二郎は昭和一二年（一九三七）二月五日に生まれている。家は終戦当時、畑や田を借りて農家をしていたという。父親は昭二郎が七、八歳の頃に亡くなり、また父親の写真も残っておらず、母親も父親について語ったことがなく、全く記憶に無いと言っていた。八人兄弟（男六人、女二人）の下から二番目だという。そして八人兄弟の中で鬼師になったのは昭二郎一人であった。また生まれは碧南ではなく豊橋の岩屋下であった。当時（平成二一年）、私自身が豊橋に住んでおり、しかもこの住所の近くであったので話を聞いて驚いた。その昭二郎になぜ鬼師になったのかと聞いてみると、次のように語ってくれた。

ええと、隣の家が小さい時にね、隣の家が鬼瓦をやっとって、あの、鈴木製瓦かな。そこで鬼を見ていながら、だんだん大きくなっていくうちに、まあ、鬼の道に入って。豊橋で豊岡中学を出てね、それで経歴が書いてあるんだけど。

ええとね、（昭和）二七年に、あの、鈴木さん（鈴木製瓦）のところに世話になってね。ええと、三六年まで、あの、そこで使ってもらっとって。小僧から始まってね。

柳沢の家がたまたま鈴木製瓦の隣だったことが事の始まりであった。昭二郎は次のように言う。

まあ、結局、隣だっけ。遊びいっとる間に「やってみるか」になっちゃったじゃないかな。ずっと子供たちと遊んどるもんで。土いじっとる間にその方に行っちゃったじゃないかな。記憶は無いけど、自然に入って行っちゃったわな。

確かに鈴木製瓦と家が隣同士であったのは何かの縁であろう。しかも鈴木製瓦は名前の通り瓦屋であって鬼板屋ではない。ところが鈴木製瓦は一般の和瓦だけでなく、鬼瓦も一緒に作る瓦屋であった。つまり屋根の上の瓦全てを同じところで作っていたのだ。昭二郎は鈴木製瓦について次のように言う。

まあ、やっぱし、一般の屋根から神社仏閣全部やっとったもんね。

このように不思議なめぐり合わせによって昭二郎は鈴木製瓦へ小僧として入ることになる。ただ興味をそそられる事が一つある。六人いた男兄弟のうちで昭二郎一人が鈴木製瓦と繋がりを持っていることである。おそらく他の兄弟も昭二郎と同じように鈴木製瓦へ遊びに行っていたと思われるが、他の五人の兄弟は鬼師にはなっていない。やはり昭二郎本人に何か特別に鬼瓦に対して惹かれるものがあったものと思われる。

豊岡中学を出て鈴木製瓦へ小僧として入ったので、昭和二六年ごろに一五歳で鬼師の世界の門をくぐったわけである。その当時、鈴木製瓦には四人ぐらい職人がいたという。昭二郎はいかに鈴木製瓦で技術を身に付けていったかについて話してくれた。

やっぱしね、学ぶって、手にとって学ぶじゃなくて、やっぱし、自分が努力せんといかんじゃないかな。時間外に作ったり。手にとって教えてくれるような仕事じゃないもんでね。

やっぱし、あの、仕事を見てね、それ、あの人はこうやってたよな。俺やっとることは、こうじゃ。これじゃ向こうの方がいいなとかね。

やっぱし、「仕事を盗む」というのはそういうとこでね。あの、仕事しとっても、手にとって「ここはこうやってやれ」とかやれるような仕事じゃないもんでね。

自分で、あの、なんか作って、それだで、いつまでたっても納得のいくような仕事は出来んわね。自分にはそんなもんで、まあ、図面を描《か》くのだってね、教えてもらえんで、描くの見とってね、ああやっていくんだとかね。

工場への出し方とか、まあ、聞いておって、それで覚えていかんと。手にとってね、なかなか教えてくれないもの。それで、そういう点で、あの、自分が進んでいかにゃいかん仕事じゃないかな。待っとったじゃ。

このように工場で教わるという事はほとんど無かったことが昭二郎の話からわかる。それ故、「見て盗む」という事になるが、昭二郎の場合は次のような形を取った。

（仕事の）流れの中で見とって、その時にやるわけにゃいかんもんで、仕事が終わってからやるとか。使われとるだで、そういう時間外に。

まず、時間外に無駄ごとやってるのは何とも言わへんから。

実際に粘土も自由に使っても良かったといっている。しかも現在は多くのところが週休二日になり、祭日もとても多くなったが、当時は全く違っていた。

わし達は、まあ、当時、一日、一五日が休みだけなもんでね。今みたいに週休二日制なんて……。

今みたいに遊びに行くとこも無いしね。それでまあ、やっとっただけどね。

つまり、場所が隣という事もあり、休みの日さえも仕事場へ出てやっていたことが多かったという。

平成二一年七月一一日に柳沢鬼瓦へ再度訪れた。いろいろなところを確認する作業が出てきたからである。昭二郎は数年前に病気を患い、平成一二年に会った時と比べると、別人のようになっていて、経宮の方は既に息子の利巳《としみ》に移っていた。幸い、まだ意識ははっきりしているので、さらにいろいろ昭二郎から聴くことができたのはありがたかった。特に聞きたかったのは修業時代の話であった。昭二郎は鈴木製瓦に昭和二七年に入り、昭和三六年まで約九年間働いている。

　鬼瓦の修業ていうのは、手にとって教えてくれへんもんでね。あの、職人がやるのを見て、ほんで、自分で覚えてかなきゃいかんもんだい。で、まあ、親方も手にとってね、教えてくれやひんし。それは自分の努力だな。そうだで、「自分は人のを見て、ほいで、覚えてく」と。「作って」。そういうあれじゃないかな。うん。今でもそうだと思うけどね。

一番最初はどんな鬼から始まったのかと聞くと、昭二郎は次のように答えるのであった。

　まあ、ごく簡単な鬼だね。うーん、跨ぎ鬼だったじゃないかな。今のカエズのようなもんだね。表、柄も何も無い、筋彫りだけでね。

これが出来るようになると次に進む事になると昭二郎はいう。

　まあ、雲の付いとる鬼をやってくだけど。雲も手で盛ってくと。そういうわけだね。

このあたりになると、実際に見本とか、サンプルのようなモデルが置かれるのかと聞いてみた。

　まあ、見ておるもんだいね。やり方はわかってるもんだい。みんなやってるもんね、それを……。

つまり、目の前に物を置いて習うのではなく、もう仕事場でいつも他の職人が作っているので、この頃にはほぼ工程が頭に入っているのである。しかも、同じ仕事場でほかの職人が作っているので、いわゆる「見て盗む」ことになる。

　真似してね。上手い、出来のいい、悪いはねえ。出来のいいわけないだもんだい。長いもんだい。まあ、そうやって努力して、みんなあれしてたじゃないかな。

　手作りはみんな手付けだもんだい。何をやっても一緒なんだわ。大きいか小さいかだけで。ほんで、今度は、まあ、自分が慣れてくと、自分で図面を引いて、ほいで、鬼を作ってくと。まあ、それで、日によっては、親方がみな図面描いてくれるもん。それ見習って……。

つまり、ある程度できるようになると、親方は職人の技量をほぼ正確に把握しており、それぞれ易しいか難しいかに応じて適切な鬼を職人に渡す事になる。そして、出来上がった鬼は良ければもちろんパスするのだろうが、出来の悪い場合どうなるのかと聞いてみた。

壊《こわ》いちゃうよ。

うん、それに傷が出たりなんかしちゃうとね。まあ、売り物にならへんもん。だから、みんなほかっちゃう。

親方は職人の目の前で壊す事はほとんどなかったらしい。

うーん、見ておらん時のが多いね。知らんどる間に壊れて、あの……、捨てられた。「ああ、またダメなんだなあ」って言ってね。また、やるわけだ。

ほいで、また作るもんだい。悪いものはみな捨てられちゃうなあ。「これはここが悪い」って教えてくれやいいけどね。なかなかそこまでやらんだわ。

ボーっとほかって、「ああ、また捨てられちゃったかな」で終わっちゃうもん。「ここが悪かったで捨てただよ」って説明してくれやいいだけどね。

そして捨てられた時、相談する相手がそもそも仕事場にはいないという。

やっぱり、職人さんおっても、だいたい敵みたいなもんだんね。

私が昭二郎の話を聞いて、「ええーっ、敵ですか」と言うと、

ははは、一緒にやっとってもな。だもんだい、捨てられて文句を言えるようになりゃいいけどね。なかなかそうはいかん。

後から、捨てられた鬼をひろってどこが悪いのかを自分で確認する事はあったのかと聞いてみると、

まあ、バラバラになっちゃうもんで見ようがない。

まあ、何べんも捨てられて、捨てられんようになって来たっちゅうだけのことだな。

それ故に「見て覚える」しか手がないことになってくる。そして終わりのない修業がずっとその後も続いていくのである。

当時、同じ仕事場で目標とする人は誰だったかを尋ねてみた。たとえ周りの職人が「敵」とは言いながらも。

まあ、そん時は親方だわな。鈴木……喜三郎。

あの、早いしね。仕事は汚かったけどね。早い、作りが。ほいだもんだい、獅子を作っても、何を作っても、早い。

昭二郎が「汚い」と言ったので、その意味をもう一度確かめてみた。おそらく仕事場で使う独特の言葉だと思ったからである。

あの、綺麗に磨くっちゅやあ、綺麗に見えるだら。まあ、結局こっ

ちで言うと、「雑だ」って言う事だ。

とにかく、当時の昭二郎にとっては、鈴木喜三郎の作りは見た感じが雑に見えたことになる。ただ手早い親方の作りと納期に間に合わすその技量に魅せられていたように思える。

昭二郎が居た仕事場には、二人の職人がいたという。一人が年配の人で、小矢喜太郎であった。全国を旅して修業してきた人で、とても綺麗な仕事をする職人であった。もう一人が坂田才一といい、やはり、腕のたつとてもいい職人であったという。ただ少しむらっけがあり、仕事に対して波がかなりあったという。仕事場ではお寺の鬼を作ることが多く、主に作っていたのは昭二郎を含めた職人三人であり、親方の喜三郎はもっぱら窯を焚いたり他の仕事に精を出していたという（図1）。

図1　鈴木製瓦
（左：坂田才一　中央：柳沢昭二郎　右上：鈴木喜三郎）

図2　角張ビン付菊水足付　鈴木喜三郎作
（喜三郎が弟子の田中満へ与えた写真）

その頃はお寺が多かったな。まあね、田原から豊川あたりね。まあ、新所原かな。あの周辺みな納めとった。瓦屋さんにね。まあ、あの当時だと、今みたいに車ありゃへんから、リヤカーに積んでね。

田原まで鬼持ってってもね、行きだけで、五時間かかる。坂があるもんね。五時間。「行って来ーい」っていやあ、行かないかんもん。

結局、あのあたり一面、渥美半島一面、一応全部納めた（図2）。

ところが昭二郎は、昭和三六年に鈴木製瓦を出て、高浜にある神仲という鬼板屋へ移ったのであった。事実上生まれ育った豊橋の地を捨てて、新天地、高浜へ転居したのだ。同じ地区でのほかの鬼板屋への移動は昔はよくあったのであるが、東三河から西三河への移動に当たっては、かなりの決断であったと思われる。昭二郎が二五歳のときの出来事である。その時のいきさつを次のように語ってくれた。

あの頃、神仲さんで働いとった市古さんっちゅう、やっぱし、豊橋からこっち来とっただ。夫婦でね。その人が誘いに来とった。あの、やっぱし、あの、伊藤さん（伊藤鬼瓦）の辺りに住んどっただわ。豊橋ではね。その人が、「まあ、一回来んか」っちゅうもんだい。ほいで、「行くか」っちゅうて来ちゃったわけだ。

もちろん昭二郎は別に義理があったわけではないので、はっきりとした職人としての計算が働いていた。

やっぱし、豊橋は、やっぱし、業者は少ないし、鬼に対しての職人さんの工賃が、……、それと、……うんと競争するとこがないだら。低いもんだい。うん、それで、神仲さんへ来たわ。こっちでは月に、まあ、あの頃で、二万円ぐらいだかな、……なるよっちゅうことで。

昭二郎は既に職人だったので、工賃は出来高であった。これは鈴木製瓦でも神仲でも同じである。しかし、大きな違いがこの二社にはあった。

まあ、一個に対してもあれだけど、大量に作ったわけだわ。豊橋と違って、そっちの方がよう出るもんだい。同じものをね、焼くとかね。そう、大量に作ってくもんだい、金額も多くなる。

しかし、さすがに昭二郎はこれを受けるにはかなりの決断が要ったようであった。何しろ昭二郎が生まれ育ってやっと確立した生活を再度、白紙に戻すわけである。

まだ、そんな出た事ないもんだでね。あの、思い切るに日にちがかかったけどな……。

神仲時代（昭和三六年〜昭和四二年）

昭二郎は昭和三六年二五歳のときに、小僧から職人として育った鈴木製瓦を去り、生まれ育った町、豊橋を後にして高浜にある神仲の工場へ入った。当時の親方は初代の神谷仲次郎であった。現在の神仲のある工場ではなく、神仲の本宅がある道をはさんで向かい側にある旧工場が当時の仕事場であった。仕事場としては鈴木鬼瓦とそれほどの違いは無かったという。ただ、規模が職人の数でほぼ二倍であった。

当時、何人おったや。五、六人おったじゃないかな。

大きな違いは職場そのものよりも作り方、流儀にあった。それは東三河と西三河の文字通り土そのものから来る違いであった。

豊橋と碧南、高浜とは、あの、流儀が、作りが違うもんで、難儀するはね。全然違う。

まあ、どう違うって、まあ、土も変わってくるもんね。土が違うとね、やりにくくなるし。なれた土と違うしね。作ってみんことにはわからんだけどね。全然違うもんね。

うんとね、高浜の土は目が細かくて、へらのね、あの、滑りがいいわけだ。あっちは、また滑りが悪いもんだんね。結局馬鹿にされとるんじゃない、土に。それで思うようにへらが滑らんしさ、始めはね。腰はね、まあ、強いもんね、こっちの土はね。豊橋は弱いもんね。全然違うよ。

次に鬼を作る流儀の違いについて昭二郎は説明してくれた。

まあ、ここの格好にしても、ちょっと違ってくるしね。豊橋の方は丸みを帯びとるし、この高浜はちょっと角ばったようなものになってくるわね。そんなもんで、ちょっと違うね。だけど向こうの、こっち真似するわけにもいかんし。こっちへ来たら、こっちのね、仕事覚えにゃいかんわけで、それでまた一年生だね。

当時、神仲では親方はまだ初代の仲次郎であったが、既に二代目になる仲達が主力になってやっていたという。神仲では良くしてもらったと昭二郎は言っている。その昭二郎に、親方の仲次郎の職人技を見て覚えている事があれば教えてほしいと聞いた。

あのね、わしが行ってからは、(仲次郎が)仕事やってるときは無かったもんでね。だいぶ年だったもんね。見たこと無いだけど。

これが、誰が作ったよとは聞いてないもんで、だもんで、そんなね、余裕も無かったしさ、新しい土地で。

このように、昭二郎は職人として生きるのが精一杯の状態で、もっぱら自ら作ることに集中していたのである。昭二郎は昭和三八年には、結婚し、結果、夫婦二人で神仲の仕事場で働き始めたのであった。昭二郎のそばに一緒に居た奥さんのシズエが、その頃の話をしてくれた。

私(シズエ)は三八年にやっぱり私も豊橋で。ほんで、あの、まあ、三八年に一緒になって、(高浜へ)来て、やっぱり遊んどるわけにはいかんもんで、「じゃあ、少しずつやろうか」っていうふうで。

あの、自分はこう機械じゃない、ねえ、石膏型にこう詰めて、ねえ。うん。私なんか全然出来へんもん。その、石膏型があれば、少しずつ覚えながら、ねえ。一緒になってやってって。うん。

鈴木製瓦から神仲に移って昭二郎は職人としてまた働き始めた。新しい職場の神仲では、親方から石膏型を渡され、作る個数をはっきりと指定されて、「これこれをいくつ」といった形で鬼瓦を作っていくことになった。それも中途半端な数ではなかった。

うん、図面はない。石膏型だもんね。もう、この、「これを何百やれ」とかさあ。

「えっー」とその数に驚くと、次のように昭二郎は続けた。

そりゃ、もう、何千個ってやった。

すぐそばに同席していたシズエも応えて話してくれた。

一つのものをね。……、一つのものをね。うん、そればっかりね、作ったよ。それを、神仲さんも、さばいとったもんだい。まあ、えらいことだよなあ。

つまり、神仲の本宅の前にある手作り工場では、実際は石膏型でもって次々と鬼瓦の大量生産をしていたことになる。昭二郎は次のように言う。

そうそう、みんな石膏だもんね。前の一軒が手作りの職人さんがおった。そりゃあ、神仲さん、あれだわ、大繁盛だ。

このように神仲旧工場は二棟あり、一棟が図面から起こす手作り専門の仕事場、もう一棟は石膏型で大量生産をする工場だったのである。現在、神仲はプレス機械で大量に鬼を生産しているが、その素地はもともと神仲にあり、プレス機械が出る前は石膏型で、多くの職人を雇って大量生産をしていたのである。図面を引いて一から始める鬼だとこういう風にはいくら手作りとはいえ、行かないなと、話を聞きながら思った。結局、その鬼板屋の親方が何を目指しているのかという経営のビジョンに左右される事は明らかであった。昭二郎は神仲時代に鬼板を作る技術というよりは、「大量生産とは何か」を現場で目の当たりにし、一つの経営の仕方を体得したものと思われる。

柳沢鬼瓦時代（昭和四二年～現在）

昭二郎は昭和四二年に神仲から独立した。神仲にほぼ六年間職人として働いたことになる。昭二郎には独立の思いがいつの頃にか生じていたようである。

まあ、一回やってみたいから、こっち（高浜）へ来るときから、そういう思いで来とるもんでね。「自分でやってみる」っていうね。まあ、難儀したけど自分でやりだしたからね。

別に神仲と仲が悪くなって出たとかいった話ではなく、どちらかというと、昭二郎が独立する機会を待っていた感じである。

結局ね、あの、四二年、今みたいに不況だったもんだい。鬼が一杯たまっとっただよ。ほいだで、暇をもらうにもらいよかったという事だね。

やっぱり、まあ、家《うち》が建たんで、なんだい、作ってもたまっていっちゃう。まあ、そこでね、喧嘩してもいかんしさ。まあ、それで現在も、まあね、（神仲と）取引もしてるし。

暇だった。

図３　鬼面跨（プレス製）を持つ柳沢昭二郎
（平成12年１月20日）

そして気になったのは、独立した場所であった。昭二郎は豊橋生まれの豊橋育ちであり、実際に、何軒か瓦屋や鬼板屋があったのである。しかし、昭二郎は豊橋へは戻らずに、碧南へ居を構えて、柳沢鬼瓦を始めている。

やっぱし、仕事量が違う。あっち（豊橋）行っても、ねえ、ほやこっちでみな、押されちゃうもん。ほや、売れんくなっちゃう。最初は夫婦のみの仕事場だった。そして、売りに行った最初の会社が宮政瓦工業であった。

で、そこに売りにいったら、「いいよ」っちゅう。まあ、忙しいときだったもんなあ。ほいで、買ってくれるようになって、そいでずっとや。まあ、宮政さんへ売るようになって、ほいで従業員が増えてきただな。

石膏型で主に鬼瓦を作っていた柳沢鬼瓦は製品が順調に出荷され、注文が取れるにしたがって、四五、六年ごろには早くもプレス機械を導入している。手作りの方はほぼ職人三人ぐらいでずっと維持してきたというが、プレスのほうの従業員が増えて行き、最盛期で二〇人ほどの人が働く鬼板屋へ急成長したのである。この数はかなりの人数であり、高浜、碧南地区でも最大級の規模の鬼板屋の一つであった。またこの事は、昭二郎が神仲時代に何を体得したのかを物語っている。

鬼瓦を作るときの鬼師としての姿勢について昭二郎に聞いてみた。事実、石膏型やプレス用の金型の原型も自ら作っていたのが昭二郎であった（図３）。

屋根に載って引き立つようにね、作らにゃいかんと。うん、下に置いて見るもんじゃないもんで、上に載っていいものが出来るようなのを作ろうと思ってやってるだけどね（図４）。

そして、昭二郎は一般民家の鬼瓦に柳沢鬼瓦独自の特徴を意図して入れている。それが「丸み」である。もともと昭二郎は豊橋の鈴木製瓦で修業をし、職人となっていることが当然のことながら反映されている。

うん、あの、一般の影盛にしても、「丸み」がちょっとあるとかさ。うん、余り極端に変えるとね、あの、「こりゃ、あかん」となっちゃうもんね。そんだもんで、「わからんように丸みを持たせる」とかさ。

全般的には形は変えられんもんね。どっかでちょこっと……（図5）。

図4　本鬼面跨（手作り、柳沢昭二郎作）

図5　家紋（子持亀甲）入巴を製作中の柳沢昭二郎

◇——柳沢利巳　［柳沢鬼瓦二代目］

平成二一年七月一一日に柳沢鬼瓦を訪れたときには既に昭二郎は事実上引退しており、かわって息子の利巳が二代目柳沢鬼瓦として働いていた。利巳は昭和四一年一二月二七日生まれである。利巳はまず小学校頃の記憶を語ってくれた。

もう工場の前に粘土の山があって、そこで友達と遊んだり。で、そこから粘土を……。あと、土練機っていう機械入れて、形作って、職人さんたちが作ってたもんで、記憶ありますねえ。

晩御飯を食べて、それから両親が仕事にまた出て行くことが多かったんで、まあ、「仕事やりにいったかなあ」という、そういう意識はありました。

実際に工場で手伝い始めた事も利巳ははっきり覚えているのであった。

それは、もう、小学生高学年ぐらいの時には、あの、ちょっとした、鬼瓦でいう、ちょっと部品みたいなものがあるんだけど、それを僕らでも作れる感じのがあったんで、それを手伝ってアルバイト料をもらっとったていうのは……。

たまあに、そんな事があると喜んでやってたけど、今考えると割が合わんようなことだなあ。ただ、それが最初だな。小学校高学年ぐらいの頃にやったのが。それから、ちょろちょろと、あの、家紋ってありますよねえ。あれの袋詰めだとか。

ビニール袋に入れて、あの、熱でこうピシャッと閉じて、溶かして、それをやったりっていう記憶はありますねえ。

ところが中学、高校となるとほとんど手伝っていないという。工場自体は忙しかったのであるが、十分に人がいたせいで、親から「やれ」っていうのを聞いたことがないのだという。そして、高校を卒業すると、東京にあるスクール・オブ・ビジネスという専門学校に入り、さらに鬼瓦から離れていった。

しかし、二〇歳の頃の正月に工場の荒地の仕事をしていた人が怪我をして、「すぐに戻って来い」とはじめて親から声がかかり、この事件を機に一気に利巳は鬼板屋の世界へ引き戻される事になった。結局、東京は数ヶ月後には引き上げ、そのまま柳沢鬼瓦へ入り働き始めたのである。理由は当時、やはり今と違い景気が良かったからである。

この時が実は利巳にとって手作りの鬼瓦を身に付ける一番の機会であった。事実二〇人ほどの職人が柳沢鬼瓦では働いていて、工場はフル稼働していたのである。さらには豊橋の鈴木製瓦へ昭二郎のように修業しに行くという話さえ出ていたのである。しかし、利巳本人が動かなかった。

その頃は、「手作りをやろう」、今でもそうだけど、「手作りをやろうという考えはなかった」ですけど。多分、自分でわかってんじゃないかな。「才能が無いなあ」っていうのが。

そう、絶対に向いてない。

何だろうなあ。不器用なんだろうね。やっぱり、指だけで作るもんじゃない。へらも使ったり、いろんな道具使ったりするもんで、ちょっと触ってみると難しいもんね。思ったようには動かへんで。

このように、柳沢鬼瓦では鬼板の技術は利巳には受け継がれていない。利巳は配達が半分で、残りを荒地作りと窯を担当している。そして現在は利巳の姉妹である道代とてるみがプレスで鬼瓦を生産している（図6）。

このように事実上、白地の鬼板屋になっているといってもいい。そして実際に黒地の組合からは平成二一年三月で脱会している。これは必ずしも柳沢鬼瓦に限った動きではない。組合全体の傾向をかなり正確に反映している。利巳はこの件について話してくれた。

毎月の会合だけでも、（黒地組合、白地組合、その青年部など）それだけ重なると、毎週毎週どれか入って来るもんで。だいたい同じ顔ぶれで、同じような話だもんで。そしたら「別に無くてもいいか」って。で、何年か前から、「白地とその黒（地）を一緒にしたらどうだ」っていう話も出とるぐらい。大分だぶっとる人も多いもんで。やっぱ景気が悪くなってからかな。そういう話がみんな出るようになったのは。

図６　プレス機械で作業中の柳沢鬼瓦工場

現在（平成二一年）は、柳沢鬼瓦では、白地と黒地と陶器の三種類の鬼瓦を生産しており、そのうち最も出ているのは、陶器の鬼瓦であるという。また最盛期から見ると三割近くに生産が落ち込んでいる状況だといっている（図７）。

図７　二代目柳沢鬼瓦　柳沢利巳

さて本来ならこの辺りで柳沢鬼瓦についての研究は完結するはずであった。ところが、昭二郎とインタビューを繰り返しているときに、何度か出てきた気になる事柄があった。それが昭二郎が修業した鈴木製瓦と豊橋にやはり現在もある伊藤鬼瓦との関係である。しかし、昭二郎は近年病を患ったことも重なり、その記憶が定かでなく、はっきりとした言葉が出てこなかったのである。ただ私自身既に伊藤鬼瓦についての調査研究は終えていた事もあり、さらに伊藤鬼瓦の社長、伊藤善朗とは何度も会っていたのである。しかも私自身が豊橋に現在（二〇一〇年）住んでおり、伊藤鬼瓦へは車で一〇分ほどの距離であった。結果、この件について善朗にたずねてみる事にしたのである。

鈴木製瓦（戦後、昭和二三、四年頃〜昭和四八年）

伊藤鬼瓦の善朗に鈴木喜三郎について話を聞いてみた。最初電話で問い合わせると意外に話が弾んで発展する事になった。これはもう直接会って話を聞かないといけないと思い、平成二一年七月一六日に伊藤鬼瓦の事務所に来ていたのであった。伊藤鬼瓦は初代が用蔵とい い、用蔵は碧南にある鬼百に小僧として入り、職人になっている。つまり伊藤鬼瓦は鬼百系である。鬼百から独立して豊橋へ出て伊藤鬼瓦を興している。この用蔵の息子が豊作といい、二代目伊藤鬼瓦になった。この豊作と鈴木喜三郎が用蔵の元で鬼瓦の修業をしたと善朗は言っている。

両方とも（豊作と喜三郎）だね、戦争で出兵されて、戻ってから仕事が無い。喜三郎さんはなかなか大変な人だったもんで、「うち（伊藤鬼瓦）に来て何とか鬼瓦を覚えて、鬼瓦で飯を食いたいんだ」という事で一緒にやったらしい。

そいでね、仕事を覚えて喜三郎さんも出来るようになったらしい。親父（豊作）も「わしは一緒にやったでね」って言ってた。

このように明らかに鈴木喜三郎は大東亜戦争後、豊橋に戻り伊藤鬼瓦で親方、用蔵の元で鬼師として働いていた。ところが喜三郎はちょうど柳沢鬼瓦の昭二郎と同じようにただ職人としてずっと働く事に飽き足らず、自ら独立したのである。そのいきさつを善朗が話してくれた。

家に遊びに来てね、何をやろうかってことで……。「ほいじゃ、瓦をやろうか。瓦屋なら売れる」と。「鬼瓦は売れんでも、瓦は売れるで、ほいでわしは瓦を作る」。一生懸命ね、土窯を作って、高浜から来てまで（土窯を）築いて瓦を作り始めた。

これが鈴木製瓦の始まりである。伊藤鬼瓦から独立してしばらくは夫婦二人で屋号を挙げずに瓦屋をしていた。そして注文を受けると瓦だけでなく鬼瓦も一緒に作るようになったのである。理由はもともと喜三郎本人が鬼師だからである。そうして徐々に営業が軌道に乗っていったところへ柳沢昭二郎が小僧として鈴木製瓦へ入ったのである。

伊藤善朗はさらに伊藤鬼瓦で手作り部門を担当している田中満という鬼師を紹介してくれた。田中満は鈴木喜三郎の下で、鬼瓦の修業をして職人になっている。つまり柳沢昭二郎の次の世代に当たる。鈴木製瓦に入ったのが昭和四八年だという。それ以降二七、八年の付き合いだと満は言う。満は仕事場の様子を語ってくれた。それと昭二郎が語った話を重ね合わせると二人の間に世代の差こそあるとはいえ、鈴木喜三郎のやり方がより鮮明に見えてくる。

余り細かく教えてくれないけどね。「見て覚えろ」ってような感じで。今みたいに手取り足取り教えてくれるような感じじゃなかったけどね。急所とか、まあ、「バランス悪い庭とか作るな」とは言われたけどねえ。まあ、「後は自分で考えてやれ」って感じだったね。

もう、それこそ自分流にやらんといかんような感じで。まあ、今日までやっとるような感じだけどねえ。

このように喜三郎はほとんど自ら教えるといったことは無かったようである。当時すでに喜三郎の息子の喜代春が職人として働いており、基礎的な鬼は喜代春から直接習ったといっている。修業時代の大雑把な鬼作りの流れを満は話してくれた。

図面は大将（喜三郎）が自分で型紙作って、でまあ、ある程度やってもらって、ま、二人でもやってるような感じですかね。後は「頼むよ」ってな感じで。もう余計な事、細かい事はもう何も言わない。僕もまあ覚えるのに必死で、「こんな感じかな」って感じで僕も今までやって来たけどね。

そして鬼が完成しても喜三郎は何も言わなかったという。ここも昭二郎の話と重なり合っている。

いい悪いも言わなかったね。今考えると。

逆に厳しいんじゃないかな、その方が。「ここが良い」、「悪い」とか直接言ってくれりゃ、どんだけ助かったか。

満は話が終わるとなんと鈴木喜三郎の息子喜代春のところへ車で連れて行ってくれたのである。喜代春のところでまた新たな発見があった。まず喜三郎の事だが、明治四五年（一九一二）一二月一三日生まれで、平成一六年（二〇〇四）六月一一日に亡くなっている。九二歳であった。また鈴木製瓦は昭和四八年（一九七三）に営業をやめていた。戦後伊藤鬼瓦へ入ったのは確かだが、実際に働いたのは二、三年という短い期間であり、やがて独立したのである。さらに新しい事実がわかった。伊藤鬼瓦へ入ったときはすでに喜三郎は鬼師として職人であった事だ。このことは伊藤鬼瓦で用蔵のもとで鬼板の修業を一から始めたのではないことを意味する。喜代春が説明するに、父、喜三郎はもともと高浜の出で、なんと神仲に小僧として入り、四、五年勤め上げて、年《ねん》（年季）を明けて豊橋へ出たのだという。つまり喜三郎の最初の親方は伊藤用蔵ではなく初代神仲の神谷仲次郎となる。修業した時代は憶測だが昭和一〇年代前半であろう。ここに至って鬼師の系図をたどる事が可能になる。神谷仲次郎は鬼福の石川福太郎の弟子であり、石川福太郎は山本吉兵衛の弟子なので、鈴木製瓦は大きくは山本吉兵衛の末流に当たる鬼板屋になる。もっとも表看板は瓦屋であるが。喜三郎が戦後、生活するために入った伊藤鬼瓦は鬼百系である。ここも大きな枠組みから見ると山本吉兵衛へと直接繋がってくる。以上の事をもってすると、柳沢鬼瓦は神仲を経由して大きくは山本吉兵衛系に繋がる鬼板屋であることが判明する。

まとめ

平成一二年から始まった柳沢鬼瓦の調査は他の鬼板屋全体の調査が進展していく事によってその位置づけが明らかになっていった。しかしつい最近まで、柳沢鬼瓦を第四グループに入れて文字通り新興の鬼板屋として考えていた。これは柳沢昭二郎本人も同じである。なぜなら、事実、昭二郎は小僧から始まり職人として成長し、一度職場を鈴木製瓦から神仲へと大きく変えてはいるが、後に独立して一代で鬼板屋を興したからである。この柳沢昭二郎のライフヒストリーのみを見ると、第四グループの鬼板屋群に入らざるを得ない。そして実際にそのように見なして全体の構成を考えていた。それが柳沢鬼瓦を後に回した一番の理由であった。

　ところが、昭二郎と話しているときに気になることを何度か昭二郎本人が言及したのである。それが昭二郎が職人になった先の鈴木製瓦と伊藤鬼瓦の関係であった。たまたま伊藤鬼瓦は鬼百系のグループのメンバーとしてすでに調べていた事と、すでにその過程で、伊藤鬼瓦の社長である伊藤善朗氏とは親しくなっていた事も重なって、調査を打ち切らずに継続したのである。その事が運よく知らなかった事実へたどり着くきっかけになったのであった。問題は鈴木製瓦にあった。名称が「……製瓦」なので、その名称を見たその時から鬼瓦や鬼板屋とは無関係と考えてしまう事が起きたわけである。鬼瓦屋とは無縁の何か別物と判断したのだ。何しろ今までもっぱら鬼板屋ばかり追いかけてきたのである。当然といえば当然の処置である。ところが、鈴木製瓦の親方、鈴木喜三郎は瓦屋でありながら自らは鬼師であった。しかも出自がはっきりしていたのだ。もともと高浜出身であり、昭和一三、四年頃に神仲に小僧として入り、年を明けて鬼師になっている。やがて戦争のため出兵し、戦後、豊橋に戻って伊藤鬼瓦に入り職人となって、また鬼師の世界に戻ったのである。ところが日本社会が戦後復興し瓦の需要が増えるのを見て、喜三郎は独立を決意して、鬼板屋ではなく、鈴木製瓦を興したのである。

　ここに至ると、柳沢鬼瓦の位置が大きく動く事になる。第四グループにあった柳沢鬼瓦は第一グループの山本吉兵衛系に入り、さらにその下位グループ、山本吉兵衛の弟子の一人である石川福太郎系へと組み込まれる。石川福太郎系の筆頭が神仲だからである。

　また、昭二郎が鈴木製瓦から昭和三六年に神仲へ移った出来事も、鈴木製瓦が元々、神仲と深い繋がりがあり、伊藤鬼瓦から鈴木喜三郎が独立してから、仕事の上で神仲とまた新たに関係ができたものと思われる。それ故に神仲で働いていた職人夫婦が豊橋に来て、柳沢昭二郎に声を掛け、神仲へ移る事を勧めたのであろう。そしてその神仲の鬼板の流儀と知らずに鈴木製瓦で受け継いだ柳沢昭二郎は親方の鈴木喜三郎が小僧から修業した神仲へそのいきさつを知らずに移ったのである。いわば先祖帰りであった。神仲で職人として約六年勤めた昭二郎は親方の鈴木喜三郎と同じように神仲から独立して、柳沢鬼瓦を立ち上げ、その後は現在に至るまで営業先の一つとして神仲と取引を続けているのである。このように見て行くと、柳沢鬼瓦ははっきりとした第一グループの一構成員である事がわかる。

　また今回、調査研究を行いながら、最後の土壇場になって物事の見方が一気に変わってしまい、まるで一人で社会規模のオセロゲームをしているかのような感覚になったことは事実であり、紛れも無い実感でもある。

注

［1］愛知県の三河地区で三州瓦を生産する瓦屋群がある。ここは日本最大の瓦の生産地である。その中において特に鬼師または鬼板師という「鬼瓦」を作る人々に特に興味を持ち、調査研究し始めたのである。ほぼひと通り各鬼板屋を巡り歩いて、沢山の鬼師たちと話をして、全体像が見えてきた時点で、「鬼師の世界」と銘打ってシリーズのような形で、その世界につ

いて愛知大学の紀要に書き始めたのである。三州にある各々の鬼板屋をまとめるときに意味あるグループとして系列を調べ、系列ごとにグループ分けをしたのである。その編成を試みた結果出てきたのが第一から第四までのグループだった。ちなみに第一グループが山本吉兵衛系、第二グループが神谷春義・岩月仙太郎系、第三グループが山本鬼瓦系である。最後のグループは鬼板屋としての系統樹が十分に発達していないグループを指す。別の言葉で言うと、三州鬼板屋の中において比較的に起源が新しい鬼板屋群の事である。それを第四グループと名付けた。

［4］山吉系――山本鬼瓦系（壱）

三州鬼瓦を製造する第三のグループが、山本鬼瓦系である。第一グループが山本吉兵衛系、第二グループが神谷春義・岩月仙太郎系である。第一、第二グループとも創始者である元祖がグループ独自の鬼の流儀を伝えている。それ故に、山本吉兵衛、神谷春義、岩月仙太郎といった人物はグループに属する人々にとっては始祖として語り伝えられる伝説上の人物になっている。ところが第三のグループ、山本鬼瓦系は元祖において二重の「ゆらぎ」がある。このことが先の二つのグループのように明確な人物を元祖としてグループ名に置くことを躊躇させるのである。

　ここで言う「ゆらぎ」とは物事の同定を拒むずれを指す。そこには血のゆらぎと技のゆらぎが存在している。まず第一番目の血のゆらぎについて見てみよう。「山本鬼瓦系」と「山本吉兵衛系」を並列させると見えてくるものが、この二つの山本家は同じ家系ではないかという憶測である。幸いにも山本家の子孫、山本福光（八六歳）に平成一五年一一月一日に会い、話を聞くことができた。その上、福光自ら作成した山本家の家系図を見せてもらい、二つの山本家の繋がりが明白になったのである。結論だけを先に述べると、山本鬼瓦工業㈱現社長の山本信彦から五代遡ると、山本清八にたどり着く。その清八の長男が源太郎で山本信彦から四代目の高祖父になる。源太郎の弟が山本吉兵衛である。吉兵衛は当然のことながら新家《あらや》として分家している。つまり血の上では山本鬼瓦と山本吉兵衛は繋がりがあることになるが、直接の繋がりではない。その点が一つの「ゆらぎ」となっている。

　もう一つは技のゆらぎである。問題になるのは山本信彦から二代遡る祖父の佐市である。佐市は山本鬼瓦を始めた本人であるが、直接の源太郎の子孫ではなく、山本家へ養子として入っている。さらに佐市本人は鬼師ではなく、鬼師の職人を集めて山本鬼瓦を起こしている。つまり、第一、第二グループのような核となる明確な鬼師としての人物が不明・不在で、ここに技の「ゆらぎ」を

山本家家系図

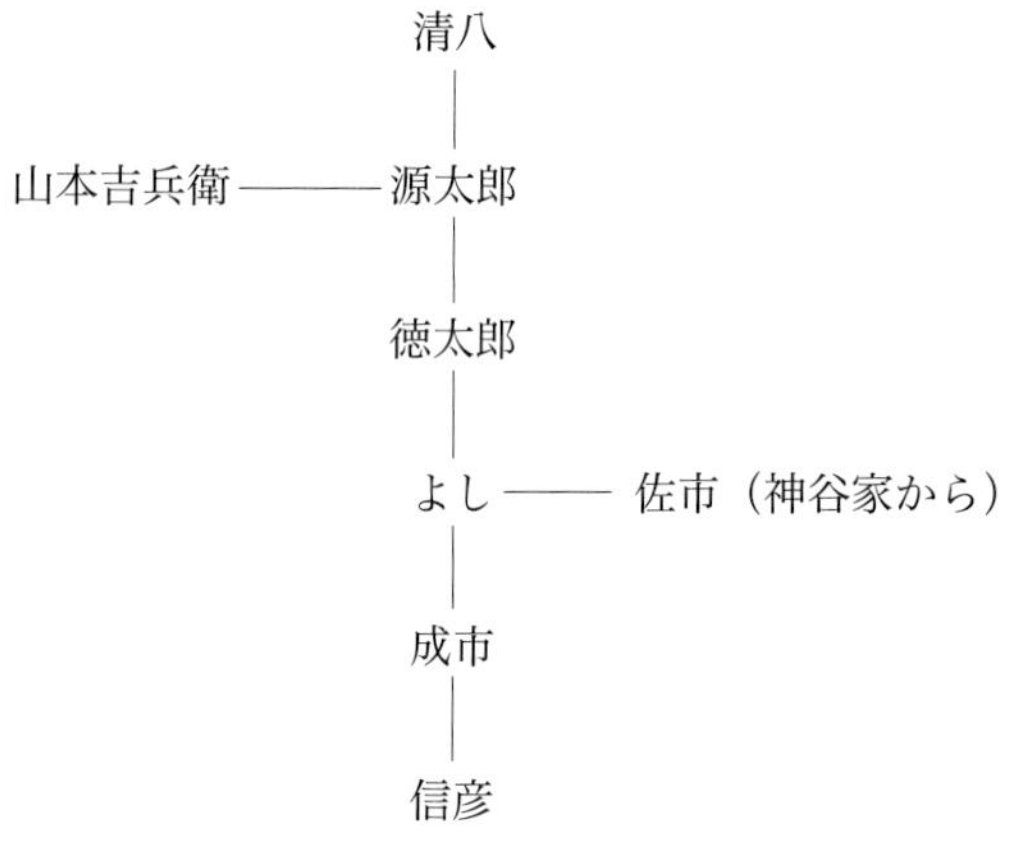

作っている。また佐市は養子であることから血の「ゆらぎ」を成しているともいえよう。

このような二重、あるいは三重の「ゆらぎ」の中から興ってきたのが第三グループをなす山本鬼瓦系である。山本鬼瓦系は山本鬼瓦工業、鬼金、鬼栄、光井製鬼所、伊藤鬼瓦店という各鬼板屋から構成されている。このうち黒地組合に所属する山本鬼瓦工業、鬼金、鬼栄をここでは取り上げ、山本鬼瓦系の黒地の世界を描くことにしたい。

山本鬼瓦工業㈱

山本鬼瓦系の中核を形成しているのが山本鬼瓦工業である。現社長は三代目山本信彦である。信彦は山本鬼瓦について次のように述べている。

私は実際は三代目なんですけど、この仕事をしてきました。私の家は鬼師としては有名な山本吉兵衛さんの流れを汲んどるということで、えー、一旦はいろんな、あのー、職業、コンロとか瓦とか、色んなことをやっとったらしいんですけど。でも、先代が、あの、山本吉兵衛という人が、この高浜の鬼瓦の先祖ということで、えー、その近くにも石碑がありますけど。二代前のおじいさんが再興しようということで、鬼瓦屋をまた新たに二代前から、山本佐市さんという人ですけれども、その方が始められて、そいで僕の親父が継いで、山本成市さんが継いで、僕が三代目です。そういう系図を辿っています。

この話だけを聞くと、山本吉兵衛が山本鬼瓦の直接の元祖であると大概の人は考えるであろうし、私自身もすぐにそう思った。ところが運よく、信彦の父、成市の実弟である山本福光に会うことができた。当時八六歳であったが、矍鑠《かくしゃく》としており、話すことが実に明晰で、山本鬼瓦について貴重な話を伺うことができた。しかも福光本人が正真正銘の鬼師であり、かつ、自ら始めた新家としての山本鬼瓦（山本福光と呼ばれていた）の親方であった。教養が言葉の端々ににじみ出ており、深い探究心のある人のようであった。その実例が福光自ら調査した山本家の家系図である。合計四枚の詳しい系図を見せてもらい、そのコピーを手元に持つことになって、山本鬼瓦の位置が具体的に見えてきたといえる。

◈——山本佐市　［山本鬼瓦初代］

中心になる人物は初代山本鬼瓦、山本佐市である。佐市は明治一一年（一八七八）生まれで、昭和四一年に亡くなっている。まずポイントになることは佐市が養子であるということである。福光は次のように語っている。福光にとっては佐市は実の父である。

　大体、山本佐市っていうのは養子ですのでね。鬼金（神谷金作）の親父（喜之助）と兄弟。もとは神谷佐市のはずです。

佐市が山本家に養子に入ることによって、その後、兄、喜之助の息子の金作（後の鬼金）が山本鬼瓦へ小僧として入り、山本家と神谷家がつながり、現在の山本鬼瓦系の中核的なグループが形成されるのである。ところが佐市の入った山本家は鬼板屋ではなくタバコ屋であった。

タバコなんか売ってたんだ。兄貴（成市）にも聞く機会がなくて、（なぜ、佐市が鬼瓦屋を始めたかについて）、よう聞かんじゃった。親父は大体物言わんほうで、子供はほっとけっていう方だったもんで、だから……。

私の子供の頃もまだ売ってただ。ずーっと売ってたんだね。それがいつの間にか鬼瓦屋さんに変わっていった。うん、やりながら、店やりながら鬼をやっとったんだ。道通りで（タバコを）売っとりながら、奥で鬼をね。

「もともとはそのタバコ屋さんとか雑貨屋さんのほうが先ということですかね」と聞くと、

そうそう、山本のほう、源太郎のほうはね。

この山本源太郎が佐市から見ると義理の祖父に当たり、山本家の祖先になる。そして源太郎の弟が山本吉兵衛なのである。ここで明らかになるのが、兄、源太郎の家業と、弟、吉兵衛の鬼板屋とは別物であることであろう。文字通り山本吉兵衛は旅職人となり鬼板の技術を身に付け、後に高浜に帰り、分家して鬼板屋を自ら始めたのである。

佐市は事実上、鬼板屋ではない源太郎の山本家に入ったにもかかわらず、鬼板屋を始めたことになる。しかし佐市は吉兵衛とは違い、鬼師ではなかった。

大体、佐市は鬼板師じゃないんですよ。あのー、出たところ、昔は土器ね。コンロとかそういうものやっとって、ほいでたまたま縁があって養子に来た。

ただ福光の言うように佐市はまったく土の世界とは無縁ではなく、佐市の実の父、神谷彦七の家は土器屋であり、佐市の兄、仙太郎も同じく土器屋である。さらに父、彦七は神谷家の養子であるが、彦七の実家の神彦家は瓦屋との関係が深く、神彦家の直系は現在のカミヒコ瓦へと繋がっている。このような環境を持つ佐市ではあるが、福光は次のように言っている。

どうして（鬼瓦屋を）始めたのかわかりません。はっきり聞いとりません。

このように佐市の山本家婿入り後の鬼板屋創業については現時点では不明のままである。つまり、佐市について知っている関係者からはなぜ佐市が鬼瓦屋を始めたのかについての話は伝わっていないことが判明した。ここからは私個人の推測になる。佐市の親元である神谷家は土器屋や瓦屋関係の仕事を多くしている家系である。それ故、佐市は土の世界に馴染みが深かったものと考えられる。ただ、神谷家においては「土の世界」という意味では普通の人よりはるかに身近であるが、鬼瓦とは直接の関係はない。そういった佐市が山本家へ養子に入って鬼瓦屋を始めたのである。何かがあって佐市は鬼瓦屋を始めたのであろう。その主要な原因は義理の祖父に当たる山本源太郎の弟、山本吉兵衛からの影響以外に考えられそうにない。繰り返しになるが、山本家へ養子として入籍して初めて、佐市は鬼瓦を始めたという事実がある。また佐市が山本家へ入籍した日は明治三六年（一九〇三）五月二一日と山本家の戸籍にはある。一方、山本吉兵衛は明治三七年（一九〇四）四月一〇日に七四歳で亡くなっている。二五歳前後の佐市と七四歳頃の吉兵衛がわずかな期間ではあるが出会い、佐市が鬼板屋を興すきっかけになった可能性は高い。鬼板屋経験のない佐市に対して吉兵衛は何らかの助言なり援助をしたのではないかと思われる。現代のような素人でも始められるといわれるプレスの時代ではなく、手作り鬼瓦の時代である。職人の斡旋なり何なりの具体的な話が二人の間であったものと考えなければならない。

　福光が「佐市は本当の鬼板師じゃないんです」というので、その意味を尋ねると、

　鬼の技術があんまりなかった。……無いという事です。要するに、その当時、あちらこちらに、あの、鬼板師っていうものがありますわねー。鬼板師の職人を入れて、ほいで、鬼屋やっとったようですねー。

　私が子供のころにはだいぶ何人か居りました。ええ、ほいでー、要するに、鬼を作っては、名古屋の問屋へですねー、送って、商売しとった。

「何人ぐらい職人さんが佐市さんの下にいらっしゃいましたか」と聞くと、「ほーだねー、六、七人居ったじゃないですか」と答えている。つまり佐市は鬼板の技術を持たない鬼板屋の親方であったが、経営面での才覚に長けていたのである（図1）。

　名古屋に、当時、山彦商店っていうのがあった。それが名古屋の屋根瓦をいじっとる人ん中ではねー、名古屋でも優秀な問屋だったわけです。そこの仕事を主体にやっとったわけですね。そこの山彦商店っていうの……大将に佐市が気に入られて、ほいで、そこの注文全部、鬼瓦のね、注文は受けてやっとったわけですね。

　わしら覚えがあるのが、親父がそうやって商売やっとって、昔は、あの、盆と正月しか決算しないでしょう。それだから、わしの親父が山彦商店へ、売ったもの、商品、あの、金をもらいにいくと、非常に気に入られとってね。ほいで他にいくらでも、そのー、何だなー、お客さんが居るわけですよ。盆と正月前は。ほうすると、大将が「こっち来い」、「こっち来い」って言われて、あんた、何

図１　初代山本鬼瓦　山本佐市

じゃなー、他の人は放っておいて、番頭さんがやっといて、大将が連れてって、奥へ連れてって、ほいで……。

佐市はこのように大きな得意先を持つ鬼板屋の親方であった。それ故に七名ほどの職人を抱えるほど山本鬼瓦を発展させることができたといえよう。ただ佐市には変わった癖があり、それが逸話として残っており、息子の福光がその話をしてくれた。佐市の人柄が見えてくる。

どういう関係でああいう、何つったかわからんけど、要するにお寺参りを。お袋が死んだ、死ぬ前からかどうか。私は、母親が何にしても、学校へ上がる前に死んどるもんですから、その頃か、その為かどうか知らんけど、お寺参り。南無阿弥陀仏、南無阿弥陀仏。「仏の佐市」って言われるくらい。

お寺参りやって、ほいで、要するに、なんだやー、お坊さんの講話聞きに行ったりね。そういう関係の好きな人がお客さんに来る。大体、その、仏教のなんだん、本願寺の系統の話であったりしてね。

あんまり物は言わなんだけど、始終、なんだなあ、「南無阿弥陀仏、南無阿弥陀仏、南無阿弥陀仏、ナンマイダ」って言いよったです。

瓦組合で、組合があって、組合の旅行なんかにね、私が行けんで、親父に一回行ってもらったことがあるんです。そしたら、後で、みんなに怒られてしまった。「何で」って言うと、要するに旅行いってひと晩泊まってくるでしょう。その宴会が始まっとるとこでだねー、その時、とてつもなく、「南無阿弥陀仏」って言い出した。口癖でねー。後で怒られちゃった。まあ、「親父代わり出しちゃいかんぞ」って。そういう人間だった。

三代目山本鬼瓦工業の現社長の山本信彦は佐市の孫に当たる。息子の福光の話と合わせてみると、佐市という人の輪郭が浮かび上がってくる。

祖父は私が高校三年で大学受験真っ盛りの頃死にました。八八歳でした。祖父の印象は真に信仰の人でした。私の子供の頃、まず朝の祖父の「南無阿弥陀仏」という念仏で目が覚めました。一日、朝夕はもちろん、いつも念仏を唱えていました。

彼は山本家へ婿として入り、山本家の先祖が山本吉兵衛という事で、改めて、鬼瓦屋になろうと決意して、仕事を始めました。その前は「いわし売り」と聞いています。

当時は、七、八人職人がいたように聞いています。彼の技量はほとんど知りませんし、作品も残っていません。彼は職人というより、経営者だったと思います。彼は皆から金を貸してくれと頼まれ金貸しもやっていたようで、借金のかたにもらったという土地もあります。今、会社の土地も、他の借地も、佐市の財産です。彼は信仰と土地という財産を残してくれました。

以上のように、佐市は直接の山本吉兵衛の家系ではないが、吉兵衛の兄である源太郎の孫、「よし」の娘婿として山本家に入ったことにより、直接にしろ間接にしろ、吉兵衛からの影響を受けたものと思われる。佐市の出である神谷家が土器や瓦の仕事に深く関わる家系であったこともあり、佐市は独特な「ゆらぎ」の中で触発され鬼師の世界に入ることにしたものと思われる。そして佐市は経営者としての才覚があり、山本鬼瓦の基礎を築いたのである。

◈——山本福光　［山本鬼瓦二代目の弟］

佐市には五人の子供があり、男が成市と福光の二人であった。長男の成市は明治三九年（一九〇六）生まれで、平成一一年（一九九九）に他界している。次男の福光は大正七年（一九一八）に生まれており、兄の成市とは一二歳ほど歳が離れている。それ故、福光が子供の頃には、成市は山本鬼瓦で働いていたという。ところが佐市の山本鬼瓦は他の鬼板屋と同様に大東亜戦争中に変容する。二人の兄弟のうち、会うことができたのは弟の福光であった。しかし運の良いことに福光が直接、鬼板屋を経営したことがあり、山本鬼瓦の変容について詳しく語ってくれた。

子供の頃に大病して、ほいで中学をあきらめさせられて、家にしばらく居ったんですよ。あの、昔の徴兵検査までね。その頃は体丈夫だったもんだから、私自身は兵隊で取られて、徴兵検査で取られて、当時の関東軍ですね。満州に行って、そこで三年三ヶ月。で、帰って来て。来た頃にはね、もう、早や、鬼瓦がねー、全然売れないんですよ。戦争だったから。

そいで、それから、また私一年半ば居って、家に。召集でまた行っちゃった。ほいで、終戦後まで居ったんだ。

福光が戦地から高浜へ帰って来たとき、鬼瓦をやっていたのは上鬼栄のみであったという。

年寄り夫婦で、やっておられた。わずかに、ぽつぽつとね。

後はほとんどやってなかった。鬼やなんか全然売れなかったらしい。戦争中に鬼屋がみんなやめて、瓦、普通の瓦屋に変わったり、なんかしとったらしい。

当然のことながら、山本鬼瓦も戦時中から戦後にかけて、鬼瓦屋から瓦屋に変わっていた。そういった状態のところへ福光は二度、戦地から帰っており、二重の確認を兄の成市から取っている。第一回目の戦地からの帰国は、成市からのその確認に基づいている。

私が兵隊に行っとる時に、私はねー、そのー、満州で当時の関東軍司令部の軍属になろうと思った。帰って来る少し前からそういう話があったもんだから。で、家に手紙出したんですよ。兄貴、体が昔からあんまり丈夫じゃなかったで。

手紙出したらね、「とても俺は家の仕事やれんから、お前戻って来てやれ」と、「お前にやらせる」と、こういう返事が来たもんだから、ほいで満州から帰った。

当時、福光が満州から帰ってみると、成市は家の仕事はせずに、公職に就いていたという。

その頃に兄貴が、あんたー、公職でねー、公の仕事で出ちゃって、その頃に、当時は主計と言ってましたけど、毎日のように当時の役場に行っちゃうわけですよ。

ほいで私が一年ぐらい、瓦、主でやっとっただけんども、そいでその内に、あんた、なんだ、召集令状一銭五厘でまた行っちゃったわけ。

第二回目の確認は福光が終戦後、昭和二一年（一九四六）に日本に帰って来た時である。

さて何やろうかなっと思って兄貴に、「お前、鬼瓦始めるかどうか」って言ったところが、「やらん」って言ったもんだから、私がね、新家でおりながら、始めたわけですよ。

場所は現在の山本鬼瓦のある所ではなく、その裏手に当たる岡崎信用金庫のある辺りだったという。この事は佐市の興した山本鬼瓦は、長男の成市の代で一度、途絶えていることを意味している。そして成市の了解の下で、弟の福光が鬼板屋を終戦後新しく始めたことになる。

ところが、昭和三四年（一九五九）九月二六日に伊勢湾台風が三河地方を襲い、鬼瓦や瓦の生産地が直接、膨大な打撃を被ったのである。この天災がきっかけで、福光はなんと昭和三六年にあっさりと鬼板屋を廃業してしまうのである。

私がやめたのはねー、兄貴が、私知らんどるうちに、ちょっと職人入れて始めたりしたし。同時にねー、伊勢湾台風。伊勢湾台風がね、の時にはね、鬼瓦というものは全然売れない。瓦足らんばっかり、鬼瓦は全然売れなかったんですわ。

それと同時に私要らんこと考えちゃったんですよね。こらー、鬼瓦ってもんは装飾品だでね。今から屋根の構造が変わってきて売れない。ほとんど駄目だろうと。ということを考え出して、伊勢湾台風後に兄貴に私がやっとった、要するに鬼を作る型、石膏型だとかそういうものはね、みんな兄貴のほうに返してやって、わしが使っとった職人も、三人、兄貴の方へ。

その四年後の昭和四〇年（一九六五）に成市の長男、信彦が大学を卒業してアイシン精機へ勤める予定だったのをやめて、山本鬼瓦へ戻って入ったのである。このように、福光は、伊勢湾台風によって起こった鬼瓦の一時的な不況のため、悲観的に考え始め、鬼瓦に見切りをつけたのであった。屋根修理用の瓦の需要はあるが、鬼瓦はさっぱり売れない状態だったという。一方、ほぼ一五年近くの空白期間を経て、山本鬼瓦はいくつかの僥倖に恵まれて、息を吹き返したといえる。福光の存在を抜きにして現在の山本鬼瓦は考えられないといってもいいだろう。山本鬼瓦の伝統が福光の鬼板屋を経由して伝わっているからである。移籍した職人は三名で、石川類次、神谷豊国、杉浦義照であった。

山本福光は終戦後、兄、成市に代わって、新しく鬼板屋を始めたことからもわかるように、鬼師としての心得のある人である。鬼師になった理由は小さい頃から体が弱く、中学校へ行くのを諦めたからだという。つまり旧制の高等小学校を出て、佐市の山本鬼瓦へ小僧として入ったのである。福光にとっての鬼師としてのブランクは大東亜戦争の時、二度にわたって徴兵された約五年半の期間であり、二十代前半で徴兵に取られたと考えられるので、福光は十分に鬼師としての基礎ができていたものと思われる。ただ兄、成市がいたので、山本鬼瓦の親方として継ぐことは当時念頭になく、職人として腕を磨いていたものと思われる。戦争中および終戦後の二度にわたる兄、成市の「鬼瓦屋をやらない」という意思表示に対して、福光がとった鬼板屋の開始という行動は二人の兄弟の鬼瓦に対する思い入れの違いを示していると思われる。福光が誰に鬼板の技術を教わったか尋ねてみた（図2）。

図2　山本福光

そりゃーまあ、親父のとこに居ったもんだから、そこに居った職人さんら等に習った。その頃は誰ってこと無しだわなあ。何人か居ったもんですから。

それから私が始めてからね、石川類次[1]っていう人だったですよ。その人が、私が始めてから私のところへ来とってくれて、で、今信彦のところに居る、私のところの小僧（杉浦義照）も、何にしても、その人に主として教えてもらったわけですよ。

福光は文字通り一から始めている。このことからも福光が職人であり親方であったことがわかる（図3）。

もちろん最初は一人ですよ。最初は新しく始めるもんだから、最初は本当、白地作って、白地を瓦屋さんに買ってもらって、ほいで、やっとるうちに窯を作った。

始めたのは（昭和）二二年くらいからかな。二一ちょっと、なにしとって、ほいで白地をわしゃー始めたんで。

白地をしばらくやっとって、何しても戦後のあんた、金のない頃だもんだから、東京の問屋さんまで行って、あんた、窯作る金借りて来たんだもん。窯作る金も無いもんだから。

図３　恵比寿大黒（山本福光作）

窯を昭和二四年になって築いたというが、窯を築いてから仕事が大きくなり始め、職人や小僧を入れるようになっていったのであった。職人の石川類次の場合について語っている。

石川類次さんっていうのは、ずーっと歳が上だもんだから。昔、信彦のとこ（山本鬼瓦）に居られ、しばらく居ったかな。ほんで戦争でやめとって、ほいで、その、小僧、小僧の当時のわしが、なんだ、兵隊前から、そのー、知っとるわけですよ。ほいで、その人、わしが始めてから頼んでね。ほいで来てもらうようになった。割合にいい人でね。

多い時で小僧を入れると七人ぐらい居たという。すべて手作りの時代である。その小僧の中で今も鬼師として活躍しているのが、杉浦義照である。福井は独立して、福井製陶を継ぎ、平成二〇年（二〇〇八）に亡くなっている。杉浦は現在の山本鬼瓦で職人として働いている。福光は自分の経営する山本鬼瓦でのその二人の修業時代を話してくれた。

やっぱり、修業は、あんた、なんだな、修業次第で、心掛け次第で。ほや、あのー、福井と一緒にやって。性格が違うね。福井君と杉浦義照とはね。性格が全然違う。

だけど、二人で競争しとるもん。一緒くらいに入って、二人で競争しとるもんだから、お互いに腕が良くなろうというね。

その当時のみんな、やる気で来とるもんだから。ええ、遊ぶ時は遊ぶですよ。うん、特に福井君なんか割りによう夜なんか遊びに行きよった。

ほんでなんだね、やり出して、始めてみんと、その何だなー、その人の、素質っていうものはなかなか分からんですよ。うん、土いじって、鬼を作る素質というものは。なんだ、同《おんな》じように入っとっても、腕のええ、良くなるのと、割に腕の良くならんのと、まあ、あるですよ。

福光は良い鬼師について次のように言っている。

結局、職人同士で、お互いに話し合って、「この鬼がいい」だの、「この鬼がいい」だと、そういう事の話が真剣に話し合える人が、何だねー、ようなるですね。誰が教えるでもなくで、自分で、こうやろうという気が無いと駄目だね。

インタビューの終わりあたりに「山本鬼瓦をやり始めて、山本吉兵衛を意識したことはありますか」と聞いてみた。

うーん、その当時は思わなんだがなー。ほりゃー、結局、自分が鬼を、鬼瓦をやろうと、戦後だよね、本当に意識しだしたのは。でもそういう感覚は割合にない。無かったがね。そういう話は親（佐市）が全然しないもんだから。兄貴（成市）もそういう話はしない。ほいだで、そういう感覚は割合無かったね。

◈――山本成市　［山本鬼瓦(工業)二代目］

成市と福光とが兄と弟という関係にもかかわらず記述が前後してしまった。山本鬼瓦の流れから言うと、まず戦争中に佐市の山本鬼瓦は鬼板屋から瓦屋になり、そこで鬼屋として中断している。戦後、弟の福光が兄、成市の鬼板屋の放棄を確認して昭和二一年に始めた「福光の山本鬼瓦」が昭和三六年まで続く。ところがその前の年辺りから放棄したはずの成市は鬼板屋を始めたのだった。そしてその成市に福光は、職人を含めて道具一式を譲渡したのである。つまり、山本鬼瓦の実質上の二代目は福光であった。成市は昭和三六年に福光から「福光の山本鬼瓦」を譲り受ける頃に鬼瓦屋を始めたのである。それ故、成市は大きな流れからいうと、実質上、三代目と言って良い。山本家本家の系図上からは佐市から数えて二代目なのであるが。こういった事に成ったのは、やはり、成市と福光の鬼に対する姿勢の違いであろう。成市を父とする現山本鬼瓦社長の信彦は成市（明治三九年八月五日～平成一一年二月二四日）について次のように語っている（図4）。

父は明治生まれで、大変正直な人でした。父の印象は家業より、民生委員、保護司在任四〇年で、勲五等の賞を貰った如く、公の

図4　二代目山本鬼瓦　山本成市

仕事をした人という印象です。「人の為、世の為になれ」というのが彼の口癖でした。

仕事は叔父山本福光が戦後独立して鬼瓦屋をやるという事で、父成市は、兄弟が同じ仕事をしては良くないと思い、瓦屋に変わりました。昭和四〇年叔父が鉄工所に転職した時に、また、鬼瓦屋に戻りました。

ともかく、成市は争い事が大嫌いで、まさに平和主義者、正義の人でした。皆からも「成市さん」と慕われ、非常に信頼された人でした。こと、家業においてはそんなことで、公の仕事が多く、仕事も職人任せのところが多く、図面も職人に引かしていました。鬼師としての腕（技量）もそんなに良くなく、家紋は良く作っていましたが、あまり大きなものを手がけた印象はありません。

市場としてはほとんど関東で、集金に行く時、よく東京に連れて行ってくれました。父の頃は東京の問屋さんの力が大きく、ほとんど問屋へ製品を貨車で送って行きました。彼は鬼と共に三州瓦も多く問屋さんに送っていました。その頃の支払いは現金で、腹巻の内に現金の札束を入れてよく夜行列車に乗って帰って来ました。

父、成市のお蔭で、「山本さんところは信用してもいい」という信用という財産を頂きました。

弟の福光と、息子の信彦の話を総合すると、成市は人のために尽くす公の仕事に興味と情熱を持って生きた人であり、家業の鬼瓦作りには興味を余り示さず他人任せのところがあったようである。

❖――山本信彦　［山本鬼瓦工業三代目］

山本鬼瓦にとっての幸運は、昭和四〇年に息子の信彦が山本鬼瓦へ入ってきた事である。信彦は職人として鬼板の技術を身につける十分な時間を持つことなく、成市をサポートする実質上の親方になっていったものと思われる。三代目山本鬼瓦（福光を二代目とすると四代目に当たる）の山本信彦は昭和二一年五月一五日生まれである。現在は山本鬼瓦工業（昭和五〇年一一月社名変更）の社長として活躍している。信彦の子供の頃の話からは、鬼板屋の当時の生活が浮かび上がる。

小さい頃から、結局瓦屋とか、そういう鬼瓦屋、自分の家業でしたんで、そういうことの意識は、あの、瓦屋を継ぐっていう意識はなんかあったみたいで、家では何か、そういう意味での土いじりはやっていました。

もちろん遊びで。ええ、遊びもあるし、あの、僕らの小さい頃は、あの、小学校の頃でも、結局、まあ、作るということよりも、窯、窯を積んだりとか、窯の手伝いをしたりとか、そうして小遣いを頂いて、というそういう生活してきましたし。あの、中学校とか高校の頃は、あの、熱い、熱い窯を出してそれで、あの、高校へ行くとか、そういう、そういう時代でしたんで。ええ、だから自然にこう焼き物とかに、体に染み付いて来たっていう感じですけどね。ええ。

職人さんとね、横でこうなんかってことはね、ええ、子供の頃からやってましたんで。その頃で（職人さんが）五人くらいですかね。ええ。隣でなんか、いじったり、あの、したりして。こう邪魔に、邪魔がられたとか、そういう、ですよね、昔。

信彦が高校生になるころには日本社会はサラリーマンの時代となっており、企業に勤める人が全盛といった状況に入っていた。信彦は鬼板屋になる道を選ばずに、名古屋市立大学経済学部へ進み、昭和四四年（一九六九）に卒業している。その頃の気持ちを次のように述べている。

大学出た時に、もう、その頃に職人さんも二、三人以下で、まあ、ちょっと、ちょっとどっちかっていうと、そんなに、人数もちょっと二人かな、三人かな、ぐらいにちょっと減って……。商売としては、職業として、やっぱり地道にやって行くんならいいけども、僕もちょっと大学でいろいろ知ってて、学んできちゃうと、これ商売じゃないなって。

それで、あの、まあ、アイシン精機、その頃自動車産業が花だったんで、もう、「サラリーマンじゃなければ人じゃない」って言うくらいということで、悩んでて、「家事やるか」って言やあ、「よう やるなあ」って言うような……。

信彦は大学を卒業するときに、家業を継ぐべきかサラリーマンになって企業に勤めるかで、かなり悩んだ様子である。そして一度は企業に入る決心をし、アイシン精機という会社に入社し、研修を受けていた。ところが信彦は何と決まっていた入社を取り消し、家業を継ぐという急転回をしている。それほどまでに家業を継ぐことで心が揺れ動いていたのであった。その揺れる信彦の心を家業の鬼板屋へ引き戻したのは、成市の説得ではなく、「山本吉兵衛の家系」という伝統の力であった。信彦はその転身のきっかけを話してくれた。

親父さんの友達といろんなこと話しとって、何かえらいこう寂しがったんだよね、これが。たとえ、二、三人でもやっぱり一応はあの元祖と呼ばれる山本吉兵衛、あの、それを継ぐ系統ということで、三代前にまたちょっと再興したんで……という意味合いを、友達のねえ、杉浦さんという人と話したんだ。それを聞いて、まあ物語みたいで……。

山本吉兵衛が山本鬼瓦と繋がりがあるか否かは初代山本佐市のところで述べたように、吉兵衛の晩年の年があくまで可能性としてあるのみである。山本吉兵衛の鬼瓦の技術や流儀は弟子である職人に受け継がれており、佐市には直接には流れていない。確実な繋がりといえば、佐市の義理の祖父、源太郎が吉兵衛の兄であるといった事実なのである。ただ山本鬼瓦が山本吉兵衛と佐市との接触によって起こった可能性は否定できない。それを私は「ゆらぎ」と呼んだ。信彦の場合も山本吉兵衛に触発されて、家業を継いでいるところが有形・無形の伝統の重みなのであろう。佐市の場合と似ているところがある。始まりに

「ゆらぎ」が存在している。

信彦は二、三年仕事場で働いた後、販路拡張のために営業に出ている。信彦は家内工業的な鬼板屋からの脱皮を図ったのである。そのことは信彦の「職人への道」から「社長業への道」への転進をも意味している。

やっぱり販路という面がないと。僕らの頃はそんなの全然無かったですよ、そんなの。その頃は、もう、一番凄いの、丸市さん。丸市さんは今、もうやってないけどね。[2] ものすごいたくさん、職人さん、販売力がね。販売力のあるところを、いい仕事取って来ないと、職人さんにも影響が与えられないし、まして、そのね、その仕事自体がね、行き詰っちゃう。

信彦は身近に丸市という成功している鬼板屋の例を見て、販売力の重要性を認識し、そのための努力を始めたのである。

それで僕はとにかく二五くらいの時にね、皆さんに迷惑をかけないところへ、奈良とか京都とか、大阪とか。この近辺は今までの市場があるもんで、皆さんのお客さんがあるもんで、それも全然触らなくて、それで、外へ、皆さんの外へずっと回って行ったんですわ。

信彦は最初、営業上の戦略として三河以外の地へ足を運び苦労して販路を拡張して来ている。ただ信彦の長所は単なる販路拡張ではなく、販路拡張と相俟って、山本鬼瓦の技術改善、そしてそれに伴う山本鬼瓦の特徴作りに意識して取り組んだことにある。それが今日の山本鬼瓦を築き上げる重要な要因となっている。

結局、うちらの仕事としては日本全国、三河だけここら辺だけで仕事やっとるわけにゃーいかんってことで、「全国的な仕事をやりたい」って事で。まあ、あの、奈良とか京都にいろいろ、そちらに出て行った時に三河だけの特色の、経ノ巻の足にしても、荒目、吹き流し、若葉、それから経軸っていうんですけど、経ノ巻の「てり勾配」とかが全然成っていないと。

三河だけの、あの、お山の大将では、もう、全然全国的なレベルじゃないということを現実に、二十歳代の時に奈良や京都で行って見て来たのと、実際に奈良や京都から仕事が請けれるようになった時に、最初は三河、もう、こっち、「三河のものが一番いいだ」ってことで出しとったですけどもね。うーん、とんでもないと。

いろんなことを、あの棟の線とか、それから正面から見た時の他の物とのバランスを考えた時の足のデザインがもう全然なっていないと。そりゃー、やっぱり歴史のある京都や奈良というところ、滋賀県とかいうところは、やっぱりそれだけ時代、七代とか八代とかいう事で瓦屋さんやってみえる人が多いんで、そこらへんの、もう、レベルが全然、その時代考証とかね、そういう事とか。

三河のその、一つずつの製作する技術は、あの、テクニックはありますけども、全体の形という事と、デザイン性が、あの、他地区と比べても見劣りがするっていう事を痛感して。

信彦は販路拡張を三河以外の特に伝統ある京都、奈良、滋賀などのほかの地方で行うことを通して鬼瓦を見る目を養った。そして鬼瓦の位置づけを、「個から全体」、「三河から全国」といった意識変容を体験し、信彦本人のみならず、山本鬼瓦全体へと波及させたのであった。信彦は例を出しながら次のように説明している。

鳥衾《とりふすま》[3]っていうのがあるんですけどね。鳥休み。鳥衾っていうものは、あの、その、それが最後の線なんですわー。それが、全然、その最後で折れちゃうと。その大工さん、その屋根屋さんと打ち合わせをして、屋根屋さんがどういう風な線を作って来るかっていう、それに準じたものを作らないと、全然意味が無いんで。

まあ、三河は、あの、そういう事すら知らなくて、全体の繋がりという事の中の商品だという意識が無かった。鬼は鬼で別個と思っているから。たとえばその鳥休みだったら、その棟の線に対して最後の線をどうするかっていう、そういう部分がまるっきり欠けている。

信彦においては「部分」から「全体」への意識が非常にはっきりしており、鬼瓦を単なる屋根の飾りと考えず、屋根全体、建物全体の美を大切にしている。そして信彦のこの鬼瓦に対する姿勢が山本鬼瓦のデザインに生かされ、商品としての売りになっている（図5）。

経ノ巻にしても、その最後の経軸の「てり」[4]が悪ければせっかく屋根屋さんがきれいに作った棟が最後で死んじゃうっていう部分。今はもう、それを随分もう見かける。

特に大きなものの屋根はもうシルエットなんで。もう、一枚一枚がきっちり葺いてあるなんてものは。屋根は下から見ても見えないことなんですけど。三河の職人さん、まあ、鬼師に限らず屋根屋さんも、もう目の前で見る仕事を重点にして、下から、遠くか

図5　三代目山本鬼瓦　山本信彦（2005年）

ら見たときのそういうデザイン性とか線とかっていうものがまるっきりなってない。

そこらへんを、あの、勉強させていただいて、うちはそういう所に特色を持って、あの、屋根屋さんと直に、その屋根屋さんと、直にお話してその線を描いていただくなり自分で考案してっちゅうことをやって来たのが特色。

別の見方をすると、信彦は三州鬼瓦の持つ伝統に柔軟性ないし、多様性を取り込み、他地域の伝統にも対応可能な体制を山本鬼瓦において整えたといえる。そのための手段が屋根屋さんという現場と製造元である山本鬼瓦とのコミュニケーションの重視なのである。

ここら辺の、この地方の屋根屋さんの葺き方だったらね、まだ何とか見れるけれども、ちょっと関西とか、そっちへ行くと、まあ、まるっきりもう。

土地柄変われば、(屋根の)流れとかが変わりますから。ええ。「所変われば品変わる」で、全然違いますんで。

それをただあるものを出しとるってことだと、屋根屋さん、そのー、お施主さんに対しても失礼だし、屋根屋さんに対してもね。僕らは、まあ、今まで何回もやって来て、それは何回も作り直されとるもんで。

このように販路拡張を着実に進めながらも、現場の声、苦情を大切にし、商品を改善させていったのが山本鬼瓦である。個々の現場に生産を対応させる体制を確立したのである。各地の多様な鬼瓦の伝統に柔軟に応じる姿勢を通して、職人の技量の向上が同時に波及効果として起こった。そして販路拡張を伴うと起こりがちなプレス生産へ走ることを避け、信彦は手作り鬼瓦に固執した。結果、当初の手本であった鬼瓦屋の丸市のように多くの職人を抱える鬼板屋へと変わっていったのである。

インタビューした二〇〇五年当時は鬼瓦を作る職人が一〇人、窯のみをする人が一人、事務員が一人と、信彦と妻の千浪を入れた一四人体制を採っていた。山本鬼瓦では自社製品としては手作り一本で、売り上げの八割を占め、百パーセント社寺関係という。残り二割が外注で注文を調整し、主に白地のプレス製品を購入し、焼成して出荷していた。三州では手作りの鬼瓦屋としては最大規模の鬼板屋になっている。

景観の変容　屋根の洋風化（平板瓦）

一九九〇年代半ば以降、特に阪神大震災（一九九五年一月一七日）を境にして、大手ハウスメーカー主導の屋根の洋風化、つまり平板瓦の流行は伝統的な和瓦対応型の鬼瓦需要を急激に減少させて来ている。事実、新築の民家はほとんどハウスメーカー製の、今風の、何となくモダンで、ハイカラな感じのする建物になって来ている（図6）。

その感覚を決定付けているのは建物の外壁のみならず、屋根なのである。内装は外部からは見ることができない。ところが建物の施主、つまり新しい家を購入する人は内装のほうへ意識が行き、外装は二の

図６　新築家屋（街でよく見かけるハウスメーカー製　平板瓦屋根を持つ家　鬼瓦無し　愛知県豊橋市岩田地区）

次的なものになり、屋根にいたっては気にする人はあまりいないのではないかと思う。それ故、あっと気がついた時は、どこもかしこも洋風な、ハウスメーカー風の家になっていたという事態に至っている。逆説めくが新しい和風建築の家が新鮮な印象を与える昨今（平成二九年）になってきたと思う。鬼板屋を歩いて回っているうちに日本の屋根に何が起きているのかを生産者の声を通して気づかされた次第である。信彦は民家の平板瓦化に対して次のように語っている。

二〇〇〇年を超えて、もっと変な風の洋風化みたいなこととかね、そうしてっちゃうと、ますます駄目になっちゃうね。大きなハウスメーカー主流のそういう屋根になってくると。

昔の物の方が面白味があると。屋根にね。屋根の飾りにいろんな人形飾ったりとか。そういうことの意識が、もう、今の設計士さんには無いじゃないですか。何かそういうのをダサいと。逆にね、もっとそこをスッキリ、スッキリやる。「スッキリ」っちゃ、カッコいいけど、「何も無い」って事になるね。「単なる無能だ」って言っとるんだよね。そのスッキリっていうことは。デザインよう描かないから。自分で、じゃそこに、鍾馗さんでも、絵心があって、スッキリしたところに描けば、描くだろうけど、描けないから。それを「Simple is the best」って言っとるんだよね。言い訳ですよ、本当は。

「Simple is the best」っていう意味じゃなくて、単なる単純化。だから、たとえば平板の平たい屋根にしてもね、東南アジアにしろ、棟のところに牛とか飾るじゃないですか。いろんなデザインのものをね。それを変になんかヨーロッパ見て来たから、ヨーロッパの簡単なやつだけ見て来て、それを日本にこう、導入しようとするのが、それがセンスのいい設計士さんだというような間違いが、完全に一九九〇年代に、完全にそういう形になっちゃった。それを変えてかにゃいかん。

だから今のままだと、だんだん、そういう風に。せっかく、屋根って見えるじゃないですか、外から。外から見えるものが簡単な、洗練も何にも無い。物凄い寂しいよね。「ごちゃごちゃで良いじゃないか」って。ここにこういうものがあって、ここにこうと。それを全部今、取っ払っちゃって、みんな在り来りな屋根になっとって勿体無いですね。

ハウスメーカーによる屋根瓦の平板化は、同時に経済性追求型の結果でもある。和瓦を使い、棟に鬼瓦を置くとコストが高くなるのは事実である。何が犠牲になるかといえば、広い意味での日本文化であり、狭い意味での各地の地域性や伝統である。土地の景観を担う地方色豊かな媒体である和瓦の屋根の退潮は生産の現場へ直に影響を及ぼし、さらに技術の伝承の根幹が揺さぶられることになる。信彦はそれを次のように表現している。

「Simple is the best」じゃなくて、「簡略化」みたいな。悪いのは、もっと言うと、技術の伝承もできないし、まして単価、値段の競争になっちゃうし。まあ、悪い方向ですね。

わずかな数のハウスメーカー主導で、日本文化の変貌が全国規模で起こっていると言ってよい。その変貌は消費者のみならず、生産者の側にも多大な影響を及ぼしているのが実情である。

丸栄さんの、社長さんがよく言われるんですけどね。「入っていかん園《その》へね、瓦屋さんが入ってしまった」と。

カラーベストとかね、そういうとこの屋根は屋根でいいんです。それは安いから。それに競合しようと、入っちゃったから、どんどん、その、値段が安くなっちゃって。棲み分けがあるんだがなあ。その、カラーベスト、カラーベストの二〇パーセントはそりゃカラーベストでやって、その中間のそのちょっと高い部分を瓦ね。その上、天然石か、そういうこととかっていうものの、上手く、こう棲み分けができとったやつを……（図7）。

瓦が下まで、こう、あの、カラーベストを食って何とかという話になっちゃうと、いわゆる、その値段になってっちゃう。上に行くなら良いけどね。

ほいで、まあ、「禁断の果実を食べてしまった」っていうことをよく表現されるもんで。

コスト競争に入ると、大量生産は避けられない。市場は地方から全国へと押し広げられることになる。その過程で価値のある、地域性豊かな文化が競争に晒され犠牲になっていく。それが今、日本の各地の

図７　カラーベストの屋根（棟端に鬼瓦は無く、メタルで覆われている　愛知県豊橋市岩田地区）

屋根に起こっている現象なのである。

平板瓦でできた屋根の棟には鬼瓦は載っていない。簡単な平板瓦用の特殊瓦が棟に置かれているだけである。[5] つまり、鬼瓦が無い家が日本の社会に増えて来ていると言ってよい（図8、図9）。

ハウスメーカー製の鬼瓦のない家を選んだ人々は別にして、なぜ、日本の家屋には伝統的に鬼瓦を載せて来たのだろうか。単なる飾り瓦以上の何かを意味しているのは確かである。信彦は鬼瓦の重要性を次のように語ってくれた。

鬼っていうのは一番のあれだよ、大事なポイントでしょう。なおかつ、厄除けとか、そういうものの意味合いが物凄く強いから。だから、まあ、（施主は）ほとんど（山本鬼瓦へ）見えて。字を、柔らかいうちに、（鬼瓦に）字を書きに。そうすると、その、載せられた檀家の人にしても、和尚さんにしても、こう感動が違うよね。

材料が入っとったから、知らんどるうちに載っとったっていうことよりも、実際作ったところを見てって、自分が字を書いて、（鬼瓦が）載る。だから拝みに見えるよ。こちらに見えて、装束抱えて来られて、装束に替えられてね。拝んでね、「魂入れらっせるから」って、そういう事やって。それ位、こう、神聖なものだし。

鬼（鬼瓦）はちょっと瓦とは全然違う。そういう意味では。

だからそれで、その寺の檀家さんがその事によって、こう、あれ

図８　平板瓦の屋根（タイプ１：屋根の棟が全てメタルで覆われ鬼瓦は一切使われていない　愛知県豊橋市岩田地区）

図９　平板瓦の屋根（タイプ２：屋根の棟が平板瓦用特殊瓦で葺かれた鬼瓦の無い棟端　愛知県豊橋市岩田地区）

じゃないですか、幸福貰えるという。鬼（鬼瓦）には宗教って、ちゅうのはなんだ知らんけども、そういうようなものの、まあ、鬼とか、災難を取るとか、死を守るとか、そういうものが物凄く強い。

信彦はこの後、実に面白いコメントをしている。日本の家屋は「鬼瓦の有る家」と「鬼瓦の無い家」とに大きく二分されつつあるのが現状である。もし、鬼瓦の効能が信彦の言うような意味なら、以下の信彦の言葉は妙に真実味を帯びてくる。

うちに来るハウスメーカーの人に言うんだけど、「屋根から鬼が無くなるとその内（家）、不幸になりますよ」って。

一回、あれだから、統計取ろうかと。上手に取ればいくらでも。その、平板の屋根にやっとったところが、あの、こういうのね、五年間に、誰が死んだとか。

実際そうだって。そういう意味で家相とかいう訳でしょう。家相の良し悪しとか、そういう事っていうのはね。今、あの、使い勝手とか何か、そういう事を主流にしちゃうけどね。実際にそれあるもんね。家というものに。

「鬼瓦が載らんと、これからは、不幸が訪れるんじゃないか」と……（笑）。

まとめ

日本は現在それほどまでに欧米の合理主義・唯物主義的な思考様式に染まって来ているといえよう。それ故に西洋風なハウスメーカー主導による「モダン」な感じのする家が増えて来たのである。[6]「モダン」とは対極にある、日本的な生（聖、精）ある世界に対する人々の畏敬や恐れ、人を超越する何かへの畏怖心などが薄れて来ており、それが日本を象徴する屋根の変容として現れ、鬼がその姿を日本社会から消しつつあるのである。「日本」が消えつつあると言っても言い過ぎではないかもしれない。では何が代わり（変わり）に現われているのであろうか。「アメリカ」である。

注

［1］石川類次は山本鬼瓦に居た職人の中で特に名前の良くあがる人である。最初にその名前を耳にしたのは福井製陶の福井謙一をインタビューした時であった。福井は山本福光の鬼板屋に居た頃、他の小僧とともに石川類次から鬼板を習ったと言った。山本福光も、佐市の山本鬼瓦で戦前石川類次から影響を受けている。職人として特異な人物と言えよう。福光によると石川類次は佐市の山本鬼瓦へ入る前は天野太郎の鬼板屋で職人をしており、それから信州へ晩苦者《ばんくもの》として旅職人をして歩いた人だという。

［2］この当時、丸市は鬼瓦屋で盛大に鬼瓦を作っていたが、現在は家紋を専門に作っており、鬼瓦はやっていない。

［3］屋根の棟端や下り棟の先端に位置し、鬼瓦の上に突き出して置かれる長く反った円筒状の瓦を指し、実際、小鳥がよく止まって休んでいるところから「鳥休み」とも言う。

［4］「てり勾配」とも言う。例えば経ノ巻のような円筒形の瓦を横から見た

時の反った曲線美を意味する。

［5］平板瓦の屋根は気をつけて見ると意外に多様性に富んでいる事がわかる。何故なら平板瓦は種類が和瓦と比べると多いからである。その多様な平板瓦の屋根に共通しているのが、屋根の面と面が接する棟のどこにも和瓦の場合のような鬼瓦や飾り瓦が載っていない事である。つまり平板瓦の種類の違いによってハウスメーカーごとに特徴を出していると言えよう。ただ平板瓦の屋根それ自体は鬼瓦や飾り瓦が無いので逆に単調になる。しかし棟の部分は風雨から屋根を保護するための覆いが必要である。その平板瓦屋根の棟は大きく二種類の被いでカバーされている。一つがカラーベストの屋根の流れを汲むメタル系の被いである（図8）。もう一つは平板瓦用の特殊瓦である（図9）。

［6］ここにハウスメーカーが造る「モダン」な感じがする家の「モダン」さを比較するものさしとしてアメリカ合衆国に建っている家々を紹介する。その類似性に注目してもらいたい。

インディアナ州ブルーミングトン

ジョージア州ディケーター

ジョージア州マリエッタ

ロードアイランド州プロビデンス

[5] 山吉系——山本鬼瓦系(弐)

鬼　金

❖——神谷金作　［鬼金初代］

山本佐市が始めた山本鬼瓦に、佐市の出である神谷一族の中から最初に呼応したのが甥の神谷金作であった。ただ残念ながら金作がいつ頃、佐市の山本鬼瓦へ入ったのかは不明である。また佐市がいつ頃山本鬼瓦を創業したのかもはっきりしていない。手掛かりは山本家へ神谷佐市が養子として入籍した日であり、それは明治三六年(一九〇三)五月二一日となっている。佐市の妻「よし」の祖父、源太郎の弟が三州鬼瓦の元祖といわれる山本吉兵衛であり、明治三七年(一九〇四)四月一〇日に他界している。佐市と吉兵衛が重なり合うのはわずかに約一年であるが、佐市は山本吉兵衛と何らかの接触を持ち、鬼板屋を始めたものと思われる。一方、金作は大正四年(一九一五)に新家となり、鬼金を興している。神谷金作は明治二七年(一八九四)に生まれており、鬼金として独立したときは、年齢は二一歳前後である。これより考えられることは金作は小僧として山本鬼瓦に入り、職人として年が明けるや何らかの事情ですぐに独立したのではないかということである。

鬼金の創業時の話はやはりその家の言い伝えとして残っていた。三代目鬼金に当たる神谷昭正が次のように述べている。

山本さんの創業者が、うちの創業者の叔父さんになるんですよ。弟子で入って、山本さんに入って、辞めたんですよ、弟子を。そのときは鬼が全然売れないときで、職人さん引き連れて、分かれたんですよ。

この話からは詳しい当時の状況はわからないが、二一歳頃の金作が何人かの職人と共に、山本鬼瓦から独立し、鬼金を開始したことを示している。金作については断片的な話しか聞けなかった。金作の長男である、二代目鬼金、神谷直之はインタビューをした平成一五年一二月八日の頃すでに八五歳を越えており、昔を思い浮かべながらゆっくりと話してくれた。

　小さい頃はね、あの、工員さんが一六人くらい見えて、お弟子さんが六人見えた。ほいですから賑やかですわ。あの工場へ、あの、土遊びに行って、いろいろ、あの、何だね、遊んだもんだね。

　二一歳で独立した金作は息子の直之が子供の頃には、多くの職人を抱える鬼板屋に鬼金を成長させていたことが見えてくる。気になる金作の鬼師としての腕前だが、直之は次のように語っている。

高原　あの、本人（金作）は、あの、鬼瓦を作られていたんですか。
直之　あんまり作りません。
高原　作らない？
直之　ほういうことはね、自分も腕前はあまり無かったわけですよ。ということは、あの、山本さんのお祖父さん（佐市）ていうは、鬼板師じゃなかったんですよ。佐市さんがね、鬼板師じゃなかったもんで、ほで、隣の鬼兵さんだったかな、鬼忠さんへ遊びに行っちゃ、いろいろ教えてもらって[1]。ほで、家から、あの、この、家から通って、あの、鬼を習ったんですよ。ほですから、自分に腕が無いけれども、あの、結局、何とかやろうという経営……経営知識ですか……ほういうことは非常にね、頭、わかっとったもんで。

すぐ隣で話を聞いていた妻の道子が一言継ぎ足してくれた。

　販売のほう、力入れとった。

図1　初代鬼金　神谷金作

直之は父、金作の仕事の様子を述べている。

　バトンを（直之に）渡すまでは、窯を、窯焼きだね。窯を、鬼を焼くのが仕事で。作るのは工員さんがやってくれるから、焼く方、焼いて仕上げて……なんていうのが金作さんの仕事でしたね。で、この付近の仲買さんていうんですが、結局、あの、鬼なんかを買い集めておく人が居てね、ほういった所へ、鬼を出す。したがって、あの、集金も一切意識してやっとらんかったね。

　金作は性格的には、かなり厳しい人だったようである。金作の甥に当たる治之（二代目鬼栄）は小さい頃の、金作について思い出を語っている（図1）。

金作さんっていう人はわしらが子供のときから厳格者だった。うん、なかなか。怖かったってこと、怖かったってこと。白黒はっきりせられる。昔はお風呂も無かったもんで、本家へ入れてもらいに行っとったわけです。わしらの子供の頃は、まだ貧しい頃だもんで。金作さんのところ、やっぱり、うーん、厳しかった。

❖――神谷直之　［鬼金二代目］

そういった厳しい金作を父に持つ神谷直之が二代目鬼金である。大正七年（一九一八）生まれである。運良くインタビューへたどり着け、本宅で話を伺うことになった直之は八五歳であった。直之の鬼師としての特色は愛知県瀬戸窯業学校を卒業していることである。私が今回の調査で確認した限りで、窯業学校を出ている鬼師が高浜にはすでに四人居る。二代目鬼源の神谷勝義、初代鬼作の杉浦作次郎、二代目上鬼栄の神谷知佳次、三代目鬼長の浅井邦彦である。このうち、瀬戸窯業学校を出ているのが、神谷勝義と杉浦作次郎である。直之は高浜では三人目の瀬戸窯業学校出身の鬼師ということになる。直之は高等小学校を終えて瀬戸で下宿をしながら瀬戸窯業学校へ五年間通っている。父、金作と二代目鬼源の神谷勝義が、直之に対して窯業学校行きを強く勧めたという。

やっぱり図面を引くにしても、ものを作るにしても、やっぱり基本が要りますのでね。ほういうことで、基礎的な知識を得る為に、窯業学校へ行った訳です。

当時、一学年は三二名であり、瀬戸の人が中心ではあったが、全国から学生が集まっていたという。直之は学生たちの出身について語っているので、どういった人が窯業学校へ来たのかがわかる。

家が粘土屋だとか、ほいから、あの、今いう、鬼瓦の関係、ほいから、瓦関係。大体があの、瀬戸の、瀬戸に在るもんですから、瀬戸の焼き物の、窯焼きさんの息子が多いですね。あの主力はね。

直之は窯業学校での教科内容についても語っている。当時の窯業学校で何を教えていたかが見えてくる。

大体ね、あの、五年間のうちで、二年は一緒にみんなやって、ほいからあと、三年を専科っていって、あの、轆轤、模型、絵画と、三つの科に分かれて。結局自分の目指す、もの作りがええというのは模型の方、絵の方がええっていうのは絵の方、轆轤回しは轆轤回しの方で。ほいで、みんなそれぞれ選んで、あの、修業したもんだね。

直之は模型へ行ったという。どういった科なのかを話してくれた。

結局、動物の模写をしたり、あの、茶碗、丼、一般に焼き物の造形が主で、あの、修業したもんだね。

なかでも、「石膏型を作るのが主であった」と直之は言っている。

石膏、石膏のやつだね。つまり、原型も、原型も無論作るですから。原型から今度は、あの、量的に作らないといかんもんで。あの、石膏型の石膏を溶いて、流し込んで、型を作るわけですね。ほんで、そいつを、土を、土を込んで、あの、いくつか、三つ、四つ、五つと数を作るわけだね。

どういった原型を作っていたのかを直之に聞いてみた。

動物の、あの、動物の模写だとかね。ほいから、あの、なんだい……ま、主にそういった事が多いでねえ。

原型をスケッチするために外へ行くことは無かったらしい。

市場に出回っているようなものを買ってくるだけでね。その形をまた、写して、作り上げていくわけだね。粘土捏ねてるとか、あれだね。

直之の模型の先生は、橋爪英雄といった。模型が専門ではなかったが、美術学校出身の先生であったという。直之が窯業学校を卒業したのは昭和一二年（一九三七）で、一八歳の頃である。卒業するや、家業を継ぐために鬼金へ入っている。

卒業してから、あの、家業の鬼瓦専門に、あの、何だね、ええ、焼く方の手伝いを。ほいから作る方の、工員さんの仕事の下準備だね。ボール型を切ったり、ほいから、石膏型の（原）型を作ったり。ほいから、あの、図面を引いたりというようなことをやっとったね。ほいで、直ぐ、兵隊へ行っちゃったかな。五年間ぐらい。

直之が兵隊に採られたのは昭和一四年である。昭和一七年に現役で日本へ戻り、翌一八年に妻の道子と結婚し、さらに一九年に再度、召集を受け、上海の奥の塩城へ行っている。帰国したのは終戦から半年経った昭和二一年であった。直之の経歴から伺えることは、窯業学校卒業まで、鬼師の修業を正式に受けていないという事実である。卒業して一旦は鬼金に入ったものの、その二年後には兵隊に採られ外地へ送られている。直之が昭和二一年に日本へ戻って来た時は既に二八歳になっていた。ところが鬼瓦の需要はまだ当時の日本には無く、鬼金ではコンロや土鍋などの土器を作っていた。父、金作やその家族が協力して土器の仕事をしていたのである。鬼瓦の仕事を再開したのは昭和二三年の頃だという。鬼瓦が本格的に出始めるのは二七、八年頃からで、元々、鬼金に居た職人が少しずつ戻って来たという。

ところが直之は軌道に乗り始めた鬼金の仕事から離脱する。「鬼瓦」から「瓦」へと直之は転身したのである。ここに厳格な父、金作と直之との確執があるように思える。また直之は鬼師としての修業の機会を戦争のために奪われていた。

結局ね、鬼も鬼ですけど、あの、名古屋の駅、終戦後に名古屋の駅降り立って、あの、眺めるに、焼野原になっとると。名古屋がね。こりゃー、あの、「鬼よりも量的な瓦を作って、伸びた方が良い」っていうような事で。あの、鬼もやりながら、瓦を始めたで。ですから、瓦を始めたのが二六年頃ですか。

ほいで、結局、あの、瓦をやるなら、流行の赤瓦をやるということで、ほいで塩焼き瓦を始めた。

当然の事ながら、金作からは反対されている。直之はおそらく初めての事であったと思うが、金作の意向に反して自分の道を進んだのであった。

最初は、私んとこは非常に道に遮られとって、屋敷があの、二箇所も三箇所も散り散りになっとるもんでね。親父さんは「まあ、とても利用できん。作るのに難儀だであかん」と。「鬼の方をやれ」という事をしきりに言われたけどね。わしは、あの、不器用ですもんね。で、どないこと、あの、鬼をやるような器用じゃないもんで。

鬼金は、直之による塩焼き瓦の開始によって、金作が鬼瓦を、直之が瓦を作るという、二重の経営体制を採り、事業の拡大を目指したのであった。ただ直之の行動はそれ自体、父、金作からの独立を目指していたといえよう。

（父は）我が強いもんですから、とても頭をしょっちゅう抑えられとるもんだから。反発があったでね。今、はっきり覚えてる。ほいで、「自分の思った事を、友達が勧める事をやろう」という腹が決まったですけどね。

直之はそういった状況から出発しているので次のように当時の気持ちを語っている。

ほいですから、もう、そういう風で無理に始めたもんで、まあ、死に物狂いでした。

塩焼き瓦を努力して、やっと軌道に乗せかかった頃、瓦の世界は赤瓦からトンネル窯の時代へ入っていた。直之の苦労がここに始まる。

塩焼き瓦始めましてね。ところが、最初は小さな五千枚窯の窯は小さかったもんで、ほれでこれを一万枚瓦の窯にせにゃあかんという事で、一万、二万窯、二つにした訳ですよ。ほいだけん、今はその建物、その建物が残っとるわけですけれども、やれやれ、これで皆さんと一緒に肩を並べられるなあと思ったところが、あの、頭の切り替えの早い人がたは、トンネル窯を始めてた。昭和四四、五年頃だね。わしが始めたのは四六年（一九七一）ですね。その前から、あの、トンネル窯始めて。その当時で一四、五本あったかね。

金作は昭和四三年（一九六八）に亡くなっている。直之は金作から文字通り自由になり、新たにトンネル窯へ挑戦したのである。ところが、金作からは自由になったが、金作の指摘していた鬼金の敷地の条件からは自由になっていなかったのである。

敷地が狭ばいで、あまり長い、あの、生産能力の、能率のええ窯はやれんぞということで。無理に始めただけどね、普通の六〇m

から七〇mくらいの窯が、わしのは四五mしかなかった。ほですから、結局、生産のピッチを落とさにゃ、製品のいいものが出てこんもん。ほですから難儀しまして、ほいで生産を上げるのに難儀したわけですね。

結局、あの、生産が上がらん為に、あの、最も忙しい時と、こういう山がありますけどね。忙しい時には能率が上がらん。ほいから、悪い時には、能率が上がらん代わりには、あの、在庫が余り溜まらんで済んだけども。ほや、やっぱり、あの、決算がね、赤字経営。赤字経営が続いた訳だけども。ほで、せがれが、経済学部出とりますもんで、帳面見て、こう、「とても親父さん、あかん」と。「こんな風の商売やっとちゃあかんで止めまい」ということで止めた。

昭和四六年から始めたトンネル窯を一〇年やり、昭和五五年に中止している。鬼金の全盛時代は、鬼瓦と瓦を合わせて、職人が二五人くらい居たという。ところが、トンネル窯による瓦生産を止めた時点で、金作の元で働いていた鬼瓦の職人が四人残っていた。結果、直之は金作の鬼瓦へ戻ったのである。

結局ねえ、あの、鬼の設備だけは残っとります。まあ、石膏型すらありますもんで。まあ、「とても瓦じゃあかん」と。夫婦で、あの、「あかんのなら、鬼をやっていくより仕様が無い」と。で、また、工員さんが四人《よったり》居ったもんで、続いてやって来とったもんで、ほいで、鬼の窯は無いけれども、生地を専門に白地《しらじ》を作った。

図2　二代目鬼金　神谷直之

まあ、五五年にトンネルを、釉薬瓦を焼くのを止まったわけですけども、ほいで、「何せる」、「何せる」って事で、随分、あの、迷いましたけどね。やっぱり、慣れた事やるより、それより他に方法は無いような事で、石膏型を利用して生地を作ったんですね。はい。

直之は瓦の世界に大きく迂回をして、瀬戸窯業学校で学んだ石膏型、そして出発点でもある鬼瓦の世界へ自らの意思で再度入り、鬼瓦を作り始めたのである。直之が六二歳の頃の出来事である。直之はそれ以後、八〇歳過ぎるまで鬼瓦を作っていた。妻の道子が次のように言っている（図2、図3）。

結局終わり頃はね、大きな物はよう受けけんから、布袋さんを作ったりとか、そういう物を。ようあの、大黒さんや布袋さんをね、頼まれる時、作っとりました。うちのは。

瀬戸窯業時代に直之は動物などの生き物を作っていたというが、円環を描いて出発点へ戻って行ったのかもしれない。直之は自分の人生を振り返り次のように言っている。

図３　鬼面（神谷直之作）

何しろ、焼き物、瓦、鬼瓦まで、一筋に生きて来れました。

本宅で直之とのインタビューを終えると、またしばらくお茶などをいただきながら話を伺っていた。そのときに写真やその他の資料を見せてもらったのである。その中に一つ変わった資料があった。「拙い纏《まと》め」がそれである。直之が折に触れ書いてきた文章や記事が丁寧に文字通りまとめてある。直之は瓦や鬼瓦と格闘しながら日々の考えを文字にしていたのであった。「陶器瓦月報」や「新聞かわら」などに数多く書いている。直之の瓦に対する想いを綴った一文をここに引用したい。直之の性格の一端が窺える。直之は事業に追われながらも、日本の屋根に美の世界の実現を夢見て瓦を作っていたように思われる。

『瓦の美しさ
大和路を歩いて一番心温まるのは、やはり古いお寺のたたずまいである。夕暮れ近い野道をゆきつく所、静かに入母屋造りの本道がうっとり。背後に連なる低い緑の山を背景に中空高くそびえている。薄鉛色の瓦が漆喰の碧空の流れの雲に調和している。その白さが古刹のさびた風情を一層ひきたてている。近寄って見ると瓦は古く巴や唐草につけられた蓮華模様に淡い苔が一面に生えている。年代の長さと移り変わりに耐えて来たたくましさを憶ひただうっとりとするのみである。
直』

鬼金の現状については直之と道子が次のように述べている。

直之　現代、その、鬼を使うのが少のうなって来てるもんだん、もう今、ほとんど廃業に近いような、休業になっとる（全盛期に比べて）。

道子　四人居った職人さんも、まあ、今一人になっちゃって、その方もうちのお父さんより上だもんだんね。んで、一人、ま、現在残っとっただけど、まあ、うちのお父さんとよく似とる歳ですもん。まあ、注文が来ると、去年くらいまでは出て来てもらってやっとったりしとったですけどね。注文もそんなに来んし、注文受けるほどのこたあ、ようやれんしねえ。

まとめ

鬼金は初代金作の時代から腕の良い職人を集めて、鬼瓦を生産して来た鬼板屋であった。しかし、直之が六二歳で鬼瓦の世界へ戻って来た時、鬼金の職人は既に四人になっており、以後、その四人の職人体制を若返らせること無く、現在へ至ったのである。フィールドワークをしながら黒地の「鬼師の世界」を見て来て、この件に関してわかった事がある。大きく二つのタイプの鬼板屋がある。ひとつが親方が腕のある、実力派の鬼師である場合で、自ら鬼瓦の製作を率先してする鬼板屋である。もう一つのタイプが、親方は鬼師としての技量を十分に持たないが、鬼屋の社長として、何人かの腕のいい職人を十分に抱えている鬼板屋である。第一のタイプの場合はたとえ他の職人が居なくなっても、親方一人でもその鬼板屋は存在可能である。第二のタイプの場合は、職人が諸般の事情で居なくなれば文字通りやって行けなくなってしまう。昔のように、手作り鬼瓦全盛の時代は、優れた職人がたくさん居て職人の若返りや採用は頻繁に行われていた。ところが現代は手作り鬼瓦の生産量が全体的に昔と比べると激減しており、それと軌を一にして、技量のある職人が急速に減って来ているのである。優秀な職人の確保、育成が鬼板屋の存続を左右する時代になって来ている。鬼金は現在、三代目鬼金、神谷昭正が注文に応じて、型起こしで白地を製作している。

㈱鬼栄

山本佐市が興した山本鬼瓦から二つの鬼板屋が生まれている。鬼金と鬼栄である。佐市自身は鬼師ではなかったが、経営感覚に秀でた親方として山本鬼瓦を盛り上げていった。その佐市の元へ、佐市の兄である喜之助の息子、金作が小僧として弟子入りした。そして、大正四年（一九一五）山本鬼瓦から独立して鬼金を興している。さらにその金作の鬼金へ、弟の栄一がやはり職人を目指して加わっている。いつ鬼金へ入ったのかは定かではない。ただ鬼金から独立したのは大正一二年（一九二三）であり、鬼栄を同時に創業している。このように、佐市の鬼板屋創業は、神谷家の中に二軒の鬼板屋を新たに誕生させたことになる。

◈――神谷栄一　［鬼栄初代］

初代鬼栄の神谷栄一は明治三一年（一八九八）六月二五日に生まれている。そして昭和六一年（一九八六）一〇月一八日に亡くなっている。鬼金で何年修業していたかは定かではないが、鬼金と鬼栄の創業年度の違いから推測すると、五年から八年ほどではなかったかと思われる。鬼栄を始めたのは栄一が二五歳頃の事であった。

栄一の父、喜之助は魚の行商をしており、最初は兄の金作が父と魚を売りに歩いていたという。ところが、金作が山本鬼瓦へ入ったことにより、金作に代わって弟の栄一が喜之助と魚を売っていたのである。金作が何年間山本鬼瓦の佐市の元にいたのかはわからないが、職人としての年を明けて、大正四年に鬼金となり、人手を必要とした為に弟の栄一に声を掛けたものと思われる。

魚の行商は日々の現金収入としてやっていたものと思われ、鬼栄になってからも家業の農業は続けていたという。二代目の治之は昔の思い出を次のように述べている。

うちも兼業農家で、多少田んぼもありまして、田んぼをやりながら商売（鬼板屋）もやっとった。二本立てでやっておりました。

栄一は親から譲り受けた田地に自ら土を運んで埋めて、鬼栄を始めたという。

出た頃は、もうここら田んぼだったげなもんで、ほいで、うちの今のお袋が、まあ、死んだお袋と親父が大八車でね、土を向こうから、上《かみ》から持って来て埋めて、設置して始めたげなって話を、苦労、そういう苦労話は聞いとったんですよ。うん、とにかく一から始めないかんもんで。

このときは本当に大変だったらしく、治之の妻、愛子は義理の母に当たる「すま」からやはり同じ話を聞かされており、すまはこの作業をしている時には妊娠しており、それが原因で流産したと言っていたという。鬼栄の土地造成の後は、顧客の開拓が待っていた。栄一は苦労してお客を獲得して行ったらしく、顧客の開拓も鬼栄の創業時代の苦労話として残っている。

兄と、そう言っちゃいかんけど、その、「お客を持ってくな」って言われて、「わしゃー、まあ、新規のお客を作った」っていう事は親父は言っとったけど。向こうじゃ、ほんなこと、思っとらんかもわからんけども、親父はそう言っとったね。新しいお客を作る、開拓して。

ま、われわれは、親父の後を引き受けとるだけで、お客も、まあ、色々代わるけども、まあ、あの、何とか最初からやれたということが。

栄一の鬼師としての実力を息子に当たる二代目鬼栄の治之に聞いてみた。すると直ぐ側にいて事務を執りながら話を聞いていた妻の愛子が次のように話してくれた。

うちのお祖父さんなかなかね、あの、腕良かったよ。左利きの人でね、器用だったよ。「左利きの人器用だ」って言うじゃないですか。結構器用でしたよ。いい鬼をね、作ってましたよ。あの、勢いのあるいい鬼をね、あの、作りましたよ。

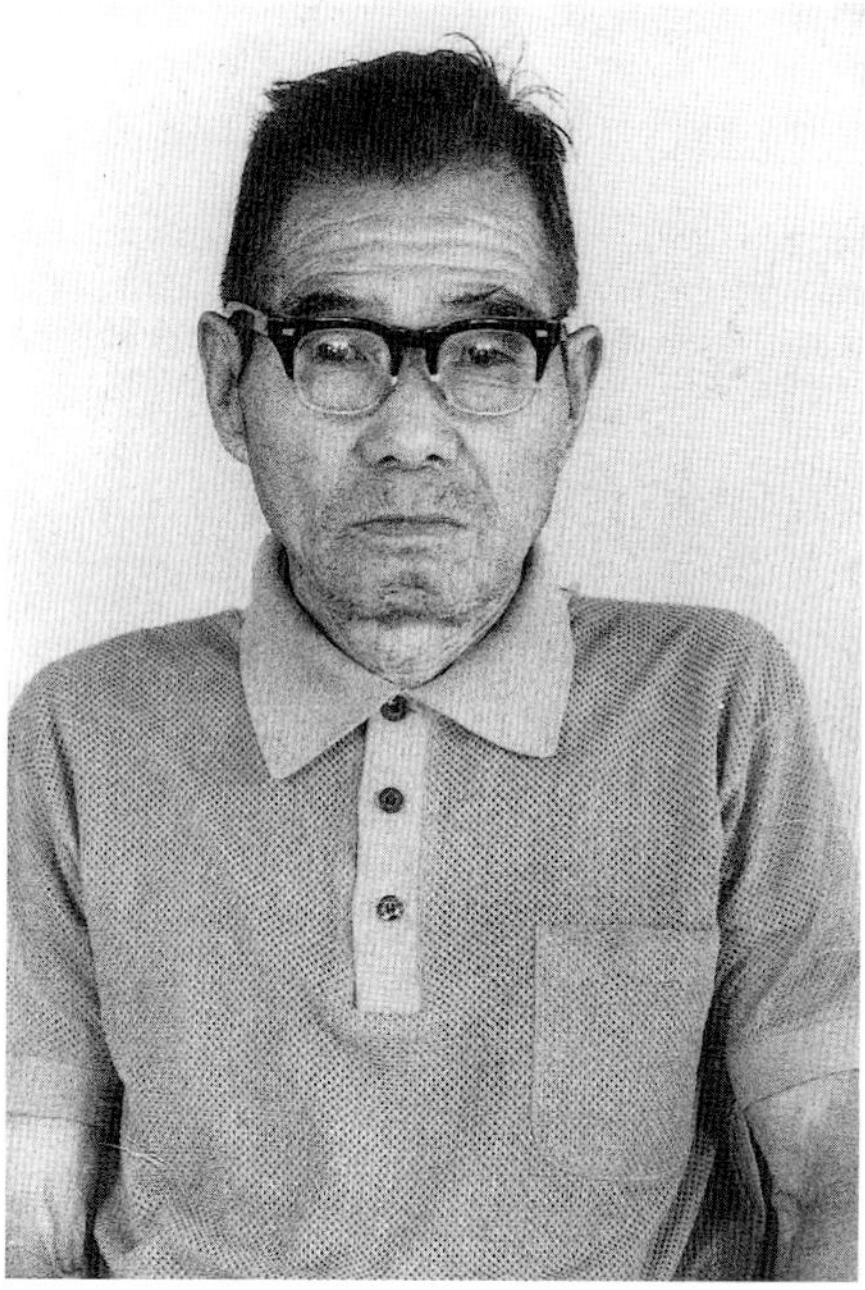

図4　初代鬼栄　神谷栄一

ただ残念ながら、栄一の作った鬼瓦は鬼栄には残されていない。愛子に続けて治之は親方としての栄一について話してくれた（図4）。

もちろんね、あの、それだけ職人が居ると雑役ばっかです。ほんと。うん。ほやー、どこの親方でも大体ほうじゃないかな。職人さんは作るだけで。ほいで、図面引いたり、そういう事を、ほいから見積もりをやったり。そういう事は親方しか、やらへんもんで、雑役ですよね。（規模が大きく）なってくほど、あの、工場へ入れないわね。うん、ほだでねー、作る暇は無いね。

腕はあっても、作る時は無いわね。わしらの覚えのある頃は。うん。

これに対して、「作らないと腕が落ちるといったことは無いのですか」とたずねてみた。これは作らない親方に対する素人の素朴な質問である。

治之　やっぱり、そういう事は言うわね。

愛子　やっぱり作ったほうが上手くなるやろう。

治之　ほや、何でもほうだね。

愛子　あの、やっぱ、それから、スローになっちゃうね。作りが。あの、あれが、作るのが、速さがね。それで、作り慣れ、慣れないもんだからね。

治之　こいでね、あの、職人さんに作らせるのは率のええ分は作らせて、率の悪い分は親方が作るわけね。

「その率の良い、悪いっていうのは、どういう事ですか」と続けて聞いてみた。

単価の安いもん。工賃が、あの、出せれんようなもんは、我々にこう、人工《にんく》ただでこうやってあげるっていうのは。

ほだで、家紋を彫るでも一つ半日ぐらい掛かるもん、職人さんに何千円も出せれん。ま、今だと何千円も出せれんでしょう。そうすっと、自分でやると。こういうのが、どこの、あの、うちでもあったじゃないかな。うん。ほいで、職人さんのいないとこは自分で作らにゃしょうが無いもんで、あの、作って焼くわけだもん、数は少ないわね。人が多いと、窯数が多いわけね。出来てくるでね。ほいだと、販売もそいだけ販売せにゃいかん。まあ、お客も付かにゃいかんね。

栄一についての話なのであるが、同時に、親方の仕事一般の様子が治之の話から伝わってくる。なぜ、親方が作るよりも、販売その他の雑役に回って行くのかが見えてくる。それでも現在とは違った面もあり、親方は親方の性分次第では作るほうへ時間を割くことも十分可能だったようにも思われる。それが、治之の次の話によく描かれている。

まあ、昔は、売り込みなんてあんまりせなかったもんね。向こうから来ておくれるっていうのが多かったもんね。

うん、まあ、年に一回ぐらいは行っとったけどね。集金に行くもんで。年に、盆、正月は集金に行くもんで、私もこの、まんだ学生、高校生ぐらいの頃は千葉まで集金行っとったもんね。東京へ、千葉。うん、夜行列車でね、行っとったんですよ。日帰りでね。夜行の日帰りで帰って来る。泊まらんでね。うん。汽車ん中で寝て、朝着いて。

ただ一般的に言って、腕のいい職人は昔は十分にいたらしく、自然、親方と職人との仕事の分担ができ、分かれていく傾向にあったようである。

われわれの頃は（治之が栄一と仕事をしていた頃）ほとんど、工場に入っておったのは少ないだ。その頃は、窯と粘土を作る、あの、土練機を掛けて粘土やるですよね、これをやるが一生懸命で。それが仕事だった。窯と。ほで、昔は薪でしょう。薪を、船、この川に、だいたい船が着くと、それを車で、リヤカーで運んで、ほいでやったわけです。そういう仕事が、目に見えん仕事が。

そういう事をやって、親父も私も、ほいから荷を出すには駅は北新川っていう駅やけども、昔みたい、今みたい、アスファルトではなく、地道でえらい坂を上がって行って駅へ出す。そういう仕事が。もう工場へ入ってやっとる（暇がない）……。どこの親方でもそうじゃなかったかなと思います。うん。今はまあ、窯も楽んなったし、自由があるもんで、工場へ入れる。また、入らな回ってかんもんで、やるだけど。

今とは違って、昔は作る人がいっくらでも在ったわけですわ。作る職人さんがね。こいで、職人さんも盆、正月やなんかに、よう移動があったわけ。引き抜きで。金《かね》の。

このように、職人が現在のように少なくなってきた時代とは違い、昔は供給過剰のような状態で有能な職人が三州全体にプールされており、割と自由に違う鬼板屋に移っていたのである。それ故、鬼板屋の流儀や技術はこういった職人を通して他の鬼板屋へ伝播して行ったと言えよう。そしてその事によって三州全体における鬼板作りの技術のレベルを押し上げていたのである。ただ具体的な職人の名前は通常は各鬼板屋で語り伝えられるのみであり、出来上がった鬼瓦は各鬼板屋の製品として屋根に上り、その鬼瓦を作った職人の名は社会に残ることはほとんど無いといっても過言ではない。

栄一についての話から手作り鬼瓦の時代の様子が同時に浮かび上がって来たわけであるが、栄一の性格を最後に書いておきたい。一言で言うと「面倒見のいい親方であった」らしい。

昔はね、給料も払わんだったなあと思うけんど、まあ、あの、盆、正月やなんかにお金を、まあ、渡しとったぐらいだ。

昔はみんな、あの、私もあの、集金しとったけど、半年勘定だったもんね。半年で閉めて、半年で集金をしとったっていうような話だもんで。あの、要るだけが、前貸しっていうのはまあ、面倒見が良かったっていうのが……。割と、まあ言やあ、貸してやったっていうのが面倒見が良かったっていう、そういう話を聞いとったですよ、はい。

◈――神谷治之

［鬼栄二代目］

二代目鬼栄、神谷治之は昭和一一年（一九三六）四月七日生まれで、平成二四年三月一三日に亡くなっている。七六歳であった。二回目にインタビューした時は六四歳であった。鬼栄へは何度も足を運んだ。その度に仕事を中断し、相手をしてもらったわけだが、いつも見る治之は仕事場でへらを巧みに使いながら鬼瓦を製作している職人としての鬼師の姿であった。インタビューは二度にわたって行った。一回目が平成一一年（一九九九）一一月二六日、二回目が平成一五年（二〇〇三）一一月七日である。場所は仕事場の前の道路を横切ってある鬼栄の事務所であった。その事務所はそのまま、裏の本宅へと続いている。

治之は九人兄弟であった。ところが五人が早く亡くなり、長男も死に、次男であった治之が栄一のあとを継ぐことになったのである（図5、図6）。

土は中学校卒業してからですね。その間は百姓を手伝いしておりました。中学校卒業する頃は。

作業場で遊ぶはしょっちゅう。土はいじっておりましたけど、作るまでは行きませんでした。手伝いはやってましたね。

昔は食べ物のせいもあったかもしれませんが、早くというのが。四歳から五歳くらいでみんな死んでっちゃう。そういう時代だったから。長男も四つくらいで死にましたから。写真はありますけど。それで「やらないかん」という事は。「家業を継がなきゃいかん」という事は。

治之は刈谷高校定時制へ行き、事実上、中学校を卒業すると鬼栄に入り、働き始めている。昭和二七年（一九五二）、治之が一六歳の頃の出来事である。その頃は朝鮮戦争中（一九五〇〜一九五三）であり、日本が戦後復興を開始した時代であった。

いや、別に言われたでやったわけじゃないんですよ。なんとなく自然に始まったという事ですね。まあ、その頃はまだ時代も良かったからね。作れば売れるという時代だったから。やりよかったですよ。

図５　二代目鬼栄　神谷治之

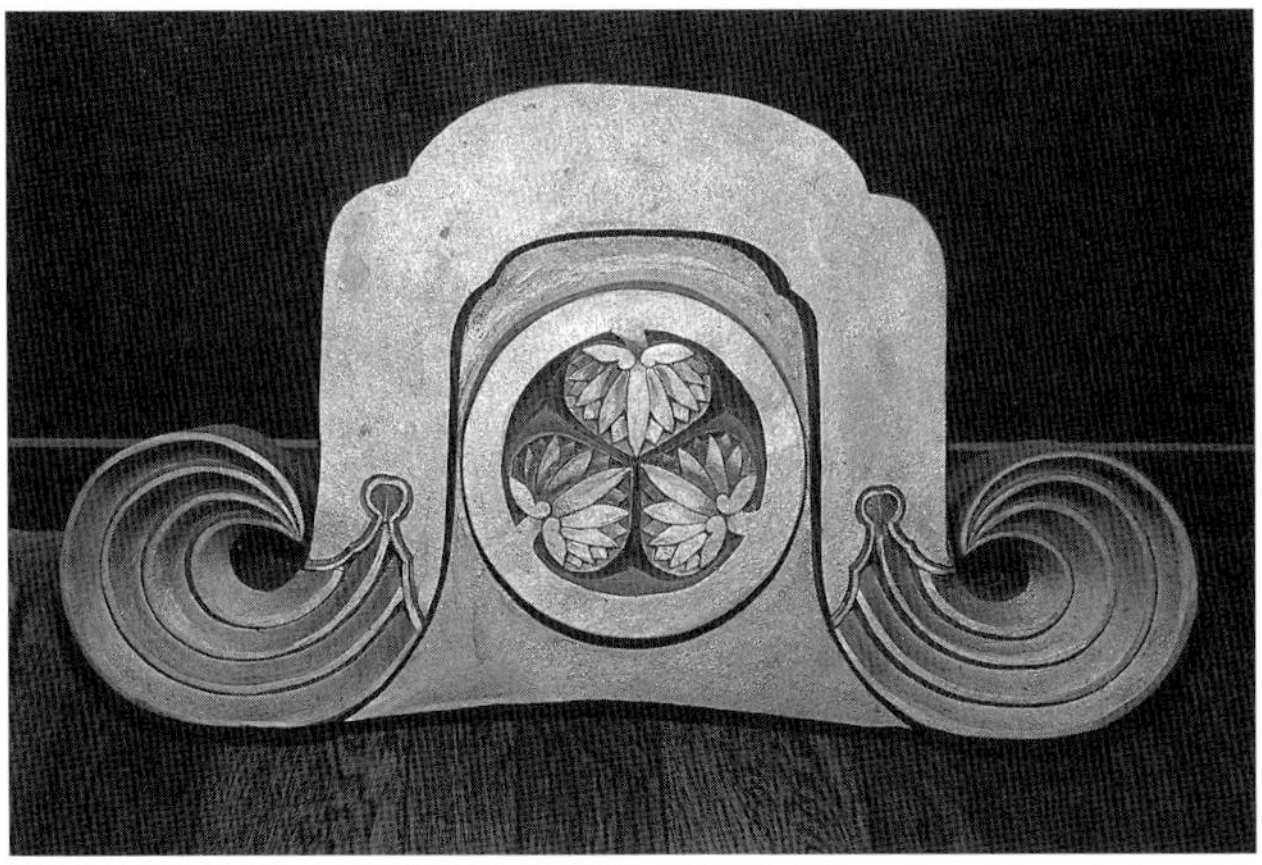

図６　三つ葉葵紋付御所型一文字　小諸城大手門隅鬼瓦（長野県小諸市　復元：神谷治之）

やはり今みたいにガス窯の時代じゃなかったから。土窯の時代で焚物を入れて焼くものだったので、そういう手伝いもやり、それから粘土、捏ねることから全部、全部作業をやってきました。今は分業化して、配合粘土を買って。現在皆さんそういう具合なんですけど。昔はみんな、粘土を土練機という機械に入れまして、今みたいにブレンドしてある土じゃないもんで、いろんな粘土を取り寄せて、それを練り合わせて、それをやる。冬はまあ冷たいし、大変な仕事でしたけど。

やはり気になるのは治之が鬼栄の誰に習ったのかであるが、治之は次のように答えている。

いえ、別にねえ、これも自然と覚えて行ったんですよ。別に先生というのは無くて。だいたい皆さんそうだと思いますけど。親父やら、職人さんの仕事を盗みながら目で見てやっていくというのが。だいたい、石の上に三年と言いますが。三年じゃちょっとあれですが（笑）、五年位は。

鬼栄には治之が入った頃には本当にできる職人が一〇人ぐらい居たといっている。この職人の数からも、当時、戦後、順調に立ち直り、鬼栄を軌道に乗せてやっていた事がうかがえる。一〇人くらいの職人が同じ鬼板屋に居ると何が起きるかについて治之が語っている。まず親方は次のようになっていくようである。

工場に入る以外のことがいくらでもありまして。窯焚き、粘土を作る、土練り、土打ちというんですが……。土を打ったりする仕事。それから配達。そういうのはやっぱり人任せに出来ないことで、家の者でやったもので。割と工場にはなかなか入れないんですよ。一般的には、まあ、暗くなってから入るとか、そういうのは出来るけれど……。

もうひとつの重要な親方の仕事が鬼瓦の図面引きである。

一つの鬼瓦を作るには図面というものがありまして、その図面を引くのが親方の、今でいうならば、社長の仕事でして、それを職人さんに渡すと、それを作っていくのが職人さん。そういう、やっぱり作れるほうが親方じゃなきゃあ出来ないことだもんで。だいたいみんな腕はあるんですが、なかなか作る……時間的になかなかねえ。

作る側の職人は鬼栄のように職人が一〇人も居ると、親方の引いた図面からほぼ同一の鬼瓦がそれぞれの職人から出来上がっていくかといえば、そうではないらしく、実態は次のように展開するようである。

統一というのではなくて、同じ一つの名前のものを作るのでも、どこのメーカーというのが皆さん違いまして、また、うちでも、作る人によって、個性がみんな違うことと一緒で、作る製品もずいぶん違いました。上手い人もあれば、下手な人もある。速くて上手い人と、時間かけても下手な人もあるもんで。

でも、単価の面では同じですわ。そういう組合の協定価格があるもんで。工賃台帳に基づいてやってるもんで……。「手を抜いてる」だとか、色々な事もありましたです。職人同士だと、ある程度、人のを見て、「あれでいいのか」というような事もね。そういう面では大勢使えば使うほど難しいですわね。

そういった鬼瓦が、鬼栄の鬼瓦として銘打たれて出荷されるのである。さてその出荷先であるが、現在と昔とは大きく変化してきている。

昔は「仲買」っていうのがありましてねえ。中間業者というのがありまして、注文しておくれるだとか。どこ行ったのだかわからない製品が多かったですよ。今はだいたい、暇があればそういうところ、見に行くから教えてもらったり。現場を見に行くんですが。昔は足も無い、金もない、暇も無いというような状態で、どこに施工されたのかわからないような、写真には写っていないようなものがいっくらでも在りました。最近は何とか、こう、足もありますんで、飛んで行きますけどねえ。

この中間業者の存在が昔の鬼瓦業界の特徴であり、作った鬼瓦がどこへ行ったのかわからない事が多かったという。ところが中間業者としての「仲買」が消え、瓦屋メーカーの番頭さんに徐々に変わってしまったのである。

今はねえ、各メーカーというのが、瓦屋さんのトンネルが、番頭さんが各地へ飛んで行かれるもんで、そういう所から注文を受けたのを頂けると。昔もそう違わんのですが、今、番頭さんが、どこのメーカーも有りますもんで、そういう所に行ったりしてお仕事を頂くわけなんですけど。

昔はそういうところからまた一つ、中間業者というものがあって、送り師というただ送るだけの、注文をやり取りするだけの商売も成り立っとったもんで。販売屋というやつですね。製造じゃなくて販売だけで。随分居りました。

「今はそういう人は居なくなったんですか」と聞くと、

ええ、もう今はねえ、メーカーの番頭さんがそれに代わっちゃったねえ。昔はそういう人がかなりあって、焚き物……まあ、薪やなんかもみんなそういう人がたが持って行って。まあ、ここらだと、伊勢路とか、紀州、和歌山の、あっちの方から木が来ます。その船に、また鬼が行ったり、瓦が行ったり。色んな物を作って送るという、こんな具合な販売屋があったわけなんで。

昔在った「仲買」は、輸送形態の変化とともに徐々に消えていったのである。ひと昔前までは、瓦は船で運ばれていた。ところが、戦後、道路の整備とともに瓦の運搬はトラック輸送へ切り替わって行ったのである。

昔は瓦屋さんていうのは海辺にねえ、淡路にしろ、石州の所でも。というのは、船輸送がね、昔は船輸送だったから、製品を出すには近い所が良いという具合で、立地条件がまあ大体海岸べたが多い、瓦屋さんというのは多いですね。どこのあれでも。静岡でも袋井が……東京へ出すにもあちらのほうが……。昔は船だったから、とても便宜が良かったんですよ。それに比べたら今のトラック輸送は、まあ、何処でも良い訳ですわ。

変化したのは輸送の変化を直に受けた仲買の人だけではない。日本社会そのものも民間企業の発展により人々のサラリーマン化が急速に進み、鬼師自体になる人が減少してきたのが実情である。

輸送で変化して来て、そういう仲買というのが段々無くなって来て。それと、やっぱり大きな企業がたくさん出来てきましてね。それだけ、もちろん随分大きくなりましたもんで、ああいう所にみんな採られましてね。若い人はみんなああいう所に行っちゃいまして。今、就職難でなかなか……。そういう処は人が要らんてことで、少しずつ回って来ていますけどね。

鬼栄における大きな変化はプレス機械の導入である。治之はプレス鬼瓦の生産を昭和四五、六年頃（一九七〇、一九七一）に開始している。やはり上記のような社会変化と、鬼栄内部の変化に対応する動きであった。

理由はねえ、私の世代の職人さんが辞められていく年頃だったし、このまま、この鬼栄という看板が無くなってっちゃうような気がしたもんで、何か素人でも出来るような仕事をやってかなきゃいかんという事で、遅いけれど、始めたのがそこらが一つの……。

その頃はまだ作れば売れてる時代だったもんで始めたんですが、

ここへ来るとやっぱり出来過ぎちゃって、何処でも出来過ぎるというのは……。

鬼でも種類が多いから何でも揃うわけじゃないもんで、こういうプレスが無いという事で、始めたわけですが。そういうのは、まあ、何とか売れとったんですが、段々その、他のメーカーさんも、また、売れないというと、おんなじようなものをまた勘考して作るというふうで、これでまた需要が少なくなっちゃう訳ですわ。段々ねえ。

鬼栄では三〇種類ほどのプレス型を持っているというが、傾向として、型の種類は増えていくらしい。そのあたりの生産者としての心理を治之は語っている。

同じ物でも何寸、何寸と寸法がありますもんで。数は沢山あるんですが、同じものを七寸、八寸、九寸と揃えて行かなければならないもんで。それを一つの種類とすると、そう沢山は無いと思うなあ。三〇種類くらいのもんじゃないかな。

ちょっといいと思うとまた始めちゃうからね、不安になって来て。それでいかんですよ（笑）。

プレスによる鬼と、手作り鬼の違いを治之は簡潔に述べている。プレス鬼の利点とは何かが良くわかる。

昔は手で作ってるもんで、そうそう、競争相手は同業者で……。売る競争はあったんですが、やっぱり出来のいい悪いはあるもんで。

（プレス鬼は）よっぽど、型さえ良ければ立派なものが出来ますもんで。まあ、素人でもやれるくらい。もうほとんど、機械で抜けるものは、手で作っとっちゃ採算が合わんし。昔はみんなそうやって手で作っとったんだがねえ。

鬼栄では田戸にプレス工場を持っており、現在（二〇〇六年）は三人の職人が働いて、鬼栄の約六〇％の鬼瓦はそこから生産されている。一九九九年の時点では、プレス鬼は売り上げの七割を占めているといわれていたので、長引く不況と平板瓦の影響を受け、プレスの鬼瓦の出足がさらに鈍っていることが窺える。

ただ残りの四割は鬼栄では手作りである。治之は実際、事務所の向かい側にある古い造りの手作り工場で何時《いつ》も働いている。手作りを行う際のポイントについて訊ねてみた。

治之　やはり、あの、鬼面なら鬼面の怖さですね。

高原　怖さというと?

治之　表情です。鬼面の怖いところとか色々有りますねえ。そういう目の開き具合で表情が随分変わってきます。それ一つでも変わりますもんで。迫力の在る鬼面を作ろうと思ったら、迫力の在るように作らないかんですよねえ。だから鍾馗さんなら怖いような鍾馗にせないかんし。表情は大変難しいですね。

このように手作りの鬼瓦は一つ一つに個性が生じ、さらに大きくは鬼栄の鬼瓦といった流派へと発展し、各鬼板屋の特徴を形作っていく。ただ水面下では、職人の移動や、各鬼板屋間での鬼瓦のデザインの借用（見て盗む）が起こるために、自然と地域性が育まれ、三州鬼瓦が出来て行ったのである。治之は鬼瓦のデザインの移動を次のように語っている。

高原　新しいデザインというか、ある種の技術というのは、やっぱり載っている鬼から盗んでくるんですか？

治之　そうです。写真で撮ったりして。それを盗み撮りというかねえ。復元して行くとか……。格好が良いっていうと写してきて、それを真似するとか……。

ところが治之も指摘しているように、プレスの鬼瓦が生産されるようになると、プレス型を鋳造する鍛冶屋を通して、ある鬼板屋の鬼瓦が他の地方へ流されてしまうことが起き始めたのである。すると元々、ある地方にしかなかった鬼瓦のデザインが、他の地方でも見られる事になり、結果、地域の鬼瓦の特徴が崩れて来ているのが現状となっている。

鍛冶屋さんが淡路の方へ、三河の鬼を、プレスを、機械をどんどん売られるもんで、向こうも使われる。ひとつ原型を作ればね、鍛冶屋さんはそれをまた他所へ売るでしょう。地方へ。それだもんで、三河のものも、淡路のものもクシャクシャになっちゃって、三河の鬼が淡路に載っとるとか、淡路の鬼がこちらに……。もう、そういうのが変わって来ちゃったんです。

鍛冶屋さんは鍛冶屋さんで生きて行かなくちゃいかんもんで、他所へ売れれば金になるもんで。そういう具合で、鍛冶屋さんもいい汁を吸っちゃった訳ですよ。

たとえばアメリカ合衆国でこういった問題が起これば知的財産権をめぐって論議が高まり、裁判沙汰へと発展しかねない。ところが鬼師の世界は伝統として独特な技術の伝承の仕方を持っている。いわゆる「見て盗む」である。一般に、特定の師匠は存在せずに、周りの職人たちの流儀を「見て盗む」のが修業である。それ故、プレスの原型の盗用においても、同じ原理が働き、鬼師がちょうど、自分が気に入った鬼のデザインを「見て盗む」ように、各鬼板屋が互いに良いなと思った原型をプレス型として使っているのである。手作り鬼の場合はこの原理によって各鬼板屋の流儀を越え、地方性が生まれて行き、その土地の伝統となった。ところがプレス鬼の場合は、鍛冶屋という第三者が介在することによって、地方から全国へと鬼の型の市場が広がり、地域の特色が薄れて行ってしまったのである。

鬼栄では手作りの鬼瓦とプレスの鬼瓦を両方、生産しているので、手作りとプレスの鬼瓦の違いや問題点がより鮮明に捉えられている。ところが平板瓦の急速な普及により、従来の不況とは違う状況が生まれている事が新たな問題となっている。この件に関して治之は次のように言っている。

やあ、何せ、単価が段々厳しくなって来て、鬼が上がらんような屋根に変わりつつあるもんで……。現状はね。
今までは、あの、波はあっても、その、まだ景気はこう回復して来るってのが、今までのパターンは、ま、大体、こう、在りましたけれども。それが全然、今、見通しは暗いわけね。

現在流行の平板瓦による屋根は鬼瓦を通常載せる位置に、特殊瓦という飾りがほとんど無い変形瓦を載せ、屋根の棟端を覆う機能だけに徹するのである。それが治之の言う「鬼が上がらんような屋根」の意味である。治之は別の言葉で次のように表現している。

鬼瓦というのは魔除けのひとつで、どこの家でも魔除けを載してもらう時代があったけども、その魔除けが載らん屋根が多なってきて、庭へ坐るようになって来て、段々、その、鬼が地面に降りて来ちゃってね。

治之も、山本鬼瓦の山本信彦とほぼ同様の考えを抱いていることがわかる。自然に対する畏怖心のようなものが現代は薄らいで来ているのである。日本の屋根に大きな変化が起きているのは疑いようが無い。それは取りも直さず日本の景観が変容しつつあることを意味している。

まとめ

山本鬼瓦系についてその構成メンバーである山本鬼瓦、鬼金、鬼栄を見て来た。既に調査した山本吉兵衛系の鬼板屋群とは性格が異なる系列である。山本吉兵衛系に属する鬼板屋は吉兵衛のもとで働いたことのある職人がそれぞれ興した鬼板屋であり、吉兵衛その人の流儀を直接に受け継いでいる。ところが山本鬼瓦系の鬼板屋は、山本吉兵衛のもとに居た職人から始まった鬼板屋ではない。たまたま鬼師とは直接の係わり合いも無い神谷佐市が、山本家の本家へ養子として入ったことが物事の始まりである。ただし、その本家は鬼板屋ではなくタバコ屋であった。佐市の義理の祖父に当たる源太郎の弟が、三州鬼瓦の元祖といわれる山本吉兵衛だったのである。

山本吉兵衛は後継ぎになる息子が無く、娘の一人に直弟子の梶川百太郎が養子として入り、二人の男子をもうけたのであった。本来ならこの二人の子が、山本吉兵衛と梶川百太郎の血を受け継ぐ鬼師となり、山本吉兵衛直系の鬼板屋が築かれ、現代に至っていたと思われる。ところが不幸にして、吉兵衛と百太郎は性格が合わず、上手く行かず、百太郎は山本家を去り、独立して「鬼百」を興したのである。[2]

山本吉兵衛は百太郎の残した二人の男子を鬼師に育てることはなかった。山本吉兵衛は後継ぎの見通しが無く、鬼板屋としての活動をほぼ終えんとする時に、兄、源太郎の居る本家へ、佐市が入籍した訳であった。吉兵衛と佐市の間に何があったかはわからないが、二人がこの世で重なり合う期間は一年に満たない。佐市が山本家へ入籍した明治三六年五月二一日から吉兵衛が亡くなった明治三七年四月一〇日の間である。その後、鬼瓦とは縁の無かった佐市が表でタバコ屋をしながら、裏で鬼瓦を作るようになったのである。山本鬼瓦系の起源にはこのような独特な「ゆらぎ」が存在して、曖昧模糊としているのが事実であり特徴でもある。それ故に山本吉兵衛と血で繋がってはいながらも、山本吉兵衛の鬼板屋群とは一線を画しているといえよう。

注

［1］佐市の山本鬼瓦がある（現高浜市役所の前にある岡崎信用金庫の近く）地所の一帯に当時、鬼忠（杉浦忠太郎）、鬼八（神谷八郎）、鬼兵（石川兵次郎）といった鬼板屋が軒を並べていた。金作は山本鬼瓦だけでなく、こういった近くの鬼板屋へも通い、鬼を習ったのである。

［2］梶川百太郎が山本吉兵衛のもとを去った別の説もある。山本吉兵衛のもう一人の娘と駆け落ちしたのである。「おたけ」さんという。どちらの説にしろ、百太郎が山本家を去ったことによって鬼百が生まれた。数奇な誕生譚である。

[6] 山吉系——山本鬼瓦系（参）

鬼瓦職人の姿（一）

「鬼師の世界」を追いかけて来たが、気が付いたことが一つある。鬼板屋と呼ばれる仕事場を持つ稼業とそこで働く人との関係である。稼業としての鬼板屋が大きくなればなるほど、親方とそこで働く職人の分離が大きくなることは事実である。もともとは鬼板屋を興した親方とその弟子である職人という形が基本である。この基本を維持している鬼板屋の場合は問題はない。しかし、鬼板屋が経営規模を拡大させていくと、親方が社長になり、職人が社員になるケースも出てくる。つまり、本来なら親方としての社長が仕事場で鬼を作るはずのものが、作らなくなり、経営に専念してしまう。「鬼師の世界」を調査していたのはいいが、鬼板屋で直接会って話をするのは、鬼板屋の代表である親方ないし社長である場合も多々あり、その場合には鬼を作る現場を担っている職人の姿が消えてしまうことに気が付いたのである。

理想としては親方もその職人もすべて調べることが必要となる。しかし、現実は鬼板屋で働く職人の数は多く、すべてを網羅することは不可能とは言わないまでも、大変な作業となり、この『鬼師の世界』では理想の形はとっていない。また長い調査に及んだため、世代交代ないしその他の理由に伴う親方および職人の移り変わりもあり、現実の変化を調査でもって確実に補足していくことも難しさを通り越し、不可能であることを実感している。

こうした事情を理解したうえで、ここでは「鬼師の世界」に表れにくい職人の姿を一部ではあるが、できる限り事実に基づいて描いてみたい。対象となる鬼板屋は山本鬼瓦である。すでに山本鬼瓦自体は調査を終えている（本書一六六〜一八六頁参照、以下同）。いわゆる「親方と職人」が分離した大型の鬼板屋であり、「社長と社員」の形に移行している。しかし、多くの手作りのできる職人を抱えており、独特な経営をしている企業といえよう。二〇一六年一〇月四日現在で、山本鬼瓦には八人の鬼師がいる。ベテランから全くの新人までを含めた数である。今回取り上げる職人はそのうちの二人である。一人が伊勢湾台風以降（一九五九）に始まった現在の山本鬼瓦で中心的な仕事をしてきた職人である杉浦義照に焦点を当てる。もう一人が山本鬼瓦の若手鬼師を牽引する中堅、日栄《ひえい》富夫をここでは紹介したい。鬼瓦職人としての鬼師の姿を二人の鬼師を通して描いていく。

◈——杉浦義照

昭和一三年二月一一日に杉浦義照は高浜、向山の近くに生まれている。父は早く亡くなり、母親の手で育てられ小さい頃は難儀をしたという。家は農家で、小学生になるころから家の手伝いを始めている。

農家だったもんだから、手伝いをやって……。昔はみんなやっとったもんな……。

ちょうど大東亜戦争（一九四一～一九四五）が終わった頃、母親について働き始めたことになる。義照はその頃のことを話してくれた。

あの頃はねー、戦争があったもんだで……。あのー、（昭和）一九年、二〇年ね。戦争がね。食べるもんなんかあらへんもんね。農業やっとってよかったわね。ほんで、だんだん世がようなってきただ。

ほりゃまあ、始終お袋はねー、わしを引っ張っちゃってちゃー、農業だもんでねー。女じゃやれへんもんだ……。自分は手伝いをやって……。

戦争がすんでからやで、三年か四年……。みんな食うもんなんかなくてねー。まあ、あんた、みんな、こうやって手合わして、「お願いします」って……。ほれが、一緒になってって、これが農家のうちに回って来よったもんだ。食糧をもらいに。

ほんのわずかな銭でね。あのー、まあ、こういうことがあったで、あげたりね。ほういうことをやっとったな。自分は。ほれで、子供が、あんた、親が角《かど》におって、子供が入って来て……。ほれで、秋になったら芋があるだ。それで、もらって、「ありがとう」って言って……。親がついとるだ。

そういう時代もあったなあ……。うん。その頃は、コソ……、泥棒が多くてね……。よう農家へ泥棒が入ったねー。泥棒ったって食べるもんだな。持ってくだな。米とか、ほういうもの、盗んだりねー。あの時代は……、皆、変な時代だった。

ほりゃー、生きるのに一生懸命やったな。

一方、義照の父親は早く亡くなっており、記憶にはないという。ところが記憶にはないはずの父親の父親像はしっかりと義照の心に残っているのであった。

あのー、儂《わし》の、タネ（種）が、昔……、絵を描くような人間だもんだ。絵で、絵で、飯を食っとったもんで。親が……。わしを作った人間が。

つまり、義照の家には亡くなった父が残していったいくつかの絵があったのである。

うん、まあ……、絵はあるよ。うん、それは家《うち》にあるけんど……、まあ、ほういう風やね。ほだで、こういうー、ものを作っていくことはねえ……。ね、やっぱし、嫌いな人もあるし……（笑）。

血筋っていうのがある……。作ってる時は、まあ……。嫌いな人はあかんわねー。

どんな絵を父親は描いていたのかとたずねてみた。

ほりゃ、まあ、あれだね。普通の……、あれだね、風景とか……、まあ、いろいろだね。ああいう絵を描いとったけども……。

「見たことがあるのか」と聞くと、はっきりと否定するのであった。

見とらん。ほりゃー、見とらん。全然見てない。残ったもんだわ……。

こういった環境に育った義照がなぜ鬼師の世界へ入って行ったのかたずねてみた。もともとは農家の息子である。

うん、高浜……、とかそこらへん。んで、そこでねえ、私がちびのころはねー、まあ、時代やな。変わってるのも、農業をやってるもんで、うちは。ええ。ほいで、こういうところへねえ、「腕に職をつける」……、という、そういう言葉があっただ。当時。ほんで、こういうところ（鬼師の世界）入って……。

誰か勧めた人があったのかと気になって義照に聞いてみた。返ってきた答えは次のとおりである。

親というより……、まあ、わしの家の近辺がね、そういう人（鬼師）が割に多かっただ。あの時代は、うん。「腕に職をつける」ってって。で、あれだねえ。あの時代はみんなほーだったね。まあ、だいたい、「職をつければ飯の食い損ないもない」って。ほういう……、変な言葉があっただ、昔は。

うん、農業をやりながらね。ほれでこういうところ入ったっていう……。

義照は中学を終えた昭和二七年に鬼師の世界へ入っている。一四歳の頃の出来事であった。

ここへ（山本鬼瓦）来るようになってからでも、あれだね、農業やって、ほれで、また、農業済むと、瓦やって……。

つまり、「腕に職をつける」という気風が当時の義照が育った土地には色濃くあり、さらに実際に鬼師が近所に多く働いていたのであった。なぜ選んだ職が鬼師なのかを義照が話している。

そりゃまあ、うちのね、すぐ近くの人が……。鬼板師っていうのが、昔多かっただ。その近辺がね。ほで、さっき言ったようにあのー、「腕に職をつける」と、ね。手に職をつけるということで入っただわな。うん。ほんで、小僧……、「小僧」って言ったら変だけんども、昔の言葉じゃ小僧って言うでね。見習いで入って……。

義照はさらに鬼師に導いてくれた鬼師との出会いについて語るのであった。

ほやねー、うちのねー、あのー、新家《あらや》のー、あれがのー、うー、あれだねー。うちのがね……。類次さんと友達だったのよ。うん。ほれで、俺の名前を言って、ほんで、あの人も鬼板師やっとったわ……。

ほれでねー、「やれや」と……。「うん、ええよ」ってってって……。「おらあー、何か作るんが好きだ」って言って……。ほれで、あれだなあ、入ったってことだな。ほいだけのことだ。うん、うん、うん……。

ここに出てきた類次という鬼師が、義照を鬼師の世界へ導いていった人であった。石川類次といい、その当時、山本福光という鬼板屋で鬼師をしていたのである（一七三～四頁）。鬼板屋の外で、義照は偶然にもなんと生涯の師となる鬼師、石川類次と出会ったのである。それを後押ししたのは母親であった。

まあ、「小遣いがもうかりゃええで……、入れ」と。さっき言ったようなもんで、手に職をつけりゃーねえ。ははは（笑）。母ちゃん、ほういう言葉ばっかだったわ。

ほんで、パン屋の小僧とかね……。鍛冶屋行ったり、鉄工所へ行ったり……。そんで、そういうもん覚えて……、ほーやって腕をつけてねー。みんなほういう……、「手に職をつける」というね……、うん。そういう人ばっかだったな。

みんなあかんようになっちゃったもんでね。今の……、伝統のが、無くなっちゃったもんで……。唐紙や……、あかんで、のーなっちゃたし、建具屋ものうなっちゃったし……。みんな、のーなっちゃうわな。鍛冶屋さんもありゃせんしねー。時計屋とかそういうもの、昔あっただ。あんたがた、わからんねー。うん。ほいでねー、全部ほういう……、手作業の、ええ仕事……、うん……。ずーっと、伝統のね……。みんなのーなっちゃったもんで。時代が変わっちゃったもんでね、うん……。

当時の高浜には「腕に職をつける」職人を目指す土壌があったのである。そしてその上に高浜が抱える独自の土壌、「鬼師の世界」が生活の中に存在していたのである。義照はそうした風土の中で、山本福光の鬼師、石川類次と出会ったのだ。

ここでいう「山本福光」とは山本福光を親方とする鬼板屋を指す。山本福光は特に鬼板屋の屋号は掲げていなかったのである（二七一～五頁）。義照がこの山本福光に入った昭和二七年（一九五二）の頃、山本福光にはすでに職人が四人いたという。いずれも明治生まれの人だったと義照は語っている。名前をたずねると義照は覚えていた。杉浦勇、杉浦周次、杉浦雄次、神谷豊国。

ほりゃー、皆腕があるわな。腕があるもんで職人やで。

ほんだで、何でも作れるってね、できるよ。みんな何でもできるんだけんど……。手間とっちゃお金にならへんし……。

あのー、だいたい農業やっとる人が多いだ。ほんで、家で農業やりながら、その間に来るとかね。忙しいときは、家のやらなかんで……。あの時代はみなほーやって生きとったでね。ほういう時代やったもんで、全然違う。

そうした中へ、義照は石川類次に誘《いざな》われて山本福光へ入ったのである。そして義照の後、さらに福井謙一が入り、さらにそれから、神谷益生が入ってきたのである。そして石川類次は弟子親方として山本福光の仕事場で、杉浦義照、福井謙一、神谷益生の三人の鬼師を育て上げたのであった。この三人のうち福井謙一と神谷益生はやがて独立していき、それぞれの鬼板屋を始めたのである。ところが、杉浦義照は石川類次と終生仕事場を共にし、師弟関係を続けたのであった。類次が仕事場を去ったのは類次が八八歳の時であった。

（昭和）二七年に入ってねー、うん。ほれでー、四年ぐらいは（山本福光に）いたな。まあ、小僧みたいなことやっただな。食うついでにやらなかんもんだ。ほんで小さい奴からね。あのー、やれるもんから、みな。何でも……小さいもん。作れるもんからやってった。

義照は当時の頃を思い出しながら次のように小僧の始まりを語っている。

まあ、どういうふうってって……、さっき言ったようなもんで……、覚えてくもんだ。あのー、一年ぐらいはね。

「いかんぞ」って。ほういうことだわね。「こーやるぞ」って言って……。あのー、一番始めはね……。作ったとこを、こー、見させてくれて……。ほでー、自分が真似して……。ほーやってやるより他はないはなあ。

ほーより他ない。ほんで、皆のやつを見ながら……。

義照は「見て覚える」始まりを鮮明に覚えているのであった。鬼師になるための揺籃期《ようらんき》の記憶がはっきりと心に刷り込まれているのが見える。義照は現在七八歳なのであるが。

あれだね、ほのー、一年は、自分は……。「こうや」、「どうにか」、「こーやってやらなあかんでー」とか、ほういう言葉ばっかしだわなあ……。たまたま、ほれで……、あのー、入った最初の頃はやれんもんだ。ほんで、手に取って……。ほんで、こーやって、やっとるところを見て。ほんで、自分も真似して……。ほれが始まりだったのー。

ほん時は、やれんもんね。手が動かんし、ははは（笑）。ほれが始まりってことだ。

こうした状態から義照は鬼瓦を作り始め、やがて鬼瓦が手で実際に作れるようになっていったのである。

（テーブルを指しながら）鬼だね。昔こういうものがよく出たもんだ。うん。ほんで、こういう……、民家のやつをみんな作っとったもんだ。民家のやつを作って……。ほんで、まあ、三年、四年ぐらいたったら、まああれだね。三年か四年あいてからだな。経ノ巻とか、こういうものをね、作るようになってきたわな。

義照の鬼の修業に二つの転機があった。それを象徴する出来事が、「恵比寿大黒」と「観音像」である。義照がついて学んだ人は石川類次である。そして小僧の義照にやがて変化が起こるのである。

あのー、二年か三年。あー、三年たっとらんな。二年……か、そこらちょっと……。あの、ヘラがね、うん。ヘラが、ちょっと、という……。

むずがゆいような言い方だが、つまり、義照のヘラを持つ手が動き始めたのである。独特な感覚であったと思われる。そうした変化が現れた義照を見ていた類次は義照に次のように言ったのであった。

「恵比寿大黒作ってみよ」って言って……。ほーだで、昼飯の時間に、あのー、一つやって……。ほれで、こーやって、うちにあるけどね、出来たやつが。ほういうふうに、ほのー、手先のええところを見ようと思ったんやないかな。

義照は類次の「やってみろ」を受け、恵比寿大黒のモデルを目の前に据えて作ったのである。しかも、その最初の恵比寿大黒が今も「家《うち》にあるけどね」と言っている。鬼師義照の処女作ともいえよう。

ほりゃー、あのー、（恵比寿大黒が）あったもんだ。ほれを見てちょっと作っただけどね。

義照に恵比寿大黒が一つの転機になった出来事なのかとすぐに聞いてみた。返事は極めてはっきりしていた。

うん、そうだね。初はねー。ほりゃー、「作ってみよ」って言われたもんで。あのねー、こういうところ（類次は）聞いとっただ。「鳥かごも作るし、何でも学校時分にやったで……」って言って、ほういう話を聞いとるもんだ。で、家の、あのー、なんていう……、中に入った人がねー、あのー、類次さんと連れやったもんで。ほれで、さっきほういうことを……、なったんやないかなあと思う。話聞いとるもんだ。

うん、ほいで、まあ、結局ほういうことだな。「手先を見た」ってことだな。まあ、俺が、わしが思うとだよ、うん。

出来上がった恵比寿大黒を見て、師匠の類次は何か言われたのかと聞いた。

うーん。別に何とも言やへん。何とも言やへん。「できたかなー」って言うようなもんだ……。

恵比寿大黒の時は類次は特に言葉では表現せず、義照の手先を見たに過ぎなかった。しかし、観音様を作ったときは違っていた。なんと師匠の類次がほめたのである。

ほーでもね、あの、観音さん作ったときにねー、ほめてくれた。ほいで、ここへ（山本鬼瓦）来たばっかの頃だけどね。ほれで作っただ。

ほー言ったらね……、「おれもやったけどなあ、傷が出ちゃってなあ。バーンと切れちゃって……。ほーやって（傷が）入っとったわ。まあ、あかんようになっちゃったけど……」

「君はほいでも……、良かったなあ……」って言って……。

ほの時が初めて……。ほめたっていうやなくて、「良かったなあ」って言って……。

「お前、作って良かったなー」って言って……。

うん、（石川類次が）死ぬ前でも……、あれだね……、一週間前だったか、行ったら……、観音さんが飾ってあって、「君は良かったなあ」って言って……（笑）。

石川類次は観音像が好きだったらしく、今でも類次の息子の嫁にあたる石川ふさ子の家にはおじいさん（類次）の形見だといって、床の間に陶器でできた白い観音像が飾ってある。類次は気に入ったものがあると骨董の類を買って集めていたと石川ふさ子は話してくれた。

義照はさらに「見て覚える」記憶を呼び起こしていった。義照の技の磨き方の一端が語られていく。鬼師の姿が同時に立ち上がるのがわかる。

ほれから……、まあ、高浜……、これで、碧南もだけども……、鬼板屋がよけいあっただ。一四、五軒あったな。わしらの若い頃は。ほで、六、七人がみなおったなー、職人さんが。

その、工場、工場で皆おった。こーやってね、精出してみなやっとったわ、うん。ほんで、ほーいうところへ、あのー、たまたま顔出すもんだ。ついて行くもんだで、足でね。何かちょっと役があると、ほしたらほういうところへ話にいかなあかんやら。ほんで降ろしにね、行くわね。工場へ入らしてもらうと……。ほーすると、鬼を見るじゃん。ほんで、「ここの家はこういうもんが……、得意やなあー」とか、「よーできるなあー」とかって言ってね。ほういう、まあ、自然に目が肥えて来るってことだな。

見るもんだでね。要するに。うん。まあ、自然に、こうやって……、覚えてく、あれじゃない。うん。言ったたって、ほんな、やれーへんし。ほれに、わからんもんだ。何も……ねえ。三日しゃべったってあかんわな。三日も四日もしゃべったたって、糞のたれのように、ははは（笑）。うん、ほーだでね。自然に、ほのー、学校の勉強と違うだな。こういう仕事は。

ほりゃー、「腕に覚え、身体で覚えていく」でね。自分の身体がほういう風について行かんと……、物事はねー。次から次へと。

ここに義照は学校で話して、教えて、育てるやり方とは異なる世界について語っている。それが「見て覚える」であり、さらに踏み込むと、「見て盗む」鬼師の姿が見えてくる。では新しい何かを見たときにすぐに試すのかと問うと、義照は職人の在り方の厳しさを話すのであった。

まあ、言ったように、飯食ってかないかんもんだ。ほんなことやっとれんわな……。うん。注文が来やあ、やって、ここの家もやってかなあかんし。ほりゃー、「やだ」ってこと言わへんし。「はい、はい」ってやってかんと。何でも作ってやらんと、また食えへんもんでねー。

ほりゃ、あんたー、あれだよ、気に入られんと、「おれのやつはどこに行ったー。どこやー」って入ってくる人があるでね……。うちも……、ほんで、とんでもねえ奴作っとると、叱られちゃうわな。そんなもん、ね……。工場入って来て……、「おれのやつ、あらんでねえか」って言われてみぃー。ほういうこともあるだでね。

だで、まあ、お得意さんをつかむってことは、何でも作ってあげんと。「ほらー」って言って、鼻ばっかあげて、自分の好きなものばっか作っとったら、ほんなもん、あかんもん。ほういう人からするとペケだな。ほういう職人……、ほういうのは職人やねーでな。ほういうわがまま勝手のね……。ほういう仕事だでね。ほういう……、あかんね、ほういう人は……。たまたまあるわ。ほういう人はね。ほりゃ、腕がいいって、すっと渡って、またよその工場行って、ええもん食って、親方としゃべってね。うん。昔の……、それだけの話だけど、近所でもあるもんだ。

「旅」（バンクモノ）

義照は高浜に鬼板屋ができて始まった定住型の職人について語っている。義照自身がまさにそうである。それと同時に、古い形の職人の在り方も語りながら、自分の師でもある石川類次を重ね合わせるのであった。

ほいで、親方が「来てくれよ、くれよ」って言って、事務所へ入って来た。「こういう仕事、まあ、じき来るで」。ほいで来るだ。ほーすると、ほこのー、工場でやっとる職人さん方は嫌うわな。ほいで入って来て、ついでに……、わしを怒ってくるで。ほいで、親方同士でしゃべってあるもんだ。ほで、また、ほういう人は、また、スッて消えてっちゃうでね。うん。ほういう人もあったらしい。うん、昔はね。

鼻上げてね、ほういう人はね。ほりゃ、つまらんわなあ。悪く言われて、ほりゃ、あんたねー、あのー、自分の好きな物作って、うん。ほういう職人さんもあるだ。たまたまね。うん、だで、職人っていうのはほういうもんだよ。うん。気に入らんとパッとやめてっちゃう。

あの、昔、「旅」って言ってね……。今の石川さんなんかも旅、行っとらしたな。ほう、みんなヘラ持ってね。ほいで、あんた、旅、行かれとったわ。ほれから、旅から旅へと、だったわな。まあ、粘土の出るところなら、みんな……、瓦屋さんがあるもんだ。ほれで、ほういうところ行くとね、ほーすると、ほいで、家で、あれやな……。「仕事がまああるで、居ってくれんか」って言って……。ほいで、ほういう話を聞くもんだ。ほういうところでね。あのー、仕事やらしてもらって……、うん。あるうちはやって、うん。ほやもんで、明治の人はよっぽど行っとる。

うん。旅出てって。あの、ヘラとね……、ほれから……、叩きとか、あーいうものを持ってね。

石川類次は義照によく旅に出ていた頃のことを話していたという。いわゆるバンクモノのことである。「旅」と呼ばれていたことがわかる。

俺は、わしはいかんけどね。わしは。時代がかわっとるもんだ。ほういうこと出来んわな。出来んことはないけど、あのー、あれだね。

ほだほだ、「掛川の方へ行った」って言っとったな、石川さん。あっち行ったり、こっち行ったり。ほりゃー、仕事のーなるとまた変わらんといかんもんだん。

旅に行くと技術が上がってくるものかとすぐに聞いてみた。義照はそれに対して次のような答えをしたのである。

なんて言っていいかね。まあ、県、県、でね。だいたい東は東。ほれから、西は西。ほれから、細かく分けると県、県で鬼がね、変わって来るだわ。うちは、うち、こっちはこういう鬼って言って……。ほだでね、腕がよくなって行くってことより、ここ（頭）が回転ようなるってことだな。うん。

出て行くやで、腕は持っとるもんだん。うん。自信があるでやって行くわけだー。

つまり、旅に出ることで、県、県で変わっていく鬼をその都度、その変化に即応して作る力、ないし技量が要求されることになる。それに対応できることが旅職人に課せられる試練といえよう。

あのー、立派なものあるけんどね。うん。みな、あの、県、県でね。あの、また西の方行きゃー西の方で……、鬼が違うしね。ほいで、ほういうところ行くと、やっぱ、ほこの、この鬼（テープルにあった）を持ってってね……。「いかん」って言うわね、うん。ほりゃ、嫌がるだ。ほだで、ほーいうもの……、作ってかないかんわね。うん。嫌なもんあげとったら困っちゃう。

今はほうじゃないよ。まあ、今は無茶苦茶になっちゃったな。ほりゃ、プレスで、ガシャン、ガシャン、ガシャン……。まあ、ほんとに困っとるわ。三〇、まあ三〇年前からね、無茶苦茶に。もっと前か、出来始めちゃったわ。クシャクシャやもんね。あんなん二束三文だわ。

参っちゃうわねー。手にかけんようなものやで。これも、今、白地が来とるんだけども、プレスみな抜いて、手間かけてみな難儀してやっとったものをねえ。カチャ、カチャ、カチャとやっちゃうもんねえ。

「旅」から「プレス」へと移った昔と今は、各々の県にあった独自の地域色豊かな鬼の流儀が、同じ金型でできた鬼の大量生産によって消えて行ったことになる。義照はその二つの極の狭間を生きて来たのであった。

あー、だんだん薄くなったな。ほいつは言えるな。ほんな、一本打ってやっとるもんだ。どんどん、あんた、プレスでねえー。みな、だからガバガバ儲けちゃったわな。まあ、今はあれぐらいしか売れーへん。だで、ええ時がありゃー、こういうふうになる。

みんな、ほのー、伝統っていうもの……、こういう手に職の、職がなかなかかんようなそういう……、んーてね。細かいことやって、初めて、ほのねー、人間が見て、「ええな」って、皆が見て、「ええな」という、ほういう仕事が全部のーなったてこと。

このように今とは対照的に昔はそもそも旅職人をする土壌が高浜にあったことを義照は語っている。それは土地が育んだ独特な伝統文化を擁していたのである。そうした土壌に支えられてバンクモノが存在していたことになる。

ほいでね、わしがたね、時間が決まっとらへんもんだ。だいたい一個……、作るといくらって、昔……、ほういうやり方でやったもんで。うん。時間やなんか……、関係ない。いつ……、遅く来てもいい。早く帰ってもいい。ほれから……、入って……。ほういうあれがあるだ。ほりゃ、仕事によっちゃー、やらないかんという仕事があるもんだ……、まあね。

ほでー、だいたい夕方までやって、ほれから……、相撲が見たかったもんで、早よ終わってとか……（笑）。

つまり昔は農業をやりながらその合間、合間に鬼瓦を鬼師は鬼板屋で作っていたし、またそれができたのである。さらに進むと、鬼瓦を作るための鬼板屋が特定の決まった鬼板屋である必要もないとなると、その先にあるのは「旅」をする職人の姿だったのである。

ほーだ、ほーだ。ほれでさっき言ったように……、これ（腕）さえありゃー、な。あのー、鬼板屋、どこでも、自分、行けるもんだ。

そー、それで昔、旅職人というのが……。

すなわち仕事があるところへ、「腕に職を持つ」職人は出かけて行ったのである。また義照の母がいつも言っていたように「腕に職をつける」ことが生活をする上での必要事項だったのである。

まあ昔は何でもほーいって……、「窯築き」っていって、窯やなんか作る人があったんやな……。泥でこうやって……。その人方《がた》が皆「旅」へ行ってね。うん、ほういう話聞いたことあるな、わし。ほれで……、あの土の出るとこ、みな窯屋さんがあるもんだ。ほれで、ほんで、ほーやって……。窯をね、熱するようなところで……。ほれでね、十日なり、とかね、二週間とか、仕事があるもんで。

図1　石川類次　鬼瓦を作る

ほれで……、旅から旅へ回って……、ね。農家やっとる人は、ほういう人多かったよ。うん、昔は何でも、ある程度……。ほーやってね。自分で、あのー、ほれもあんた、何にも知らんとやれんもんだ。ある程度ね、ねー、親方というものがあって、それについて……。うん、ほーやって……、昔は……、碧南もほーやけど、来よったけんどね……。

義照の場合はそのついた親方が石川類次だったのである。ただ義照は「旅」はしていない。時代の狭間にいたからであった。

大事な人ってって、わしの今おるんは、類次さんのあれだと思うわな。類次さんには、みんな、皆さんのな……。みんな、ほーで、ほーで、仕事をね、見たりしてやってきた……（図1）。

見て覚える

そしてここから親方から弟子への技の伝授について「見て覚えよ」を中心に義照は話している。「見て盗む」に近かったのかとたずねたことから話が始まった。

まあ、ほういうことだね。まあいっしょやない。ほういうことは……。うん。あのー、自然とほーなって行くわね。見て、覚えて、ある程度……。あー、ここら辺は上手にやっとるなと。「いい具合やなーと思ったら、マネするってことはいいことだもんで」。ほーやって……。

良いところに気付くことが大切なんですねえというと、すぐに義照は言葉をつないでいった。

そ、そ、そ。ポイントだけんど……。ほれで……、まああれだね……。ポイントもほーだけんど、自然になって行くことだな。さっき言ったように。言ったって……、言ったってね。うん、学校の勉強と違うもんだ。ほれで……、先生が「一はいくつ……」、だって……。ほういうのじゃないで。うん。ほだで、「割り切っても割り切れんところはあるなー」。うん。こー、「ものを作るということは、もっと上があるもんだ」。「上があるもんで……。ほやでねー、これでいいってことは絶対ない」。やってるうちゃ、あいつはなあ、自分がええとこ出さあと思ったら、自然に頭に浮かび、出てくるようになるには、さっき言ったもんで……、身体で覚えてかにゃ……。太鼓叩くでもほだ。リズムでも。ピアノでも一緒だわ。あーいうことを……。やっぱり自然にねー。何でも一緒だわ。一緒やけんど、自然にねー、「身体で覚えていく」ということ。やれったって手が、身体が動かにゃー。手が……、身体が出てくるもんでね。石頭になっとっちゃあかんのだ。ほだで身体で覚えていかにゃー。ほれで、「あーせよ」、「こーせよ」ってね……。まあ、ものを作るというのはほういうものやない。どんな仕事でも、うん。ほだでなー、教えてもらうってことは、やっぱり、ほのー、ある程度基本だな。基本ていうことはあるけんど……。ほれをちょっとな。うん。あのー、「こーやってやれ」、「あーやってやれ」……、って、ほやってね……。まー、それがあれだわな、うん。

類次と義照

石川類次は杉浦義照、福井謙一、神谷益生の三人の鬼師を育て上げた。しかし、福井と神谷はやがて独立し、親方になりそれぞれ鬼板屋を興していった。ところが義照は類次が八八歳で山本鬼瓦を去るまで、師の類次と同じ仕事場で鬼を作り続けたのである。師と弟子の関係をなす二人の職人は類次が長生きでしかも現役の鬼師であり続けたことにより、独自の技の伝承が起こったのである。鬼師は一般的には長命の傾向がある。一般の人が現在六〇歳で現役を降りることを思うと、一生現役の感がある。その中でも石川類次は突出している。その類次に長く連れ添うことができた義照はある意味運が良かったといえよう。

うん、ほれね、まー……、入っとるわな。あのー、（八八歳まで）おられたって……、あれだな。ね、昔やなんかはあれだな。三年……、年があくとみんなかわるだ。ほで、工場へ入ってく……。ほういう人があるだわ。かわって、すっと……。

つまり、見習いの小僧から三、四年たって職人になると鬼板屋を次々と変わる鬼師が多かったのである。類次と義照の関係が異色であることが見えてくる。

そうそう、あのー、鬼板屋さんでも、何軒かあったもんでね。「ちょっとあそこはお金がええ」って言って……。ほすると、「ほいじゃー行くか」って言って、よくよく行っとったな。うんで、「うちを変わるか」って言って……ね。そういう出入りがものすごくあったわ。

うん。んで、ほいでねー、段々だんだん職人さんも、のーなって来たし。あのー、まあ、なんて言ってもこいつの（金）のことでね……。うん、ほいで、「電車でかよわー」と、碧南まで。ほれから、で、あのー、通い賃つうものをくれるとかー。「ほいじゃあ行くか」ってねー。ほういう人はあるし。いろいろあっただ。ほれから……、「足代を……、割にある程度くれる」って言ってね。ほんだもんで、ほういうところ行くし……。

なぜ義照が山本鬼瓦の類次のもとにずっといたのかたずねてみた。よほどの相性のいい師弟関係だったことがうかがえる。

ほりゃ、まーあれだね……。ずっとおられたっていえるのは……、あれだね……。自分が気に入っとるんだな……。うん。うちの……、みんな分からんしね、作っとるけど。何にもできんだもんだ、うん。ほやで……、あれだね……。言葉も少ないし……。ほれだけどさっき言ったように、そのー、あれから……、二〇……、何十年てって付き合ってきて、私がずっとね……。あの……、あるたびに……、ほういう仕事をやらしてもらえるだでね。うん。何でも作ってあげんといかんということだね。そういうことだな。

類次と義照は同じ仕事場で、何十年と仕事を共にしてきているので、類次から何か鬼瓦に関して言われたことで心に残っている言葉を教えてほしいと聞いたところ、なんと返ってきたのは「見て覚える」世界の繰り返しであった。

さっき言ったもんで……。あのー……、あれだね……。まあ、おたくが、言って……、「今から、こーやってやれ」って言ったって何もできへん。やったこともないし、土いじったこともない。

（笑）だからこーやって……、手で……、やって……、やってくれて……、ほーすると、わしは見とるだ。見とって……、「やってみよ」ってって……。これが始まりだったな、うん。ほんだけのことだわね。うん。ほいで……、作るものがだんだん変わって来るもんだ。ほやけどやり方は一緒やもんで……。

うん。ほやって……、自分でやってくってことだわな。で、さっき言ったもんで……、自然に……、「ほれやれ、あーやれ」ったって……。まんだねー。さっき言っとったもんで、ヘラも使やーへんし……、ねえ。何にもやれん。やれーへんだもんだ。ほれで、自然にやれるようになって来るだもんだ。ほれが……、うん。ほだで、わしが若い頃は、いろいろ言われるけどね……。あのー、ほりゃー、ヘラ持ったって……、手が震えてくるで、やれーへんだもんで……。ははは（笑）。動かんしね、うん。ほだで自然に……、何でも覚えていくんやない。覚えるというのは……（図2）。

このように義照が話すので、義照が作るとき、類次は何か言うのかと聞いたところ、たとえば「こーしたらいい」とかと。

まあ、ほんなことは、ある程度……、ここ来てから（山本鬼瓦）ほとんど、まー、ほういうことしゃべらんかったな。

つまり言葉で教えることはまずなく、鬼を作るときはほぼ無言なのである。ただ作った鬼の乾燥については短い言葉による指示はあったという。

ほのー、三年、二年か三年の間は……、「やー、ほーやってくるくる回さないかんで」とか、ほういうことまで全部ね。切れちゃうで……。ほんで「日に当たって良く乾いて……」、「日陰は乾かんで……」、「あれ直さなあかん」とか……、そういう……まあ細かいことを言うと、ほういうことだけんどね。

類次は仕事場では仕事に関しては言葉は少なかったが、家庭での愚痴のたぐいは義照に時々漏らしていたという。逆に言うと類次は義照

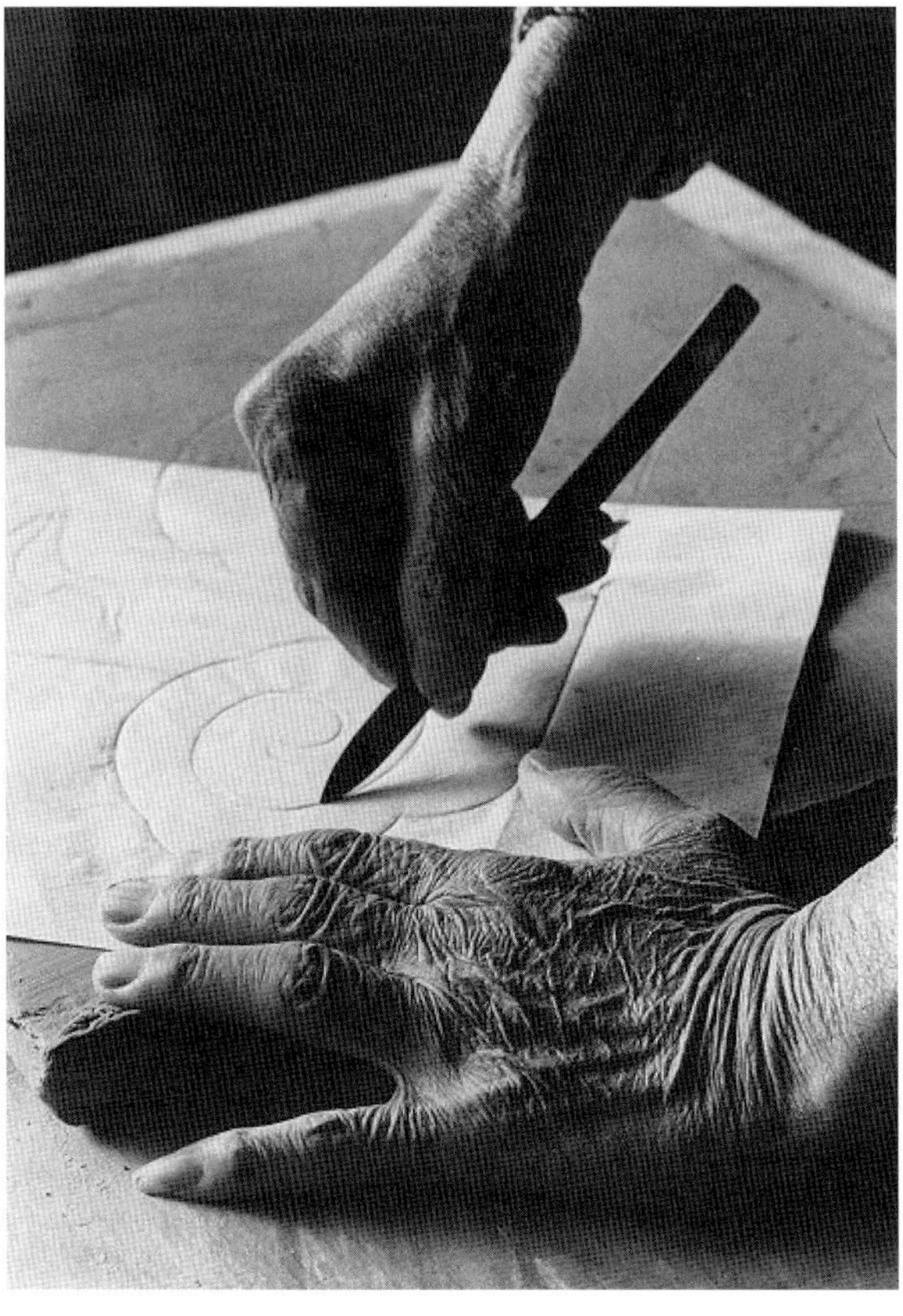

図2　石川類次　ヘラを持つ手

を信頼しており、仲が良かったのである。実際、仕事場以外でも類次と付き合いがあった。類次は義照をかわいがったのである。

うん。ほのころは、まあ、まんだわしが来たばっかの頃だ。わしが小僧になっとった……頃だな。うん。小僧の頃だわ。あのー、うん。ポンポン蒸気でよー、行きよって……。鬼の仕事が終わって……。うん、ほだ、ほだ。んで、日曜日なんかあるもんだ。ね。まあ、山ばっかやったでな……。亀崎と半田の……、あのー、まあ、町のあたりとか、ほんとに……。全部あれだな……、周りも、いまみんな……、民家出来ちゃったもんな……。住宅からみんなできちゃったもんな……。まあ、えらい変わり、……出来ちゃったでな。そこを通るとね……。そういうことを思うけんど……。うん。まあ、時代が変わればしょうがないな、うん。変わっちゃったもんで……。

あの……、趣味がな、だいたいわしもほういうことが好きだし……。あのー……、好きだったもんだ。ほいで、ほんだもんで……、「盆栽やるかなー」って言って……、で盆栽……(図3)。

さっき言ったようなもんで……、まだ亀崎行くには、まだ、あんた……。橋もあらへんもんだ。ポンポン蒸気でね。

このように義照は師の類次から鬼に関することだけでなく、様々な趣味を含めた素養を小僧の頃から総合的に身に着けて行ったことが見えてくる。類次は義照の文字通りの師匠であった。義照は事実次のように類次について述べている。

ほりゃー……、頭は切れたな。頭が切れた人だったな……。ほりゃー利口な人だったな……。なんかよー知っとらしたな。うん。ほれで……、ほんとに利口な人だったな……。

図3　石川類次　盆栽の手入れ

流儀

少し前に義照は県と県との間に鬼瓦の違いが、土地の違い、文化の違いとしてあることを指摘していたが、個人と個人の間にも鬼瓦の作り方において違いが存在することを指摘している。その違いを鬼師は流儀と呼ぶ。各鬼板屋の間にも流儀の違いが存在する。義照はその同じ鬼板屋の中でもさらに個人、個人の間に流儀があるというのだ。つまりたとえ師は同じでもその弟子たちは自分なりの流儀を身に着けていくことになる。

ほいでね……、流儀ってってね……、みんなお得意があるだ。自分の……、流儀ってもんができるだわ。うん。だでねー、教えてもらってその通りのようなことをやるってこともあるけんど、うん。流儀ってもんがあるだ。やっぱし、自分の……、皆ほーだな、考え方が違うだら。

ほーやると、ちょっとこーやると、また、あのー、何ていうだな……、勢いがあって良くなるとか、彫りが深いだとか……、彫りがね。えらい変わって来るもんだ。仕事が変わって来るもんだ。

ほれからよー、あれだね……。ほれだけのことだわな。ほういうふうに、あのー、流儀ってもんがやっぱしね……。みんな顔が違う通り。あのー、思ってることも違うし、手出てくるとこが違うでね。ほれが難しいとこだわな、うん。

それぞれの個性がちょうど性格や顔立ちの違いとして現れるように、鬼師の場合は流儀となって自然に、鬼師が作る鬼瓦に表れてくるのである。一人として師そのものにはならないことになる。伝統の技を受け継ぎながら、同時に作り手の個性を加えながら創造していることになる。伝承と創造が鬼師が持つヘラ先に交叉するのである。古《いにしえ》の伝統が今、ここに立つ鬼師のヘラ先に新たな生命となって甦り、土の塊に個性を吹き込むのだ。鬼の誕生である。義照は流儀をさらに詰めて話す。

ほだで同じまねでね……。真似だけど、マネしちゃ、たるいはなあ。自分の流儀ってもんをやっぱり生かしてかな……。俺はこういうところはちょっとええだとかな。ほれがねー、やっぱしある程度の……、年数やっとるとね……、手数かけて仕事やってると、自然にね、身体に自分のこういうところがついてくるんやない。うん、……と思うがね。俺は俺の流儀があると、うん（図４）。

図４　杉浦義照　獅子制作中

自分の流儀に目覚める、ないしは、気づくのはやはり作る（創る）ことによってであった。

作るもんによって……、あの……、何ていったらええかね……。向こうから来やー、向こうの古い奴（鬼瓦）が来や、「こうこう、こーやってね」って……。全然わしは「こーやった方がええなー」って。こういうふうに言われや、こういうふうに言われや、こういうふうにやってあげんといかんもんだ、ある程度……、ね。まあ、言われたようにある程度やって行かならない。言われるたびに、こーやって、まーやって、こーやった方がいいなって……。ほんで、これを見た時も同じ……。片っぽ、あの……、あれだね……、開いとるのと、片方……、なんでやっとる、逆に……。

作るには、「あー、ここにつぼみがほしいな」とか……、ねー。「ここに葉が、まあ一つあると、まっと立派になるな」とか……。「横へ葉を作ったら立派になる」……とかね。ほやけんど、自分の流儀を出そうと思ったって、こー言われることあるで作ってあげなかんやらね。で、出んわな。ほやけんどいいところを出してあげんといかんもんでねー。うん。ちょっといいところ出していかなかんで……。

義照は流儀とも美意識ともいえる、上を目指す職人意識を明白に語るのであった。

「ちょっといかん」と思ったら、「ちょっとこーいかんなー」と思ったら、こーして、あーやって。物事には何でもそっくりということは、たりーわ。ちょっと変えるとか、ねー。ほりゃ、写し紙と一緒になっちゃうだ、ね。ほやで、あかんでしょう。みんなプレスになっちゃって……。手で作ったものの価値がのーなっちゃうで……。うん。ほーやけんど、こういうので来とるもんだ。残してあげな。お先祖のやつはね……、わしら寂しいけどね……。

義照は流儀の大切さを語りつつ、いわゆる復元ものといわれる鬼瓦との対話についても語るのであった。古き伝統が現代の鬼師の心の中に蘇るのだ。

ほーだもんで、こーいうの作ってると、「あー、昔の人はよー考えてやったもんだなあー」と、ね。自分のやっとると……、うん。作っとると……、ほいつが頭に浮かんでくるわな、うん。ほりゃ何百年と（屋根に）上がっとるでね……。ほだから何でもねー、作った人のことが……。

うーん。ほの、これを作った人が、ほれが浮かんで来るわな。「こういう……、仕事しなさったなー」っていって……。

ちょうどあたかもＣＤやＤＶＤで聴いたり、見たりするように、鬼瓦は伝統の記憶のメディアなのである。実際にヘラを持って、古《いにしえ》の鬼を復元するとき、その鬼瓦を昔作った鬼師が現代の鬼師の心のモニターに立ち上がるのだ。腕のある鬼師はその鬼師の流儀を読み、対話することになる。義照の流儀の話は続く。

同じようだけんど……（笑）。皆その人によって……、さっき言ったもんだ。流儀があるもんだ……。ね。皆ほーやって、昔も今でもほーやけんど……。あのー、覚えるときはねー、親方にある程度何して……、ほーやってやってくんだけど……。同じ弟子でも、ほこのうちで二人か三人もできても、同じ出来るような仕事をするって人は、まー、おそらくないわな。

だからさっき言ったように、流儀ってもんが、皆、自分の……、「俺はこうだ」、「こうだ」ってって出てくるね。うん。似とるけんど……、違ってくるわね。うん。ほいつははっきり言える（図5、図6）。

ほやで、あんた……、顔が違う通りの……、まあ、わしらではそういう事は言うけんど、ねー。しゃべることでも、あのー、中のあれだね……。頭脳の動き方がね、変わって来るでねー。ちょっとねー。ちょっとのせると、のせると、「おれはこういうふうだ」って言って……、白い人は黒い、ね。黒いと言やー、白いとね……。皆ほいで、ある程度あの、窯を入れるとね、やっぱり違ってくるだ（笑）。

最後に、鬼師としての職人が持つ独特な習性を紹介したい。立ち続けて行う職人が織りなすユニークな姿である。

半日、あんた三時間半か四時間立っとてみー。おしっこ行くと、「ああ、いいなあ」って言って。動けんもんだ。立っとるのもものすごいえらいでね。うん。頭使って、神経使っとるもんでね。わしの、小僧……、昔の小僧の時は、あのー、石川さんが、便所いかさると、ほーすると、「ああ、ええな」と思って、ほんで後から、ほいてから便所へ行く……。それがね、えらい楽しみにしとったわけよ。ほれぐらいやったよ。細かいことまで言うと、うん。

ほれぐらいえらいだわ。立って仕上げ等をこうやってやっとるだら。ほれと、石川さんが行かさると、後からね、やっとるわけだ。ほれはー、うん。喜びだった。まあ、悪いこと話すと、ほういうことが、今話すと、今の若い奴も一緒だね。一人行くとまた後からついて行く（笑）。ほたら、あんたー、抜けるもんだ、場から抜ける。

親方が出て行くと、誰かが抜けると、ほーやって便所走って行くね（笑）。

それほど仕事場で立ち続けた姿勢で張りつめてやっているのが鬼師なのである。何度となく見た姿であるが、「する」と「見る」とでは大違いなのがここに語られている。

そういう事だよ。ほういう事がねー、あのー、何ていうのかな、ほで、身について行くじゃない、人間。何でも仕事が、うん。ほで、「えらい」、「えらい」って言って……。お疲れさん。ははは（笑）。

図５　鬼面唐破風鬼（豊明市曹源寺　杉浦義照作　平成10年頃）

図６　本鬼面足付鬼（豊明市曹源寺　杉浦義照作　平成10年頃）

ほりゃあんたー、ほりゃ、場から出れるもんだ。立ってこうやって並んでずっとやっとるとなかなか大変だよ。ほれでも石川さん……、類次さんがおった頃には、二人でやっとったけんども。ほんであんた……、これであんたー、一人、二人、三人、四人か。あ、六人おるな。若いもんが六人くらいおって、並んでこーやってやっとるもんだ。ほれであいつら、一人動き出すと、また次からこっちと動くね。ははは（笑）。ほで、あんたー、楽しみやったわな。うん。「あー」って気が抜けるもんで、ねー。そんな事だよ。

まとめ

山本鬼瓦の鬼瓦職人、杉浦義照のインタビューを中心に鬼師の姿をできる限りリアルに描いてみた。インタビューは二〇一五年一一月一三日に山本鬼瓦にある二階建て工場の一階奥にある義照の専用の仕事場で行った（図7）。現在、義照は広い仕事場を基本一人で使って仕事をしている。他の職人たちからは無口な、無愛想な、変わった鬼師として知られている。しかし、同時にある種の畏怖の念を抱かせる凄腕の鬼師でもある。二人目の鬼師として次に紹介する日栄富夫は同じ職場にいながら、次のように言っていた。「おそらく、僕がここに入って二二年なんですけど、二二年の間に交わした会話の量よりも今日、先生が話した時間の方が何倍も長いと思います」。今回のインタビュー以外にも、義照とは何度かすでに会って話をしたことはあったが、どちらかというと、とっつきにくい印象が少しあった。ところがいざ仕事場で義照と話を始めると、心配な自分を吹き消すように、

図7　山本鬼瓦工場《こうば》（中央の建物で鬼師たちが鬼瓦を製作する）

次々と興味深い話を率直に語ってくれたのである。これで鬼瓦職人の姿が描けると工場を出た時に思ったものである。また義照は師の石川類次と何十年にもわたって同じ仕事場で鬼を作ってきたこともあって、長く不明だった石川類次の職人姿が同時に明瞭な形を伴って現れてきたのも大きな成果である。それは鬼師への道の師弟関係を通して伝統の継承がいかに行われるのかの解明につながっている。義照の心からの協力に謝意をここに表したい。長く探していた石川類次をやっと見つけたといった感動を覚える。また、鬼板屋の親方が語る鬼師の世界とはまた違う角度から鬼師の世界が浮き上がってきたことは疑いようがない。鬼師という職人と鬼師という親方とが交わりながら、鬼瓦の伝統が今日に伝えられているのである。

鬼瓦職人の姿（二）

山本鬼瓦で長年働く、現在、中堅鬼瓦職人である日栄富夫について記述していく。「鬼師の姿」という一般的な鬼瓦職人像を追いつつ、鬼師、日栄富夫の個人的な姿を具体的に重ね合わせながら描いてみたい。日栄富夫を描き切ることで、先の鬼瓦職人の姿㈠で見た、杉浦義照、並びに義照の師匠である石川類次との一連の流れが繋がることになり、「鬼瓦職人の姿」がよりリアルな形を伴って現れることになる（二〇六～二六頁）。これらの人間模様を通して見えてくるものがある。それが長い、長い年月をかけて伝わってきた鬼瓦づくりという一つの文化の伝承の在り方である。時代、時代の社会変化に翻弄され、揺さぶられながらも、現代の鬼瓦を作る職人たちがどのように鬼瓦づくりの技と美をモノづくりの現場で伝えてきているのかがこの章の焦点となる。また一般の人が鬼師となって行く様、ないしは一般人と鬼師の世界の接点も浮かび上がって来る。

――日栄富夫

山本鬼瓦で現在（二〇一六年一月）働いている八人の鬼瓦職人の中にあって中堅的な働きを担っているのが日栄富夫である。昭和三五年（一九六〇）に愛知県海部《あま》郡八開村に生まれている。兼業農家で、父の明《あきら》は農家をしながら勤めに出ていた。

> 親父はね、まあ、僕もそうなんですけど、機械が好きで、よく耕耘機や自分の車を修理したりしたことはありますね。……絵とは違いますけど、そういう分野で、結局、ま、美術はそんなにセンスはないと思うんですけど、僕も……。工作とか、図工あたりまでは、まー、センスはあったと思いますけどねえ。
>
> 昔でいうと、ゴム動力の飛行機とかあったじゃないですか。あーいうものを作るのが好きでしたね。まあ、金がないんでね、ユウコンとかラジコンとかに行けなかったですね。

富夫自身は父の血を受け継いでいるようだと語っている。それがやがて高校進学へと繋がっていく。

> あと、なんかの加減で、その、「アマチュア無線の免許を取りたい」って思って、電気の勉強をしたんですよ。その試験を取るた

めにちょっと凝ったことがあって、急に高校が……電子工学科に行っちゃったんですよ。

で、そっから、その、電気関係のところに就職したんですけど、それを振り返って考えると、僕は電気よりも機械の方が好きです。電気は目に見えないじゃないですか。で、ま、入ったのはいいけど、興味がなかったですね。就職する頃には。「増幅するって、どういう事ですか」っていう。ま、ギアの、このギア比のことの方が簡単だというか、リアルですよね。目に見える動きがね。で、ま、あの頃、「石油が枯渇する」っていう話があって、「これから電気の時代だろうか」、つって。「石油がなきゃ、電気もダメなんじゃないの」とか思わなかったですよね。ま、そんな流れで来てます。

富夫は高校を卒業すると、まず電気工事の会社に入り、しばらくして次に電機メーカーに入り、ソニーのベータのビデオデッキやトリニトロンテレビとかを作っていた。ところが設計部門に回されて、付いて行けず、興味を失いやめている。富夫が二五歳の出来事であった。富夫は別の仕事を探すことになる。

「トラックの運ちゃんでもやるか」とか言ったんですけど、ちょっとオートバイで骨折して、すぐ「これはトラック運転できんわ」と……。で、ちょっと療養しながら、こう、その頃は『ビーイング』っていう就職情報誌（リクルート社）が出てたんですよね。それでいろいろ見てたら、えっとー、プラスチックで、あの、試作品を作るっていう会社があって、ちょっと面接に行って、「あっ、面白そうだな」って思って、名古屋のそこに入ったんですね。そこも長かったですよ。それも七年くらいいたんですけど。

面接（近代産業から伝統産業へ）

ところが、一九九〇年以降のバブル経済崩壊を機に、富夫の勤めていた会社の経営が思わしくなくなり、会社を辞めさせられている。その次に職を求めて、電気工事施工管理会社に入るが、仕事が合わずなんと三ヶ月でやめている。そしてそのあとに見つけたのが㈱山本鬼瓦工業であった。工業高校から最後の電気工事の施工会社に至るまで、一貫して電気関係中心の仕事ないし、近代（欧米）技術関係の仕事をしてきていた富夫が、なぜ一転して縁もゆかりもない日本の伝統産業の世界に入って行ったのか不思議になり、その理由《わけ》を聞いたのである。

その時の『ビーイング』で探すしかなかったので、その当時。で、こういう業界って、当時まで、「親戚のあの子、ちょっと来てくれるらしいから」って、人が来たりする時代であって、あえてこう募集するような規模で人を入れなかったみたいな感じなんですよ。昔ですからね。

でも、たまたま、その就職情報誌に載せたと……。たまたま、それを見た……と。何回か出たらしいんですけど。だから僕のちょっと前にも、その、「全然知らない人を入れる」っていう例が、半年ぐらい前からスタートしてたみたいです。

富夫は偶然に見た就職雑誌の広告が切っ掛けで鬼師の世界に入ることになった。ところがさらに偶然は続くのであった。なんと二軒の鬼板屋が同時に同じ情報誌に広告を打っていたのである。しかも、この二軒の鬼板屋は（上鬼栄と山本鬼瓦）お互いに同じ町のしかも近所にあったのである。富夫は当然二つを天秤にかけることになる。

ちなみに同じ時に上鬼栄さんも広告を出してて、（山本鬼瓦に）近いじゃないですか。で、僕は名古屋から来るんで、「両方いっぺんに行くか」つって、まず上鬼栄さんに行って、あとで、こっちに（山本鬼瓦）来たんですよね。面接ってか、様子見に……。

つまり富夫は同じ日に同じ町で二つの鬼板屋の面接を受けたことになる。採用する側が面接するのだが、同時に逆にある意味、面接を受ける者に面接されることが起きたのである。

そういう事です。まあ、こういうアバウトなとこなんで、しっかりこういう面接じゃなしに、ほんと、まー、「工場の中、見学しょっか」とか言ってという感じですかね。

その時、富夫は高校を卒業して一五年がたっており、すでに三三歳になっていた。いわゆる昔でいう小僧にあたる富夫は、通常なら中卒ないしは高卒で入る新人と比べるとはるかに年を食っており、これから職人になるには明らかに遅いスタートであった。

今、自分でも、「こういう職人仕事では遅いから不利では……」なとは思ってたんですよ。でも別に社長も、「まー、だめなら嫌になって辞めていくだろう」っていう気持ちがあるし、「いいよ、別にやる気があるなら」っていう事で、雇ってもらったんですね。

今から二二年前の平成五年（一九九三）、富夫が三三歳の出来事である。しかし、実際は上鬼栄と山本鬼瓦の二つの鬼板屋をほぼ同時に受けていたのである。富夫は二つを比べて次のように言っている。

上鬼栄さん行かれましたよね。（私がうなずく）多分、道を挟んでこっち側が新しい工場ですよね。あの前だったんですよね。で、その時、当然、土曜日に来るっすから。休みで。こっちもやってていうことで。でー、見学させてくれたんですけど……。たまたま、その当時は今みたいに、若い人はいなくて……、僕の後ですから、あの三人。でー、おじいさんが一人仕事してたんですよ。相当なお年でしたよ。もう、……もう、よたよた……みたいな感じで……。「ちょっと、これは教えてもらっている何年かの間に亡くなるかもしれない」みたいな。土曜日だったから人もいなくてね……。

こっちに（山本鬼瓦）来て、その時、こっちも義照さん（杉浦義照）しかいなかった。社員じゃない人に怒ることはないですから……。「見学させて下さい」って、社長と一緒に来て。「なんだー、鬼瓦作りたいのかー。興味あるのかー」とか言って、話して、「あ、はーい」って。んで、その時、大きなもの（鬼瓦）作ってたので、インパクトがあったんですよね。たまたま。で、「あ、こっちの方が仕事の内容的に面白いんじゃないか」って思っただけのことなんです。はい。

上鬼栄からは特に何かあったわけでも、断られたわけでもなかった。おそらく富夫が頼めば受け入れてくれたと思うと話すのであった。

おそらく僕が「雇ってください」って言えば、「よし、じゃあ来週から」みたいな。ええ。その証拠にっていうか、その同じ広告なのか、そのあとなのか、（上鬼栄は）三人ほど採って見えますからね。

たまたま、週末の土曜日に、どちらの鬼板屋も一人、鬼師が出て働いていて、その両方の鬼師の様子を見比べて、富夫は決めたのかと思い、念を押してみたところ、他にも別の偶然があったのである。

（上鬼栄の）工場が古かったんですよね、昔。もう、これはオフレコっていうか、そんな話ですけど、便所のにおいがきつかったんですよ、建て直す前で……。今はおそらく綺麗なんでしょうけど……。「これはいかんは」と思って……。今思えば、どっちが良かったかって難しい問題ですよね。

時間を経て見ないとわからないことって沢山ありますからねー。

「たまたま」という偶然に身を任せた富夫ではあったが、西洋の近代技術から日本の伝統技術への転向に際して本当に求めていたものが心の奥底にあった。「もの作りをしたい」という欲求である。つまり「手作り」である。それは子供時代からの富夫の性癖でもあった。

まあ、基本、作るのが、そのー、ものを作るのが好きだってことですよねー。だからー、今でも、そのー、株のやり取りが仕事の生業《なりわい》だという人は世の中にいますけど、それって、なんというか、仕事という概念から外れとるんですよね。

富夫には「もの作り」と「もの作りではない」世界が二分されて存在しているのであった。

市役所で働いている、市役所にコーヒーを買いに行くんですけど、（山本鬼瓦から近い）皆さん、バーッと机に向かってやってるんですけど、「それ、楽しいですか」って聞きたいですけどー。……てか、あーいう普通の仕事で、仕事としての要素がよくわからないんですよね。そういうのが性に合わないっていうか。……かといって外で、そのー、力仕事をするのも、そんなに好きでもないんですよね。

ところが、上鬼栄と山本鬼瓦を天秤にかけた富夫の選考には、さらに裏がもう一つ潜んでいたのであった。一通り、富夫から話を聞いた後、「その、あの、なんというか、広告というか、上鬼栄さんと山本鬼瓦さんが出したのには、何て書かれてあったんですか」と聞いたのである。

鋭いところを先生突いてきますねえー。山本さんのその広告には、……、多分、俺、まだ、その切抜き持ってるんですけど……。

「経験四〇年、月給一〇〇万円」って書いてあったんですよ。

そうなると、「あんた、金か」ってなるけど、その、三三でスタートして、その、頑張る、「がんばり甲斐《がい》」がほしいわけですよね。

その、年功序列じゃないんで……。「頑張れば俺もひょっとして、いずれ、俺も、一〇〇万いけるのかな」と思いましたね。広告のインパクトは。

上鬼栄さんの方は「現代に引き継がれる技の数々」みたいな、そんな広告でしたけど……。山本さんも当然そういうのがあって、月給の例でそれがあったんですよ。それが大きいポイントなんだけど……。まあ、先に言いませんでしたけどね。結構大きいですけどね（図8）。

しかし、富夫はすぐに付け加えて、入る前と、入った後の現実との違いに言及するのであった。

でも、まあ、それも実際、まー、『ビーイング』に書いてあることなんて、嘘ばっかりですから、そんな現実はありません。ただ、もっとも景気のいい時代に、義照さんが月給が一〇〇万円だったっていう事は、現実にあった。ほんで、ちょっと違ったなあ。えっとー、「月給一〇〇万円の職人」、何回か広告に出たんですけど、「月給一〇〇万円の職人が三人いる」みたいなパターンもあって、……で入ってみると、一人、二人、三人……、「ありえんな、これは……」っていう。「それ、社長と奥さんと義照さんじゃないですか」みたいな（笑）。

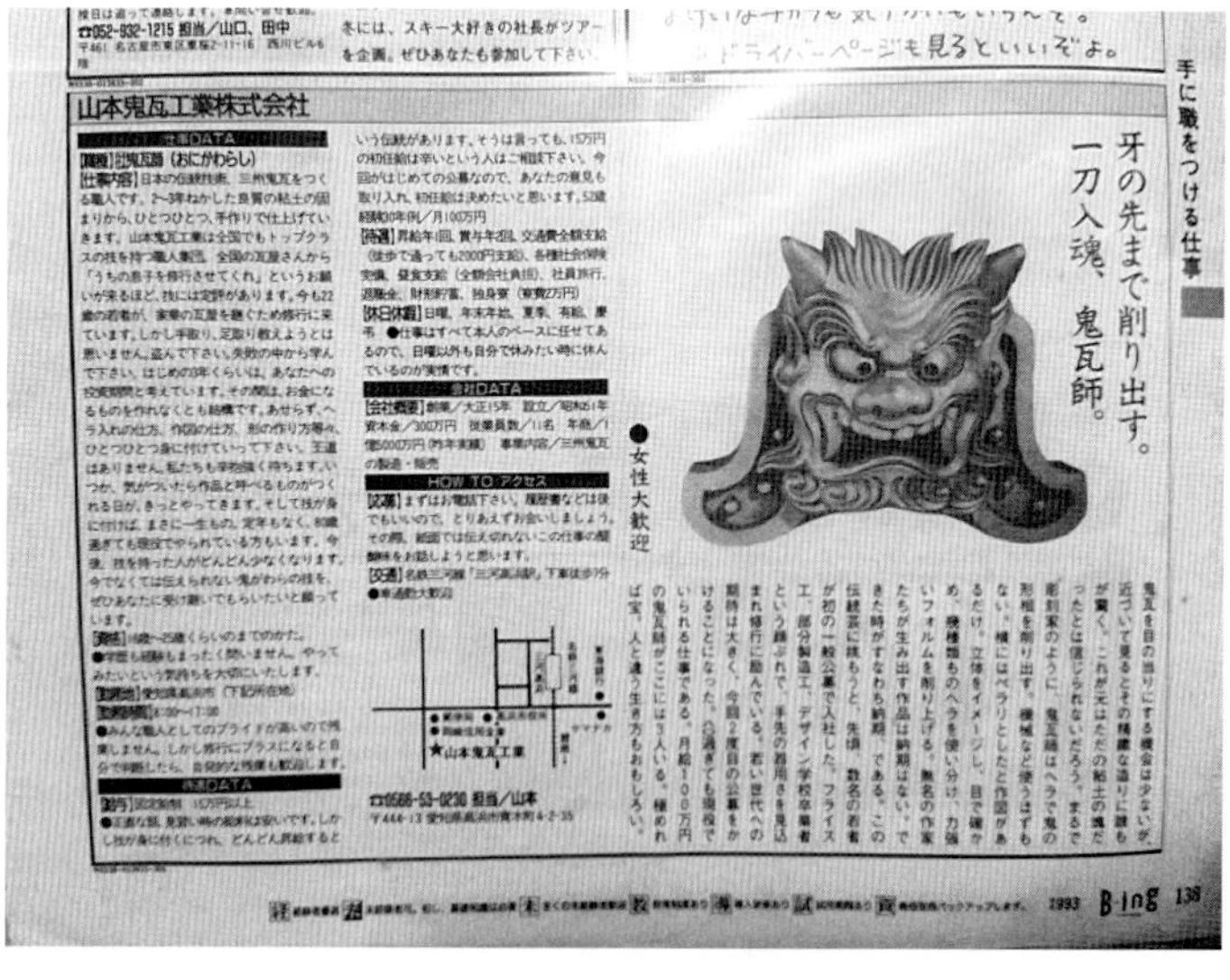

図８　B-ing（ビーイング）求人情報誌の切り抜き

みたいな疑問はありましたけどね。まあ、『ビーイング』に書くことっていったら、今じゃ考えられないですけど、昔じゃ、もう、集めたもの勝ちってとこがあったんですよね。

鬼師への「推《すい》」「敲《こう》」

つまり、大きく二つの理由によって、富夫は鬼師の世界への扉を敲《たた》いたことになる。「仕事が面白いんじゃないか」と「ここなら稼げるかもしれない」。そして、三三歳の日栄富夫が推《お》した扉の背後にある「鬼師の世界」へその第一歩を踏み出したのだ。

えっとね、まず義照さんですね。義照さん、仲のいい人なんかいないですけど。義照さんとすごく仲の悪い神谷さんっていう人が、今、専務の家が建っているところが、離れた工場だったんですよ。そこで一人だけでやってました。で、あと、その当時、八十代のおじいさんが、実際、その人はすぐ横でやってたんで、実際の作るとこを見ることができた人なんですけど……。

山本種次さんです。

この人、鬼源さんで昔十代の頃に修業してて、丁稚奉公してて、奉公返しっていうのがあるらしいんですけど……。それをやってたら……。

「それ、詐欺じゃないのか」みたいなシステムですね。その頃、種さんの、二〇ぐらいの時から、こう、高度成長が始まってくような事態で、「もう、俺、こんなとこで、こんな昔のたるい仕事やっとれんぞ」っていうことで、この人はトヨタに行ったり、名鉄でサラリーマン生活を終えた後、もしくはやりながら、小遣い稼ぎでやってた、まー、「バイト鬼師」みたいなもんですよ。でも、昔、丁稚も経験して、バイトとはいえ、経験が長いんで、すっごく偉そうでした。

富夫が種次について話していることは、杉浦義照が話していたことと符合する（二一〇、二一五〜六頁）。義照が若かった頃（終戦後〜一九五〇年代）農業をしながら鬼師をする、兼業型の鬼師が実際に普通にいたことと、富夫の話が妙に響き合うのである。富夫は現代風に「バイト鬼師」と言ってはいるが。また兼業とか、バイトというと、何か片手間仕事のような意味合いがあるが、実際は気骨のあるものであることを富夫は語っている。

でもね、丁稚時代にどんなものを作るかっていうと、今じゃプレスしかないですけど……、昔は影盛（鬼瓦の一つ）がまだ純粋な手作りとか……。石膏型ってのがあったのかどうか……。もう、みんな、手で影盛をいやっちゅうほど作るわけですよ。大きい日本家屋になると影盛だけで、一〇何個一式揃うわけじゃないですか。もうそれを、嫌っちゅうほどやって、雲がちぎられとったわけですよ（ダメなときはつぶされるか、千切《ちぎ》られる）。

で、影盛を義照さんの時代になると、手作りもあっただろうけども、石膏型で、もう、とにかくバンバン。それが修業の若い頃の仕事なもんですから。

影盛という鬼瓦を例に引きながら、昔の小僧といわれた丁稚時代の職人の鍛えられ方に言及している。これに今の新人が置かれている状況を重ね合わせると、手作りといわれる鬼作りの技の熟練度の違いが質においても、量においても、圧倒的であったことがわかる。

僕らが入って影盛なんか一度も作ったことないですよ。もう、プレスでやるから作る必要がないわけですわ。で、義照さんに言わすと、「影盛、嫌ほどやったこともねーくせしやがって」って。「いきなり、経ノ巻とか、鬼面とか、シャラくせー」となるわけですよ。

でも、実際売るためのものは、鬼面か、経ノ巻しか、今スタートするものがないんですよね。だからしょうがないんですけど、昔を知ってる人からすると、「洒落臭《しゃら》い」っていう事ですね。

『ビーイング』を見て鬼師の世界へ入った富夫だったが、富夫が言っているようにその前後に何度か『ビーイング』に同じような広告が載っており、富夫以外にも何人もの一般の人が鬼師の世界へ入っていることがわかる。しかし、現実は思いのほか厳しい世界であった。そして今もそれは変わらないと思われる。鬼師の世界の選抜試験を潜り抜けないといけないのだ。いわば「鬼師の世界」の洗礼である。富夫はその厳しい現実を語っている。

『ビーイング』で募集しましたよね。で、「これは面白そうだ」ってんで、入って来るんですけど、すぐ、その『ビーイング』に書いてあったこととのギャップにうんざりして、ドンドン辞めて行くんです。

要は入社のときにコンセンサス（意見の一致）がなってないんですよね。何がやれる仕事で、どういう仕事ができるのか、いやそれは無理だとか。そういうので辞めたり、まー、その種さん、山本種次さんっていうおじいさんが、まー、昔ながらのいじわる爺さんみたいな人ですからね。その同じ隣同士でやってると、もう腹立ってやめてっちゃうとかね。

もう、勝手に落ちてっちゃうっていうのか。うちが首を切ったのは、おそらく三ヶ月来なかったその三和君と……、まー、「三和君ダメだぞ」っていうふうになったのは一人だけで、現実に首になることはないです。よほどのことがない限り。

……どうでしょうね。半分は残らないでしょうね。三分の一くらいですね。今あげてない中にも、いっぱい人がいます。

こうした難しい現実の中を潜り抜けて、富夫は鬼師の道を歩んでいったのである。すでに何度か職を変え、三三歳になっていた富夫はもはや後戻りができないといった状況にあり、かなりの覚悟を決めて鬼師を目指したのだ。

入ったのが遅いから、他に行くところがないんですよ。そりゃー、タクシーの運転手やろうとすればできますけど、そもそも嫌いではないっていう事ですよ、この仕事が。

鬼師への道

富夫が「意地悪じいさん」と呼ぶ鬼師、山本種次と同じ仕事場に、富夫は山本鬼瓦に入るとすぐに配属された。ただ富夫が意地悪じいさんと呼ぶからにはそれはそれなりの理由があったのだが、富夫は別の行動をとったのであった。

（山本種次と）離れてはいましたけど、まー、同じ部屋です。その部屋にはですね、種次さん入れて四人とか五人とかですね。

山本種次は年齢的にも、技術的にも、すでに熟練した鬼師なので、その仕事場においては実質上の師匠であり、親方でもあった。富夫はこの種次に付いて鬼瓦作りを一から学んだことになる。

まーそう言うしかないですよね。他に話せる人がないわけですから。で、僕も仕事覚えたいんで。その人、種次さんは、誰よりも早く来るけども、誰よりも遅く帰るんですよ。一番年上なんだけど。で、若い子は五時になったらもう帰っちゃいますよ。で、僕は年が年だけに早く覚えたいんで。種次さんやってますよね。五時からでも。ジーッと見てるわけですよ。見てても文句を言わないところが種次さんの一番素晴らしいとこですよね（図9）。

富夫はほかの若い職人たちが定刻に帰った後も、いつものように残って仕事をする師匠の種次の仕事ぶりをじっと見るために居残ったのである。幸いなことに種次は富夫が見ていても何も言わなかったのである。どの鬼師もが必ず言う鬼師の修業の仕方は「見て覚える」である。例外は無い。しかし、師匠である親方が弟子に見せるのは最初の鬼瓦を作るときのみであり、後は直《じか》に師が作っているところをまじまじと見ることは許されない。チラ、チラッと横目で盗み見をしながら、自ら勘考しつつ作ることになる。見ることができるのは、師が帰った後の残された鬼瓦のみなのである。富夫と種次の関係は極めて例外的なケースになる。種次が居残り、富夫は文字通り、まじまじと鬼瓦を作る種次のそばに立って「見て覚える」ことが好きなだけできたのである。

図9　山本種次

富夫は「見て覚える」で止まらなかった。なんと種次が仕事場を七時に引き上げると、さらに一人居残って、九時、一〇時ごろまで鬼瓦を作ったのである。

で、ま、入ってまだ間もない時に、僕らでいう、普通の人でいうと、鬼瓦っていうと鬼面をイメージしませんか。

で、当然、「自分でもそれを作りたい」と思うわけですよ。経ノ巻作ったことはないけど。それで、種さんが帰った後に自分でコツコツ作るわけですよ。で、今日は、まー、ベースだけ作って、ちょっと盛ってって、帰ると。種さん誰よりも早く来ますよね。いやらしいことですよ。人の職場をね、チラッと。「こいつは何をやっとるんだ」と見るわけですよ。「こいつ、何を作っとるんだ」と。

どうすると思います。なぜかそれを義照さんにチクリに行くんですよ。「あいつは夜な夜な鬼面つくっとるぞ」と。ほんで義照さん、どうすると思います。社長に、「おい、何をやらせとるんだ」と、行くわけですわ。で、今度、社長は俺のとこ来て、種さんと一緒に来て、「日栄君、そんなもの作っとっちゃかんやろ」つって。で、帰って行くわけですけど。……で、「すまんな、こう言わんと種さんの気がおさまらんもんで」ってなるんですけど……。辛いですね、僕の立場は……。

でも正しいのは、やはり、今、現代ですから、俺は、金を払っとるわけでもないし、自分のためにやってることなんで、「種さん、ちょっと大目に見てやってくれんか」とひとこと言ってほしかったなあー。

山本種次や杉浦義照が社長に抗議をするのは、やはり昔の小僧の時代に嫌というほど鬼面ではない鬼瓦を作り続けてきたことが大きい。富夫がいわゆる小僧の身分で、一人残っていきなり鬼面を作ることに二人が憤りを覚えたのは無理ないと思われる。

一方、そうした先輩鬼師の圧力にもめげず、耐えて鬼瓦を夜一人残って作り続けたのは富夫であった。その努力が三三歳という歳の壁を壊したのである。「艱難汝《かんなんなんじ》を玉にす」という。山本種次も杉浦義照もそれぞれ素晴らしい腕を持った鬼師である。そうした鬼師に巡り会えたことが今の富夫を形成したといえよう。この二人から学んだこと（見て覚える）について富夫は述べている。

ただ今となっては何か月かやってれば、何年かやってれば、考えればわかります。はい。どういう構造にして、どういう手順にしてやるか、っていうのは、そんな難しいことじゃないですから。

一番難しいのは「どう迫力を出すか」、「どうきれいに見せるか」っていう自分の中の話なんですよね。

ただよほど大きなものは、やはり「構造をどうするか」っていう、こう、経験値っていうのがモノを言いますね。種さん、その、ま、うちでもバイトの延長上の技術しかないんで、そんな大きいものはやらなかったわけですわ。小さいものばっかりで、一人で何とかぎりぎり持てるくらいのものなんで。

そういう、その、大物を作るための構造的な知識っていうのは、やはり、義照さんが作ったものを焼く前に見て、「こういう構造か」と……。そういう直接教えてもらわない部分で、その、えっと、メリットはあるわけですけどね（図10）。

種次と義照の二人の対照的な鬼師の存在は、富夫にとってはある意味、極めて補完的な関係をもたらし、富夫の鬼師の修業になくてはならない師となっていることが見えてくる。

種さんは仕上げだけはうちの会社で一番だったんですよ。で、まー、種さんと義照さんとの仲は本当には良くない。世間話は義照さんが仕事の息抜きの時には二階に上がって来て、種次さんと世間話をするんですよ。でもほんとには仲は良くない。

で、種次さんが「義照の仕上げ見たか、あんな汚いものを」と言うわけですよね。そういう意味で、「手は抜くな」というのは言ってましたけどね。あと、雲の何たるかについてはとてもうるさかったです。雲の美しい、でもそれは、影盛の嫌ほど作った影盛の、ここの、この形なんですよ。でも、僕ら、これを作るのを年に何回かしかないんで、どうしてもうまくならないです。こう、

図10　鬼瓦を三人で位置をずらしている様子

画一したテクニックを得られない。嫌ほどやってないんで……。仕上げにはうるさかったってことですよね。

なぜ富夫は仕事が終わってからわざわざ居残って作り続けたのかについて答えている。

目標はないですね。そんなに。その、ま、「作ってみたい」っていう欲求ですね。その手頃のサイズの、あの、復元とか来たりするんですけど……。いいものもあるんですよ。やっぱり、その、義照さんの雰囲気とは違うけれども、「これはいいな」っていうのがあるんですけど。それを、こう、真似して作るんですね。

具体的に、たとえば現物を目の前において作るのかと、そのやり方を聞いてみた。

まあ、そんな時もあります。現物持って帰られちゃう時は、現物、こう写真撮ってとかですよね。同じサイズとか、あまりにも大きいものは手頃のサイズに落としたりして。だから影盛を練習するとか、そういうのはないんですよね。それはやればできるってことではなくて、もうプレスがあるので、作る気にならないでしょうね。

鬼「師」の多元化

山本鬼瓦で鬼師への道を歩み始めて、直接的な師としての山本種次と、仕事場に入れないが出来上がった窯入れ前の鬼瓦を見ることができる間接的な師としての杉浦義照が富夫の実質的な鬼瓦の師であった。しかし、富夫の鬼師への道は山本鬼瓦を越境し始める。

(山本鬼瓦では)たまたま見れる人は種さんだけだったことですね。でもね、一番ためになるのは、僕が入ってから何年かたった後だったかな。こう、若鬼士会っていうのが設立されて、いろいろ余所《よそ》に行ったり、他の、ちょっと年が上の人とか、普通に話せる鬼師さんと出会うことができたわけですよ。ほんで、「あそこってどうやってやるんですか」って聞けるわけですよ。それが一番大きい。

ええ、実際大きいかもしれない。一緒に、その、共同で何かを作るとかいう事があったりして……。「え、そうやってやるの」っていう事があったりしましたよ、実際。

もっと具体的に若鬼士会のメンバーのだれから主に教わることがあったのかたずねてみた。富夫はその問いに率直に答えてくれた。

あのねー、実際、メンバーは跡取り息子的な人ばかりなんですよ。事業主であったり。そんな中で、その、鬼百さんの梶川さんとか(梶川賢司)、萩原さん(萩原尚)なんかは現実的に年上ですからね。実際作ってると……。「作っていないと話にならない」ですよね。

ま、そのくらいでしたね。他にもいましたけど、作ってない人もいるし、そんな感じですかね。ただ今となって思えば、思えばってか……、言えるんですけど、その、まー、基本の「き」ですから、いずれわかることであって、ごく普通のことなわけですよ。

富夫は鬼瓦製作の基本の「き」のそのまた先に向かってさらに歩を進めることになる。文字通りの鬼「師」の多元化が始まる。

そっから先はですね、もう、いいものを見れば自分のレベルがわかるじゃないですか。「いいもの……とはどういうものか」と。「どういうものか」って、たとえば、その吹き流しっていう足がありますよね。あれの中でもかっこ好いのと、かっこ悪いのがありますよね。当然かっこ好くないといけないと思うんですよ。お金を払う人が買うわけですから。で、「どういうレイアウトが美しいのか」っていうのを考えるわけですよね。そうなると、「あっ、何年か前に作ったのは非常にまずかったな」と思うときもあるんですよ。他の荒目についてもそうだし、もちろん鬼面についてもそれは言えると思うんですよね。

ただ、おまかせで、「何でもいいから作ってください」っていう注文はほとんどないです。「あのー、古いこれを復元してください」、「カタログの何番の顔で作ってください」っていう事なんですよね。

でもそんな中でも、その、一番美しいもの、かっこ好いもの、迫力があるもの、っていうものは「前よりも良くしようという気持ちがないとだめなんです」よね。そこと、そのー、実際のコストとの兼ね合いをどうするかみたいなもんはありますけど、芸術家ではないんで、その、何か月かけて、「もういいかな」っていう話じゃないんですね。

納期もありますし。その、鬼亮さんの凄いとこは、スピードも凄いんですよね。それも大事なわけですから。まあ、いろいろ考えなければならないことは多いと思いますけど……。

ここにいよいよ鬼の美の世界が登場してくる。そして上がって来たのが、「鬼亮さん」という鬼師であった。すでに鬼亮こと梶川亮治の生き様については述べている（六八～七六頁）。ここでは日栄富夫が語る梶川亮治の姿を紹介する。その発端は技術とともに必要とされ、また同時にはっきりと表れてくる美に対する姿勢についての質問であった。「日頃、どういった努力、そういった美のセンスというか、それは何で磨いているのですか。もちろん他の人の作品を見て盗むっていうのはあると思うんですけど」と聞いたのである。

今の質問自体がね、その、まるでやってるかのようなあれですけど……。波もありますけど、いま、ルーティンの仕事に追われて、そういうのを、こう、意識してやるためには自分もそれだけについて考える時間が必要なわけですよ。あんまり、今のルーティンの仕事の中では、その、そういう美しさとか、芸術作品とか、純粋なね、そういうのはあんまりちょっと違うんですよね。で、仕事がそっちなわけですから、その、芸術について考える必要がないじゃないですか。食べていくためには、ま、役には立つんですけどね。で、その、具体的にそういうのを意識してなんかするっていうのは切っ掛けがないとなかなか……。たとえば年に一回、その、えっとー、鬼瓦何とか……、（鬼瓦コンクール）その時に、まー、真剣に考えることはありますけど……。まー、ルーティンの中で、「これをどう綺麗にするかしか考えないですけどね」。うーん（図11、図12）。

職人の目指すものと芸術家が目指すモノの違いが同じ美しさの表現とはいえ、大きく異なることが見えてくる。職人の求める美の世界と芸術家の求める美の世界。通底するのは「美」である。鬼師であり、芸術家である人、つまり二つの「美」の世界の越境者はいないのかと問えば、それがいるのである。すでに富夫も口にしている鬼亮こと梶川亮治がその人である。富夫は多元化する鬼「師」について言葉をさらに紡《つむ》いでいる。

芸術性はないけど、その工芸品としての美しさのマックスを目指す必要はやっぱりあるから、そういう事を考えますよね。その最終手段の、盛った文様のことですけどね。ただ、仕事によっては、あのシビなんかのを作るとして、こんなどでかいのを作るとすると、形の美しさは図面上で考えますけど、現実、一番大事なのは、「構造としてどう作るか」、「焼いて、そのー、捻《ね》じらない構造は何か」、「こう分割した時に一番問題がないのはどういう形か」っていう方の話なんですよね。作るものによって、その、考える内容が違うともいえますねえー。

この話の流れで出てきたのが、「吹き流し」と呼ばれる鬼瓦についてであった。そして、この時に富夫は鬼亮に言及するのである（図13）。

鬼亮さんが講師で、前、話をしたときに、「みなさん、吹き流しっていうのはどうだ。かっこ好いと思うかね」とか言うわけですよ。「あんまり鬼亮さんは吹き流し好きじゃないんだ」と思って、で、よく吹き流しの歴史を紐解くと、どうやら三河で発明されたっていうか、生み出された足のスタイルらしいんですよ。京都とか奈良の本場ではちょっと違うみたいな。そういうところからそういう話になったのかな。

でも、美しい吹き流しはやっぱり美しいんですよね。碧南に鬼亮さんが作った、どでかいのがあるんですけど、すごくかっこ好いんですよ。そんな「吹き流しはそういうものか」って言ってても、あの人が作るとすごいんですよね。で、いつも、その、吹き流しで困った時にだいたいよく行くんですよ、見に。

まー、きっと芸術関係の僕の心の師は鬼亮さんなんですよ。

いつごろからなんですかと問うと簡潔な返事が返ってきた。

もー、鬼亮さんの存在を知った時から。

そしてさらに鬼亮への言葉が続くのであった。師として仰ぎ見る記憶の中の鬼亮がある種の逸話となって語られる。

図11　鬼瓦を復元する日栄富夫 2016 (1)

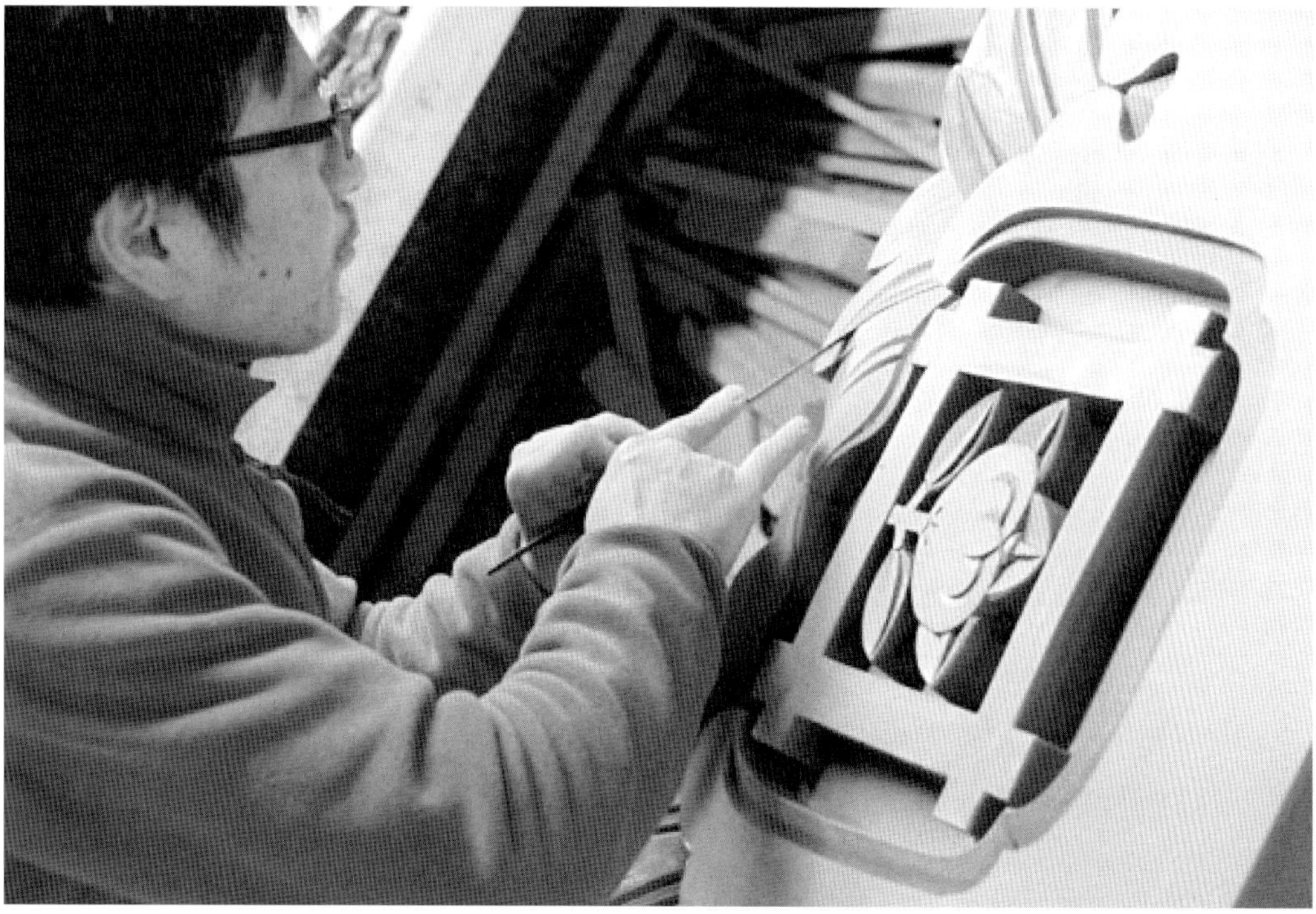

図12　鬼瓦を復元する日栄富夫 2016 (2)

図13　本傳寺　三尺経ノ巻吹流足付（梶川亮治作）

図14　かわら美術館　鯱

その、今、えーっとー、（かわら）美術館の前に鯱《しゃち》が置いてありますよね。あれは、もう、こっちだけで作って、大きいから分割しただけの話なんですけど……。あれを作った時に、各親方がパーッと夜鍋《よなべ》して、六時からやるんですよ、みんなで。最初はね、みんな毎日来て、ガァーやって、で終わったら、「一杯やるか」ってやってたんですけど、だんだん人がね、あまり集まらなくなるんですよ。もう飽きて来たってか、仕事もあるし、みたいな。そんな中で、鬼亮さんはね、あれ、あの時だったかな、そういう事が何回もあって……。あの公園の龍もあるんですけど、あの時一番感じたんですけど……、もう、鬼亮さんだけですわ。最後までやっとったのは、もうー（図14）。

僕も行ってないから話に聞いただけですけど。それで、そういう時に鬼亮さんの手捌《てさば》きを見るにつけ、他の人と違うんですよね、やっぱ。動きが……。

あとちょっと鬼亮さんのところへ行って僕ら若い者が話聞いたことがあったんですよね。現実に、ま、昔も知って見えますしねー。旅職人として、その、ここの現場ではない、昔は、その、ね、全然違うところへ行って鬼瓦を作るっていう、そういう話を聞いて……。「ハーッ」つって。でもそれがけっこう、人に見られながら、こう、みんな珍しいから来るわけですよ。「何をやっとるんだ」とか言って。「その中で、こう、作らないかんプレッシャーが作ることの自信になった」とか言ってましたからねえー。

また鬼師と芸術家ないしは芸術家を目指す人々との越境や交流は特に若い世代において既に進行している。時代の変化が鬼師の世界に起きているのは事実である。富夫はその変化を敏感に嗅《か》ぎ取っている。新しい美が鬼師の世界に誕生しつつあるのかもしれない。その先駆者が梶川一族であった（五〇〜八二頁）。そしてその波紋はすでに鬼師の世界に広がりつつある。つまり鬼亮を越えて、他の鬼板屋でも芸大出身の鬼師が生まれているのだ。

で、鬼瓦コンクールでも、その、やっぱり息子さんの（梶川亮治の長男、梶川俊一郎）、そのー、息子さんに憧れていたのからか知らないですけど、芸大の人が来るわけですよ。やっぱり出てくる作品が違いますもんね。うん。ちょっと、そのー、嫉妬しますもんね。その才能に。「あー、やっぱ違うな」って思いますよ。「どう逆立ちしても勝てんな」っていう。だから、もしここが潰れて、鬼亮さんが雇ってくれるっていう……、なったとしても。たとえばですよ……。結構なストレスがあると思うんですよね。「行きたいけれどもおれで間に合うか」っていう不安がありますよね。そんな感じですわ……。だから実際潰れてもらうと困るんですよね、ここが。

スタイル（流儀）

鬼板屋を何軒となく回っていると、自然に各鬼板屋で作られている鬼瓦に独特なスタイルがあることに気が付いてくる。個人的な好みや良し悪しの評価は横において、なぜこうしたスタイルないしは昔から言われている流儀といったものが生まれてくるのかを考えてみたい。いろいろな要素が絡み合って出来上がって行く様を富夫の言葉を借りながら紹介する。まず考えられるのが職人たちの習性から生まれてくるものである。鬼の技術の修得は基本的に「見て覚える」が黄金律である。杉浦義照がいみじくも言っているように、「学校の勉強とは違うもんだ」となる。すると鬼師の技のレベルが進み始めると「見て覚える」からさらに進んだ「見て盗む」段階へと入ることになる。こうなると自然、独特な習慣が生まれる。それぞれの鬼板屋はよそで働く職人を警戒することになる。すると職人はほかの鬼板屋へは入りづらい状況が生まれてくる。

（他の鬼板屋は）いや、わかんない。実はなかなか行きづらいし、行く伝手《つて》もないんですよね。

そのー、無量壽寺で（寺の創建時に）、（鬼瓦の制作を）いっぱい分散しましたよね。その時、打ち合わせで、ちらっと（上鬼栄）行っただけで、この二〇年で一回しか、その時。行ってないですよ。もう、社長同士は当然しょっちゅうありますけど、職人というとなかなか……。行ける人もいるんですけど、山下君（山下敦）とか、鬼十さん（服部秋彦）のところは別に行けるんですけど、難しいですね。

そして、何が起きるかといえば、特定の鬼板屋で配属された仕事場での鬼「師」との出会いとなる。師の鬼のスタイルが弟子に伝わることになる。

それほど難しい仕事じゃないんで、自分のスタイルで、あの、最終的に鬼瓦ができれば特に問題がないわけですよ。どうやって作ろうが。

ただ、実際見る機会があったのは、まー、出来上がった後の義照さんと、種さんだったっていうだけの事なんですよね。

富夫はさらに鬼板屋のスタイルがあることを話すのであった。それは石膏型の存在である。

それと、あと会社にそのスタイルがあるわけですよ。そのスタイルっていうのは一番パッと見てわかるのは石膏型ですよね。その石膏型を作ったのは、今、鬼、義照さんの師匠の類次さんが作った型がどうしても一番最初にできたわけですから、原型になる。

類次とは石川類次のことで、義照の師匠である。二人の関係についてはすでに前の章で述べている（二〇六〜二六頁）。富夫はその石川類次が作った鬼の原型が山本鬼瓦のスタイル（流儀）を形成しているというのである。

（類次の石膏型を）使ってましたね。僕が入った頃はそれ以外になかったです。ただ、そっから種次さんが、その、ある程度までしか石膏型はないんで、で、それ以上は手作りになるわけですわ。で、手作りってのは、たくさんお金を払わなければならない。ただそれが石膏型だったら安くなるわけですよね。賃金が……。で、社長は思ったわけです。もう、「ドンドン石膏型作ろう」と。大きいやつも。で、それ、原型、種さんが作って、僕たちが石膏型に流して、型にしてきたのが、今、メインになって来ているので……。

その、それで作ったものは種さんが作った雲であり、若葉であり、荒目の形になってきちゃうわけですよ。で、一屋根分で大棟だけ違ってくるのはまずいんで、そのスタイルで大棟作るわけじゃないですか。バランスがとれるように。だから「型の原型を作る人のスタイルが、ある意味、そのー、会社のスタイルになる」こともあるんですよ。

石川類次はもともと山本鬼瓦の前身である山本福光の職人であった。親方の山本福光が仕事場へ入ることはあまりなく、実質上の親方であり、事実、杉浦義照、福井謙一、神谷益生の三人の鬼師を育て上げている。そして山本福光が一九五九年九月二六日に三河地方を襲った伊勢湾台風とその甚大な被害とその影響に鬼瓦の将来を悲観し、結果鬼板屋を閉鎖した。その際に兄の山本成市に職人とその他全てのものを譲ったのであった（一七二～五頁）。そういった経緯を知っていたので、石川類次が現在の山本鬼瓦の大本《おおもと》に位置していることは分かっていた。しかし、職人の視点から見た石川類次の影響力については思いも及ばないものであった。伝統、伝承、流儀といった考えを理解するうえでの重要なヒントになるといえよう。富夫は実際に作る職人なので、会社のスタイルの成り立ちをさらに詳しく述べていく。

ただ、今、型は壊れて来るわけですよね。廃棄されて種さんの型がベースになってくると。で、種さんの、種さんには悪いけど、種さん、バイト鬼板師なので、そういう芸術性がないです。だから雲の配置がたまに良くなかったりする。

で、その類次さんの雲についてもよく言わない人もいます。「雲が低い」だとか……。ただ「型としては非常に抜きやすい」ので、作業性は良いわけですよ。どっちを取るかっていう問題で、類次さんは「そっちにしてくれ」って言われたのか、自分で決めたのか、わかりませんよ。非常に作りやすい型ですね。種さんのは抜けないしね、形もあまり……、「いいレイアウトじゃない」と思っているんですよ。ただ、しょせん小さなものの話なんですけどね。

富夫は富夫が行かなかった上鬼栄の石膏型の量の多さやそのサイズの大きさに言及しながら、石膏型を作る難しさに話を移すのであった。

石膏型を作るのも、けっこう技術がいって、誰かに聞かなきゃ作れないじゃないですか。で、それの技術を類次さんは持ってたんですよ。そこで死んで一回途絶えてますから。だから、類次さんが作ったような使いやすい石膏型が今作れません。作れないこともないんですけどね。いろんなテクニックがあると思うんですよね。

古代鬼面も、古代鬼面に一番よく表れているかもしれませんね。ここの会社はこういう顔、ここの会社はこういう顔、ってもう決まっているんですけど……。一つにはその石膏型で作るから、それがカタログに載っていって、で、他社との差別化しなきゃいけないですよね。それで、全部、こう、個性が出てるんですけど。そんな個性出す必要のない雲にもなんとなく出るんですよね。その、型があるものについての話ですけど。

ところがその型がなんと手作りの職人である鬼師に影響を及ぼすと富夫は言うのである。

ただ、そういうものを見てきているので、その影響はやっぱ出てしまうと思います。こう、平ぺったい雲の人もいれば、こんもりとした雲の人とか。そういう差はあるんでしょうね。おそらく。

つまり、もう日々、毎日作り続けるわけなので、知らず知らずのうちに型が持つスタイルが刷り込まれていき、いつの間にか身についてしまうのである。ではそうした流儀の修正ないしは補正はできるのかと問えば、富夫は「可能だ」と言う。ただ、それがいつもとまではいかないが、一つできる機会がいわゆる古い鬼瓦を復元するチャンスが訪れた時である。古い寺から文化財の修復として降りてきた鬼瓦は当然のことながら、古代のある時期の、ある地方の、ある集団の、そしてある鬼師の、いわゆる流儀が刻み込まれていることになる。しかし、当然のことながら、平成二八年の、三州の、山本鬼瓦における流儀とは明らかに異なる流儀を持つ鬼瓦になる。その復元作業に携わると、「手が覚える」と富夫は言うのであった。この感覚は作る職人だけが知る世界である。

で、復元で鬼面を作るとかいう仕事があるときは、こういういい加減な鬼面なんだけど、しっかり復元しなきゃいけないのがあったりすると、ま、たとえばそんな感じの鬼面を「復元」とか言って……。あれ、古いから価値がありますけど、今それで出荷したら、お前バカにしとるのかっていう鬼面なわけですよ。

で、復元するとね、けっこう癖が、……「手が覚える」っていうんですか……。だから逆に言えば良いものを、ものすごく良いものを復元するっていうのは、ものすごく勉強になるんですよ。だから、そういうものの時の方が、伸び盛りの人を当てるにはすごくいいと思うんですけど。いかんせん、義照さんに行っちゃう。

まー、わかりますよ、それは……。気持ちは。その若手はそれを見て、自分の直《じか》に作る時間があればそれでいいんですけど、まー、なかなかそこまでやる人もいないし……。

実際、仕事でやってると、加速度的にうまくなりますよね。いいものを見て作るっていうのはすごく勉強になるんですよ。そんなこともあります（図15、図16）。

一番難しいけど、いい仕事を取って来るっていう、一番最初のスタートがあるわけですから、そこが一番大変ですよね。

図15　鬼瓦を復元する日栄富夫 2016 (3)
左：コピー　　　　右：オリジナル

図16　鬼瓦を復元する日栄富夫 2016 (4)
左：コピー　　　　右：オリジナル

まとめ

日栄富夫の鬼瓦職人の姿を追ってみた。見えてきたのは鬼師たちの一連の系譜である。鬼瓦作りの伝統がいかに受け継がれていくのかが富夫の語る話の中に浮かび上がってくるのである。直接の師である山本種次、そして間接的な位置に立つ第二の師である杉浦義照。ここまでは想定内の師といえるが、さらに義照の師である石川類次が富夫の師の系譜に入ってくる。さらにそのまた上には、類次の師である天野太郎が控える。その天野太郎は太郎の師となる山本吉兵衛へと続いて行く。すると一気にそれまで縦糸のように流れていた系譜が横糸と繋がり始めることになる。つまりほかの系列の鬼師と繋がり始めるのだ。線が面へと変化し、鬼師が持つ伝統に厚みが出てくるのである。

また富夫が心の師と仰ぐ梶川亮治も実は同じ山本吉兵衛の系列の一人である。富夫と亮治は現在こそ仕事をする鬼板屋は違いこそすれ、同じ鬼瓦の伝統の継承者であり仲間なのである。それがゆえに、その伝統の理想像を現在最も力強く体現している人に対して強い憧憬の念が生じるのは自然なのかもしれない。またその完成度の高さゆえに、系列、地域、時代が生み出す流儀の枠を越え、さらには鬼師という枠組みをも越え、美を追及する人々、美を志す人々、美を称賛する人々、そして一般の人々をも惹き付ける力があるのであろう。

富夫の話から他にも見えてくるものがある。各鬼師の系列という縦糸がそれぞれ世代を重ねるにつれて変化が起こり、各鬼板屋のスタイルや流儀となって定着するさまである。義照がいう地域の流儀、鬼板屋の流儀、各鬼師の流儀である。この流儀の三角関係が絶妙のバランスを取りながら独特なスタイルが出来上がって行くのである。その中心にいるのが師と弟子という二人の職人なのである。そしてこの関係は決して終わることない伝統の継承と生成という運動なのである。

[7] 鬼仙系——岩月仙太郎系（壱）

三州鬼瓦を生産する黒地の鬼板屋の第二グループが神谷春義・岩月仙太郎を元祖とする鬼板屋群である。山本吉兵衛系の鬼板屋群の場合、元祖は山本吉兵衛その人であり、はっきりしている。ところがこの第二グループの場合は話が少し込み入っている。それ故に元祖を一名ではなく神谷春義と岩月仙太郎の二名とした。

岩月仙太郎と神谷春義は叔父と甥の関係に当たる。叔父の仙太郎が慶応三年（一八六七）生まれであり、甥の春義は明治一一年（一八七八）生まれである。遠州（現在の静岡県西部）や甲州（山梨県）で旅職人として鬼師の技術を磨いていた仙太郎のところに春義が、弟子入りし、鬼師の修業を始めたのであった。結果、仙太郎と春義は師弟の関係に当たる。ところが神谷春義は技術を習得すると仙太郎よりも先に高浜へ帰り、「鬼源」という鬼板屋を興したのである。遠州辺りの鬼板の技術と流儀が仙太郎を通して春義へ伝わり、さらに春義を経由して三州へと、山本吉兵衛系とは違う鬼板の流れが始まった訳である。もし仙太郎がそのまま遠州に留まっておれば、春義が第二グループの流派の元祖となるはずであった。ところが仙太郎は長い旅職人生活を終え、高浜へ帰郷し、「鬼仙」を始めたのである。

鬼の流儀や技術は仙太郎が遠州各地で旅職人をしながら総合的に体得したものであることは明白である。しかし、それを受け継ぎ、最初に高浜へ伝えたのは春義である。それ故に、「鬼源」系と「鬼仙」系の間に元祖についての感情的なもつれがあるのは否定できない。その事を良く表している話が、「鬼源とは何ぞや」であろう。「鬼源」の初代は神谷春義なので、鬼屋の屋号は三州における命名の慣行から行くと、「鬼春」であるべきなのだが、「鬼源」なのである。これは初代の春義に思惑があって、「我こそは鬼の源《みなもと》なり」と自ら主張して「鬼春」とせずに「鬼源」としたという風聞による。こうした話が存在すること自体が、元祖争いのある証拠になる。事実はこの話の通りではなく、神谷春義は元々、神谷源之丞という名前であり、源之丞は「鬼源」を立ち上げてから、ある時、何かの事情でもって「源之丞」から「春義」に改名したのである。

以上のような事情により、ここでは第二グループを「黒地：神谷春義・岩月仙太郎系」とした。その内訳は、神谷春義に端を発する鬼板屋として、鬼源、㈲上鬼栄、サマヨシ製鬼所（現在は存在しない）、鬼長がある。さらに白地組合に所属する同系列の鬼板屋が、笹山製鬼所、鬼明、鬼富、鬼彌、シノダ鬼瓦である。一方、岩月仙太郎系に属する鬼板屋は、鬼仙、鬼作があり、また白地組合に所属する石英がこのグループに入る。ここでは便宜上、黒地の鬼板屋のみを扱い、白地の鬼板屋は白地の世界を描く時に一括して紹介する。

神谷春義系——鬼源、㈲上鬼栄、サマヨシ製鬼所、鬼長（白地：笹山製鬼所、鬼明、鬼富、鬼彌、シノダ鬼瓦）

神谷春義の系列は調査を開始した時点（一九九九年）では一〇社在ったが、二〇〇三年八月現在ではサマヨシ製鬼所が営業を停止して九社になっている。三州鬼瓦白地製造組合には笹山製鬼所、鬼明、鬼富、鬼彌、シノダ鬼瓦の他、鬼長が入っている。またサマヨシ製鬼所も白地組合に入っていた。黒地の三州鬼瓦製造組合には鬼源、㈲上鬼栄、鬼長が入っており、サマヨシ製鬼所も元メンバーであった。ここでは旧サマヨシ製鬼所を含めた黒地の四社について記述する。

鬼源

◈——神谷春義　［鬼源初代］

一説に「鬼の源《みなもと》」といわれる鬼源は神谷春義直系の鬼板屋である。初代神谷春義は明治一一年（一八七八）に生まれ、昭和二八年（一九五三）に亡くなっている。享年七五歳であった。春義の父親は船乗りであった。しかし、春義は船乗りの仕事が嫌いで、長男であったにもかかわらず、次男に家督を譲り、船を降り、遠州へ叔父の岩月仙太郎を頼って鬼師の修業に出掛けたのである。遠州での話は残念ながら伝わっていない。春義は遠州から帰ると高浜に「鬼源」を興し、鬼板屋になったのである。春義には六人の兄弟があり、その内五人が男の兄弟であった。そして春義の「鬼源」へ何と三男の栄吉と五男の長之助が小僧として入っている。この事から鬼源が春義の指導のもとで急成長していったことが窺える。後に春義の弟である栄吉は独立して鬼板屋を開く。屋号は「鬼栄」になるはずであったが、当時高浜にすでに同名の鬼板屋があり、栄吉は屋号を「上鬼栄」[1]としている。同様に五男の長之助も独立を果たし、「鬼長」を始めている。結果、この三軒の鬼板屋が鬼源系の礎を築くことになる。鬼源の発祥の地は現在の大山公園の直ぐ前にある地（春日町三丁目八－八）ではなく、少し離れた青木町四丁目七－七にあった。三代目博基はこの件について次のように言っている。

> 昔はここで（遠州）修業して来て、こちらへ（高浜）帰って来て、それでここで（現在の鬼源）やったわけではないですけど、一キロ半ぐらい向こうに、もと屋敷がありまして、まあ親父の兄弟皆分けましたので、それが親父（春義）の弟の処へ行っとりますけど、そこで最初商売やったです。それからたまたま儲けた金でこちらに越してきて、ここに（春日町）現存している訳ですけどね。あとは全然伸びんで。まあそんなところが原点ですわ。

春義は博基が一六歳で高校へ行っている時に亡くなっている。ところが博基は春義が鬼師として働く姿を知らないのである。「実際に春義さんが作っていたところを見てるんですか」という問い掛けに博基はこう答えている。

いや、作っとるところ一切見ておりません。全然、あのー、何も見ておりません。窯炊くとこも一切。親父（勝義）がやっとるとこは見ておりますけど。爺さんがやっとるところは見てません。

いやぁ、何も理由無いです。健康は健康でしたけどねえ。うーん。まあ、職人が当時ようけ居ったし、あまり、売れんかったし、そう手出いてもしょうがないて事じゃなかったですかねえ（図1）。

博基の記憶によると、祖父、春義はほとんど、玄関先の火鉢場に座っていたという。火鉢を抱くようにしていたらしい。春義は博基へ次のようにいつも言っていたという。「腕さえ持っとりゃー、生きてけれる」。「三河で、日本、あのー、一番になれば全国で一番だ」。その他にも博基は春義の言葉を父、勝義から聞いて覚えている（図2）。

親父（勝義）が習った時、あのう、何てっとったかなあ。うーん。「親子は敵《かたき》」のような事を言っとったけど。そういう意味のことをお爺さんがよう言いよったって事を、よう言っとりましたね。

博基は春義のその言葉を説明している。

「親子は鬼みたいな風になれ」っていうことをよく言っとったらしいですけど、ほいだで、親より上にいかにゃーいかんってゆう

図1　初代鬼源　神谷春義

図2　鯉巴蓋（神谷春義作）

ような事の意味かなあ。

孫に当たる博基に対しては優しかったという。ところが、直接の息子の勝義に対しては、かなり厳しかったらしい。「親子は敵」を実行していたのである。

先代（春義）はね、親父（勝義）が話したけど、無茶苦茶で、「作るもんは気に入らないと、足で踏んづけちゃう」。あの、封建的な爺さんだったそうですよ。それで、うちの親父がそれで作っているでしょ。それで出来が悪いと黙って踏んでっちゃうそうです。キュキュキュッて。

それで、反省してまたやり直す。それで、あまりうちの先代が誉める、誉めるって事をしなかったそうです。とにかく「気にいらんもんは全て踏んづけて黙ってサッサと引き上げる」というそういうやり方で親父は勉強してきた。

職人に対してはこうした事はしなかったと博基は言っている。自分の子には春義の常日頃言っていた言葉通り、「鬼」のように接していたのである。

◈――神谷勝義　［鬼源二代目］

二代目鬼源、神谷勝義は親方である春義からこのように厳しく仕込まれて鬼師になった。勝義は明治四一年（一九〇八）生まれで、平成五年（一九九三）に八五歳で他界した。勝義は当時鬼源が景気の良い時であったこともあり、高等小学校を卒業して、直ぐには鬼師の世界に入らず、全寮制の瀬戸窯業学校で五年間学んだのである。博基は次のように言っている。

まあ、全然一刻さは無かったね。ほいから、先がよく見えたね、やっぱり、本当に。化学符号は全部読めましたね、英語もほとんど。あのー、ちいとぐらいしゃべりよったでねー。

瀬戸窯業を卒業すると、その頃は就職に関しては引っ張りだこだったそうであるが、勝義は春義の「鬼源」へ入った。勝義が二〇歳頃の出来事である。春義には三人の息子があったにもかかわらず、勝義のみを鬼師にしている。すでに春義は自分の弟二人（栄吉と長之助）を職人として育てており、その事に関して色々と問題があったことが影響している模様である。

うちの爺さん（春義）も、兄弟を仕込んで凝りとるもんだ。爺さんも男の子がまんだ二人ありましたけど、もう絶対爺さんは「兄弟で同業にはせん」ってことで。「うちの家一人あやぁいい」ていうことで。

このように結果として春義は直系の鬼師を二世代にわたって育てたことになる。それが弟の栄吉であり、長之助であり、長男の勝義であった。勝義の場合はわざわざ瀬戸窯業学校へ行かせており、当時の数少ない日本の窯業学校へ勝義を送り込み、一種の英才教育を施したと言えよう。それ故に春義は勝義に対しては「鬼」のように厳しい親方であったのである。

勝義の最大の貢献は石膏型の技術を「丸型」[2]という形で初めて考案し、広めたことである。瀬戸窯業学校での技術が実際に鬼源の現場で適用され、やがて他の鬼板屋に広まったのである。博基によるときっかけは大正一二年（一九二三）九月一日の関東大震災であった。被害世帯は六九万に及び、三州を大地震の余波として突然の鬼瓦の大需要が襲ったのである。博基が次のように言及している（図3）。

関東大震災の時にね、「もうこんなもん、手で作っとっちゃあ間にあわん」ってことでね。ほいで、もうとにかく「丸型」って言うですけど、「それを作らにゃあ駄目だ」ってことで、ええ。それが売れて売れて、まあ、どえらい売れたそうですわー。まあ、当時職人も手が、わりに揃っとったもんだで。まあ、今作っとるのは、みんな、うちから広がったですよ。ほとんど、「丸型」に関してはね。

このように勝義は鬼瓦業界に対して重要な貢献をしている。しかし、鬼源では、親方としてやり方が上手くなかったと博基は言っている。先見の明があるにもかかわらず、投資をなかなかしない性格だったらしい（図4）。

その、紋を開発したときでも、もう、自分でとにかく金使わんで、窯築いちゃわにゃあいかんってことで、紋の窯も自分で築い

図3　二代目鬼源　神谷勝義

図4　三重影盛菊水模様立波台付
（神谷勝義作　高浜市かわら美術館展示）

ちゃって、紋焼くだけの窯を。ほいで紋焼いとったですけど。

やっぱり、いっくらこんな小さな窯でも、あのバーナーで硝煙式で焼くと、下六〇パーセントしかやっぱり焼けませんわ。ほいで、上四〇パーセント焼けません。ほいで、こっちを焼き過ぎちゃうと、こっちはちょうど良いだけどー（笑）。

そういう事で、あのー、難儀しとったですけどねえ。僕も、あんまり親父に金使わしちゃああかんと思って。そうこうしとるうちに、トンネル（窯）の番頭さんが見えて、「鬼源さん、こんなところいことやっとっちゃいかんで、直ぐに電気窯買って来い」って言われちゃって。ほいで、まあ、その足で、ついでに僕、名古屋で電気窯頼んで。その頃から親父連れて行きながら始終出入りしとったところがあって。ほこに電気窯も売っとったもんだん、ついでに電話して、「とにかく早《はよ》、電気窯入れてくれ」ってってって。ほいで、電気でややあ、窯調子がいいもん。やっぱり百パーセント焼くと。あー、これなんかあかんってことで。

ほんだでねえ、金儲けは下手なんだわー。うん、先は見えとるだけど、資本を降ろさんってことでね。

勝義は金をかけずに、全て自分で可能な限り作ってしまう人だったようだ。出来るには出来るが一級品があまり出来ず、売り上げに結びつかない事が多かったわけである。博基は父、勝義の思い出として残っていることは、毎晩酔った勝義から聞かされた、第二次世界大戦前の不況の話だという。

（不況の話を）一日も欠かさんかったよ。一緒に食う時は。第二次世界大戦の前の不況が、もうここみんな工場変えちゃったでね。親父が全部。（鬼瓦屋から茶碗工場へ）ほいつをまた返《かや》いて貰うに、親父難儀したでねー。ちょっと裁判かけてねえ。なかなかほいで返してくれんかった。

そして勝義は次のようによく言ったという。

歴史は繰り返されるぞ。

博基には現在の鬼瓦業界の不況が勝義の毎晩の不況話とダブって見え、勝義の声がよりリアルに驚きを伴って木霊しているのであった。

❖――神谷博基　［鬼源三代目］

鬼源の三代目が神谷博基である。昭和一二年（一九三七）生まれで生粋の高浜育ちである。博基は小さい頃の思い出をこう語っている。

幼い頃の僕も友達が沢山おりまして。ほとんど小学校時代は夏休みは、ほとんど、この近くの海がございますので、その海でまあ夏休み過ごした覚えがあります。まあほとんど魚釣りとか海水浴とかいうことで、まだ海は現在より非常に綺麗でしたので、まだ十分泳げる状態でしたので、夏休み中は海で過ごした思い出があります。

冬は何やったかっていうとあまりやりませんでしたけど。ほとんど家業が人手不足ということで、あの「跡取りやらせにゃいかん」ということで、親父が徹底的に言ったもんだで、うちの業をいろいろ手伝っておりました。

ところが博基の子供の頃は戦争中であり、上記のように夏は海で遊び、冬は家業を手伝うといった平穏な日常生活の中に異常な世界が重なり合って、日常と非日常の世界が同時進行する奇妙な世界を織り成していたことがわかる。

戦争中一番空襲が激しかったのは小学校二年生の時でしたね。二年生の時で、まあ夏から冬にかけて、艦載機がよく飛んできて、あの、その上からバババババババッとその艦載機があの機関銃を撃っとった思い出があります。僕も海で遊んどって、あの、ススキの藪の中へ隠れた経験もあります。まあ、それ、見つかると撃たれちゃいます。

ものすごい超低空で飛んでくるもんで。完全に見つかれば撃たれちゃうもんで（笑）。それで、この公園（大山公園）、ここの前の公園でも、まあ、あの、戦争に行かれる方が始終ご祈祷されて行かれることがあるんですけど。日本の国旗のあの金の球、上ついとりますけど、あれ、艦載機がかなり撃って割れたのを見ております。超低空で飛んできて、まあ、必ず空襲警報が、あの、役場のサイレンが空襲警報っていう形で出す。まあ、注意はしとるんですけど。そういう「ものすごい怖い」、今でも思い出があります（笑）。

鬼源では戦時中はやはり鬼の需要が無くなり、他の鬼屋と同様に転業している。博基はその辺りの事情を次のように述べている。

ここは工場を全部変えちゃいましたもんね。うちは。茶碗作っとります。食事をする時の茶碗をね。ここで全部。窯も五、六基在りましたね、ここに。ここも、或る程度遊び場でしたけどね、隠れん坊する（笑）。登り窯もあったんですよ。

博基は鬼瓦の一つの根本的な特徴を、戦時中に起こった鬼瓦から茶碗への転業に関連して語っている。

この瓦屋っていうのが、平和産業ですので、家が建たん限りは必要無いもんでね。家も建たんで、戦争前はものすごく不況が続きましたもんね。そんで、その不況の関係で、あの、職人さんも一人ずつ辞めてかれて、在庫、ものすごい山になっちゃって、家のほう。その在庫で戦争中は売り食いしとったですけどね。

茶碗はね、全部貸して、他の会社（三河窯業）に貸しちゃってね。あの工場、本宅だけど、あと全部貸しちゃったです。

このように、鬼瓦は平和産業の象徴である。一見、「鬼」というと、戦乱の時代でこそ、かえってもて囃《はや》されそうな語感を持つのであるが。また鬼瓦を生産する鬼板屋は鬼瓦の需要が零（ゼロ）になると、何らかの粘土に関連した産業に転化することがこれまでの様々な事例からわかる。言い換えると、鬼瓦産業は他の粘土関連産業と強い親近性を有している。つまり、その基層に汎粘土文化が存在しており、この地方の一つの特色となっている。それを私は「矢作川粘土文化圏」と呼んでいる。

さて博基は中学校を卒業して、刈谷高校の定時制へ行っている。この辺りの経緯が現在に至る鬼師の世界と直接に関係してくる。

高校はね、親（勝義）が「行っちゃいかん」て言ったもんで、「鬼板作るには全然高校必要無い」という事で、親父が。

中学で、僕はそんな勉強嫌いな方じゃなくて、好きでしたけど。親父が「そんな行かんでも良い」という事で。たまたま受け持ちの先生が「どうするのか」、「どこへ行くのか」って事を言われたんだけど、「すいません」って言って、はっきり言いました。しかし、考えてみたら、今からの時代は高校教育最低でも（笑）。嫁さんの来てもないし（笑）。「定時制行かせてくれ」って言って。たまたま刈谷高校の定時制がありまして、まあ、そちらの方へ。

博基は父、勝義の強い意向を受けて、定時制の高校に通いながら、実質、中卒で鬼源に入り、鬼師になるために修業を始めたのである。ただ、中学校を卒業して、いきなり鬼板の仕事を開始したわけではなく、博基は小学校の頃から手伝いをしながら鬼瓦の仕事を身につけていっていた。それ故、中学校を出てすぐ鬼師になることは博基にとっては自然な成り行きであった。

まあ、もう親がそのように仕向けとったね。もう中学校から。中学時代から日曜日はほとんど僕、土を打ったりとか、そういう事で。もう毎週ほとんど日曜日はもう無かったですね、中学時代は。

まあ、あの、携わったのは小学時代からチョコチョコやりおったけど。中学入った時はほとんど日曜日は手伝わさせられちゃってね。中学卒業するまで。当時職人さん沢山見えたもんでね。まあ粘土無くなるもんで、一週間にいっぺんずつ（土を）打っとったもんだで。まあ、それに始終手伝わされて。日曜日を若い時にやったということは少ないですね。完全に日曜日は今みたいに遊ぶということはまず無かったですね。

父、勝義は博基を巧みに鬼師の世界へ導いて来たにもかかわらず、実際に博基を指導するということはあまり無かったらしい。博基は次のように言う。

当時は職人さん見えたので、うちの親父はあまり教えてくれんでね（笑）。あの、職人さんに手取り足取り教えていただいてね。それでまあ、たまたま、ちょっとばかし分ですけど、完璧じゃないですけどやれるようになった。

まあ、親父は窯に追われちゃうもんで、職場はあまり入れんもんでね。職人さんが見えると、なかなか仕事場でやることはできんもんで。まあ、腕は遙かに良かったですけど、なかなか厳然と教えてくれんだったたです。

博基は鬼板の技術をこのように、鬼源にいた職人から主に修得している。勝義は父、春義からの直接の厳しい指導に対する反動のためか、博基に対しては少し距離を置いていたように思われる。一方の博基は鬼板の技術について次のように言っている。

技術はその前（独立）にほとんど修得しておりましたけどね。高校時代にはほとんど。四年間に。

まあ、ほとんど大丈夫。親父、「注文がありゃ、あいつがやる」って、図面描いてくれるだけど。親父があまり仕事が好きな方じゃなかったもんだで、バリバリやる方じゃなかったもんだで。僕が先頭切ってほとんどやっとったもんだで。もうその頃、技術は修得しちゃいましたよ。四年間でね。

博基は直接には、鬼源に当時いた職人深谷定男から習っている。博基にその事について尋ねると次のように答えてくれた。

当時は、あのー、手作りじゃなかったもんですから、もう、はい。石膏型があのー、関東大震災の時からうちの親父が石膏型というのを開発して、それであのー、一応「磨くことをまず覚えにゃいかん」ということで、ほいで、あのー、磨く事からまず教えていただいたですけどねえ。

博基は次のように続けて言っている。

親父も最初は、全部は教えてくれん訳じゃなくて、ある程度のことは、ほや、教えて貰っただけど。まあ、主体は、あのー、職人やっておられた深谷定男さんて方から、まあ、習った、教えていただいたわけですけどね。

磨くことをまず教えていただきました。型を起こしたやつを。それが一番最初です、はい。

うん、まあ、磨くこと、それから、まあ、雲の処にあのー、シビってのを彫りますけど、まあ、そのシビの彫り方とかね。そういう事だけは一応。あのー、手で作ることはほとんど自分で一生懸命勉強しました。

一方、手で作ることは深谷からあまり習わなかったといい、逆に、深谷の作っているのを見て覚えたと言う[3]。

まあ、当時深谷さんが全部手で作るものはやっていただいとったもんだで、うーん。ほんで、まあ、ほのやつを良く見とりましたもんだで、まあ、「自己流で、こうやったらいいじゃないか」って事で。

深谷定男は当時、別棟を使って仕事をしており、博基は深谷と並んで仕事をすることはなかったという。深谷はたまに博基が仕事をしていた棟に来て、博基の作る鬼に対して、「ここは良いじゃないか」とか「あっこは悪いじゃないか」と注意をしていたのが実態らしい。確かに、博基は「深谷から鬼を習った」と言っているが、博基と同じ棟で並んで仕事をしていたのは、父、勝義であった。ただ、勝義は窯の方を主体にし、そちらに追われることが多かったという。そうは言っても並んで仕事をする意義は大きく、勝義からの有形無形の影響は多分に受け継いでいるものと思われる。

博基は四二歳の時に勝義から鬼源を任され、実質上、独立している。手作り専門の鬼板屋である。ただかつて、手回しの「輪違い」というプレス機械を導入して急増する需要に対応したことがあるという。またプレスの鬼瓦の白地を他の鬼板屋へ外注して、鬼瓦の需要の多い時は供給のバランスをとっている。鬼源の博基時代の特徴は手作り鬼の製造工程の合理化にある。博基は鬼源での鬼瓦生産を家内工業と見なし、その為の合理化への道として、プレスではなく、石膏型を多用している。家内工業と石膏型による合理化の関係を博基は次のように語る。

プレスじゃなくても石膏型で作ってやれば、嫁さんの手でも間に合いますね。まあ、ほとんど、どうでも手でできにゃいかんでも、石膏型さえあっときゃ、嫁さんが起こいてくれれば、僕が仕上げるだけで。ほれで結構今までこう合わせて来ましたけどね。やっぱりある程度手作り部分も合理化していかんと、立ち後れちゃうし。

石膏型の導入は勝義から関東大震災をきっかけに始まっている。しかも三河では一番最初である。つまり、鬼源は石膏型による手作り鬼の近代化及び量産化を伝統にして来ているといってよい。確かに他の手作り専門の鬼板屋でも、プレスは論外としても、石膏型は大なり小なり使用しているのが現状である。その石膏型の発祥の地が鬼源なのであった。

型もある程度、整備してありますし、よっぽど大きなものまで。そういう関係で、だから早く出来ますわね。あれ一つずつ雲付けて模様付けてやっとったら、どえらい手間掛かるんですわ。その模様の部分だけをほとんど大きなもんまで僕が型にしとりますので、それだから早く出来ますし、あの経済的にも良いですわね。やっぱり早く出来た方が、仕事も乗って来るわね。早う出来てくれば。

早く出来るというのが石膏型のメリットである。もう一つのメリットが博基のいう同じ形のものの量産化である。

石膏型というのは親父じゃないけども、「千なら千で、ものすごい出来る」んだから、数が。もう「ピシッとしたの絶対作っとかなきゃだめだ」ってことで、きつく言われておりますのでね。ほとんど石膏もの一つ作るでも、本当、これが最高のものだなってものを、僕らでも型被せますよ。

博基は純粋の手作りものと比べながら、石膏型について言い直している。

もう、一品料理（一〇〇％手作り）はどこへ行ってもいいもんね。一つ作るもんだから。それ限りだから。石膏型というのは千個なら千個必ず出来てきますもんね。だから僕らも石膏型が一つ増える、型の原型というのは、ものすごく気を使って、でも最高の図でやりますよ。

博基はこのように石膏型による手作り鬼瓦の近代化に積極的である。石膏型の元祖、鬼源の特徴を次の博基の言葉が良く表している。

（石膏型は）まあ邪魔くさいだけになっちゃうだけど、また取っとくと不思議と飛び込んでくる場合があるもんだで、「ああ、型があって良かったな」と。ほんだで、先代から僕も三代石膏型貯めてありますもんね。

戦争中、皆、「型が必要無い」ってことでふちゃった（捨てた）方が相当あるですよ。ここは何一つふてていなくて、全部残してあります。先先代のものでも紋から石膏型もね。まあ、手が揃ってる時はね、職人さんが手でやってくれたけど、家内工業になってね、奥さん使わにゃいかんとなるとね、徹底的に合理化せにゃ駄目なんだわ。間に合わんわ、納期的に。型被せりゃ、納期に間に合っちゃうもんね。

昔と全く同じような手で作っとっちゃ駄目だね、やっぱり。僕はそう思うけど。まあ、その原型を作る腕がなきゃ駄目ですけど。

このように三代目博基は勝義から受け継いだ石膏型の技術[4]を積極的に活用し、手作り鬼瓦の近代化を全面的に成し遂げ、手作りによって鬼瓦を量産する家内工業型システムを完成させている。博基は次のように言う。

僕も高校時代は最終的には家内工業になっちゃうって頭は常にもっとりましたで、もう、一年間、職人さん居るとき、デーッと全部型を被しとりました。おかげさんでやって来れたですけど。あれ、僕が一年間型被しとらんかったらできんかったでしょうね。もう型があったためにやっぱり家内工業でやって来たってことでしょうね。まあ、倅が入らん前は、おっかあと二人だけで、一五、一六年やっとりましたからね。一切人使わずに。

博基の作り上げた手作り鬼瓦の近代化は家内工業システムの確立にあり、石膏型の積極的活用を主軸にしている。その事は誰でも石膏型に粘土を入れ、型起こしすれば鬼瓦が成形できることを意味する。しかし、それだけでは荒い鬼の形をした土の塊に過ぎず、製品にはならない。型起こしは次に来る「磨き」によって手作り鬼瓦として完成される。つまり「型起こし」と「磨き」は表裏一体になっており、博基は当然のことながら、「磨き」の方には一方ならない工夫を凝らしている。何故なら「磨き」の良し悪しによって石膏型による鬼瓦の生命が文字通り左右されるからである。言い換えると「磨き」によって「鬼」に生命が吹き込まれるといってもいいかもしれない。博基の「磨き」の工夫によって鬼源の家内工業生産式手作り鬼瓦が完成したのである。「磨きとは何か」と博基に聞いてみた。

うーん。それはねー、やっぱり見てもらわんとわからんと思います。磨きとはこういうもんだってことは。

「磨きとはやっぱり体で覚えるしかないのですか」と聞くと、

はい、それしかございません。ほいだで、「如何に早く綺麗に磨くか」ってことを、いつも僕は頭ん中に、常に。それだけです。

博基は基本的な姿勢についてまず述べると、次にその具体的な技術について話してくれた。

へらにもよりますわー。いやぁ、へらがねえ、あんまり先っぽが尖っとっちゃあかんしー、ある程度へらが硬うなきゃあかんし。うん、あのー、道具の状態にもある程度よるると思います。

僕は今までずっとこうやって来た、あれですけどねえ。「あっ、ここだな」、「ここだな」って一つずつ分かってくるわけです。「あっ、こうやったら早いなあ」、「こうやったると良い面が取れるな」っと、そういう事が分かります。

うん、その度合を身につけにゃあいかんで（笑）。あのー、「やらんとわからんけどー」。常にやっとるけどね。これ如何に早く、綺麗にやること、常に頭ん中、あの、入れとりますもんね。「常に同じことやっとったら、あかんですよ」。進歩がないで。常にこれどうやったら早く出来るか、どうやったら良い面が出来るか、やりながらでも頭ん中常に勘考してやらんと。

そうした中で、ある時、博基はあるへらに出会ったという。そして次のように言っている。

それが、あのー、調子が良かったですわ。「あっ、これだなあ」っと。今、まあ、全部それにへら直しちゃいましたけど。自分で削って。同じへらですけど、ちょっと直すだけですわ。あの、グラインダー削って。

博基は仕事中にあるちょっとした改良点に気づいたのであった。そして直ぐに改良に取り掛かっている。

まあ、へら先だね。「先を上手に調整せる」ってことだね。要するに。まあ、へらは何でも、こうやって見ればへらですけどねえ（笑）。

「ちょっとした角度の違いっていうことですか」と問うと、

そういう事です。角度とこのしなり具合ね。その差で、どえらい大きいですわ。

図５　三代目鬼源　神谷博基（仕事場にて鬼瓦製作中）

図６　七寸中淵ビン付菊水影盛足付若葉台付（神谷家本宅　神谷博基作）

ここまで来ると博基は当然のことながら「へら」それ自体にも凝っていることが分かる。「特別なへらを注文しているのですか」と尋ねると、

いや、今はへら作る方がありませんので。もう、売っているやつは良いへらほとんどございません。昔、三高《さんたか》（三河高浜駅）の直ぐ駅の上ですけど、鍛冶徳さんというへら専門の鍛冶屋さんがあったですわ。そこのへらをうちが昔、その鍛冶屋さんが品評会をやられた時に、ダーッてそのへら全部買い占めちゃったですわ。うちが。そのへらが全部残っとるです。そのへらには錨のマークが入っとりますけど、刻印でもうすぐ分かります。

へらが変わると何が変わって来るのかを博基は端的に次のように言っている。

あっ、もう、全然、土、土の触りが違います。

博基は未だにその錨印の鍛冶徳へらを使用しているという。その他にも良かったへらとして、あと二つ挙げた。鍛冶七さんという火造りをされるところのへら、そしてもと鬼源にいた職人さんの作るへらである。現在（二〇〇三年）山本鬼瓦の職人をしているその人は鉄工所で働いていたことがあり、自分でへらを作るという。博基はへらに愛着があるようで、へらについて特別に言及している。[5]

毎日使っておりますと、黒光りしてくるでねー、良いへらは。

「悪いへらはどうなりますか」と続けて聞くと、

悪いへらは錆びる方が早い。どっちみち良いへらで、早く仕事がやりたいもんだで。あのー、使いますので。錆びる方が多いですね、やっぱり。赤錆になって転がっとるのが多いです。やっぱり全ての世界は道具だと思いますよ。

勝義に始まる石膏型による鬼瓦の量産化は関東大震災直後からの急激な需要に対処するために導入された。鬼源では博基の代に石膏型による量産化で手作り鬼瓦の家内工業化を完成させている。石膏型はプレス型とは違い、各鬼板屋内で原型から作ることが出来る。それ故、原型の基となる図面と石膏型はちょうど鬼源のように原則として門外不出となり、その鬼屋独自の鬼瓦を発展させることになる。その事がたとえ鬼瓦の量産化・合理化という考えに於いてはプレス型と基本的に同じであるにもかかわらず、手作り鬼瓦の独自性を各鬼板屋に与えているのである。[6] 一方、プレス型の場合、原型自体がプレス用金型を作成するために外注としてその鬼板屋から外へ出されるので、自然、その型が他の鬼板屋へ、さらには他県へと広がってしまい、型自体の鬼屋の独自性が消えてしまうのである。鬼源の場合、型起こしによる鬼瓦に手作り鬼としての妙味をさらに加味するため、「磨き」に独自の工夫を凝らして来ているといえよう（図5、図6）。

❖——神谷岩根　［鬼源四代目］

鬼源は現在、三代目博基と四代目岩根の二人で運営されている。職

人は一切入って居らず、鬼源独自の家内工業体制を維持している。神谷岩根は昭和四一年（一九六六）に生まれている。子供の頃のことを語ってもらった。

多少、粘土いじくった位で、しょっちゅう作るとか、もの作るとかはしてなくて、まあ、手伝いでちょこっとずつ手伝ったぐらいで。まだ、おばあさんが働いとったのは記憶にあります。プレスの機械で「輪違い」っていう小さいものを抜いていた。それの切り屑で遊んどったっちゅう記憶はありますね。

岩根は中学校を卒業して、父の博基と同じく定時制高校へ行っている。ただ直ぐに鬼源に入らずに、他の瓦屋へアルバイトに出ている。

最初、型のほう、粘土で型や、土を型へ込むっていうのが最初で始めて、まあ、そこから。途中で瓦屋さんへちょっとアルバイトでいろんな瓦のパレット積みや台車積みをちょこっとやって、三年ぐらいアルバイトで行って。それで家に戻ってきて、あと粘土でやったり、それからそういうのをやって。まだその時点ではそこまでが自分の限界だった。

岩根は高校時代は瓦屋のアルバイトを中心にやって、卒業してから鬼源に入ったことになる。小さい頃は鬼源には二人職人が働いていたとのことだが、岩根が入った時には職人は誰もいなかったという。結果、岩根は父、博基について鬼瓦の修業をするのである。

習ったちゅうのは、もう、親父しか隣に居る人はいないんで。あと他に自分が入った時にはいなかったもんで。親父に聞いて色々と反応もあって、なかなか教えてくれない。でも実際、目で見て実際にやるようになった、真剣にやるようになったちゅうのは、この二、三年。お客さんに色々と忙しくなって、それから一生懸命にいろんなものに挑戦してやれるようになってから、いろんなことに、やっぱやってみたいなというか、面白くなってきたっていうか。

岩根は七、八年くらい経ってから完璧ではないが、ほぼ何とかやれるようになってきたという。技術的なことに関しては、普通、部外者は如何に技術を高めていくかに関心が行くものである。ところが、現場の論理が一方にあることに岩根から気づかされた。現場では顧客と単価的な現実に直面して、独特のやりとりがあるのである。

もう見て、親父のを見たり、聞く。親父に聞いたりして、修得してあと見て、自分の作ったのを。それ位しかないですね。

まあ、自分の作ったものをまだ親は納得しとるとは思いませんけど、だけど今の段階では自分の考え的に行けば、単価が安いから、如何に良くて手を抜いて、ある程度の物を作るか。単価が高ければ、時間をかけて作っても良いんですけど、単価的に安いんですからこの業界なんかが。だから、「その辺である程度、手を抜けるとこで抜け」というようなことはやっぱりお客さんに言われます。

通常、「手を抜く」ことをお客さんから要求されることは考えにくいと思う。単なる値引き交渉はあり得るであろうが。しかし、鬼瓦の他の製品にない特殊な性質が、一般には考えられない「手抜き」ありの値引き交渉を発生させるのである。岩根の言葉にその辺りの事情が表現されている。

結局、「屋根上がっちゃって見えないとこに手をかけてもしょうがないから、だからよく見えるとこは綺麗にやっといてくれ」と。

岩根は一言これに付け加える。「もう値段の価格破壊でしょうね」。この鬼瓦の特殊な性質を過激に押し進めていった極致が平板瓦及びその道具物ということになろう。ここまで来ると㈱伊藤鬼瓦の伊藤善朗が言及しているように、価格破壊のために本来の瓦の機能さえも軽視または無視されて、いわば屋根の上の無法地帯といった状況が現代の日本の屋根に起きているといえよう。岩根はかなり現在の日本の状況に悲観的である。

もう多分一般住宅的にはもう少ないような気がしますんで。もう、堂宮、神社仏閣、そういうとこの鬼が最終的には日本文化で残って行くんじゃないかと。もうこれなしでは多分いかんじゃないかという気がしますけど。実際まあ一般の家の鬼なんかほとんど使われていないから。またこれがどういう風に年数が経って変わって来るのか分かりませんけど、まあ、瓦が見直されれば使われますし、まあ、このまま屋根が軽いで長持ちすれば、もうそんな鬼なんか要りませんと。

図７　三代目鬼源　神谷博基（左）　金焼付恵比須　四代目鬼源　神谷岩根（右）　傘立

実際に今の若い子が「鬼瓦」って言っても分かりませんので。はい。そういう、もう、まあ実際、名古屋とか行っても豊田行っても、「鬼瓦つくっとる」って言っても、「何、何だ」っちゅう感じになりますもんね。聞いても分からないと。だから鬼瓦っちゅうと瓦屋さんってイメージがあって。

需要あっての鬼瓦屋である。それ故に、岩根は鬼瓦だけでなく、インテリア関係の物を実際に作っている。花器とか、置物、傘立、陶柱

（電気スタンドの類）などである。最初のインタビューは一九九九年の夏に行っている。今回（二〇〇三年）訪れた際には岩根は電気轆轤を使って、または手びねりで、花器だとか、植木鉢だとかを作っていた。ここまで来ると通常の焼き物と重なり合ってくる。鬼源が戦争中、茶碗工場に変身したのとそれほど差はない。つまり、それほどまでに「鬼瓦の世界」と「焼き物の世界」とは基本的なところが同根同種の文化なのである。そして、この「矢作川粘土文化圏」が太古より存在したが故に、三河の地に仏教の伝播と共に鬼師の世界が誕生したわけである（図7）。

岩根のような動きは例外ではなく、他の鬼板屋でも特に若い世代の間に広がっている。また、過去、古い世代においても例えば第二次世界大戦中及び戦後しばらくの間、鬼瓦の仕事から離れるという今の時代と同様な動きが起こったことは事実である。今活躍中の本格派の鬼師にとって、若い世代がインテリア関係などの鬼板以外へ向かうことは、本業を踏み外していることになろう。しかし、鬼瓦は粘土文化の一つであることを考えるとき、元々粘土それ自体が本質的に持っている可塑的な動きなのだともいえる。粘土から鬼瓦しか作れないわけではないのである。一種の先祖返りのような動きといってもいいかもしれない。

㈲上鬼栄

神谷春義の弟、神谷栄吉（三男）が鬼源から独立して興した鬼板屋が上鬼栄《かみおにえい》である。本来なら屋号は「鬼栄」となるはずであったが、栄吉が鬼屋を始める時すでに同じ高浜に「鬼栄」という鬼板屋があったのである。それで、栄吉の興す鬼屋が「鬼栄」に対して町の行政区分から上《かみ》の地区に当たるので、「上鬼栄」としたという。ところが二代目の知佳次は上鬼栄から「上鬼栄瓦工業」へと社名変更しており、さらに三代目英廣は再度変更して現在「㈲上鬼栄」となっている。

◈――神谷栄吉　［上鬼栄初代］

初代神谷栄吉は明治二一年（一八八八）に生まれ、昭和四七年（一九七二）に八四歳で亡くなっている。八〇歳を過ぎても仕事場でごそごそと何かを作っていたという。英廣がその様子を語っている。

うちのお爺さん（栄吉）は、あの、八四歳で亡くなったんですけど、あの、七〇後半、八〇近くまで、まあ後半はちょっと、あの、杖をついて、職場に入って小さな紋とか、そういうものをずっとやってましたけど。

栄吉がいつ頃、兄、春義の鬼源へ入ったかは定かではない。ただ春義とは年齢差が一〇歳あり、同じ兄弟とはいえ、実質上、また、少なくとも仕事場では親方と職人の関係であったと思われる。当時の状況は残念ながら分からなかった。鬼源工場で撮られた工場の全景写真に辛うじて写っている仕事場での様子がわずかにその頃の様子を伝えるのみである（図8）。ところが栄吉のみでなく、四男に当たる長之助も親方春義のもとで職人として働いていた。兄弟が鬼源として働いている間は順調にいっていたと思われる。しかし、栄吉と長之助の二人がそれぞれ独立するということが起きる。[7] 鬼源は二人の有能な職人を

図８　当時の鬼源工場の全景　土置き場に集まった職人たち（現在、この煙突はないが、甍の波が古き良き高浜の町並を伝える）

失い、実質的にもまた精神的にもショックが大きかったらしい。英廣が次のように言っている。

鬼源さんとは別にあれですけど、やっぱり独立する時には、その、「兄弟でやってた」、「人手が無くなる」、「職人マニアの職人が二人もいなくなっちゃう」ってことで、やっぱり独立に対していい顔されんかったというか、邪魔されたというのは大袈裟かな。その話をチラッと、子供の頃。いい顔されんかったというか、普通だったら、「そうか、独立するか。じゃ、頑張れ」って。

この事が春義の心にわだかまりとして残っており、春義は三人の息子のうち勝義のみを跡継ぎとして鬼師にさせ、他の息子は同業者を作らせないために他の職業へ就かせている。ここからは私の推測なのであるが、春義は親方意識が強く、職人がたとえ兄弟であれ息子であれ、職人として見てしまい、同じ対等の独立した親方として考えることが出来ない性分の人だったのかもしれない。事実、春義の鬼源から独立していったのは兄弟の栄吉と長之助のみであり、鬼源は徐々に職人をあまり置かない、博基のいう家内工業型の鬼屋へと変化していっている。

このように栄吉は鬼源から独立するが、直ぐに鬼板屋として上鬼栄を興したわけではなく、諸般の事情でまず瓦屋になった。つまり鬼源と競合しないということなのであろう。ところが徐々に変わっていき、結果、上鬼栄となる。二代目上鬼栄の知佳次がその辺りのことを語っている。

元々、瓦屋だったもんだん。鬼瓦屋、鬼板屋やる前にね。瓦屋やっとらしたもんだでね、こちらの親父が。「瓦屋やっとって、瓦屋やったが、それが鬼板屋に変わった」っていう話だ。その頃は親父、この在所の親父（栄吉）は、あの、あれだで、鬼板の白地を作っとったでね。白地屋のようなことを始めはやりよったようなことで。

知佳次は栄吉の実の息子ではなく養子で上鬼栄に入って来ているので、なおさら昔のことが不鮮明になってしまうのである。しかし、知佳次はただの養子ではなく、初代鬼長、長之助の息子であり、従姉妹に当たる栄吉の娘（花身）の所へ養子に来ている。それ故、実に興味深いことを知佳次は言っている。知佳次の実の父である長之助と叔父に当たる栄吉の鬼師としての腕を比べているのである。

あの、腕はね、腕はやっぱり、鬼、鬼板そのものちゅうだか。ではねえ、あのー、こっちの親父（栄吉）のがあれだったねえ。几帳面な、綺麗な仕事が、あの、さられよったですね。

あれは（長之助）、ちょっと、大きい物を作るのが得意だったもんだでね。大型のものをね。ほいだで、作るものによってと言っちゃあ何だけどが、あのー、ほやーこっちの、きっと、先輩、先輩だわな、こっちの（栄吉）が三つか四つ上だもんだ（笑）。

知佳次の長男で三代目上鬼栄に当たる英廣は、晩年の栄吉を直接知っているが、若い頃の栄吉のことは言い伝えになっている。

これは私の亡くなったお袋（花身）に聞いたんですけど、終戦の、終戦後の、やっぱりそれこそうちが日本全国、うちが戦災で焼けちゃって。復興の、あの、瓦がない、焼いてくれ、まあ、瓦に付属した鬼ですけど、製品作るのにも燃料がないから薪といいますかね、燃料持ってきたら製品出してあげるというような、そんな時代ですから。あの、こんなこと言っちゃいかんだけど、余所の鬼屋さんなんか、鬼作ってもストックしてためときゃ、値段が上がる、上がる。あの、上がるが、その、直ぐ売らんでもいい。うちの祖父は高値で売るようなことはしない。来たら注文通り、一生懸命作って、あの、それで、それこそ、足元を見る、お客さんの足元を見るような、そういう売り方はしなかったというか。何かちょっと違うかもしれませんが、偉かったなあ。

英廣の話から現役時代の栄吉の生き様、信条が良く分かるのである。

言ってみりゃ、ちょっと馬鹿ですけどね。みすみす高く売れる、取っとけば高く売れるかもしれませんが、やっぱり、あの、そういう事をしなかった。そして、あの、あれですね、確かに偉かったな、今の職人さんもそうだけど、黙々と鬼を作る中で、「偉かったな」と思うんですけど。

英廣は他にも栄吉に関する話を語ってくれた。栄吉独自のやり方かどうかは分からないが、鬼師の修業の一環を知ることが出来るエピソードである。

図9　初代上鬼栄　神谷栄吉

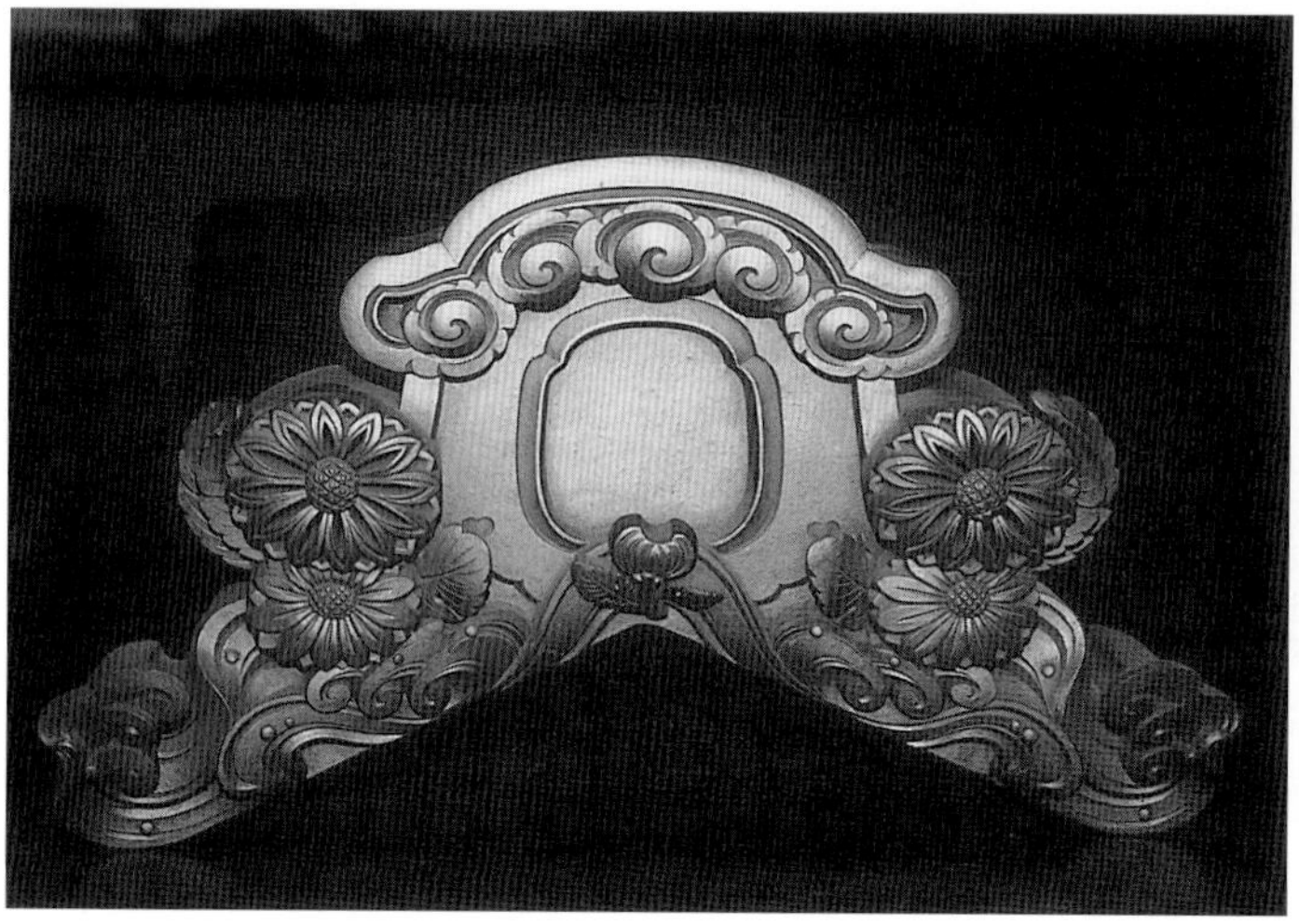

図10　ビン付菊水足付（神谷栄吉作）

屋根に載せるそういう飾りものの中には、動物、猫とか虎とか何か、いろんな注文が来た時なんかねえ。これも、私は知らなかったんですけれども、ある夜、その職人さんが教えてくれたんですけど、「あんたんとこの爺さんは、そういう物作った時に、あの、余所のじゃない、動物園へスケッチブックを持って、こうスケッチしに行った」。まあ、今、今はまあ本なんか沢山出てるし。昔はそういう物、作ろうと思って研究しようと思っても、動物園へスケッチブックを持って行ったりして作ったんだなあ。あの、それから、何だったかなあ、何か鬼を余所に見に行ったのかな。何だったかな、上手く思い出せないんですけど。私は知らなかったけど、余所の鬼屋さんで働いている職人さんが、「あなたのお爺さんはね、何かでスケッチして泥棒と間違えられて……」。

このように栄吉は営業はどちらかといえば真っ正直で、頑固な職人気質で、黙々と鬼を作る人だったようである（図9、図10）。

❖――神谷知佳次　［上鬼栄二代目］

二代目上鬼栄になったのは、神谷知佳次であった。知佳次は大正一二年（一九二三）六月六日生まれで、現在（二〇〇三年九月）八〇歳になり、当時も現役で鬼師として仕事をしていた（平成二四年二月四日没）。知佳次には一九九九年の夏に一度インタビューをしている。しかし、インタビューをした場所が上鬼栄の二階にある事務所で、その時、直接話を聞くには一切問題なかった。ところが場所柄人の出入りや、電話などの応対が忙しく、改めてテープを聴こうとした時、知佳次自身の言葉が他の人達の声に消されて聞き取れなくなっていたのである。それ故、再度、二〇〇三年七月に無理を言ってインタビューに応じてもらった次第である。ただ四年前と比べて知佳次は年を取られており、こちらが期待したほどは詳しい話を聞くことは出来なかった。

栄吉のところで少し書いた話だが、こういったインタビューの状況に加えて、知佳次は養子であり、なおさら昔の上鬼栄について把握するのが難しかった。さて、知佳次は浅井長之助の次男として生まれている。長之助は栄吉の弟であり、しかも鬼源で親方でもあり、同時に兄でもある春義の元で鬼師になっている。言い換えると、栄吉と長之助は直接の兄弟であり、同じ鬼屋、鬼源での兄弟弟子なのである。知佳次は鬼板屋、鬼長の息子として生まれ育っている。当時、鬼長には小僧を入れて七、八人ぐらい職人さんがいたと言い、上鬼栄よりも職人の数が多かったらしい。小さい頃から職人さんたちの間に入って遊んでいたという。

もう機械がないもんでね。昔はねえ。もう手作りが、半分以上、手作りというようなことをしとったもんだんね。石膏、石膏型で作るようになっちゃったもんだんね。

知佳次は尋常小学校を卒業すると、常滑工業学校窯業科に入り、五年間そこで学んでいる。一八歳で卒業したという。知佳次によると、窯業学校へ行く前も行っている時も一切、鬼長で仕事の手伝いはしたことがないという。他の多くの鬼板屋での話とは違うので、念を押して聞いたのだが、返事は「無いねえ、うん」であった。おそらく、知佳次も言っている通り、鬼長には当時、手作りに携わる多くの小僧や職人がおり、長之助自身、息子の手を強いて必要としなかったのではないかと考えられる。事実、元祖の鬼源は栄吉と長之助を例外として一子相伝のような形態になって来ているのに対し、長之助の元からは何人もの職人が独立し、少なくとも四軒の白地屋が現在もなお営業しているのである。長之助は兄、春義の考えに反発し、逆の方針、すなわち職人の独立を積極的に認めるやり方を採っていたと言えよう。

知佳次は常滑工業学校窯業科を卒業して昭和一六年（一九四一）に鬼長へ入らずに、名古屋市役所の職員になり、工業指導所に配属されている。知佳次は次男であり長男の道夫がすでに跡取りとして鬼長に入っていたので、鬼師になることは当時は考えていなかったと思われる。その上、その頃はすでに戦時中であった。知佳次は昭和一八年（一九四三）に召集を受け、兵隊にとられている。

志願で行ったとかそういう事じゃないですね。普通の年齢で。徴兵検査ん時から。そいで、あれだな、あの、南支（南支那）行って来ました。

そして、昭和二〇年（一九四五）に無事、高浜へ帰って来ている。暫く鬼長に入っていたようである。兄の道夫がやはり召集され、さらに戦後、外地で抑留され鬼長に居なかったからである。多分、この道夫の動向がはっきりしない間は、知佳次は鬼長の跡取りの第一候補と見なされていたと思う。しかし、道夫が運良く帰国できたことにより、知佳次は鬼長から上鬼栄へ間もなく養子に出されるのである。知佳次が二四歳の時の出来事であった。すでに書いたことではあるが、上鬼栄の親方、栄吉は、鬼長の親方、長之助と実の兄弟である。結果、知佳次と配偶者になった花身は従兄弟同士である。それ故、上鬼栄と鬼長は他の鬼板屋と比べて血縁上とりわけ関係が深い。二重に血が交わっていることになる。

知佳次は上鬼栄へ養子として入ることになり、それは同時に鬼師になることを意味していた。上鬼栄に入ってからのことを知佳次は話してくれた。

ほとんどねえ、あのー、ほとんど、ま、石膏型でね、型起こしで。あの、出来る者は特殊なもんが来ると、手作りになりますけどがね。あの、普通の注文はね、皆、あのー、もうすでに尺型で型がありますもんだで、型起こしすりゃ。そいから、それも勿論仕上げなかんけどねえ。ま、そういう順序で行くわけだけど。ほいだで、あれですよね、特殊なもん以外は型起こしで、そういう仕事ですね。

職人が三人か四人いて、栄吉も一緒になって、同じ仕事場で働きながら主に見て覚えて行ったという。

よっぽどのまで、もう型でやっちゃうもんだでね。石膏で。ものすごくあるもんだでね、色々な種類がね。そいで、やってたわけだけど、それで特殊なもんがちょいちょい来るもんだ、そういうのは親父さんだわな。親父さんに、あの、見てもらったりね。ま、自分でやれんとこはね。学校から大体が、焼き物の学校だったもんだでね。

知佳次の言っているように、常滑工業学校窯業科へ五年間若い頃行っているので、全くの素人が鬼板屋へいきなり入ったのとは条件が違っている。その上、知佳次は鬼長の息子として鬼板屋で成長しているのである。それ故、石膏型から普通の鬼を起こすのはそれほど問題は無かったようである。ただ全くの手作りの注文が来た時には、初めての頃は親方に当たる栄吉や古い職人が作っていたという。常滑工業学校窯業科で経験しなかった手作りの作業が難しかったという。

そうですね。図面でね、図面見て原型を作るってのがね。それが一番あれでしたね。結構初めてでしたね。

あの、常滑の窯業学校だったけど、あっこ五年出とるもんだん。ほんだで、土には慣れとるもんだん。土仕事に慣れとるもんで何でしたけどねえ。

一年ぐらいたちゃあ、ええ、よっぽどの物まであれですねえ。あまり大きいもんはやりませんけんねえ。うち、割に大きい仕事が多かったですねえ。あの、お寺の仕事ねえ。お寺とか、神さんとか、あと堂宮のようなね、仕事が多かったですねえ。そうすると、古い職人さんの、三人くらい居らしたかなあ。ほいだで、ここをわしが跡を継いだについては、そういう人方《がた》が皆、あの、大きなやつをやってくれるもんだん。暫くは、あれだな、小さなやれるもんからということでしたけどね。

知佳次は窯業学校を出ていたので、土仕事には直ぐに慣れていった模様である。窯業学校を出ていたもう一つの利点が石膏型本体を新しく作ることだったという。しかも上鬼栄は知佳次が入った頃は石膏型が鬼長に比べてかなり少なかったらしく、知佳次は原型を栄吉や職人に作ってもらい、石膏型を次々と作っている。

> 割にね、型（石膏型）が少なかったんですよ、こちらは。わしの在所（鬼長）の、在所の親父（長之助）はだいぶ型が多かったけんね、比べると。はい。ほいで、わしが来てから、相当、型、相当ってって、あの、わしも負けん位の型作ってね。うん、型で。まあ、そうすると職人さん少なくたって、あの、あれだもんね、型で作るようになりゃね。
>
> 型の原型も初めはそりゃ親父さん方、皆に任してね。うん、図面から。癖もあるしね。ほいで、あの、親父さん方がやれる限りはねえ、やってくれよる。

図11　二代目上鬼栄　神谷知佳次（76歳）

知佳次が上鬼栄へ入ってから、それまでどちらかと言えば、伝統的な手作り中心の鬼板屋であった上鬼栄に石膏型による量産体制の近代化が成されたのである。ちょうど、鬼源で、二代目の勝義が瀬戸の窯業学校を出て同様の技術を初めて高浜にもたらしたようにである。知佳次は常滑の窯業学校の経験を元に、さらに石膏型の利用の仕方を鬼長で見ており、上鬼栄において自ら実行したのである（図11）。

◈――神谷英廣　［上鬼栄三代目］

八〇歳になる知佳次はまだ元気に仕事をしていたが（図12）、上鬼栄は実質上、三代目英廣に移っていた。英廣は昭和二三年（一九四八）に生まれている。英廣は知佳次が養子として鬼長から上鬼栄へ入って来たことにより、栄吉と長之助の二人の鬼師を祖父に持つ特殊な環境の元に生まれている。血統的には三州の中では鬼師のエリートと言って過言ではない。それを物語っているのが英廣の次の言葉である。

> 大体こういう家に生まれたということで、その長男ということで、まあ、いろいろ、あの、選択の余地は無いというか。まあ、次男三男だったら、他にやりたいこと無いわけではなかったんですが、まあ、あの、事実上、継いで行かなきゃいけないということで。

図12　河豚巴蓋（神谷知佳次作）

英廣は小さい頃の思い出を語ってくれた。土窯時代の話になるが現在の清潔な感じのするガス窯時代とは違う独特な土臭さや人間臭さ、汗臭さがある。

今のようなそういうガスで焼いた、調整する、煉瓦と金属、金属で、今の新しい近代的な窯。昔の窯は、そういう泥、泥といいますか、土窯、あの、達磨窯と言いますけれども。そういう達磨窯は今、石炭、重油、それから、あの、まだ他にもね、燃料は使いますけども、木炭とかそういう物で炊きあげていったんですけども。

一窯積んで、それを焼成してそれで、あの、窯から出すというのを、本当に夏ですと、一窯そういう事をやりますと、ほんと体力を、消耗が激しいといいますか、本当に大変なことだったんです、昔は。今は大分良くなりましたけど、親がそのような、あの、親が窯をやってるところを見て育ったわけですから、そういう苦労というのは、私が、今の子供の、息子に見せる以上に親の苦労を目の当たりにしているわけですけど。

ですから当然、ほんと小さい頃は、親がその、窯で積んでたら、あの、製品を積んで、窯詰めをね。まあ、邪魔だったと思うんですけど、そういう物を、あの、窯を積む道具、遊んだり、それから、（窯の）ドアを仕切る、遮断するのに砂、砂とか何かを使います。砂が置いてあるとこで遊んでたりとか、そういう思い出がやっぱりあるんですけど。それから窯の間《あい》には親とか職人さんが作ってる職場の、あの、邪魔をしたと思うんですけども。そういう粘土でとか、鬼を作った切れっ端とかそういう物で。あの、部屋を借りて、使ってみえる部屋を借りて切り刻んだりとか。そういう事で、土に親しんで、そして、窯、窯のそういうあの熱気を埃の中で育って来たわけですけど。

英廣は高校を卒業すると同時に上鬼栄へ入っている。ところが英廣のような血統書付きの人間が、驚いたことに鬼師になるための修業に行かずに、営業や販売に携わっているのであった。やはり、知佳次の代に主に石膏型による量産体制が確立し、上鬼栄の生産部門が職人を中心にすでに充実しており、次期社長であった英廣は職人ではなく将来の社長業を見据えた仕事に従事させられたのであろう。

高校を卒業と同時にうちの家業をやっぱり、あの、入るは入ったで、何でもそのまだ鬼を作るとかそういう事出来ませんので、下働きというか、配達とか、そういう、製品の窯に、窯から出したり入れたり。そして、その製品を、あの、煤が付くとか、それから、そういうちょっと少々傷が付くとか、そそくったりとか、そういう窯黒《かまぐろ》と言いますが、そういった仕事とか。あの、ほんとの職人さん、鬼の職人さんは職場で鬼を作っていればいいだけですけど、他の仕事もまあ必要欠くべからざる仕事も沢山ありましたので、そういう事を主に、あの、卒業と同時に携わっていって、まあ、色々とやってたわけですけど。そういう職人さんがやる以外のことをやっていたわけです。

上鬼栄の場合、英廣が入った頃はすでに生産部門と販売部門が分離独立して、いわゆる家内工業的段階から会社組織に脱皮した形の鬼板屋になっていたと言えよう。その事を象徴している変化が屋号に現れている。栄吉の時は「上鬼栄」であった。知佳次の代になると「上鬼栄瓦工業」に社名変更している。この変化に知佳次が目指していた意図が見える。英廣はそうした近代化した上鬼栄の中に入ったのである。英廣は次のように述べている。

私は、その後、窯の製品、製品の積み込み、窯出し、配達、その他色んな事があって。あの、結局、実際作る製作現場の、職場の方でのあれは、なかなか携わることが出来なくて、小さな家紋とか、あの、ちょっとした物を作るぐらいで、本格的に鬼を作る技術というものをなかなか覚えることが出来なかったんですけども。

あの、見よう見真似で、その「門前の小僧習わぬ経を読む」じゃないですけど、まあ、鬼の作り方っていうのは、大体、当然の事ながら、あの、大きい鬼とか、形の大きい鬼はどうやって図面から組み立てて作っていくかって事も分かってます。それから型のある物はどのように型に粘土とこう付けていって成形していくかっていうことも、まあ、分かっておりますけども。私自身、まあ、その、いわゆる職人さんという事で職場、職場で、その製品、製品の製造には、あの、従事して来なかったということで。

上鬼栄は英廣の代になると販売・営業といった仕事と職人の仕事がほとんど分離してしまい、結果、英廣は全体を統括する社長業をすることになったと言えよう。上鬼栄の現在であるが、製造に関しては手作りの鬼瓦一〇〇％で、鬼瓦のプレスはしていない。例外として「桃留め蓋」と「干支」はプレスをする。そして取引先の注文に応じてプレスの白地を他の鬼瓦屋へ外注するのである。結果、プレスの鬼瓦と手作りの鬼瓦の割合はおよそ四対六になっている。上鬼栄は二代目知佳次の時に約五年間ほどプレスを一種類だけ生産したことがある。その時、共同生産方式をとり、上鬼栄、鬼長、鬼明の三社で一種類ずつプレスを生産し、需要に応じて相互に融通し合っていたという。一九七〇年代の頃で、当時、住宅ブームで鬼瓦の需要が増大していたのがプレスを始めた理由である。ただ、上鬼栄は暫くして、プレス生産を中止し、プレスの外注に切り替えた。この時に上鬼栄は手作り鬼瓦に特化することに決めたのである。現在（二〇〇三年）の上鬼栄における職人及び従業員の人数がこの事を良く表している。製造部門に五名職人が働いている。その内訳は手作り鬼瓦なら何でも出来るベテランの職人が二人、石膏型さえあれば出来る職人が三人（その内、若い衆が二人）、窯専門の職人が一人（石膏型から起こせる）、そして女性の従業員が一人（午前中事務、午後、職人：大きな鬼、難しい鬼以外は出来る）といった陣容である。若手とベテランとのバランスが良く、互いに助け合いながら働いている。英廣は職人の育成という事を第一に念頭に置いて日夜努力している。

やっぱり、ベテランの職人さんの隣に若い、若い人を付けて、あの、それとなく大きいとこを、あの、まあ、それにはもう一つ理由があるんですけど。さっき言った大きい物をズルとか、そういう時に若い者がそこにおれば「ちょっとズッてくれ」って言われた時には。それから大きい物をやってとか、やっぱり見るとはなしに横に居れば、何となく作り方見てますよね。

そういう事で、あの、それと、月、月一回位と思っているんですけど、なかなかその月一回は実現しないですけど、ミーティングといいますか、お客さんから言われた事を、「あそこ、こういう風に作ってもらわなきゃ」とか、そういう事を月一回ミーティングで、あの、やっているんですけど。

このように職人が若手、ベテランを交えて充実しているところへ、知佳次がまだ現役として働いており、英廣が親方として全体を把握し営業するといった体制になっている。上鬼栄にとっての朗報は英廣の長男、慎介（二一歳）が二〇〇三年から家業を継ぐために入ったことである。名古屋芸術大学彫刻科を中退している。鬼師としての血が流れているのは明白である。上鬼栄は厳しい不況の中、営業努力をしながら将来への準備を確実に進めている（図13）。

図13　三代目上鬼栄　神谷英廣

サマヨシ製鬼所

フィールドワークを主体にした調査、研究をしている時、奇なる出来事に時折出会う。サマヨシ製鬼所の件もその中の一つである。平成一一年（一九九九）八月五日に仕事場の隣にある本宅で、インタビューをして帰った。次に訪れたのは平成一五年七月五日である。その間は仕事の合間を見ては他の鬼板屋を一件ずつ回っていた。三州鬼瓦の全体像を自分なりに掴む作業をしていたのである。その間、噂にはサマヨシ製鬼所のことについていくらか耳にしていた。ただ、当事者ではないので直ぐには動かなかった。今回直接、杉浦伸本人から平成一一年九月六日に会社が倒産し、同じ月に鬼瓦組合に辞表を提出し脱退した旨を聞かされ、改めて驚いた次第である。インタビューをして一月後の出来事である。後に出て来る鬼仙の連帯保証人になっていたのが原因で、鬼仙が自己破産したのを受け、サマヨシ製鬼所も連鎖倒産したのである。

それ故、現在サマヨシ製鬼所は存在せず、杉浦伸は夫婦で鬼瓦を臨時にアルバイトのような形で作っている。このように倒産しても作業を続けられる理由はサマヨシ製鬼所と杉浦伸の二人の弟が運営している笹山製鬼所が兄弟会社になっており、笹山製鬼所がこの出来事から法的に無傷であったことが大きい。ただ笹山製鬼所は白地組合所属になっているので、ここではサマヨシ製鬼所についてのみ記述する。

◈――杉浦佐馬義　[サマヨシ初代]

サマヨシ製鬼所は杉浦伸の父、杉浦佐馬義（平成一三年四月一五日没）に始まる。佐馬義は大正二年一二月一三日生まれで、その頃佐馬義の父、由太郎《よしたろう》は土器屋をしていたという。佐馬義は土（器）の世界に生まれ育ったことになる。その生まれ育った環境を取り囲む大きな意味での環境としての町を、特に仕事に関連して佐馬義は語っている。

この地区では大工になるとか、あるいは左官になるとか、屋根屋になるとか、まず建築の方、住の方を重点に置くのが割合に手っ取り早かったんですよね。で、その次には、あの、鍛冶屋になるとかねえ。あの当時は大きい重工業じゃなかったのでね。町工場で、あの、荷造りの鉄鋼仕事。田舎では窯鍛冶屋といって、あの、窯やそういったのを作ったり、鋳がけたり、そういう、仕事をね……だったんだけども、特にこの三河村の高浜地区（旧高浜村のこと）では土器、土管、そういったの、まあ、あの、瓦ですよね。瓦には当然、役瓦があり鬼瓦があるもんでね。まずは鬼瓦が良かろうという事で、あの、私たちが小学校卒業する頃には大抵鬼瓦屋の小僧になるのが……当時まだまだ鬼瓦があの、まあ、その時代としては比較的要求されておったらしかったんでね。それで、まあ、我も我もってことで。あの、まあ、これは四年間ぐらい修業せんと一人前の職人になれなかったもんでね。まあ、四年間奉公することで、皆さんがここへ来て鬼瓦屋に。中には大工になった人もおる、左官になった人もある、で鍛冶屋になった人もありますよ。

このように旧高浜町[8]辺りにはこの地方独特の環境として鬼瓦が仕事として存在していたことが分かる。佐馬義は高等小学校を卒業すると、直ぐに鬼板屋へ小僧として入り、仕事に就くのである。この時行った先が、上鬼栄であった。計算すると、昭和二、三年の頃と思われる。大正末期頃、鬼源から独立して間もない神谷栄吉の上鬼栄へ佐馬義は来たことになる。順調に行けば佐馬義は上鬼栄で鬼師の職人になったと思われる。ところが家庭の諸事情で続けることが出来ずに、一年半ほどで小僧を辞めている。

私の場合には特に、あの、四年間の修業を続けることもできんで、……我が家があまりにも貧しくて、それで親父は弱くてね。父親が弱くて、世の中、不景気で。それが為に、ええ、それに姉たちは嫁いで、二人の姉は早くして死んでしまって、もう、私が一人で働かんと、その日の、あの、米買い銭にも困るというような、ね、そういう状態だったからね。

子供心にも、もうこりゃ、あの、小僧して修業していることはできんで、暇もらって、たとえ一日米が一升でも二升でも買える金を儲けんことにはという事で。まあ、反則ですけど、年《ねん》を破ってね。但し、その間にね、小僧というのは、あの、向こうでご飯を食べさせてもらって、体の太うなる盛りに飯を食わせてもらって四年間を修業するわけだけれども、私の場合は一年間は食べさせてもらって、あと一年間も、あと半年もかね、半年まあちょっと行ったかね。まあ、八ヶ月ぐらいは。あの、うちから、修業する鬼板屋が直ぐ近くだったからね。ご飯を食べてそこへ働きに行ってたんだけど。そういう事もあって、本当なら、あの、うちの内容を話して、親方の方にも納得してもらって、そして辞めるべきだけども、そういう事なしで辞めてしまって……。

以上のようにサマヨシ製鬼所は初代の佐馬義が小僧であったわずかな期間でもって、直接には上鬼栄と、大きくは鬼源・鬼仙系と辛うじて繋がっていることが分かる。佐馬義自身は上鬼栄を出ると、㈱神彦《かみひこ》という洋瓦の瓦屋へ移り、そこで特殊瓦を主に作るようになった。

当時、同じ瓦屋でもフランス形《がた》と言ってね、この日本形の型とは違ってフランスの方でよく使われておった、あの、洋瓦、洋瓦と特にそういわれておった鬼瓦の方へ行って、そこでは今まで作っとった瓦とちょっとデザインが違うんですよね、鬼瓦のデザインがね。日本形はデザインが違うんだけど、洋形の方は、立った立方体的な物でね。そういう鬼瓦が多くてね。それを作る、その、細工が大まかで、簡単で作り良いんですわ。わずか一年やそこらの修業で結構それが出来てね。その方へ私の場合は変わってしまって。従って本当の昔からの伝統の鬼瓦に対する腕は私にはございませんのでね。

図14　初代サマヨシ製鬼所　杉浦佐馬義（86歳）

鬼瓦の世界から事実上離れた佐馬義ではあるが、洋瓦の世界の特殊瓦へと仕事を移している。ところが昭和一七年頃に兵隊として召集され、満州へ送られている。終戦前にシベリヤへ抑留され実際に日本へ帰って来たのは昭和二二年頃である。その後色々な仕事をしたが、結局、戦前と同じ㈱神彦で特殊瓦を作ることになった。転機は昭和三四年（一九五九）に来た伊勢湾台風であった。これを機に佐馬義は独立し、自ら瓦の道具物を生産し始める。この時点ではまだ洋瓦の世界であるが、たまたま家の直ぐ近くに、鬼瓦の機械化を本格的に進めていた、高浜で第一号といわれる深谷定男がいた。彼の仕事ぶりを目の当たりにした佐馬義は洋瓦から和瓦の特殊瓦である、鬼瓦の機械生産へと再転身を図ったのである。昭和三八年の春であった（図14）。

◈――杉浦伸　［サマヨシ二代目］

サマヨシ製鬼所の二代目が杉浦伸《しん》である。昭和二三年（一九四八）の終戦記念日（八月一五日）に生まれている。小さい頃のことを振り返って杉浦伸が次のように語っている。

> 何せ、貧乏な、ねえ、あの、そういう風に言われたから。そんな、あの、何ですか、あの、高級な、何も知らず、ただ学校、小学校は大人しくすんなりと、小、中学校を出て、別に兄弟、四人兄弟の内まあ、何ですか、総領の甚六て言うか、呑気に育ったんじゃないかね。貧乏はしてたものの、食う位のことは親父が一生懸命働いてくれたからねえ。贅沢な遊びや暮らしはないけど、まあ、みんな同じような、あの、貧乏な、何ですか、あの、隣近所がね。ですから、取り分けて我が家が貧乏であったけど、子供心では分からなかったんだろうね。どっちかっていうと、素直に、ハングリー精神が育たずに来たんじゃないかなあ。

杉浦伸が子供の頃はまだ父親の佐馬義は瓦屋で特殊瓦を作っており、実際に伸が瓦に係わってくるのはちょうど、伊勢湾台風後、佐馬義が独立して家で瓦の道具物を生産し始めてからである。その時、伸は小学校六年であった。伸は当時のことを話してくれた。

> 私はね、あの、その前に親父一人でこの狭いところで、伊勢湾台風後、瓦の仕事に初めて就いて。瓦屋さんの従業員からね、独立したから。その頃良くこき使われて、この狭いところなもんで、そんな人を雇うほどでもないし。学校から帰って来るとそれこそ、あの、クラブ活動も何もせずにね。あわてて帰って来て家の仕事を手伝ったり、夏休みもほとんどこき使われとったような気がするね。中学校時代も、小学校六年次から少し、もう少しずつね、当てにされて、割と早熟というのか。もう、中学で、あの、体重も身長も止まっちゃったぐらいで。小学校六年ぐらいの時からもう、仕事が間に合ったんじゃないかね。素直な、それこそ、素直な、親の言う通りにね。貧乏は、あの、子供の頃に分かってるもんね。そう、言われるままに。

杉浦伸は小学校六年の時からほぼ父、佐馬義の独立と共に家にある仕事場で父と二人三脚のような形で仕事をして来ていることが分かる。伸が中学校三年の時に佐馬義は鬼瓦の機械化に取り掛かりプレスを導入している。この事がサマヨシ製鬼所の始まりであり、佐馬義が小僧時代に諸般の事情で挫折した鬼瓦の世界へ伸と共に舞い戻ったことになった。伸は中学校を卒業すると刈谷の定時制高校に行きながら佐馬義と一緒に鬼瓦を作っていたのである。仕事の方は佐馬義が深谷定男のところで見た通り、順調に進展して行き、伸の弟二人（正人、公司）も加わり、碧南にある笹山製鬼所とサマヨシ製鬼所の二本立てで平成一一年九月まで来たのである。

ここまでの話から分かるようにサマヨシ製鬼所はプレスの白地屋だった。そのサマヨシが様々な要因から黒地の組合へ入ることになる。元々は主に陶器用の鬼瓦を白地として瓦メーカーに納めていたという。ところが、瓦メーカーの使うトンネル窯の中で焼成中に鬼瓦は普通の瓦と厚さが違い、爆《は》ぜることが多く、メーカー側がサマヨシに素焼き用の窯を持ち、白地ではなく素焼きにして納めることを要請して来たことが白地から黒地へ変わる発端になった。一九八〇年代になると陶器瓦に押されていた銀色瓦（いぶし瓦）が再度見直され始め、銀色のトンネル窯生産も始まり、それに伴って銀色の鬼瓦、すなわち黒地の鬼瓦の需要が出て来たという。サマヨシは素焼き用のために設置した窯で、結果、需要に応じて黒の鬼瓦を焼くようになったのである。この場合の黒の鬼瓦は手作りの鬼瓦ではなく、プレスによる黒地の鬼瓦なのである。黒地の鬼瓦組合ではその当時異端であった。

そのプレスによる銀色の鬼瓦を最初に認めた黒地の鬼板屋が鬼仙だった。サマヨシは自社の白地を鬼仙に納めるようになり、鬼仙は伝統ある手作りの鬼板屋の中で初めて、プレスの鬼瓦を鬼仙自ら黒地化、即ち焼成を開始したのである。現在では白地のプレス鬼の外注は黒地の鬼板屋では当たり前に行われている行為である。しかし、プレス鬼が出始めた当時は他の黒地の鬼板屋はプレス鬼を「偽物、まがい物」と呼んで手を出さなかったのが実情であった。鬼仙はそのタブーに最初に挑んだ鬼板屋なのである。結果、鬼仙は黒の鬼瓦を生産し始めたサマヨシ製鬼所に対して黒地の組合へ入るように奨めた。別の見方をすると、サマヨシと鬼仙は古くから繋がりがあり、平成一一年九月の事件へと続くのである。

興味深いのはプレスの鬼瓦屋であったサマヨシが手作り鬼瓦をここ一〇年ぐらい前から始めたことである。プレスの鬼瓦への漠とした不安、そして、サマヨシ製鬼所へ手作り鬼瓦の注文が実際に来ることも手伝い、瓦の特殊物に限って、伸自ら手作りするようになったのである。現在は最盛時の三分の一弱になってはいるが、注文は全国から受けているという。プレスと手作りの比率はおよそ八対二になっており、手作りは主に巴などの復元の特殊瓦である。また白地と黒地の割合はおよそ九対一になっている。

その本来なら、あの、お客さんからもらった注文を余所へ出してたようなのを自分で。もう練習のつもりでね、やったりとか。今は積極的に私でやれることならね。あの、それだけでも、もらって来てやることがありますけどね。

まあ、それにしても、あの、鬼瓦っていうのは本当にその幅が広いし、追求すれば奥が深いから、この年になってからではかなり全部を、何でもという、まあ、無理なような気がするもんで。まあ、自分の得手の良いというか、やってて、まあ、そんなに苦痛に感じないような楽しいくらいの線で行けたらいいかな。普通の今までやってるラジオ聞きながら、こうやってプレスをやってるようなそんな気楽さはないね。やはり、ああいう細かい仕事はね。

あるいはもっと大きな仕事、大きなお寺とかの大きな物だったら、もっと大雑把に行けるかなっていう気もあるけど。それはちょっと、あの、そういう仕事にもし取り掛かるとそれのみで半月とか経っちゃうもんで、今まだその段階じゃないから、そういった注文がもし来ても、もう余所へね、専属の処へ出しちゃったりもしちゃうけどね。

多くの黒地の鬼板屋が外注にしろ、自社生産にしろ、大なり小なり、プレスの鬼瓦へ向かう傾向があるのは否定できない。サマヨシはプレスの白地から始まり、プレスの黒地、そして手作りの鬼瓦へという逆の動きをしている。高浜の鬼板屋の中では異色の鬼板屋である（図15）。

図15　二代目サマヨシ製鬼所　杉浦伸と獅子巴蓋（白地　杉浦伸作）

鬼長

◇――浅井長之助

［鬼長初代］

鬼源を興した神谷春義（長男）の弟の一人が神谷長之助である。上鬼栄を始めた神谷栄吉（三男）の次の弟で四男である。神谷長之助は明治二五年（一八九二）に生まれている。長男の春義（明治一一年生まれ）とは一四歳、直ぐ上の兄、栄吉とは四歳離れている。長之助は昭和三九年（一九六四）、七二歳で亡くなっている。長之助は小僧として鬼源に入って、結婚を機に鬼源を出ている。長之助が二三歳の頃だという。長之助は養子として浅井家に来たが、浅井家は鬼板屋ではなく、当時は、百姓をしながら、漁師をするといった家であった。最初の頃、浅井長之助は親方であった春義の鬼源へ白地を作って納めていた。二五歳の頃になって、「鬼長」として正式に独立したという。

鬼長は当主の入れ替りが多く、当時（二〇〇四年）、六代目浅井頼代が鬼長を継いでいた。頼代は三代目邦彦の妻であり、長之助のことを直接知っている者の一人である。しかし、頼代が邦彦の元に嫁いできて八ヶ月ほどしか長之助とは一緒に暮らしていないので、頼代による長之助の話は他の人を通しての逸話になっている。ただ逸話の人物になるような要素を多分に持っているのが長之助である。何故なら高浜のシンボルとも言える観音像は長之助が約四年の歳月を費やして製作した物である。観音像本体だけで高さ八mあり、台座を入れると一四・五mにもなり、陶管製の観音像としては何と日本一なのである。衣浦大橋の袂にあるかわら美術館の野外広場から目に入るほどの大きな物で、丘の上に立つ観音像は独特な美しさがある[9]。焼き方は鬼瓦特有の燻し銀ではなく、土管焼きの赤茶色をしている。完成したのは昭和三四年であり、その頃、高浜では瓦産業と並んで土管産業が盛んであったことを示している。長之助は大物を作るのが得意だったらしく、高浜市の大山公園には高さ五・二ｍの大きな「狸」が建っている。やはり陶管製の物で圧倒的な存在感がある。

さて頼代による長之助の逸話であるが、観音像にまつわるものである。

寄付というよりも、まあ、貰ってもらったんですよね。まあ、高浜にお嫁に出したようなもんですよ（笑）。お爺ちゃんも、この、これが、な、な、七メーターだと聞いてるんですけどね。これの数が七二個に切れてるという風にも聞いてます。まあ、ほんでも、「お観音さん、七二切って、せめて自分の生命も七二ぐらいまではね、生かして下さい」という念願を込めながら作ったっていって、後で笑い話で聞いたけど、やっぱり亡くなった時も七二歳だったんです（図16）。

図16　観音像（浅井長之助作　高浜市観音寺境内　陶管製観音像として日本一高さ８メートル）

長之助は観音像や狸の他、瓦組合の大黒さん、大山田のお地蔵さんなど、色々なところに大物を作っては商売抜きで寄付をするようなところが多分にあったらしい。頼代はそういった長之助の創作にまつわる裏話であるデザインの仕方を少し語っている。

得意というと、やっぱり、そういう、今も家には色んな原型があるけども、まあ、こう、手作りで、形の、もう、イメージして、デザインをして、まあ、あの、良く手帳や何かを持って見えてね。あの、パッと目を、「イメージが湧くと、夜中でもデッサンする」っちゅうことは聞いていたんですよ。そういうデッサンした紙切れとか何かがね、色々、あったんだけどね、引っ越しする時に、きっと、どっかへ片付いちゃったか。もう、今探してみても分からなかったもんで。

まあ、やっぱり作るのが好きだね。動物園行って、もう、じーっと、お弁当持って動物を見て、象なら象をね、一つ見て、自分でデッサンして、家に帰ってそれを作って、原型を作ったり。だからそういう原型が未だに家にありますけどね（図17）。

このように、頼代を通して語られた長之助は商売っ気が余り無い、職人気質というよりも芸術家肌の鬼師だったようである。長之助の残

図17　初代鬼長　浅井長之助

図18　狸（高浜市大山公園内　浅井長之助作　陶管製　高さ5.2メートル）

した数々の大物と共に浅井長之助の名は長之助亡き後も語り伝えられていることが分かる。一方、鬼瓦は確かに屋根の上に残っていくのであるが、鬼瓦が屋根から降ろされない限り誰が作ったのかなかなか分からない。長之助のような大型のモニュメントは完成すると私的な空間から公的な空間に移ることが多く、製作者の名前がモニュメントと共に語り伝えられていくのであろう。ひと度、モニュメントがシンボル化すると、人口に膾炙《かいしゃ》され、土地の記憶に刻まれるのである（図18）。

◈――浅井道夫　［鬼長二代目］

鬼長の二代目が浅井道夫である。道夫は大正五年（一九一六）に鬼長に長男として生まれている。そして平成一三年三月二八日に八五歳で亡くなっている。フィールドワークをしている時に会うことが可能であったにもかかわらず、残念ながら道夫には会っていない。現在は写真と、頼代のインタビューを通して道夫を知るのみである。頼代によれば、長之助が「鬼長」の暖簾《のれん》を作り、道夫が「鬼長」の土台を築いてきたという。次の会話がその事を良く表している。

高原　じゃ、（長之助さんは）商売抜きでやられるのが好きだったんですかね。

頼代　そうなんですよね。だから次の代の道夫さんという方が、今度は一生懸命、また、そのフォローをなさったという事なんです。だから、お爺ちゃんは色んなとこに、色んな物を寄付して暖簾を作っていただいたけども、今度はやっぱり地固めで、道夫さんの場合がね。割合、仕事、仕事、仕事という感じみたいだったねえ（図19、図20）。

図19　二代目鬼長　浅井道夫

図20　お亀（浅井道夫作）

また一方、道夫の息子の邦彦が昭和五七年（一九八二）に四〇歳という若さで他界している。その時六六歳であった道夫は邦彦の後を引き継いだ頼代の実質的な後見人として鬼長を支えて来たのである。このように芸術肌の父、長之助と、未完成で夢半ばにして早くこの世を去った息子、邦彦の間に立つ二代目鬼長、道夫は鬼長のために苦労をした人のように思われる。道夫の時まで仕事場は現在の新しい本宅の場所にあり、そこで、長之助が育てた職人を中心に手作りの鬼瓦を製作していたのである。しかし、邦彦の時に金型のプレスによる鬼瓦の大量生産に移るため、二池町の現在の工場へ新しく進出している。つまり、道夫は長之助による手作りの伝統と、邦彦による鬼瓦の機械化という二つの流れの橋渡しのような役割を演じたことになる。道夫に対する頼代の評価を見てみたい。

この人（道夫）も結構一刻でね。融通がなかなか利かないタイプなんですよね。でもまあ、なかなか頭の切れる方だったもんで。やっぱり仕事に打ち込まれる方でしたかね。五〇そこそこぐらいで、ちょっと病気をって言うか、あの、昔でいう中気の発作が少し出て、それからまた回復して、まあ、七〇歳ぐらいから寝込まれて、一三年目で亡くなって、満八三ぐらいかな。八三か八四ぐらいの頃にね。ま、やっぱり、この道夫さんの代では地盤固め、鬼長さんの地盤固めをしたんですよね。

◈——浅井邦彦　［鬼長三代目］

三代目鬼長の浅井邦彦は昭和一七年（一九四二）に生まれ、昭和五七年に亡くなっている。四〇歳になったばかりの時であった。この邦彦の代に鬼長は大きく質的に変化した。金型プレスによる鬼瓦生産の機械化を開始したのである。道夫が手作りの職人だったと思い、当然、息子の邦彦も手作りを期待されたと考え頼代に尋ねてみた。

結構やってるんですよ、手作りも。あの、色んな物を。この人も、常滑の窯業学校出てるもんで、ま、薬にしても、手で作る物にしても、一応学校で習ってきて、ま、跡取りとして家で作るは作ってたんです。

でもやっぱり若いだけに、その、先、先のことが気になるもんで、やっぱ、プレスを入れて、やっぱり生産しないと、あの、世の中に置いてかれちゃうかなとか。そういう雰囲気で、ま、プレスを入れてやってみようと。だから、意外と早くプレスを入れたんですよ。まだ皆さんが手でやってる時代にね。

長之助による手作りの伝統を旧工場に残しながら、新工場で金型によるプレスの鬼瓦を量産する体制を整備していったのが邦彦であった。家内工業的な鬼板屋から近代的なプレス工場へと鬼長は変貌を遂げる。その発端を開いたのが邦彦と言えよう。やはりそれには邦彦本人の性格が多分に影響しているようである（図21、図22）。

この人ね（邦彦）、やっぱり、この人の場合はね、お父さん、温厚な方で、結構、社交的な人だったもんで、色んな、こう、何かを、こう、切り替えてやりたいタイプだね。新しいもんに挑戦してみたいわ。やっぱり、時代が違いますもんね。だから割と、早く早くという感じなんですよ。

図21　三代目鬼長　浅井邦彦

図22　小便小僧像（浅井邦彦作）

◇◇——浅井頼代

［鬼長四代目］

邦彦の後を継いだのが、頼代であった。四代目鬼長に邦彦の嫁であった頼代がなったのである。邦彦が亡くなった時、道夫がまだ健在で、頼代の後ろに付いたのである。

まあ、お父さん（道夫）が「やれや、やれ」と。「まあ、自分の力も、年も来てるから、やっていけると思えばやりゃ良いし、無理だと思ったら、何時でも早めに言ってくれ」という事で。

鬼長となった頼代にとって道夫の存在が大きな支えになった事は否定できない。それにもう一つ大きな要因が頼代を鬼長たらしめている。頼代は昭和一八年（一九四三）に当時、瓦屋であった石川家に生まれている。父である石川英雄は元々、鬼師で戦争中に瓦屋に変わっていたのであった。ところが頼代が一五歳の頃、英雄は鬼板を再開し「石英」という鬼板屋になっている。つまり頼代は瓦屋で鬼屋の娘であり、その娘が別の鬼屋へ嫁いで来たのである。頼代はこのように二重にも三重にも鬼師の世界に取り囲まれて生活をし、成長して来ており、通常の女性とは環境が特殊であったことが頼代を鬼長たらしめていると言えよう。頼代はその辺りの事情を語ってくれた。

ま、ほいでも、私の兄弟も、実家もみんな同じ商売しているんですよ。だから、あの、意外とやって来られたんです。私の父（浅井道夫）も鬼板師だし、鬼源さんからで、奉公して、ほで、自分、職人として鬼を作ってって。で、うちの実の父（石川英雄）でも瓦屋さんが自分の父。自分の親は瓦だもんで、で、瓦屋やって、途中からまた、やっぱり鬼板がやりたいって事で、鬼をやって、今は同業者という形になっているんですけど。

以上、二つの要因は頼代にとってかけがえのない物であるが、頼代が鬼長を継げた最大の要因は邦彦が早々に、手作りによる伝統的な鬼瓦の製造からプレス生産による鬼瓦の量産体制に切り替えていたからである。邦彦の代で既に職人が働く鬼板屋の親方から、従業員を抱える工場の社長へと質的に変容していたのである。頼代はこの点について次のように語っている（図23）。

ま、この人（邦彦）の場合は、やはり転業。転業といっても鬼を辞めたわけじゃないですけどね。まあ、やっぱり、「時代の波に乗ってかな」ということで、ま、それで、今があるんですけどね。

その時に手作りだけでやっとれば、細々と手作りをやって。職人のような方で、もう、技術がある人は、自分が作らなければ駄目じゃんね。その方が作らなかったら、もう、それも死んでしまうけど。やっぱり、こう、金型でプレスするっちゅうのは、従業員さんがやってくれる。だから、まあ、その点、まあ、大変ですよね、見込みで作るから。生産、出来過ぎちゃう場合もあるし。

今なんか、本当に、ちょっと不況気味だもんね。単価が安いし。まあ、作ってるもんに関しては、何とか今は、うちの場合はね、まあ、頑張って売ってくれてるもんで、助かってますけど。やっぱり、単価が厳しいですもんね。まあ、でも、こうやってプレス入れて、何人か使ってやるというのも一つの手ですから。

図23　四代目並びに六代目鬼長　浅井頼代

◈——浅井寿美正（仮名）　［鬼長五代目］

四代目鬼長、頼代は邦彦の後、昭和五七年（一九八二）から鬼長を盛り立てて来た。鬼長は平成八年（一九九六）に頼代の娘婿として鬼長で働いていた寿美正（仮名）に社長職を譲っている。一九九九年九月二日に鬼長本宅でインタビューした際、鬼長として会ったのは寿美正であった。寿美正は昭和三九年（一九六四）生まれで、西尾市のサラリーマンの家庭に育っている。鬼板屋とは関係のない世界の人間である。寿美正は自分自身のことを次のように語っている。

小さい時からやっぱり、目立ちたいなと。人とは違うことをやりたいなと。やっぱり自分で作った物とか、自分の物を、こう、世間にこう、アピールしたいなと。……というのが非常に強かったかなあと。何事もやるなら、ま、真剣にやるっていうような、そういう性格かなあ、という。ま、ほいで負けることが嫌いだった。
やっぱりソフトボールしようが、何のスポーツしようが、やっぱりこう、自分の納得行くまでやって。負けても、まあ、悔いの無いような形を取ってきたいなと。実際には、そういう試合でも、試合は負けたんだけども、自分自身というか、みんなとね、やってみて、「あー、あそこまでやったのに」と、いわゆる高校野球じゃないけども、そういう形で今までやってきたという状況じゃないかなあと思うんですよ。
中途半端なら、辞めるかやるかというのをはっきりとした方が、ま、「YesかNoか言える日本人」じゃないですけども、ま、そういう感覚でやってかないかんかなあと今でも現状思っていますし、小さい時もそういう生活をしてきたというのが。ほんで、今現在に至っていますけどねえ。

この寿美正の性格が後に鬼長を大きく変革させていくことになる。寿美正は高校を出ると二年間専門学校へ行き、歯科技工士になっている。しかし、歯科医院に三日勤めて辞めている。そして二四歳まで西尾の不動産屋で分譲住宅を売っていた。この仕事は寿美正自身の性格に合っていたという。

不動産屋に行って、自分でも仲買だとか、そういう事が、やっぱり年を食ってもずっとやれるなあと。こういう商売だなあと思ってこっちから行って、まあ、頑張ったというのかね。
だから、その時に相当日本のバブル絶頂期ですから、もう売れて売れてしようがないという、そういう時代に乗っかったという。だから二〇歳にしてすごい給料も貰っちゃったし、そういう歩合制というのかな。自分自身が頑張ればそれが跳ね返ってくると。だから自分と性に合っとったという事ね、性格にね。

この寿美正が二四歳にして鬼長に縁があり、養子として入ったのである。寿美正は元々鬼瓦の世界には縁のない人間なので、結婚する前に「マサヨシ」という別の鬼屋で下調べをして、鬼瓦の世界に入ることを決めている。自ら職安に行き、面接を受け、マサヨシで半年勤めたのである。他の鬼屋で働きながら、鬼瓦業界での可能性を測ったのである。「行けるな」と思ったという。

やり方によっては。というのは、この業界に来て、やっぱり不動産屋へその時いたもんですから、ふと、この業界に来て、「何か、江戸時代か、その、随分昔に戻っちゃったなあ」と、そんな感じが……。
「今、いい家を造ったって、プレカットでビャーッと全部出来ちゃうような時代の中で、へらを舐めてやっとる」と。いや、これはね、値段的なもんはそん時はあまりわからんかったですけども、「やり方によっちゃ、これは非常に面白いなあ」というのも一つあったと。という事で、「やろうか」と。

寿美正は鬼長に入った平成元年（一九八九）当時の鬼長の様子を語っ

ている。

ここへ来た時、もう親父さんが亡くなって一三回忌になってたもんで。まあ、お客さんとしても、まあまあ有ったたし。そういうような設備もしなくて、従来のまんまで行こうという形だった。

入った時は、うちも六名ほどしかいなかったと思いますけどね。プレスが確か、プレスをやってるのがやっぱ四人で、手作りをやってるのが二人。そういう現状だった。だからまだまだ小さかったんですけども。大きな工場にそいだけの人間しか居らんと。

この寿美正の言葉から邦彦が行った鬼長におけるプレス導入の規模が推定できるし、同時に邦彦の後を引き継いだ頼代の経営方針も分かるのである。寿美正に言わせると、「親父さんが亡くなって、そういう設備投資をされてなかったもんで、あの……そんだけ遅れちゃっとるという現状だったです」。ただその時、その様子に逆に可能性を見出しているところが、チャレンジ精神があり、負けず嫌いな性格の寿美正の面目躍如たるものが窺える。

でも、まあ、亡くなった親父（邦彦）というのは非常に、その、先見の明があったなあと思いますよ。その時に思えばね。敷地もトンネル（窯）が築けて、鬼瓦もトンネルで焼成出来るという、全て考えて土地を買っていたという。だから、その点が僕にとってはすごい有利な点だったなあと思いますよ。

土地を買って建物造ってやっとると、すごい膨大なお金が掛かっちゃうけども、そういった物が非常に他社に比べて大きかったと。だから、中をうまくこういう風に利用すれば、早く勝負が出来るかなと。というのも、全部見て、これなら行けるだろうと。

寿美正の慧眼は単なる従業員の目ではない。事業を目指す者の目である。寿美正はこのビジョンを元に鬼長を大々的に変革していく。このビジョンの基になった鬼屋が「マサヨシ」である。寿美正の鬼瓦業界全般の第一印象が「江戸時代に戻ったような所だった」というが、それを踏まえてマサヨシを「昭和の会社」と呼んでいる。そして寿美正本人は実際に鬼長を「平成の会社」にすることを夢見ていたように思われる。

非常に僕は運が良かった。まだ昭和の初めじゃないけれども、昭和の会社に行ったもんで。他社に比べて。考え方。あそこの社長の、「マサヨシさん」とこの社長の考え方というのはやっぱり優れている。

あのね、チャレンジ精神が非常に多くて、個性が強くて、色んなものを考え出してそれを製品化して、今でもやっているんですけれど。色んなものを考えて、ニーズに載せようという事で努力している。「今までのものを従来通り作っていいわ」という考えじゃなくて、そういう考えを持ってたもんで、非常にそういうのは、半年間だけども、「あー、なるほどな」と、役立っとるという部分があると。

寿美正は「マサヨシ」に他の鬼板屋にはない現代的な会社のイメージを見出している。寿美正の言葉で言うと次のようになる。

「今までのような物を作っとって……魅力を感じない」というかな。だから若い子が来ても勤まらない。職人の職業みたいなもんで。やっぱり、こう、叩かれても、「お願いします」という状況じゃない、という。だからもう続かないと。だから、もう、「会社らしくして行かないかんな」と。

寿美正は鬼長に入って急速に仕事を覚えていくと、やがて鬼長の変革に乗り出すのである。まず行ったのが最新型のプレス機械の導入であった。開発されたばかりの機械で日本でも、島根県と三州の鬼長のみといったようなものだったという。本来大量生産を目的とした機械がプレスなのであるが、それをさらに効率を上げ、生産能力を高めたものである。これによって鬼長は白地の生産が三年間のうちに七倍に伸び三州ではトップになったと思うと言っている。

この新型プレス機械の導入の背後には寿美正の基本的な戦略がある。次のように寿美正は言っている。

やっぱり生産上げようと。そして逆に僕の考えとしては、そういう……その品物が随分有るんですけど、何百種類とね。そん中でも一番安い、一番大量に出る物、皆のやりたくない物、それを、それで儲けようと。僕の考えはね。

だから皆がやりたくないことをやって、如何にそれで儲けるか。後はそれが、儲かれば、後は何を作ったたって儲かると。

「発想が逆ですねえ」というと、

うん、逆の発想で行くの。普通は儲かるもんから順番にやってって、儲からんなら辞めようと思うけれども。僕は儲からんもんを先にやると。それを大量に作っちゃう。

当時は七倍作っても、まだ足りないくらい鬼瓦が売れたという。ただ寿美正の発想を実行するには新しいプレスと新しい金型の導入が必要となり、設備投資を控えてきた鬼長の従来の方針とぶつかり内部で葛藤があったのは確かである。寿美正は単に新しいプレス機械と金型を入れただけではなく、金型自体の改良を同時に行っている。今まではたくさんの種類の金型が全て違っていたために、金型のプレスへのセッティングが煩雑になって、ひどい場合はそれだけで半日仕事になるようなことがあったという。それに対して寿美正は全て金型も規格にして、何を入れてもそこにしかはまらない式の物に仕様を変更させている。これによって、三〇分も有れば金型の据え付けが出来るようになり、あとリフトが操作できれば誰にでも動かせる体制を作り上げている。

この改良によって、寿美正は日系ブラジル人の大量導入を図っている。鬼瓦業界の中では初めてのことで、多いときは一六人ぐらい働いていたという。日系ブラジル人の採用は実に象徴的な出来事で、その背後にはやはり寿美正の戦略が光っている。

とにかく僕が考えてるのは、そこに歩いとる人が、このボタンを押して、「うん」という形でやれるような仕事をね、やれるような機械を入れていかんと。

鬼瓦だと特殊ですもんね。うちの、うちんちの仕事っていうのは。それが「誰でもやれるようにするにはどうしたらいいかな」っていう事で、色々考えなあかんのだけども。それをやったって所が勝ちだったと思う。

導入した当時の鬼長へは、全国から問屋さん、工事屋さんたちが見学に来たという。観光バスで来る団体もいたらしい。それほど業界では斬新な鬼瓦屋になったのである。新しい機械と新しい人員を整えた寿美正はさらに機械の稼働率を上げるために三交代制を採り、フル稼働の状態に持っていっている。

朝は六時からね、一〇時も休憩しないで、六時から来たら昼一二時で交代して、一二時の一時間も止めないと。一班・二班に分かれて、今まで鬼屋さんで考えられんような。うん、一班・二班交代にして、要はね。一二時に交代して、一二時一分からその二班が来て、またやると。六時までね。六時からまた一〇時までまた三班がやると。

寿美正はブラジル人の大量導入に伴って管理体制も変えていっている。旧来の鬼板屋では職人は先輩の仕事ぶりを見て盗んで覚えるのが一般的であり、職人が直《じか》に「教える」という事は基本的には余り無い世界なのである。ところが寿美正はまず機械を一新した後に、仕事の出来る人を管理者に立て、作業場に置き、不慣れな人を見て助けるシステムに変更していったのである。

こういった一連の変革は一言でいえば「合理化」を徹底して追求していった結果なのである。寿美正はこの考えに同意し、続けて次のように述べている。

無駄が非常にこの業界多いと思いますよ。その、「荒地って元から、あの、製品になるまでが。人間の手が何回触れられるか」っていう。そういう品物がね。触ればやっぱり、十円損すると。触れなくてどうしたらいいかって。

「合理化」とは正に「人の手を如何に省くか」であるから伝統的な鬼瓦の手作りの技を出来る限りからだで覚えて行く世界とは文字通り逆転している思考様式である。

寿美正は鬼長へ入ってから仕事を覚えるや次々と鬼長の変革を成し遂げてきたのである。平成八年（一九九六）に寿美正は頼代と代わって五代目鬼長になっている。鬼長になって寿美正が行った重大な変革がある。鬼長はそれまで邦彦が導入した鬼瓦のプレス生産の道を踏襲し、寿美正が鬼長に入ってから本格的に設備投資に乗り出し、鬼瓦のプレス生産による極大化・合理化を図ってきた。ところが寿美正はその鬼瓦の生産を中止し、「一番安い、一番大量に出る物、皆のやりたくない物」である平板瓦の道具物（三叉、カッポン、巴など）に一気に切り替えたのである。

現在でこそ平板瓦に大手ハウスメーカーが転換し、逆に和瓦は平板瓦に押されて割合が七対三といったような状態にまで変化して来ている。その発端になった事件が一九九五年一月一七日の阪神淡路大震災である。全半倒壊家屋二十万九千、第二次大戦後、日本最大規模の災害であった。しかもメディアが空から被災地を撮影、放映したため、倒壊家屋は黒瓦（和瓦）に押し潰されたような形になって見えたのであった。あたかも和瓦の重さが家屋倒壊の直接の原因のような印象を全国的に与えてしまったのである。それまで大手ハウスメーカーは屋根にカラーベストを使っていたが、通気性の悪さや変色、さらに材料のアスベストが体に有害と言われ始めたことも重なって、和瓦に比べて小振りの粘土製の平板瓦が少しずつ出るようになったのである。和瓦離れがこの時始まったのであった。

寿美正はこの動向を他の鬼屋に先駆けて見抜き、既に投資してあった鬼瓦（和瓦用）の金型を全て外して、平板の道具物へ切り替えたのである。平板の道具物とは和瓦による伝統的な鬼瓦を意味しない。それは平板瓦の特殊瓦に過ぎず、鬼瓦と比べるとその余りのシンプルさに拍子抜けするほどである。事実、寿美正は初めて私が電話した時に鬼長として対応しながら、「うちはもう鬼瓦屋じゃないですよ」と答えている。鬼瓦から平板の道具物に変わった頃は他の鬼瓦屋から次のようによく言われたという。「あいつは鬼やらんどいて、何を作っとるだ」と。それに対して寿美正は「何年後かには笑う時が来るだろうな」と思っていたという。インタビューした時は一九九九年であり、その時にすぐにこの言葉に付け加えて、「今、現状、来たわけですよ。三年で」と答えている。

当時は同業者から散々けなされた模様である。しかし、寿美正の自信は揺らがず、その根拠を語っている。

プレスも買わないかん。金型もまた作らないかん。でも、まあね、何時売れるかわからん。「あんなものは売れるわけねえじゃないか」と皆から言われたけども、僕はまあ、それを信用して作ったけども。

どういうことかって言うと、これはニーズにあっとると。一つは、昔、不動産屋に居ったと。そういったとこから、色んな情報貰って来る、と。だから、鬼屋さんっていうのは、やっぱり職人なんだもんで、自分の高浜市しか分からないわけですよ。うん、自分が使うなら良いですよ。それがいるか、いらんのか、分かってないという。だから僕は不動産屋色々知っとるもんですから、そういうとこ回って、「どうだろうか」とか。そういうもの先回りして、「これなら行けるぞ」、と。

結果、始めた時は生産したうちの一割しか売れなかった平板の道具ものが、当時では考えられない量出るようになったのである。

大手ハウスメーカーが使うことによって、どんどん、トレーラーじゃないんですけども、引っ張られていっちゃうんですわ。要は、平板に。その、「小さなビルダーまでがやっぱり平板が良い」という形になっちゃう。何でかっていうと、そういうハウスメーカーが展示場どんどん、どんどんと作っていって、やっぱり建て替えをするもんですから、どんどん、どんどん平板に。和形から平板に変わって建て替えをしちゃうと。

お客さんは展示場に見に行くと。ほうすると、「屋根なんか見てない」んだけども、「これで、じゃあ決めますよ」というと、「屋根が必然的に平板になっとる」と。うん、だからもう、すごい量流れて行っちゃうと。

一九九九年の時点で寿美正は平板の道具物と鬼瓦の比率を六対四と言っており、二〇〇三年の現時点で七対三と一般に言われている状態を考えると、寿美正の洞察が如何に鋭いものであったかが分かる。しかも、寿美正はその考えを実行に移しているのである。もちろん鬼長は平板瓦の道具物の先駆者として独占的な利益は得ている。ただ他社も平板の道具物へ進出して来ているのも事実である。寿美正は平板の道具物に大胆に転換をしたのであるが、一方、手作りの鬼瓦は残しており、その存在価値を認めている。

（ハウス）メーカーさんがそういうような動きをされてるもんで、瓦メーカーさんもね。僕たちも当然、その下だもんで、変わらざるを得んというのが現状なんですよ、要は。だから、そこで我を張っとったって、「売れないものを作っとったってしょうがない」っていう事ですよ。

うん、それにいち早く乗っかって、そういうものはそういうもので対応して。重要なものは重要でね、高価なものは高価なもので、やっぱりそれは存続せないかんなと。「二極化で行かないかんな」ということですわ、要は。

図24　家紋（浅井長之助伝来の屋号「長」　浅井頼代作）と古代鬼面雲足付玄関鬼（浅井家本宅　岩月光男作）
（鬼瓦の「鬼」と家紋の「長」で「鬼長」を表す）

寿美正は「二極化」という言葉にある通り、鬼長を平板の道具物へと大転換はしたものの、初代鬼長の長之助から続く、伝統的な手作りの鬼瓦の部門をしっかり確保している。[10] 鬼長は長期的な視点から観ると、三代目鬼長、邦彦の採った路線を現在も維持していると言えよう。

二〇〇三年の夏に再度、鬼長を訪れた際に驚かされたことがあった。鬼長であった寿美正が、平成一三年（二〇〇一）に鬼長を出て、頼代が現場に復帰して六代目鬼長になっていたのである。こういう事に出会う度に、本当にフィールドというのは常に変化しているのだと実感させられる。そして、文化を知るには文献中心ではなく、常にフィールドに立ち返らなければいけないと思わずにいられない。

寿美正は鬼長を出る際に顧客と従業員を引き抜いていったので、従業員は二〇数名のかつての規模から一七名になっている。それでも寿美正が鬼長に入った当時の六名と比べると鬼長が質的に伝統的な親方中心の鬼板屋から、現代的な会社組織になっているのは明白である。鬼長は変革を繰り返しながらも、伝統を保ちつつ、近代的な鬼板屋としての「平成の会社」に脱皮したと言えよう（図24）。

まとめ

岩月仙太郎系（壱）では神谷春義に端を発する四軒の鬼板屋について見てきた。その内、鬼源、上鬼栄、鬼長は神谷春義、神谷栄吉、神谷長之助（後に浅井長之助）という血で繋がった兄弟によって興された三州では伝統ある鬼板屋として現在に至っている。三人の兄弟が長男であり親方である春義の元で鬼瓦を作っていた頃は一つであった。しかし、栄吉と長之助が独立し、代を重ねるにつれて各々特色のある鬼板屋へと発展し、変化して来ている。神谷春義系の共通する特徴はそれぞれの家で窯業学校を卒業した親方を輩出したことであろう。二代目鬼源神谷勝義、二代目上鬼栄神谷知佳次、三代目鬼長浅井邦彦がそうである。窯業学校から神谷春義の系列に導入された技術と思想が石膏型の技術であり、近代化・合理化・大量生産の思想であった。伝統的な手作り鬼瓦の世界がこういった世代の登場によって急速に変容していったのであった。その影響力は想像以上に大きく、系列を越えて他の鬼板屋へと三州を中心に広がっていったのである。

神谷一族とは一線を画するが、数奇な流れを辿ったのがサマヨシ製鬼所であった。初代の杉浦佐馬義が上鬼栄の神谷栄吉の小僧としてわずかな期間働いたのをきっかけに、鬼源の職人であった深谷定男、鬼仙の岩月清などの影響を要所要所で強く受け、神谷春義・岩月仙太郎系の衛星国的な鬼板屋として存在したのである。サマヨシ製鬼所の存在は三州で新興の鬼板屋がいかに興っていったかの一端を物語っていると言えよう。

注

[1] 愛知県高浜市には「上鬼栄」と「鬼栄」という鬼板屋が在り、どちらも似た名称なので、通称は「上鬼栄」を「上《かみ》の鬼栄」、「鬼栄」を「下《しも》の鬼栄」と呼んで区別している。

[2] 丸型とは一つの石膏型で「まるっと」鬼瓦が一度に出来ることから「丸型」と呼ばれ、今もいたるところで使われている。

[3] 深谷定男は当時は鬼源の職人であったが、鬼源生え抜きの職人ではなかった。鬼源へ来る前は鬼宗という現在は存在しないが、鬼源から直ぐ近くにあった鬼板屋の職人だったという。それ故、鬼源は純粋に春義から技術が伝わっているというよりも、博基の時に「鬼宗」からの技術が深谷定

男を通して入っていると言える。

［4］勝義は石膏型の技術を若い頃学んだ瀬戸窯業学校から取り入れている。その技術が鬼瓦の世界に普及している現状を見るとき、「矢作川粘土文化圏」における現代の代表的な例として考えることが出来る。つまり基本的な技術は応用を通して繋がっているのである。

［5］山本鬼瓦の職人で博基が気に入っている「へら」を作る人のことが気になり、二〇一七年八月二五日に電話で博基に直接確認した。その職人は山本種次であった。名鉄（名古屋鉄道）で働いていたことがあり、鉄道のレールの廃材を使い、また矢作《やはぎ》鉄工所で働いたこともあり、種次は自ら勘考して「へら」を作っていたのである。

［6］これはあくまで原則として言えることである。例外として、A鬼屋からB鬼屋へと石膏型の持ち出しはあり得る。特に起こりやすいのは、A鬼屋から職人が独立する時、または他の鬼板屋に移る時であろう。また海賊版としての無断複製も考えられる。

［7］何時独立したのかは、はっきりしていない。伝聞によれば、長之助は大正四年（一九一五）に結婚し、同時かまたは二年ぐらいたって独立しているらしい。栄吉は大正一二、三年頃独立したという。つまり、栄吉の方が職人生活は長之助よりもはるかに長い。

［8］もともとは高浜村、吉浜村、高取村が隣接している地区であった。しかし、明治三三年にまず高浜村が高浜町になった。さらに明治三九年には、この高浜町に吉浜村と高取村が合併して高浜町ができあがっている。高浜市になったのは昭和四五年のことである。

［9］観音像は祷護山観音寺の境内にあり、このお寺自体が小山の上に立っている。この山の名称はない。地元の人達はこの像を「高崖の観音さん」とか、「森前の観音さん」と呼んでいる。

［10］現在（二〇〇三年）、鬼長には二人の手作り職人がいる。その二人は鬼仙で働いていた職人の岩月清の兄、岩月光男と光男の息子の実である。鬼長は手作り部門を保持しているとはいえ、手作りに関しては鬼長の伝統は実質上、途絶えていると言っていいと思う。また逆に、鬼仙の手作りの伝統が鬼長に接ぎ木されているとも言える。ただ鬼長は元を辿れば鬼仙に行き着くので、本家帰りをしたとも解釈できる。しかし、二〇〇五年四月三〇日に光男と実は鬼長を退社し、同年五月一〇日に石英へ移っている。この事は、鬼長は手作り部門から撤退したことを意味する。

[8] 鬼仙系――岩月仙太郎系 (三)

神谷春義を直接の元祖とする三州における鬼板屋群と文字通り兄弟のような関係にある鬼板屋群が岩月仙太郎を元祖とするグループである。神谷春義系と岩月仙太郎系は余りにも近いが故に、差異化して違いを前景化させながら逆に相互に反発し合うところがあるのは否定できない。その様は現代における一種の神話のような物語を紡いでおり、事実、三州に独自の流派を形成して来ている。

この二つのグループの「近さ」であるが、何といっても両派の元祖がまず赤の他人ではないことが重要である。ただ単に鬼瓦の技術や流儀を一つにするだけでなく、血縁においても色濃く繋がっており、神谷春義と岩月仙太郎は甥と叔父の関係にある。仙太郎の姉の子の一人が春義なのである。仙太郎は鬼師として遠州で晩苦者《ばんくもの》のような生活をしながら技術を磨いていた。そこへ甥の春義がおそらく春義の母の紹介を通して弟子入りして来たのである。それ故に神谷春義系と岩月仙太郎系は同根同形であり、大きくは一つのグループを成す鬼板屋群なのである。また「三州」という枠組みを外せばこのグループの元祖は二人ではなく一人になり、岩月仙太郎がその人となる。ここでは岩月仙太郎とそのグループについて焦点を絞り、その特徴を描写する。

岩月仙太郎系――鬼仙、岩月鬼瓦、三州鬼仙、鬼作、(石英)

岩月仙太郎の系列は直接には、二〇〇三年九月現在で四社になっている。系列の母体であった鬼仙は一九九九年九月六日に自己破産し、存在していない。石英は白地組合に属している関係上、ここでは取り上げない。よって、旧鬼仙と岩月鬼瓦、三州鬼仙、鬼作を対象とし、岩月仙太郎系について考察してみたい。

鬼仙

❖――岩月仙太郎　[鬼仙初代]

鬼源・鬼仙系の鬼板屋の発端になった人物が岩月仙太郎である。慶応三年(一八六七)に現在の高浜市に当たる碧海郡高浜町に生まれている。女五人男一人の末っ子である。父親はすでになく、女親と姉に育てられたという。後に鬼仙を興す仙太郎が生まれた家は父の長十《ちょうじゅう》が百姓をやりながら、色々な仕事を現在のアルバイトのような形で手掛けていたらしい。五代目鬼仙に当たる岩月清は長十について次のように言っている。

土器屋っていうか、ああいうお釜作ったり。それから船乗り。あの、何て言うだね、船頭。海が近いから、結局三河の特産を、ちょっとした船で、あっちの伊勢の方へ持ってってたり、また伊勢の特産品を持って来たりしている、そういう。

仙太郎は少し大きくなると直ぐ働き始め、家計を助けなくてはならない状況に家はあったようである。

昔でいう、寺子屋か小学校行ったかどうか分かりませんけど、働かな食っていかん、いけん時代だもんで。あの、何て言うですか、どうせ、今で言う小学校四年生か五年生ぐらいで、もう働いたじゃないかね。そいで、魚の引き売りをやって、大浜とか、新川の方で安い魚を仕入れて、海のない刈谷から向こうの知立だとか、豊田の。豊田といってもそんな遠くじゃなくても、知立からちょっといきゃ。うん、そういう所へ、もう競うようにして、大八車とかそういう車に積んで、安っぽい魚を売りに歩いて。うちのお婆さんが教えてくれたけど、「お爺さん（仙太郎）は何て言うだね、ションベン、立ち小便もしたことがない」と。「歩き、走り小便だ」と。「小便しとると魚が腐っちゃうから、車を引きながら、小便を、回りながら走った」っていうぐらい。

ところが、仙太郎は魚屋をしている時に、鬼板屋（おそらく山本吉兵衛系の鬼屋）の仕事に興味を覚え、利益の上がらない魚屋に見切りを付け、鬼師になる決心をしたのである。仙太郎は理由は定かでないが、三河で小僧から鬼板の修業をせずに、遠州へ出掛けて旅職人をしながら鬼板の技術を修得している。清がその辺りの事情を話してくれた。

図1　初代鬼仙　岩月仙太郎

結局、三河の鬼屋さんに弟子入りするよりも、向こうへ、「遠州の方へ行った方が良いわ」っていう風で、魚屋ほかっといて、引き売りやめて、瓦職人ね。ほで、親方誰もいない、一匹狼で、見よう見真似で。結局、何ていうだね、一月、二月、瓦屋さんに逗留しては、そこで飯食わせて貰って、なにがしかの賃金貰って、また居心地が悪うなった、良くなった風で、クルクルやった。寒い時はぬくたい遠州路を、で仕事しとって、暑くなってくると富士川を沿って身延山のずうっとあっちは、ものすごう瓦屋さんが

図2　龍（岩月仙太郎作　若宮神社　高浜市大山公園内）

多いとこなの。今から二〇年くらい前までは、何て言うですか、公害がやかましくなる迄は、どこの村行っても瓦屋さんがあったの。そのぐらいあったから、確かな、ある程度の腕を持っておればいくらでも雇って貰えて。

仙太郎は旅職人をしながら何と四五歳まで静岡県から長野県辺りを季節に応じて転々として、腕を磨きながら生活していたのである。しかし、仙太郎は「儲けた金は全部博打でいかれて」と清が言っているように賭事の好きな鬼師だったらしい。旅職人の通称である「晩苦者《ばんくもの》」のイメージにピッタリ当てはまる鬼師である（図1）。

ここに鬼仙と鬼源が交差し、鬼板屋の源を一つにする話がある。仙太郎は男一人、女五人の六人兄弟だったが、その中の一人の姉が「神谷」という高浜の回船問屋へ嫁に行っている。その仙太郎の姉が産んだ子が、「神谷春義」（鬼源）、「神谷栄吉」（上鬼栄）、「神谷長之助」（鬼長）だった。長男の神谷春義は明治一一年（一八七八）生まれであり、仙太郎から見ると、甥に当たり、およそ一一歳離れている。この春義が母親の弟、仙太郎を頼って遠州へ行き、一緒に旅職人をしながら仙太郎から鬼板の技術を修得するのである。仙太郎は住まいを遠州の島田へ持っていたので、結果、高浜へ帰るのは明治四五年（一九一二）になった。一方の春義は数年早く高浜へ帰り、「鬼源」を始めたのである。少し遅れて高浜へ戻った仙太郎は「鬼仙」を興すことになる。ここに、親方と弟子が高浜では立場が逆転し、春義が鬼板屋を最初に興して遠州の新しい鬼板の流儀を高浜へ伝え、後から仙太郎が同じ系統の鬼板屋を始めたので、事情を知らない人は春義と仙太郎の関係を逆さに捉えてしまう事態が生じたのである。

以上のように「鬼仙」と「鬼源」はルーツに関して、鬼板屋としてのみならず、血縁関係に於いても同根なのである。さらにその鬼源へ春義の弟の栄吉と長之助が小僧として入り、後に「上鬼栄」と「鬼長」になって独立している。それ故、鬼源・鬼仙系は簡潔に『鬼仙系』といっても間違いではない（図2）。

◈――岩月新太郎　［鬼仙二代目］

初代鬼仙の仙太郎は昭和一五年（一九四〇）に七五歳で亡くなった。二代目鬼仙には岩月新太郎がなっている。新太郎は明治二八年（一八九五）生まれである。昭和一八年（一九四三）に亡くなっている。仙太郎と新太郎は亡くなった年がわずかに三年しか違わない。この事から推測できることは、仙太郎と新太郎は親方と職人の関係でずっと来たということである。新太郎は仙太郎が二八歳の頃の子であり、仙太郎が四五歳で高浜に戻るまでの一七年間は遠州の時代である。新太郎が本格的に鬼師の仕事を始めたのは、仙太郎が高浜に鬼仙を興してからのことだと思われる。岩月清が昭和一三年生まれであり、父、新太郎の死は清が四歳半ぐらいの時に当たり、清自身、ほとんど父を覚えていない状態である。それ故、新太郎の話は残念ながら余り語られていない。

新太郎さんはね、ほいだけど、良い、すごいいい、おとっつぁんだもンね。

しょっちゅう、おっかさんがほう言ってた。おとっつぁん、集金

図３　二代目鬼仙　岩月新太郎

図４　猫飾り瓦（岩月新太郎作）

に行くと、履いてったステテコや、すごいお洒落で、すごいカンカン帽子被って、すごい、今でいうと、夏でいうと、絽《ろ》の着物来て兵児帯で、四九歳ですごいお洒落して、ほいで二日も三日も、自動車ないじゃん、電車で集金に行くでね。ほいと、必ずステテコや色々なもんを、何ていうだん、「ウンコちびったで捨てて来た」とか言って、置いて来ちゃっとるってって（図3、図4）。

◇――岩月悦二　［鬼仙三代目］

新太郎には女六人男四人の子供があり、男四人が全員鬼師になっている。三代目を継いだのはまず長男の悦二であった。悦二は大正一一年（一九二二）に生まれている。ところが昭和二三年（一九四八）に肺病で亡くなっている。二六歳であった。旧制刈谷中学校を出た秀才だったという。清が兄について語っている。

「頭ええわ」って、誰が言っても言うもん。昔、刈中行くの少ないでしょ。「悦っちゃんは利口だった、どうのこうの」って言って。「悦っちゃんが生きてりゃどうのこうの」。うちの女房でもみんなが、「兄さんが生きとったら、お父さん（清）なんかこの世にゃおうへんわなあ」って。おらん代わりに兄貴が儲けてさあ。おらぁ、楽なサラリーマンか学校の先生かなんかにさしてくれとったわいてって。

悦二は頭が良かったので学校から帰ると経理を手伝っていたらしい。ただ本格的に鬼師の仕事に就くのは刈中を卒業した一七歳頃だと思われる。清は次のように言っている。

中学行って帰ってくると必ず、大福帳広げて、兄貴は「今日の売上げはどうのこうの」って。商売やるだっただら。「ほんなん中学校へ、中学校行く必要ねえなあ」てって。「小学校六年で良かったなあ」って言うぐらい。

悦二は旧制中学校を卒業して暫くは仙太郎と新太郎と一緒に仕事場で働いていたと思われる。しかし、この三人が次々と亡くなっていったのであった（仙太郎　一九四〇年、新太郎　一九四三年、悦二　一九四八年、それぞれ死亡）。

❖――岩月孝一　［鬼仙四代目］

悦二の跡を継いだのは次男の孝一であった。昭和二年（一九二七）生まれである。悦二が亡くなってからは鬼仙を盛り立てて行くはずであった。しかし、孝一は昭和三九年に鬼仙を破綻させ、出て行っている。

次男が、あの、戦後、鬼仙を継いでやってたけど、博打は嫌いだけど女が好きだもんで、全財産、全部、花に注ぎ込んじゃって万歳になって。

だからみんなのうなっちゃうね。うん。お爺さんが儲けてくれたお金を全部売り払って、のうしてしまっただね。今何て言うですか、そこの鬼作さんの辺ね。あそこから駅の辺ずうっと何千坪というのが僕らの子供の頃の……

孝一は今は身請けした女性と一緒に岐阜で暮らしているとのことである。孝一は結果、悦二の後、約十五年ほど、鬼仙として働いたことになる。清の言葉は直截的である。

下の孝一って弟が商売やっとったけど、それも、パンパン屋や道楽して、パンパンの女を嫁さんに貰ったりして、ろくな事してやへんから、だんだん、だんだん谷底へ転げ落ちるようになっとる。

❖――岩月清　［鬼仙五代目］

孝一の次に三男の光男がいる。光男は昭和六年（一九三一）生まれで当時既に孝一と一緒に鬼仙で鬼瓦を製作していた。孝一が昭和三九年に鬼仙を出て行くことになった時、光男に五代目鬼仙の話が当然の事ながら行ったという。しかし、光男は「性格的に商売をするのが嫌い」と言って断り、「鬼瓦の修業をする」と言って叔父に当たる杉浦作次郎の鬼作へ職人として移っている。結果、五代目鬼仙となったのは、岩月清であった。清は岩月新太郎の四男で、昭和一三年（一九三八）に生まれている。刈谷高校を卒業すると、鬼仙へは入らずに岡崎信用金庫に勤めている。しかし三年間で銀行員をやめて、鬼仙へ入ることになる。その辺りの出来事を清は次のように語っている。

子供が「公金横領で首になったじゃないか」と言いますが、生意気な先輩と喧嘩をして辞めました。一年ほどブラブラ、昼間は競馬、夜は名古屋の町で遊んでおりまして、こんな事じゃいかんと思って、家業の鬼屋を手伝い、兄貴と一緒にやっておりましたら、事情があって、昭和三九年より僕が経営者として続いております。

実質上、鬼師として修業したことのない清は職人になる道を選ばずに、鬼仙の経営者になる選択をする。外交、渉外、営業といった仕事である。これに鬼屋としての雑用が入ってくる。鬼瓦の窯炊き、窯積み、窯出し、そして得意先へ鬼瓦を運搬する仕事である。高速道路が整備され、車で遠隔地へ運ぶことが可能になり販路が広がったことが営業的に助かった要因だという。手作りの技術を持たない清を助けたのは「仙太郎」であった。仙太郎の弟子であり職人であった人が鬼仙を支えたのであった。矢野静夫と石川与三郎の二人が中心メンバーで、二人は仙太郎の直弟子である。矢野は鬼仙の職人になり、石川は半田市に工房を自ら持ち、製品を搬入することで清を助けたのである。ここに、悦二以降、途絶えかけた鬼仙の技術が職人を通して清の鬼仙に復活するのである。さらに神谷正司、佐々木徳四郎、小林留夫、杉浦福吉、山本定子といった職人が鬼仙に入り、堂宮関係を中心に手作りの鬼瓦を生産する体制を組織することになったのである。さらに鬼作へ出て行った兄の光男が一〇年ほどして鬼仙へ戻り、手作りの主力メンバーの一人に加わっている。鬼仙が危機に直面したときに、仙太郎が残した伝統が人を動かしたといって良いだろう。

清は営業に徹しながら、鬼仙の伝統である手作り鬼瓦を鬼仙の仕事の核に据えたのである。清は営業を広げることにも努力している。プレスの鬼瓦が出始めた頃に積極的にプレス鬼の生産を他社に奨め、鬼仙自らプレスの白地や黒地を購入し、鬼仙の窯で焼成し、販売していっている。それ故、他の鬼板屋との関係上、外部から鬼仙を見るとプレス中心の鬼板屋に見えたところがあったのかもしれない。何故なら清自身が親方として手作りの鬼瓦を作らなかったからである。

平成一五年七月二八日に訪れた時には鬼仙は無くなっていた。前回、清にインタビューに行ったのは平成一一年八月二六日であった。鬼仙はその一一日後に自己破産をしたのである。資産は競売にかけられ、名義が清の姉になった。鬼仙の看板はすでにない。ただ以前とほとんど変わっていない。清自身は悪びれるわけでもなく、むしろサッパリした感じだった。自己破産になり資産は無くなっているが、同時に膨大な借金も無くなったからである。

鬼仙が倒産したことにより、鬼仙という鬼板屋は清の代で平成一一年九月六日に無くなったことになる。現在、工場も家屋もそのまま残っているが、清のものではない。ところが平成一一年に訪れたとき以上に活気があるのである。清は鬼仙を潰したのは事実である。しかし、清に二人の息子があり、それぞれが別々の会社を興し、新しい鬼板屋が二つ誕生したのであった。長男の岩月秀之が「岩月鬼瓦」をつくり、神明町で鬼瓦を生産している。弟の貴は鬼仙のあった工場で「三州鬼仙」として鬼瓦を作っている。それ故、表面上は何も変わっていないように見えるのである。むしろ以前よりも雰囲気が明るくなっている。実際最初に訪れたのは倒産する直前だったので、なおさら、現在との落差に驚いてしまうのかもしれない。

鬼板屋自体が倒産を機に世代交代したのが大きな変化である。もう一つの大きな変化は清本人である。清は倒産以前は経営者に徹して、自ら職人として鬼瓦を作ることはしなかったと言っている。他の鬼瓦屋の人々も「清は鬼は作れない人間だ」といった評価が暗黙のうちにあったし、現在も同じであるのかもしれない。しかし、清は倒産以来、手作りの鬼師として息子の貴と一緒に旧鬼仙の工場で鬼瓦を作っている。中でもユニークなのが、清の作る鬼面である。熟練した鬼師の作る左右対称な鬼面と違い、明らかにどことなく、ずれているのであるが、独特の味わいを持っている実に人間くさい鬼面である。職人は他の職人の技を見て覚えるという。清は「三五年間、鬼仙で職人の技を見て覚え、同時に屋根工事屋さんとの直接取引で、数々の指摘を受け、手作りが出来るようになったのだ」と言っている。清の次の言葉からも清が手作りをすることがはっきりと分かる。ある瓦屋さんが工場に来て清の鬼を見た時の話である（図5）。

「これは誰がつくっとる」。「大将が作る」っとこう言って。あの、案内して来る瓦屋の親父等が。そう言うわねえ。うん、ほいで、「感激した」てって帰って行くの。

それこそ、この間も、地震あった宮城県の方の工務店のやつが来て、「あっ、ほんと、親父さん、作ってくれるかー」ってったら、「あー、作ってあげるよ」って言うの。「うん、だけど二度と同じ顔のものは作らんよ」ってって言ってやるの。俺が作ると、その日の気分で、鬼の顔が違ってくるだねー（笑）。

この時、一緒に岩月貴も話に加わっており、直ぐに相槌を打っている。貴は同じ仕事場で鬼瓦を作っているから貴の言葉は傾聴に値する。

確かに、確かに。

清はこの後に続けて補足している。

ある時は、顔がこうしといたり、極端な言い方、こうなったり、こうなったりして作っとん。それが良いだげなあ。

図5　五代目鬼仙　岩月清

図6　本鬼面一文字（白地　岩月清作）

たまたま、鬼仙に用事があって立ち寄った時に、清からまだ白地の状態で仕事場の横にズラリと並んでいる清の鬼面を見せて貰ったことがある。清が話している通り、それぞれの鬼面の表情が、ちょうど、「五百羅漢」のように違うのであった（図6）。

清には秀之と貴の二人の息子がいる。鬼仙解体後は秀之が岩月鬼瓦を、貴が三州鬼仙を持ち、手作りの鬼瓦を生産している。まず、父親の清と同じ工場で働いている貴の方から紹介する。本来なら、兄秀之が六代目鬼仙を継ぎ、貴は職人の道に入るはずであったが、鬼仙が倒産したために、鬼仙が解体したので、そこから新たに二つの鬼板屋が生まれたのである。

三州鬼仙

❖——岩月貴　[三州鬼仙初代]

貴は昭和四六年（一九七一）に生まれている。現在（二〇〇三年）三二歳である。父親の清と貴を交えて話を聞いたのである。鬼板屋に育った貴は子供の頃の話をしてくれた。

あー、職人さんの横で見真似で、何て言うの、紋を作ったり、遊び程度で粘土遊びはやってたっていうのはあるかな。

野球をやってて、まあスパルタ教育って言うか、まあ結構、練習って言うか、やってた。リトルリーグで。

家では仕事の手伝いをしたことが時々あるのかと尋ねてみると、「全然ない」と答えている。高校まで何も家の仕事はやったことが無く、高校を卒業してから、貴は初めて家の仕事に係わっている。

高校を出て、まあ、窯の手伝いとか、やり始めて。あと、配達とか。あと、それ以外は粘土も触ってなかったし。大学行ってないけど、二一、二一、二〇歳過ぎからかなー、本格的っていうか、その叔父さん（岩月光男）に一応、聞いて、見よう見真似でやったのは、二〇歳過ぎかなあ。

貴が手作りの鬼瓦を始めた動機について次のように言っている。

きっかけとかはないんだけど、まあ、将来に不安を感じたってい うか。そのー、何か覚えとけば、まあ、良いかなーっていうぐら いで。

その頃（一九八一年）、鬼仙には叔父の光男と山本定子の二人が職人として働いていたという。その仕事場で、貴は鬼瓦の修業に入ったのである。

最初からいきなり、まあ、大きいもんっていうのか。二尺くらい のもん。お寺では一般的なもの。それからいきなり入って。

まあ、その時、良くお寺の仕事があってそれが売れ筋っていうか、 まあ、在庫じゃないけど、そういうの作っておけば良いかなーっ てことで。とにかく、大きいもんから入ったっていうのが。

貴は叔父の光男の働く手作り鬼の仕事場で一緒に仕事をするようになった。ところが、貴は興味深いことを述べている。

ある程度ね、小さい時からさぁ、その作りっていうのは見てたか ら、こうやってやればっていうのは分かってたもんで、うーん、 自然に最初入っていけれて。そういう感じで、全然初めてじゃあ。 昔、小さい頃、見てたから、仕事はそんなに難しく感じなかった。

貴は本人自ら言っているように、高校を卒業するまで仕事を手伝っていない。しかし、「初めてとは少しも感じることなく、仕事が出来た」というのである。貴のこの言葉はどこか、清の言葉と響き合うところがある。清も、三五年間、鬼仙の経営一筋で、一切、鬼瓦は作ったことは無いと言っている。ところが、鬼仙が無くなってから初めて、鬼瓦を作り出しているのである。その時も、やはり、作れる理由は、「長い間、職人の手作りの仕事を見ていたから」と言っている。「職人は見て覚える」もので、習うものでも、教えて出来るようになるものでもない事は、色々な機会に耳にした言葉である。貴や清の言っている事は一般の素人から考えると何か、ピンと来ないものを感じるのであるが、「見る」事により、何かが刷り込まれるのは確かである。

光男と如何《いか》に仕事をして、自らの糧にしていたかを貴は思い出しながら語っている。

「教えてくれ」っていうのは言わんかったんで。ほんとに、その 基本的なー、何だろ、所だけを教わって……

うん、それで、マンツーマンで教えて貰ったっていうじゃない。 向こうが仕事が空いた時、ふと立ち寄って、「叔父さん、ここど うしたらいいー」っとかいうような感じで。

まあ、隣でやってたから。 見て。

二一から二五ぐらいまでは、まあほとんど同じ物を作ってたーっていう。その、二尺の経ノ巻っていうのを、毎日、毎年っていうか、その、ずうっと、同じ物を作ってばかり。あと、まあ、大きくなったり、小さくなったりっていうのは有るんだけど。

あと、型起こしとかもやったこと無かったし。その、同じ繰り返しっていうか。

「図面から作ってたのですか」と尋ねると、

そう、図面から作ってたってこと。四年間、まあ、同じものの繰り返しで。

仕事自体は今もほとんど変わって居らず、貴はサイズは別にして、経ノ巻を作り続けて来ているという。大きな変化は貴にとっては、叔父の光男が鬼仙を去って行ったことだという。

うん、その時は、「どうなっちゃうのかなー」っていうのはあったね。やっぱり、うん、その時はちょっと不安になったね。これから一人で、あれ、やっていけるのかなーっていうのは思った。

側にいた清が「お父さんがやれん?!と思った」と言うと、

うん、そうだね。うちの親父じゃあ、出来るかなあ、作れるのかなーって、不安を感じてたねえ。

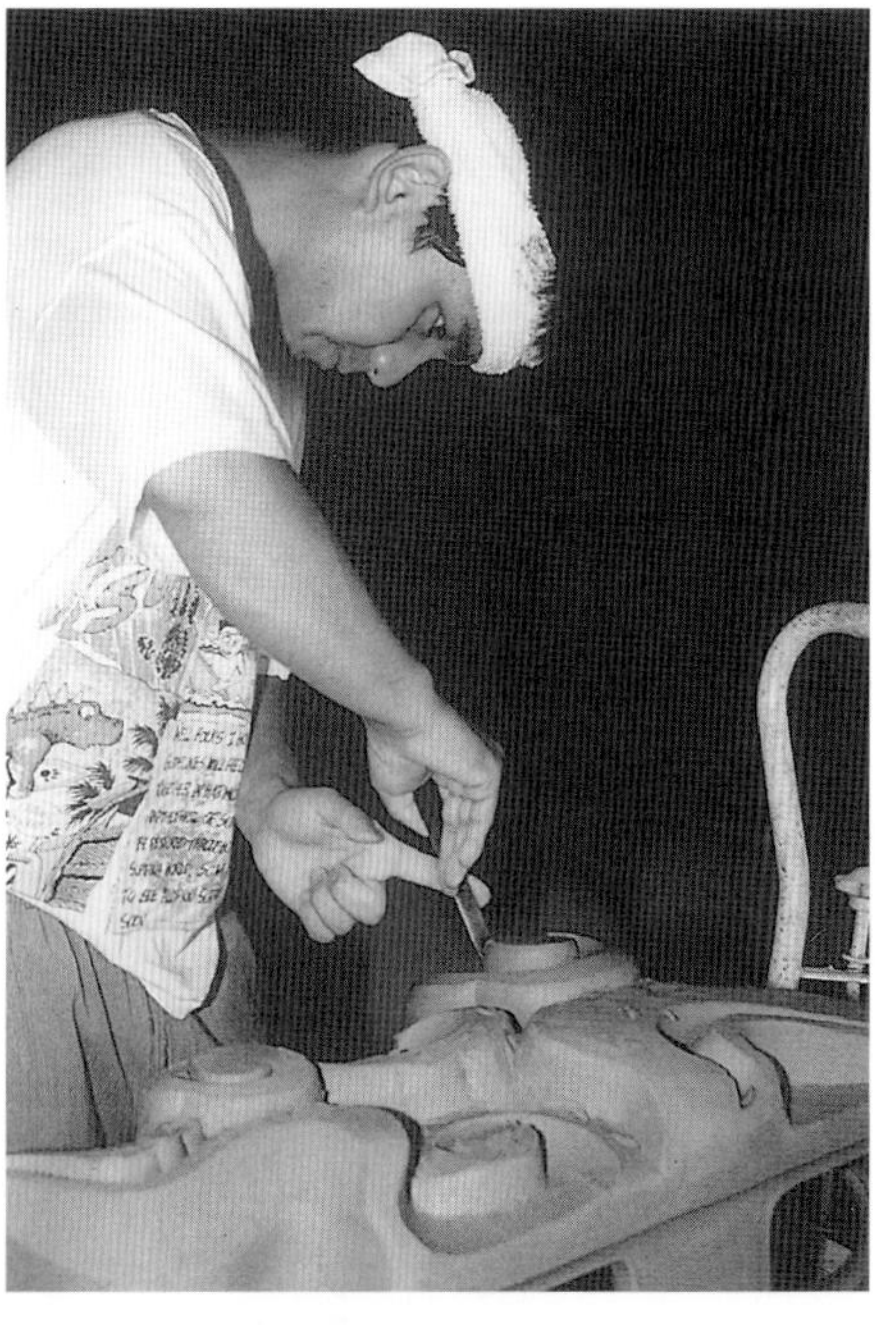

図7　初代三州鬼仙　岩月貴

この貴の言葉からも分かるように他の鬼板屋だけが「清は手作りの鬼瓦が出来ない」と思っていただけではなく、実の息子さえも同じ考えをしていたわけである。つまり、清は本人の言葉通り、倒産するまで鬼は作ったことがなかったのである。

光男は平成一〇年六月に、鬼仙からの給与の滞りを理由に鬼長へ、息子の実と共に出て行き、鬼仙はそれからほぼ一年三ヶ月後に倒産したのである。貴は当然の事ながら、不安だったという。しかし、倒産は同時に新しい変化をもたらした。貴は次のように言っている（図7）。

まあ、叔父さんが居なくなって、会社潰れたわねえ。九月に。その時はどうなるかなーっと思ったけど……。

仕事がねえ、一応、同じ場所でやれたし。まあ、その、鬼面とか、まあ、僕はあんまり作ったこと無いんだけど。鬼面の注文とか来るようになって。これはやったこと無いで、どうなるかなあ、作れるのかなあ。

ほんとき、まあ親父も、もう、そういう工場へ入るようになって、何か、鬼面を作る、作ってたんだよねー、親父が……。

出来るかなーって思ってたら、いや、それが出来たもんでー。あ、これは、ちょっとー。あの、何、気持ち的に余裕が出来て。

何て言うんだろなあ。叔父さんが作ってた鬼面じゃない。何か、なんてーだろうなあ。自分見て、「叔父さんの鬼面よりは面白い」っていうか、何て言うんだろうなあ。

親父の作った鬼面はなんか、面白いっていうのか、何て言うのかなあ。ユニークというか。

叔父さんのは綺麗で、確かに上手いけど、何か、冷めとるじゃないけど、屋根載ってどうかなーっていうのがあるかなあ。

親父の作ったやつは、屋根載って、あー、生きて来るかなあっていう。

それが、うーん、ビックリしたかなあ。

清の作る鬼面が貴の心の中の不安を吹き飛ばしてしまったことが分かる。貴は「鬼瓦っていうのは何だと思う」という問いかけに対して、次のように答えている。

うーん、やっぱり、屋根に載って生きて来る、それが一番良い鬼じゃないかなあ。ま、とにかく、勢いのある鬼が作れるようになるには、言葉じゃ言い表せないんだけど、「オーーッ」て来るもんがあるんだよねえ。見た感じ。載せた時に。

確かに多大な負債を抱えて自己破産した鬼仙ではあるが、新しい力が息吹いているのは否定できない。これが伝統の力というものなのかも知れない。

岩月鬼瓦

◈──岩月秀之　［岩月鬼瓦初代］

貴の兄が岩月秀之である。昭和四二年（一九六七）に鬼仙の長男として生まれている。インタビューは岩月鬼瓦のある神明町の事務所で行った。訪ねていった時は龍の復元の作業中であり、暫くは写真を撮ることに切り替え、復元の区切りがつくまで待った。仕事場では秀之を入れて三人が働いていた。奥さんの久美と女性のパート一人である。男は秀之一人である。女性が二人職人として働いているせいか妙に華やかな感じのする仕事場であった。

秀之は仕事を中断するとインタビューに応じてくれた。まず小さい頃の思い出を語ってもらった。

小さい頃は、昔は、瓦屋、鬼瓦屋なんで、達磨窯がまだあった時代なんですけど。達磨窯で、まだ、鬼瓦焼いてた時代で、達磨窯の上に立って遊んだり。土場があったもんですから、土場に雨が降った後は水が溜まるもんですから、水の中で泥まみれになって遊んでいた覚えがありますが……。

秀之は中京大学商学部経営学科を卒業している。大学を卒業するまで家の手伝いはしたことがないと言っている。

手伝った覚えは、まあ、その、手伝うというと何か、こう、お小遣い貰えるから、とか、そういうのだと思うんですが、そういうのは無かったですね。自分の場合は、何か、見てるだけが多かったですねえ。職場の中を走り回って遊んでた方ですね。遊びに夢中だったですねえ。

「親から手伝えとか無かったですか」と聞くと、

いや、全然無かったですねえ。大学時代も喫茶店でバイトしてて、殆ど大学にも行ってないような状態で、朝帰って来て、寝て、また、夜、喫茶店のバイトに行くくらいだったんですからねえ。

「何故、大学を卒業してすぐ鬼仙へ入られたのですか」と尋ねてみた。

自分ちが鬼瓦屋だったからっていうだけですね、理由は。何も考えずに鬼瓦屋をやって、継いでしまったっていう感じですね。

秀之は二二歳の頃は何故、鬼瓦を始めたのか、本人自身はっきり分かっていなかったと言っている。何も考えずに自然に家の中に入っていた感じなのである。

秀之は大学を卒業する二二歳まで鬼瓦を作ったことは一度もない。その秀之がやはり、弟の貴と全く同じような事を話すのであった。もちろん、秀之と貴の間にはインタビューについての打ち合わせも何も無かったはずであるし、別々の場所で違う時間にインタビューしているにも係わらず、二人は全く同じような事を語るのである。

二二で入って、もう、あれですね、見よう見真似でしたね。最初は。簡単なものから起こしていく、作っていくっていうのは小さい頃から見てるもんですから、手は勝手に動きますね。やはり。

見てるから、もう、手と、やり方だけ、一瞬だけ教えていただいて。「まあ、小さい頃から見てるっていうのが大きいんじゃないですかねえ」。自然に、もう、やること自体、遊んでるところが、もう、職場ですから、昔から居た職人さんの見てるから、へらの持ち方も苦にならないし、磨くっていう事も、小さい頃から手伝ってるっていうあれは無いんだけど、へらを持って遊んでた事もあるだろうし。

うーん、もう、ですね、何の違和感もなく、直ぐ出来ましたねえ。

「門前の小僧習わぬ経を読む」の言葉通り、貴だけでなく、兄の秀之も同様な事が起こっている。そしてこの事はそっくりそのまま清の現在へと繋がってくるのである。

だから、そう、小さい頃からずーっと見てるから、もう、「直ぐ覚わる」って感じですかねえ。

秀之はさらにこう付け加えている。

一つ基本さえ覚えれば、この仕事できていく仕事なんで。後は自分のどうやって工夫するかですからねえ。

秀之も貴と同様、叔父の光男は直接の師である。教え方は鬼師独特のものがあるようである。

教えてくれないんでー、職人なんで。自分も聞くのもあれだったんで。

ウーン、殆ど教えて……ただ一瞬だけ教えていただく。

秀之の場合は別の作業場で働いていたという。

叔父さんにしてみたら、もっと聞いてほしかったのかなーっと思うんですけど……。(ちょっとコメントとかは) それは有りましたねー。「ここはどうやってやるのー」とか言うのは聞いてましたねー。つきっきりじゃなくて、ただそこまで作っていって分からないところは、「ここはどうやったらいいだろうか」っていうのは聞いてましたね。そしたら、「こうしてやったらいいんじゃないか」っていう風で……。

けど、同じ事は二度と聞かんかったような記憶はありますけどねえ。

秀之は平成五年（一九九五）に卒業して、鬼仙に入るや、光男から鬼仙の伝統を直接に受けたことになる。それが光男が鬼仙を出る平成一〇年六月まで続いたのである。秀之の鬼瓦に対する意識が変わったのは鬼仙の倒産した平成一一年九月である。倒産して直ぐに秀之は同じ月の九月に岩月鬼瓦を興している。さらに平成一一年一一月には久美と結婚している。文字通りの独立である。秀之はこう語っている。

食ってかないといけないんでねえ。やはり、自分の親がやってたんじゃなくて、自分がやり始めたことなんで。そこで、また意識が違います。止めればそこで止められた事だし。親に「継げ」って言われた訳じゃないけど、やってきて倒産って風になって、違う道もあったんですけどねえ。

秀之は平成一一年九月以前は意識が現在とまるで違っていたという。

まあ、「親にまだ食わして貰ってる」っていうような。小遣いじゃないですけど、給料、貰えればいいのかなーっていうような。まあ、俗に言う馬鹿息子みたいなもんですかねえ。二代目みたいな。そんなような意識でしたねえ。車乗り回して、飲み屋に行って、で何となく生活が出来ていたっていうようなねえ。

秀之は倒産する一年少しばかり前に叔父の光男が去って行ったことが今から思うと良かったという。それまではやはり、光男に精神的にも、実質的にも頼っていたからである。

辞められると、やはり作る人居ないとねえ。誰か作らないといけないから。うーん、そいでやはりやるようになるんですねえ。作れないとこの商売やっていけないいんで。

やはり、どこでも、職人さんでエースがおらんようになれば誰かエースが育ってくると、やはり、上で、出来る人が居ると育たないっていう事ですかねえ。

秀之は光男が去って以降、「出来る」といった感覚を持ったという。

やはり、叔父さんが辞めてってからですかねえ。こう、自分で作れば、どんどん出来てく。「毎日の積み重ねで、あれ、自分どんどん上手くなっていくなー」っと、うーん、「手が勝手に動くなー」っていうふうで、何かそういうのはありましたね。作るたんびにこう、品物が良くなっていく。分かりますね、どんどん、こう、伸びて行くっていうのが。

それは、面白い感じ、面白いですねえ。やはり、どんどんどんどん手が動いて、叔父さんが作ってたようなものに近づいていくっていうのは。

光男が居た頃とは姿勢がまるで違っていることが分かる。

ウーン、こっちも、まあ、叔父さんのやれない雑用みたいな事をやっとればいいのかなーっていうのがあるもんですから。そうですねえ、ま、職人さん居れば、自分も社長業じゃないですけど、その方に進んでいけば、作るよりも売ること、そっちの売ることをメインにしていた方が良いというのがありましたからねえ、まだ。

つまり、販売、その他の雑用を主に働いており、その合間を見て、作っていたのである。ところが、光男の移籍が倒産より一年以上前に起こったので、倒産という非常事態に対して、実にうまく対処できたのであった。

その間（光男が去って倒産まで）にまた腕が伸びてたもんですから、やっていける自信があったもんですから。

お客さんもいましたしねえ。そのまま、お寺っていうのが残ってく以上、その仕事はあるもんですから。

まだ若いからっていう頭があって、歳いってたら、もうあと何年やれるかですけど、まだ何十年ってやれるから、「今からまだやれるなー」っと。

「職人さんも少なくなるなー」っと、そういう選択がありましたねえ。

秀之は自らの鬼瓦への読みと自信をもとに、岩月鬼瓦として独立したのである。秀之は確かに光男を通して、鬼仙の伝統を受け継いでいる。しかし、秀之は「もう、殆ど自分流ですねえ」と言っている（図8）。

昔のそんな流儀とかそういうのは、継いで行くところは継いでいって、新しいところはどんどん変えていかないといけないなあっと。

自分流について秀之は次のように説明している。

雲の作り方でも、昔の職人さんみたいには上手くできないですからねえ。やはり、そんだけ修業してないしー。みっちり教えて貰ってるわけじゃあ無いので。まあ、歳いってる人から見たら「何じゃ、こりゃー」ちゅうような感じだとは思うんですが。ま、どこが違って、ここが違ってるっていうのは、もう、殆ど違ってるんじゃあないですかねえ。

変化が起こったのは奥さんの久美であった。現在では特殊な鬼瓦以外では久美の方が仕事量は多いという。他の鬼屋でも奥さんが手伝うところは沢山あるが、手作りの鬼瓦を主人以上の量こなすのは無いのではないかと思う。

今ねえ、うちの嫁さんの方が多いですねえ。自分は社長業っちゅうか、外出たりねえ、色んな事やってるんで。自分より多いですねえ。まあ、殆ど弁当箱でいうと、ご飯の部分は全部嫁さんがやってる状態ですねえ。うちはああいう龍とか、込み入ったものを、細かいとこをやるぐらいなもので。

その久美がどんどんやり方を変えていったという。

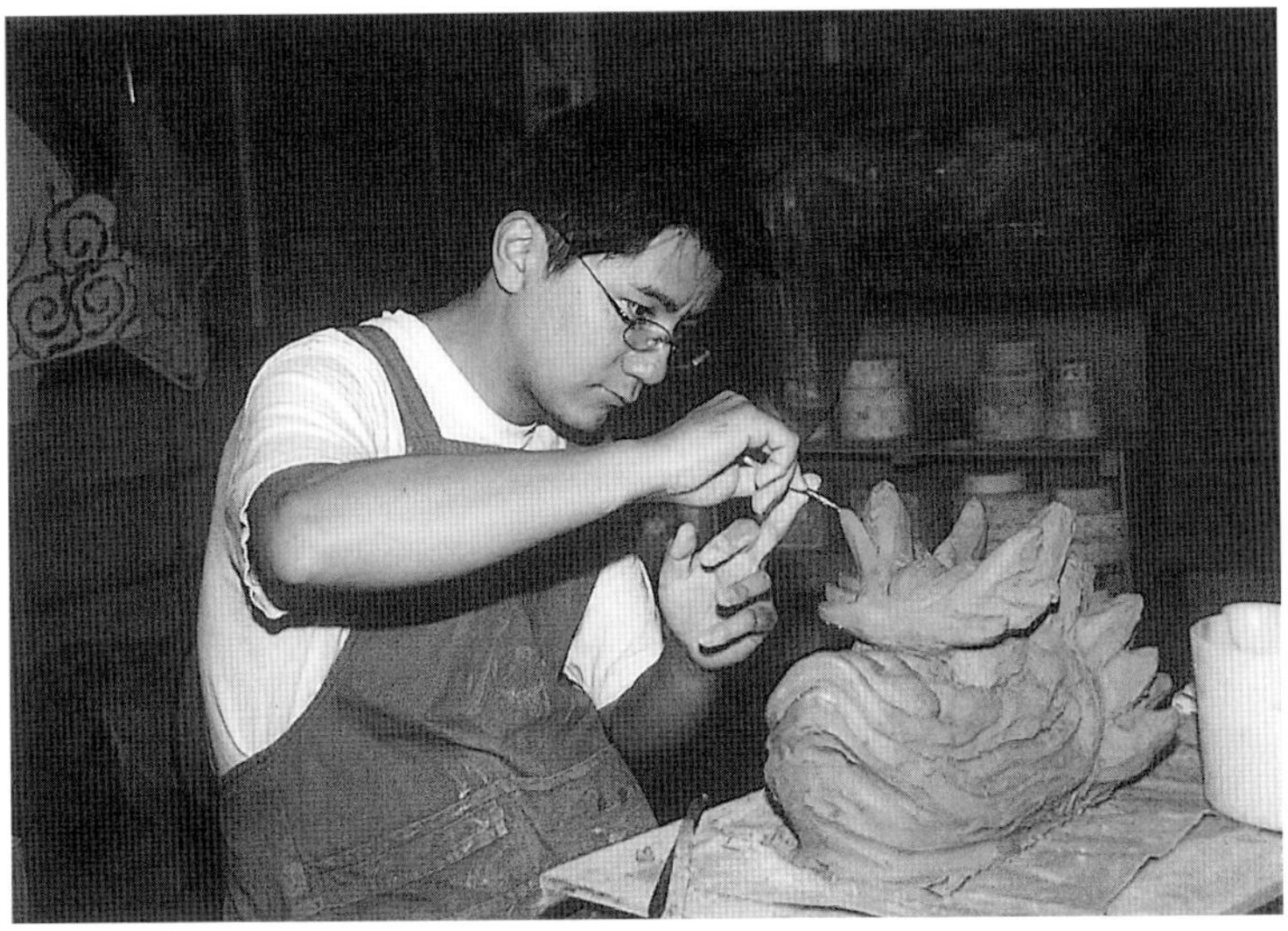

図8　初代岩月鬼瓦　岩月秀之

嫁さんもまた、考え方が、生まれた時から、それを見てないんで、新しい考え方でどんどん来るんでー。自分が「こういう風にした方が良いよ」って言うのを、また嫁さん風に殆ど変えてしまったんで。だから、その、何十年って来た考え方が、うちの嫁さん入れたことが、作るようになってから、また、ガラッと変わりましたねえ。

秀之自身が久美という女性の鬼師の存在を評価している。

いやー、多分珍しいと思いますよ。誰も多分見ても信じられないと思いますよ。

最初は独立してからやはり、自然に手伝うようになり、何気なく興味半分にやっていたという。それが事務仕事よりも作る仕事の方が向いていたのであった。すでに単なる補助ではなく、秀之が頼りにしている職人になっている。

殆ど全部最初から最後まで自分で作るんで、今は。基本さえ、基本はもう最初自分、厳しかったんで、ぼく、泣いて家に帰るくらい叩き込んだんで、最初は。遊びじゃなかったんで。こっちも生活掛かってたんで。

まあ、ガッツがあったのか、頑張って付いて来てくれたか、分からないんですけど、腕は良いですねえ。

秀之は鬼師に向いているかいないかの分岐点を指摘する。

多分、作る喜びだけですねえ。出来たときの喜びですねえ。それが分かる人は、本当に向いているって言うか。作ってもやっぱり感動がないと、自分がとことんまでやって出来たものが、「あー、出来たーっ」て喜びが分かる人ならば、誰でも出来るんじゃないかなーって。

そして、その感覚を持っているか否かは、やはり、やってみないと分からないと言う。現在、岩月鬼瓦では二人の女性のパートを雇っている。秀之はこの感覚が掴《つか》めた人が伸びて行くし、長続きするという。掴めない人は単なる作業になって、早晩、辞めていくことになるのである。

鬼仙が分かれて、岩月鬼瓦と三州鬼仙になって現在に至っているが、実態は、兄弟による二人三脚のような形になっている。三州鬼仙は製造部門で、岩月鬼瓦からの外注を受けて製造し、岩月鬼瓦に納めている。一方、岩月鬼瓦は自社で製造もしながら、販売の母体になっているのである。

岩月仙太郎によって始まった「鬼仙」は五代目岩月清の代で、平成一一年九月六日に破産し、実質上無くなった。しかし、その鬼仙が、今、岩月鬼瓦、三州鬼仙として復活している。その様は鬼仙という伝統の「死と再生」、「破壊と創造」の神話劇を現代に見るような気さえしてくる。負債という重い鎖で身動きがとれなくなった鬼仙は、自らの死を潜り抜けることによって鎖から放たれ、新しい鬼仙へと蘇らんとしている。

［9］鬼仙系——岩月仙太郎系（参）

鬼作

❖——杉浦作次郎　［鬼作初代］

鬼仙と深い繫がりを持つ鬼板屋が杉浦作次郎の興した「鬼作」である。現在の鬼作の住所は鬼仙と同じ春日町である。その理由は、その昔、鬼仙の地所は今と比べるとかなり広く、鬼作の土地も元々は鬼仙に由来しているからである。また、作次郎の母（マリ）の妹（カズ）が鬼仙の元祖にあたる岩月仙太郎に嫁いでおり、作次郎はある意味で鬼板屋になる星のもとに生まれてきたと言えよう。作次郎は明治二九年（一八九六）に今の半田市（乙川町《おっかわちょう》）にあった米屋に生まれた。作次郎は高等小学校を出て、西尾にあった呉服屋で小僧になっている。ところがこの仕事が性に合わず、逃げ出している。結果、叔父の岩月仙太郎が作次郎をあずかり、鬼仙で鬼師にさせるために小僧として仕込むことになる。作次郎の息子の博男はその頃の作次郎について話してくれた。

「作は、あいつは頭もええし、腕もええで、あいつは一人前の立派な職人になるぞー」、「俺の甥だがなー、あいつをまた、一生懸命に目ぇ掛けて、商売やらして」ってって一生懸命やっとらしただ。ほいで、まあ仕方ねえ、叔父御のとこだもんだん。ほいだもんだん、まあしょうがねーもんだ。まあそうやって、例えば逃げて行くこともできんもんだん。まあ何とかかんとか、一生懸命で同じ職人さんらと働いとったわけだ。あん時に、「小僧が四、五人居った」って言ったなあ。そん中じゃあ、一番腕が良くて、ほりゃー、「作はずば抜けて腕が良いわー、あいつは」ってってて、そう言っとったけんど。昔の頃にね。

ところが作次郎は三年間が過ぎて、職人になる前に、無断で瀬戸窯業学校へ行き、入学試験を受けている。作次郎の性向は勉強がしたくて仕方がないタイプだったらしく、二度目の小僧の時は年《ねん》が明ける前に、鬼仙を飛び出している。当時、瀬戸窯業学校は学生が全国から集まってくる窯業の名門校であった。作次郎は五〇人中三番で合格している。二度にわたる小僧逃亡は作次郎の強い向学心を表す象徴的な事件であった。ただ、二度目の鬼仙での小僧生活が作次郎を後に鬼師の世界へ導くことになる。
入学試験合格後、作次郎は運良く瀬戸で保証人を見つけ、新聞配達、牛乳配達などをしながら苦学生となり、頑張り抜いている。勉強好きの負けず嫌いで、学校では一、二番を争う優秀な学生だったという。博男は次のように話している。

日なか、働くっていうのか、学校が済んだ後、直ぐ待っとって、夕刊配らなあかん、朝刊は配らにゃあかんねー。朝の牛乳は配るってな事で、ほんとんど寝とる時間ありゃへんもんだん、学校来ちゃー、まあ眠たくて、クラクラー、クラクラー、授業中よう眠っとって、校長先生によう叱られたってってー。
ほいで「どういう事だ」ってってー。「ほうか、杉浦、そいじゃーいかん」って、「若いもんがいくらなんだって、ほいじゃーお前、病気になっちゃう」って。「俺ンとこへ来い」ってってー、校長先生の下宿へ。あの、あれだねえ、書生だわねえ。

作次郎は黒田校長に目を掛けて貰い、面倒見て貰いながら、優秀な成績で卒業している。作次郎は鬼仙で小僧を三年既にしていたので、歳がいっており、卒業すると同時に徴兵検査を受けざるを得なかったという。作次郎は名古屋の部隊にまわされ、学生から一転して、兵隊になっている。ちょうどその頃、ロシアに共産党革命が起こり、日本はシベリア出兵をし、作次郎は兵役を終えるまでの一年から二年をシベリアで過ごしたのである。ここでも作次郎の優秀さが認められ、経理に回されることになり、兵隊としての仕事から免除されていたらしい。作次郎は軍人になることを薦められるが、窯業への想いが強く、自ら除隊している。
日本へ戻った作次郎は京都府立工業高校窯業科を目指す。しかし、作次郎が期待していた軍からの一時金が入らず、入学を見送ることになり、結局、瀬戸窯業学校へ呼び戻され、母校の黒田校長の助手となって研究と講義を手伝うのである。作次郎はこのように、一時軍隊での中断はあるものの、研究者肌、学者肌の人であった。瀬戸窯業学校で軌道に乗りかけた頃、広島県の大野に宮島耐火という煉瓦工場が出来、そこに、アメリカ帰りの優秀な技師がいるという話が作次郎のもとへ届く。校長から作次郎に宮島耐火へ行くことを薦められる。作次郎は先端技術を見たいが為にそこへ入るが、二ヶ月して、その技師が他へ引き抜かれ、後任として作次郎が技師長になったのであった。作次郎が二六、七の頃、さらに結婚の話が叔父の岩月仙太郎から舞い込み、仙太郎の娘、キンと一緒になる。作次郎とキンは互いに従兄弟に当たり、作次郎は鬼仙との関係をさらに深くすることになったのである。キンは広島へ一人で来て、後に二代目鬼作の博男が生まれることになる。博男は次のように話している。

私は、大正一五年、西暦でいいますと、一九二六年の七月二九日に生まれまして、生まれた所は広島県です。大野町という処で生まれましてね。でまあ、厳島のちょうど対岸になりますけんど。で、父親がねえ、今はないんだけんど、その当時に耐火煉瓦の工場がありまして、そこでまあ、責任者みたいなことをして生活しておりまして。

初めは順調にいっとったんですけんど、第一次世界大戦が済んで、やっぱし、戦争の時は、ああいう、軍需工場というのか、世の中の景気は良くて、そんで戦争が済んでしまうとその反動でね、今まで使っておった耐火煉瓦もいらんようになって。いっぺんに、クシャンと潰されちゃった訳だんね。

図1　初代鬼作　杉浦作次郎（写真中央）

図2　獅子飾り瓦（杉浦作次郎作）

宮島耐火の倒産によって、作次郎の人生が大きく転換する。この時に、叔父の仙太郎が作次郎を高浜へ呼び寄せ、地所を譲り、工場を建て、作次郎は白地屋になるのである。博男が六歳の頃だったという。昭和六年頃の出来事である。それから二、三年して窯を築き、鬼板屋として独立し「鬼作」が誕生する。作次郎が三七歳頃のことだと思われる。作次郎は仙太郎から顧客を二、三軒分けて貰うと、自ら仕事に打ち込むことになった（図1、図2）。

ああいう人なもんで、一生懸命でやって、伊勢の方へ、三重県から滋賀県から、ずーっと。ほいで、東の方から、もうしょっちゅう、営業を兼ねて……ほいで、どんどんどんどんお得意さんふやらかして行ってねえ。それで、あれが昭和一四、五年の頃かねえ。「まあ、鬼作さん、作さんすごいわ。まあ、あれだけお得意さんを作って」って。どんどんどんどんねえ。みんな「売れやへん、売れやへん」って言っとった時にも。

作次郎は鬼師の世界に大きな貢献を残している。石膏型の鬼瓦の技術は二代目鬼源の神谷勝義によって、関東大震災のあった大正一二年（一九二三）に考案されている。それに対して作次郎は新しい石膏型の技術を導入している。どういう物かというと、「一つ型」という、一つで全部スコーッと一度に抜ける型を勘考して作ったのである。一方、勝義の考案したのは「丸型」といい、全体の大きな部分を型で抜いて、部分的に雲なら雲の型、波なら波の型、台なら台の型といくつかに分けて、作る型であった。作次郎が広島から高浜へ戻り、昭和八年に「鬼作」を始める前の白地屋の時、昭和六年頃に新しい石膏型である「一つ型」を考案したのである。これによって鬼作の後《のち》に続く、得意先の急速な拡張の秘密が理解できるのである。別の言葉で表現すると、作次郎は鬼仙で十代の頃、小僧として学んだ三年間以降、鬼師として長い空白期間を持つ。そのハンディを新しい「一つ型」という石膏型技術の開発によって克服し、その乗り越えに成功したのである。

作次郎が鬼作を軌道に乗せ、順調に経営をしていた時に、再度、戦争（大東亜戦争）が始まるのであった。昭和一五、六年頃のことである。鬼作で働いていた者が次々に召集されて行ってしまったのである。召集されたのは鬼作の職人だけでなく、作次郎の息子の博男もそのうちの一人である。

博男は当時、まだ学生であった。旧制刈谷中学五年生の時に志願の要請があったという。海軍を受けて合格している。目が悪かったので衛生兵になっている。広島にあった衛生学校専修科に入って、軍医学校を目指していた頃に、原爆が広島に落とされ、全て御破算になったという。学校が広島から一〇㎞ほど離れた山の中にあり、博男は「原爆を見た」と言っている。その博男が戦争期の瓦業界の様子を語っている。

昭和一六年、一七年の頃は軍隊の、もう、軍隊のあれだわね、瓦を、どんどん、どんどん作らせた。兵隊をよけい作らにゃいかんでということで。そいで、ここら辺でも、中部二部隊とか八部隊とか一八部隊とかそこら中にね。その、「日本を防衛するために」って言って。もう、どんどん、どんどん、徴兵、徴兵で軍隊作ったでしょ。ほうすっと、その兵舎が要るわけ。だから兵舎を造るにだね、瓦は要る、鬼は要るってことでね。ほいで、一頃ものすごい忙しかったの。（昭和）一七年、一八年頃かね。

ほりゃ、作ったら、作っただけ、「まんだできんか、まんだできんか」って、どんどこ、どんどこ。それがねえ、あんた、東京の方だ、大阪の方だ、地元、名古屋はもちろんの事ね、全国へ三州の瓦っていうのが出たわけだ。

だから有頂天になっとったら、もう今度は戦争でどんどん、どんどん空襲になるでしょ。ほうすっと、まあ、家はまあ、一軒も建ちゃへんわさ。ほうすと、瓦も作っとったって、まあ、売れやへんだわね。一枚もね。で、作る若い衆や職人とかは全部兵隊に皆引っ張られて、皆徴兵に引っ張られて。だから、終戦の直後やなんか、瓦屋は殆どなかった。鬼屋さん、一番勢力のええ時は鬼が四〇何軒あっただ、あの組合で、四〇何軒の鬼専門の。で、瓦屋がね、三〇〇軒ぐらいあった。軒数は多かった。その代わり昔のあの、あれだもんで、小さいね。

［鬼作二代目］

◈——杉浦博男

作次郎の第一次鬼作が戦争によって終わることになる。第二次鬼作は終戦後から開始される。その時に参加するのが兵隊から帰ってきた博男であった。

博男は昭和二〇年（一九四五）九月一日か二日頃、高浜に帰って来ている。帰る時、当時切符自体がなく、自ら切符を作って汽車に乗り戻ったのである。

あんた、切符はありゃへんだもんでね。どういう切符くれたって言うとね、まあ、「自分で切符作れ」って言うだ。ほんだもんだい。私たちはね、西条っていう処から乗っただねえ。今は、あー、エーと、東広島市だけどね。西条発、それから「自分の好きな最寄りの駅の名前を書け」って。どういう風に行ってもええで。だからわしら等は、あれだわねえ、名鉄三河高浜駅ってこう自分の処《とこ》書いて、それはどうだって言うと、とにかく「国鉄があるとこは国鉄へ乗れ」って。それから「国鉄がなきゃー、私鉄でもバスでも、とにかく動いとるとこ何でもええで、交通機関をさがいて、ほんで自分のうち、うちまでたどりつけ」っと。そういう切符だもん。回りまわりゃー、北海道までまわってってもええって事だわ。出発点は書いてあるよ。ほいで後はおまえん等の自分の好きなとこ書けだもん。ほいで、乾パンを一週間分くらい切って食料くれて、ほいで帰って来ただけどねえ。

博男は帰って来てもやることがないので、闇屋をやっていたという。

東京の方へこちらのもんを、芋を持って行って、夜行で行って、向こうで、あれだね、新橋やあの辺りで広げては「買え、買え」って言って、闇屋でパーッとやってほいで帰りに、また、あの、東京で買って来て、ほいでこっちでまた、米と交換せる。そういう事を、半年、半年近くやったかなあ。

そうしている処へ、昔の問屋さん等が、「鬼作さん、まあええかげんに商売やれよ」ってってー。「鬼板を作れよ」ってってーという事がたびたびあり、作次郎と博男は鬼作を再開するのである。戦争後の鬼瓦屋の様子が博男の次の話に生き生きと描写されている。

名古屋でも何十万戸って焼けちゃっとっただもんね。ほいから、またこの周辺の岡崎から一宮からとにかく豊橋から、もう、焼け野原だもん。愛知県だけでも、もう何百万戸だもんね。「百万も二百万個も作らにゃいかんじゃないか」っと。「なあ、瓦なんかは、もう、どんだけ作っても足らんぞー」って。「まあ、何時《いっ》までもほんなー、遊んどってくれちゃあ困る」って言って。「お前んとこ窯作ってくれにゃー、まあ、俺ん等商売やれやへんで」って。ほんで、「やれやれ」ってってー。そこら中から言われたもんだん。ほいじゃー、まあ、「こんな闇屋やっとってもいかんで」って、「やるかん」ってって。ほいで、親父さんと二人で、あんたなー、窯を修繕してな、うん、二年も三年もほかかったったもんだん。ほいでそれをまた、一生懸命で直いて、ほいで、炊くもんがありゃへんもんだん。ほいで、それらの廃材って言うのかねえ、うちを壊いた廃材を持って来て貰ったり、買ったりね。そういう物を。ほいで、松葉、松葉だとかほげなもんをくべれる物を何でも集めてきてくべて。ほんだもんだん。もう、あー、隅から隅まで焼けんわなあ。

そんな完全に焼けとる、まあ、何でもかんでも、ま、ほんなんあれだわあ。「色さえ付けばええわ」ってな事で。「何、溶けなーええわ」ってな。そげなようなもんを、ほんと今から考えるとようあんな物をよう出荷したって思うようなことを。みんな、ほんだもんで、ほんでいいだ。ほんで、問屋の方も、「ああ、こいで結構結構、こいでええだ。とにかく雨が漏らにゃいいだー」って。ほいだもんで、淡路やなんかへどんどん作って。淡路の瓦なんか、ほうてーとみんな、あれ、あれだもんなあ、屋根板腐っちゃって。て言うのは、もう、みんなもう、漏うっちゃう。うん、あそこら辺の砂地の砂系の、あのー、瓦だもんだんね。通しちゃうじゃんね。そこ行くと、まんだ三河の粘土が良いもんだん、そこまではいかん。その代わり寒いっていうと、パーッと凍てちゃうでねー。ほいで、それを、「怖かった」って、よう、言ってただよー。

とりわけ鬼瓦を焼く燃料の獲得に、終戦後暫く瓦屋は大変苦労したようである。

あの頃は、そりゃあ焼かあと思っても焼く石炭もありゃーへんし、もう油ありゃへん。もうそこらの廃材だわあ。廃材や、ほいで家を壊いた木っ端だとかねえ。ほいから、製材、あの頃は家が建つっていえば、製材でねえ。だからねえ、鉋屑《かんなくず》と、おがくずだねえ。かんなと、おが粉、ほいから、まあ、家を建てー時の、まあ、あの切れっ端だね。それから家を壊いた古い壊いたやつとか、ほんから火事になって半焦げになったやつとか。皆、どんどん、どんどん持って来て、ほいつをみんなくべて、やっとっただわー。

博男は第二次鬼作の開始と共に鬼瓦の修業に入る。その修業の様子を博男は語ってくれた。

学校卒業して、終戦から兵隊から帰ってきてから（昭和）二二年ぐらいから親父さんと一緒に、コツコツ教えて貰いながら絞られてやってきたわけだ。まんだ、おらんとは、兵隊から帰って来て二〇歳の時から五〇年間、へらを舐めくって、機械も何もない時にみんな手で作っただね。見よう見真似で。古い物持ってきて、「ああ、こうやるか」、「ああやるか」って。ほいで先輩にだね、親父さんやお爺さんに仕込まれて、「ここはこうやって作るだ、ああやって作るんじゃねえか」と。「こんな事やっとっちゃいかんだ」と。へらの使い方から何から全部教えて貰って泣きながら修業してきたと。

博男は鬼師の修業の仕方についてさらに話してくれた。

始めね、「こうやってやるだー、やってやるだ」ってってってねえ、一つ、シャーシャーッてやってくれるだけの事でね。ほいで、後は見よう見真似でねえ。

ほいで、一緒に働いとる人間がねえ、自分が、とにかく先輩、一人前の人ら等がそういう人らのやるやつを、チラッチラッと横で見ながら、ほいでやってー、ほいで、そうしてもわからんとこは、「おとっつぁーん、ここがどうしてもできやーへんけど、どうしてやるだい」ってーて言うと来て、「うん、ここかー、ここはなー、こんな事やっとっちゃーあかんぞー。ここはこうしてやるだあー、ああしてやるだー」ってチョッチョッと直いてくれるだけ。

昔はくどいこと言わんだったねえ。ほんとにくどいこと言わん。職人でも、ほうだもんねえ。とにかくねえ、「人の技を盗め」だもん。

博男は「人の技を盗む」逸話を教えてくれた。

高浜って所はねえ、「あそこのねえ、あそこのお宮にねえ、ええ鬼が出来たげなあ。あそこの家はものすごい」、学校やなんかでもねえ、「菊水のものすごいええ物が出来た」ってっていうとねー。夜の夜中にねえ、職人がコソコソッと行ってねえ、肝心なねえ、菊の葉っぱだとかねえ、波やなんかをねえ、チョンとこうやってわかんないように削ってもってっちゃう。ほうして、これはどうして作っただなあ。あの職人はどうやって作りよったかなあ。ほんであんた、あのー、見て。

もう一つの「人の技を盗む」逸話を同じく博男を通して紹介しよう。

京都や何かに行くってぇとねえ。職人さん、頭なんて、こうやっとる（頭を反《そ》らす）。三〇分も一時間は、こうやっとる。ハーッて、こうやってねえ。ハーッてあっち覗いてこっち覗いて、ほいでどういう形に雲は作ってあるのか、あー、あそこからああいう風に流れてきて、ああだねぇ、吹き雲を吹くように。あっ、吹き雲をああいう風にながいて、あそからあそこの口から、波をああいう風にして、雲の上をあのー、被せるようにして作ってあるがなあ。ハーッて下から見るってぇと、なるほど、ここの雲の所へ岩の処へちゃんと波が被さってくるように作ってある。

ほういうのをねえ、上回って、裏の方へ回ったり、下の方へ。ほんだで普通の人間が見ると、「あやーどういう人間かしらん」と思うわなあ。本人は一生懸命でやっとる。ほいで気に入るとねえ。ほやぁ、あそこのお寺へまた一回行きたい。もう一回、お寺へ行きたいじゃあねぇだ。「鬼を見に行きたいだー」。

第二次鬼作を始めて、作次郎と博男は一緒にやってきたわけだが、二〇歳から始めた博男が一人立ちしたのは四三歳頃であったという。博男は「それまで親に甘えすぎた」と言って、「もっと早くから図面を引くべきだった」と反省をしている。鬼師の独立はこの「図面を引くこと」にある事がこれから良くわかる。

ほいでも、どうだな、親父さんが、「まあ、おらぁあかんでなあ、まあやれんでなあ、手が。目が見えんようになって来たし、手は震えて来たしねえ。まあ、おらぁ、まあ、ようやらんでなあ」ってなってって、ほれからだねえ、まあ、何時《いっ》までも親父さんに頼っとっちゃあいかんでーってって、ほれから、もう図面も引くようになって……。

親父さんの描いてくれた古いやつを持って来て、ほいつを見てほいつを手本にして、ほんで手本を見て、あー、ほうか、こうしてやらにゃ。ほんでやるようになる。「あー、そういえば、親父さんがこうやってやっとったなー」、「こうやって直いとった」、「直いてくれたなー」っていうことを思いだいてねえ。

このように作次郎が退いて初めて、博男は、二代目鬼作になったのであった。ただ作次郎は八〇歳の頃まで、仕事はしていたのである。九二歳で作次郎は亡くなっている（図3、図4）。

図3　二代目鬼作　杉浦博男（仕事場で鬼瓦製作中）

図4　数珠掛鬼面又ギ（杉浦博男作）

昭和四三年に独立した博男は父、作次郎と入れ替わり、鬼作を経営していくことになった。それから五年後に弟の節夫が鬼作へ入り、以後、博男と節夫の二人による鬼作が始まったのである。節夫が二七歳、昭和四八年のことである。そして現在（二〇〇五年）に至るまで同じ体制で来ている。二人は兄弟とはいえ、二〇歳年が離れており、初めて会った時は節夫が博男の息子のような感じがしたものである。その節夫が三代目鬼作である。杉浦節夫は昭和二一年（一九四六）に作次郎四九歳の子として生まれている。

親父さんが建てた建物は一つも残ってないでねー。全部建て替えたで。昔は配置、全然違うでねえ。まあ、面積は一緒だけんど。

僕（節夫）が覚えがある時は、男の人二人に女の人が、手伝いに来とった人が二人ぐらいじゃあないかなあー。ほれに、兄ぃー、兄貴と親父さんとだと思う。

◇——杉浦節夫　[鬼作三代目]

節夫は刈谷高校を卒業すると、一年浪人生活を送り、二年目は鬼作で手伝いをし、次に二年間、専門学校へ行っている。その後、愛知マツダで五年間、巡回サービスや営業を担当している。実際に鬼作へ入ったのは節夫が二七歳の時であった。第一次オイルショック（一九七三年）の頃である。節夫は鬼作へ入ると、以後ずっと、販売を中心に仕事をして来ている。鬼瓦は博男たちが生産し、瓦を他の瓦屋から仕入れ、鬼瓦と瓦を一組にして販売していたという。

まあ、工事屋さん、また製造してみえるとこ、ほういうとこだけ回ればいいもんだん。ほんとに、営業としては楽だっただけどー。ずうっと殆ど瓦の販売を僕は主でやっとったもんだん。

元々車の営業をやっていて、全部、色々なところを回っていた頃に比べると、瓦屋は業者が限られており、その分、楽だったという。

それで、雑役をずうっと。瓦を……じゃなくて、鬼、窯を積んだり、配達したり。ほれから、もちろん集金だとか、ほういうこと全部やっていたからねえ。

戦後、作次郎の代から瓦と鬼瓦のセット販売をやって来たのだが、二〇年前頃から黒瓦のトンネル窯が出来たことによって、瓦屋自身が生産だけでなく、直に瓦を販売するようになり、鬼作でやっていた瓦の販売は徐々に無くなっていったという[1]。このように節夫は営業を中心に鬼作で博男との分業体制をとって来たのである。なかでも「一番苦労したのは金だよね」と言っている。

ほやまあ、回収の問題があるしさー。瓦扱えば扱うほど、金額は増えてくるし。ほいでやっぱり、右から左には貰えないし。やっぱり、寝る金額が増えてくるし。そういう事が、あれだねえ。まあ、あの頃、右肩上がりの時だったで、ほんとに入ってからちょとの間はすごい勢いで伸びたでねえ。まあ、ほんだけど、良かったのか、悪かったのかと思うと、わからんなあ。

現在（二〇〇五年）は瓦の販売はほとんどなく、手作りの鬼瓦が中心になって来ている。手作りの鬼瓦というと、最近ではハウスメーカーによる平板瓦が民間用に大量に出回るので、和瓦の堂宮を中心にした鬼瓦の生産を想定してしまう。ところが、鬼作では民間用の手作り鬼瓦を主体に生産している。その理由を節夫は話してくれた。

僕は、みんな、お寺やったで、僕はお寺、まあ、あんまり力入れなかった。どっちかって言うと家《うち》の場合は、東のほうにお得意さんが多かったもんで。東の方っていうのは、元来、お寺の数も少ないしねえ。西と比べりゃ、はーるかに少ない。

だから、一番忙しかった時っていうのは、ちょうどあれは、えーと、筑波に学園都市が出来た頃に。何もないところに、あれだけの物を作ったんでー。ほこに相当の金が落ちて、ほいで大きいもんが建って……。

それ故、鬼作は手作りの民間用の鬼瓦に特化しているのである。最近は平板瓦の需要拡大に和瓦が押されていることもあり、同業者に買ってもらう方が多くなって来ているという。民間用和瓦の鬼瓦が主にプレス生産される現代、手作りの民間用鬼瓦の存在は逆にユニークな特徴を持っていると言えよう。

節夫は「鬼作」を越えて三州の鬼瓦屋全体に対して重大な貢献をしている。『三州鬼瓦総合カタログ二〇〇〇年度版』が平成一二年六月に発行されている。三州鬼瓦製造組合と三州鬼瓦白地製造組合、つまり、黒地と白地の鬼瓦組合が共同して制作している。このカタログによって、それまで部外者には見る事の出来なかった三州鬼瓦の全体像が浮かび上がって来たのである。それまでは三州の各々の鬼板屋が持つかなり限られた品目の中からそれぞれの得意先が鬼瓦を注文し、鬼瓦は日本各地へと動いて行っていた。ところが、この二〇〇〇年度版総合カタログの登場によって、顧客は一気に一鬼板屋から三州鬼瓦の宇宙へと投げ込まれることになったのである。三州鬼瓦の世界における「鬼瓦のビッグ・バン」である。

これによって逆に生産者である各鬼板屋に何が起こるかというと、それぞれの鬼板屋はカタログにある全ての製品を自ら生産することは事実上不可能なことなので、各鬼板屋の力量に合った鬼瓦を定め、他の鬼板屋との差別化を図り、見栄えがして、ユニークで、経済的な鬼瓦を作らざるを得ない。さらに、各鬼板屋の得意先からカタログを通して注文された鬼瓦が他の鬼板屋の鬼であった場合、同業者間の融通が発生してくる。つまり、一方では各鬼板屋で鬼瓦の錬磨が起こり、新製品の開発が進む。また他方では、各鬼板屋は互いに各自の鬼瓦を注文に応じて融通し合うことによって単なる競争から共存・共栄・協調の道を選ばざるを得なくなる。総体的にいうと、鬼板屋全体の活性化に繋がっていく。別の言葉で表現すれば、それまでバラバラだった鬼板屋の世界が、ジグソーパズルをひっくり返していた状態から「三州鬼瓦」という明白な全体像を形成したことになる。取りあえず、二〇〇〇年度の全体像がまとまったわけである。その各パーツは活性化によってより変化を加速化させることが予想されるため、何年かごとのバージョン・アップは必要である。

これまで三州鬼瓦組合で誰も成し遂げた事のない大事業と斬新なアイディアをもたらした人物が、一九九九年四月から二〇〇一年三月まで三州鬼瓦製造組合の組合長を務めた杉浦節夫だったのである。節夫は「総合カタログ」のアイディアを前々から心に抱いていたという。節夫の構想は実現化した『三州鬼瓦総合カタログ二〇〇〇年度版』よりもっと雄大で、鬼瓦だけでなく、瓦まで全部入れた総合カタログをイメージしていたのであった。これは瓦組合からの賛同を得ることが出来ず、鬼瓦だけのカタログになった次第である。節夫は自分が長年温めてきた考えを一九九九年四月、三州鬼瓦製造組合組合長就任の挨拶で自らの抱負として、組合員の前で語り、具体的な目標を「三州瓦の総合カタログ」の完成としたのである。節夫は次のように語っている。

一万円かかっても良いで、全国の業者がこいつを一冊見れば、もう三州の瓦が全部分かるってようなもんをほんとは作りたかった。ほんとはほういう事をしたかったんだけど、ま、取りあえず鬼瓦だけって事で。

白地組合がこの黒地組合から出た節夫の案に同意し、協力体制を採ったことも、大きな変化であった。

まあ、言ってみれば敵同士っていう感覚はおかしいけど、あんまり付き合いがないのが、そん時初めてじゃないのかなあ。二つの組合で。ほやぁ、もちろん両組合入っとる人も結構いるけんど。うーん、その二つの組合で、揃って一つの事業をやったって事は初めてじゃーないかなあ。

白地組合にも中心となる人物が現れ、それが、当時の組合長の「大でんちこ」さんこと神谷保男であった。

ほんときは、大でんちこさんがやったんだけんどねえ。あのー、ほの子がまた太っ腹の子でねえ。ビックリしたよー。ようやってくれてねえ。

三州鬼瓦総合カタログの完成によって何がはっきりして来たかといえば、鬼瓦と鬼瓦組合の独自性であろう。鬼瓦は瓦の特殊もの、付属品といった感覚・思い込みを明白に払拭することに成功したのである。鬼瓦組合の結束力が改めて浮き彫りにされたと言えよう。その背後には特に阪神淡路大震災以降、瓦の需要の大きな変化と、長引く不況に対する鬼瓦屋の危機感が存在するのは否定できない。節夫の世紀の変わり目における組合長として行った大事業は三州鬼瓦の世界を一変させる力を秘めていると思われる。

まとめ

神谷春義系と岩月仙太郎系について、事実上、二つに分けて記述してきた。この系列を描写することで見えてきたのは、確かに、現実は鬼源系と鬼仙系の二つに分かれた形になってはいるが、鬼板の技術と流儀において、おおもとでは一つであり、岩月仙太郎に全て収束すると言って良い。遠州の鬼板の流儀である。ただ、たまたま、弟子の神谷春義が先に高浜へ鬼板の修業から帰り、岩月仙太郎の鬼板の流儀を初めて高浜へ伝え広めたのである。親方の仙太郎は弟子の春義よりも何年か遅れて高浜へ戻り鬼板屋を始めたという事実である。この親方と弟子との高浜における鬼板屋開業の時間的なずれが元祖についての認識を複雑にしているのである。

ここでは神谷春義系、岩月仙太郎系の二つのグループとして実態に合うように記述したのである。ところで、神谷春義・岩月仙太郎系のもたらした鬼板に関する貢献の中に、自己の系列を越えて三州鬼瓦全体にまで影響を及ぼしたものがある。「石膏型の導入」である。神谷勝義による「丸型」と、杉浦作次郎による「一つ型」であり、どちらも瀬戸窯業学校を通して学んだ、陶彫の世界で置き物を作る際の「型起こし」技術の応用である。現在では全ての鬼板屋にまで浸透している技術である。ただあまりにも鬼瓦の石膏型と、陶彫の世界の石膏型とは形態においてかけ離れたものになっているので、別物のように見えがちである。しかし、この陶彫の技術は一九二〇年代から鬼師の世界に伝わり、鬼師の世界で独自に今日まで発展してきたと言える。

もう一つの流派を越える革新が、杉浦節夫の「総合カタログ」による三州鬼瓦の全体像の形成と、各鬼板屋間のネットワークの形成であろう。石膏型の導入をハードの分野における革新とすれば、総合カタログの導入はソフトの分野における革新である。一鬼板屋における商品カタログと違い、その効果は絶大なものがあると考えられる。

最後に、神谷春義・岩月仙太郎系の特徴を述べてみたい。何といっても目を引くのは、窯業学校を卒業した鬼師をこのグループから四人輩出していることであろう。二代目鬼源の神谷勝義が瀬戸窯業学校を、初代鬼作の杉浦作次郎が同じく瀬戸窯業学校を、二代目上鬼栄の神谷知佳次が常滑の窯業学校を、三代目鬼長の浅井邦彦が常滑の窯業学校をそれぞれ出ている。神谷勝義、杉浦作次郎、神谷知佳次の三人は石膏型の技術を鬼師の世界へ普及させている。浅井邦彦は石膏型からさらに進めて、プレス機械と金型による鬼瓦の量産化に踏み切っている。このように、鬼源・鬼仙系は総じていうと、黒地の鬼師の世界において、鬼瓦製造技術の近代化・合理化を他に先駆けて積極的に行い、鬼瓦の量産化に成功し、他系列の鬼師に多大な影響を及ぼして来たと言えよう。

注

[1]　黒瓦のトンネル窯を三州で最初につくったのは野安製瓦株式会社である。昭和五四年四月に新いぶし瓦（黒瓦）と銘打って新しいトンネル窯を築いている。

〔10〕鬼吉系――丸市、杉荘、萩原製陶所（壱）

三州鬼瓦を生産する鬼板屋を大きく便宜上四つのグループに分けて黒地の「鬼師の世界」を描写しながら考察している。現実の世界を私自身による現地調査から得た理解に基づき、文字という記号からなる世界へと変換ないしは投影を試みているわけである。既に第一グループの山本吉兵衛系と第二グループの神谷春義・岩月仙太郎系及び第三グループである山本鬼瓦系については物語を終えている。ここでは最後の第四グループに入る鬼板屋群についてまとめてみたい。

第一、第二、第三グループはそれぞれ鬼板屋の元祖がはっきりとしており、元祖からの系統樹が発達している。そしてグループ内のつながりが鬼瓦の流儀、親方と職人の関係、血縁関係などにおいて明らかに確立されており、他のグループとの差異化を多面的に形成している。これに対して第四グループに入れた鬼板屋群は、系統樹が未発達ないしは不明な部分を多く抱えており、三州鬼瓦を生産する鬼師の世界の多様性を示す一群といえよう。

ここに至って三州鬼瓦の鬼師の世界に一つの全体的なイメージを描くことが出来る。その世界は三本の大きな木が三州鬼瓦の伝統という土壌の上に根を下ろし、枝を張っている。その木々のあちこちにはこんもりとした潅木が大地に影を落とし、それぞれの木々には豊かな個性があるものの、遠望すると三州鬼瓦という森を形成しているのである。そして前景化するその森の背景にあるのが「矢作川粘土文化圏」という世界なのである。その世界を成す基本的な色は黒である。黒地の鬼瓦が織り成す宇宙といってもいいかもしれない。これに「白地の鬼瓦の世界」を重ね合わせるとより実態に近い鬼師の世界が現れる。

ここでは第四グループを紹介していくが、他のグループのように十分な系統樹を成していないので個々の鬼板屋として描いていく。第四グループに入る鬼板屋が、㈱丸市、萩原製陶所、鬼福製鬼瓦所、藤浦鬼瓦、鬼十瓦店、山下鬼瓦である。

㈱丸市、杉荘、萩原製陶所

第四グループは確かに発達した系統樹は持たない。しかし、小系統樹は形成しており、その一つが㈱丸市と萩原製陶所である。この二つの鬼板屋がいかに繋がっているのかを個々の鬼板屋を描きながら見てみたい。㈲杉荘は白地組合所属なので、ここでは取り上げないが、丸市と萩原製陶所を繋いでいるのが杉荘である。

㈱丸市

三州鬼瓦を生産する鬼板屋の中でひときわ異彩を放っているのが㈱丸市である。鬼板屋とは普通どこへ行っても仕事場や、事務所、倉庫や、そして敷地内にも白地の鬼瓦と黒地の鬼瓦がゴロゴロといった感じで置かれている。ところが丸市の事務所を抜けて工場内にひとたび入ると、いたるところに積まれているのは、鬼瓦ではなく「家紋」である。家紋は鬼瓦の一部として使われ、後は用途に応じてサイズや形が変化していく。丸市は家紋を専門に生産する鬼板屋なのである。丸市を訪れて圧倒されるのは工場の奥二階にある家紋の型置き場であろう。余りの数の多さに逆に自分の目を疑ってしまうほどである。家紋の種類は多岐にわたり、その数は五千種類は下らないといわれている。それらが多様なサイズや形を持つのであるから、さらに必要とする型の数が増えていく。実際に現場を自分の目で見てみないとその凄さはわからないが、現在の丸市を体現している場所が家紋の型置き場である。二代目丸市の加藤元彦にその理由を話してもらった。

あの、家紋帳にね、五千種類のっているんですよ。それには五千種類で一種類に対して五段階も六段階も段階があるわけですよ。一つのものに。

サイズが違う。鬼の中でも大きいやつ小さいやつあるんです。そうするとえらい数です。で、あの家紋帳にのっとらんのも相当あるわけです。上で（家紋の型置き場）見てもらった苗字なんかも紋帳に無いし、だから屋号なんかものってるわけじゃないし、本当にえらい数なんです。僕はあんだけのやつがあっても、型を置くのに困るなと。もう一つ空《から》を、あの、工場を造ってね、収める場所を造っていかんとこの先いかんなと。

◈――加藤晴一　［丸市初代］

現在の丸市の様子が少しでも伝われば幸いであるが、丸市はもともとは他の鬼板屋と同じように鬼瓦を作っていた。丸市の初代は加藤元彦の父に当たる加藤晴一である。明治三九年（一九〇六）生まれであり、昭和五三年（一九七八）に数え年七三歳で亡くなっている。屋号は丸市ではなく、「丸市鬼瓦工場」であった。二代目の元彦は父、晴一について語ってくれた。

うちの親父はね、ほんと職人でしたね。うん、仕事一筋で一生終わった人だなと僕は思うね。そう、いろいろかの役をやるとか、友達とわいわいやってどっか遊びいくとか、そういう事は無かった人だと思う。で、まったくの職人肌って言いますかね。技術は確かなものがあったと思う。僕は今ある作品見ても、素晴らしい技術を持っとるなあと思ったもんね。

元彦の語る晴一は職人そのものであり、職場で黙々働く、堅気の人だったようである。その働く父の姿を見て元彦は育ったといえる（図1）。

うん、夜の一一時、一二時までやるのをたびたび、しょっちゅうって言ったらいいくらい、見ておったんでね。そいつに、やはり、付き添わないかん。相対する話し合い手が無きゃいかんで、お袋がそこで手伝ったりなんかしておったようだったね。

で、僕らは、やはり、親が遅くまでやってや、その側で遊んだり、学校の勉強の、「国語の本持って来い」とか言っちゃって、「読め」とか言われて、読んで、こっちがつっかえながら読んどると、「何を怠けとるだ」ってピチンと頭を叩かれたりとか、そんな事は覚えがあるから（笑）。

教育には案外厳しい人だったね。自分が学校出とるだけにね。生真面目な人だった記憶は僕は持っているだけど。年を取ってからは、まあ、それは、怒った事もないし、七三で死にましたからね。

図１　初代丸市鬼瓦　加藤晴一

ただ晴一は職人気質の人だったとはいえ、同時に親方でもあった。丸市鬼瓦工場は当時、高浜でもかなり大きな鬼板屋であった。

うちの親父も職人でしたから、作ったものを、いい物をお客さんに買って頂くというか、今のような、この、素早い、すばしっこいっていうかな、そういう時代でもなかったし、何でもその、注文されると、「へい、ようござんす」ってなことで作って、「出来やした」ってなことで済んだ。

まあ僕（元彦）が入ったときは従業員が四人ぐらいしか居なかったしね。それはまあ、全部、仕事が出来るっていう人間ばっかりです。手作りも出来る。で、あの、その前は、あの、僕はまだ、その、生まれは、生まれてからかな、その頃には七、八人弟子が居ったそうです。

七、八人の職人を抱える鬼板屋は高浜では大所帯の鬼板屋であったことを意味する。その事は、山本鬼瓦の山本信彦にインタビューをした時に、「鬼板屋のモデルにしたのが丸市さんだった」と言われた事と符合する。「丸市さんはいわゆる職人さんを凄く抱えて、大々的にやっていて、あれをモデルにしてやったんです」といい、山本鬼瓦は事実、そのモデルを自ら実現させていると言って良い。この事を元彦に話すとすぐに、なぜ山本信彦が若い頃、鬼板屋のモデルとしたのかを肯《うなず》かせる言葉が返ってきた。

まあ、そう言ってもらうと嬉しいけども、ま、「鬼屋の百貨店」

てことは言われとった。

「鬼屋の百貨店」と言われても直ぐにピンと来なかったので、その意味を元彦に尋ねてみた。

「丸市行きゃー、何でもある」って。まあ、在庫品が物凄かったです。もう、暇なときは何でも作らせて、職人に作らしとったからね。倉庫の中いっぱい入っとりましたでね。そんなのを言っているじゃないかな。

まあ、大体、高浜あたりの人は（鬼板屋は）ちょっと荷が溜まってくると、「ほれほれ」といって売り歩いちゃったりしちゃうけど、僕はまあそんなことはしない。じっと静かにしとった方だから。それで一番僕の所のは高かった。高くても、ほいでも買ってくれる人はいるよってね。「丸市が一番高い」ってことは皆言っておられたと思う。けど、「何でもある」という。

まあ最後、いつになるだや……、ガス窯の、昭和四〇年、五〇年。昭和五〇年ごろまで。昭和五〇年ごろまでは……、職人がまだ五、六人ぐらい居ったでね。その人たちが全部作ってたからね。それで、出来ますわ。窯が二つあって、常時、焚いとったでね。で、山本君がいうのも有り難い話だけど、うなずける点があるね。

加藤晴一のもとにいた七、八名の職人の中から独立したのは二人であった。一人を杉浦五一といい、現在、「杉荘」となって続いている白地屋である。その杉浦五一は平成一六年（二〇〇四）に亡くなっている。もう一人が市古毅《いちごたけし》といい「市古鬼瓦店」を興している。さらにその兄、市古朗《あきら》が「三栄鬼瓦店」をやり始めて、いわゆる丸市の系統樹は広がっていった。このように系統樹は常に変化しており、固定したものではない。

さて話の順序はここで逆転する。丸市鬼瓦工場を始めた加藤晴一も、もともとは職人で、小僧から叩きあがった人である。つまり、現在の丸市の原点についてここでは見てみたい。初代の晴一は市古吉太郎の経営する「鬼吉」という鬼板屋で修業した。現在、この鬼吉は無くなっている。昔の鬼吉は、今のアイシン精機碧南新川工場の一角に地所があったという。なぜ、晴一と鬼吉が繋がったかの話を元彦は語ってくれた。

たまたま、うちの親父（晴一）の姉さん、名前は「いち」さんと書くのですけど……。「おいちさん」、「おいちさん」と言われとったで「いち」という人ですけど、この方がうちの親父と姉弟、これは出は吉浜、僕の村なんですけれども、そっから嫁して行かれて、この市古吉太郎という人の奥さんになられたと。

で、市古吉太郎さんの所で職人さんがようけおって、手広くやってみえたのだけど、弟、うちの晴一というのが弟ですけど、「ちいとうちの仕事を手伝いに来んか」というようなことで、当時、親父は小学校を出て岡崎の中学校へ行ったのですけど。その頃は中学校行く人が少なかったと思うけれども。そして、中学校を終わって直ぐお姉さんのところにお手伝いに行ったと。そういう繋がりです。

丸市鬼瓦工場と鬼吉は姻戚関係の発生が元で、晴一は鬼吉の小僧として入ったことになる。ただ鬼吉の親方である市古吉太郎は、職人タイプの人ではなかったらしい。吉太郎について元彦は次のように述べている。

だいたいお金持ちで、お坊ちゃん的存在だったらしくて、本人そのものはさほど仕事をする人じゃなかったみたいね。金儲けは上手い人でね、職人は抱えておったし、そのほかにも色んな役職をやったりなんかして、まあ、仕事そのものを精出してやるって人じゃなく、だいたい、職人任せで、職人が動いてやっておったと……。

で、僕らの記憶だと、僕も、その人が年食ってからもずっと知ってる訳だけれども、なかなか頑固な人で、気の強い人でしたね。まあ、年食ってからで、幾分かそういう点は無くなったと思うけども。それでも、うちの親父に言わせると、「気を抜くと何か飛んで来る位の人だった」という話はしとりましたね。

「鬼吉」の屋号から推し量るに、市古吉太郎の「吉」を採って「鬼吉」としているはずなので、吉太郎は初代だと思われる。しかし、なぜ吉太郎が鬼板屋を始めたのかはわからなかった。下の元《もと》の部分を突き詰めていくと、見えなくなってしまうのである。この事はどの鬼板屋にも言えることなのであるが、第四グループはそれに至るまでの浅さが大きな特徴になっている。吉太郎はもともとは田地をたくさん持つ地主で、小作人に作らせていた人だという。幸いにも当時の鬼吉の写真が残っており、これを見ると、工場の中にたくさんの職人が働いていたことがわかる。

僕は記憶があるで、この工場も知っとるでね。全部手作りで、一品作品で、型も何も無い。手でほんとに作るだもんね。そりゃま、ももぐってやっててても結構出来たわね。そりゃ、今みたいに型だと、相当場所が無いとやれないけどね。手でこう、土を丸めて、張っていく位のことだけね。一日やってもいくらも出来ないだろうし、それでも商売になったって時代ですよね。

鬼吉さんのその前というとちょっと分からん（図2）。

このように鬼吉が職人を多く抱えて、鬼板屋を経営していく方式を

図2　初代鬼吉　市古吉太郎

晴一は独立後、意識して採り入れていったように思える。ちょうど山本鬼瓦の山本信彦がそうであったように。

さて、「丸市」に戻ろう。晴一は初代だから、「鬼晴」という屋号が当然の事ながら考えられる。ところがそうならずに「丸市」という変わった屋号になったのは何か特別な事情があったと見て間違いない。二代目の元彦はこの件について次のように説明している。

これは、うちの本家《ほんや》はこっちから、まあ、百メーターくらいしか離れていないですけども、先祖代々、「市郎右衛門」って言って。あの、「加藤市郎右衛門」って言うんですけども、先祖代々、「市郎右衛門」で通して来てるんですね。で、親父の兄弟も市郎という名前だったんだけども、その先代が亡くなってから市郎右衛門。で、最初、親父が、こう、姉さんのとこで修業して、自分がやり出した時に、「俺も手伝ってやらあかなあ」って、兄弟でやりかかったみたい。「じゃ、名前をつけにゃいかん」というわけで、「ほいじゃ、市郎右衛門の市で、あの○（丸）に市にせよ」と。これが始まりです。

「丸市」は「(市)鬼瓦工場」として出発したわけである。丸市の屋号の起りが上に示しているように、事実上、晴一の兄である市郎右衛門の名前に由来している。つまり、晴一と市郎右衛門の二人の兄弟の共同事業として始まったといえる。そして兄が資本を出し、弟が技術を提供したが故に、兄の名を採用したのである。ただ、後に兄はこの事業からは手を引き、弟の晴一が丸市鬼瓦工場の創業者の一人として残ったのであろう。また、それがゆえに、晴一は職人としての性格を色濃く持っていたものと思われる。

❖――加藤元彦　[丸市二代目]

「丸市鬼瓦工場」の屋号は二代目加藤元彦によって昭和四〇年に「株式会社丸市」と社名変更している。世代交代を象徴する出来事だったと思われる。元彦はその理由を次のように述べている。

その、「商売というのは大きくしたい」というのが一つあるし、松坂屋の商標がね、やっぱり、株式会社松坂屋ですわね。で、最初に、始めに、株式会社って来た方が格好が良かったってな感じがしてね。で、「丸市株式会社」だなんて、「株式会社丸市」ってった方が、こりゃかっこいいじゃねぇかって言って。で、そんなことから、そんなものを作った。最初はやっぱり松坂屋をイメージした。あのくらい大きな仕事をやりたいな。「かっこいいよね、株式会社松坂屋」って言うとね。で、そんなものもじりながら作ったっていう。

名は体を表すというが、㈱丸市は文字通り「鬼瓦工場」を切り離して現在に至っている。それが鬼板屋を実質上やめて家紋専門店となった現在の丸市の姿である（図3）。その二代目加藤元彦は昭和一二年（一九三七）に生まれている。

終戦の年が小学校四年生ですかね。空襲なんかも経験したもんですから。といっても、この辺りが空襲に遭ったというじゃない。あの、名古屋の空襲、照明弾が、チラリ、チラリと遠くでしとるの、あるいは、岡崎の方、空襲だとか、いうようなのを遠くから眺めておって。さあ、艦載機が来ると、「防空壕へ入るぞ」といって、防空壕の口から頭を覗かせて、「ああ、飛行機が来る」、「飛行機が来る」といって眺めておったくらいの歳ですから、古いといえば古いですけれどね。

図３　二代目丸市　加藤元彦　家紋「丸に下り藤」

元彦の子供時代は鬼瓦の思い出に繋がっていく。餅屋は餅屋というが、小さい頃から一般とは違ういわゆる「鬼師の世界」に生きていることがわかるのである。

僕らは、まあ、小学校の頃はやっぱり、親父があの、小僧上がりで来たもんですから。小さな時から、まあ、小学校時代から、親父が仕事しとると、「こっち来て、ちょっと手伝え」ってなことで。あの、今日も紋なんか起こしているですが、ああいう起こしをしたり、鬼瓦を起こしたり、土を練って繋いでいく。まあ、そういうのは常時やっとったですね。

中学校くらいになると、窯は朝、あの、学校に行く前に手伝って、それから、学校から帰ってくると、また、あの、夜中の九時、一〇時まで、親父たちがこうやってると、手伝ったりとか。そういうたで、こう別に技術を教えてもらったっていう訳ではないけれども、「門前の小僧っていうのか、自然に覚えて来た」っていうのかね。

元彦は次のような思い出も語っている。現代の小学生は習い事や塾などで忙しいかもしれないが、今とは違う生活があったことを物語っている。

僕はね、五人兄弟で、男が一人です。僕が長男で、あと妹ばっかりです。僕が一人で手伝ったわけじゃなくて、妹たちもやはりそういう時代に育って来たから、多少は手伝っておりましたわね。

遠くへ鬼持っていくのでも、今のように車がありゃへんし、リヤカーで、あの、安城や何か。安城でも、大岡というところに瓦屋があった。そこら辺まで、朝暗いうちから荷をリヤカーで持ってって、向こうへ行くと、「やあ、よう来てくれたな」ってことで、ご飯呼んでくれる。帰りには土産を持たせてくれて、うちに帰ると、また暗くなっとってねえ。

そんなことで、もうこれはね、小学校のころで、これはね。小学校高学年の頃で、そういう事やっとったですね。

「一人で行かれたんですか」と聞くと、

妹と二人で。そうじゃないと、荷物を一杯積んどるとね、ちょっと坂があると上って行けへん。今みたいにアスファルトじゃないし。小さい時からそういう家庭の手伝いというものはしたもんだ。どこの子もみんな同じだったと思いますよ。

元彦は家の仕事を手伝いながら、中学校、高校へと進み、サッカーに熱中し、大学は愛知学院大学商学部に入っている。しかし、行きたかったのは美大であったという。

どっちみちね、うちの仕事手伝わんといかんし、あの、「僕は跡継ぎだ」という、自分にもそういう気持ち持っておりましたのでね。「うちの手伝いはしなきゃいかんだろう」とぐらいは思っていましたけどね。

そりゃ、まあ、大学は愛知学院行ったんですけども。その、大学は、まあ、美術系行こうと思って、京都府立と、金沢の市立の、私立《わたくしりつ》ではなくて、市立のね、あの、美術大学受けたんですよ。見事にね、実技でやられちゃってね。

美術が好きで、陶芸家になりたかったという元彦は、美大をあきらめて商学部に席を置いている。そして大学を卒業するや、丸市鬼瓦工場に入るのである。

迷いは無いです。もう、あの、自分で、「鬼瓦はやる」と決めておりましたけどね。そういう迷い、皆が、あの、どっかへ行く、就職試験で大騒ぎしとったけども、まあ、その頃は、就職試験で大騒ぎしとる頃にはサッカー楽しんどった。

元彦は丸市に入ると、得意先を拡張するために特に外交に力を注いでいる。昔からの鬼板屋を営んでいる晴一の仕事の販路を新しく作り始めたのである。職人肌の晴一がしなかったことであった。

僕はうちへ入る時に、あの、（職人が）四人ばっかしおったし、そういう人たちが作ってくれるから、その仕事の合間を見ちゃ、県外をずうっと走り、そして、あの、お客をこう拾って来たりね。あの、親父の代だとそれまでせんでも、結構商売になった。それで段々こう時代が変わって来たので、うちでじっとしてては駄目だ。で、僕が開拓してきた。それで、三重県、滋賀県、あちらのほうはもう非常に売れました。

元彦は販路拡大には努力したが、強引に他の鬼板屋の得意先を盗《と》ることはしなかったという。元彦自身の持つ潔癖さや信条のようなものがあった。

僕はまあ、人様のお客さんを盗ったという事は無いんですわ。もっとも、かちあう時はありますよ。あの、僕は外交したりもしてましたしね。ほんと、話して、取りそこねた、「あそこのお客さんかい」ていう事はありましたけれども。だけど、無理やりに盗ったってことは無いんですよ。まあ、互いに「また足らんもんがあったらそう言ってくれ」ってね、言うぐらいなもんで。あっさりと帰って来る。顔出しくらいの事で。

僕は、滋賀県、三重県あの一円を全部歩いて、お客を取って来たです。親父はそういう外交的な事は好きな方じゃなかったから。で、僕が仕事の間《あい》を見ちゃ走ってく。そして手広く、こうずうっと回って来て。で、お客さんでも県外行くとなかなか良いお客さんを引っこ抜くってのは、掴むというのは出来ないんで。

田んぼの畦《あぜ》道を入っていって、そこで百姓の人に、「あそこに瓦屋さんがあるが、あそこの内容どうですか」って聞いたり、いろんかの事を地元の人と話をしながら、あそこなら間違いないぞって確認を得てから、そのお客さんに会うようにするって、僕はそういう式でお客さんを拾って来たんだでね。

ところがそういったやり方を取っていた元彦に事件が起きる。そして何とその事件を契機に元彦は鬼板を作ることを止めるのである。これがそのまま、転機となり、鬼板屋から、家紋専門店へと変貌を遂げたのであった。

そんなとこで、たまたま同業者の人に三軒良いとこをスパッと盗られた。まあ、その頃は職人はまだ居りましたけれども、職人も年食って来ちゃったし。まあ、機械に、ほとんど機械になって来ておるし。手作りやって居っても値段も機械に引っ張られて行っちゃうし、「こんなことをやっとってもしょうがねぇなあ」という頭があっただね。

「何か良い事無いかなあ」、「いいこと無いかな」という頭がしょっちゅうあった。ほいで三軒一気に盗られた時にね、「もう止め！」、「もう、こんなん一緒に釜の飯を食った間柄でね、取ったり取られたりなんて事を俺はやったことは無いのに、馬鹿にしてけつかる」ってね。で、総会の席でね、僕が喋った。そいで、その人間を目の前に置いてね、「手前みたいなのは半殺しにしちゃるぞ」って拳骨握ってたら、ほしたら、皆が止めてくれた。

ま、それで止めた。それで、「鬼屋は止め！」ってスパッと止めちゃった。

確かに同業者に得意先を三軒盗られたことが、契機になってはいるが、他の要因も関連していることは事実である。まず、父親の晴一が亡くなって直ぐの出来事であった。元彦が四二歳頃であった。厄年でもある。また、仕事場には手作りの職人は健在ではいたが、高齢化が進行しており、さらに、鬼瓦の機械化が業界全体に進んで手作りの鬼板屋を圧迫するような状況になっていた。また元彦自身もこういった事態に対応する方策を既に探っていたのである。

あの、鬼瓦ずっとやって来て、鬼瓦も従来通りやっておりました。で、まあ、親父から身上《しんしょう》受け継いで、あの、身上全部引き継いでからですけれどもね。まあ、「親父からやってきた鬼瓦だけじゃなくて、何か一つやりたいな」。鬼瓦を止めるって事は無いですよ。鬼瓦をやりながら何か。ちょっと便乗式にやりたいなという事でね、盆栽鉢をやったです。

あの丸い、あの、駄鉢じゃなくて、四角いそれをやり出したんですね。で、親父がね、「そんなのは止めとけ」と。「鬼でやって食えるんだから、そんな事やらんでもいいじゃないか」と言っとった。でも親父からもらったもの受け継いでそのままやってくのもね。まあ、「息子として何か埒《らち》があかんな」と言われるのが癪でね。「よし、俺、何かこう一つ始めたでな」、こういう息込みだったんです。

ただいきなり盆栽鉢へ移らず、まず鬼瓦に関連のある紋から始めている。それから鉢へと進んでいる。

紋をちょちょっとやり掛かりつつあった時でな、親父が死ぬ時は。その頃だ。で、まあ、紋をやり出す。かといって宣伝をするわけでも無し、売り込み行った訳でもないだけど、「丸市さんが、紋やりだいたげなぞ」って捌《さば》いてくれおって、捌いてくれたけども、僕は「こんなことじゃ、紋だけじゃいかんな」と思って鉢をやりだいた。あの盆鉢。

この鉢が始めたころは売れに売れたらしい。ところが流行る商売には直ぐにその上を行く商品が開発されていく。ちょうど、手作りの鬼瓦に対するプレス製の鬼瓦のように。それがプラスチックの鉢であった。

あんな鉢やりだいて四年間やったね。四年間やったけど、最初の頃はいくらでも売れてくわ。圧力鋳込みっていって、型をずっと並べといて、何本かやっといて、下から泥をどろどろに溶かした泥をギューッと圧力で入れてくだけども。順番に入れてくだけども。順番にとって製品を出して、そしてまた積んでいく。一日やれば一人の人間でも相当できるわけ。で、窯もシャットルの窯があって、三日に一遍ずつくらい焚きおって、そんだけの製品が全部出来てくだでね。もう、素人が、一、二、三、四、五人ぐらい居ったかな。

結構いい仕事でね。「面白い仕事があるなあ。この素人が簡単にやれちゃうわい」と思って。どんどん、ちったあ疵《きず》があっても売れてっちゃう。で、そんなのがね、この辺から西尾、吉良のほうにかけて苗床ってね、松はもちろんのこと、木瓜《ぼけ》だとか、ピラカンサだとか、姫林檎だとか苗物を鉢に入れて東京へ出荷する。そういう業者がいっくらでもあったんです。そういう所へ僕ら売りに行くわけ。

ところが、それがね、僕が四年ぐらいやったらね、もうプラスチックが出だした。プラスチックが出だいたらね、まあ、そんなものは全然買ってくれん。植えたものはどんなものに植わっておってもいいで。植わっておればいいわけ。で、プラスチックなら軽いし割れんし、まあ、ぜんぜん見向きもせんくなっちゃった。「まあ、これはいかん」と思って止めちゃった。

このような結果になり、元彦は再び紋に戻るのである。紋が父、晴一から距離を保つにふさわしい対象であると、元彦は気づいたのである。そして紋に特化する決意をさせた事件が、鬼瓦の会合での爆弾宣言だったのである。これによって、元彦は表向きは得意先を取った同業者への怒りの爆発であったが、鬼瓦から身を引くことにより、心の中の葛藤であった父、晴一と事実上、決別し、独立したのである。ただ丸市にはまだ鬼師の職人が居たので、鬼師には鬼瓦を作ってもらいながら、元彦本人は紋に特化させていったわけである。一九九九年のインタビューで次のように元彦は話している。

もう一五年くらい鬼は一切。まあその頃はね、二〇年位前は職人さんがね、鬼を作る職人さんがね、一人、二人、三人やっぱり四人居ったな。だけど、その人たち今一人も残っておりませんでね。死んじゃいましたからね。で、ああいう技術仕事というのはね、あの、七〇になっても七五になってもやれるんですよ。まあ、大きなものは重たいから上げてあげなきゃいかん、手伝ってあげなきゃいかんて。「技術は衰えるものじゃないですからね」。「結構年寄りの人は皆作りましたよ」。どうしても仕事がやれなくなってやめる人たち。それまではね、ずっとうちでやってくれました。「やはり惚《ぼ》けんで皆死んでるね」。

丸市では紋は原型を作り、その原型から石膏型を作り、手押しで紋を一つ一つ丹念に仕上げている。一時期、圧力鋳込みの盆栽鉢を生産していた関係で、その時の経験を生かして、圧力鋳込みの紋を作ったこともある。しかし、型から抜きやすくする為に紋の図柄が上方に台形状となり、図柄そのものが小さくなる欠点があった。顧客から「こんな奴は柄が小そうなっちゃって見えやへんぞ」と苦情を受け、手押しの紋に切り替えたという。

「相変わらず、こういう焼き物《もん》てのは泥臭いところに値打ちがあるんだな」と思って。余り綺麗な物を作っちゃいかん。「泥臭いものがいいだな」と思って。

元彦は家紋作りの苦労話を率直に語ってくれた。苦労話の中に物作りをする職人の姿と、その物自体の特徴が現れてくることに気づかされる。

土の吟味ってのが大変でして。小さなものを作るには土や何かはどうでも良い訳で。大きな紋になるとやっぱりその可塑性の問題だとか色々なことがありましてね。その、疵が出やすいんですよね、大きくなると。大きなものが案外あるんですよ。そんなものが失敗ばっかしとっちゃだね、こりゃいかんわけで。何遍か失敗したことも経験があるだけど。

ほいで、土をもう探すのに難儀したね。かと言って、その、綺麗に起こせて、余り手を掛けなくっても製品にならなきゃいかん。あの表面の柄を全部へらで磨いたりなんかしたら、それは採算に合いません。だから、「一度ぐっと押したらもうさっと入って、磨いたと同じ格好にならなきゃいかん」と、こういう式で。

だから、分子の細かい土で、ある程度、可塑性があって、大きなもんでもある程度疵が出ないような土ていうとね、こりゃ大変です。これに出くわすまではね、ほんと難儀した。ま、でも、どうやら失敗失敗重ねながら、まあ、そこそこかの物まで出来るようになりましたけどね。

元彦は様々な葛藤を経て鬼板屋から手押しの紋屋に変わり、この業界で異色な世界を形成してきた。事実、インタビューの端々で、「鬼瓦との決別」を語っている。ただそのように何度も語ることは逆に鬼瓦に愛着がある印とも取れるので再度、次のように訊ねてみた。「鬼瓦にもう一切以後戻るって気持ちは無かったんですか」と。これに対して元彦は次のように答えている（図4）。

無かったって言うか、無くなっちゃったような気がしますね。自

図4　㈱丸市の作業場　加藤元彦（手前）家紋を型に手押し中

然と。
ほんだけど、どっかに自分がやって来た鬼瓦というものは魅力を持っているわけですね。だからここに来てからでも鬼瓦をちょこちょこ作るですよ。作った経験が有りますから、結構出来ます。
刈谷の市原神社のやつもここ二年ぐらい前に作ったし、この間も兵庫の方へ行って、これは無量壽寺というとてつもなく大きなお寺ですけど、そこのひとつを作らせてもらって出荷をしましたけど、これは大きいですわ。去年の一〇月の初めからこの四月のいっぱいまで掛かったかな。まあ、僕ら家紋は主力ですから、その間《あい》に、土曜日、日曜日に鬼をつくっとるですからね。
だから、ぶっ通しかかっとる訳じゃないんで。でもやりました。まだ、これからも大きな奴を作らんといかんですわ。注文が入って来とるもんで。

本業は家紋作りであるが、いわば副業として、鬼瓦を事実作って来ている元彦はこう言っている。

気持ちの中では繋がっているからね。「俺もまだ鬼師だ」という気持ちがある。

元彦はその気持ちを行動で直接に示して来ている。昭和五四年に鬼瓦認定協会を作ったことがそれに当たる。そのときの中心メンバーが神仲（神谷仲達）、鬼長（浅井邦彦）、そして丸市（加藤元彦）であった。また、名鉄三河線高浜港駅前の直ぐ近くには四・五メートル四方ほどの大きな古代鬼面が設置されている。平成七年に元彦が息子の佳敬に手伝わせて製作している。「遊びで作った」と元彦は言うが、元彦の鬼瓦への愛着を物の形に表した巨大なモニュメントである（図5）。

鬼瓦への愛着は鬼瓦が屋根で使われる基となる和形の燻《いぶ》し瓦へと及ばざるを得ない。特にここ一〇年足らずの間に、釉薬の平板瓦を使うハウスメーカー主導による、見た目にモダンな感じを受ける洋風な家が急速に増えた。逆に、和形の燻し瓦を使用する和風建築の新しい家は少なくなって来た。和風の家の屋根に鬼瓦は載るのであるから事態は鬼瓦業界にとって深刻な問題である。この事は鬼瓦業界のみでなく、われわれの生活そのものにおいて重大な問題を孕《はら》んでいる。それは日本の伝統的な町の景観が急速に変わっていることを意味する。日本の伝統的な甍《いらか》の波を眺めると、ある独特な清涼感を覚える。しかし、平板瓦からなる屋根にはその感覚はない。その清涼感はそのまま日本人の美意識や神意識へと繋がる。なぜなのか不思議に思っていたが、元彦が一つのヒントを与えてくれた。

日本の伝統的な風土から色々考えると、和形で燻しで来てくれたらいいな。そうすると環境美化にも役立つんじゃないかな。釉薬の瓦とは、どちらかというと鉛分が多少あるんです。薬の中に。で、一生懸命で減らしておるけども幾分か鉛を使っているんです。で、それが公害になるんです。

図５　古代鬼面（約20m^2　名鉄三河線高浜港駅前　加藤元彦作）

> で、僕らの燻しの製品はかえってそういう産業廃棄物として今は扱っているけども公害的なことは一切無いですよと。かえって浄化できるんですよ。昔はね、海やなんかでもどんどん捨てておったんです。そうすると、それの間に魚の一群でもおったんです。で、今でも川やそういうとこに瓦がぶち込んであると、水が綺麗になるんです。浄化になるんです。で、鉛分は全然無いし。
>
> この表面にね、雨が当たって飛ばしが飛びますと、マイナスイオンが発生するんです。たたいてもマイナスイオンが発生するって事は浄化になるわけです。

このように、和形の燻し瓦のマイナスイオン効果を日本屋根への独特な清涼感として人々は感覚的に捉えていたように思える。そして燻し瓦が何千枚も葺かれた一軒の和形の屋根からマイナスイオンが集中発生する場の中心に鬼瓦があり、招福の印《しるし》、降魔の印として場をより神聖なものへと変容させ、全体の清涼感をさらに高めているといえる。その和形の屋根が五軒、十軒、百軒……と甍の波に変わるとき、独特な日本の景観が生まれるのである。

丸市は鬼師の世界では異端である。ただ元々は正統な鬼板屋で職人を多く抱えた手作りの鬼板屋であった。二代目加藤元彦のときに「丸市鬼瓦工場」から「株式会社丸市」に名称を変えたときに今の姿が既にあったように思われる。名前から「鬼瓦」が落ちているからである。丸市は伝統的な鬼板屋から盆栽鉢生産へ、そして今の家紋専門店へと変遷してきたのであった。

〔11〕鬼吉系——丸市、杉荘、萩原製陶所（弐）

旧㈱丸市こと丸市鬼瓦工場は高浜でも有数の手作りの鬼板屋であった。最盛期は七、八人の職人を抱え様々な鬼瓦が多数の職人の手によって次々と作られていた。在庫の品数が豊富で「鬼屋の百貨店」と言われ、「丸市行きゃー、何でもある」といわれるほどの勢いのある鬼板屋であった。

その丸市鬼瓦工場から独立した職人の一人が杉浦五一である。「杉荘」という白地屋になったのである。この杉浦五一がこれから話す萩原製陶所と密接な関係を持ち、ここに丸市鬼瓦工場の新しい系統樹が芽を吹いたのである。他の鬼板屋と違い、萩原製陶所ははっきりと⑴土管屋の時代と⑵鬼板屋の時代という、まったく異なる二つの時代を形成している。さらにその鬼板屋の時代はプレスの鬼板屋と手作りの鬼板屋とを併せ持つユニークな存在である。いわゆる伝統的な鬼板屋とは違う独特な気風を持つ新興の鬼板屋といえる。

萩原製陶所

❖——⑴土管屋の時代　萩原栄太郎

杉浦五一との浅からぬ縁で、萩原製陶所は第四グループの中の小系統樹である丸市鬼瓦工場の加藤晴一系に入る。しかし厳密に言えば、加藤晴一は「鬼吉」の小僧として入り、そこの職人から独立し、新しく鬼板屋を興したので、市古吉太郎系という事になる。このように系統樹はフラクタル構造になっており、基になる幹から似たような形の若い枝をスッ、スッと伸ばしていく。市古吉太郎系の元も当然あるはずであるが、現在のところは判明していない。理由は鬼吉が途絶えているからである。つまり、市古吉太郎系は大本《おおもと》の鬼板屋が無くなり、そこから別れ出た枝が幹になり、丸市系となっているのであった。

さて「萩原製陶所」であるが、これまで見てきた鬼板屋の屋号とかなり違っている。名は体を表すというが、その由来を見ていくことにより萩原製陶所の姿が現れてくる。萩原製陶所はもともと鬼板屋ではなく、土管屋であった。明治の頃、常滑から萩原栄太郎と伊藤田平という人が高浜へ来て、土管をつくるために傾斜のある土地を探したという。当時は登り窯なので傾斜のある場所が必要だった。結局、すでに先に来ていたカネマルという土管屋の隣に土地を手に入れ、土管を製造し始めた。この場所を後に、「土管坂」と言い、その会社の名前を「日本陶管」といった。栄太郎の孫に当たる萩原明は栄太郎について次のように語っている。

肩書きは社長じゃないと思いますよ。専務か常務か、そのあたりだと思いますがねえ。昔のことだから、そりゃ、まあ、死ぬまで（昭和二〇年没）やっていましたね。ここで。

つまり明は祖父、栄太郎を明が二〇歳の頃まで直接知っており、一緒に生活をともにしているのである。それ故、明の栄太郎についての話にはリアリティーがある。

それがまあ儲けてねえ。今の田んぼや何かはあちこち買ってさあ。栄太郎さんが。ほいで小作人やらしてさあ。そいでまあ、裕福にやってたですねえ。ほんで、まあ、やる仕事は芸者買いしかやらなかったからねえ。そう、日本陶管ってのも、まあ、このあたりじゃ一番大きかったからねえ。あの、土管屋としては。だから、一二〇いたでしょう、その当時に。あのお、工員さんがねえ。だから高浜で日本陶管知らん人無いぐらいねえ。「ほい一番、土管坂」ってのもそっから来たぐらいだから。明治から大正にかけては盛大だったですよねえ。一番大きかったじゃないすか、このあたりでは。会社としても。

明の言葉によると、栄太郎は「それこそ、毎日、毎日が招待、招待、接待、接待で明け暮れた人じゃないすかねえ。夜んなると酒飲まにゃ、毎日酒飲まなきゃいかん人だったですねえ。一日も止めなかった人ですよ、酒は」といった様子だったらしい。ところが、家の中では家計はしっかりと栄太郎が管理していたのである。

徹底して几帳面な人だったでね。「これは新聞代」、「これは電気代」、「これは電話代」って言ってねえ。全部分けて袋入ってね。電話料と書いてねえ、そこへ入れてさあ。これ新聞代とか、米代とかね。色々その－、書く。そういう風に自分の金庫が在ってねえ。ピィーンと音がする。だからまあ、皆さんようゆうけどねえ、集金に来てもねえ、一遍奥まで行かなきゃならん。そこで目の前に金があってもねえ、出してくれなかった。お祖父さんがなあ、ほんなん、一〇銭とか一五銭でも、目の前に転がってんのに、出してくれりゃいいと思うけどねえ。それ出さない。遠くまで行って金庫開けてねえ、ほっから袋持って来てさあ。ほっで払ってやった。それぐらいねえ、お金の面ではねえ、几帳面な人だったですねえ。

だからそりゃ、毎日、あんた、毎日見て、家計簿をねえ、計算するぐらいだもんねえ。全部やってみて、合わんと、それ買ったやつが、怒られちゃう。ほいでまあ、肉でも余計買って来ちゃ、怒られたりねえ。おばあさんは、おばあさんで、「こんなに使ってどうするだあ」ってゆって、怒られたりねえ。まっ、特に僕は、まあ、しょっちゅうねえ、小遣い三銭使うと怒られたけどねえ。二銭まではねえ、「明、小遣い二銭」と、「二銭」と書いて。「明、小遣い一銭」。ほいで二銭まではねえ、何んとも言わなかった。「三銭」と書くとねえ、「お前一日に三銭も使ってどうするだ」って訳だな。「正月や盆になあ、五銭しかもらえん時代になあ、お前一日に三銭も使ってどうするだあ」って。その頃、実際そうだった。盆や正月にねえ、五銭だったですよ。一〇銭もらえる時には大旦那衆の子だったねえ、盆や正月に。それが毎日、毎日ねえ、その、三銭使っとっただからねえ。で、三銭使うと怒られた。

明のこの話からも、当時の萩原家の裕福な生活振りが伝わってくる。栄太郎は日本陶管では、幹部として大盤振る舞いの生活をし、家庭では財布の口をしっかりと締めていたのである。公私をはっきりと分けていたのだ。それ故に、萩原家は確実に富を蓄えていった。栄太郎は常滑から高浜への新参者にもかかわらず、次々と田畑を買占め、地主となっていった。栄太郎はさらにもうひとつ新しい事業を興した。それが萩原製陶所である。栄太郎本人は日本陶管に死ぬまで勤めていたのであるが、跡取りの息子と、さらに自分の娘に伊藤家から清市という養子をもらい、萩原製陶所を始めたのである。栄太郎は萩原製陶所に必要な資金や人材は提供したものと思われるが、現実に会社を運営したのは息子と娘婿であった。ところが跡取りの息子が戦死してしまい、娘婿の萩原清市（明治二九年生まれ～昭和四三年没）が実質初代萩原製陶所となったのである。そして正式な工場の名前は㋩萩原製陶所であった。明は次のように言っている。

㋩（マルハと読む）萩原製陶所ってのが、親父（萩原清市）の作った名前ですよねえ。で、僕は、今はまあ㋩はどっか行っちゃったけどね。ただ、萩原製陶所そのまま。だから何か可笑しいよね。鬼瓦で「製陶所」って、余り無いでしょうけどね。まっ、土管屋時代のね、そのまま延長で、そのまま、来とるですよね。

◈――萩原清市　［萩原製陶所初代］

初代萩原製陶所である萩原清市はかなり風変わりな人であった。最も今から思えば、その風変わりなところが当時の土管屋の栄華を象徴していたという事も出来る。事実その栄華無しにはできない暮しである。

親父はねえ、そうだねえ、僕にはいい親父だけど、どうなんだろうねえ、ありゃ。割りに気取ってましたね、ありゃあ。

「近衛公」って言われた位だからねえ、家《うち》の親父は。高浜では近衛公というぐらい。あのー、大臣のねえ、総理大臣の近衛公爵。あのぐらいの品のあった人って事でしょうね。きっと。いつも着物着てねえ。

まあ、こういう格好（仕事着）した事は無いでしょう。おそらく一回も。「うん、馬鹿みたいな格好したこと、まず無いですね」。いつも着物着て。で、ちゃんと朝から火鉢へ火入れてねえ、夏でも。で、こうお茶入れてさ、飲んでてねえ。まあ、お抹茶点《た》てて、羊羹《ようかん》食べて。だからそりゃ、あのー、貴公子でしょうねえ。「近衛公」と言われてもしょうがないと思うよ。誰が来てもちゃんとね、お茶出して。夏でもですよ。夏でもこんな格好したこと、いっぺんも無いでしょう、おそらく。いつも着物着てたねえ。着物着て正座してましたよ。いつ誰が来ても。一日中正座してたんじゃないかなあ、あの人は。

そして凄いのは次の明の言葉である。明の話から最盛期の土管屋がどういったものだったのかが分かるのである。

あの人も芸者買いが専門だったですからね。お客さんの接待だけでね。で、東京へ集金に行って。それが仕事だったでね。月に一遍は東京に出張に。三日ぐらいね。あの、お得意さん回ってね、金集めたり。それが仕事だったですよ。ほいで、家に居る時は、工場はねえ、任せた。あの、工場長に任してねえ。自分が工場に入ったって事は、まあ無いでしょう。僕らたまに手伝ったけどねえ、親父はやってないやねえ。土管のつくり方も知らんじゃないんですか、あの人は。うーん。お羽織着て、着物着てねえ、お茶飲んでたってのが、あの人の養子に来てからのじゃないっすかねえ。「仕事したって事、僕見たことも無いもんねえ」。

こういった生活が出来たのは土管業の利鞘が良かったからである。明は次のように語っている。

土管屋てってもねえ、大正から昭和の初期は良かったんじゃないんすかね。昭和の一〇年位までがきっとねえ、全盛だと思うよ。あの、儲かったってゆうねえ。三割であったってゆうかねえ。材料と人件費で。あと七割が戴きだったっていう。

毎日ぐらいねえ、お得意さんが次から次に来るからね。それらを接待するって形でさあ。晩飯を料理屋行ってドンちゃん騒ぎで飲まして、芸者上げてねえ。その挙句、その芸者抱かして寝かせてさあ、で、明くる朝帰ってくってゆうねえ。そうゆうのは昭和一〇年位の時は、そんな事ですよ。毎日が。だから高浜の土管屋の大将ってみんなそうじゃないっすか。ほとんど家でご飯食べた人居らんじゃないっすかねえ。

だから、そうゆう時代もあったですねえ。戦争が始まる前まではね。

こういった状況で、土管屋は戦前は活気に溢れており、高浜からその近郊にかけて三〇軒近くも土管屋があったという。しかも工場の規模が大きいのが特徴であった。一方の瓦屋は夫婦単位で小規模にたいていやっており、ある意味、土管屋と同業種といってもいい間柄なので、独特な差異化や差別化が土管屋から瓦屋に対してなされていた。

昔は土管屋さんってゆうのは割合に、あの、平均に土管屋さんって大きかったですからね。あの、何ていうのか、瓦屋さんはねえ、ほんとへぼくてね。夫婦、子供ぐらいでやってたもんが多いですよ。土管屋っていうのは大体十何人ぐらいはね、最低でも一五人ぐらいは、使用人が居ってね。それやらしててね。それから、自分のうちの社長さんは、大将は、殆んどやってないわね。仕事やってない人多かったですね。もっともやった人も居るけどね。

そういう事で、あの、土管屋と金持ちは、瓦屋、馬鹿にしたしね。もう、「瓦屋のホチが」ってゆう風なね。「ホチ、ホチ」って。あの、「ホチ」って言葉よく使ってたですね。

「ホチ」といっても初めて聴く言葉でその時は言っている事が分からず、明に「ホチってどういう意味ですか」と聞き返した。

「ホチ」って言うとね、あの、瓦、ほら、手が真っ黒になるっしょう。その手、こう触るからね。こう、顔まで黒くなっちゃうですね。目だけが触らんからね。目がこう白いでしょう。これに顔が真っ黒。目だけ、ホチ、ホチって、こう、パチパチ目が開くからね。ほいで、それを、どういう時か、パチがホチになるかね。「瓦屋のホチが」ってゆってね。で、馬鹿にした。

まあ、一格も二格も下げたね。「なんだあ、瓦屋のホチが」ってゆってね。土管屋からゆうとそうゆう感じでね。「お前も瓦屋のホチか」ってゆってね。で、そうゆう風に言ったもんですね、結局。特に瓦屋に勤めた人はね、もう、あのう、コンマ以下に。そんな感じですね。

「ホチ」という言葉は当時の瓦屋の土窯（達磨窯）による製造の様子を的確に表しており、さらに瓦屋の社会的位置をも示していたのである。ところが現代は、「ホチ」という言葉そのものが消え、瓦屋は土窯からトンネル窯の時代に入り、さらに何んと「ホチ」を連発していた土管屋さえも消えているのであった。

このように萩原製陶所は戦前は瓦屋ではなく、全くの土管屋であった。しかも、「ホチ」と言う事の出来る土管屋であった。ところが戦後になり、その萩原製陶所が「ホチ」へと転業していくのである。その話に移る前に、戦時中（大東亜戦争）の事についてまず言及しようと思う。高浜の瓦屋は戦時中は日本中で建物の需要が限りなくゼロに近くなり、軒並み、閉鎖かそれに近い状態になった事はこれまでの数々のインタビューから分かっている。ところが、土管屋は戦前のような事は出来なくなったものの、国から軍需工場に指定され、物資の不足が恒常的だった一般の生活からすると、とても豊かな暮しだったことが明の話から分かるのである。

戦時中はまた逆にねえ、あの、暗渠排水とかいってねえ、土管は。あの、田んぼに二毛作するんでね、田んぼに植えてねえ、水引いて、ほいで、米を。水取っちゃって、麦作って。暗渠排水でね、軍需工場だったすよ。一応名目上は。

だから色んな物が配給来たですよね。他所《よそ》には来んような塩とかねえ、ほいから油とかねえ、そうゆうもんが。あの、手袋とかねえ、ほっから地下足袋なんか無かったのがねえ、組合を通じてねえ。軍需工場だから、あの、結構ねえ、割合上手に回って来たですねえ。えー。だから、塩なんかも無い頃にどんどん来たからねえ。塩はもっとも焚《た》くからねえ。あの、塩焼き、塩焼き窯で、窯で焚くから。だからくれた。あの、岩塩ですけどねえ。味噌作るに困るでしょう。家は、まあ、大豆は無いけどさあ、塩はまあ山ほど持ってるもん（笑）。岩塩とねえ、交換でねえ、確か二升、二升に一升位じゃなかったけねえ。二升位の大豆でねえ、一升の塩やってね。百姓はまあ、よく換えたこと覚えがあるですねえ。

戦争中はねえ、土管屋は平均、瓦屋は駄目だったけど、土管屋は良かったんじゃないんですか。みんなそれぞれねえ、そういう配給があって、自転車のチューブだとかねえ、そんなもんまで配給があったですからねえ。無かったですよ。タイヤの、リヤカーのタイヤだとかねえ。自転車の、あの、ホイールも無かったし、あゆうもんがねえ、来たですねえ。戦争中、配給で。

この羽振りの良かった土管屋が戦後、次々と姿を消していったのである。戦時中は国から特別優遇さえも受けていた産業である。萩原製陶所はその荒波に飲み込まれていった。明は次のようにその大変動について語ってくれた。

ぼくは生まれたのは、ここ、地元のここなんだけどね。あの、昔でいうと段留《だんどめ》という所だけどね、今は青木町になっちゃったけどね。そこで生まれたんだけど。あの、生まれた時はねえ、えらい地主でねえー、大地主だったから。それこそ大事な子にしてもらって。あれだね、秋になると、もう、百姓が持って来た収穫でねえ、庭が米で一杯になるような、そんな生活でね。だから小作人が沢山いたという事ですね。

四〇町歩位、多分あったですよ。ええ。だから、あの、片山内閣になってからね、いっぺんに農地改革になって、そいで一晩のうちに貧乏になったですよね。それまでは裕福だったですよ、家は。

まあ、いわゆる、その、地主さんって事ですかね。そうゆう事でね。で、まあ、秋になるといつも牛車や何かでね、百姓が引っ張って来て。米蔵が一杯になってまだ入らんで、庭に俵で並べてね。それで子供の頃は、もう、俵の上で遊んだじゃんね。

明から見ると祖父に当たる栄太郎が、常滑から高浜に渡って来て日本陶管へ幹部として入り、自ら稼いだお金を田地に投資していって築いた資産である。ところが戦後の農地改革に引っ掛かり、一夜にしてその資産が消えたのである。

片山内閣のときにね、完全に、まあ、家も貧乏になったって事だね。農地改革で、まあ、取られてね。だから、まあ、実際、家で作っている、自家で耕作しているのは無かったからね。あれが残っていればねえ、自分のやつだけ残るだろうけど。全然やってないからね。全部、あのー、小作に任したからね。やらしてたからね。だから、まあ、何にも無いんすね。やれるの全部取られたって訳じゃなく、あれは買ってくれたんだろうけどね。二束三文で売っちゃったって格好でね。それから、だから片山内閣嫌いですよ。

不幸はこれだけに止まらなかった。主だった資産が戦後すぐ無くなり、さらに追いかけるようにその資産を成した源である土管産業自体がやがて消えていったのであった。

◇——萩原明　［萩原製陶所二代目］

萩原明は大正一四年六月二三日に生まれている。萩原製陶所の二代目である。残念ながら今年平成二九年三月一九日に亡くなった。明は戦前の豊かな萩原製陶所を過ごし、昭和一六年に東京にある武蔵野無線学校へ行き、通信士になろうとした。電気関係の分野が好きだったという。しかし、昭和一九年に高浜に戻り、萩原製陶所に入るのである。ところが明が二〇歳になると軍の召集令状が届き兵隊に出て行った。当時、日本はすでに外地に行く船舶も無く、浜松で入隊し、宇都宮で終戦を迎えている。幸いにして外地には送られなかった（図1）。

図１　二代目　萩原明（萩原製陶所工場前にて）

　終戦ですね。そいで、僕なんか大分《だいぶ》いたですけどね。みんな帰して、一八人ぐらい残されてね。そいで、機材は一箇所集めてさあ。そこの守《もり》する人たちだけで。僕は一一月まで残されたでね、あそこに。機材の守りですね。ピストルだとか、砲弾とかねえ。そいから飛行機の、飛行機の、十何台ってありましたね、まだ。まあ良いのは無かったけどね。それもなんか「アメ公が最良の状態でねえ、申し受ける」って言うもんだんねえ。たまにはエンジン掛けてねえ、そいでやっとったですよね、馬鹿みたいに。で、来たら何の事は無いね。洋剣持って来て、ボカンボカン割りやがってね。頭《あたま》来ちゃってさあ。

そして明は昭和二〇年一一月に高浜にある萩原製陶所へ無事戻って来た。明は当時の製陶所の様子をこう語っている。

　あの頃はねえ、昭和二一年、二二年、二三年頃になってからでも、団子汁出しちゃうと喜んどったねえ、職人がねえ。自分の食べるもん無いからねえ。金もらったって買えないからねえ。闇でしか無いから。あのー「残業する」ってゆって、「残業やれ」、「残業やれ」って言って。そりゃ自分たちが食べたいからね。自分の職人さんたちも、「大将、残業やってくりょ」ってゆって、しょっちゅうゆってましたねえ。ほうと、もう、水団《すいとん》とか、かぼちゃの汁とかねえ、そういったもん夜出してやるからねえ、残業やれば。

それが食べたくてさあ。だから「残業やろ」、「残業やろ」ってねえ、しょっちゅう言ってましたけどねえ。まっ、そのくらい、みんなお金が有っても食べる物が無かったですね。

ところが土管屋自体はすでにその頃から、経営が末期状態に入っていたのである。

もう売れなかったですね、その頃すでに。もう、いや、ほんとですよ。土管の山。今の瓦屋、どこでもあるでしょ、山が。あーゆう感じ。土管が山んなって。

で、まあ、親父は、まあ、そのうち、まあ、昔のあれがあるからねえ、大正の、明治の人だからねえ。まあ、「そのうちになんやあ、そんなもん、そのうち売れるようになるで、まあ、積んどきゃいいが」って。そいで銀行から借金してねえ。

ほいで「親父、まあ、こんだけ積んどってなあ、作っても売れへんで。止めるわけにはいかんしさあ」。そう言ったら、「まっ良いよ、良いよ」。なかなかそこねえ、三年や四年ねえ頑張ったですねえ。親父が死ぬまで。死ぬちょっと二年、三年ぐらい。「まあ、親父いよいよ駄目だでねえ、まあ、俺が切り替えるで」ってねえ。「これ止めて、土管屋やめて鬼瓦を作るでなあ」。「そんな事は簡単に出来るかや」ってゆうもんでねえ。「そりゃ、あのー、プレスとあれさえありゃ出来るでねえ、そいで切り替えちゃうで」ってね。その切り替えるまでが一難儀だったですね。説得するのに。

萩原製陶所は戦前お得意さんがそれこそ途切れることは無いほど栄えていた。ところが、当時、清市が月に一度は東京へ集金に出張していたように、得意先が殆んど東京に集中していた。そして、戦時中に東京が空襲で焼け野原になり、得意先自体が焼け出されてしまい、大切な売り先を一気に失ってしまったのである。これが直接の原因で土管の山になって、土管は行き場を失ったのであった。そうこうしている裡《うち》に、土管に代わる製品が戦後暫くして現れた。それが「ビニールパイプ」と「ヒューム管」だったのである。

戦後、ビニールパイプっていつ頃出来たのかなあ。まあ、ビニールパイプってゆうのは兎も角、あれですね、我々の敵ですねえ。極端に悪くなってったからねえ。ヒューム管のほうは、あのー、あれですねえ、下水とかだからねえ、「今でも名古屋市なんか使ってるんじゃないんですか、土管を」。あの、酸に強いから。普通のコンクリートじゃねえ。コンクリ管じゃねえ、溶けちゃうですねえ。確か使ってると思います。現在でも。土管の本管ってゆうのかねえ。その流れる所はねえ、土管使ってる筈ですよ。

明が分析するに、㈠コスト、㈡土管は長いものが作れないこと、㈢重量がある、という点でコンクリート管よりも、特にビニールパイプに土管が完全に負けたと言っている。その結果、刈谷から碧南にかけて三〇軒近くあった土管屋が急速に消えて行き、一軒も無くなってしまったのである。そして土管屋の組合も同時に無くなったのである。

◈——⑵鬼板屋の時代　萩原明

萩原製陶所は以上のような事情で土管屋から鬼板屋に移った。昭和四〇年頃の出来事である。萩原清市は昭和四三年（一九六八）に亡くなっている。土管屋から鬼板屋への大転換は二代目の明が行った事が分かる。世代交代が奇しくも転業という人生の一大転機と重なったといえよう。ただ明にとっては心理的にそれほど大きな変化ではなかったのである。

まっ、この辺はねえ、みんなやっぱり、あれですね。あのー、「高浜に生まれた人は、やっぱ、泥食べてるからねえ」。「粘土食べなきゃ生きてかれん」ってのが多いですねえ。

一番手っ取り早いっすよ。今まで土管で、粘土でしょう。それからこんだ同じにねえ。変った物、鉄でやるったら大変だもんねえ、これ。泥を触ってたのが鉄をやるつったらねえ、頭も無いしさあ。だけど「泥なら泥同士だかんねえ」。だから、土管作ったのが鬼瓦作るってゆう。同じ粘土だからねえ。そうゆう点では安易にいけるんじゃないんですか。気楽にねえ。

明の言葉は三州に独特な土の文化が根付いていることを示唆している。「粘土食べなきゃ生きてかれん」とずばり表現している。土地の人は別に可笑しくはなく、当たり前のことなのかもしれないが、他の土地の人はおそらく驚き、少し違和感を感じさせる何かをこの言葉は持っている。明たちは粘土と共生する人々なのである。事実、土管、瓦、鬼瓦、焼き物、土人形といったものは互換性を持ち、この地域では良く見かける文物である。

転機の直接の原因は目の前の土管の山と借金の山であった。これが無ければ転業は当然起こるはずも無かった。清市や明が経営に困っていたちょうどその頃、鬼瓦の世界に大変革が起きていたのである。鬼瓦はそれまでは、短くとも最低一〇年の修業を伝統ある鬼板屋でして、初めて身に付けることの出来る技術であった。ところがプレス機械が開発され、何とわずか一日で鬼瓦が作れる技術がちょうど昭和四〇年頃に三州で確立され始めていたのである。ところがいくら大量に簡単に鬼瓦が出来ても、その製品が土管の山のようになるのでは元も子もない。そういった機械が開発されていった背景には戦後焼け野原になった日本の至る所に家が建ち始めたことがある。そして追いつけないほどの瓦の注文が日本の各地から瓦の産地を襲ったのであった。

明は当時、土管の山と借金の山を見て暮らしていた。同じ町の瓦屋に対しては長い間、「ホチ」としてしか考えず、瓦の世界が地殻変動を起していることはほとんど知らなかった。そこへ、ニュースが明のもとへ飛び込んで来たのであった。

上《かみ》の岩角《いわかく》さんってのがおるがねえ。今、ヤオハンのオーナーなってますがねえ。ヤオハン潰れちゃったけどねえ。その人がねえ、僕の学校時代の連れですけど、一級下だけどねえ。その人は東大出だけどねえ、それが「やい、今六〇本（トンネル窯）やっとるけど、来年一二〇本にこれがなるぞ」っと。ほいで、「現在六〇本でも鬼瓦が足らん」と。ほいだで、僕にねえ、「おい、一二〇本って倍ぐらい出来るでね、ほんだで鬼瓦やっちゃどうだと。土管がそげん駄目ならねえ、鬼瓦造る気ないか」ってゆって。そんな事が切っ掛けですよね。

この岩角という人は子供の頃からの明の友人で、中学校（刈谷中学校）のときは一年下で、いつも遊びに来ていたという。明はその岩角と明の話を分かりやすく「土管屋とホチ」の話に譬えて語ってくれた。

俺、いつもこぼしたですよねえ。「駄目だこんなん、土管屋がいよいよ駄目でなあ。瓦屋はいいなあ」ってゆってねえ。そのころ、彼、トンネル窯やってましたからねえ。だからまあ、「ホチが偉くなってねえ、この頃は。まあ、お前らが社長さんになってなあ。土管屋は、まあ、乞食だが」ってゆっとったねえ。そんな事ゆって。ホチが逆転して。で、ホチが偉くなってねえ。社長なってさあ。こっちはもう、今までえばってたの罰《ばち》が当たってねえ。今度は乞食ですよ。（土管と借金が）山んなっちゃって。

当時、トンネル窯を経営していた旧友の確かな情報とアドバイスを切っ掛けに、明は世代交代と合わせて萩原製陶所を土管屋から鬼瓦屋へ転換したのである。鬼瓦を昔ながらの手作りで作るのなら、この転換は不可能であったろう。しかし、プレス機械で鬼瓦を造る技術が既にちょうどこの頃、完成していた。明は転換を決めるとわずか一日だけ近くの鬼瓦のプレス工場へ行って見学し、機械を導入し鬼瓦を造り始めているのである。

矢野さん（矢野鬼瓦）ってとこねえ。「そこ行けばやってるで、見といで」ってゆうもんでねえ。教えてもらった訳じゃないですよ。ただその工場見に行っただけでねえ。これ、こう見てて、はあ、はあ、あんな事があってぐらいでねえ。

プレスでやっとった。それ見に行っただけでねえ。直接教えてはねえ。「こんなん、こうやって放り込んで、こうやって、こうやりゃいいだ」って。「ああ、ほうかねえ」って見取ってねえ。下手にやって「ちょっとやって見るかね」ってゆうもんだんねえ。「まあ、いいわ」ってゆってさあ。そいで帰って来てねえ。型壊すといかんでねえ。そいから、あの、すぐに鉄工所で作らしてさあ。ほいで「見た通りにやったらできる」っすもんね。「素人でも」。

えー、だからプレスで造る、鬼をプレスで造るのは簡単ですよ。誰でもやれますわ。えー、半日あれば。全然知らん人がね、半日で「こうやってやれ」って言えばね。誰でもやれますね。だから、あのお、増えたんでしょうねえ。鬼板屋さんが。

ほんと楽ですよ。まあ、土管造るより楽ですね。

鬼瓦を作るには長い修業を経て初めて身に付ける鬼師の技術が必要である。しかし、明が言明しているように、当時既に、素人でも翌日から鬼瓦が造れるようになっていたのであった。しかも明の友人、岩角の言葉は当たっていたのである。

で、実際一二〇本になったですね。それから一五〇本になり、二〇〇本。二〇〇本以上になったですよ。その全盛は。だから僕はまあ、寝ても寝ても、造っても造ってもねえ、下手糞な鬼でも、いっくらでも売れてくですよねえ。だから土管やってた頃のまるっきり反対でねえ。「こんなに儲かっちゃっていいのかな」ってなあねえ、そんな気がしたですね。

だから親父がした借金もねえ、三年目ぐらいで全部返したもんねえ。土管の頃に何年か借金してねえ。またしちゃ、帰ってきた。碧信（碧海信用金庫）やら岡信（岡崎信用金庫）やら、借りた金をねえ。

このようにして、萩原製陶所は土管屋から鬼板屋に実にタイミングよく転身したのである。しかし、鬼板屋とはいえ、プレス機械による鬼板屋であり、もし萩原製陶所がここのレベルで止まっていたなら、この『鬼師の世界』では紹介しなかった筈である。ところが、明の次の世代で萩原製陶所はさらに変容したのであった。

◈──萩原慶二　[萩原製陶所三代目]

明の鬼板屋を直接継いだのは明の息子の慶二である。慶二は昭和二三年九月一九日に生まれ、平成二四年二月四日に亡くなっている。戦前の華やかな萩原製陶所とは無縁であるとはいえ、戦後の土管屋の時代を身をもって体験している。その独特の粘土感覚について慶二は語ってくれた。

生まれた時から、土管屋だったもんだから、その、粘土みたいな物には物凄く慣れちゃってて、もう、あの、こー、普通、普通の人だと、あの、何て言うかな、あの、「粘土なんか見ると、あのー、こー、汚い」っていう、そういうちょっと、こー、取っ付きにくいみたいな、そういう所があって、そういう、そういうところは、私たちはもう始めからそういう粘土で育って、育ってるもんだから、普通の、あのー、「ご飯食べるのと一緒みたいな」、そういう感じで、こう、親近感は持っていますよ。

小っちゃい頃から、もう、とにかく、もう、いつもその、粘土のねえ、あのー、粘土をこー、仕入れるでしょ。仕入れる場所が、こー、あの広い所があるんだけどね。昔はそこにあったんだけど、あのー、そういう所にねえ、あのー、水なんかこう溜まっちゃたりするとね、あのー、雨降ったりなんかして。そういう処をプール代わりにして、夏なんか泳いでいたり、そういう生活だもんだから。あのー、「始めから、もー、殆んど粘土漬けで」……、育ってましたよ。

他の人たちから見ると、本当に、あのー、粘土が、その、あの、こういう所がこう汚くなっちゃうもんだから、嫌がる人が沢山いるんだけど、そういう感じ全然無い。

慶二の説を聞いていると、人はここまで土と馴染み込めるのかと思えるぐらい、通常の人の感覚を超えた世界があることを垣間見るのである。あるいは逆に人間はもともと土と相性がとても良く、ただ普通の人はそれを知らないか、または忘れているのかもしれない。事実、子供は粘土遊びや泥遊びが大好きである。慶二はこの感覚をさらに発展させていく。

始めから家、土管屋だったもんだから、そういう、あのー、手伝いからあれから、もう全部、あのー、やらされたもんで。

遊びも手伝いも、もう一緒みたいなもの。あの、体が凄く、あの、他の人にね、あの、聞くと、ど、どうも「体が粘土くさい」。そのー、「そういう匂いがする」「体からそういう物が漂っている」みたいなことも言われた事もあるですよ。あのー、最近はお酒ばっか飲んどるから、お酒の匂いが漂ってるみたいです。本当は、本当は、ち、違うのよ。あのー、こー、顔見ても分かると思うんだけど、こー、ちょっと、あのー、粘土っぽいでしょ。こー、こー、白くて、こういう、こー、「粘土焼け」っていうのがあんだよ。

こー、照り返しがあるのね。あの、こういう粘土ばかり見ていると、その照り返しで、そういう、あのー、肌になりますよ。

慶二は一八歳になるまで手伝いという形で土管屋の仕事に携わっている。戦前、社長（または大将）と工場長との間にはっきりと一線があり大将は全く土管作りにはタッチしなかったことを思うと天と地ほどの差である。そして、一八歳の時に萩原製陶所は土管屋から鬼板屋に変ったのであった。慶二は新しくなった萩原製陶所で最初から鬼瓦の機械生産に携わって来たのである。つまり慶二は萩原製陶所生え抜きのプレス機械専門職人として今日まで来ていることになる。ここに慶二のプレス機械に対する独特なこだわりが始まった。

ずっと手作り鬼師に話を集中させて来たので、プレス機械の話をいきなりここへ挿入することは場違いな感じはする。しかし、逆に両者の違いが明白になり、手作り鬼瓦とは何なのかがより鮮明になり「鬼師の世界」の理解が進むはずである。

確かにプレス機械さえあれば、一日操作の仕方を習えば、次の日から鬼瓦を造ることができる。しかし、その鬼瓦の型である金型はやはり原型から起こして作らなくてはならず、ここに手作りの鬼師の協力が必要となる。プレス機械職人と手作りの鬼師の間にある種の関係が生まれるのである。特に萩原製陶所の場合は、プレス機械による生産がちょうど始まった頃だったので、なおのこと、直接鬼師に原型の注文をする必要があったのである。プレス機械がより軌道に乗って普及し始めると、金型を鋳込む金型屋が様々な型を保有するようになり、直接金型屋から金型を手に入れる事も可能になってくるのだが。その辺《あた》りのことを慶二はこう語っている。

私のところが初めて作った金型とかさ、そういうのは、あのー、今でもある。そういう、そういうのを作る時は、あのー、こう、最初の原型は、自分で作らなきゃいかんもんねえ。そういうのは、あのー、大変。うんで、その、さっき言ったような、その師匠（鬼師）のところに頼みに行ったり、何かして、「こういうのをちょっと作りたいんだけど」って言って、「それを作っても絶対売れないから止めなさい」みたいな事はしょっちゅう言われたよ（笑）。

次に「プレス」と「手作り」の基本的な違いについて話してくれた。プレスの職人からの手作りとの比較である。

腕の良い人で手作りでやってると、一日にねえ、本当に簡単なものでも三〇個くらいしか出来ないの。どれだけ頑張っても。だけど金型にすると、一日二〇〇とか三〇〇とかっていう、その、一〇倍くらい出来ちゃうの。「簡単に出来ちゃうの」。

出来てくる物がさ、あのー、手作りの人がよく言うんだけど、あのー、「私たちが作る手作りで、きちっと磨いて作るあれよりも、あのー、金型で出来て来るやつのが綺麗だ」っていう事があるんだわ（笑）。

もう死んじゃった私達の師匠だった人（杉浦五一）がそういう風に言ってたもんで。あの、あの、そういう面で、あの、機械生産に対する、あのー、恐怖感みたいなものが、手で作っている人たちには多分あったんだろうと思うんだけどね。僕ら、見てもそうなんだけど、今、あのー、造ってるやつでも、あのー、鬼の顔して、してんだけど、ツルツルでしょ。あの、表面が。手で作ってるとね、出来ないんすよ。磨いても、磨いても。プレスにしちゃうと呆気なくそういう形がパッと出来ちゃう（図2）。

慶二はプレスの欠点も指摘している。

でも、あのー、「違う製品を作れ」って言った場合はだめね。そ

図2　手動プレスによるでき上がったばかりの鬼面（萩原慶二作）

ういう所は、あの、私たちは、あの、金型で造ってる人は沢山できるけども、でも、そういう、新しい想像力なくなるね。無くなって来ちゃうね。

慶二はさらに細かい事までも話してくれた。それによるとプレス機械は現場での問題解決型によって進歩して来ているのであった。面白いのは解決法が見つかると同業者に直ぐにその事が広がってしまう事である。なぜ直ぐに広がってしまうのか不思議だったので、慶二に尋ねてみた。すると手作りの鬼師がいつも口にしていた事と同じような言葉が計らずも慶二の口から返って来たのであった。

だってね、あのー、同業者のあれだっても、見るだけで、わか、分かっちゃうもね。

慶二は「見るだけで、違いが直ぐに分かる」というのである。決して、腰を据えてじっくりと検査するのではないのにである。

分かっちゃう。大体、私達の、ぎょう、業界で、とにかく習うんじゃなくて、「見て、見て、とにかく、あのー、お、覚えちゃいなさい」っていう事なんだよね。

このとき、余りにも手作りの鬼師の言う事と似ているので、「プレス機械でも同じなのですか」とズバリ聞いたのである。

まあ、あのー、特殊な、本人だけしか知らないようなノウハウはあるかもしれない。うん。でも、でも、大体、こー、見て、うーん、「見ながら全部見て、覚えちゃう」っていうのかね。

つまり、プレス機械も手作りも同じ技術習得上の基本的な伝統はシェアしている事になる。それは「見て覚える」または「見て盗む」という事である。ここでどうやって「見る」のかが問題になる。その見方について尋ねてみると、慶二は次のように答えたのである。

僕らなんかは、あのー、配達に行ったりなんかした時に、あの、同業者のところに品物を、あの、貰いに行ったりするでしょ。そういう時に、あのー、ちょっと、ちょっとだけ、こー、あのー、仕事場かな、そういう所には、こー、入ったりするもんだから、まあ、変な言い方なんだけど、まあ、あのー、様子を見て、まあ、あのー、「盗んじゃう」って言っちゃ可笑しいんだけど、そういう事だよね。

「そのわずかな間に目に入るんですか」と聞くと、何と、次のように慶二は言うのであった。

目に入るも、私なんか、こう、「プレスの音聞くだけで、あー！この人こういう感じのプレスやっとるね」って、そうゆうの分かるよ。普通に、こー、音聞いただけでも分かる。

慶二は自分で疑問を持って音と粘土とプレスの関係をとても細かく、注意深く観察して来ており、プレスの音だけで作業がどういった状況なのかが分かるレベルまでに到達しているのである。これは一日あれば鬼瓦が出来るといったレベルとは全然違う境地である。

こう、押すでしょ、上型から。んで、押して、こういう所に、皺が入ったり、こう、空気が入ったりするでしょ。そういう、そういう音がするでしょ。そういう音がするんだもん、あのー、プレスの音で。だから、もー、あのー、私達みたいなのが仕事場に来られるの、随分、迷惑な話なんじゃないかなと思うよ。同業者同士ではね。「うーん、あそこ、あ、あれ、駄目だよ」。「あれ、あそこ、あのー、あの部分が悪いから直した方が良い」とかさ。そうゆうの分かるもん。

本当、分かる。あのー、プレスの音でさ、あのー、どういう品物が出てくるかが分かる。「全然見えないんだけど、音、音で分かるのよ」。

そりゃもう、自分がやってて、んで、あのー、他の人がやってるのを見て、「あ、あの人、まだ、まだプレスが一年かやってないなー」とかさ。直ぐ分かっちゃう。品物見れば、もう、一目瞭然。「あ、これ、だ、駄目だ、これは」。そうゆうの、分かる。

慶二の話を聴いていると、一般にプレス機械を使うと、ほぼ同じものが出来ると思うのだが、プレス機械を操作する人の技量によってかなりの良し悪しが出る事になる。慶二の父、明は「プレスは一日習えば翌日から誰でもやれる」というが、これは事実でもあり同時に言葉の綾でもある。やはり事実はプレスの熟練工と初心者の間にはかなりの開きがあると言えよう（図3）。

慶二がなぜこういった能力を身につけたのか説明してくれた。それ

図3　三代目　萩原慶二（手動フレクションプレスを操作中）

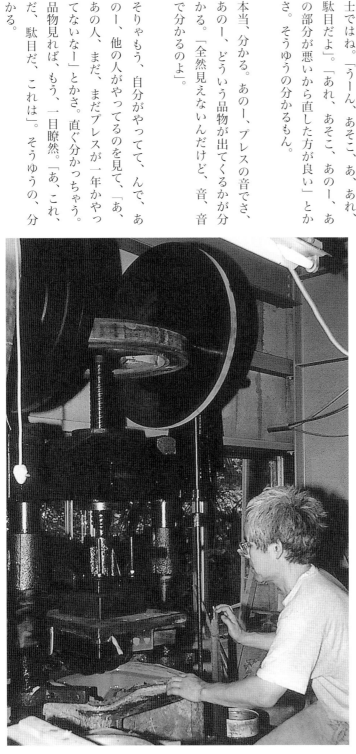

はやはり手作りの鬼師たちと新参者であるプレス機械工たちとの葛藤が心理的なコンプレックスとして影を投げ掛けているのであった。このコンプレックスをバネに慶二はプレス機械の出す様々な音の世界を構築したのである。

手作りの職人の人たちってね、あのー、物凄く丁寧な仕事をしてたもんだから、んで、それに近づけるために、もう、あのー、機械生産でやってる人、人達は、もう、「これよりも劣るような品物で商売しようなんてのはおかしい」って言われたのを……。散々叩かれてるんだもん。

「あなたたち（手作り職人）よりは、早くて、絶対良いものを造りたい」って言う、あのー、気持ちはどっかにあるよね。

慶二はこの手動プレス機械を使って「早く、いいものを作る技術」とパチンコ屋で「パチンコを打つ技術」との間に、ある似かよいがあることを指摘する。

パチンコ、やってる時に、もう、そろそろ、そのー、七七七とこういう風に揃う、あのー、「あれが来る」みたいな、そういうおかしな勘みたいなものが、僕らの仕事の中で、そういうとんでもない他に分かんない、あのー、勘が付いちゃって。

その勘というのは、慶二に言わせると、独特なプレスのレバー感覚から来るものなのであった。

あのー、レバー握ってるでしょ。あの、レバー握ってる時のそのタイミングと、あれなんかは、あのー、音とそのー、プレスの感じと、あれは、もー、び、微妙なもんだから。

毎回違うんだけど、毎回違うんだけど、どの程度だったらＯＫみたいな、そういう線は、あのー、押さえてやってますけどね。だから、あのー、他の所でプレスやってる人の、あのー、機械だけで、あの、自動的にやる機械ね、あのー、あの音聞いても、「あ、あれ、もう駄目、今、あのプレスは駄目みたい」な、そういうのはありますよ、だけど（笑）。

慶二は何と全自動のプレス機械さえも瓦や機械の調子の良し悪しをその音でもって聞き分けるのである。

自動でも分かる。だで、この自動は、誰が調節したのか知らないけども、「今のプレスは、もおー、駄目、良い品物出て来ない」って、そういう、そういうのが分かるんですよ。だで、あのー、お、音が全然違うもんだから。あれ、手で、あの、こういう手作りの職人さんと一緒で、「手作りのプレスみたいなものがありますよ」。

そして慶二はちょうど、「手作り職人による鬼瓦」と「プレスによる鬼瓦」が違うように「手動でするプレス」と、「自動によるプレス」にもはっきりと違いがあるというのである。

最近は、もー、全部自動になっちゃったもんだから、人間いなくて、勝手に、こうー、プレスしてんだけど。だけど、僕、今、向こうでやってたのは、手でやってたでしょう。あれと、自動のプレスとは、もうー、全然違うからね。

凄く下手、下手くそ。自動、下手くそ。まだまだ、私達の、私達の感覚じゃ、とてもついて来てない。自動だからさ、人間が、一人ね、あの、減るとかそういう、省力化出来るから、それで使ってるだけで。全体的にみたら、手作りの、手作りのプレスの人の方が。その、全然違う。

そして慶二ははっきりと次のように宣言する。

僕ら、ど、どっちかっていうと、手作り職人じゃなくて、「手作りの、あれ、プレス職人」って、そういう風に言っても良いのかなっていう気もするけどね。

慶二はもう一度、その独特なプレス機械に対する感覚をコンピューターにたとえて説明してくれた。それほどまでに手作りプレス職人として技術と勘を日々の作業の中から高めて来ているのだ。

だで、本当に事細かく分かっちゃうの。だって、四六時中付き合うでしょ。だで、だんだん、プレスの方が私に似て来るみたいな所があるんだよね、きっと。あのー、コンピューターでもそうじゃない。あの、自分が、あのー、打ち込んだ分だけ応えてくれるっていう。打ち込まない事には何も応えてくれないみたいな。

一緒ですよ。だから、「どれだけ、この人が、あのー、プレスと付き合ってるのかなー」みたいなのは、本当、他所に行くと直ぐ分かる。

しかも慶二はなぜ、自動プレスが手動プレスに比べて良くないのかをしっかりと見抜いているのであった。本質を突いた鋭い指摘である。

僕から言わせると、（プレス機械を）作る人がさ、ただ、その、あのー、機械的なことは凄く知っているけど、実際に作った事、無いもんだから、分かんないんだよね。僕らみたいな、あの、手作りプレス盤みたいなのは。分かっちゃうね、変な話だけど。

だから、使う人が自動プレスを細かく調整するのだという。しかし、可能な動きが手動プレスに比べて限られているので、調整が完全には出来ないのである。それ故、次のような事態になる。

どうしても重要な、ここの得意先は絶対に、あのー、守んなきゃならない、その製品の状態っていうのがあるでしょ。そういう場合は、あのー、「手で作りますよ」。「手のプレスで作る」っていうかね。

つまり、プレス鬼瓦は決して出来上がりが一律ではなく、プレス工場に、手動のプレスと自動のプレスがあり、こういった事を知っている工場では、手動と自動を注文によって使い分けているのである。プレス機械から出来る品物は品質が同じだと一般に考えられがちだが、実際は毎回、プレスするたびに違うのだと慶二は言う。その違いをコントロールできるのが、実は自動ではなく手動なのだと主張している。それを支えるのが長年の経験から来る技術と勘なのである。

毎回毎回、こー、品物が、ち、違うんだよ。こー、出て来るのがね。毎回違うもんだから、んで、もう、それ、あの、いちいち上げて、こうやって見るんだけど、その、自分のその手の感覚と、それから、こー、出て来る感じと。でも、あのー、やっぱり、あのー、「音が一番、あの、正直に出るなー」っていう、うん、気が付いたんだけどね。

慶二は手動プレス機械で「作る鬼瓦」に、ある意味、填《は》まっており、鬼瓦のプレスの職人として自信と誇りを持っている。そしてそれは、「手作りの」プレス鬼瓦へのひた向きなこだわりなのである。

「どこかで、あの、手作りみたいな所がないと」っていう、そういうこだわりがあるね、だけど。うん、全部機械だと、もうー、カラカラに成っちゃうもんだから。全部、機械の生産にすると、最初の段階は面白いですよ。こういう風にするっていう。だけど、その後ずっと維持するのはとても面白くない。

[12] 鬼吉系——丸市、杉荘、萩原製陶所（参）

黒地

萩原製陶所は三代目において大きく二つに分岐している。慶二の「手作りプレス鬼瓦」と、尚の「手作り鬼瓦」がそれである。これは尚が四代目というよりも、二代目の明から三代目にかけて系統樹が二股に分岐して枝分かれをしたと見なす事が出来る。慶二が白地を継ぎ、次に尚が白地を継いでいる途中から黒地に変容したのである。ただ二人とも手作りの傾向を持っているのは事実である。しかし、慶二が平成二四年に亡くなった今、尚は実質上、萩原製陶所四代目になったといえよう。

直接の原因はプレス用の金型を作るために、鬼師に金型の原型を依頼する必要があったからである。すなわち萩原製陶所の金型の原型を作っていた鬼師が杉荘の杉浦五一だった事が引き金である。ここに杉浦五一を通して丸市鬼瓦工場の鬼板の伝統が萩原製陶所へまず原型を通して流れたのである。事実、萩原製陶所で使う金型の原型は当時、殆んど杉浦五一に頼んで作ってもらっている。この杉浦五一に金型の原型だけでなく、特殊瓦の注文をも萩原製陶所は依頼するようになった。この時に主に出掛けて行ったのが尚で、その時、尚の持ち前の「物つくりの精神」が手作り鬼瓦に対しても目覚め、いつしか杉浦五一を鬼師の師匠とするようになったのであった。

◈——萩原尚　[萩原製陶所四代目]

萩原製陶所のもう一つの顔、萩原尚《ひさし》（昭和二六年九月一八日生まれ）について描写してみたい。もともと鬼板の伝統が無い萩原製陶所で鬼板の技術を学び始めたので、他の鬼板屋とは全ての面において異質である。ところがそれが逆にユニークな特徴となっている。その事を如実に表しているのが尚の小さい頃の話である。尚が子供の頃はまだ萩原製陶所は鬼板屋ではなく土管屋であった。

小さい頃っていうのは、殆《ほと》んど面倒見て貰《もら》えない状態で……。親も産みっぱなしというか、そういう感じなんですね。そいで、周りにその、いわゆる土管を作るための窯がいっぱいありましてね。それが、あの、結構、煙突が大体小さいのでも、三〇メーターくらいあるんですよね。そういう煙突が全部でそうですね、一五〇、六〇本ありましたかね。この市内に（愛知県高浜市）。で、まあ、生まれた時から外に出て遊ぶってことになれば、そういった工場《こうば》の、まあ、土管を造っている工場の、まあ、積み置き場だとか、それから、その、燃料とか、そういう物を石炭に頼っとったんですけど、その石炭の燃やした滓《かす》を捨てる場所があるんですよ。それが、まあ、広大な場所が要るんです。

燃料をすごく焚くので、で、そこが僕らの「コークス場」って言ってたんですけど。コークスの、いわゆる燃え滓の残りのコークスに成った状態。それが捨ててある場所なんですけど。そういう所で、まあ、あの、灰だらけになって遊んどったですけど。で、その、そういうコークス場の所から、上からトタンがあるんですけど、ブリキ板を曲げて。今で言う、あの、何ですか、グラスボードじゃないけれども、草の上を滑るような、あれを、そういう、あの、コークスの山の上でひたすらやってた。

尚の話は当時の土管屋の煙突が林立する町の光景を映画のなかのフラッシュバックのように彷彿させてくれる。そしてこの後《あと》、兄の慶二が話していたように、粘土の世界に入っていくのであった。つまり土管は火と粘土から造られる事を尚は物語っているのである。尚や慶二は幼い頃から火や粘土や土管に囲まれた世界を生活の場としており、身体にその記憶が刷り込まれているのである。

「粘土に関しては非常に馴染み深いというか、何の抵抗も無い」というか。ですから、たまたま知っとる人がいるだけど、学校の先生をやってみえて、二〇歳以上過ぎたくらいから土いじりに興味はあって、土いじりをされた人が茶碗とかそういうのを作ると、この辺りの人ってのは、こう、あの、出来たものを見ると、粘土にこう、肌に密着したものが出来ないんですよ。二〇歳過ぎた人間が粘土触るっていうのは。

我々も、正直言って、こんな時から、それこそ生まれた時からずーっと粘土は私んところの横には常に粘土があるし、もう、粘土細工ってのは日常茶飯事で、遊ぶ一つの道具で、いろんなもん作っては、「これ出来たで窯で焼いてくれ」っていうような、そういう状況の中で育ってますからね。

ですから、粘土でそういう二〇歳以上過ぎた方が、あの、まあ、すごくいい大学とか、そういう所を出て、あの、工芸科とかそういうところありますよね。そういう所出て、作品作ったりしても、あの、違うんですよね。

って言うのは、歌舞伎役者が、その、生まれた時からこんな時から歌舞伎の訓練をさせられて、ずーっと、まあ、一二、三歳くらいになると子役でデビューしたりしますよね。それで、もう、世襲制にはなっとるんですけど、そういう形で出た人ってのは動きが全然違うじゃないですか。

で、最近はどうも東京芸大なんか、どこかで、歌舞伎部門があって、一八くらいから応募して来て、こう、芸をやったりするっていうドキュメント見たことありますけど、その、やっぱり、教える人に物凄く怒られてて、「何で手がそんな風になるんだ」、「足がそんな風になるんだ」っていうようなことを結構言われてるのを見た事があるんですけど。それに似たようなもんが、あの、多分、我々の業種で二代目、三代目、四代目とやってる人が、あると思うんだけどね……。

感じとしては、やっぱり茶碗一つでもって、この人がそれこそ一〇歳くらいから粘土、十代の時以下から触ってるのか、それともある程度物心が付いて、二〇くらいになってから、それに興味を持って邁進していった人かって事が、まあ、何て言うのかね、感覚的に、感覚的に分かるというか、そういうのはありますね。

ですから、子供の時にこれが良かったかどうかってのは分からんですけど、もっとひどい言い方をすると、まあ、敏感な人はどうか知らんけど、我々と、こう接しとるると、「お前は粘土くさい」とか、「粘土の匂いがする」とか、そういうとこら辺まで言われる人もいますわね。現実に、土壌その物が、そういうもんがあると。

長い引用になったが、尚が、兄の慶二と同じ粘土感覚を持っている事が分かる。そしてそれが、歌舞伎の世界にも一脈通じるものがあることを鋭く示唆している。尚の場合はこの粘土感覚に加えて、もう一つ特殊な感覚が在った。「物つくりの精神」が幼い頃から異常に発達していたのである。この「粘土感覚」と「物つくりの精神」が後に杉浦五一に会い、尚を鬼師の道へと導く直接の原因となる。尚の子供の頃の話へ戻ろう。

僕の場合は特に興味のあったのは、あの粘土細工もそうだったですけどね、物を作るのが非常に興味があった。で、しょっちゅう、小さい頃は大体夏休みなんかになると、物を作るんですけれども、あの、まあ、母親なんかは、「お前何考えとるだ」って言うだろうし。一部分のちょっとした部品を、そこら辺で道に落ちとる物を拾うと、「あっ、これで車が出来るな」とか、そういうような事をよう考えとって。「お前、こんだけの部品で、どうやって作るだ」ってよく言われましたけど。

そいで、実際に作り出すといろんな物を集めて来て、そうですね、殆んど一日中それに没頭しておったような記憶がありますけれどね。ですから、飯時になっても、真っ暗になっても、外で作っとって、「まあ、そろそろお前、片付けて食いに来いよ」って言うような。

ここでいきなり尚は現在に戻り、自分の鬼師であることと、過去をぶつけて見て、自らを確認するのであった。過去の自分と現在の自分をダブらせているのである。

今考えてみると、鬼瓦作るの、結構忍耐が要るんですけど、そういう風に苦痛を感じないってな形で、この業種に入って来ているのかなって思いますけど、逆にね。だから、非常に難題な注文があっても、とにかく「出来ない」という風に思わずに、「出来る」と思っちゃうんですよ。

小さい頃にそういった物を作るという事を、もう四歳くらいからやってますので、もう自分が何にも自分の事が良く分からん位の頃から作ってましたからね。

尚の「物つくり狂いの精神」を良く表している話として音楽との出会いを紹介しよう。音楽と物つくりがどう繋がるのかと思うかもしれないが、それが尚の場合は上手くかみ合うのである。

小学校の後半ぐらいになって、音楽とも出会ったですけど、音楽もね、やっぱりお金が無くてね、楽器が買えないんですよ。で、毎日小遣い、正月とか盆って貰った小遣いですかね。そういった物をちょっとずつ貯めて、僕の友人なんかは、こういうあの招き猫に一〇円、一円、一杯貯めましてね、ほいで、まあ、お金が無いもんで、楽器を買うじゃなくて、「楽器をまず作ろう」というそういう発想で楽器を作る。そこからチャレンジして、それから音楽は二の次で、取り敢えず物つくりをするというか。ほいで、一人バンドのメンバーで入って来た奴がドラムをやりたいと。で、「ドラムをお前買えるのか」って言ったら、「無い」って。「じゃ、ドラムを作るか」って言って、メンバーでドラムを作った事がある。まあ、失敗しましたけどね。

こういった物つくりの作業を尚は「ゼロの状態から一つの物を作る」と表現しており、子供の頃からの物つくりの経験が現在の鬼瓦を作ることにとても役立っていると尚は言う。学校に入ってからも「物つくり狂いの精神」はますます発揮されている。少し異常なほどである。

例えば文化祭だとか、そういう学園祭みたいなものですか。そういうもんだと、「大掛かりな道具を作るか」って言うと、みんなが「いや」って言っても、「俺は作る」と言って学校休んで、三週間ぐらい休んで、うちでこっそり作って出来た物を持ってったとか。そういう生活だったんですね。先生が「お前何をやっとるだ」って。「いや。学園祭にちょっとこういう物を展示したい。ちょっと休んで作ったんですよ」っていう事が結構ありましたね。わざわざ自宅まで先生がよく見に来られた事あります。あんまり休むと。

そういった尚は高校を卒業すると、萩原製陶所に入り既に土管屋から鬼瓦屋に変わっていた明や慶二と一緒に働き始めたのである。尚の父、明は次のように言っている。

学校、あいつ（尚）出たら、高校出て直ぐ入っちゃったねえ。その頃忙しかったもんねえ。だから学校出たとたんにねえ、うちぃやり出したねえ。そう、人が足らなかったもんねえ。そりゃ言ったように、造っても造っても足らん時代だから。僕、夜中の三時までやってたぐらいねえ。あれらが学校行っとる頃はねえ。僕、三時までやったですよ、夜の。

明が話しているように、当時は忙しくて人手が足りないような状態だったので、尚も最初から覚悟はしていたようである。しかし、一方で高校時代から始めていた絵にも惹かれ、卒業してからも絵の勉強は

図１　三代目萩原製陶所　萩原尚（工場内にて　2004年６月26日）

続けていたのであった。尚は就職についてこう語っている。

物凄い迷いはありましたよ。職業そのものは。でも実際は絵を描く仕事をしたかったです。あの、学校にも行きましたけども。結局は自分で三年間くらい絵だけ描いとった時期があるんですけど。一六くらいからずっと絵を描いてましたんで。先生に師事をして、まあ、いろんな、その中でも展示会をやりながら、油絵ですけど、やっとったんですけど。

つまり、尚は高校を卒業して、萩原製陶所へ入って働き始めてはいたが、まだ、アルバイト感覚であり、絵のほうも続けていた。フルタイムで働き始めたのは二二歳の頃だった。ただいきなり手作り鬼瓦を始めたわけではなく、最初の一〇年間は機械生産の鬼瓦を造っていたのである。つまり慶二の言う手作りのプレス鬼瓦を作っていた。明の言うように手動のプレス鬼瓦は一日やり方を習うと次の日から出来るのだが、直接の指導は慶二から受けていたものと思われる。

ところがやがてプレス鬼瓦から手作り鬼瓦に興味を持ち始め、徐々に尚自ら手作り鬼瓦を作り始めていったのである。尚の「物つくり狂いの精神」が鬼瓦に目を向けたのであった（図1）。

うちの親父もたまたま転職で替《かわ》った時に、量産化する鬼瓦を造るというそういう家になったんですね。その時に僕が入って行って、その時点では手作りの鬼瓦を作るというのは、もとはそうやって作るんだぞという事は聞いてましたけど、実際は。ですけど、僕がそれを作れる訳でもないもんで。それで機械量産してい

たものを、ここの地元のメーカーさん、瓦を作っている、平部分《ひら》を作っているメーカーさんに配達に行く、生地をそのまま提供する仕事（白地屋）でスタートしているんですけれども。

　このように白地を生産し、配達していく事が唯《ただ》の物の受け渡しに終わらなかった。自然とお得意さんという形で販路が広がっていき、自分のところで生産する鬼瓦以外の鬼瓦などの特殊な注文も来るようになったのである。そうするとそういった注文に応じる為には萩原製陶所は自ら作れないので他の手作りの鬼板屋に注文を出す事になり、その使い走りの役をよく尚がやり始めたのであった。そして萩原製陶所の金型の原型を作っていた鬼師、杉浦五一と、尚は親しくなっていったのである。

たまたまよく行く事があって、品物を僕が取りに行く時に、手作りで作っている訳じゃないですか、そのまま僕に教えて頂いた人は。そして行く時に、「これはどうやって作るんだ」という話になって。また杉浦さん自身も作っているところを見せてくれて。まあ、結構温厚な人でしたもんで。見せてくれている内に、しょっちゅうそこに入り浸りみたいな感じになりまして。

　このようにして、尚の「物つくり狂いの精神」に火が点いたのである。しかも通常は伝統的な鬼板屋に生まれついた者か、または、そういった伝統的な鬼板屋に十代の頃から小僧として入り、長い年月をかけて修業をした職人をして初めて作ることが出来る物が鬼瓦なのである。そういった「物」つくりに尚は挑戦して行ったのである。先に尚が語ってくれた歌舞伎役者の話がそのまま尚に当てはまることになる。通常なら「出来ない」と思うところを「出来る」と思ったのである。

それでちょっとずつ「そこのとこはそうやって作るのか」という事を聞いて、自分も好きだったので、うちで全然違う、たまたま親父が貰ってきた注文で、「簡単なものは自分で作ってみよう」という感じで、見よう見真似で、こんな感じでって。

とりあえずは原型というか、もとの粘土で作ったのに、石膏型を被《かぶ》せて、それで一応型を作って、型押しをするというそこら辺のものを作ることを。ちょっとした物を、簡単な物を作り始めたのが最初なんですけれどもね。

　尚がここで語っているのが鬼瓦つくりの始まりの段階である。同じような事を福井製陶の福井謙一からも聞いた事がある。やはり鬼瓦つくりの作法があるのである。

それをやっている内に自分の疑問点が出ますよね。こういう、こういうところが上手く出来ないとか。例えば、鬼板師の場合はへらで彫り込んだりする模様、デザインを押して彫り込んだりするところの、彫っていく為に、やはり先輩のやっているものを見ると、すごく綺麗に流れた……。綺麗に出来てますよね。で、「どうするとそうなるんだ」というような疑問点が一杯出て来ますよね。

そういう疑問点を、また今度行った時に、「こうやって作ってみたんだけど、ここは如何《どう》ですか」というような問い掛けを僕がすると、「いやあ、それはそういうやり方じゃないぞ。ここはこうした方が良いぞ」という事を、やはり教えてくれる訳じゃないですか。

それで「ああ、そうやってやるのか」と自分で一回やってみたものを、「聞いた情報でまた自分がやってみる」という事の繰り返しですよね。

この段階になると、一般の鬼板屋で鬼瓦つくりを修業しているのとは全然様子が変わって来る。他の大多数の鬼師は周りで一緒に働いている他の職人や先輩または師匠が鬼瓦を作っている姿や、作っている現物をチラッと盗み見をしたり、誰もいないところを見計らってこっそりと仕事場に入り、作り方を物それ自体から盗むように読見《よみ》取るのである。もちろん時にはアドバイスを直接受ける事もあろうが、あったとしても必要最小限であろう。尚の場合はまず「盗み見をして覚える」ことが無い。ただ師匠、杉浦五一に疑問点を告げ、それに対する答えを受け取って、もう一度家に戻って再度試してみるといった事を繰り返し繰り返し続けたのである。「見て覚える」のではなく「聞いて覚える」ことをしたのだ。

そういう形で段々やっていく裡《うち》に、で、品物もある程度ちょっと小さなものを最初始めたんですけども。それがある程度できるようになったら、また注文が家《うち》は作って無くても来るは来るんですよね。で、外注に出せば素晴しい物が出来てくるんですけど、その部分のチャレンジで、ちょっとずつ変わったものを自分で作って、それを製品で納めようという風になって来て。

その時に自分がわからない製品がありますよね。で、段々難しい製品になって来ると、やはり五一さんの所へ行って、「これはどういう風に作るんですか」と言って聞く。

そうすると、本人が持ってみえる資料がありますよね。和紙で描いた図面だとか、それから鬼のデザインの割り方というものがあるんですけども。分量というか。例えば頭が付いて足先があるような、そういう鬼瓦の場合は、頭に対して足はどのくらいの長さにするんだとか。それから模様も波でも色々な模様がありますから。雲というのがあるんですけど、雲もこの位の大きさのものに対しては雲をどういう風に付けていくんだとか、そういったような事の決まりが昔から教わっている人にはありますんで。それを見せてもらって、で、かじりかじりですけども、ちょっとずつそういう物を、図面も見せてもらっていって、それを覚えながらという風で溜めていった知識で段々自分が作れるようになって来たと思うんですよね。

尚は鬼師の道を初心者として一つ一つ尋ねながら歩んで来たので、ある意味でその道それ自体を客観化して捉えている。それ故、説明がいわゆる部外者にとって分かりやすく構成されている。自然と身についた知識とはかなり異質なのである。

でも、チャレンジするたびに毎回違いますもんで。最初は簡単な波のものを作ったんですけど、それが今度は雲になり、それから葉っぱの模様になったりとか、または生き物のような物になったりすると、毎回ぶつかりますもんでね。「これはどうやって作るのかな」という、例えば単純に言うと、棟飾りの魚が舞っているというか、鯉の上がったような物とか、滝の水が流れているところに鯉が上がって行くような物の飾りのものがありますよね。ああいった物になると、実際デザインは自由かもしれないけれども、波といっても粘土で作るわけですからね。「水の流れたものをどういう形に伝統的に簡素化したデザインになるのか」というのは、やはり分からないですよね。

「自分で波をいくつ付けても良いんだぞ」と言われても、じゃあ、それに三個付けるのか、四個付けるのか。流れる感じを出す為に無数に五〇個も付けるのかという事もありますよね。そう云うのをある程度描いたのを、作ってみえる上手い人のとこに持って行って、「こういう風なものを作って見ようと思うんだけど、どうですか」と訊《き》くと、「この線はこうだな」とか言って書いて直してくれるんですよね。で、この雲にしても、波にしても、この魚の格好にしても、「こういう風な方が良いぞ」とか、「尻尾はこういう風に曲った方が、こう、勢いというか、生きた感じが出るぞ」とか。それは普通の絵を描いたり彫刻をやったりするのと全く変わらない指導ですよね。直接手をとって粘土を付けてもらうという事も無いことは無かったですけどもね。だからそういう風な蓄積でどんどん、どんどん。

このようにして、尚は萩原製陶所に手作りの鬼師がいない事を逆手に取り、本来なら「出来ない」環境を「出来る」環境にしてしまったのである。それが、「見て盗む」伝統的なやり方ではなく、「聞いて覚える」尚独自のやり方を採ったのであった。他の鬼板屋も尚の「出来ない」環境を皆知っていたので、尚の「聞いて覚える」やり方を受け入れてくれたのであった。

僕の場合は恵まれた部分があって、というのは、自分の会社の中に兄弟子さんとか、親父にしてもですけどね、教えてくれる人間がいなかった点で、先生（筆者）と同じで、訊きに行きやすいというか。その点は土管屋の息子という事で、鬼瓦は作っているんですけど、訊きに行った時にあんまり抵抗が無いというかね。他の教えてくださる人が。だから非常にラッキーな感じでしたね。ですから杉浦五一さんには本当に滅茶苦茶良く教えて貰いました。でも他の方も、いっぱい、行くところ行くところで全部教えて貰いました。ですから「ほとんどの人にみな聞きましたけど、全部教えて貰えましたね」、僕の場合は。

その点は「流儀が無い」と言っても良いかもしれないくらい。だから、半分いうと「お前の鬼瓦は自己流だな」という風によく言われますけどね。だけどそういった意味での情報を沢山聞く機会には僕は一番恵まれていたかなと思うんですよね。まだ、今そういう職人業をずっとやって来られた先輩が生き残っていたというか、まだ元気な頃に僕は始めましたもので、今となると、現役を殆んど引退しているか、亡くなってみえるというような人にも教えて貰いましたけどもねえ。その点では非常に僕の場合は本当に恵まれているかなと思うんですけども。

尚が自分でも指摘しているように、殆んどの鬼師から習った事はとても貴重な機会を得たことになり、自己の鬼板の技術の向上に役立っているのは明らかである。しかし、逆に言えば、同じ鬼板屋で鬼師として完成するまでずっと修業したのではないので、それぞれの鬼板屋が持つ独特な鬼瓦のスタイル、デザイン、作り方といった伝統や流儀が伝わらない事になる。それ故、「尚の鬼瓦は自己流」と言われる事は避けられない。各流派の鬼板の技を尚自身がアレンジし直したものになるからである。この点は尚もはっきりと意識している。尚は自らの系統について次のように考えている。

私の場合敢えて言うなら五一さんに教えて頂いたので、この五一さんの描いたラインというので、鬼瓦の寸法サイズの割り出しといったものもラインも、そういった物で教わっているもんで、敢えて言うなら、「丸市さんとこの系統の部分のそういう鬼瓦の形に近いかな」という事ですよね。

次に尚の鬼師になる苦労話を紹介しようと思う。この話の中に鬼師のエッセンスが結晶化しているように思われるからである。粘土は幼い頃から慣れ親しんでいた素材であり、同時に「物つくり狂いの精神」を尚は持っていた。そしてもう一つ、高校の頃から絵に興味を持っていたのである。尚の事だから生半可な興味ではなかったと思う。この絵心も尚を鬼師の世界へ誘《いざな》う要因の一つになった。

師匠にも言われましたけども、「絵が描《か》けるなら、お前作れるぞ」って言われましたけども、この五一さんに。だけど、「描ければ出来るぞ」って言われたけど、それは、まあ、すごく違いますね、実際。

最初の五年間ぐらいは全く出来ないですね、やっぱり。あの、図面を描いて、「上手に描けてるじゃないか」って褒められるんだけど、それを一旦粘土で作ったやつを持っていくと、「これは全然遺憾な」って言われました（笑）（図2）。

だから、実体にして粘土で作るのと、描くのはもう全然別もんですよね。特に鬼板の場合は完全に別もんですね。雲の形がちゃんと流儀があるようなとこなんか分かりませんもんね。外の外形線をなぞるだけじゃないですか。僕らが写す、写すっていう、私が今までの感じで行くと、「写す」っていうのは。もっと違う美術の勉強もしましたけど、それは理屈がありますよ。当然、人間描《か》いたり風景画《か》いたりする時の理屈は教えられましたけど。

鬼瓦に関してその理屈があるとは思ってないですもんねえ。た

図２　杉荘　杉浦五一（杉荘の仕事場にて　カエズ用若葉台　平成12年２月24日）

だ、まあ、形に対するこう、勢いだとか、そういう生きた部分っていうか、要するにハッと思わせるような造形にしなくちゃいかんっていう所はどこを触ったら良いんだといったような事は。いわゆる僕が教えてもらったデッサン学校で教わった知識で捉える事はできますけど、鬼板師さんが考えている迫力というのと違いますもんね。その違いが最初出ましたね、やっぱり。

尚は鬼師の見えない伝統の世界と格闘することになる。尚が居た絵の世界の伝統とは明らかに違う世界が存在しており、実際に身体《からだ》で作ることを通して初めてその存在を知る事ができるような何かなのである。それを始める前までは、自分の慣れ親しんだ世界の基準でもって物事を判断していたのであった。

「お前のやつは形になってるけども、違う」と言われるとこはそこじゃないかなと思うんですけどね。僕はその時結構反発してましたけどね。「いや、パッと見てこう生き生きとした感じでハッと言わせる物があれば別に良いじゃないか」と思ってましたけどね。絵描くような感覚で思ってましたもんね。そこのギャップは凄いありましたよね。だから、デッサン学校で教えて貰って、福山先生[1]に教えてもらって、要するに「絵を描くためにこういう風にするんだぞ」といったところで教えてもらった事は、まあ、使う分では使えてはいるんですけどね。それでも、もう、観点が違いますもんで。

だから「描ければできるぞ」っていって最初に言われた五一さん

の言葉は今でも忘れてないですけど、それは全く嘘だなと思うんですよ（笑）。

尚は絵画と鬼瓦の違いを自らの体験を通して語った後に、鬼師の鬼瓦が具現化する瞬間を尚自身の経験と見聞をもとに語るのであった。それは鬼亮こと梶川亮治や兄の梶川務が話してくれた「粘土のデッサン」を彷彿させるものがある。それは言葉で表現するものではなく、鬼師の身体《からだ》が知っている技であり伝統なのである。

鬼瓦の場合はどっちかっていうと描けるっていうよりも、もう最初から出来るんですね。最初から出来るというか、「最初から立体を作っていく感覚」ですねえ。

実際彫刻家のデッサンとかそういうのも教えられましたもんで、それは、あの、絵画を描くためのデッサンとはまた全然別もんですもんでね。だから線を描く線というのは、それはまあ、単純に自分の立体を作るときの足掛かりにする為だけでデッサンを描くんですけどね、彫刻家の場合は。ここの線は立体で行くとこういう風になるからこんな感じが良いなとかいうのを試して描くんですけどね。で、絵の場合は全く違いますもんね。その線そのものが画面の中でどうなるかっていう事で描いて行かなくっちゃいけないもんで。

僕らでいうと、型紙を作る、図面を描くっていうのがその彫刻家に当たるデッサンに近いとこですよね。

だから、鬼板師さんたちはそんな事を踏まえて作るんじゃなくて、いきなり、まあ、はっきり言うと何も無くてもいきなり粘土持（盛）ってこういう雲の形とか波の形とか、それから生き物であれば犬とか馬とかっていうのをそのまま何も無くても出来る技術じゃないですかねえ。

「何も無しでも全部作りますもんねえ、最初から」というのが鬼師の鬼師たるところであり、彼らが持つ技なのである。梶川亮治の作った龍を例に、いかに何も無いところから龍が現れてくるかを尚は語ってくれた。

鬼亮さんのビデオが一本、多分、キャッチか何かが編集したビデオが一本あるんですけど、それで龍を作ってるビデオがありますけどねえ、あれ見るとまあ、正《まさ》にそんな感じがしますね。

鬼亮さん、こう、龍の口の開いたところ、竹でこう、シュシュッと描いて、身体をこうやって曲げて（笑）。これは一体何が出来るんだというような感じの線ですよね、実際は。で、こうやってる時に、鬼亮さんの頭の中ではもう出来上がった「龍」がもうあるんですよね。バーっとこう引いている時に。それでこうサッサと引いて、次の段階で粘土をいきなり付けて行きますもんで。それで、大体が瞬時に出来て、五m位のもんが、大体、一時間ぐらいで全部大体の形に成るんじゃないですかねえ。

彫塑やっている彫刻家が見るとビックリしちゃうと思いますよ、

きっと。彫塑やる人も早く出来る人もいますけどねえ。鬼板師みたいにああいう感じで作れる人は余り居らんじゃないですかねえ。「瞬時で一時間ぐらいで大体ものを作っちゃう」ようなねえ。多分、だから最初から絵を描くんじゃなくて、最初から物が出来てしまうというかねえ。

「最初から出来てしまう」というか、「最初から在る」鬼師の世界を別の例を使って尚はさらに教えてくれた。それはどの鬼板屋の仕事場に入っても必ず目に飛び込んで来るのが、完成した白地の鬼瓦や、製作中の鬼瓦と、壁や作業台の上によくある白い型紙である。この鬼瓦と型紙の関係は、型紙が鬼瓦の設計図である事は素人でも何となく分かるのであるが、あまりに両者は懸け離れており、そのギャップに関して私自身いつも疑問に思っていた。この型紙がどうして鬼瓦のようになるのか不思議なくらいで、実際に見ると信じ難いほどの違いがあり、型紙からその鬼瓦を想像する事は難しい。「平面 vs 立体」に「簡単 vs 複雑」を掛け合わせた感じの大きな差異なのである。これを完成させる技術を持った人が鬼師である。そしてその背後にこの伝統を培う環境が広がっている事になる。

例えばこういった模様があるんですけどね。こういった模様の、僕はこう自分がたどる為にこの葉っぱの模様を描いているんですけど。

これは尚の型紙についてである。しかし伝統的な型紙から逸脱している事が分かる。尚はアウトラインの中に必要な模様を細かく描いているのである。その違いは伝統的な鬼師の型紙と見比べると明らかになる。

最初に五一さんに教えて貰った時というのは、このアウトラインは描いてあるんですよね。このアウトラインは。ですけど、この中の部分が殆んどこんなに彫ってないんですよ。型紙としても描いてなくて、殆んどこのアウトラインと、この大きな葉っぱの格好ですね。

そういうような「詳細を一切描かない」という、あの、描かないというか。それで、「どうして出来るんですか」て聞くと、「それはもう最初から頭に入ってなきゃいかんぞ」という。

ここに鬼師の「見て覚える」長い道程《みちのり》が浮かび上がって来る。鬼師への修業の成果が、簡略化した鬼板の図面である型紙から何も見ずに一気に複雑で立体的な鬼瓦を成形する技なのである。

まあ五一さんも全く描いて無かったですね。「それでよく作れますね」って僕が聞いたら、「それはもう決まっとるだ」て言うもんで、「決まっとるんだ」と言われても、ちょっとねえ。私が職人で上がって、「しょっちゅう見てるのなら多分決まっとるだ」って言われれば「はい」て言って分かるんだろうけど。二十歳代ぐらいから作り出したもんでねえ。

「見て覚える」鬼師の世界の中の異端児が、「聞いて覚える」萩原尚である。この異質な者（物）の存在は鏡のように「鬼師の世界」をより鮮明に浮かび上がらせる。同質な物ばかりだと見えるものが見えて来なくなる訳である。尚は二十歳代後半ぐらいから手作りの鬼瓦を「聞いて覚える」ことを通してマスターして行った。ところが一方「見て覚える」鬼師は生まれた時から見て覚え始めるといえば言い過ぎであろうか。ちょうど歌舞伎役者の子のように。

だから、四代目、三代目っていう人は子供の時から見てるじゃないですか、親の仕事を。それ僕無いですもんで。

一般の職人も小僧として少し前までは、小学校卒や、中学校卒の年齢で鬼板屋の門を潜《くぐ》ったのである。最初暫らくはその鬼板屋では雑用を言い付けられる事が多かったと思うが、やはり同じ仕事場で「見て覚える」のである。

流儀もそういった「辺《あた》りの物が全部、もう身体に染み着いて行く」っていう、職人のあれですね。そういう点で僕の場合はギャップがありましたね。

そういった尚が良く受けた指摘が、「大御所」と呼ばれる鬼師の大家たちからの叱声であった。「お前のは鬼瓦じゃない」。鬼師として当然あるはずの鬼板の流儀や意匠の身体への染まりが不自然な所を大家たちは敏感に嗅ぎ取ったのである。それはちょうど、二〇歳の頃から始めた陶芸家たちに尚が粘土に対する不自然さを直感的に見抜くような感じである。

ここまでは萩原尚の鬼師への道程《みちのり》について様々な角度から描いて来た。では、尚は実際にどのような鬼瓦を作るようになったのだろうか。ヒントはもちろん大御所といわれる鬼師たちからの尚の鬼瓦に対する声に象徴されている。一つの手がかりは、やはり、尚の直接の師匠の鬼瓦が影響を及ぼしている公算が大であろう。尚は師である杉浦五一の鬼瓦を次のように言っている。

五一さんはねえ、鬼瓦、鬼面ていうか、こういうのは余り作られんかったですね。どちらかというと、あの、さっきのこういう葉っぱの模様の付いたようなもんとか、そういったものを得意としてる。どちらかというと、まあ、ちょっとデザインっぽいような感じのものが得意な人ですよ。こう、生き物なんかじゃなくて。

尚の、自分自身が作る鬼瓦についての考えは上に見たように、杉浦五一の鬼瓦に限りなく似ているのである。これは鬼瓦が似ているというよりも鬼瓦の概念が似ているといった方が良いかもしれない。とにかく興味ある現象が生じているのは確かである。

私自身が思うじゃなくて、他の人から見ると、僕は多分、その、こういう鬼面とか作りますけど、鬼の顔とかそういうのはあんまり得意じゃないですね。実際、沢山作ってますけど。自分で自分考えるとね、どうもあんまり出来が良くないですね。はっきり言って。だから、もっとやっぱり師匠の如く、あの模様化された、デザイン化されたような模様をですねえ、そういったもんが多分、一番作るとすると良いもんが出来るじゃないかなと思うんですよねえ。

だから、あの、ちょっとした装飾的に彫るのを生かすような、そういう鬼瓦、ですかね。そういったものが、最終的にはそこが俺の一番、あの、綺麗に自分の気に入ったもんに成るんじゃないかな、という風に僕としては思ってますけどね。

この尚の鬼瓦と杉浦五一の鬼瓦の似通いはやはり一種の鬼瓦の刷り込みが師から弟子へと起きたという事になろう。何しろ尚は二十代の後半の頃、文字通り白紙の状態で手作りの鬼瓦に挑んだ訳であり、その時に出会った師匠が杉浦五一であったのだ。いわゆる十代で鬼板屋の門を敲く小僧や、鬼板屋に生まれついた子供は長い年月を掛けてその技を身体に覚えこみ、より自然な技を身体知として身に付けていく。ところが尚のような例外的なケースにおいても、同様な結果が起きており興味をそそる。違いは何かといえば、その身に付けたものが「自然」か「不自然」かという決定的な差異として現れる事である。この違いは勘考するに言葉の習得に限りなく似ている。言葉は十代まで（理想は十代前半）にその言葉が使われる環境で生活するとほぼ「自然な」言葉として身に付く。しかし二十代以降に新しい言葉を習得しようとすると、「不自然な」言葉になってしまう。言葉の習得は可能なのであるが。この言葉の比喩から推測できる事は「自然」か「不自然」かの違いは、「無意識に運用できるかどうか」である。「不自然」という事はその技（言葉）を運用するときに「意識」しないと使えない事である。「意識」すると何処かぎこちなくなる。「無意識」のレベルになると自然なのである。この「意識」と「無意識」の境界に人間の身体年齢と連動する見えない壁があると思われる。個人差はあろうが、一五歳前後が「時の壁」であろう。現在は高学歴化が進んでいるので「自然な」鬼師の数は昔と比べると急激に減少して来ている筈である。

少し横道に逸《そ》れてしまったかもしれない。尚の話に戻ろう。尚の良いところは、師との似通いを基礎に、それを乗り越えようとする尚の姿勢にある。五一は鬼瓦の中でも鬼面は余り作らなかった。それを尚は受け継いでいわゆる伝統的な形の鬼面はどちらかというと不得手である。ところがその不得手、つまり「不自然さ」を逆手に取り、伝統にこだわらない自由な形の鬼面に取り組んでいるのである。逆転の発想である。尚の哲学で表現すると、「出来ない」と思わずに「出来る」と思う思考である。

鬼面に限ってもし考えるとすると、あの、「あんまり古臭い感じのする鬼面っていうのは僕は作りたくない」んですけどねえ。どちらかというと。

もう、あの、俺が、自分自身が考えてる「現代風の鬼面」っていうのか、「これ、鬼に見えない」ような鬼面っていうのが多分、俺の方の得意なもんじゃないかなっていう感じがしますけどねえ。

だから角が無くてもいいし、それから、まあ、眼も無くてもいいし。あの、「これが鬼?」って言われる事が、分からんような形のもんでもいいような、そういうような鬼面は作ってみたいとは思いますけどね（図3）。

図３　四部作・喜怒哀楽の「哀」（萩原尚作　高浜市内を流れる稗田川論地橋畔の四隅の一つ　2004年）

図４　四部作・喜怒哀楽の「楽」（萩原尚作）

このように尚の発言は過激である。伝統的な鬼瓦を「脱構築」しようとしているのだ。自然な形に構築されてきた伝統といわれるものを壊す発想である。新しい何かを創造しようと試みるには、既存のものをまず破壊するわけである。別の言葉で表現すると、これまで「自然」だと思われていた地平からさらに遠くへと新しい地平を切り開く作業である。何故なら尚が三州鬼瓦の伝統を全て壊すわけではない。通常は自然に構築されていたものを次の世代が受け継いで、同様に再構築して行きながら、世代から世代へと伝統は保たれて行くのである。当然、伝統の継承に伴って変化は生じて来るのだが。尚はその「再構築」の軌道から外れ、「脱構築」へと進んでいるのである。

古代的な伝統を受け取るような鬼面っていうのは、あの、こういうような形のもんは、多分、僕の目標の鬼面じゃないですね。どちらかというとねえ。方向としては。

私の最終的な今考えとる目標ですかね、あの、鬼にしては、まあ、いわゆるデザイン化、デザインっぽい感じの装飾的な感じのする、彫りがある程度細やかさを出した、技術を出した形のものを。

で、鬼面でいうなら、もう、その今の、昔の伝統のある形の鬼面ではなくて、どちらかといったら、もう、あの、全然鬼面と見えないような感じで、「これも鬼面だよ」といって無理やり言っちゃうような。そういう鬼面を作ってみたいなというような感じはしますね、目標としては（図4）。

鬼面の脱構築の話をしたが、今までの流れから行くと、萩原製陶所はプレスの鬼板屋であり、手作りの鬼板屋でありながら、伝統的な鬼面といわれる鬼瓦は扱っていない事になる。ところが、萩原製陶所は自社の顔となる代表的な鬼面を持っているのである。実際、尚も、慶二も、明も、そして杉浦五一も鬼面は作らないのである。つまりこの鬼面は杉浦五一以外の別の鬼師が原型を作り、回りまわって萩原製陶所の顔になったものであった。

これは私のうちが作ったものではなくて、あの、どの位かな、大正の終わり位の人なのかな、昭和の人位ですかね、ちょっと分かりませんけど。あの、鬼兵さんっていう、兵頭さん[2]っていうんだと思うんですけど、その方が作った原型なんですけど。

その方が作った鬼面っていうか鬼瓦がもとで、これをまあ、うちの看板にさして貰っちゃってるんですけどね。まあ、今でいうパクリですよね。僕のオリジナルの鬼面っていったものはあまり作ったことは無いですね。

つまり、萩原製陶所は鬼面は別の鬼師に依頼しており、その中の代表的な鬼面が「鬼兵の鬼面」なのである。

もう亡くなっちゃいましたけど、たまたま鬼十さんとこの注文で、「作ってくれ」って言って。で、たまたま、鬼十さんのとこに、鬼兵さんが作った石膏型がありましてね。それで、それを鬼十さんがうちへ持って来て、「お前作ってくれ」って言って。で、僕

図５　鬼兵の鬼面（原型　鬼兵　石川兵次郎作　萩原製陶所にて製作）

はそれをまあ写し取って作って、しょっちゅうそれを鬼十さんに買って貰ってましてね。

で、そのうちにもう、それをプレスで量産化しようという事になって、作ってしまっていつの間にかうちのこの鬼面になってしまったんですけどね。

だから鬼兵さんが死んでも一応これは生きてますね。

とにかく大ヒットした鬼面だという。いかにヒットしたかは尚の次の言葉から良く分かる（図５）。

全国でかなりの量を出しましたね。

今、ちょっと売れないですけど、一時期、あの、住宅ブームだった時期に、全国どこに行ってもこの鬼が載っていましたよね。

全国ありとあらゆる観光地とか、そういう所に、全部載ってますもんでね。パッと見て直ぐ分かる。「ああ、うちの奴ってこんなとこまで来とるんだ」と思って。ここしか出してないんですけどね。大分制覇しましたよね。

これほど一般に受け入れられる鬼面はその鬼面自体に、人の心にアピールする何かがある事になる。そしてそれを製作した鬼兵は素晴らしい鬼板の技術とセンスを持っていたことになる。ただ残念ながら鬼兵は現在この世に存在しておらず、後継者はいない。鬼兵の残した原型から出来た金型だけが萩原製陶所に存在し、今なお、鬼兵の鬼面は生きて鬼兵の技と美を伝えるのである。ここに手作りを超えるプレスの特徴を知る事ができる。単なる大量生産の技術だけでなく、原型を作る鬼師の技と美に更なる寿命をもたらすのだ。さらにこの鬼面は物語がちゃんと付いており、ただ単に人気があってよく売れ、よく生産されるだけではなかった。製造元の萩原製陶所がこの鬼面の誕生譚を鬼兵の息子（石川研三）の嫁（石川房江）から聞いていたのである。尚はやはりこの鬼面が気になったらしく、直接に鬼兵の息子の嫁さんの処へ訪ねて行ってどういう風に作ったのかを聞いているのである。

この鬼面の顔を作るのに、何かすっごい、全国そこら中のこの鬼の顔を集めとったらしくて。これはどちらかというと般若の面に近い形なんですよねえ。で、その頃のそういう自分の知っとる般若の面みたいなものを一杯集めた中で、何度も描いて、「この形が良いじゃないか」って決めたって言ってましたけどねえ。

また尚はこの鬼面を何度も摸刻している。おそらく鬼兵の鬼面を超える鬼面を目指したと思う。その摸刻を通して得たこの鬼面の特徴を尚は詳しく述べている。なぜ鬼兵の鬼面がこれほどの人気を博すのか、それを知りたかったのであろう。鬼兵は既にこの世になく、聞くとすれば鬼面そのものに聞くしかない。尚は独特の手段をとった。ただ観察して原因を探るのではなく、尚特有の「物つくり狂いの精神」を発揮して、自ら身体を使って作るというプロセスを通して鬼兵の鬼面作りの再現を試みたのである。事実何度も試みている。

これ結構バランスが取れてますよねえ。あの、自分のうちの鬼より。ですけど、結構顔も怖い顔してますしねえ。あの、非常にちょっとの、頭とか、目とか、そういうこの絶妙なバランスで、そんなにこう立体のある顔じゃないんですけどね。目とか、鼻とか、この眉毛のこの上がったことかっていうのが、ちょっと直してしまうと可笑しくなっちゃうぐらい、微妙なデザインですよね。

だから、真似して作れば作るほど、何個か真似して作りましたけど。ほんのちょっと鼻がこう、大きくなっちゃうといかんとか。鼻の高さだとか、目の位置がちょっとこう広がるといかんとか。もう非常に微妙な位置に付いてますね。実際、こう、摸刻すると……。

だから、かなり見て作ってるんじゃないかな。というのが、なぞっていくと、本人の苦労が出て来ちゃいますね。だから、まあ、他の奴はあんまり、そんなに摸刻した事が無いので分かりませんけどねえ。これに関しては、「本当に微妙な線を良く描いたな」と思うぐらい、きっちり作ってありますよね。

だから、「鬼板師とはいうものの、そのジャストな位置をいつも決めているんだな」という、「凄く、あの、厳密な形」というのか。だから昔の鬼板師さんっていうのはすごい芸術家だなっと。半分ですね、工芸品なんだけど、そういう事まで全部考えてあるというか、奥が深いですね、実際のところ。

まとめ

萩原製陶所は鬼師の世界における異端児である。幸いにして萩原明、慶二、尚の三人に詳しくインタビューを取ることが出来、内容的に豊かな鬼師の世界を構築する事ができた。インタビューを彼らとして、なぜ屋号を「萩原製陶所」とほとんど変更せずに明治から平成の今日に至っているのかが理解できた。「鬼尚」とか「鬼萩」としても好いのだが、やはり「萩原製陶所」なのである。

萩原製陶所は大東亜戦争を境に大きく変わり、時代の荒波を直に受けたところであった。戦前は華やかな土管屋の時代である。土管屋がこれほどまでにロマンに満ちていたとは思いもよらなかった。それを代表するのが萩原製陶所の生みの親で、ある意味で元祖に当たる栄太郎である。そして、初代萩原製陶所であり、「近衛公」と呼ばれていた清市である。瓦屋に対して「ホチ」といって見下し相手にもしなかった時代である。大正ロマン、大正デモクラシーは名前こそ知っていたが、まさか土管屋がその一翼を担っていたとは思わなかった。

戦後になって萩原製陶所は暗転する。まるで舞台の上の劇を観ているようである。その象徴的な出来事が、長く栄えて来た土管屋の廃業である。一五〇本、一六〇本とあった土管屋の煙突が町から消え、土管屋は舞台から文字通り退場したのである。そしてその土管屋が「ホチ、ホチ」と言っていた瓦屋への転業であった。ただ直接に瓦屋にはならず、鬼瓦屋になっている。「ホチ」が多少なりとも影響しているのかもしれない。この土管屋と鬼瓦屋を結ぶ糸が粘土であった。土管粘土の大地に鬼瓦の種子が落ち、見事に育ったケースである。それが故に「萩原製陶所」なのである。この明暗を分ける戦前と戦後の萩原製陶所を生きたのが明であった。明にインタビュー出来た事は本当に幸運であったと思う。この明が萩原製陶所を土管屋から鬼板屋へと導いたのである。プレス機械で白地の鬼板を作る白地屋として第二の萩原製陶所はスタートしている。昭和四〇年頃のことである。この明の下《もと》にユニークな三代目が生まれる。慶二と尚である。慶二は明の興した萩原製陶所のあとを直接受け継ぎ、慶二独自の手作り手動プレスの世界を自ら開拓している。一方、尚はプレス鬼瓦から手作り鬼瓦へと転じ、土管粘土の大地に手作り鬼瓦を移植する事に成功している。そしてその「不自然」な鬼瓦を逆手に取り、「自然」な鬼瓦の世界の脱構築をしつつ、伝統的な鬼師の世界の地平を拡げようと試みている。

注

［1］「福山すすむ」という。一〇年ほど前（一九九七年頃）に亡くなったが、新潟県出身で安城市在住の形象派画家であった。

［2］「兵頭」は尚の記憶違いであった。正しくは石川兵次郎である。現在、息子（石川研三）の嫁（石川房江）が健在であり、他は亡くなっている。

[13] 鬼吉系——鬼十

三州鬼瓦を生産する鬼板屋を各々系図上から繋がりのある群に分け、第一グループ、第二グループ、第三グループとし、現在、最後のグループにあたる第四グループについてまとめている。このグループに属する鬼板屋は「丸市」、「萩原製陶所」、「鬼福製鬼瓦所」、「藤浦鬼瓦」、「山下鬼瓦」、そしてこれから紹介する「鬼十」が挙げられる。「山下鬼瓦」以外はすでに完成している。ここでは「鬼十」についてこれまで調べてきた事を中心にまとめてみたい。すでに「丸市」から始まる第四グループの鬼板屋について『鬼師の世界』の中で述べてきているように、このグループは鬼板屋としての起源が比較的新しい事が大きな特徴の一つとしてあげられる。長くて三代どまりというのが基本的な鬼板屋としての構造であり、鬼板屋の系図そのものがシンプルな形となっている。ここ三州鬼板屋の中においては明らかに後発の鬼板屋群といえよう。別の言葉で言うと、三州の鬼瓦つくりの伝統が広がって行く様を示している鬼板屋群なのである。

このグループ分けはあくまで私個人が採った「鬼師の世界」を描く上での便宜上の処置であり、また同時に一つの見方、解釈でもある。それゆえ、決して固定的な見方でもないし、現場で鬼瓦を作っている人々がこのようなわけ方をしているという事ではない。フィールドワークをやりながら、いかに個々の鬼板屋を全体として捉える事ができるかと考えた末の大きな見取り図のようなものといえよう。「鬼師の世界」地図と見る事も可能である。系図とは別の集合の世界を示している。

鬼十へは平成一二年（二〇〇〇）の一月一八日に初めて訪れている。現在が平成二一年一一月一日なので書き始めるのにおよそ九年の歳月が流れている。これは当初、次々と鬼板屋通いを繰り返しながら、頭の中で鬼板屋の地図を手探りをするように作っており、その結果、鬼十の第四グループの確認が見えたからである。そして第一グループから書き始めた次第である。文化の記号化の作業は全体として大幅に遅れてしまったが、その分、社会も鬼十も変化していた。また鬼十は世代も交代をしており、変動する鬼師の世界が浮かび上がってきた。同じテーマでもって長期にわたる「文化を書く」（文化の記号化）の作業は初めての経験であり、書くという作業を通して「文化の生成」の過程が見えてきた感触がより強くなってきた気がする。

鬼　十

直接に会うことができたのは二代目服部末男と三代目服部秋彦である。初代服部十太郎には会っていない。いやそれどころか、初代十太郎の写真さえも最後の最後までどういうわけか見つからなかった。そして書き始める直前の一〇月になっていきなり、「見つかりました」といって写真が出て来たのである。何度も鬼十へは足を運び、その都度何かと世話になり、本当に長い間厄介になってきた。他の鬼板屋を一方では次々と書いていたので、内心やきもきされていたのではとも思う。

◈――服部十太郎　［鬼十初代］

まず初代服部十太郎から始めたい。明治三一年五月八日に現在の碧南市鶴ケ崎（新川町）で生まれている。現在の鬼十である服部家は昭和の始めに十太郎が分家して新家になったことがきっかけである。十太郎が出た本家は鬼とは全く関係が無かった。

あの、碧南。今の碧南市だけどね、新川町って。それこそ貧乏人のあれで、船の沖仲仕っていうのかねえ、兄さんから聞いた話だけど。うーん、何か、あの、担いで何か降ろしたりなんかやっとったらしいで。

ほいで、あの、子供が、兄弟が何人かおったかなあ。五人、五人くらいおったかな、五人かな。女が三人、男が二人だな。五人兄弟か。そんで小学校四年生ぐらいまで行ってねえ、昔の事で。そいから鬼屋さんにねえ、同じ新川町の鬼屋さんとこに小僧に出ただね。そいで、始めたんだね。

服部末男が語る鬼十の起源である。すでに伝聞の形になっているが、父の十太郎は尋常小学校四年（新川小学校）で卒業し、新川町に当時あった鬼板屋へ小僧として入ったことになる。年齢にして一〇歳頃のことである。明治四二年（一九〇九）の事であった。十太郎の入った鬼板屋は現在の新川駅の近くにあった鬼吉である。鬼吉は大東亜戦争勃発直後にやめたという。戦前からの鬼板屋ということになるが、戦争中に鬼瓦の需要が無くなって行き、廃業する鬼板屋が増え、戦後再興する鬼板屋と他の職業へ移る元鬼師と二つに分かれ鬼板屋の地図がこのとき大きく塗り変わったのである。それゆえ、鬼吉については現在のところわかっていない。ただ末男は十太郎から少し話を聞かされており次のように鬼吉について述べている。

親父さん（十太郎）の話を聞くとね、大きな鬼屋さん。大家さんでね、昔は、あの、職人さんてゆうかな、小僧さんが沢山おってね。職人さんの養成所みたいなもんで、そうゆうとこへ、みんな行って覚えたわけだね。

このように鬼吉はかなり大きな鬼板屋であったことがわかる。そこへ地元の子供たちが、職人になるために当時、尋常小学校を卒業すると沢山入ったのである。その中の一人が十太郎であった。十太郎は兄勝次郎と二人で鬼吉に入り、鬼師になっている。勝次郎は年が明けて地元で職場を変えながら修業をし、後に鬼金の職人になっている。そして興味深いのは十太郎で、職人になって各地を転々と旅をしながら鬼板の技術を磨いていることである。

話によると、転々と、(鬼板の技術を)覚えてから、職人の。滋賀県とかね、滋賀県の名張とかね、……三重県だね、三重県の名張(大正五年頃)とかね。誰かの紹介だと思うけど、北海道まで行ってね。「北海道(旭川)の土管屋さん(銭函土管製造工場)で、鬼をこさえた」って言って、そういう話を聞いたけどね。

その当時来た手紙とかなんかあったけど、それはどっかいっちゃとるなあ。

そういう記憶があるなあ。「土管屋さんで鬼を作った」とかってね。当時、北海道でも鬼を使うあれがあったんだなって思って。土管屋さんは焼き温度が高いからね。

このように何と三河から北海道まで鬼師がわざわざ鬼を作りに足を伸ばしていたのである。大正一〇年頃(一九二一)のことである。そしてその際、現地で通常よりも高温で焼き、北海道の寒さに耐える鬼瓦を作っていたのである。それが土管焼きの鬼瓦であり、焼き物の世界の融通性の高さを示す良い例といえよう。

まあ、若い頃は、だで、旅職人で行って、ほいで、お金儲けして、この地元におるよりは賃金が良かったものでね。そうゆうとこでお金貯めて、そんで自分に工場借りて始まったわけだね。最初に。

十太郎は、このように鬼吉で年《ねん》が明けてから、旅職人となり各地を転々として技術を磨きながら生活をしていたのである。末男はさらに付け加えて、なぜ十太郎が鬼板屋を始めたかも話してくれた。

(十太郎は)旅職人だよ。そいで、女の子が、私の姉があるだけど、その子を連れて行ったみたいだね。ほいで、まあ、学校へ行くようになったで、これは転々と歩いとってはいかんてことで、帰って来て、それから借金をして、自分の持っとる金と合わせて始めたわけだね。昭和の始めぐらいだと思うよ。

このように十太郎は碧南の新川町出身で同じ町にあった鬼板屋「鬼吉」で鬼師になり、旅職人として独立している。今までフィールドワークを行って来て、この十太郎と同じような動きが鬼福製鬼瓦所初代鈴木福松、鬼百二代目梶川賢一、鬼亮初代梶川亮治、伊藤鬼瓦初代伊藤用蔵といったように碧南では戦前と戦後しばらく、バンクモノ(旅職人)として若い鬼師が修業のため、生活のため、しばらくの間各地へ渡り歩く慣習があったように思われる。ところがすぐ隣の町の高浜では、こういった習慣は存在していない。鬼板屋としての伝統が碧南の鬼板屋と比べて古い分、鬼板屋としての伝統がすでに確立しており、しかもバンクモノから鬼板屋がそもそも形成されてきたという経緯もあり、鬼板屋で年が明けると、鬼板屋に残って修業するというルートが形成されていたのである。高浜と碧南は隣同士の町ではあるが、全く別の鬼師の修業の伝統があったことになる。

　しかし、十太郎は旅職人から帰ると、故郷の碧南ではなく碧海郡高浜町石ノ塔（現在の高浜市沢渡町）に昭和七年（一九三二）鬼十を始めた。大物の注文が入ると鬼金にいた兄の勝次郎と一緒に製作したという（図1）。十太郎の息子の末男は自分自身が鬼師になる過程で見た父、十太郎の姿を話してくれた。

図1　初代鬼十　服部十太郎の旧工場にあった達磨窯

　仕事の事に関しちゃあ、厳しい人だったね。まあ、私が習い始めた頃は（末男が）作ってみて、（十太郎が）気にいらんと、土場へ作ったものを放り出しちゃったり、足で踏んだり、そういう事をやりよったね。

　朝、工場へ入って来て見て、ま、ほいで、壊されなんだら「良かったな」って感じだったね。そういうことは、結構、まあ、覚えるまでは続いたね。


　十太郎が末男によく言った言葉は「見て覚えろ」であった。まるっきり言葉をかけなかったわけではなかった。末男はさらに言葉を継いで次のように「見て覚えろ」を話すのであった。


　そうゆうのの繰り返しで覚えていっただね。まあ、他にも職人さんがおったでね。その人たちが、まあ、一人前の人が作ったのを見たりね、覚えて行くわけで。みんな、職人さんは手ぇ取って、ああで、こうでって一々ね、教えるってのは、あまりね、……。たまには「ここ、こうするだよ」って言って、例えば、あのシビってゆうて彫るね。見本を見せてね。そうゆう事はたまにはあったけどね。

　だいたい、どこ行っても、よう見て、あそこのはこうゆう風にやるんだな。これより、あれの方がいいかとか。やっぱり、自分で考えて行くもんだもんね。

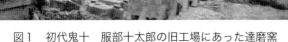

末男は「見て覚えろ」という父の言葉に付け加えて次のような考えを話すのだった。

まあ、そうゆう事で、覚えていったってゆうかね。まあ、今もうちの息子も同じようなもんで、自分のやっぱり、器用さも無きゃいかんし、こういう仕事は。誰でもってわけにもいかんもんね。「やっぱりそうゆう生まれつきのあれがある」ってのかな。それはあるね。まあ、そうゆう事で覚えてきただけどね。

つまり、鬼師には二つの重要な要件が必要だという事になる。まず「見て覚える」が続けられること。次にそれを支える「生まれつきの器用さ」である。末男ははっきりと誰でも鬼師にはなれないと断定している。「見て覚える」環境にあっても「生まれつきの器用さ」が無ければ鬼師にはなれない。「生まれつきの器用さ」があっても「見て覚える」環境が無ければやはり鬼師にはなれない。この二つの条件が上手く重なり合ってはじめて鬼師が育ってくる事になる。鬼師になるための必要条件といえよう。

十太郎は末男には厳しい親方であったが、自分自身にも厳しく常に修業をしていたのであった。末男の気がついた十太郎の後姿である。

やっぱり、自分に、……、やっぱり一つ受けると……、お寺なんか見に行ったりね。「あそこの雲がどうだ」とか、「家はこうしとったけど、あのほうがええかな」とか言って、いろいろ構想を練って、ほいで、決めるわけで。で、帰ってきて図面描いたりして、……。そうゆう事をよくやりよったね。

図２　五三桐紋付覆輪鬼と服部十太郎

(仕事を) 請けた後とか、そこら自転車で走っていても、よう立ち止まって (鬼瓦を) 眺めてみたりね。お寺とか。仕事柄、目に付くだよね。そうゆうとこで、参考になることは自分に取り入れて、そうしてやっていたけどね (図2)。

十太郎は性格は「気が短い方だった」と末男はいう。「頑固だった」ともいう。「怖い」とも言っている。十太郎のやった仕事で特に末男の記憶に残っているものは終戦後できた名古屋の東別院 (現在のものとは違う) と、熱田神宮の仕事だという。いろいろ大きな鬼瓦を作った十太郎だが、間に中間の業者が入ることがほとんどで、実際にどこへ行くのかわからないことが多かったらしい。

末男が覚えている十太郎の良く話していた言葉をいくつか教えてくれた。これは鬼十の一種の家訓といってもいい初代の教えといえよう。

特に鬼のことに関しちゃあまり無いけど、ほいでも、「仕事は……」やっぱりね、「……丁寧にやらなきゃいかん」ってよう言いよったね。

まあ、変なもの作っとると、自分の残るものだでね。信用にも関わるし。「そんな安かろう悪かろうって物は作らんがええ」ってね。「あんまり安いこと言えばね、断ってやらん方がええ」って、そうゆう事は時々言いよったね。そのぐらいの事でね (図3)。

また十太郎が良く付き合っていた鬼板屋も教えてくれた。「天野」、「鬼百」、「鬼八」、「石治」といった鬼師たちとは特に親しく行き来し

図3　五三桐紋付覆輪鬼吹流足付 (図2の鬼に足を付けて組んだところ)

ていたという。十太郎は時には息子の末男を一緒に連れて、昔そういった鬼板屋へ何度も行った事があるという。それで、私が末男に「工場の中に入らせてもらったか」と聴いてみた。

工場ん中は入っとらなんだね。やっぱり、住まいの方ね。昔は、やっぱり、そうゆうとこに行くのはお互いあれなんじゃないかなってね。

そうゆうのはあったみたいだね。工場ん中入ったことはないね。

今、割合とオープンだけどね。そうゆう事は。中にはまだ、ちょっと、そうゆう事がない事もないね。たとえ用があって行っても、「事務所のほうへ行ってくれ」ってね。それだで、「ああゆうとこは入って来てもらっちゃ困る」って事かな。

ちょっとした鬼師同士の付き合いの話から出てきた同業者間の暗黙の了解がここに見えてくる。いわゆる企業秘密の場所が、鬼師が鬼を作る工場なのである。ここへは鬼師は互いに遠慮しあい、基本的には顔を覗かせる事はない。何しろ「見て覚える」プロの世界なのであるから、一般人の感覚からでは計り知れないものがあると考えた方が無難であろう。ただ現在ではこのルールは昔ほど厳密ではなくなってきている。事実そういった話は時々耳にする。しかし基本は崩れてはいないと思われる。私が工場へ入ることが許されているのは私自身がズブの素人であるからに過ぎない。また同時にその事は昔とは変わり、かなりオープンになって来ている証拠でもある。

◈——服部末男　[鬼十二代目]

二代目服部末男は昭和一〇年一一月一四日に生まれている。父、十太郎について後を継ぎ、他の鬼板屋に見習いにいく事はせず、ずっと十太郎に習って今に至っている。

小さい頃、そや飯事《ままごと》みたいな事はやっとったけどね。うん。土を触ってね。それはやって来とるけど。「鬼作る」ってことは、まあね。うーん、中学校出てからだね。

まあ、土をいじるようになったっていうと、やっぱり小学校いっとる頃だな。うん。それと、あの、まあ、いつもなんだね、見とるもんで、見様見真似したじゃないけど、あの、覚えたじゃないかな。

末男はこのように小さい頃から土に慣れ親しんでいたが、実際に仕事として鬼瓦を作り始めたのは中学校を卒業してからであった。そして一人前に認めてもらえるようになったのが二〇歳の頃のことだったという。

やっぱり、七、八年ぐらいかかったじゃないかね。その前はね、雑用やったり、あの、粘土、土のね、捏《こ》ねたり、そういう事をやったり、まあ、そんなことでやってね。

手作りと石膏型と両方あったけどね。うん。まあ、ほんだで、手作りだけじゃあれだもんで、石膏型のほうも起こして、へらで磨いて仕上げるとかね。そういうことしてやって来たもんね。

そこで、誰に習ったと思うかとたずねてみた。もちろん十太郎も含めて特に誰かいたのかと思ったわけである。

方々のを見たり、まあ、親父にも教えてもらう。手をとって教えるっていうんじゃない。やっぱしね、見て覚えたよね。

やる気があるか、無いかだな。いくら手え取って教えても、やる気の無いやつは出来っこないもんね。多分ね。

「やる気が無いなら、他の仕事をね、探して行ってもいい」っていうふうには言われたわねえ。やる気のないもんがやっとっても何にもならんでねえ。

末男は父、十太郎に後を継げとは言われず、やる気が有るか無いかを確かめられた事になる。そしていったん末男が決心したら、あとは厳しく指導していったのである。十太郎は昭和四五年（一九七〇）に七三歳で亡くなるまで末男と一緒にずっと働いたのである。末男は十太郎を師として鬼板の修業を積んでいったわけであるが、「見て覚える」事を十太郎から言われ、その対象となった特に印象に残る職人の話をしてくれた。

見て覚えるだよね。だから、腕のいい職人さんがおったもんね。その人の作るのを見たりしてね。で、覚えて行くわけだけど。まあ、だいたいはみんなそんな感じだと思うよ。

その職人の名前が都築鎌三郎といい、末男が二〇歳前後の頃、鬼十へ二、三年ほど勤めたのだという。

特に教えてはくれんけどね。見てね。その人は、まあ、すごい腕のいい人だったけれども、一生職人さんで終わった人だけどね。そりゃ、ええ仕事やったね。結構職人さんで終わった人も、本当にいい仕事する人が、むしろ親方よりそうゆう人のが腕のいい人が多かったね。

やはり親方はそれなりに鬼板の技術は持っているが、同時に鬼板屋を経営する立場にもある。鬼板屋の規模がひとたび大きくなり始めると、経営にともなう様々な雑用に親方は時間を取られ、鬼を作ることが出来なくなる傾向があるのは事実である。一方、職人は仕事が鬼を作ることなので、作ることが根っから好きな職人はどんどん技が鍛えられて行く事になる。

そうだね。それだけに没頭しとるもんでね。仕事は、やっぱり、仕事も好きだって事もあるわね。

あれは（都築鎌三郎）、まあ、いい仕事だったね。

末男はこのように小さい頃からずっと鬼十で事実上「見て覚えて」育ってきた事になる。それを意識化させたのは父で、親方であった十太郎であった。しかし、やみくもに何でも「見て覚える」というわけではなく、そこはそれなりの修業の順序なり配慮が存在している。

まあ、はじめは、順序で言うと、どこでもそうだけど、簡単な鬼やな。当時は「雪隠又ぎ」とか言いよったけど。

「雪隠又ぎ」は初めて聞く言葉だったので問い返さざるを得なかった。今まで多くの鬼板屋で話を聞いてきたが一度も聞いた事のない鬼だったからである。

あれは便所の「せっちん」ね。その上に載せる鬼ね。それから始めたですわ。今でも、たまに売れるだけどね。簡単な鬼だけどね。それを始めは習うだわね。今でも実物あるよ。そうゆうね「雪隠又ぎ」っていってあったんだわ。六寸くらいの大きさのね、簡単な鬼だけど。最初それやる。

その次は「一つ雲の一文字」ってやったけど。雲が一つだけ付いていて、両方へね。二つ付いていていて、それを習ってね。

それからあとは「又ぎ」。足が付いたのをね。そうゆうのをやっていくだね。

そのあとは、もう、……、「吹流し」だとか、それから「影盛」だとか。その後に来ると、「経ノ巻」とか、「お寺の鬼」。そうゆうのをやるようになる。

その後に来る鬼はあるのかと続けて聞いてみると、末男は次のように話してくれた。

後は、もう、「龍が付く」のとか、「変わった鬼」ね。特殊な、復元ものになってくるわね。複雑なね。そうゆう段階だわね。

ところがこの一連の鬼瓦を修業する流れが、昭和四〇年ごろに起こった鬼瓦のプレス機械による金型の導入によって変わってきたのである。それへの対応についても末男は語ってくれた。

で、金型ってプレスは出来るようになってから、作るもんが、そうゆうもんはみんなプレスで作るもんね。簡単なものは。「なかなか、習う人に教えるための鬼がね、ない」って言ってね。ようい言いよったけどね。まあ、それはそれなりで、石膏型で起こしたものを、なでたり、こうゆうカエズ型とか習って、その後は覚えてきたと思うよ。

ほだで、練習のためにやるだけで、それが市場に出回る事はないやな。今の若い人はそうやって覚えたと思うね。昔は、ほだで、そうゆうものを順序があって作ってね。ダメが多いもんでよ、捨てられちゃった。そんで、段々覚えていくと、売れるもんが出て来るわけだね。で、段々とね、順番にね、難しい仕事をやれるよ

図５　復元　覆輪付雲付吹流し
製作中（服部末男）(1)

図４　復元　覆輪付雲水隅鬼
古民家　三重県桑名市長島町西《にし》外《ど》面《も》
上：復元（服部末男）　下：オリジナル

図６　復元　覆輪付雲付吹流し
製作中（服部末男）(2)

うになって、で、一人前になってくと……（図4）。

末男はこのような一連の鬼瓦作りの流れを語ってくれた。こういった工程を「見て覚える」やる気のあるものが、職人として年を明けることが出来るのである。末男はただ鬼瓦一般はほぼできるが不得意なものがあるという。

不得意なもんでいうと、あの、「おぼこ」みたいなのや、ああいうのは、やっぱり……。

「おぼこ」といわれ、なにか良く分からなかったので聞くと、末男は話を続けてくれた。

人の顔とか、ああいうのは、やっぱり、得手が悪い。ありゃ、変なのを作ると、人が見てねえ。ああ、これは下手だ上手だってすぐわかるでねえ。

人は知らない何かや、想像上の何かあるものに対しては比較的寛容な態度をとり、事実、それに対する許容範囲は広くなる。ところが、人が身近に接する生き物や人間のようなものになると、とたんに寛容さがなくなり、判断のものさしが厳しくなってしまうものである。末男が言う「おぼこ」はそういった人の形や生き物一般を含む類の物を言っているのである。いろいろな鬼板屋を回って鬼師に会ってきたが、末男がここで話すように、鬼師はこの「生き物」が一つの分岐点をなすように思われる。つまり「生き物」を作るのが得意な鬼師と不得意な鬼師とに大きく分けられるのである。この事実は鬼師としての技の到達度の一つの指標をなすものかもしれない（図5、図6）。

❖――服部秋彦　［鬼十三代目］

鬼十ではすでに二代目の末男から現在は三代目服部秋彦に経営の主体は移っている。二〇〇九年七月二四日に久しぶりに鬼十へ顔を出しに行ったとき、中心となって仕事をこなしていたのが秋彦だったからである。秋彦は昭和三三年九月一七日生まれである。生まれた頃は旧工場があった沢渡町で工場に続いて家があり、秋彦が中学三年になるまで祖父に当たる十太郎も仕事をしていて一緒に生活していたという。

おじいさん（十太郎）は僕が中学三年の時に亡くなったから。さっきも、親父（末男）の話もあったけど、よその人から見るとかなり一刻で怖い人だったみたいだね。孫にはえらいね、いろいろかまってくれて。

お酒が好きで。毎晩夕方になると晩酌をやるじゃないですか。酒の肴みたいのも、結構僕はつまんで食っていたりとか。そうゆうのしても怒られたあれはなかったし。

秋彦に小さい頃の思い出について話してもらった。そこには祖父、十太郎の職人姿がはっきりと残っているのであった。

僕の小学校のときの記憶だと、なんかいろいろ大きなもの作ったりとか、家にも写真があったんだけど。家の弟が六つ下で、その弟が保育園くらいのときに、すごく大きなお寺に載る露盤ってゆうんですけど、大きさが一m六〇cmぐらいある。その横で弟が写真撮ってるのを見た事があるんで、やっぱりやってたと思いますよ。

で、すごい小っちゃい頃はよそから職人さんも二人ぐらい見えて、そうゆうのをね、なんかいろいろやっていたのを記憶には薄っすらですけど。そんな感じかな。

それから……、小さいときは遊び場ってのは工場の中で、そこそこ仕事を邪魔しないように遊んでたりとか。でも、鬼瓦の何を作ってんだとか、そうゆうのはあまり記憶は無いですね。何となく人がいて作業しているぐらいの、そんな記憶しか。

面白いのは祖父、十太郎の記憶が手作りしている作業であるのに対して、父の末男に対する記憶がプレスによる鬼造りの様子として記憶に残っている事であった。

うちの親父はどっちかというと、窯のほうだとか、そっちの方をやってた印象が強くて。で、あとはそもそも鬼瓦は手作りだったんですけど、一時期すごく需要が増えたときにどこの鬼屋さんでもそうだと思うんだけども、プレスとか機械化してね、量産の方に走ったときにうちでもプレスを入れてよく出る並鬼とかカエズってゆうのを作っていたけれども、そっちの方の印象が強いですね。

僕はちっちゃい頃のプレスとかそんなんなくて、ほんとに従来の鬼屋さんの手作りだったんだけれども。だから昭和四五年ぐらいかな。僕が小学校の高学年くらいのときにそうゆうプレスとか入って、で、おばあさんも、お袋とか、親父も、そっちの方のプレスのほうがメインになってきたって感じですかね。

結果、祖父の十太郎が亡くなった頃（昭和四五年）鬼十では手作りからプレスによる機械化の転換が進んで行ったのである。そしてそれは世代の交代と軌を一にしていたのであった。それゆえに秋彦の記憶の中に鬼十の手作りの世界とプレスの世界が二重になって多重露出の写真のように残っているわけである。秋彦が高校を卒業して鬼十に入った時（昭和五一年ごろ）は鬼十はプレス機械生産中心の鬼板屋になっていた。

で、あの頃はそうゆうのも（プレス製の鬼瓦）たくさん出る頃で、一日終わると、まあ、「今日は二〇個やった」とかね。そんな記憶はあるんだけれども、今とは全然大違いですよね。今、トンネル窯やってる陶器窯のメーカーさん、そうゆうところに白地納めたりとか。今とは全然仕事の形態が……。段々その時に合わして変わっているんだけども、そんな感じかな。

最初、子供の頃は良しとして、自分がうち（鬼十）に入って最初の頃はもう数さばいてという……。売れましたからね。そうゆう風でしたよ。

鬼十は当時、プレス機械で鬼瓦を生産していた。ところが当然のことながら、手作り鬼の注文も入ってくるわけで、それへの対応は何と外注に切り替えていたのであった。

手作りはね、やっぱり白地屋さん（手作り）ってゆうか、外注で。やっぱりそれまでもずっとお付き合いして作ってもらっていたところがあるんで。そちらへとにかく振り分けして、作ってもらって品物の管理だけはして、後はうちに窯があるから順番に焼いて納めていたという。今考えると羨ましいくらい忙しかったというか。だから自分とこで作っていたら、ほかに出荷とか、窯の方が回らなくなっちゃって。人を入れてってほどでもなかったんでね。

秋彦はさらに鬼十の経営の変化について話してくれた。それが本来なら鬼瓦を製造する鬼板屋が鬼瓦の仲買い業をする、ブローカー的営業をする経営についてであった。

バブルがはじけるしばらくくらいまでは、どちらかというと製造の方でやってるんだけど、何ていうのか、お客さんのニーズというか、注文が入ってきて、「あれがないよ、これがないよ」といって全部断っているとダメなんで。

もう、仕入れて取り売りでもして、ブローカー的な部分も含め、そうすりゃ、「あそこに任せておけば全部揃えてくれるから」って、お客さんもね。鬼を作る部分とは外れてそうゆう商売的なことになっちゃうんだけど……。そうゆう風で、しばらく続きました。

ところがバブルがはじけて経済が下向きになってきたとき、このブローカー業も上手く回らなくなってきたのであった。まず、他の鬼板屋でも同じような形態を取るところが増えてきたのである。するとしだいに利益の幅が少なくなってきたのである。その時に鬼十が採った経営上の転換は何と先祖返りであった。

まあ、いろいろあって、方向転換しようかって。「本来の形に戻らないといかんな」って言って、ちょっとこっちへ来て（現在の鬼十の在る場所）、しばらくしてからは、自分のところでまた作るように。昔は親父も、まあ、大昔は自分で作っていて、一時はプレスだとか窯のほうをずっとやってて、まあ、久々に作って。

平成四、五年ごろに三河高浜駅の開発があり、鬼十は旧工場の代替地として現在の稗田町へ移ってきたのである。そして平成一〇年ごろ鬼十は経営の舵を手作りへと切ったのである。

既製品であるものは、わざわざ作るあれでもないから、お寺なんかの既製品でないもの、だいたいどこ探してもないものは誰かが作らにゃいかんもんで。よそに出しとる（鬼瓦を）、職人さんに作らしとるよりも、「自分で作ろう」とゆうことで。お寺のものとか。僕なんかそれまで全然何も作ったことなかったんであれでしたけれども、そんなにへらさばきの技術を必要としないものもあるんですよ。「そうゆうものであればやれるかな」と思ってやってみたら、そこそこ。何とか形になったんで。

秋彦と同じような事が鬼板屋の老舗《しにせ》である鬼仙でも起きていたので、秋彦からこの話を聞いたときはすぐに驚くよりも先に、「あっ、同じだ」と別の意味で驚いたのであった。つまり、今まで鬼瓦を作ったことがない、鬼板屋の経営一筋でやって来た者が、四十、五十代になっていきなり鬼瓦を作り始めて鬼瓦が出来上がってしまうことを指す。秋彦は私が知っている限りでその種に入る二人目の人である。秋彦は次のように話している。

全然、見た事もないものだったらあれだけど、ちっちゃい頃から一応見てるじゃないですか。あまり記憶にはないんだけど。だから、まあ、何とか形になって。それから、ここの家《うち》で作り出して一〇年くらいになるかな。時代に逆行しちゃっとるような感じなんだけど。だけど、まあ、今思うとその方が正解だったかなあって。

そうゆうプレスで一時すごく出ていたものは一般住宅の屋根見てもらえばわかるけど、あんまりないでしょ。ハウスメーカー系の「鬼を使わない」ような屋根ばっかりで。結局、プレスやっていたのは、その辺の鬼だからね。まあ、ちょうどいい機会だったかなって。ま、ここ来てすっごい厳しいですけどね。

秋彦は実際に鬼師の世界へ入って行ったときのことを当然のことながら語っている。鬼仙のときは当の本人（五代目鬼仙、岩月清）が倒産という事をしたばかりの人物でもあり、本人の言う事が本当の話なのかと思いつつ聞いたものである。しかも話自体が初めての信じがたい話であったから尚更である。ところが、そばにいた息子の岩月貴が父、清の話したことは事実だと本人も驚きの感情を交えて話すので、そういうことがあるのかと受け入れた事があったのである。こうした事例を踏まえた上での秋彦の話なのでなおさら興味をそそるわけである。

一番初めに僕が作ったのはね、露盤といって、わかります、露盤なんですよ。一辺の大きさが一メーター真四角くらいの露盤で、高さがこれくらい。露盤の写真を見て、見よう見まねで。現物はなかったけど。そういうふうで作って何とか形になったんだけど。今見るとひどいもんですね。それでとりあえず屋根には載ったみたいだけど。

何と、初めて作った試作品がそのまま商品となって実際に屋根の上に葺かれたのである。メーカーからの注文だったのだが、メーカー側が見て「いい、いい、ＯＫ、ＯＫ」と言ったのである。さらに秋彦の反応が興味深い。

初めてだったからいろいろ手間もかかったけれど、やってみると「面白いものだな」って思って。

これは文字通り「門前の小僧、習わぬ経を読む」を地でいっている事になる。

ほんとに、どっか行って修業しただとか、教えてもらっただとか。見てましたけどね、出来もせんのだけど。お客さんのとこに行ってお願いして、ものは、鬼はいろいろ見てきたんで、「ここはこうゆうふうにして作って」とか、作れないけど指示は出していたんですよ。

ちっちゃい頃からずっと見てきてたけど、初めて作ったのはほんとに四〇過ぎてましたよ。四一、二。

　へらは握ったことがないということなのかと突き詰めて私が聞くと、秋彦は次のように答えた。

まあ、そうだね、それに近いね。プレスものをしてたんで、そうゆう物のバリ取りとか、仕上げはしてたんで。だから、鬼は触ってたから、何とか手作りってゆうか、手張りだよね、型紙から図面を起こして切ってくっつけてってのは初めてで。

今まで作る工程は見ていたから、作り方はわかるでしょ。初めてでここはこうゆうふうにしたら絶対傷が出るなとか、そうゆうのは何となく、自分の感覚でわかっていたから。よそで作ってもらって、こんな傷出しちゃってそうゆうのがあったんで、そうゆうのは気をつけてやっていたんで、思った程そんなひどい事にはなっていなかったですよ。

図7　唐招提寺型鴟尾を作る服部秋彦

　結局、十太郎が末男にいつも言っていた「見て覚えろ」を孫の秋彦が実証している事になる。また末男が言っていたもう一つの条件である「生まれつきの器用さ」も、十太郎と末男の血を受け継いでいることからも十分満たしているであろうし、その上に、やはり十太郎が言っていた鬼師になる条件である「やる気」も、やはり強く加わっているのは明らかである。鬼十は手作りからプレス生産へと変化し、さらに半ブローカー業に移った末の決断であり、「やる気」がなければ出来る相談ではない。十太郎が要求していた二つの必要条件「見て覚えろ」と「生まれつきの器用さ」と十分条件の「やる気」がこの時、ようやく鬼十に揃ったのだ（図7）。

　さて「生まれつきの器用さ」だが、秋彦はこれに関して興味深い事を話している。やはり血は争えないものがあるといわざるを得ないなと思うところが大である。

やっぱり鬼を作るのは数こなさんとあかんね。俺は手先が器用というか、昔から絵を描いたりだとか好きだったし、自慢じゃないけど、小学校、中学校、高校ぐらいの図画工作とか、美術、そういうのは一番いい点もらっとったけど。ただ歌唄うのは音痴だけどね。だから絵を描いたりするのは昔から好きだった。

ちっちゃい頃、工場でよく遊んだって話をしたでしょ。工場が、下がこうゆう三和土《たたき》でコンクリートで打ってあって。遊ぶってのは石膏が割れたやつ、要するにチョークみたいになるでしょう。そういうので、下に地面に絵を描いたりだとか、一人でコソコソやっとったみたいだね。

まあ、絵描くのは好きだけど。多分ね、「絵が描けんと、物は作れない」と思うじゃんね。

このようにして手作り鬼瓦の世界へ復帰した鬼十であるが、やはり全て鬼十で注文に応じ切るまでにはまだ至っていないのも事実である。一口に鬼板屋とはいえ、その技量の違いは千差万別である。鬼十ではそこのところは外注に出すことによって補っている。

どうしても出来ないものとか、敷居の高いものはやっぱりそれなりに今頼むところは確保してあるんで。

現在は山下鬼瓦の山下敦。昔は鬼亮の兄である梶川務に依頼していたという。私自身すでに個人的に親しくしてきた二人の名が上がったので、驚くと共にうれしくもあった。どういったところが良いのかと聞くと、一言、「丁寧」と秋彦は答えた。この丁寧もやはり、初代鬼十の十太郎が常日頃、末男に対して言っていた言葉であった。「仕事は丁寧にやらなきゃいかん」が十太郎の信条だったのである。その言葉がしっかりと三代目鬼十へと受け継がれていることになる。

まとめ

鬼十は昭和の始め頃、服部十太郎によって始められた。十太郎が生まれ育った碧南の新川町にあった鬼吉に十太郎が小僧として入ったのが事の起こりである。年が明けて職人として独立すると旅職人としてしばらく各地を転々として過ごしながら技を磨いた十太郎は高浜の石ノ塔（現在の沢渡町）へ鬼十を興したのであった。手作りの伝統的な鬼板屋である。この初代十太郎が亡くなったのが昭和四五年であった。この時、すでに鬼十は沢渡町から移転し、現在の工場がある稗田町へ来ていた。さらに日本社会が建築ブームに沸き、鬼瓦生産が手作りから大量生産が出来るプレス機械生産へと転換されていた。この波に鬼十は乗り、手作りの鬼板屋からプレス生産を主力とする鬼板屋へと変化したのである。十太郎の死はこの事、つまり鬼十における「手作りの鬼」の死を象徴的に意味していた。手作りの鬼板屋がそこで事実上消えたのである。

二代目の末男は十太郎に鬼師としての基本を仕込まれた職人として育ったが、こうした昭和四〇年代の社会変化に対応して、鬼十を手作りの鬼板屋からプレスの鬼板屋へと切り替えたのであった。この時代鬼十は手作りの鬼瓦を注文として受けたら外注に出して対応していた。さらに昭和末期から平成初期のバブル期にはプレス生産から鬼瓦のブローカー業を中心とする会社に変貌していたのである。しかしバブルがはじけて社会が変わり、さらに他社のブローカー業への参入が多くなると鬼十は再度体制を切り替えたのである。平成一〇年ごろに鬼十は元々の鬼十の形であった手作り中心の鬼板屋へと舞い戻る決心をした。この時にやはり世代が動いている。三代目鬼十の服部秋彦である。すでにその時四一歳で、過去手作りの鬼瓦を作ったことのない者が社会の変化に押されて手作りを始めたのであった。

このように鬼十の起こりから現在までを見ると、鬼板屋がいかに社会の変動と緊密に連動しているかが良く分かる。社会の変化を文字通り鬼板屋は反映する鏡であるともいえる。手作り鬼瓦の伝統の継承も社会の変化を反映している。社会が極端に需要を増加させると手作りの伝統そのものがその社会変化に対応できずに廃れ、新技術としてのプレス機械生産が開発された。ところが社会が極端に需要を減少させると、逆転現象が起き、ある意味で先祖返りのように手作りの伝統が復活し始めるのである。

また鬼師になるには「見て覚える」が基本である。その「見て覚える」環境は十太郎の時代は現場である鬼板屋の工場であった。そして社会に存在する現物としての主に屋根に載っている鬼瓦である。それゆえ、逆に「見て覚える」環境としての工場の中には他の鬼師は立ち入り禁止が常識であり、マナーであった。ところが社会が変わり、メディアの技術が発展して行くにつれ、「見て覚える」環境も変わっていった。まず写真の技術の普及によって現物としての鬼瓦が限りなく質・量とも身近なものになっている。昔は見ることさえ出来なかったものも手元において見る事ができる。こっそり隠れて覗き見をすることもない。メディアとしての書籍類も同様の効果ないしは影響をもたらしている。現代ではパソコンが一般に普及し、特に若い世代はインターネットを通して鬼瓦の情報への接近ないしは利用も可能になってきている。服部秋彦は次のように話してくれた。

いろんな本とか、インターネットも普及しているでしょう。そうゆうんでいろんな情報拾えるんで、そうゆうので、とにかく、そうゆうのはかなり見てますよ。

まあ、現物はなかなか見れないにしても、現場行ったりだとか、そうゆう時はやっぱり勉強せんといかんよね。

現場・現物はもちろん大切であり、これなしには鬼師の修業はありえない。しかし、この現場でさえもすでに大きく変化しているのは事実である。昔は現場である工場へは他人《ひと》は入ることが出来なかった聖域であった。しかし現代はそこへメディアが入るようになっている。そして現役の鬼師の作業風景・作業手順が一般に公開されている。全てではないにしろ、昔の事を思うと想像を超える変化である。一般の人にとってはその価値はほとんど無いに等しいと思われる。ことわざで表現すれば「猫に小判」といったところである。一般の人はむしろ各地の世界遺産のＤＶＤなどの方がよほど興味を持って見ることが出来よう。しかし、現場の鬼師にとってはその価値は計り知れないものがある。それは「猫に小判の逆」の世界に住む人がいることを意味している。文字通りのノウハウの公開といっていい。秋彦の言葉が鬼師の「見て覚える」環境の変化を明白に物語っている。

> 鬼亮さん。あのあたりの鬼面の、まあ、物真似ってゆうかね。作り方とかもね。たまたま、以前に組合で作った、文化庁かなんかの補助で作ったのが（ビデオ）あるんだけども、あれで鬼亮さんが自分のやり方をパーッと公開して、それで観て、「ちとやってみようかな」ってやってみたら、「こりゃいいや」と思って。とりあえずそれで何とか。でも鬼亮さんの足元にも及ばないけどね。

ここまでは一般の情報を受け取り「見て覚える」環境へ取り込む動きについて言及したが、鬼師たちは今では逆に自ら「鬼師の世界」についての情報を発信するようになっている事も大きな変化である。まずその動きのはじめが二〇〇〇年の『三州鬼瓦総合カタログ』の発行であろう。それまでにもいくつかの鬼板屋は単独でカタログの発行はしていた。しかし、この時、はじめて鬼瓦組合が共同して三州鬼瓦の全体像を世間に向けて提示したのである。このカタログをもとに全国から問い合わせが来るようになったのは間違いない。次なる情報の発信の動きが二〇〇七年一一月に始まった三州鬼瓦製造組合のホームページの立ち上げである。このホームページの製作運営でもって、より一般社会への情報発信が可能になり、鬼瓦や瓦の関係者からだけでなく、広く一般の人々から「鬼師の世界」への問い合わせが可能になってきている。当時、三州鬼瓦製造組合の組合長をしていた秋彦はホームページ立ち上げに直接関わった人物である。

> 最初、組合のＨＰ（ホームページ）を作ろうだとかいった時にはね、「そんなもの作って何になるかい」って言われたんだけども。僕もたまたまパソコンとかインターネットを触るのがちょっと早かったんでやってみたら、そうゆうので引き合いもあるし。
> 全然鬼瓦に興味のない素人さんからそうゆうのが来て。商売でやってると業者間だけじゃないですか。いろいろ問い合わせがやっぱり。直接、設計事務所だとか、そうゆうとこからも月に一、二件はね。問い合わせだけだけど。それが実になることは一〇分の一ぐらいだけど、いろいろ問い合わせが来るから、間口を広げておいて正解だったかなっと。

立ち上げの経緯も秋彦は語ってくれた。記録になるのでここに付け加えたい。

> たまたま、三州瓦工業協同組合、あそこはかなり前からＨＰ持ってて、ＨＰをリニューアルするときに、僕はそこの理事にも何もなってなかったんだけど、鬼十さんパソコンそこそこいじれてインターネットも詳しいらしいって話がどっかから入って、「お前ちょっと来い」ってなって。
> 最初、ＨＰをリニューアルするときに関わらさしてもらって、その時に、ＨＰ作成する業者とも面識が出来て、で、「割とこの県で補助金だとか、そうゆうの使うと割と安く作れるから、どう」なんてことで。組合にもそうゆうことちょっと話したら、「ちょっ

とやってみるか」って意見もあって、逆に「そんなもんしたってどうなるんだ」って話もあったんだけど、「そんなにお金かからずやれるからやってみよう」ってことで、やってみて、ほんでまだ二年位かな。

現在（二〇〇九年）はアクセス数は一日に七～八〇件。多いときは一〇〇件を超えるという。少ない日で三〇件。立ち上げた当初は一〇件～二〇件だったという。運営しているのは秋彦で二日に一度の割合で一時間ほどかけては更新していると秋彦は言う。

鬼十に限らずではあるが、今回鬼十をまとめるに当たって、改めて鬼板屋がいかに社会の変化と連動して鬼板屋自体を変化させて今日に至っているかを再確認させられた次第である。

［14］鬼萬系——鬼福製鬼瓦所、藤浦鬼瓦（壱）

三州鬼瓦の第四グループを描写している。このグループはさらに小グループへと分かれている。ただし、フラクタル状に枝分かれしているのではない。便宜上、いくつかある鬼板屋をまとめてひとつの集合の中へ囲い込んだに過ぎない。第一グループ、第二グループ、第三グループは幹がしっかりした鬼板屋である。鬼板屋の系統樹といえばわかりやすいと思うが、第四グループは系統樹が未発達な鬼板屋群である。このグループは第一、第二、第三グループに比べると、少なくとも一つ長所がある。鬼板屋の始まりが分かるのである。系統樹が大きくなると、始まりの部分が「神話」になってしまう傾向が高くなる。第四グループは別の言葉で言うと、「神話を持たない鬼板屋」と言う事ができる。

鬼福製鬼瓦所

◈——鈴木福松　［鬼福製鬼瓦所初代］

鬼福の初代は鈴木福松（明治二六年〜昭和三九年六月三〇日）という。二代目が鈴木菊一、そして三代目が鈴木博である。直接話が聞けたのは二代目の菊一と、現在鬼福を経営している三代目、博であった。鈴木家は福松のとき、初めて鬼板屋になっており、福松の先代（一太郎）は船頭であった。そしてその一代前は大工であったという。今も家には住吉丸という大きな船の旗が残っている。大きさが一坪、つまり筵《むしろ》にして二枚分ほどだという。そういった鈴木家へ福松は養子としてもらわれて来ている。福松がまだ小さい頃、鈴木家に入り、海の仕事は選ばずに何の理由からか鬼師になった。菊一によると、福松は次のように鬼板屋の門を潜ったことになる。

　こっから（鈴木家から）、ほら、三軒くらい前のところにね、天理教専門でやっとるひとが……。今、天理教の看板が掛かっとるけど。

　そこにね、鬼萬さんという人があって、小僧っこば、二、三人抱えて。その、こう、あの、工場の一部分を借りて、鬼をやって、できるだけ、その、工場の人に提供するというような。

そうして、家がここだから、そいで、お爺さん、「ほういじゃあ、俺も」。昔は学校四年だそうだ。で、「行こうか」と。ゆうことで、ほいで、修業に入ったわけ。

つまり、鬼萬さんという人が福松の師匠ということになる。野々山萬作である。工場というのが瓦工場であろう。その中で鬼萬さんは鬼瓦を作っていたのである。たまたま福松が入った鈴木家がすぐ近くにあり、尋常小学校四年を卒業した福松は鬼萬の門を敲いたことになる。一九〇七年（明治四〇）以前は尋常小学校四年までが義務教育であった。つまり福松が一〇歳の頃、鬼萬の小僧になったのだ。現代からすると考えられない年齢であるが。

そうして、エー、やって、一〇、二〇歳前だよ。二〇歳前に……。昔はね、今さっきちょっと言いかけた、高浜の人は、ト、ト、ト、ト、ト、ト、こう、天下り式でね、やって来たのが今の現在の鬼瓦。新川辺《べ》ではね、ある程度まで、三、四年すると、ほうし出されるわね。「他流試合に行って来い」と。「よその流儀と他流試合して来んような者は一人前になれんよ」と。昔の剣豪と一緒。だから、他流試合にほうし出されて、信州は長野の方からね、ほいから、高山の方からね。夏はあちらへ行く。こちらへ、静岡へ行くとね、静岡のところ辺で、焼津からあの辺をね。冬場はやって。ほいでちょっと一ヶ月か二ヶ月、また、鬼萬さんへ戻って来て、あと、全国をくるくると回って、自分の腕を磨いて。そして、弟子、親方のところへ来て、これまで「いっぺん見て下さいよ」と。ここで腕前の披露があると。

菊一の指摘から面白いことが分かる。高浜にある第一グループ、第二グループ、第三グループに属する鬼板屋の中で、旅職人として出ているのは第一グループ（山本吉兵衛系）では、山本吉兵衛、梶川賢一、梶川亮治である。第二グループ（神谷春義・岩月仙太郎系）では、初代の神谷春義と岩月仙太郎である。第三グループ（山本鬼瓦系）には旅職人の経験者はいない。そして最も旅職人を輩出している第一グループは、初代の山本吉兵衛を別にすると、高浜（高浜市）ではなく、隣の町の新川（碧南市）なのである。山本吉兵衛は後に第三グループの山本鬼瓦系と繋がり、吉兵衛の職人であった梶川百太郎は独立して高浜から新川へと移っている。つまり、高浜の鬼板屋では、初代はもともと旅職人であったが高浜へ定着すると、代々基本的に同じ鬼板屋で修業し、鬼板の技を継承して行っている。これに対して、新川にある鬼板屋は、弟子は基本的な技術を修得すると、旅職人に出される習慣があり、後々までこの習慣がかなり残っていたことが分かる。これが意味するところは大きい。高浜の各鬼板屋は自らの鬼板の流儀を継承・発展させていったのに対し、新川の鬼板屋は、旅職人として各地を渡り歩きながらいろいろな技を吸収・発展させていったことになる。ここに、「旅職人」を文節線とする別の視点からの鬼板屋をグループ分けする可能性が見えてくる。別の言葉で言うと、隣り合った町にも係わらず「高浜の鬼瓦」と「新川の鬼瓦」は質的に異なることになる。高浜の鬼瓦はよりローカル（純培養型）であるのに対し、新川の鬼瓦は各地のローカルなものの集まり、雑種、ハイブリッドであるといえる。別の言葉で言うと、高浜は「鬼板屋型」で新川は「旅職人型」とも言える。事実、新川には鬼板屋は少ない。独立した鬼板屋にならずに、鬼萬さんのように瓦屋の中で鬼板専門の職人として働いていたのだ。鬼福で戦後間もない頃、旅職人を菊一は実際に見ている。

わしら、ここへ（鬼福）来て、終戦二年目か三年目の頃にね、旅職人がやって来たですよ。その、ここへひょいと来て。お爺さん（福松）がおって。お爺さんがここへ。「変な人来たよ」。「変な人じゃない。旅職人でしょ」って。「何か言ってるよ」って。盛んに、芝居やるようにして、どこそこの親方で、どっからどうふうに来まして。今晩一晩の、あれを、たの、やって下さいってって、頭下げておる。えんばらに、ちゃんと頭下げとる。

旅職人が突然、鬼福を訪れ、仁義を切ったのであった。そのことを菊一が話しているのである。

お爺さん弱っちゃったねー。「こりゃ」って。「どうすんだ」。「いい、いい、俺がまあ、やってやる」って。ほいでおじいさんは、一往《いちおう》の飯を出してやって。「今晩はこれで」。「家族も居ることだから」ということで。で、路銭《みちせん》をあげて。そうして、どの方面へ行くと、どういう宿があるから行って下さいよって。そいで、はっきりと、その人は振り分け荷物を持って、法被を着て。これから出るかと思ったら出ないの。

「若い衆（菊一）、裏口無いかね」って。私は若い衆になって、「若い衆、裏口無いかね」って。「ええっ」って。「裏口から出して下さい」と。ほいで、この裏にとまる。こっからさっと出て、「親方にご無礼言いました」って。さっと出て行くという。まだ終戦四、五年目にはそういう旅職人があったと。

この話は鬼福のうわさが、旅職人として福松が回っていた先々に伝わっていたことを物語っている。また旅職人の伝統も終戦後もしばらくの間は残っていたことになる。そして鬼福がハイブリッドの系統を持つ鬼板屋であることを同時に示している。

それから菊一は福松の鬼板の教え方を語ってくれた。本来なら新川の鬼板屋の伝統に則って、菊一も旅職人として出されるのが正式なやり方であったと思う。しかし福松は菊一を旅職人に出さなかった。理由は菊一が福松と同様に、養子として鈴木家へ入って来たことがあげられよう。さらに、福松と違い、成人してから鈴木家へ貰われている。そういった養子婿を旅職人としてもう一度外へ出せなかったのであろう。菊一は二五歳で鈴木家に入り、福松の下で鬼師の修業を始めた。ところが福松は菊一に鬼板の技術を教えなかったのであった。

「ちと教えて下さい」。「図面から何から教えて下さい」っての。「何をおせるだ、お前に」。

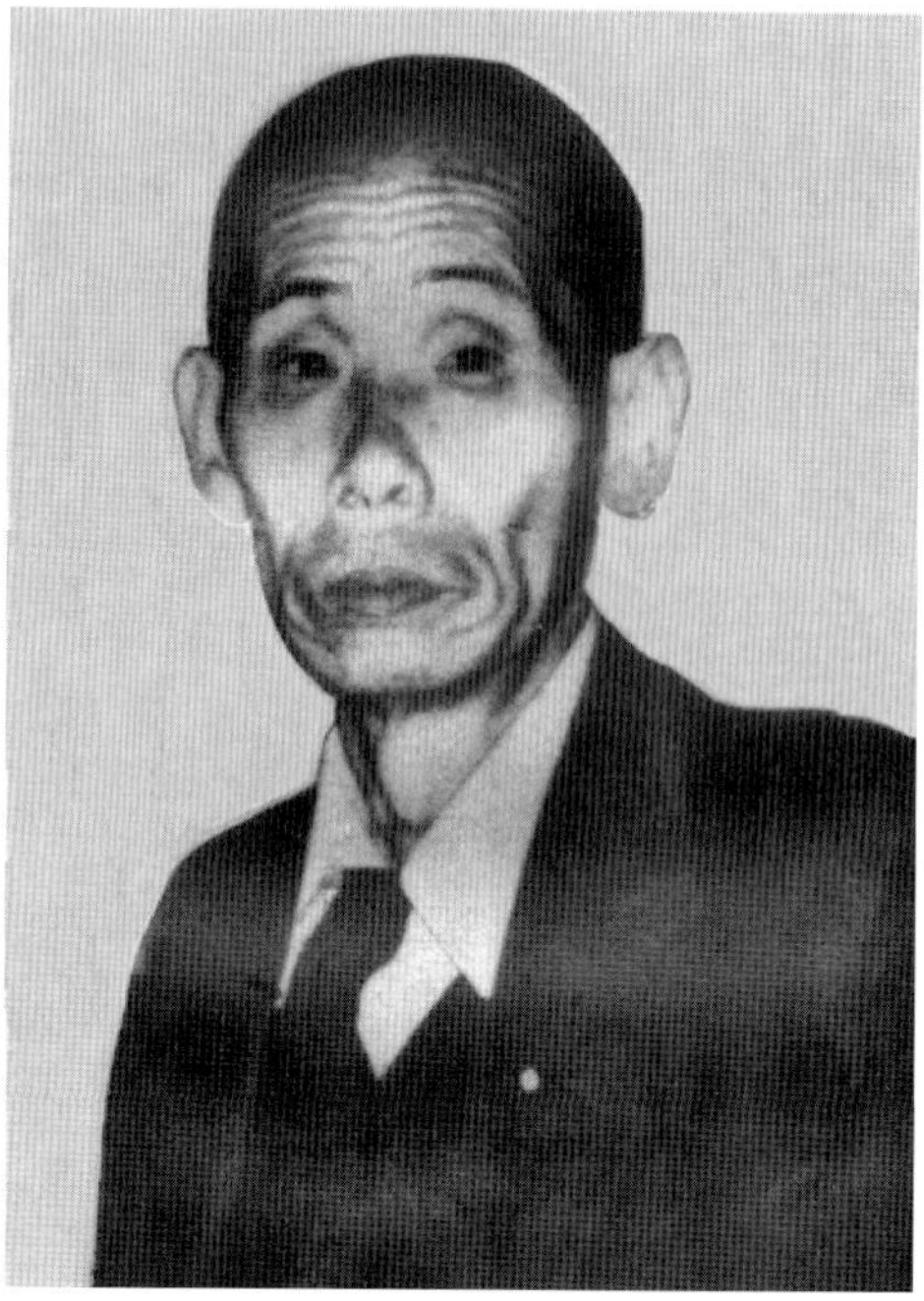

図１　初代鬼福　鈴木福松

「自分でやってみて、ここが分からんから、こうだから教えなさって言うなら教えるんだよ、俺は。ただ教えよっては教えようが無いじゃないか」と。「まっと修業しろ」と。

「修業もせんで何をおせえるんだ」と（図1）。

菊一は福松のけんもほろろな答えに真っ青になったと思う。菊一は鬼板屋を継ぐという条件で鈴木家に入ってきたのでなおさら驚いたと思われる。困り入った菊一に手を差し伸べてくれたのがお婆さん（福松の妻、きよ）であった。

お爺さん、兄さん（菊一）に一度、兄さんに教えてやってやったら。

福松はそれに対して次のように答えている。

「何を教えるだや」ってて。「出来もせん者にどこを教えるだや」と。「出来てから聞きに来い」と。

そうして、ちと行ったら、「別に教えるとこないな」と。「いいの」って。「良くないで、教えるとこないんだ」と。「良くないんだって、お前は」。

「どう」ってったら、「お前さんの、全然なっとらんだもの」。なだで、これは、「技術というものは、口で言えるものじゃないぞ」と。

そうした後に、福松は困惑し切っている菊一に大切な事を教えたのであった。

「日頃の製品を盗みなさい」と。「俺は盗め、盗んじゃいかんとは言わないぞ」と。

「盗め」と。

「技術でも、なに、盗むもんだ」と。「手でとって教えるものじゃない」と。「技術はな、内緒で盗むものだぞ」と。

「だで、俺は盗んじゃいかんとは言わん」。「困ってやったら、そっと捲《め》くって見るも良し。書いて覚えとくも良し」。そして、「よその職人さんがだいぶ家《うち》はおるで、その人の良い所を、昼間行くと嫌がられるので、夜の間に見て来い」と。「その人の職場へ行って見て来い」。「その人の利点利点を拾って来い」。

「それが上達の極意だぞ」と。

そう福松から言われて、弱り切っていた菊一におばあさんのきよはもう一つヒントを与えてくれたのであった。

お婆さん曰く、「商売はね、『あきない』ってってね、飽きたら負けるよ」と。「兄さん負けたらいかんよ」って。「『あきない』ってのが商売でしょ」ってね。

菊一はきよの言葉に胸を打たれたのであった。

こりゃあ、えれー事聞いちゃったなあって。へっへっへ（笑）。飽いたら負けるそうだ。「自分の、あの仕事に飽きが来たらもう負けだ」とね。飽いちゃいかないよと。

福松の人柄については三代目の博が語ってくれた。鬼師の福松とはどういった人なのかが博の話から浮かび上がってくる。

やっぱり職人ですので、「商売気は無かった」みたいで、物を作ってもやっぱり、金銭的にどうのというよりも、品物そのものという考えが根底にあったようで、平たく言うと商売は下手でしたね。その代わり、品物に関しては今流で言うと妥協しないというか、自分が気に入らなかったら、夜、今で言う残業じゃないですけど、夜中でも思いついたら職場へ入ってって、前掛し直して、やり直すと。製品というか、作品が気に入らなければそういうことも頻繁にしたと、それは良く小さい頃から聞いていますけどね。

妥協を許さない根っからの職人で、鬼瓦を作ることに心魂を傾けていたことが見えてくる。何しろ福松は一〇歳の頃から「鬼師の世界」へ入っているのである。職人として鍛え上げられていることは否定の仕様が無い。その職人、福松の余暇について博は次のように語ってくれた。

これ余談なんですけど、博打が好きだったでね。あと、相撲が好きだったりとかで、今ほど娯楽が無い時代ですので、仕方ないかもしれんけど、やっぱり「博打好き」というのは昔の職人さんに、ある意味全部とはいわないけど共通する面があるんですね。いわゆるそこらの日本全国渡り歩いてても、やっぱりそういう遊び仲間が出来ちゃうというのかね。あの、博打を打ってればどこの者だろうとそういう事は関係無しに共通に遊び場がありますのでね。

ああ、だで、自分の地へ帰って来て、自分で鬼福を立ち上げた後でも、そういう遊び事は、まあ、変な意味でなく自分の肥やしになったのか知らないけど好きでしたね。話聞くとその当時ですと、まだ博打場ていうもんが在ったらしくてね。結構そういう職人さんたちが良いか悪いかは別問題として出入りしていたとかね。

また福松は博打は好きだったが、酒は全然飲めなかったらしい。そして職人の割には結構社交的だったという。

おじいさんの時代としちゃ珍しい、北海道旅行ったりとかね。九州へも行ったりとか。まあ、その当時じゃ旅行行くということは珍しい時期に、もうしょっちゅう出てたけどね。

旅職人から鬼福になった福松は身体に覚えこんでいる「旅をする職人」を止めることは出来なかったのであろう。そしておそらく旅をしながら一般の人よりも視線を上にして、見つめていたのは各地の鬼瓦であったと思う。「旅―職人」として各地の鬼を「盗んでいた」のである。そうして福松はハイブリッドな福松の鬼瓦を作り上げていったのだ。

福松は養子で、さらに菊一も養子だったので、博と福松とは直接血の繋がりは無い。ところが福松は博の父、菊一には厳しく接していたが、孫に当たる博には意外にも優しかった。

今現在を見てみると、私も土に携わってこうやって鬼を弄《いじ》って、結局やるようになってますのでね。それなりにもう影響力も受けたし、背中を意識しないうちから背中を見て育って来ましたのでね。

昔だと、あの、この近くにプロのね、大相撲だかが花巡業で来ると、よくお爺さんは相撲が大好きで、私を肩車に乗せてね、観に連れて行ってくれたのを、私もほんのね朧《おぼろ》げながら覚えていますよ。それで私も相撲は嫌いじゃないし、将棋も教えてもらったし、いろんな博打じゃないですけど、まあ、それなりにね。今の親父のよりお爺さんの影響を受けている面もね、考えてみると、ああ、こんな事も実はお爺さんから教えて貰ったなって事がちょろちょろあるんですよね。まあ、孫だったもんで可愛がってくれたんだよね。

◈――鈴木菊一　［鬼福製鬼瓦所二代目］

菊一は現在碧南市に入っている西端の吹上にある中根家で大正十年一二月二五日に生まれている。亡くなったのは今（平成二九年）から四年前の平成二五年四月一四日であった。鈴木家は新川の住吉町に在ることから分かるように菊一は鈴木家へ養子として貰われてきている。菊一の生家は農家であった。その三男坊として生まれた。

菊一とのインタビューは難しかった。理由は菊一が自分のペースでほとんどずっと語り続けたからである。自分自身を一気に吐露する感じであった。それ故こちらから聞く間があまり無かったのである。小さい頃の思い出は語られていない。子守に行って一〇銭の小遣いを貰ったといったぐらいである。農家の生まれで勉強は出来なかったともいう。ただ小学校の時の強烈な思い出があった。それが先生の教えである。菊一はその教えを深く胸に秘めていた。菊一の人生の生き方の原点がここにある。

うちの小学校の先生（兵藤先生）の教えが強かったと。「ビリに居る人は真ん中まで来れるよ」と。「真ん中に居る人は上まで行けるよ」と。「やってみなさい」と。「人生一度しかないぞ」って事を四年生のときに懇々《こんこん》として言われた。

其の時にこれは遺憾という事で、小学校出る頃には真ん中まで来たと。ほいで、高等科というのが昔あってね。それがトップまで行きました。そいで何とかならんかと。

もうこれで俺は学業終わっちゃうんかと。

そいじゃ、今、豊田（自動織機）が良いからと。トヨタが内緒で軍需品造っとるそうだからそこに入ろうと。

当時、豊田は応募者中の一割弱しか入れない就職採用難関の会社であった。しかし無事入社でき、菊一は一所懸命にがんばり機械工一級試験にパスし、さらに養成工の指導員になっている。

ところが二二歳の時に兵隊としてとられ海軍に行っている。また一から叩き上げられることになった。千葉の館山海軍航空隊へ予科練としていき、遂には空母天城へ乗船命令を受けた。しかし当時は飛行機不足で待機になり、四国松山の飛行場へ行かされ予科練の教官になっている。さらに一九四五年四月には金谷の特攻隊に入っている。そして八月一五日の終戦の日を迎えたのであった。菊一は次のように言っている。

部隊長の命令としては「次期作戦命令の出るまで家庭において待機を命ず」という一枚の紙を貰って、全部、拳銃から持って西端（生家）に潜んどったですよ。だからわしにはね、終戦ということもなければ復員というものも無いんです。悪く言うと脱走兵。

菊一は予科練での教えを、菊一が小学校四年生の時に先生から受けた教えとダブらせるかのように話を締め括った。

予科練をする時にもね、世の中の人にな、「一が在って二がないんだぞ」と。「二があると思うからお前らつい失敗するんだ」と。「世の中に一があって、な、二というものは全然ないんだ」と。そういう風でビシビシ仕込む。仕込まれるって。

厳しかったです。

菊一の人生はいつもどん底から始まり、その与えられた環境の中でトップに這い上がって来る事の繰り返しであった。終戦後、豊田に戻っていた菊一に養子の話が来る。

西端の方にもこの福松さんの友達が弟子親方になった子たちがあっちに居る。居るもんで、「ほいであそこで、ほいじゃあ、貰いあわせで、何とか跡取りつくらにゃあかんぞよ」ってな事から、「お前行けよ、行けよ」ってって言われて、「嫌だなあ、嫌だなあ」っと言いながらここへ来てしまったというのが本意だという事だけどね。

つまり福松の弟子の鬼師から紹介され鬼福へ養子として来ている。しかもただの養子ではなく、鬼師に成ることを約束しているのであった。菊一が二五歳の時である。そして勤めていた豊田自動織機を次のように言って辞めている。

俺は鬼板屋さんを背負《しょ》って立つということで来とるから、わし、ここで辞める。

ここに第三のどん底生活が始まった。鬼福製鬼瓦所の親方は福松であった。養父で親方の福松は菊一に対して厳しかった。小学校時代、海軍予科練時代共にどん底からトップへと這い上がってきた菊一であったが、師匠の福松はこれまでのどん底からの方程式が当て嵌まらなかったのである。つまり「教えてくれなかった」のである。

「ただ教えよっては教えようがないじゃないか」と。「まっと修業しろ」と。「修業が足らんじゃないか」と。「修業もせんで、何をおせえるんだ」と。

菊一は心底悩み苦しんだことと思う。おそらく普通の養子だったら福松とぶつかり我慢が出来なくなって、鈴木家を出たかもしれない。

図2　二代目鬼福　鈴木菊一

ところが菊一には「どん底生活」に対する耐性が小学校時代、予科練時代を通して知識ではなく、身体知として身体《からだ》そのものにしっかりと備わっていたのである。しかもただどん底暮らしに甘んじるといった耐性どころか、反対にそれを打ち破ってトップを目指すという激しい闘志を持っていた。菊一は次のように言明している（図2）。

どんな事があっても、業界トップ、なにやらしてもトップでなけりゃならない。一位があって二は無い。「何やっても小さい業界でも何でも良いからトップになんなさいよ」と。

トップに、絶対トップに。そんなトップになれんような人生はどうするんだ。

だで、ここでまた、よばあって、貰い合わせが来てやった時でもだね。まずトップということを狙っているから。業界でトップで行かないかん。

じゃ、生産は。生産はトップと。従業員はトップへ持って来にゃならん。

なんと鬼板屋の知識や技術が無かった素人の菊一が既にこういったような思いを心に秘め、福松と向かい合っていたのである。菊一がどのようにどん底から上がって行ったかは語られていない。しかし言明通りに後にトップへと進んでいる。

念願のね、手作り製品トップを三年から四年通しました。従業員（職人）の数もその時一一人居りました。最高ですわ。やれやれと。その時に胃潰瘍が飛び出て難航しました。二五に来てねえ、四〇、五〇になる四八ぐらいに胃潰瘍が飛び出ました。それまで闘いに闘いました。今思うと本当に懐かしい。本当に懐かしい（図3）。

図３　経ノ巻唐破風吹流シ（鈴木菊一作）

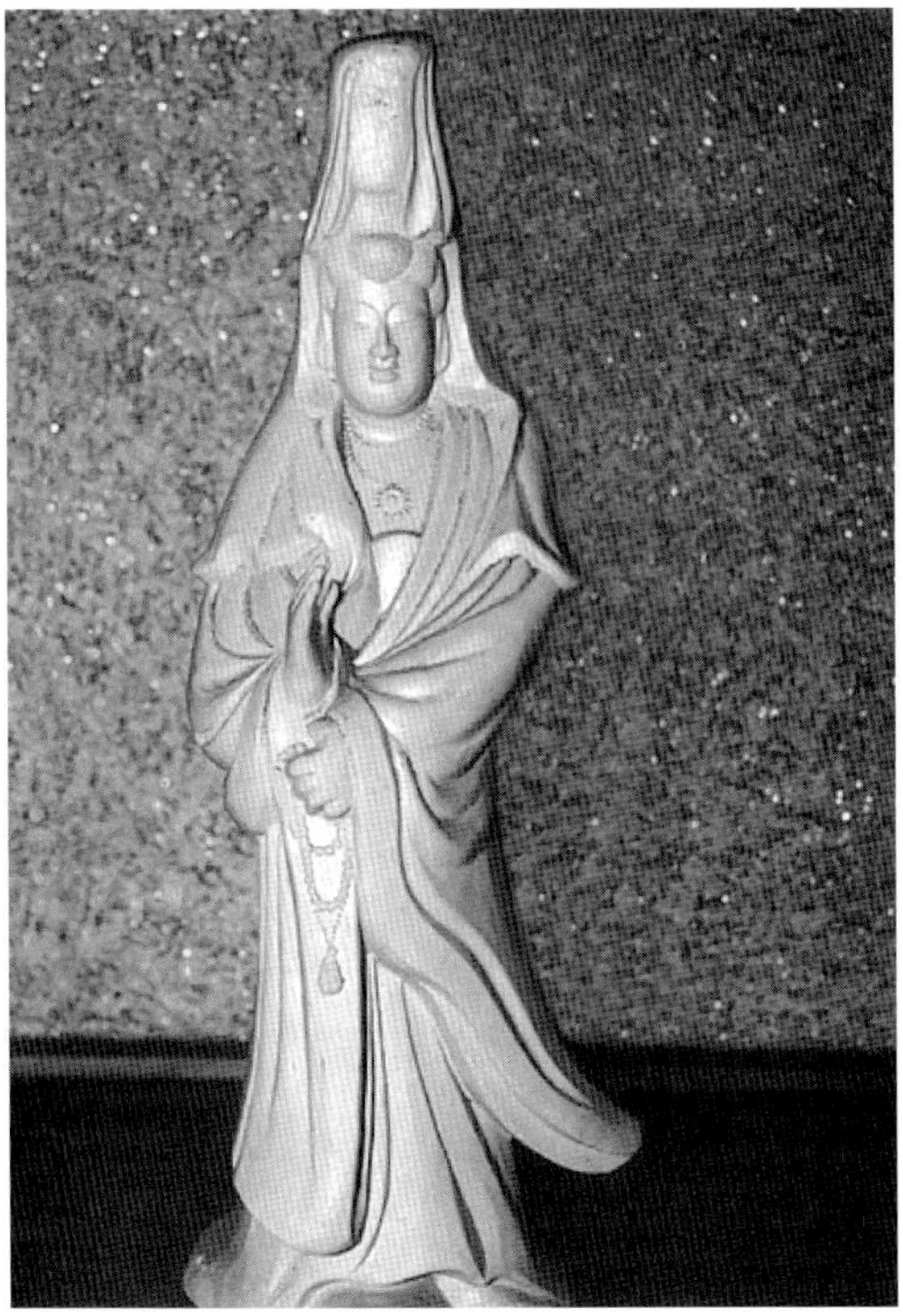
図４　観音立像（初代　鈴木福松作）

手作り職人の数が一軒の鬼板屋で一人というのは本当に大きな数字なのである。文字通りトップを目指して菊一はやって来たのだと思う。インタビューを終えたあと、大きな仏壇のある太い柱で出来た居間の西隣の部屋に案内してもらった。そこにはいろいろな鬼瓦が飾ってあった。菊一はそれらを指しながら説明してくれた。

親父が残しといてくれた観音さん。そいから天理教本部の雛形。これも本当にね、我が家の宝になっとる。

だで、わしは親父が作ってくれた観音さんだから焼かないと。焼いたら観音さん死んでしまうんで。白地で取っといてあります。今、これ焼いたらね、観音さん、殺しちゃうでしょ。これは駄目だと。白地だから欠けるからと思ったら大事に扱いなさい。

「これは観音さんじゃない。お爺さんだ」と。先代だと。初代の乗り移りだからこれは絶対に焼かないよと（図4）。

――鈴木博　［鬼福製鬼瓦所三代目］

鬼福を現在取り仕切っている親方は博である。昭和二五年九月二八日に生まれている。生まれも育ちも鬼福で過ごしているので、初代福松と二代目菊一とは大きく違う。福松も菊一も養子として入って来ており、鈴木家にとっては二人はいわば異人である。三代目にしてやっと長男の博が生まれた。博は開口一番次のように語っている。

まあ、小さい頃からやっぱり、お爺さんなり親父の背中を見て土の中で育って来ましたので、自分がこの家業継ぐということをそんなに意識もしなかったし、今考えてみると、なんか、当然こんな風になったかなあと思うんですけど。まあ、多分このー、流れは変わらないから自分の代少なくとも自分の代は鬼瓦を作って過ごしていくと思います。

鬼福は博の代になって流れが変わったといえる。博のように親の背中を見て育ち、それがいつの間にか自分自身に跳ね返り、気が付いたら自分も親と同じ事をしていたという事は鬼福では絶えて無かったのであった。

小さい頃にー、もう、直接教えて、あのー、鬼瓦なら鬼瓦作ることを教えてもらったっていうこともそんなに無いですよねえ。

自然のあれで、高校へ入って休みの期間が長い時期、高校二年、三年ぐらい今考えてみると、ちょっとやっぱり職場に入って、職人さんの隣で真似事見たいな事をね、してたことは覚えてるんですけどね。それからもう自然に、まあ、ちょっと自分のあれで申し訳ないですけど、上の学校も行かせていただいて、その時なんかも二ヶ月以上休みがありますので、夏休みとか。そういう時はもう現実に、家入って窯積み手伝ったりとかね、そういう、あれ、もう自然に、別にアルバイト料もらった訳でも何でもないんですけど、自然にそれやるようになっちゃっていましたねえ。

だから考えてみると、門前の小僧何とかじゃないですけど、不思議なもんですね、家業で親の仕事見てるとー、継いじゃうんですよね。不思議なもんで。

子供の頃の思い出も凧揚げ、魚釣り、かっちん（ビー玉）、ぱんき（面子）など色々な遊びをしているのだが、その中に一般とは変わった遊びが入っている。粘土細工である。

やっぱり、ほかのよその子が遊びに来たり、友達やなんかすると、やっぱりー、粘土で細工物作ってたりなんかすると珍しがるんですよね。

「あれ、こんなもの作ってるの?!」って言って。いわゆる子供の頃ですので、まあ、怪獣作ったり、お人形さん作ったりー、皿作ったり、茶碗作ったりと。そういうことをほかの人から見ると珍しいというのか、案外ねえ、それ自分じゃ気が付かないけどね。

自分が作ったもの、あのー、自分の家でもちろん窯もありますので、焼いてもらってたんですよね、お爺さんとか親父に。

それ当たり前だと思ってたんですねえ。よその子から観ると「わーっ、良いね。出来たもの焼いてもらって」とか。そういう事ぐらいから自然にこうねえ、まあ気が付くというのか、付かんというのか、だと思うんですけどねえ。

博はすでに小学校低学年の頃に夏休みの作品を粘土で作って学校へ提出している。それが「ロバのパン屋さん」であった。昔、地元に実際にロバのパン屋さんが来ていたのだという。それを粘土に翻訳しているのだった。

仕事場へはもちろん遊びから入っているのだが、いつしか仕事が何か見えて来るのであった。その変化を次のように語っている。

私、小さい頃からいわゆる職人さんって働いていただく人が何人か見えたもんで、その人たちの周りで遊んでたって事は、あのー、記憶に在るんですけど。

鬼を作ったっていうのはやっぱり、高校二、三年ぐらいの夏休み中に、あのー、まあ、いわゆる製品を作るじゃなくてね。うーん、いわゆる職人さんの隣で、いわゆる「型紋」っていって石膏型があるんですけど、そこへ粘土を込んで、それをこう、ポッと抜いて、いわゆる物が出来ますよね、形が。それ見て多分、あー、こんなもんかなという、そんな形から、こう、入ってったというのか、あのー、自然にねえ、職場に入るような形になったと思うんですけどねえ。だからもちろんそんな製品を作るというのは全然まだなんですけどねえ。

昔、博が小さい頃は鬼福には一番多い時で九人職人が働いていたという。しかもそのうち二人は何と家族住み込みであった。

九人ていうと、今の考えでいうと、なんだ大したことないなあと思うんですけど、いわゆる九人、「昔の九人ていうと全員技術を持ってる人ばっかりだから、大変なことなんですよね」。今でも鬼瓦屋さんは三州には沢山在るんですけど、多分五人以上職人さんのみえる所はほとんどないと思うんですけどねえ。家が現実に今三人働いてもらっているんですけど。

これが菊一がいう業界トップの意味である。菊一の時はなんと一番多い時で一一人であった。菊一と博の話を総合すると、博が中学生から高校生、大学生の頃に鬼福は黄金期を迎えていたように思われる。福松が亡くなったのが博が一五歳の時なので、福松の技術と流儀の受け渡しが鬼福でほぼ完了し、多くの職人が鬼福の中に育っていたのである。

博は名古屋商科大学経営学部を卒業している。直接鬼瓦を作ることには繋がっていないが、帳簿をつける経理面では役に立っているという。大学では三、四年次頃から、自由な時間が増えてくる。博の場合、逆に家業に携わる時間が増えてきて、自然に家業を継ぐ形になっていったのであった。卒業して鬼福へ入り、その後、他の鬼板屋へは修業に出されてはいない。博はこれについて次のように語っている。

昔でいうと、あのー、小僧に出たりとかね、そういうあれも在るんですけど。まあ、逆にいうと家でお爺さんなり親父なり技術持ってますので、まあ、ある意味じゃ伝承なんですけど、これー、もう、それで済んじゃうんですね。

鬼瓦というものは、まあ、今は段々少なくなって来たんですけど、昔はやっぱり、ある家、家で、流儀が在ったんですよね。鬼、製品その物が。だから、よそ行くと、他の鬼瓦屋さんで仮に三年なり五年なり修業しちゃうと、そっちの系統というのかね、いわゆる、まあ、悪く言えば鬼福じゃないもの作っちゃうような形になっちゃうんですよね。

だから、ある意味では自分のとこの継承して行く事は、自分の親父なりお爺さんなりのその流儀、流儀というのか、そういうもの継承していかないと、よそで教えていただいて、よその作り方の技術をマスターしちゃうと、まあ、極端なことを言うと鬼福が消えちゃうんですよね。

実際は菊一からなのであるが、博の代になって流儀が確立完成し、その伝統の継承が大きな問題に成っている事が分かる。反対に新川に在った他流試合、ハイブリッドの鬼瓦の伝統は鬼福では消えている。ところが現代では時代がさらに変化して、流儀の伝承それ自体が大きく揺さ振られて来ているのであった。鬼福だけの問題としてではなく、三州鬼瓦全体の問題として揺れ動いているのである。

私が現役でやってるんですけど、今の三州でも鬼瓦ってのはちょっといわゆる、二、三〇年前よりも形が変わって来ているんですよね。

昔は一軒の家で、一事業所で、並物ってって安い一般的な駄物なんかからごく高級な社寺・仏閣みたいな物まで全部取り揃えて作ったんですよね。

でも最近はそれは少なくなって、やっぱり、あの、今風で言うと、全ての物を用意しとくとコスト的にも資本的にも、大変ですので、そういうのを皆、もう、こういう世の中ですので、ちょっと無理になって来て、ある意味専門分野になって、例えば家《うち》ですと、もう経ノ巻しか作ってないんです。そうすると、「経ノ巻をやらないか」って問い合わせが来ると、家がまあ、経ノ巻の分野だったら大体を用立ててもらえると。

で、まあ、一般住宅のもんだと、誰々さんとこだと手広くやって見えると。在庫も沢山持ってると。そうすると家《うち》が一般住宅を受ければ、失礼ですけど、製品は責任持って出しますので、家の製品じゃなくて取り寄せますすと。

そういう形で皆お互いにね、ちょっとこうやり方が一時代前と変わってきてますね。ほいで組合の中がそういう体制になりつつある。無理して一から一〇まで一事業所で揃えなくていいと。得意分野だけ自分で大きくがっちり準備しておくと。そういう形にしておけば、それで皆、グループで皆のを補えると。

事実、組合では共通の総合カタログを平成一二年に完成している。それが『三州鬼瓦総合カタログ二〇〇〇年度版』である。相互に必要なものを融通し合う「鬼瓦の自由化」、ビッグバンである。経済効率を基準に動き始めたのだ。昔の商取引と一八〇度違うやり方に統一されたといえる。

私の親の時代とか、お爺さんの時代も、もっと極端なんですけど、商売相手の鬼瓦さんに買いに行くなんて事は。「人を助けてやることはない」と。そういう精神があったんですね。だで、「商売敵だで、そんなところへ買いに行くのは自分が恥だ」と。自分が用立てられなかったという事に成っちゃうもんでね。そういう時代が続いてたんです。

この現代（二一世紀初頭）における三州鬼瓦業界の大きな変化は生き残りをかけた動きである。しかし、何が犠牲にされるかといえば、各鬼板屋の伝統であり流儀である。三代も四代も掛けて築き上げて来た鬼板屋の流儀が経済効率という名の元に今消えようとしている。鬼福の場合でいうと、菊一の代で確立した鬼福流儀の生産体制が、次の博の代には早くも解体されようとしているわけである。博ははっきりとそのことを認識している。

共通する組合の土俵の中でお互いに融通しあうようなシステムが、今後ともどんどん進んで行くと、ごく、鬼瓦の始まりの時のような流派というか、各個人の家での作り方とか、細かくいえば一つ一つの鬼の形でも事業所によって違うような、作る人によって違うような、そういうのがどんどん薄まっちゃうんですよね。

仮に、家が、鬼福が出した鬼でも、先ほどの体制でいうと、他のとこから来た鬼が鬼福の窓口から出て行く可能性が十分あるですでね。だで、ある意味で言うと、逆に言うと、鬼福なら経ノ巻ばかり作っていると、すると経ノ巻が鬼福の流儀じゃないけど、同じような形が広まって行くと。昔みたいに一軒で全部作ってると、Ａ社、Ｂ社があると、経ノ巻でもＡ社の、Ｂ社のがあるですけど。そういうのが結局はそういうのが薄まっちゃいますわね。

もしこういった体制がさらに進行していくと、流儀の次には、実際の現場の作り手である職人の技自体に大きな影響が出てくることは間違いない。何しろ各鬼板屋はそれぞれ得意とする（または割り当てられた）鬼板ばかりを作ることはある意味、チャップリンの『モダン・タイムス』のパロディーのような鬼板屋版ができることになる。それは昔の職人が何でも作っていた、または作れた世界とは対極の世界である。つまり三州鬼瓦版トヨタかんばん方式ということになる。今、日本社会に広がっているコンビニも同じシステムである。コンピューター制御による迅速な交通手段に支えられた必要商品補充方式である。下手をすると、様々な流儀のある鬼板の世界は、ある時ハッと気が付くとノッペリしたモダニズムの顔に変貌しているのかもしれない。

菊一が鬼板の作り方を習うときの様子は既に紹介した。博の場合はどうだったのであろうか。博はそれについて次のように話してくれた。

うーん。直接はねえ……。まあ、まったく教えられていないというとあれなんですけど。まー、ほとんど八〇％から九〇％は自分で習うというのかねえ。

それか、もう、聞きに行くと、こっちからね。うん。向こうから「こうしろ」じゃなくて、「ここはこう出来ません」とか、「どうしますか」って言うと、「ああ、じゃあ、ここはこうした方が良いぞ」とか。

まあ、所謂教えてもらう人の方から、教える人の方からじゃなくて、教えて貰う方から「ここは思うように出来ません」とか、それから「ここの作り方がわかりません」とか。そういう事で、「ああ、じゃあ、ここはこうしろ」とか、「それからもっと、そこ見ながら、ここはこうするから、今度はこっち側もこうしろ」とか。

うーん。そういう形でね、教えてもらった。うん。「ここはこんな風だと、次になった段階でここは出来ないぞ」と。そういう風に、こう、段階的に教えてもらった。そういう事で、まあ、教えていただくほうの、先生の立場からどんどん教えるということはまず無いですね。

博は八〇％から九〇％は「自分で習う」と表現している。博の場合は鬼福に沢山職人がいたので、見よう見まねで覚えていったという事になろう。そしてどうしても自分でやってみて分からない所にぶつかると、先輩の職人や親方に尋ねたのである。博はさらに次のようにも説明してくれた。一般的な意味での「教わる」または「教える」場所としての学校とは大きく異なる点の指摘である。

結局、最終的には売るものを作らなきゃいけない。売れるものを。ということは、あのー、出来ても失敗しちゃって、しょっちゅう捨ててるようじゃ困りますので。だから、もう、所謂技術の段階に応じて出来るものというのが在るんですよ、製品でもね。

まあ簡単に言うと、簡単なものから教えていくと。うん。徐々にね。そうすると、あのー、段階踏んでいくと作ってる人にもわかりやすいし、教えるほうも教えやすいしと。そういう形で、あのー、所謂製品でも、難しい製品、簡単な製品ありますので、所謂出来やすいものから順番に。

鬼師の修業の過程が現実のビジネスに堪えうる商品化から離れていないのである。「売れるものから作る」ことが必要条件なのである。博はいつしか習う立場から教える立場になって話していた。博の鬼福での立場がそうなっているのだ。親方の目で話すといってもいい。

まあ、当たり前といえば当たり前ですけど、いっぺんにドーンと難しいものじゃなくてね。段階踏んでいくと。作る方も、こう……、無理せずにやっていけますのでね。

ほいだで、この段階までの製品がやれると、じゃあ、次、この製品やってみようかと。うん。そういう形で、所謂出す方も、あのー、作ってもらうものを指示するほうの、そういうことを念頭に入れて職人さんに、まあ、教えていくというのか、仕事を出していく。供給していく。

そうすると前回まではこの製品が出来たけど、この次はもう一つ上の段階の難しい製品やってみようと。そういう形で、こう……、クリヤーして行くというか、そういう形ですよね。

「鬼師の世界」は修業即仕事なのである。そして仕事即修業でもある。なぜなら技術の修得に終点は無いからだ。

ああ、限界無いです。あるものが出来ればその上のものも必ず在るはずですのでねえ。もう、やればやるほど。

ただ次のような限界が来ることも示唆している。

現実に土弄《いじ》ったり、ある程度の重量というのか、重さなりも絡んでくると、ただ技術だけじゃなくて、今度は自分が歳いってくると、重いものはやれない。大きいものはやれない。そういう所謂現実のねえ、ギャップが出て来て、最終的にはもうどっかで止まるしかないという形になっちゃうもんねえ。

これは修業に力点を置いた見方である。博は同時に仕事に力点を置いた見方も話してくれた。

でも、商売となるとやっぱりある程度妥協も必要でね。あんまり技術、技術といっても、まあ、これ、あのー、小さな声になっちゃうけどねえ。それは、もう、「自分の気に入るまで作らにゃ」と言っとっても、結局、「採算的にも合わない」とか、「納期に間に合わない」とかねえ。

図５　三代目　鈴木博　鴟尾

そういう風になると、現実に「商売」っていうことになると成り立たなくなっちゃうもんでね。

うーん。人間国宝かそんな風になれば別ですけどねえ。誰かお手当てくれるなら、そういう研究みたいなもんでもいいけど、現実に自分で作ったもの売って生活していくとなると、どっかに妥協というもの入りますよねえ。まあ、いい意味での妥協でね。ええ、でないと、もう、とてもじゃないけど……（図５）。

鬼板屋においては修業と仕事が同じコインの表と裏の関係にあることがわかる。そのバランスがとれてはじめてお金（コイン）になるのである。福松の言う「上達の極意」はこの修業と仕事の密接な関係から生まれた職人の生きるための知恵なのかもしれない。「技術はな、内緒で盗むものだぞ」。

まとめ

最後に瓦業界の変化の中の大きな流れである平板について話を転じたい。実際、色々な町を歩いていても、ほとんどの新しい家の屋根瓦は平板瓦になって来ている。和瓦の屋根を使った新築家屋は珍しい感じがするほどの状況になっている。平板瓦を使った屋根を、博は「業界用語では」と前置きをして、「鬼を使わない屋根」、「棟を作らない屋根」、「棟を取らない屋根」と呼んだ。

我々から言うとまったく「異質の屋根」ということになって、我々から言うと「異質の建物」になっちゃってるんですよね。

で、本来はそういうものじゃいけないですので、そうなると今度は逆に、世の中の流れとして、平板が主軸になって来たなら、こちらが頑《かたく》なに昔のあれじゃなくて、今度はこちらが平板に合うようなものをという事でね、皆さんそれなりに考えては見えるんですけど。

致命傷がね、鬼瓦を使うてことは、棟を積んでもらわにゃいかん。棟が無いことにはね、もう、そこが一番ネックみたいね。

それも、あの、変わったものを載せとけばいいやっていう、鯱だの、獅子だので。鬼瓦ては、そういう物じゃないもんね。それは鬼瓦のごく一部であって、それは飾りのもんであって、「主力になる鬼瓦ていうのはあくまでも、家の棟が付いてはじめて鬼が付くっていうのが大原則だもんでね」。それを変えるとなると鬼瓦の根本そのもの、考え方、形状、そういうものをゼロに近い発想からいかないと……。

鬼瓦の大原則を無視した屋根が平板瓦で葺いた洋風式の今流行《はやり》の屋根なのである。もともと西洋では屋根に鬼瓦を載せていない。その全く異なる様式の屋根を持つ建物を大手建築メーカーが日本へ導入し、今、全国へ広がっているのが現状である。建物の場合、一軒の家だけの好みの問題に留まらないのが問題である。町全体の景観に繋がってくるし、やがては日本全体の景観となるのである。異文化の衝突が日本の屋根の上で起きているといえる。それは喩《たと》えると和服（和瓦）と洋服（平板瓦）ほどに異なっている。日本とそこに住む日本人がそれほどまでに西洋化している証であるといえばそれまでだが、三州鬼瓦の伝統と伝承に根底から揺さ振りを掛ける大きな転換の時代に立ち会っているのは否定しようが無い。

［15］鬼萬系——鬼福製鬼瓦所、藤浦鬼瓦（弐）

第四グループに入る鬼板屋の一つが、藤浦鬼瓦である。鬼福製鬼瓦所から独立してできた鬼板屋で、鬼福製鬼瓦所とは通常以上に深い関係にある。この第四グループは「神話を持たない鬼板屋」と命名はしたが、藤浦鬼瓦は二代目にして早、初代がいつの間にか神話化して来ている鬼板屋になっている。原因はインタビューをしたタイミングにずれが生じてしまい、あっと気が付いた時には初代を直接知っている人々が本人を始めとして亡くなっていたのである。それ故、藤浦鬼瓦の物語は全体的にややバランスを欠いた構成になっている。インタビューを開始した時はまだ初代を知っている人がいたのであるが、こちらの都合でインタビューを遅らせてしまった事が、こういった結果を招いた訳である。

㈲藤浦鬼瓦

❖——藤浦五郎［藤浦鬼瓦初代］

藤浦鬼瓦は碧南市の荒子にある。ちょうど鬼福製鬼瓦所が碧南市にあるように、碧南市の鬼板屋である。最初に藤浦鬼瓦を訪れたのが平成一二年（二〇〇〇）一月二四日であり、今、藤浦鬼瓦についてまとめ始めたのが平成二〇年九月一日からなので、ほぼ九年余りが経過している。この間に初代藤浦五郎を知っている人々がほぼ居なくなってしまった。直接の情報源は現藤浦鬼瓦の社長である二代目藤浦長実一人となっている。もう少し早ければという後悔の念はとても強い。

藤浦家はもともと百姓だったという。ところが大東亜戦争の時に戦災で岡崎にあった過去帳が焼けてしまい、四代から先が分からなくなっている。ただ伝聞から長実は次のように言う。

（過去）帳というのも、西尾の古川にお寺が在るんですけども、そこも水が出て、まあ、分からなくなってしまった。まあ、忍者だという、岡崎のねー、「忍者だった」とかいう話もね、聞いたんですけど。

記憶の中の藤浦鬼瓦は次のような様子であった。長実の藤浦鬼瓦の原風景といったものである。それはここ三州辺りの鬼板屋の原風景と重なり合うものがある。

　うちで少しずつ親父が、そのー、鬼瓦をやりながら、隣に木工所が、大きな木工所がありまして、それと、まっ、兼用のような、百姓もやりながら、それもしながらというような感じで。

百姓をしながら、木工所もやりつつ、その上に、鬼瓦も作っていたのが長実の父、藤浦五郎であった。長実自身が生まれたのが昭和二五年五月一日なので、原風景が朧気《おぼろけ》なものとして心に浮かび上がる訳である。

　でも、その在所が、そのー、鬼瓦でしたので、親父自身が、その、年《ねん》が明けているんですけど、あの、そんなに裕福な状態じゃなかったもんですから、で、木工の方も、まっ、ほとんど、二六、二〇、……三〇年には完全、もう、鬼だけになったんですけども。そのー、戦争が、……。要するに、まっ、戦争が終わった時点で、平和産業はだめでしたから。だから、その頃から、少しずつ、そのー、家の、その、鬼瓦を作り始めておったみたいですけども。

　この長実の話にあるように、藤浦鬼瓦の始まりがはっきり分かる。「在所が鬼瓦だったから」という訳である。つまり、五郎の母親（かず）[1]の実家が鬼瓦をつくる鬼板屋であり、五郎はその血縁でもって、在所へ職人になる為に入ったことになっている。長実は次のように言う。

　まあ、母親の実家ということで、ええ、そんなにその、日本の景気も良くないから、それと、まあ、職というか、「手に技術を付けとけば」という事で、多分、あの、実家のほうに鬼師として行ったと思うんですけどね。

　その実家でもある鬼板屋が鬼福製鬼瓦所であった。藤浦五郎は大正二年（一九一三）九月二四日に生まれた。そして嫁に来た「やす」の義理の叔父、鈴木福松の元へ鬼師になるために弟子入りしたという。しかし、五郎は鈴木やすと結婚してから鬼福へ入ったのか、鬼福へ小僧として働いており職人になった五郎が鈴木家（鬼福）の娘「やす」と一緒になったのかははっきりしていない。ただ五郎とやすの子である長実は昭和二五年（一九五〇）に誕生していることから考えると、長実は五郎が三七歳の時の子ということになる。この事から職人として年が明けたのは戦前のことである。結婚して鬼福へ職人になる為に入ったというよりも、鬼福の職人であった五郎が、鬼福にいた「やす」と出会い、結婚し、独立して藤浦鬼瓦を始めたと考えるほうが筋は通るように思われる。まして戦前の日本は小卒、中卒で社会に出て働き始めるのが普通であった時代である。ただ当事者である五郎も「やす」も現在は居ないので、物語の始まりがベールに覆《おお》われている事になる。つまり神話化がここに起きている事になる。

　しかし、この神話化現象に諦め切れず、平成二〇年九月二七日に再度、藤浦鬼瓦を訪ねた。その時、長実と話しているうちに長実の妻の理子《みちこ》がたまたま「やす」が亡くなる少し前に、「やす」から藤浦家について何と聞き書きをしていた事が分かったのである。理子はその頃、ちょうど長実（夫）も大きな病気をしていたこともあり、藤浦家についてもっと知りたくなったのだという。そしてそのノートが何と残っていたのであった。そのノートによると、「五郎は碧校二年中退で鬼福へ入った」となっていた。後で調べたところ、当時、大正末期から昭和の初めにかけて「碧校」とは「碧南国民学校」[2]の事であった。そして二年中退は歳でいうと一五または一六歳に当たっていた。現代でいうとちょうど中学校を卒業して鬼福へ入った事になる。鬼福へ入った理由は既に五郎の兄、勉三《べんぞう》が鬼福へ一三、四歳の頃に小僧として入っており、既に職人となっていたからである。勉三は明治四二年（一九〇九）三月七日に生まれており、五郎とは四歳年上であった。五郎は鬼福では職人となったこの勉三から鬼板の技術を習ったという。五郎が鬼福へ入った頃、勉三は二〇歳前後だった事になる。勉三は有能な鬼師であったが、大東亜戦争後は鬼師にもどらず、何かの縁で新

図1　初代　藤浦五郎

川産業（今の㈱アイシン）へ新たに就職している。また五郎と「やす」の関係もはっきりした。二人のそれぞれの両親が勝手に決めた結婚であり、結婚式当日まで互いに顔も知らなかったという。しかし五郎と「やす」は従兄妹同士であった。つまり二人とも鈴木家の血を継いでいる事になる。また、鈴木家は元々鬼板屋ではなく、農家であり、漁師の家であった。そこへ二女「かず」の姉である長女「きよ」のもとへ福松が養子として貰われて来て、この福松が鬼板屋を始めたのである（図1）。

さて、長実の両親の記憶は長実が小さい頃にさかのぼる。それが鬼瓦を作る五郎たちの働く姿であった。

> 母親もずっと、まあ、相手をしながら、あのー、例えば、石膏でも裏側は、母親がやって、で、あのー、まあ、コンビでやっていくような感じでしたけどね。で、そういうのは、ほとんど、小さい時から見てましたから。
>
> まあ、それこそ、そうですねー、昔ですから、そのラジオ聞きながら、ねえ、夜遅くまで、そのー、作っていましたけどねー。

長実が語っているように、五郎は妻のやすと二人で仕事をいつもしていたようであり、他に職人は居なかったらしい。

> 職人は居なかったですねー。居た時代は、そのー、手作りの職人さんてのは、居なかったです。うちは。

本当に夫婦で営む家内工業的な白地屋が藤浦鬼瓦であったことがわずかな話からではあるが、見えて来る。長実の記憶は長実自身が小学校の頃に覚えている親たちの働く姿から、親たちと長実が一緒に働く記憶へと移る。つまり頭の記憶から身体《からだ》の記憶へとより確かな過去がここに浮かび上がる。

その－、やっぱりしましたよ。土打ちと言いましてね。その－、小学校の時も、忙しい時に、学校を休んで。

あの－、まあ、土を、その－、土練機の中に入れるんですよね。練る、それを。その、土場に行って、手伝いに行かされた事ありますから。ま、そういう事をしながら、百姓もあったから。百姓の農家の手伝いとか、そういう、それは昔はどこの子供も、家の手伝いってのは当たり前でしたから。

だから、そういう仕事も一緒に、それから、あの－、石膏型を詰める仕事ですね。粘土。そういう事も、小学校の高学年くらいかな、し始めたのは。

その位ですかね。まあ、中学になればほとんど、中学の後半ですけど、やっぱり仕上げまでは全部出来てって事はしてましたけどね。

そうしていた頃にいきなり五郎は亡くなったのであった。長実が中学三年生の時の出来事である。昭和四〇年一二月二二日の事であった。長実は父、五郎のことを次のように言っている。

すごい頑固な親父でしたね。うちとしてはね。頑固で、真面目な人だったと思うんですけどねえ。

その、まあ、百姓もやったり、その、百姓の事で、その指導買って言うのね。そういう事で、よく話し、聞かされたりしてたみたいですけどね。

それから、信仰的なもんも、そちらの話もしたり。だから、まあ、基本的には、真面目な人だとは思いますけどね。[3]

鬼福の二代目、鈴木菊一にインタビューをした折に五郎について聞いてみた。しかし、菊一自身が福松の実子ではなく、鬼福の養子のため、五郎とは馴染みが薄いと言っていた。ただ、「戦後、五郎は西三河4Hクラブの農業指導員として活躍していた」という。また、「鬼福が忙しい時に夜来て手伝っていた」と話していた（図2）。

五郎が亡くなった事により、藤浦鬼瓦は二代目の長実にバトンが引き継がれる。しかし、長実はまだ中学三年であり、実質は五郎とコンビを組んでいた母、「やす」を中心に運営されていった。長実はその頃の事を次のように話す。

あの－、その時は、僕が中学三年の時は、もう、近くのおばさんが一人と、僕のお姉さん（郷乃《さとの》）と、それから母親と、四人でやっ

図2　碧南市西端　応仁寺　経ノ巻吹流し（藤浦五郎作）

てましたね。

その頃からプレス製品っていうのが良く出る時代になって。

プレスものは中学ん時もありましたから、だから三〇年以上になりますね。三〇年以上になりますけど、そのプレスが、一台になり、また二台になりって事ですねー。

プレスも三台。三台くらい活動してましたからねえ。

今は二台なんですけど、結局自動化したもんですから、だから二台のが一台で。

［藤浦鬼瓦二代目］

◈――藤浦長実

このように藤浦鬼瓦にとって五郎の死は、会社の存在そのものを揺るがす一大出来事であった事には間違いない。しかし、藤浦鬼瓦は時代に救われたのである。五郎が亡くなった昭和四〇年頃からプレス機械が発明され、それまで手作りか、石膏型から起こしていた鬼板屋の世界に、新しくプレス成形された鬼瓦が登場したのである。そして五郎は亡くなる前に既にその新しいプレス機械を導入していた。中学を卒業した長実はそのまま藤浦鬼瓦に入り、母親たちと五郎が抜けた藤浦鬼瓦を盛り立てて行ったのである。

しかも、日本社会の高度成長時代とピッタリと重なり、住宅建築ブームに乗って藤浦鬼瓦は存亡の危機を乗り越え、発展して行った。

それはプレス機械の台数が増えているという事実がその成長の様を如実に物語っている。つまり、その頃は藤浦鬼瓦は五郎の時代の手作りの鬼瓦を作る白地屋から、長実の時代になって、基本的にプレス機械による鬼瓦を生産する白地屋に変容した事になる。これは質的に大きな変化が藤浦鬼瓦に起きた事を意味する。

　プレス鬼（瓦）を量産することは、地元のトンネル窯との関係が生じて来る。プレス機械による瓦の大量生産と、プレス機械による鬼瓦の大量生産はセットである。そして大量生産される瓦と鬼瓦が当時はなんとトンネル窯で同時に焼成されていたという。長実はこの件について語ってくれた。

> このトンネル窯も、そのー、瓦のあれが、昔はその一本のトンネル窯で、瓦の桟瓦《さんがわら》[4]も、役物も、鬼瓦も一本のトンネル窯で焼いていた時代が多かったんですよね。
>
> それが、その、段々、段々、桟（瓦）専焼っていう瓦の状況になって、役物[5]は違うとこで焼くようになった。鬼瓦も違う場所で焼くようになってってという。それから、その、分業化が進んでいったんですよね。
>
> 桟（瓦）だけの方がやっぱり効率が、窯の、窯の安定性がいいんですよね。だから、トンネル窯は桟だけ、役物は役物の専門のトンネル窯にしていったんですね。で、効率が悪い鬼瓦みたいなのは、また、鬼瓦屋さんが別に鬼瓦だけで焼くようになって行ったんです。

　このトンネル窯の時代はいかに効率よく、安定して焼くかの試行錯誤を繰り返していたようである。長実によると、分業化が始まって、最初にトンネル窯で、鬼瓦を専門に焼き出したのが、生万《いくまん》瓦工業であったという。昭和五七年（一九八二）の頃の話である。ただ実態は桟瓦の窯が空くようになり、そこを値打ちな価格で、鬼瓦を焼いたという事らしい。

　そういった中で、長実は、神仲（神谷仲達）、石英（石川英雄）、片山（片山幸一）の四人で、長実が初代社長になり、「三州鬼瓦センター」を興す。

> それは、最初、販売店だけだったんですけど。それは最初、その、生万さんちゅうとこに委託して焼いてもらって、全部製品引き取って、で、配送センターを作ったんですね。鬼瓦の、その、釉薬の、瓦の鬼瓦の販売会社を作ったんですね。

　ところが、二年ほどしてトンネル窯をやり始め、社長が長実から片山へ移ると、まず長実が経営方針の違いから抜け、石英が抜け、そしてやがて神仲も抜けて、最終的には三州鬼瓦センターは片山独りになったという。釉薬を使う陶器瓦系の鬼瓦の話である。

　最初はトンネル窯で、桟瓦、役物も、鬼瓦も、一緒に焼いていたのに、どうして次第に、それぞれを分けて、焼成するようになって行ったのか、その経緯《いきさつ》を長実は話してくれた。

> 例えばさ、トンネル窯で、その、鬼が一つ爆《は》ぜた為に、台車が止

まってしまう。ボーンと中で生地が煽《あお》って、そのー、ことによって生地がボーンと爆ぜて、台車が転んでしまうんですよね。そうすると、そのー、ストップしちゃうでしょ。

そうするとね、大体、百万から二百万ぐらいの損害が出ますよね。そうすると、それが大変だから、もう鬼瓦は、じゃあ、製品外にしようという（瓦）メーカーさんの考えになっていったんですよねー。

つまり、桟瓦と役物と、鬼瓦を一緒に同じトンネル窯で焼くと、鬼瓦は爆ぜる率がとても高いことが分かる。そして、メーカーは鬼瓦を自社の製品から外すようになったのである。

ええ、はるかに高いですよ。っていうのは、生地が瓦の、桟っていうのは一枚のこのくらいの厚み（二cm弱）ですから、そんなには、その、まあ、トンネル窯の上を乾燥炉に使って、大体一週間ぐらい取るんですよ。そうして、上薬を塗るところに来てトンネル窯に入るんですよ。そうすれば、もう、そんな爆ぜるっていう事は無かったんですよ。

ところが鬼瓦っていうのは、鬼瓦の場合は、鬼板屋さんが生地を、白地を、トンネル窯の横に並べて乾燥したんですよね。そうして、まあ、例えば、三日なり。そして、釉薬を塗って、中へ、トンネル窯に入れたんですよ。ところが、生地が爆ぜるとそういう大変、そういう金額になってしまうんですよね。

そうすると、一週間ぐらい止めないといけない。だから、耐火服を消防署から借りて来て、耐火服を借りて来てでも着て、で、瓦の中の、もう、ね、屑になったのを直ぐ、全部、きれいに掃除して、で、それからまた、新たに、台車に組んで入れるというね。

トンネル窯の中で鬼瓦が焼成中に爆ぜるといかに大変なことになるかが、長実の話から良く分かる。トンネル窯を復旧するのにかかる作業とコストと時間は無視出来ないものになってしまうのである。

僕たちも、センターやってる時に何回か、もう、そう、二年間の間に。だから……。

年間じゃあ、何回かありましたよ。だから、その社長の考え方によっては物凄く違うんです、それは。それと、鬼屋さんがきちんと乾燥した、そのー、生地を入れるか入れないか。

で、今はもう鬼屋さんも大体、「トンネル窯が爆ぜる」ということで、個人の家に、皆さん乾燥炉を設けて、ガスで乾燥させて、まあ、持ってくようにはなりましたけどね。その、やっぱり、そんな莫大な金額がね、出ますからね。そんなような事もありますからね。

ここに黒地の鬼瓦を作る、いわゆる手作りの鬼板屋とプレスで大量生産して鬼瓦を造る白地屋との違いが見えて来る。

まあ、黒瓦と白地屋さんと二つの組合があるんですけど。で、白地屋さんの組合の方が釉薬の方に進んで行ったんですけどね。

黒瓦の人はわりと黒（いぶし瓦）をやっぱ、基調として特殊の物を作って見える方が多いもんですから。で、あのー、やっぱり単窯でゆっくり炙《あぶ》って調整する。そういうのをずーっと守ってみえると思うんですよ。

で、白地屋さんというのが、そのー、やっぱり一般の並鬼っていう、いわゆる小さい物とか、一般住宅の物を作られてるもんですから、そういうとこから、その、もちろん影盛も造って見えるんですけど、「釉薬のトンネル窯をやり始めた」っていうのがスタートですね。

ま、その、「大でんちこ」さん、「ハイオーニー」さん、「三州鬼瓦センター」さん、そういうグループが、そういうトンネルのシステムで鬼瓦を焼くようになった。また、鬼長さんっていうのは、大きなシャトル、一〇立米（㎥）ぐらいの、そういうのをやってみえる方も在ったんですけども。

今は、その、それをまた、時流を、先を、先を読んでみえるのか、鬼長さんでいきますと、今の平板瓦ですね、そういう物の役物を造られて、で、そのシャトル窯で焼いて出荷されてる、そういう鬼屋さんもあります。

だから、まあ、いろいろこう進展していくっていうんですかね。だから、その伝統的なものを守っていく、黒の組合の人。白地屋さんはある程度、敏感に先を見ながら、そういう役物とか、瓦の、その役物をやっていく。そういう変革は在りますけどね。鬼（瓦）として、そのー、どういう風に将来なって行くのかは、大きな、そのちょっと岐路に立っているとは思うんですけど。

話がいつの間にか藤浦鬼瓦の事から、黒地の鬼板屋と白地屋の違いへと入っていった。その大きな違いは黒地の方は基本的に手作りであるのに対し、白地屋の造る鬼瓦はプレス機械による大量生産であるということに尽きる。ただ白地屋の中にはちょうど五郎のように手作りの鬼瓦のままで出す伝統的な白地屋も一方には昔から存在する。

さて、話は藤浦鬼瓦へ戻る事になる。三州鬼瓦センターを脱退した長実はこれを機会にそれまで白地屋であった藤浦鬼瓦へ黒瓦の窯を導入し白地屋から黒地の鬼板屋へ移っていった。昭和六三年（一九八八）一一月のことである。ただ完全な変容ではなく、二足わらじ式で、白地屋をこれまで通り続けながら、黒地の鬼瓦も焼くという鬼瓦屋である現在の藤浦鬼瓦へとなったのであった。藤浦鬼瓦はプレスの白地屋だったとはいえ、元々は、藤浦五郎が興した手作り専門の白地屋である。二代目の長実への移行が、五郎の突然の死でもって手作りから鬼瓦のプレス生産へと製品の主体が移ったところである。ちなみに白地組合には長実が一六歳の時（昭和四一年）に入っている。しかし、父、五郎の興した手作り専門の鬼板屋という起こりからいうと、手作りの黒地の鬼板屋になる下地は元々あったと言えよう。

黒瓦へと進出した理由の中の大きな要因はやはり、三州鬼瓦センター時代に長実自身が、トンネル窯とはいえ、焼成をする仕事を自ら手掛けた事が大きいと思う。それまでは普通に白地屋としてメーカーなり、他の地元の瓦製造業者などへ白地の鬼瓦を納めていたのである。ところがトンネル窯の焼成上のトラブルが原因で、トンネル窯が桟専焼になり、鬼瓦や役物が違う場所で焼かれるという分業化が起こったこと。さらに、自ら参加していた三州鬼瓦センターの経営上の違いからセンターを降りるという状況が発生したこともある。また長実の会社へ顧客が拡大していくにつれ、実際に、まだ白地屋であるにもかかわらず、黒瓦の注文が舞い込み始め、その対応に決断を下す必要があったのも事実である。このような経緯《いきさつ》で、藤浦長実は黒瓦の窯を導入したのであった（図3）。

黒瓦の組合への加入はそれから七年も遅れる。黒地の鬼板屋として十分な実績を積んだ上での入会であった。平成七年（一九九五）の事である。長実は黒瓦組合への加入メリットを次のように語ってくれた。

自分が出来ないのは黒瓦の組合さんにお願いすれば、ね、調達していただけるっていうメリットが在りましたね。まあ、昔から白地の組合に入ってましたからね。で、やっぱり勉強しないと、例えば、お客さんに、経ノ巻の、例えば解《わか》らん問題が来た時に、注文が来た時に、ここ辺の家《うち》の段数は何辺なんですよ。これの経ノ巻、お願いしますねっていうのが、一三番、尺四寸ぐらいかなっていう、そういう事を勉強するのは、黒瓦の先輩の人に聞かないと解らないいんですよ。

図3　二代目藤浦鬼瓦　藤浦長実

やっぱり、いろんな経験を持ってるのは黒の人が多いもんですから、そうすれば、梶川（亮治）さんにお聞きすれば、こうやって、こうやって、それは何なんですよって、そういうのを、ずーっと一つずつ教えて頂いて。

それとやっぱり、色んな沢山、こう、色んな物件を見ないと、体験しないと出来ないなーっと思って。

このように長実の黒瓦への進出はその背後に、強い黒瓦の需要圧力があったと思われる。ところが、それに対応するには、単なる窯の導入だけでは不十分で、様々な種類の鬼瓦を注文に応じて説明していく実践的な知識が必要とされたのであった。ここが種類の少ないものを大量に機械で生産していく白地の世界とは全く逆の黒地の世界の難しさであり、深さなのである。

このように様々な要因が重なり合って、長実は黒地の鬼瓦の世界へ入って行ったのである。しかし、最も強い要因は、やはり、藤浦鬼瓦に対する根強い黒瓦の需要であったと思われる。なぜなら単なる興味で右から左へ移れる世界ではなく、それ相当の投資とそれに見合う利潤が望めない限り、やろうと思っても出来ない相談であろう。

ではこの根強い黒瓦の需要が藤浦鬼瓦にどうして起きたのであろうか。需要を作ろうと思ってもなかなか一夜にして獲得できるものでは決してない。そもそも五郎からまだ中学三年の長実に移った時は藤浦鬼瓦そのものが存亡の危機に在った訳であり、この需要は五郎から受け継がれたものではないことは明白である。事実、五郎の時は地元、碧南にある瓦製造業者に白地を納めることを主な仕事としていた。例外は滋賀県の業者に近江八幡型鬼瓦の白地を渡していたことだという。つまり、長実になって新しく鬼瓦の需要が開拓されて行った事は否定しようが無い。そしてそれに伴う需要圧力が藤浦鬼瓦を白地屋から黒地の鬼瓦を生産する鬼板屋へ変容させたのである。長実は藤浦鬼瓦の顧客開拓の転機をはっきりと意識しているようであった。それに関して次のように語っている。

最初、田代さんっていう、そのー、田代鬼瓦工業さんっていう、そっから注文頂いて、それから、その田代さんに入るようになったんですよ。

この時、気になって、長実に「それが最初ですか、碧南から出られる」と念を押したのであった。

うん、まあ、そこが一番のポイントのところへんかなと思うんですけどね。で、田代さんとこ入れて、しばらく入れてて、でー、そこーとのメーカーさん同士の付き合いがあった㈱三州石川さんっていう、そこの営業の方が山梨県の方のお客さんで、何月何日までに、ほんとは納めないかんかったのに納まらないと。自分が今付き合ってる鬼屋さんと。で、「藤浦さん、今日何とかしてくれ」って言うでね。何十個っていうのが、そん時、一九個とりあえず、夕方の何時までに準備させてもらったんです。

で、その方が、ま、山梨県のお客さん、あと、その繋いでくれたんですけど。

それから、その方が、例えば滋賀県行ったり、それから九州に行ったり。元々、九州出身の人で、瓦屋さんに入られた営業の方でしたんで、僕を、その県外に連れてってくれるようになったんですよ。まったく、井の中の蛙《かわず》だったんですけどね。

このようにして長実は顧客の難題をうまく迅速に処理し、信頼を築き上げることに成功したのである。そして次々と新しい顧客に紹介されるようになっていった。ということは長実はその都度、実績を作り、信頼度がその度毎に上がって行った事になる。

でー、それから少しずつ、県外ってのが増えたんですけどね。それで、あのー、九州の中では、そのトンネル窯、あー、問屋さんの中の営業とか、そういう人たちが、あー、そのお客さんだったかなあ。まあ、ある、「屋根工事の人とか、営業の人、紹介してあげるよ」っていう事で、紹介してもらって。で、久留米の、そのお客さん紹介して頂いて。で、また、そこから、その長崎の方へ広がって行ったんですね。九州の方へ。

関東の方は、その、先ほどの他、高浜のトンネル窯の田代さんの、まあ、営業の方が見えて、その方ともう一軒のトンネル窯の社長さんと仲良くて、トンネル窯、紹介して頂いて、それから暫《しば》らく出てたんですけど。トンネルじゃあ、採算が取れないからって事で、弟を紹介してもらって、埼玉県とかいろいろ増えたり。

千葉県の人はたまたま、探して来て、鬼屋さんが僕を紹介してくれて、で付き合いが出来たり。

ま、殆んど、人の紹介ですかね。

というわけで、長実の人徳というのか、長実本人が営業活動を熱心にしたからといった話には全くなっていない。もっぱら、偶然の連続のような紹介を通した顧客の獲得であり、しかも大半の顧客は継続しているのである。五郎と比べるとその違いが実にはっきりしてくる。五郎は実直な職人であるのに対し、長実は人望のある温厚な経営者といったところであろう。

茨城。茨城は三州石川さんの営業の人が、「こういう人が在るから紹介してあげるから」って紹介して頂いて、で、今のお客さんと付き合うようになったんですよね。

仙台は、あれかな、こちら、あのトンネル窯があって、で、そのトンネル窯、やまっちゃうと、その仙台の付き合いが在るからって事で、紹介して貰った感じでね。ずっと、繋いでるんですけどね。

で、長野は、一軒の、その、屋根工事屋さんですか。あれは、一級が一番上なのかな、屋根葺き屋さんは。

それとか、設計、自分が設計士されてる、設計も出来る人なので、昔からやっぱり瓦屋さんだったんですけど。で、屋根工事もやって見えるのかな。その方が、まあ、人望在るんですよね、その方が、「あっこ紹介する」、「ここ紹介する」っていう事で、ずーっと奥、行ったんですけどね。

それと、運んでるトラックの運転手さんが、「ここ紹介する」っていう事でね。

こういったお客の紹介は人に頼んでやって貰える分には限りが在ることを考えると、やはり、長実自身の仕事が相手に対して信用を与える何かがあると判断せざるを得ない。長実は五郎のような職人ではないので、トータルな形での仕事の完成度が高く、相手に期待以上の満足を与え、その信用が相手に自発的に新しい顧客を紹介する行為を生み出させるのであろう。そのあたりの秘密を長実は少し語っている。注文に関する話である。

殆んどは鬼ばかりなんですけど。で、鬼があり、家紋から、まあ、暮れで行けば干支《えと》瓦ですね。で注文が在るっていうんですが。

その中の、その、最初の頃は、その、瓦の注文も在るんですよね。その、うちが瓦屋じゃないから、全部メーカーさんとか、そういうとこに渡しちゃう。

あのー、それの方がいいんですよ。うちは、その、瓦までやってると大変だから。で、お互いに瓦屋さん紹介してあげた方が、お互いにいいと思うんですよ。

まあ、山梨の方に行くと、そこに出とるメーカーさんが、「藤浦さん、千葉の方のお客さん紹介して上げるわ」って。そうして、「そういう瓦屋さんじゃないから、瓦屋さんの方に言って下さいよ」とかね。

お互いに分野をなるべくなら荒らさないようにしようかなと思ってるんですけどね。

長実の仕事のやり方の一端がこの話からも伺える。何もかも仕事を自分で取らずに、仕事の内容に応じて、他へ回して行く経営である。ところが仕事を他へ渡すと、仕事が別の形で帰って来るような好循環を形成しているように思われる。

利潤に関しても長実は言及している。ここにもやはり長実式経営の特徴が現れている。

あんまり商売は上手じゃないんですよ。実は（笑）。

「もっと、ほんとにね、がっぽり儲ければいいんだけど、ま、下手だから」。「もう、ちょっと、上手に商売するといいかな」と思うんですけどね。そうすると、もう、ちょっとした御殿が建ってるかもしれないですね（笑）。

そうは許して貰えないかな。まあ、ほんとに、「有り難いな」と思いますけどね。その、ずっと何年も何年も付き合って頂いてっていうのはね。

で、自分が身体悪くしたから、僕もあんまり県外に行かないんですよ。営業に。ほんと、電話だけのことが多くて。

それでも、ほんと一度も会った事も無いようなお客さんが、五年も、六年も、もっと続いてるお客さんもあるし。

以上のように、長実は長年にわたって自ら顧客を文字通り次々に獲得することに成功し、藤浦鬼瓦の市場を地元碧南から全国へと広げていることがわかる。ただその市場の開拓の仕方が独特なのである。十分な信用・信頼関係に裏付けられた開拓なのであり、しかも長実が外へ営業努力して出て行くのではなく、逆に、その信用・信頼関係が求心力となり、新規顧客を引き付けてしまうのである。これが長実が黒瓦組合へ加入した実質的な背景である。需要が碧南の中に限られている時は白地の納入で十分足りたのである。ところが、市場が全国規模に広がると、白地ではそもそも動かすことが不可能になってくる。白から黒への転換は不可欠な要請であった。

ただ長実の信頼性はトータルな形の成果ではあるが、その核に在るのはやはり、良質の鬼瓦を商品として提供することであろう。物自体が悪ければ、信頼その物が成立しない。ところが長実自身は手作り鬼瓦の職人として育っていない。正にこれから職人として五郎から仕込まれようとする矢先に長実が中学三年の時に五郎はこの世を去ったのである。それ以降は長実は他の鬼板屋へ職人になるべく修業へ出ることも無く、生きんがためにプレス機械生産をする白地屋になっている。暫らくはプレス機械による白地の生産で間に合っていた。しかし、徐々に、プレス機械では対応できない種類の注文が来始めたのである。

僕が商売して、もう、その、し始めた時は少なかった。特殊物〔6〕っていうのは少なかったんですよ。で、ううん、やっぱりどうかなあ、三〇過ぎぐらいか。その、色んな物を作って、まあ、注文が来るようになって。

この時に長実は、注文を受けた特殊物は外注することになる。その外注先は、時と場合そして注文内容それ自体によって様々に変わるとは思うが、信頼性を重視する長実は、いくつかの鬼板屋を選んでいるのが特徴である。長実自身の眼鏡《めがね》にかなった鬼板屋を選択し、藤浦鬼瓦の鬼瓦として、鬼瓦の価値を保証しているのである。この姿勢が長実が様々な取引先から信用を生んでいる一番の源泉であろう。長実は初期の頃から長く続いている鬼師の名前を教えてくれた。

その、杉浦さんとか、まあ、高浜の、その、鬼屋さんとか、いろいろですけどね。

杉浦さんの方は、まあ、碧南の杉浦さん、杉浦広吉《ひろきち》さんっていうんですけども、その方に作って頂いた時代が長かったっていう事ですね。

かなり長い間、ううん、それが、かなり長い時代、うちとしては続いたんですけどね。新川町というところに住んでみえました。田尻ですけどねえ。

この杉浦広吉は㊄（マル五）という屋号を持つ杉浦五市と共に仕事をしていた職人だという。ただ白地組合には一時入っていたが、ほとんどは組合にも入らず、鬼瓦を作っていたようである。長実は二〇〇四年のインタビューで、「杉浦広吉は高齢により、今年仕事を辞められた」と言っている。つまり、杉浦広吉は長実が特殊物の外注を始めた頃から最も長く取引をした鬼師という事になる。

次の取引先が梶川亮治である。鬼亮という名前で現在活躍し、手作り鬼瓦にかけては三州鬼師の間では第一人者である。

梶川さんは、なあ、何年ぐらいだろうなあ。やっぱ二〇年ぐらいかな、でも。二〇年ぐらいだと思いますけどね。

その、竜だとかね。ほんとの、ほんとの、特殊なやつを梶川さんが作られるということを聞いて、んで、まあ、発注するようになったんですけどね。

長実はただ単に梶川亮治の鬼師としての力量を見込んで注文を頼み始めたのだという。ここにも長実の経営の特徴をうかがうことが出来る。おそらく、通常以上の特殊な注文を長実が受けた時に梶川亮治と取引の関係が出来たものと思われる。

そしてもう一人長実が挙げている鬼板屋がカネコ鬼瓦である。鬼亮（梶川亮治）が黒瓦組合の鬼板屋であるのに対して、カネコ鬼瓦は白地組合に所属する手作り専門の鬼板屋である。藤浦鬼瓦の特徴がそのまま取引先の鬼板屋の構成に反映されている。

結局、白地組合員ということで、あの、やっぱり、仕上げが綺麗。という事は聞いておるんです。傷が少ない。

やっぱり、実際は、その、焼いても傷が出ないんですよ。うん、鬼師さんでも、いろいろタイプがありますからね。

やっぱり、注文が、もう納期が迫ってると、作る人は傷が多いですけどねえ。もう、急激に、やっぱり、急乾燥されたりしますからねえ。

性格ですね。もう、だから、いい師匠に会えば、いいものが、ずっと伝承されるでしょう。うん。だから、やっぱり、鬼師さんでも、いい鬼師さんの、みんな、弟子が、みんな同じようにいい物を作られる。

見てるとね。

ここで長実本人の手作り鬼瓦について見てみたい。既に述べたように、五郎が亡くなった時、長実は中学三年生であった。その時点で長実が出来ていたことは石膏型から起こして、へらで仕上げる事であった。その時五郎は五二歳だったので、もし、五郎が七〇歳ぐらいまで生きていたら、長実は手作り鬼瓦が出来る五郎直系の職人になっていたものと思われる。残念ながら現実はそうはなっておらず、長実は中学三年を卒業すると、藤浦鬼瓦に入り、プレス機械を使って鬼瓦を生産する白地屋になった。ところが、長実が三〇歳を過ぎるようになった頃から取引先が増えて来たことと関連して、特殊瓦の注文がたびたび入るようになって来た。普通は外注に出すのだが、ある時、なぜか注文がそのままにしてある状態が起きるという事があり、それが長実が手作りの世界へと入るきっかけとなったのである。

「どうしても作って下さい」っていう事で。その、注文に出せば

図４　長久院　山門の鬼　九寸御所型又ギ鬼鳥休み付（藤浦長実作）

良かったんだけど、たまたま、出してなかったんじゃないかなあと思うんですけど。

ある物を注文を受けて、あれは作ったんですけど。ちょっと大きかったんですけど。

とりあえず、初めて作ったのは、ええとねえ、一色の対米《ついごめ》っていう、そのお寺（長久院）に在るんですけど。まあ、それ、いまだに、多分載っていると思うんですけど。ううん[7]。

それを作って、ああ、「作る喜び」みたいなものをねえ。それから（手作りを）やるようになったと思いますけどね（図４）。

長実はこのようなきっかけを通して、手作りを開始したのである。ただ本格的に職人として修業を積んだわけではないので、柄振台とか、跨ぎ巴などのあまり複雑でないものが主体になっている。

まあ、小さいものしか出来ないもんですから。小さいっちゅうのか、その先ほど言ったような、名入りの柄振台、字入りの柄振り台とか、そういう巴とか、ごくごく簡単なものしか今はやってないですけどね。

前はほんと親父の作った、その、石膏型を起こしたりはしてたんですけどね。後は、見よう見まねです。

長実の場合は、五郎が早く亡くなったのに加えて、藤浦鬼瓦に職人がいなかったことが挙げられる。ところが五郎の手作りの技術は、長実の母親「やす」と、三女の姉「郷乃」が受け継いでいた。長実の手作りはその二人から来ているのであった。

姉さんとやりながらっていう感じですけどね。まあ、母親もずっと昔はやってましたからねえ。

(姉は)、やっぱり、親父が、あの、居る時に、ずーっと一緒にやってたからね。

三番目の姉さんなんですが、その、それと一緒にずっとやっているから。

長実は手作りの喜びをプレス物と比較しながらその違いを語っている。そのどちらをも手掛けている職人としての長実の実感が直に伝わって来る。

やっぱ、プレスもんっていうのは、その、勢いが無いじゃないですか。まあ、中には、あるときも、ある、作品もあると思うんですけど。手作りはやっぱり、こう、そ、それだけやっぱり、こう、気が入って作るから。

石膏にしても、自分のところしかないという物があるもんで。模様も見れば直ぐ分かる。長野県の方に行くと、その、うちが作っ

図５　鬼瓦　笑福貴人（翁）　藤浦鬼瓦事務所の屋根（藤浦長実作）

た、その、柄振り台の鶴と亀が、あの、付いている、柄振り台もあるんですけども。

(自分が作った鬼瓦が) あると、「あっ、自分が作ったのが残って、残ってる」嬉しさもあるし。自分では何も、ほんと、力も何も無いんだけど……(図5)。

長実の手作り鬼瓦への思いは、やはり、作った人のみが知る独特な「気」が込められた作品との繋がりの深さを伝えているように思える。親と子が見えない何かでしっかりと繋がっているような関係である。「プレス物からは「気」は伝わって来ない」と長実は語っているのであった。大量生産から生まれるプレス物には人が機械に製作過程の大部分を取って代わられており、「気」が込められる余地と機会がほとんどないに等しいといえよう。逆に、手作りの鬼瓦には作った人の「気」が込められ、それがいわば親子のような関係となって残ることになる。それゆえに力強い鬼師から作られた鬼瓦にはその「気」が入り、独特のオーラ(生気)を持ち、見る人に感動を与えるのである。という事は、単なる形の良し悪し(プレスで可能)を超えて、鬼師自身が持つ「気」の大きさ、強さと、それを投射する技が、鬼瓦に多大な影響を及ぼすことになる。鬼瓦が持つ迫力または生気は各々の鬼師が放つ「気」の量と質をそのまま顕現しているといえよう。

まとめ

藤浦鬼瓦について色々と考察して来た。まず、藤浦鬼瓦は鬼福製鬼瓦所とは直接の婚姻関係にある鬼板屋である事が大きな特徴であろう。しかも、鈴木家の長女「きよ」は福松と、二女「かず」は五郎の父、藤浦宗次郎と結婚しており、五郎は鈴木家の血を引く従兄妹の「やす」と結婚している。その上、藤浦五郎が鬼福製鬼瓦所において、福松の職人であること。こういった二重三重に亘《わた》る深い繋がりが、この二つの鬼板屋に存在する。それ故、藤浦鬼瓦は鬼福製鬼瓦所から分岐した直系の鬼板屋であることを明白に示している。単なる職人が独立して始めた鬼板屋とは性格を大きく異にしている。

ただ本来ならこの直系の鬼板の技術や流儀が五郎から二代目の長実に藤浦鬼瓦において引き継がれるはずであった。しかし、正に引継ぎがこれからなされようとする矢先に五郎が突然亡くなったのである。その時、長実は一五歳であった。五郎は五二歳である。最も引継ぎがここで完全に断たれたわけではなかった。五郎の鬼板の技は、妻の「やす」と三女の郷乃に既に渡ってはいたのである。しかし、おそらく五郎は二人が女であるがゆえに完全には(または本気で)仕込んではいなかったのではないかと思う。長実がいたからである。

残された藤浦鬼瓦の人々は長実も含めて、危機をプレスの白地屋として乗り越えていくことになった。ちょうど日本経済が高度成長期に入らんとする時に当たり、時代に助けられて、藤浦鬼瓦は逆に成長を始めたのであった。しかし、ただ単に時代の波に乗っただけではなかった。長実が三〇歳になり、独り立ちする頃から藤浦鬼瓦は更なる急成長を始めたのである。その原因が藤浦鬼瓦の場合はユニークである。別に長実が営業活動を積極的にわき目も振らずに展開したわけでもない。また、長実が他の鬼板屋から修業を終え、立派な鬼師になり、長実の作る鬼板が飛ぶように売れ始めたわけでもない。そうではなく、長実の仕事に対する信用・信頼度が仕事のたびごとに上がって行き、長実の信用それ自体が独特な顧客への求心力を持ち始めたのである。それ故、まるで偶然が重なるかのように顧客が顧客を引き寄せ始めるようになったのである。元々は碧南地域だけに市場を持つ鬼板屋であった藤浦鬼瓦が、いつの間にか全国に顧客を持つ鬼板屋に変貌を遂げていたのである。そしてこの変化の力が藤浦鬼瓦をプレス機械中心の白地屋から、それも残しつつ、手作りの黒地の鬼板屋へと大きく仕事の内容を変容させていったのであった。

藤浦鬼瓦は、白地屋が黒地の鬼板屋にいかに変わるのかの興味深い事例を示している。その要《かなめ》が、長実本人が持つ人望と独特な長実式経営にあると思われる。事実、三州鬼瓦センターの時、経営の仕方の違いを理由に直ぐにやめているのが長実である。つまり藤浦鬼瓦は鬼板の技術において特に優れているのではなく、顧客に対する仕事の最終的な満足度において高い評価を得ている鬼板屋といえよう。

注

[1]　「かず」は明治一二年二月一五日生まれで、鈴木家の二女であった。鈴木市郎平と「かい」の間に生まれている。享年は昭和二九年二月五日である。

[2]　「碧南国民学校」は現在の愛知県碧南市にある碧南高等学校の前身である。大正一五年四月一日に創立されている。しかし、この学校は昭和一六年（一九四一）に創られた小学校としての「国民学校」とは違う。碧南市の前身に当たる大浜村、新川村、棚尾村、旭村が共同で作った高等学校レベルの学校であった。当時の高等小学校の次に来る学校である。

[3]　長実が生まれた頃、父の五郎が入信したという。その宗教は大本教である。

[4]　和瓦ともいう。本葺きの平瓦と丸瓦を一体化させた、波状のいわゆる日本瓦である。

[5]　役瓦ともいう。並瓦（桟瓦）以外の屋根の様々な場所に置く瓦で、色々な形や飾りを持つ瓦をいう。鬼瓦もこの中に入るが、一般には独立して別に扱う。

[6]　特殊瓦ともいう。別注品の瓦のことで、その為だけに使う瓦をいう。例えばオリジナルのものの復元などである。

[7]　長久院は西条吉良三十四観音の第一五番札所である。正式名称は天徳山長久院といい、愛知県幡豆《はず》郡一色町にある。なお長実が初めて作って納めた鬼瓦は長久院の山門の鬼としてなお健在である。

参　黒地から白地へ

[16] 山下鬼瓦白地と山下鬼瓦、そして鬼敦

山下鬼瓦白地エピソード

まず本題に入る前にここに失敗談をエピソードとして載せたい。私はずっと対象となる鬼板屋を「山下鬼瓦」だと思っていた。ところが副題にあるように「山下鬼瓦白地」となっている。ここまではまだいいのだが、実際に原稿を書いている現在は二〇一〇年八月二七日である。これまでに収集してきた資料は全て目の前においてある。その資料は一九九九年八月三一日にさかのぼる。ほぼ一一年の歳月が流れている。資料の中に「山下鬼瓦工場」というタイトルのものがあった。何度もこの資料には目を通した。そして、よし、書き始めるかと決めた後、再度読んでまとめているとき、生年月日が抜けている事に気づき、山下鬼瓦に早速電話をした。奥さんが出られ話をするうちに、「うちの主人は山下吉範ではなく、久男ですよ」となり、さらに「私は貴美枝ではありません。美知子といいます」。「満州へ行った事もありません」となり、話がどんどん食い違い始め、こちらもどぎまぎを超えてパニック状態になり、心のどこかで「そんな馬鹿な……」と嵐のようなものが巻き起こっていた。しばらく話しながら、心を落ち着けていよいよ『鬼師の世界』は黒地と白地が混（交）ざる領域へと入ることになる。その様子を見ることが出来るのが、これから紹介していく山下鬼瓦である。実はすでに先例があり、一二章に書いている鬼板屋、萩原製陶所がそうである。もともと土管屋であったものが、昭和四〇年ごろ、土管屋を廃業して、プレスの白地屋になり、次の世代である萩原慶二、尚の兄弟がこの家業を継ぐ過程で、弟の尚が手作りの「鬼師の世界」に目覚め、黒地へと変化していっている（三四三〜七一頁）。

山下鬼瓦の場合も大枠においては萩原製陶所の場合と似ている。昭和四〇年にプレスの白地屋として始まり、二代目になって手作りの鬼師になっていった鬼板屋である。初代がプレス製造を維持しながら、手作りの鬼瓦を二代目が作っているところも同じである。ただ、山下鬼瓦の場合、二代目が身に付けた鬼師の技が、現在なお修業中とはいえ、本格派の技の切れ味を持つに至っているところが特徴といえる。鬼師を先代に持たないプレスの白地屋から手作りの鬼師になることは限りなく難しく、先行例である萩原尚が自ら実証済みである。そうした厳しい環境の中からいかに気鋭の次世代を担う鬼師が誕生していったのかをこれから物語ってみたい。

「ほかに山下鬼瓦は無いですよねえ」と聞くと、なんと一軒ほぼ同じ名前の鬼板屋があるという。それが「山下鬼瓦工場」だった。つまり、一一年前の今頃は、私自身が次々といろいろな鬼板屋に出向き、話を聞きながらフィールドワークを精力的にしていたのであった。その結果が現在あるたくさんの資料へと繋がっていったのだが、一一年の時の流れの中で、山下鬼瓦と山下鬼瓦工場が頭の中で一つになっていたのだ。「山下鬼瓦」の工場へは当時出向き、確かにインタビューもしたはずで、よく覚えているのに肝心なもの（資料）が見当たらないのであった。手元にあるのは「山下鬼瓦工場」の資料であった。その資料の取り違いに「生年月日の問い合わせの電話」をして初めて気がついたのであった。第二のパニックである。あまりに資料が多くなり、捜せど、捜せど、どこにあるのか分からない。心搏が上がっているのが手に取るようにわかり、冷や汗が流れて来る。結局、あきらめて、その旨を、今回、中心人物になる山下敦に事情を説明し、「山下敦一本で行きます」と了承を取る事に決めた。ところがなんと、その電話を切った後、フッと何気なく上を見上げたところ、A4の用紙が束になって置かれている棚が目にとまった。何となく気になって立ち上がって取り上げて次々と見ていくと、すぐに、「山下鬼瓦白地」が出て来たのである。「あったー」っと心の中で叫んでいた。すぐに電話をまた取り上げて、山下敦に「ありましたよー。これで書けます」と告げたのだった。本当に危く、違う鬼板屋同士を合体させて書く一歩手前まで行ったことになる。資料の不備が逆に幸いして救ってくれたのかなと考えている。さて本題へ移る事にしたい。

山下鬼瓦白地

❖――山下久男　［山下鬼瓦白地初代］

山下鬼瓦の基礎を築いた人物は山下久男である。昭和六年一〇月一三日に生まれている。生家は当然のことながら鬼板屋ではない。しかし、粘土を扱う家であった。「かまど」（竈）とか、「くど」ともいうものを作る家で、煉瓦も作っていた。ところが終戦後しばらくすると、電気製品が徐々に出回るようになり、かまども煉瓦も台所の必需品としての役目を終えたのである。廃業すると久男の父は会社勤めを始めた。久男も同様であった。

これが他の土地ならば今の山下鬼瓦は無いが、高浜が生まれた土地である。ちょうど電気製品とかまどが入れ替わる昭和三五年ごろから「白地屋」と呼ばれるプレス機械を導入して、鬼瓦を作る仕事が高浜に登場する。そのことは一般の素人がプレス機械さえあれば鬼師になる修業を経ることなしに鬼瓦が造れることを意味した。山下久男は㋖（ヤマキ）鬼瓦の神谷喜代一に会う。そして山下親子にプレス機械を入れて白地屋にならないかと話を持ちかけたのであった。もともと土で生計を立てていた親子なので、一般の人と異なり、会社員の方が彼らにとってはむしろ慣れない仕事であった。結果、プレス機械を一台導入してもらう事になり、ヤマキ鬼瓦の下請けとして、昭和四〇年（一九六五）に山下鬼瓦白地が誕生する。場所は山下鬼瓦白地が現在（平成二二年）ある春日町（当時は池田）の地であった。そして、山下久男と父の明治《あけじ》、母の「こう」の三人で仕事を始めたのであった。木造平屋建ての、鶏舎の一部を改築した工場であった。

鶏舎の古い、物凄い古い、あの、工場だか、……工場だな。ちょっと改造して、一五坪ぐらいのとこでプレス一台。昔だから蛍光灯は一個だけかな。薄暗いとこで始めただね。その日に造ったやつは、すぐに、あの、表へ置いて乾いただね。

昔はほいだで、あの、あれじゃん、今でこそ、表に干さんで乾燥でみなやっちゃうけど、わて、表に天日干しして、表に干しちゃ、やって来たわけじゃん。一日に作る個数も今と比べたら少なかったし。

一日に最初の頃なんか、あれじゃないの……、慣れて来て、三〇個ぐらいの事じゃないの。二〇か三〇。むずかしくてなかなかやれんかった。

教えてくれたのはヤマキの神谷喜代一で、直接来て、プレスの使い方を教えてくれたという。そして、ほぼ時を同じくして、高浜に白地屋があちこち誕生し始めたのである。昭和四〇年は東京オリンピックの年であり、この頃に鬼師の世界が急激に変貌し始めたのである。それまで、プロの修練を経た鬼師だけが作ることができた鬼瓦が一般の素人でもプレス機械さえあれば造れるようになっていったのである。

白地屋さん、俺の頃からほいだで、一気に増えてきたじゃないの。昔からの鬼屋さんは一〇軒か一五軒じゃなかったのかな。ほういうとこへ、勤めとった人ら等が独立して。ヤマキ鬼瓦の、教えてもらった親父さんも鬼金さんってとこへ習いに行ってて、自分で独立してやられただけだもんな。

もちろん急速に増えたのには理由があり、わざわざ職を替えてやるだけの採算が取れたのである。

毎月の要る費用が少なかったというのか、わりかし、そんな、あの、難儀せんでも、わりかし楽に来れただけどね。けっこう、あの、他の業種から比べると、けっこう、率が良かったじゃないかな。多分。

ほりゃ、（昭和）四八年ぐらいに、あの、今住んどる家を造っただけど、一年ぐらいたちゃあ、元が取れちゃうぐらいの。

作る片っ端からみんな売れてっちゃうだもん。

結局、ほうやって今までは石膏型だとか手で作っとった品物が機械化しても、値段がおんなじぐらいの値段で売れてっちゃったわけ。一日に一〇個作るのが、機械でやると五〇から七〇てえと、もうかるわけじゃん（図1）。

このような流れで山下鬼瓦白地は順調に経営の基盤を築いていった。一方、昭和四四年には久男が結婚をし、山下家に美知子が新しい戦力として加わっている。昭和二三年七月二日生まれである。土いじ

図１　プレス機械で鬼瓦を製造中の山下久男（田戸工場　1999年８月31日）

りなどとは全く無縁の家系の出で、本人も会社員をしていた。この二人の間に山下敦が長男として生まれているのだが、誰か器用な人はいなかったのかと美知子に聞いてみた。理由は、最初に話を聞いた久男からはそうした事は出なかったからである。

> 器用な人っていうと私の父親かねえ。自慢じゃないんですけど、あの昔、デンソー行っとったときに、あの、鉄筋の家、鉄筋の家をねえ、あの、作った人なんですよ。だから、なかなか、その、一本気で、まあ、頑固でね。私の父親がね。
>
> まあ、器用貧乏っていうのかしらね。暇があると何か自分で物を作ってしまうっていう。まだ健在ですけどね。まだいるんですよ。その自分で作った鉄筋の家にまだ住んでるんですけどねえ。

父親は美知子が言うようにとても器用で物つくりの好きな人間であった。ところが、美知子本人も美的な才能のある人物であることに気がついた。ちょうどインタビューをしていた部屋には美知子が描いたという絵が何枚も飾られていた（図２）。

> あー、小さい頃にねえ、特別（才能が）あったとは思えないですけどねえ。でも、落書きは好きなほうでして……。
>
> でも、まあ、（今は）絵を趣味で描いてるんですけどね。うーんとねえ、パステルとかねえ。あと、水彩とかねえ。下手ですけど、趣味で。

母親の美知子は自分自身が物つくりをする感覚を知っているせいか、美知子の絵と一緒に飾ってあった息子、敦の鬼瓦を見ながらさらに言葉を継ぐのであった。

鬼作るでも、やっぱり人それぞれ、これ、性格が出るんですよ。こうやって見るとね。

図2　待ちぼうけ（山下美知子作）

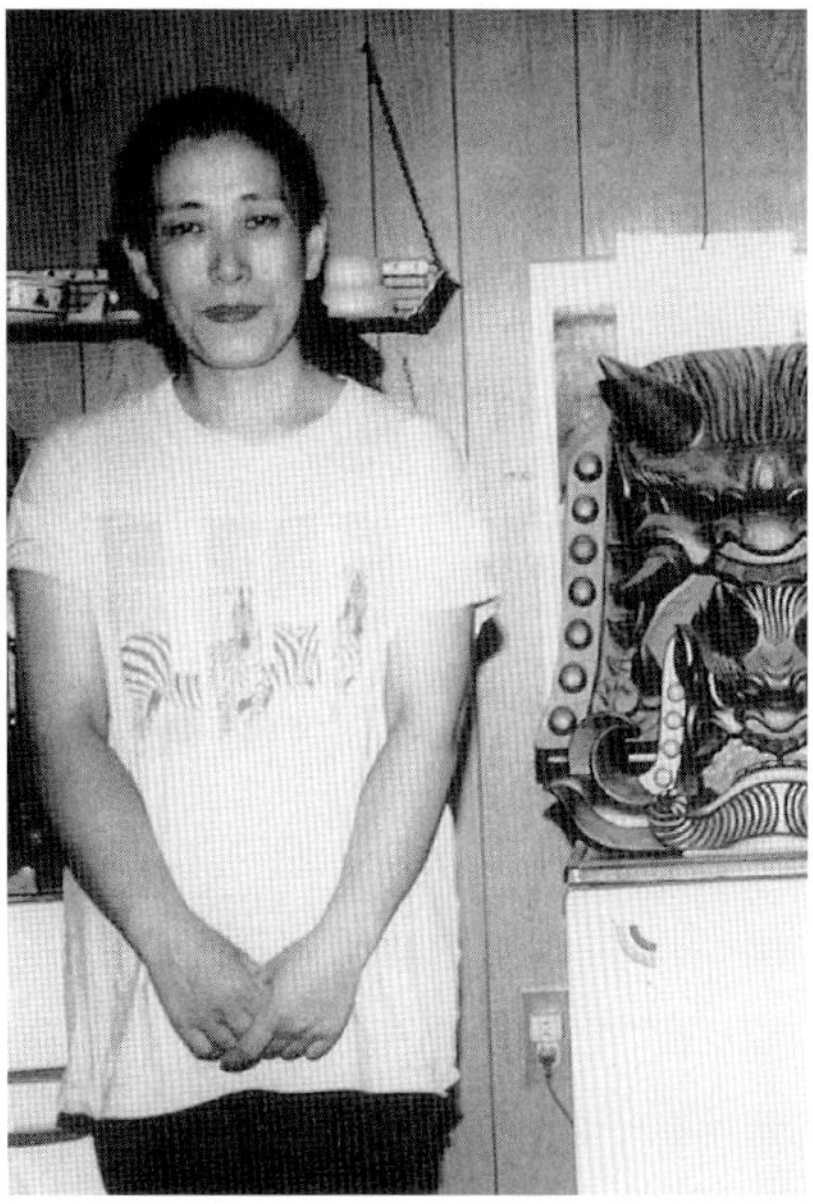

図3　山下美知子（山下鬼瓦白地事務室 1999年8月31日）

だからいつもやっぱり謙虚な気持ちで、やっぱり鬼を作ってほしいなあと思うんですよ。

そして次のように敦が作った鬼を評価していた（図3）。

意外と真面目なのかね。これ、私が言うと可笑しいですけど。このー、「昔の職人さん気質がちょっとあるような気がするんですけど」。どうでしょうか、見て……。

◇――山下敦　［山下鬼瓦白地二代目］

田戸にあった山下鬼瓦白地の工場を訪れたのは平成一一年（一九九九）八月三一日の事である。この時、初めて山下敦に出会った。昭和四五年（一九七〇）九月一七日生まれの茶髪のヤンキーな感じの二九

図４　鬼面瓦を持つ山下敦（1999年８月31日）

歳にまさにならんとする頃であった。その斜《しゃ》に構えた身体《からだ》からフツフツとした情熱・情念のようなものが溢れていた。ビックリしたのは、敦が作った鬼を見てからであった。三州の鬼とは明らかに違うシャープな感じがする鬼であった。一目見て、「この子は出来る」と思った。それが最初の出会いである。当時すでに鬼師としての自覚と才能を顕《あらわ》していた敦であったが、十代の頃は想像することができないほど、意欲が無く、無自覚で、まして鬼瓦なんかには関心なども示さない人間だった。敦はそのころのことを次のように話してくれた（図4）。

鬼瓦、プレスで造る鬼屋の長男ですか、息子ですか……。ちっちゃい頃から鬼瓦に囲まれて育った。でもこういう業界に入るまでは何の興味も無いっていうか、ただの鬼瓦屋さんだ……、「何の興味も無くて……」。

自由気ままに育っていた敦は高校に入学したものの学業に身が入らず一六歳で高校を辞めている。困ったのは敦の親であった。父の久男はこの事件に関して語ってくれた。

「俺、学校いやだ」というから、「ほれじゃあ、この道（鬼師の世界）に入って技術を身に付けておけばやってける」と思ってあれした（鬼板屋へ入れた）じゃないの。

その頃、山下鬼瓦白地は幸いにも経営が順調に伸びていた。つまり敦がプレス職人として働きいずれは後を継ぐという道も十分にあった。ところが久男は息子をなんと「鬼師」にさせる決意をしたのである。敦にとっては後の人生を決定した大転機であった。

やっぱり、プレスというのはすぐやれるじゃんね。誰でも。「一番もとになるのは技術じゃんね」。一番もとになるのは……。

あの、どんな仕事が、あの、舞い込んできても、「ああ、ようございます。すぐ作ります」って、ほういうふうだと、まだ今、現在だってけっこう忙しくやってけるじゃんね。「技術を身につけておけば、食いっぱぐれが無い」ということじゃないの。ある程度そうやって、出来ん中で、プライドもあるし、ほんなとこじゃないかな。プレスは一週間もあれば出来るじゃんね。

方向の定まらないぶらぶらした敦を鬼師への道へと最初に導いたのは父、久男であった。目の前で話を聞いていた母親の美知子も応じるかのように当時のことを話してくれた。

まあ、学歴どうのこうのっていうよりもねえ、あのー、「先どうやって行くのかしら」って思ったんですよね。

で、あのー、鬼の修業に行きますでしょう。子供、本当にそのまま給料なしでね。あの、行くわけですよ。でも、最初、あの、自転車乗って、あのー、往復するんですけどね、家と。私がここで(田戸工場)働いて帰っていくわけですよ。五時になると帰るんですよ。五時になると途中で息子の自転車で帰るあれが見えるんですよ。そうすると、あの、後姿見て、もう本当に、あの、「何とかがんばってほしいな」っていう、そんな気持ちだけ……。でも、最初本当に、このー、背中の後姿、あれはもう忘れられないのね。

このように敦は両親に導かれ、見守られながら、鬼師への世界へ旅立ったことがわかる。しかし、本人は全く事の重大さがわかっていなかった。しかし、敦が高校を一六歳で辞め、両親によってすぐに鬼師の元へと送られたことは敦にとって決定的な意味を持つことになった。このことは敦が事実上、ほぼ中学校卒で鬼師の門を敲いた事を意味する。小学校卒業から中学校卒業あたりの十代で鬼師の世界に入ることの重要性は、私自身が沢山の鬼師から話を聞く中で何度も耳にし、実際にその違いを鬼師自身と彼らが作る鬼瓦を見て確認してきた事である。それはちょうど外国語を学ぶ年齢が早いほど良く、十代を過ぎて始めると学ぶ事はできてもその言葉に母国語のような自然な滑らかさが宿らず、反対にぎこちない言葉になるのと限りなく似ている現象である。単なる知識のレベルにとどまらず、本人さえもうまく説明できない身体知のレベルへと移行してしまう。この境界の内側に入るか否かが自然な滑らかさをものに出来るかを決定的なものにする。

ところが敦の鬼師への道のりは全く順調ではなかった。まず敦本人自身が鬼瓦に対する興味が無く、「鬼師になりたい」という強い動機がまったく欠けていたのである。最初に久男に連れて行かれた先が㈱丸市であった。なぜ丸市になったかといえば、実はその頃、山下鬼瓦白地では工場でプレス用に使う金型の原型を丸市に注文していたからであった。

丸市さん、家紋屋さんがあるでしょ。もう今、ほとんど手作りの鬼瓦はやってないんだけど。そこに三ヶ月間。もう今亡くなってて死んじゃったんですけど、神谷正男さんて方がそこにみえて、その人の下で三ヶ月間ですか……。ま、ほいで三ヶ月たったときに、ま、自分は若くて、何というか、「こいつはやる気が無い」みたいに取られたのかわからないですけど、ある日、突然、「お前、来んでもいいや」って言われたんですよね。

敦はこの件については自分の非を認めている。全くやる気が敦にはなかったのだ。

毎日通ってないすけど、遊んでばっかで。

しかし、そのやる気の無い敦ではあったが、不思議と丸市で何をしたかはしっかりと覚えていた。

一番、初めて行った時、柄振台《えぶりだい》。字入りの。あれをひたすら、あの、初めて、金《かな》べら持って磨きました。

さらに敦は本人にとって最も重要な体験を語ってくれた。

ほいで、そん時、丸市さんの社長……、ああっとね、今の、加藤元彦さんかな……。あの人が後ろから、こうやって持ってくれて、「こうやってやるんだぞ」って。

あれがですね、意外と大きかったような……。

ほいで、まあ、見よう見真似で、磨いて。

敦は鬼師になる処女体験を語っているのである。そしてその体験は興味とかやる気とかを通り越して、敦の心に強烈に焼き付けられている事がわかる。ほんのちょっとした手取り足取り風の体験だったとはいえ、次のように語られた。

「手取り……、うーん。一瞬だけっすよ」。

あと何やったかな……。影盛。型起こしの。起して磨いてシビを彫る。彫ってましたね。教えてもらいながら。あんなもん彫れるわけないんすけど。

それぐらいしか……。あと、ほとんど行ってないっすね。そうすると（笑）、何日おったんかな……。三ヶ月もおらんかったかな（笑）。

ほいで、「来んでもいいよ」ってふうで、お払い箱っすよね。それが始まりっすよ。

加藤元彦から一瞬の手習いを受けた後は、見よう見真似の世界に入る。そのときの手本となったのが神谷正男である。

石膏で影盛でも、粘土詰めて、ほいで取るだとか、ああいうのは習ったかもわからんすね。

神谷さんの奥さんがそん時に一緒に……。（仕事場で）三人ぐらい並んで……。えらい狭いところで……。

このように敦は自分自身の鬼師としての原風景をはっきりと覚えている。ところが、一方で、敦は友達と遊んでばかりいて、仕事はほとんどやらないに等しかったのであった。文字通り、髪を金髪に染めた遊びに興じるお兄ちゃん風の人間だった。「お払い箱」になってしばらくぶらぶらしていた敦が父、久男に連れられて次に行った鬼板屋が山本鬼瓦だった（一六六～一八〇頁）。しかし山本鬼瓦では手作りの修業はほとんどさせてもらえなかったという。

当時は、バブルじゃないっすか。ほすと、自分一番若いじゃないすか。要は、雑用ばっかすよ。

雑用ばっかすね。窯積み、窯出し、粘土荒地出し、トラック積み。もうそんな毎日。ほいで、もうほとんど手作りさせてもらってないっす。二年間。

わずか三ヶ月いた丸市では手作りの修業をすぐにさせてもらったのと比べると、山本鬼瓦で敦が置かれた環境は最悪であった。雑用に追われていた。しかし、それでも、仕事の合間に、敦は鬼瓦を作っていた。すごい事だと思う。疲れて何もしなくなってもおかしくない状況であろう。

ほいでも、ある程度は作らせてもらった。作るっていっても型で作った経ノ巻とか……。

ほいで、その頃も相変わらず仕事する気なんか……。「鬼師になりたいなんて思ってもないもんすから」。

雑用に追われながら、仕事に身が入らない敦は、鬼師になろうという気持ちさえ持っていなかったのである。会社へ行く事さえもサボって遊びにうつつを抜かしていた。ところが遊びから戻り、雑用をする合間に敦は鬼瓦を作っていた。全体に仕事に興味が持てないながらも、鬼瓦を作るときは何処か意識のモードが切り替わっていたようにみえる。同じ職場にいた事実上の親方に当たる職人の山本種次からいつしか声を掛けられるようになる。その当時は敦は種次に対して恐れ多くて直接名前を呼んだ事はなく、「スミマセン」とかいって話しかけていたという。

種《たね》じいさんが、じいさんが、割りに褒めてくれて。そうっすね、「仕事綺麗にやる」だとか……。

まあ、厳しかったけど、ほんで、「お前は素質がある」って言ってくれたんですよ。それまで一言も言ってくれたことがないんですよ。

「褒めてくれて、そりゃ、可愛がってもらいましたね」。

何か作ったときに見取るんすよ、毎回。そりゃ、今考えるととてもじゃあないが、採算合わんような。

時間かけて、ずっと磨いて。ほりゃ、まあ、誰も綺麗になるわぐらいの。

見取ってくれて、「ああ、綺麗だな」。山本さん（山本種次）も、種次さんも、綺麗な仕事をする人だったもんすから。もう、「この子、割りに綺麗にやるな」っていうふうで、割に目掛けてくれるようになって。

普通、職人は自分の仕事だけに集中して他人の面倒は見ないものである。まして、敦はもっぱら雑用ばかりさせられており、種次に預けられた弟子でもない。その職人がまだ駆け出しの敦を褒めて可愛がったのであった。敦は当時、髪を金色に染めた遊び人風のちゃらちゃらしたお兄さんであった。そういった敦の風貌にもかかわらず、敦が作る鬼に何かを見取ったとしか言いようが無い。さらに何と種次だけでなく、下の一階にいた別の仕事場の職人、杉浦義照からも褒められている。こうしたことは職人が人を外見ではなく、腕で判断する事を告げているといえよう。

下に義照さん、今でもおるんですけど。あの人もメチャクチャ偏屈者《へんくつもん》すよ。「そうなんすけど、自分割りに話してもらってたんすね」。

そうなんすよ。「おーい、ずってくれ」って言われたとき、下降りてって、「よっこいしょ」ってやって……。

一回ですね。あの人、足音なしによって来るんすよ。二階で、こうやってて。なんかビン付影盛かなんかの。石膏型作りのやつを。磨いて、こう置いといたんすよ。二つぐらいっすね。

ほしたら、音もなしに、こうやって見取って……、「この雲の芯の入れ方、こいつはいいな」って。「こいつはあかんなあ」って。（義照がコメントを）言ったらですね、隣の種次さんがですね、ダーってやって来て、「おい、俺の弟子に何教えとるだ」みたいに喧嘩になっちゃって、ほいで、こっちに飛んで、「下いっちまえ」みたいな……。

何と山本鬼瓦の手作りの実力者、山本種次と杉浦義照、この二人の職人から敦は褒められ、可愛がられているのだ。敦が作った鬼瓦は数は知れていたと思われる。この事の意味するものは大きい。敦に手作りの才能があることを彼ら二人は見切ったのだ。しかし、当の本人はまだ目覚めておらず、仕事を合いも変わらずサボり続け、二年たつと山本鬼瓦をやめている。いったん家に戻り、山下鬼瓦白地のプレスを手伝いながら、手作り鬼瓦も作っていた。しかし、まだ鬼瓦の技が未熟で、うまく行かない事に気づき、再度山本鬼瓦へ戻っている。この時は一年しか続かず、自ら山本鬼瓦をやめている。修業への意欲・意志がまだほとんど無く、逆に遊びの欲求、なまけ心などに振り回されていたのである。そういった敦に義照は時折声を掛けたという。

自分もおとなしかったもんすから、休憩のときでも、ずっと下向いとったし。今みたいにこんなにしゃべるあれでも無く……。

種次との揉め事以来、義照からは鬼そのものの指導はなくなっていた。それでも義照はいろいろと敦に話しかけたという。

屋根の載っとるやつを見て、「あの鬼はええなあ」とか、「あの盆栽はいいぞ」とか。「いいな」って言われるとそれがいいなって思っちゃうじゃないっすか。まあ、単純っす（笑）。はい。

一方の種次は鬼瓦作りの指導を敦に対してしていた。

重たいものを台から降ろしてあげると、こうやって見とると、「ここはこうなっとるといいぞ」って。

つまり敦の敵は他でもない自分自身であった。関心が遊びの方にもっぱら向いていたのだ。それでも遊び心を忘れて鬼瓦を作るときの敦は別人になった。同じ鬼板屋のタイプが全く違う二人の職人から目を掛けられたことがそのことを証明している。腕のある職人から認められることほど力強いものはほかに無い。そして種次と義照が敦の心に鬼瓦への興味を導いたのである。それは、この自分でも何か「出来る」といった感覚であろう。さらに敦は鬼師の原風景のようなものを語っている。そして、それは事実、山下鬼瓦の仕事場で時々現在でも見せる敦の独特な姿なのである。

仕事（雑用）をするのは嫌だけど、ああ、でも、（鬼瓦を作るのは好きでも、……、ないけど……。

種次さんとか、昔、見とって、「かっこいいな」っと思ったし……。「憧れ」みたいなもんはあったけど。あのう、種次さん、ここ（台）足乗っけて、当時。もう死んじゃっておらんけど。

タバコくわえながら、こうやって磨いて、「ああ、かっこいいな」って。種次さんおらん時に、僕も真似して……。

「そういう単純な事がやっぱ必要なんすよ」。「形からっすね」。

敦は腕のいい職人になる極意をここで語っている。また、敦の師だった山本種次は想像以上に敦に影響を及ぼしていることになる。「見て覚える」のが職人の世界であるが、単なる技術だけではない事がここから伝わってくる。対象となる職人の仕事場でのさまざまな動きそのものが「職人」という全体的な雛形《ひながた》になるのだ。この場合の職人はもちろん鬼師である。つまり、いかに同じ仕事場で一緒に仕事をすることが重要であるかをとてもうまく表わしている話である。敦の中に「鬼師」の原型ができたのだ。山本鬼瓦の三年間のエッセンスである。十代のしなやかな心を持った時代がこうした環境にいかに適しているかという事もわかる。敦は雑用の仕事を一方で嫌いながら、遊びにふけっていたその心に、「鬼師の世界」がやっと宿ったといえよう。

敦が山本鬼瓦を逃げるように出たのは敦が二一歳ごろの事であった。平成三年（一九九一）であり、その頃日本はバブル経済がはじけ、大騒ぎをしていた時代である。敦は山本鬼瓦を去ってからは以後、他の鬼板屋へ入ることはなかった。まだ二一歳前後の歳なので父親の久男は心配して、敦をカネコ鬼瓦へ連れて行っている。ところが山本鬼瓦から敦の勤務態度のあまりの悪いことが風評としてすでにあちこちへと流れており、カネコ鬼瓦では受け入れを断られている。しかし、カネコ鬼瓦の兼子武雄は敦を、半ば受け入れを許可してもいた。

「うちは使ってあげられんけど、わからない事があったら、いつでも来てくれれば教えるよ」って。親父さん（武雄）が言ってくれたんすよ。それから、あのう、……それから、うちでちょっと作るようになって。

武雄が敦をこのような形で支えてくれた事は敦にとって強い新たな師匠を得た事を意味する。この頃はバブル経済の余韻がまだ瓦業界には十分残っており、山下鬼瓦白地は景気が良かったのである。敦は田戸工場で久男から頼まれた金型の原型などを作っていた。そのほかにもプレスの仕事を手伝ったり、配達をしたりし始めた。手作りで作った原型はカネコ鬼瓦の武雄に見てもらいながら鬼瓦の技術を磨いていっていた。しかし、まだ、まだ遊び癖はおさまらず、山本鬼瓦で働いていていた頃以上に遊んだり、怠けて休んだりしていたのだった。

（山本鬼瓦へ）行っとったときも仕事してないわけなもんすから、うち帰って来たら余計に仕事なんかしないっすよ（笑）。遊んでばっかすよ。ホントひどいもんでしたよ。

肝心の鬼瓦も趣味で手作りをする程度だった。まして鬼瓦の注文などは無い。あるのは久男からの原型の依頼だけであった。

「経ノ巻作ってみたいな」みたいな。そっすと、カネコさんとこ行って、「図面ってどういうふうに描いたらいいすか」みたいな。そしたら、「これあるから、使ってみん」ってもらって。まあ、そんなとこっすか。

敦は二五歳頃まで山下鬼瓦白地で久男の仕事を手伝いながらも、山本鬼瓦へ行っていた以上に遊びまわっていた事になる。そして、鬼瓦の修業は遅々たるものだった。

なんせ、あんま作ってなかったすよ。ほとんど作ってないっすね。普通その頃になってくると、二二、三、四、五ぐらいになってくると、真面目にやってる子はよっぽど作ってますけど。数えるぐらいしか作ったことないっすね。

ただ敦にとって良かった事はカネコ鬼瓦とその間も付き合っていたことである。また、父親の久男が辛抱強く敦を経済的に支え、そして、鬼師の道から逸《そ》れないように工場で使う金型の原型を敦に作らせていたことが、敦の鬼師の技術を育てる大きな要因になっている。つまり鬼瓦製作から離れるという長期にわたる空白期間が敦にはなかったことになる。

ちょこちょこ、なんか、金型の原型、大将（久男）が「いやあ、やってみんか」ってやって。

今では考えられんくらいの時間もかかるし、形も悪いし、ようあんなんで、金型にしちゃったなあってやつがいくつかあるんだけど。まあ、やってましたね。

でも、基本、遊んでましたよ、ずっと……。

山本鬼瓦の時代とは形態は変わったがカネコ鬼瓦と付き合うようになって敦は第二の鬼師の理想を見る。もちろん第一の鬼師の理想は山本鬼瓦の山本種次である。

　基本は仕事嫌いでしたね。仕事は嫌いなんですけど、カネコさんの親父に「憧れ」てみたりだとか……。「格好いいな」っていうのはありましたね。

　カネコさん行っても、あっ、最初行ったときに、兼子さんの吸っとったタバコと同じやつ吸ってみたりだとか。鬼作るほうは全然あれだけど……。そうなんすよ。

　山本種次、兼子武雄とあこがれる鬼師は変わっていけど、敦は仕事を嫌いながらも常に心の奥底では「鬼師」に憧れていた。この憧憬《どうけい》の眼差しをすでに十代から持っていたことは敦の現在を理解するのに重要な要因になる。表面上は不真面目な遊び好きな人間で通っていたし、周りからは不評さえもかっていた。だが心の深いところでは、本人もあまり意識しない確固とした目標が有ったことになる。その目標とは「理想とする鬼師になる」ことである。それが憧れとして時折意識に現われていた。そして折に触れ、その時点で敦が出来るところを真似ながら取り入れていたのだ。

　敦が結婚した平成八年（一九九六）ごろ、初めて久男を通してではなく、直接に、石英という鬼屋から鬼瓦の注文が入った。理由は鬼瓦の白地組合の会合に敦が山下鬼瓦白地として出席するようになったからである。すると組合員の間に敦の素性が知られるようになり、山本鬼瓦での三年間の修業が経歴として買われたのであった。その注文は尺六寸の経ノ巻であった。敦はカネコ鬼瓦から石膏型を借りて製作に取り掛かった。ところが、白地の段階で全て割れてしまった。作っても、作っても失敗したという。その頃はいつも石膏型を取り、型から起こしていた敦は、ある時、不思議な事に気づく。

　型作って、作ると、作っても傷が出るんすよ。ある時に、なんか、静岡のブローカー屋さんから、なんか、ちっこいカエズが来たんすよ。そーすると、一品もんで作ると傷がわりになかったんすよ。「あっかん、俺、やっぱ、石膏型起こし向いてねえなあ」って。「そっから一品もんにこだわるようになりましたね」。あえて型作らんように。自分にとってよい転機でしたね。

　現在では当然のことながら技術が向上して型起こししても傷は出ないようになったが、その当時は型で作るとなぜか傷が必ず出たのである。

　そうすると、型作り嫌いになるじゃないっすか。一品物のほうがちょっと出来が良くなってくると。ほすと、やっぱ時間かけても、当然、食ってけるような。

　傷が出んほうが気持ちいいもんで、ほいでそっちやるようになった。

　そうした事が起きたのが、ちょうど結婚した頃の二六、七歳の事であった。もし、型起こしで傷がほとんど出ていなかったら、今の手作りを専門とする鬼師、山下敦は存在しなかったかもしれない。それほどの重要な転機であった。失敗体験が鬼師としての軌道をさらに高みへと押し上げたのだ。これ以降、敦は経済性、効率性を追及する石膏型起こしを主とする鬼師とは決別し、一品モノの完成度の高い手作り鬼瓦にこだわるようになる。

次なる転機はほぼ同時に静岡のブローカー屋からもたらされる。それまでは三州流の鬼瓦を作ってきたのである。ところが静岡のブローカー屋は静岡流の鬼瓦を見本として持ってきたのだった。これが現在の敦の師匠に繋がる鬼秀流に似た形であった。敦はなぜかわからないが静岡流、鬼秀流の鬼瓦に魅せられてしまう。

さらに偶然は重なる。山下鬼瓦に静岡からブローカー屋がわざわざ来たということはもともと静岡方面の業者と山下鬼瓦白地の間に何らかの取引があったことを意味する。そしてまず父親の久男が静岡に行った折りに手作りの現地の鬼瓦に驚き、「鬼秀」の作である事を知る。久男はその流儀を山下鬼瓦白地の商品へ取り入れることを発案する。次は敦の出番であった。

自分も車で見に行って写真とって。また、三河のと違う、かっこいいんですよね。なんか、何ていうのかなんか、かっこいいんですよ。

そういうのを見て、「ああ、そういう腕のいい人が作ったやつだったら、自分も負けずに同じものを」。「同じ物を作れたならば、まあ、自分も、まあ、腕がいいことになるなあ」と。ま、最初はそういう考えで、見て作ったんですよ。

何でしょうかね。好きなんでしょうかね。向こうのが。

手作りへのこだわりに加え、敦に新しい流儀への転機が重なった。三河の鬼の流儀とは異質な静岡の流儀への出会いと、それを作り出す鬼師、鬼秀の存在を知ったのである。例によって敦の「理想の鬼師」の炎が燃え盛った。実際に鬼秀に会ったのは平成一〇年（一九九八）に開催された「鬼師の会」であった。

口の立つ、なんとも、何ていうのかな、「思いが伝わってくる」っていうのか。ほんと、職人なんですよ。作務衣ってあるじゃないですか。あれ着て、いつも、こう、仕事して、髪の毛長くて、かっこいいんですよ。ただの「憧れ」ですか。

そういった流れの中にいた山下敦に平成一一年（一九九九）八月三一日に鬼師のフィールドワークを始めていた私が初めて出会ったのである。その時に見た敦の作った鬼がまさに静岡流、鬼秀流だった（図4）。当時は私はその鬼が何流かは知るはずもなかった。しかし、何と新鮮に見えたことか。素人でも見分けが付くほど流儀が違っていた。このように二十代後半は遊びに夢中になっていた敦の心に「理想の鬼師」が宿り、それをはっきりと意識するようになっていた頃である。その理想の鬼師が具体的には「鬼秀」だったのである。鬼秀にあこがれていた敦がその年（一九九九）の鬼師の会特別展、「鬼文化江戸東京物語展」に出品するために精魂を込めて作ったのが、鬼瓦の影盛

図５　鬼文化江戸東京物語展　影盛（山下敦作）

である（図５）。

一品もんでやるようになったけど、そんな注文もほとんどないし。趣味みたいなもんですよ。ほんとに趣味で。

そんときにうちの親父さんと、あっちで（田戸工場）プレスやっとって、仕事もしてないのに給料もらってやっとった時に、「影盛一個作ってみようかな」って。「鬼師の会があるで」って。それで作って。

何日かかったか知らんすけど、これが始まりっすよ。

この時の鬼師の会は特別展であった。日本鬼師の会設立一〇周年記念を祝う展示会だった。いつもは主催者である京都府大江町と日本各地の鬼瓦の生産地で毎年交代で順番に開催されていたのが、その年は江戸展と銘打って東京で行われたのであった。全国の鬼師たちが一一月一四日に江戸東京博物館に集まった。私も碧南市の鬼亮さんに誘われて一緒に現地へ向かったのである。この時、静岡の袋井市から鬼秀も上京したのであった。そして敦が出品した影盛を初めて目にしたのである。

「何か似たようなの作る若い衆がおるな」って。

つまり、敦はこの影盛をただ一人の鬼師だけに見せたかったのである。鬼秀であった。この時、私はその会場で敦と出会っている。茶髪で黒い皮のジャンパーを着て、タバコを吹かしていた。敦が投げたボールは、見事、鬼秀の手の中に受け止められていた。何と、翌年、平成一二年（二〇〇〇）二月に本人から直接いきなり電話が来たのであった。作品にはそれぞれ作者の名前が付いたプレートがあった。鬼秀は鬼師の会の名簿を見てメモしていた「山下敦」の電話番号を確認したのであろう。こういう事はそう有ることではない。

メチャクチャ緊張しましたよ。「おい、オニヒデさんから電話ぞ」って。

敦の影盛が始まりだった。鬼秀はそれを直接見て、すぐに反応したのである。ちょうど敦の師である、山本種次、杉浦義照がいきなり声を掛けて来たように。つまり江戸展において、敦は今から思い起こすと、鬼秀と真剣勝負をしていたことになる。鬼師の剣はもちろん一本の金《かね》べらである。見知らぬ者の飛び込みでの手合わせを見て、鬼秀は弟子入りを許したのである。

えらい、快く迎え入れてくれて。ほいで、初日になんをやったかなあ……。柄振台と……、あと何か磨いたんすよ。

「おう、お前、綺麗な仕事するな」って。後、おっきいお寺一つやったんすよ。それが忙しくて。ほいで、足の雲を皮張って、裏張って、表張って、雲を途中まで作って。ほいで、自信がなかったもんすから……。ほいでも、まあ、ある程度、見よう見まねで。ほいで、そこまでやって、「帰ります」って（笑）。「あかん、ちょっと何か用事ができた」とか言って。

鬼秀はそんな敦に対して次のように言ったという。

寂しいな。まあ、いいや。また来いや。

敦は記念に図面をそのときもらって帰っている。いわば面接と実地試験にパスした事を記した合格証明書のようなものである。敦が初めて自らの意志で自ら選んだ「理想の鬼師」に向かって踏み出した一歩であった。この時、やっと父、久男から独立して歩き始めた事になる。平成一一年から平成一二年（一九九九〜二〇〇〇）は敦にとって激動の年だったといえる。そして奇しくもその年に敦と私は出会ったことになる。敦はこの時ちょうど虫が卵から幼虫に、幼虫から蛹に、蛹から蝶になるような変態に似た、鬼師になるある段階に達してその変態の時期にいたのである。それ以後、鬼秀とは現在に至るまで師弟のような関係が続いている。ただ直接の師弟関係ではない。鬼秀に敦が職人として入り、修業したわけではないので、いわゆる直弟子ではない。

山下鬼瓦

念願の鬼秀との交流を果たした後、しばらく静岡のブローカー屋が持ってくる仕事をいろいろこなしていた。注文が少しずつ来始めたのであった（図6）。そうした敦のもとへ決定的な仕事が舞い込む。静岡県伊豆市にある有名なお寺である修善寺の鬼瓦の復元工事の仕事が来たのだった。仕事自体はカネコ鬼瓦へ来たものであったが、すでに敦はカネコ鬼瓦へは顔なじみになっており、そこに来た仕事の一部を回してもらったのであった。運もある。まずその仕事は静岡からのものであった事。それから仕事が来たとき、カネコ鬼瓦はたまたまほかの仕事で忙しく、他人《ひと》の手が必要だった事。敦は次のように話してくれた。

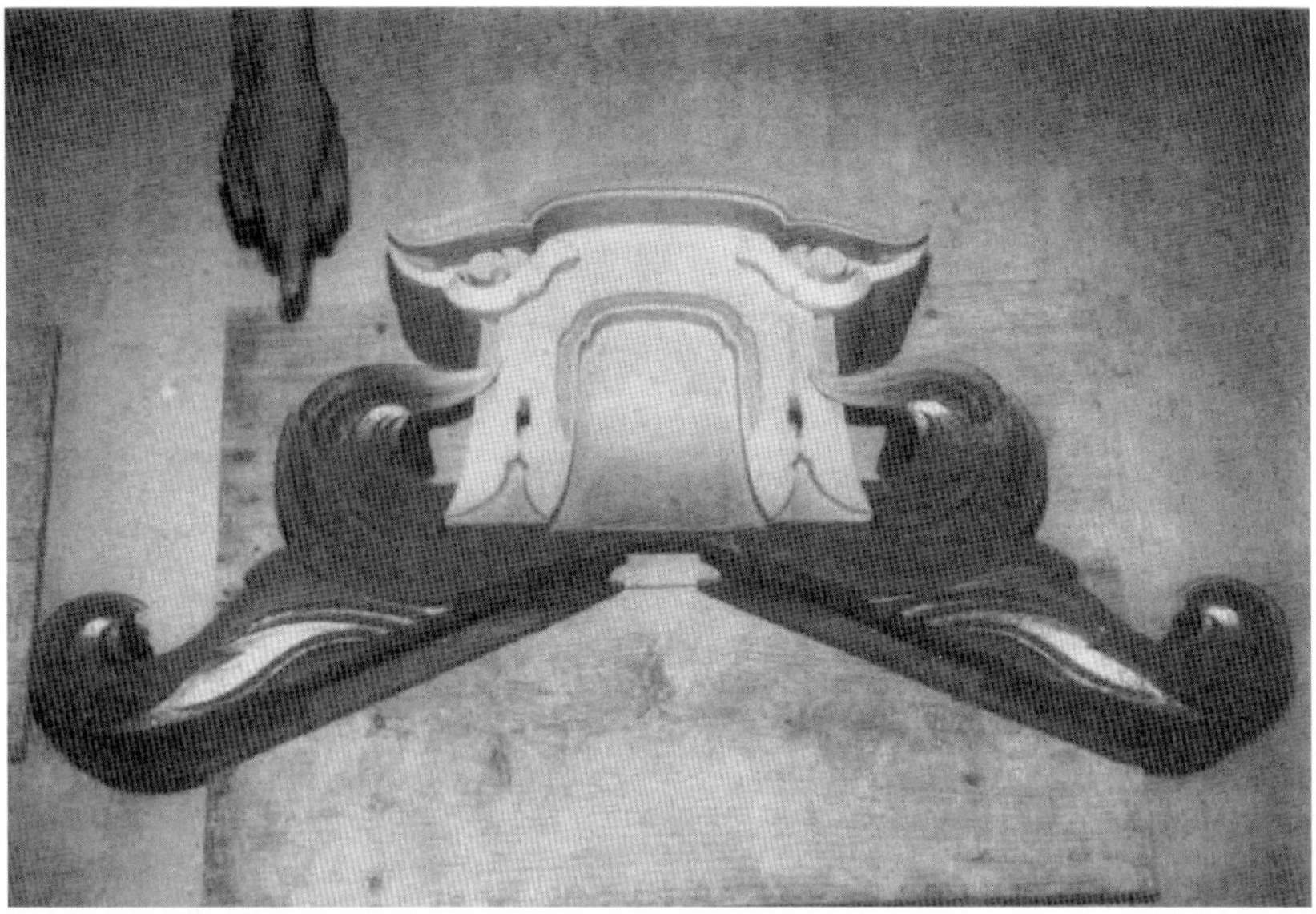
図６　ビン付若葉足付き（山下敦作　2000年９月24日）

（自分は）静岡の菊が得意じゃないっすか。ちょうど修善寺（の鬼瓦）に菊があって。「あっ、これやっていいっすか」って。（兼子さんが）「いいよ」って。それで持ってきて、復元したのが出来が良くて。

その仕事ぶりがとても良かったので、カネコ鬼瓦からさらに仕事を回してもらうことになったのである。

修善寺のやつは静岡の流儀で、波だとか、ああいうのは、折れちゃいそうな波が付いているンすけど。ああいうの、三州好きじゃないんすけど。その波がついとる奴を全部自分にやらせてくれて。

結果、敦の修善寺の鬼瓦が綺麗に仕上がり、出来上がりがとても良く、敦の鬼師としての腕が公に認められる大きな機会になった。仕事を頼んだカネコ鬼瓦からまず認められている。このことは次回以降また仕事が回ってくる事を意味する。さらに、復元した鬼瓦を実際に修善寺の建物にのせる屋根工事屋からも、そして全体を仕切る宮大工の棟梁にも認められることになったのである。敦が三一、二歳（二〇〇一〜二〇〇二）になる頃の出来事であった。

夜、修善寺完成して、また一回呼んでもらって、宴会あったんすけど。その大工の先生みたいな棟梁さんっすか。宮大工っすね。次ぎ行ったら、隣に屋根工事屋さん座っとったんすけど。

図７　二尺経ノ巻菊水足付（修善寺　山下敦作）

「この子は上手いぞ」。

（笑）まあ、菊水がよかったんすよね。龍がちょっと気に入らんような感じだったんすけど。龍、でも復元、けっこう出来はよかったんすけど。なんや、そんなかでも菊が良かった。

修善寺の鬼瓦復元工事は敦自身の鬼師としてのデビュー作となり、関係者の間に山下鬼瓦、山下敦の存在を知らしめる一大転機となった。鬼師としての独立記念日といえる大事な一生を左右する大仕事になったのである。修善寺以降、実際にさまざまな仕事が敦のもとに来ることになる。一六歳の時、久男に連れられて丸市に入り、鬼師になる修業を始めて、三一歳にしてようやくある山の頂《いただき》へたどり着いたのである。それにしても何という敦の変貌ぶりであろうか。宮大工の棟梁が才能を認めて話しかけるまでに敦は成長したのだ。一種の英雄が誕生する物語を髣髴させる文字通りの英雄譚である（図７）。

静岡、鬼秀流儀の系統を敦は受け継いでいるのは明白である。しかし、敦は特定の鬼屋の職人として一筋に修業してきたわけではない。ここではもう一つの鬼の流れとの接触について言及する。三州鬼板屋の中で最も古い山本吉兵衛の流れを直接に汲む鬼百との関係である。この流れが敦には伏流のように流れている。最初の交わりはかなりの過去にさかのぼる。山本鬼瓦をあまりの働きぶりの悪さに愛想を尽かされ、お払い箱になってしまったのは、敦が一八歳の頃の出来事である。その敦はカネコ鬼瓦へ行く前に、鬼百の直系にあたる鬼亮のところへ父、久男に連れられて行っている。敦によると鬼亮との出会いは次のようだったという。

「家《うち》は厳しいぞ」って言われ、「ほいじゃあ、やめときます」って。そんなすげえ男だとは知らんかったし……。門前で……、そうっすね。かといってその頃にもし、とにかく入ったとするじゃないっすか。続いてないっすよ。

鬼亮こと梶川亮治はこのことは良く覚えていた。私は亮治とは三州の鬼師の中で最も多く会って話をしている。そのときに何度か直接敦のことを聞いた事がある。亮治によると風評は聞いていないが、敦の金髪の遊び人っぽい姿を見て自分とこで働いてもらうには合わないと思い、丁寧に断ったといっていた。ただそれ以降、敦の成長についてはそれなりに気には留めていて、「力量をわきまえて仕事は受けないといけないと伝えてほしい」といわれた事が何度かあった。一方、敦のほうはとても気になる存在として、鬼亮があるのは事実である。

実際、会うと無視されますけど。「おっ、嫌な野郎だな、この人は」って（笑）。

そして、敦はその心のうちを叫ぶのである。

（笑）絶対追い越してやるって……（笑）。

こういった闘志は以前には全くなかったものであり、敦の変貌振りがうかがえる。また目標を具体的に持つことはとてもいいことでもある。さらに自分自身にそれなりの自信が付かないと出て来ない言葉でもある。そしてこの負けん気の強さは鬼師として重要な要素でもある。その点で言うと、敦は亮治とよく似ている。亮治は、実際、若かった頃、自分の師である父、賢一や兄の務に対して同じような感情を抱いていた。結果、敦は亮治とは直接には交わる事はなかった。一瞬見《まみ》えただけである。ところが亮治の師匠であった兄、梶川務と不思議な縁で繋がっている。務から見ると一番若い弟子となる。そのいきさつを述べたい。

梶川務が晩年になって、務の取引先であった㈱白鳳瓦の専務（当時）が務の後継者を探していた。務には残念ながら直系の後継者がいなかった。それ故、優れた鬼師である務の後継者を見つけることは取引先の白鳳瓦にとって急務の事であった。回り回ってきた先が敦だった。平成一五年（二〇〇三）頃の出来事である。

（白鳳さんが）来て、ほいで、鬼面と、なんか経ノ巻で、注文をバーンってくれて。自分……、出来ると思っとったんすよ。あの頃。あの人（白鳳）、「まだ出来てないのか、まだ出来てないのか」って、催促がひどくて……。

ほいで、自分も全然技法がなかったんすよ。ほーしたら、作ったのは良いけど、パッカーン、パッカーン、割れちゃって、全部。

ほいで、まあ、「こんな人の仕事は絶対やらんぞ」ぐらいの……。自分も思ったし、向こうも「こんなとこ、絶対（注文を）出さんぞ」ぐらい。

白鳳との仕事は失敗に終わったが、その仕事が敦を梶川務に引き合わせる縁になったのであった。敦は碧南市川端町にある務の仕事場へ行くようになる。

図面もらって、ほいで、家で作りました。ほいで、そのときに経ノ巻だとか、ああいうやつのわからん事があったら、務さんとこ行ってちょっと聞いたり、話もさせて……。もう、ほんと、ちょっと話させてもらったぐらいのもんすね。

実は務はそれからしばらくするといきなり亡くなってしまったのである。平成一七年（二〇〇五）一〇月一六日の事であった。敦と務が交わったのは一年足らずの期間にすぎない。

一応、葬式出るぐらいのあれだったんすけど、自分が、その白鳳さんの仕事を大失敗しちゃったもんで……。

務さんとこは……なんだやあ、あー、一応、「山下君が来たね」って顔は覚えてもらえるぐらいの付き合いはしていました。

事実、務は私に「山下君という子が最近来て仕事を手伝っていてくれている」といい、「なかなか筋があるから鍛えてみたい」と話していた矢先の出来事だった。務との関係は短く、残念な事態で終わってしまったが、後に、敦は「おばさん」と呼んでいた務の家内の文子《あやこ》から務が使っていたタテ型の荒地出し機の板で出すタイプのものを譲り受けている。こういった話から見えてくることは、まだ当時は鬼瓦を十分に作りなれておらず、これから変身を起こす直前に敦はいたことになる。そうした時期に白鳳を介して敦は務と出会ったのである。務はそうした敦の非凡な才能をすぐに見切っていたことになる。腕のある職人だけがわかる何かがあるのであろう。ちょうど外国語を話す人を外見には惑わされずに、音（言葉）だけでその人が外国人かどうかを見分ける（聞き分ける）ように。

残念ながら務と敦の関係は務の突然の死をもって終わることになった。ところが務と敦の関係を取り持った白鳳との関係は途絶える事はなかった。一時、務の死とまるで同調するかのように、敦と白鳳は仕事上で絶交状態に入る。敦からすると白鳳は鬼のような催促魔となり、白鳳からすると、敦は手の遅い鬼瓦の仕上げが下手糞で、傷ばかり出す職人となり、事実破局を迎えた。しかし、その白鳳が二年ほど経って、いきなり敦の前に現れ、金型の原型を注文していったのである。二年の歳月は双方に大きな変化をもたらしていた。まず白鳳自身が変わっていた。自ら瓦を作るようになっていた。

白鳳と同様に敦も変わっていた。敦は梶川務と知り合った頃の平成一五年（二〇〇三）九月頃から二年間、何と白鳳と同じように瓦を習い始めていたのである。偶然として片付けるにはあまりに不思議な出来事である。この間、二人は事実上、決裂していた。そのことを考えるとなおのこと不可思議なシンクロ現象が二人の間に起きていた事になる。

二年、土曜日半日だけ。あれも大きかったですよ。暇だったんすよ。注文もなくて。

敦は西尾市にある丸六さんという瓦屋へ手作り瓦を習いに行ったのであった。

今で言う、基本的なプレスが出る前の作り方っすね。一通り、手習いっすね。もう、これは弟子入りしたって感じの。習ったって感じっすよね。瓦の部品も、社寺もん、民家もん、あの一通り作りましたね。

二年。ほいで、そこの瓦屋さんの道具を全部引き取って、そん中で、瓦の使い方だとか、そういうのもいろいろ話も聞かせてもらって。

敦は一六歳から鬼師の世界に入ってはいるが、まともに長期にわたって一つの鬼屋で集中して修業した経験は持っていない。敦の鬼の修業はバンクモノ的な修業で、あっちへ行き、こっちへ行きの繰り返しであった。独学といっていい。ただ唯一の例外がこの手作り瓦の修業である。二年間、毎週土曜日に直伝という形で、手作り瓦を習っている。「瓦は一から全部教えていただきました」と敦は言う。瓦を教えた師匠が金原富士男である。敦は自らの口ではっきりと、「これは自分にとって大きな転機になった」と何度となく語るのであった。それまで敦が持っていた鬼瓦に対する世界が大きく変化したためだと思われる。「屋根の鬼瓦と瓦のとり回しが良くなったっす」と敦は表現している。つまり、それ以前は鬼瓦だけに注意が向いていたのが、鬼瓦と瓦の関連性に目が届くようになり、その使い勝手のよさを意識したつくりに気を配るようになったのである。

鬼は、あのう、瓦の一部だもんで、全体をやっぱ知っとらないかんってことで。ある程度、知れたっていうのが……。

一方の白鳳の変化を敦は次のように言う。

東本願寺の瓦を白鳳さん作って、自分で手で作るようになったんすよ。その白鳳さんが。ほしたら、あのう、作る人の苦労だとか、こういうの、ある程度わかってきて……。ほいで、何年か、原型、金型の、原型っすね。唐草だとか、そういうのやるようになって。

すると、白鳳は少しずつ鬼の仕事を持って来始めたのであった。敦は昔の「ぱっかん、ぱっかんと割れた鬼の記憶」が鮮明に残っており、白鳳の仕事をいろいろな理由をつけては断っていた。ところが、敦も腕を上げて変わっていた。その変化した実態と過去の記憶のずれを埋めたのが白鳳から受ける事にした金型の原型の仕事だった。しばらくすると二人は互いの良さに遅まきながら気づく事になった。やがてなくてはならないパートナーのような形にまで発展していく。

金型どんどんやるにつれて、どんどん気が合うようになってってったんすよ。

白鳳さんも腕はねえけど……、詳しいんすよ。瓦とか……。

施工に関しても詳しいし、ほいで、えらい気の利いた……、みんなが知らんようなことも詳しいし。ほいで、どんどんやってくなかで、たまに鬼もやるようになって……。

ほいで、一緒に、こう……、白鳳さんの場合だと、自分、型作ったら呼んで、すぐ見てもらうんすよ。

「山下君、ここはもうちょっと、ここ……」とか。ほすと、確かにいいんすよ。柔らかくていいんすよ。それを続けてって、どんどん気、合うようになって来て。

作り手と顧客との関係の変化がいかに創作に影響を及ぼすかが如実に現れている例である。関係が変化すると創作そのものに亀裂が入り、作り手と顧客の関係そのものが断絶する。しかし、作り手と顧客が自ら変わり、関係が新たになっていくと、創造的な創作が生まれるのである。粘土を媒介にするパフォーマンスの妙である。

それがどんどん気が合うようになってくると……。今、すごいっすよ。文化財級の唐草でも……、来て、自分作るじゃないすか。

値段もなし。ほいから、値段も自分の言った値段でくれるし。「職人はいじめちゃいかんよなあ」って……。ころっと人が変わっちゃって。そこからえらい付き合いやすくて。

ほいで、何せ詳しいんすよ。研究熱心で。この人、たまに来ると、二時間も三時間もあの人しゃべってくんだけど。そんなかで、色んな知識的なものを聞いて……。

最初、えらい大嫌いだったんすけど。今じゃ、あのう、いろんな知識的な……。先生みたいな……、はい。

（笑）ほいだけ変わるもんすよ。それが何かっていうと、作る苦労をわかった。どっかで……。あの人が……。

単なる「鬼師の世界」だけに当てはまる物語りを越えて大きな人生一般にも通じる人間関係の難しさと豊かさを伝える語りになっている。重要な点は白鳳の敦の作る鬼瓦に対する見立てが的確に的を射ている所にある。さらに、通常は見立てが的を射ているかの確認は限りなく難しい。鬼師の世界はそれをその場で、目の前で、手直しする事によって二人で確認できるのである。誰にでもできることではない。敦はその微妙な手直しをすぐに躊躇無しに、見立てた本人の前で、行う技量がある。その場で見立ての良し悪しが現前化するのである。これは「見る人」と「見られる人」との真剣勝負である。職人の世界、そして鬼師の世界の特徴をこれほど現しているものはない。限りなくシビアな世界である。わずかなずれやミスをも許されない世界であり、それを見抜く人が存在する。敦はそうした事実を踏まえて白鳳を見ている。互いに「見る」、「見られる」の鏡像的関係といえよう。

若葉でも、あのう、紋帳見ると、葵の紋だとか、全部、自然のもの……。なんすよ。本当は……。自然に咲いているものだとか、花だとか……。

そうすると、（白鳳さんは）わざわざ持ってきて……、花の写真持って来て……。

家紋一つでも、みんな、例えば紋を彫るとぺたーっと彫っちゃうんすよ。そうじゃなくて、もうちょい、こう……、花なら、こう、花らしく。葉っぱなら……、ちょっと硬い葉っぱなら硬く。えらい、作りとして手間なんだけど、実際出来たときに立派なんすよ。このあたりにはないっすね。それが自分のなかで、えらい良かったですね。

敦は白鳳との出会いとそのコミュニケーションを通じて何かをつかみつつあることは確かである。似たような話を敦はしてくれた。

その前も、唐草文化財のやつ作って、ほいで、ああでもねえ、こうでもねえ……。白鳳さん、そこに座って、一緒に。
「こうっすか」って……。「ミリとかほのぐらいの世界っすよ」。
ちょっと直して。また……、そこで直す……。
「お前もよう見られながら直すな」って言う。
直して、二人で、こう見て……。「うん、だいぶようなりましたね」って。これで一日。「検査に持ってってくるわ」って。
ほいで、ビニール囲って、滋賀県、持ってって。

一発合格。

その、一発合格って、あんましないんすよ、普通、業界。あれを、よく、「落ち」となって。

文化財検査官が見るのだという。そこはクレームが付くのが当たり前の世界である。一回や二回の手直しを命じられるのはあたり前なのである。

もう絶対つきます。つけるのが仕事ですからね。だけど、それなりのものをやっぱりこっちが持ってくと、向こうもわかるじゃないっすか。ほすと、「ああ、いいでしょう。ＯＫ」って。

白鳳こと杉浦達雄と敦は「見る」、「見られる」の絶妙の関係をとりながら、敦自らの鬼師の世界をより豊かに、より細やかに、より力強く構築してきている。白鳳もまた師といえよう。

あの人の存在は大きいっすよね。自分にとっちゃ。まあ、細かいもんが、白鳳さんの見る目に対応してあげられるようになったんすよ（笑）。

鬼　敦

山下敦が山下鬼瓦の工場を現在ある春日町の家に移したのは平成一八年（二〇〇六）二月の事である。古い木造の漆喰の壁を持つ工場である。敦がことのほか気に入っている場所である。一般の人にとっては好いとはいえないような場所で、通りから引っ込んだ陽があまり射さないどちらかといえば薄暗い仕事場である。ところがそこが良いと敦は自画自賛する。そこは鬼師でないと本当の良さがわからない世界である。

ここ、壁あるじゃないですか。これ、今じゃなかなかない、えらい上手な感じらしいっすよ。やっぱ、ここは作るに適した……、良い仕事場っすよ。メチャクチャ良いっすよ。

敦は仕事場の壁が漆喰で厚く塗り込められており、その湿度の調整の自然な動きに驚いている。

もう良いっすね。乾燥が鉄鋼（で出来ている以前使っていた工場）に比べると、全く違いますよ。
もう、普通、そこそこ二尺ぐらいの経ノ巻になると、あの、どっかで、こてんって倒したり、ピッと来たら、埋めてやったりとか、そういう作業はなしですよ……。

全体に綺麗に乾く。
夜なべしていると、何時ぐらいかな……、一〇時とか……なると、パーって暑くなる時があるんすよ。
なんか吸ったり吐いたり……しますよ。「呼吸する」ってよく言うじゃないっすか。ほすと湿度は上がってないけど、湿度があって、上がるみたい。
夏場なんかようわかるんすけど。急に、ぶわー、じとーっとして来たり。ほいで後、急に「涼しいな」ってなったり……。
これがっすね、五時に上がっちゃわからないんすけど、夜なべすると気がつくんすよ。

そして敦は鬼師にとって決定的なことを言う。

乾燥が本当に楽になりましたね。傷が激減しました。

このことは別の言葉でいうと、手作りによる物作りには昔ながらの土壁が、特に土から生まれる瓦作りには最適で、最新の素材からなる建物がいつも良いとは言えないことを示唆している。確かに古い伝統的な日本家屋に入ると冷房をきかしていない夏でもひんやりして心地よいものである。現代式の密閉された空間で、機械で強制的に空調する建物よりも手作りの鬼瓦は自然な生きた空間を好むといえる。

この新しい（古い）仕事場に敦にとって第二の修善寺とも言える重大物件が舞い込む。平成一八年（二〇〇六）八月、移って半年足らずの事であった。皇居の屋根の葺き替え工事に伴う鬼瓦復元の仕事が来たのだ。このタイミングの良さは神の為せる業としか言いようがない。敦がベストの仕事場に移った時にベストの仕事が敦の力量を測るかのように現れたのだ。依頼は宮内庁である。もちろん直接の依頼ではない。まずスーパーゼネコンといわれる会社間で入札があり、大林組に決まり、㈱埼三瓦工業（屋根工事屋）へ渡り、さらに㈱天木（瓦屋）に移り、その天木から鬼十（鬼板屋）へと仕事が来たのだ。鬼十はその仕事を山下鬼瓦、鬼英、丸市に依頼した。仕事が大規模になるとさまざまな業者が中間に入り、適切と思われるところへ下請けに出す事がわかる。山下鬼瓦は文字通り最末端の現場なのであった。下請けの下請けのそのまた下請けといった場所が、鬼が生まれる空間なのである。鬼は中心からはるか離れた周辺で生まれる。

最初の鬼瓦の注文は一つの鬼瓦が三つのパーツに分割され、三軒の鬼屋へ注文がいった。敦は鬼の足の部分を受けたという。ところが出来上がってそれぞれを全部揃えてみると全体に良くなく作り直しになっている。その後、次の注文は敦一人に来た。前回で鬼を監督する人が要求する水準が見えたのである。検査のハードルは通常よりも高かったのだ。しかし、この試験に監督からクレームが付き、パスはしたものの、完成度において十分ではなかったのである。結果はすぐに次の注文に現れ、山下鬼瓦には注文は行かずに、別の鬼板屋へと流れたのであった。この時点で万事休すである。ところが敦は運から見放されてはいなかった。皇居の注文はいくつもの鬼板屋を回り回って、何と敦の元へ再度戻ってきたのである。このことはどこも監督の基準を満たす事ができなかったことを意味している。そうした状況の中で監督は再度、敦に白羽の矢を立てたのである。ここに登場する監督は大林組の皇居の物件を任された人物で、松崎洋一という。山下敦は監督の事を次のように言っている。

「信仰心」みたいなものが見えてるんすよ。見る目がある……。気分的なものもあると思うんすけど、その日のっすね。

いろんな文化財見とるし、あと、いろんな美術館行って、いろんなもん研究して、……。そういう人は、パーって見ると、わかるんすよ。

敦は皇居にのっていた鬼瓦と、他の鬼板屋が今回作ったものを二つ並べて、自ら図面を描き、原型を作り、その監督に来てもらい、現物を見せたのである。

一ミリぐらいっすね。一ミリないところを、ここをピュッと取って……。「どこですか」って。目の前で直して……。

ここで、直したんすけど。「うん、いいでしょう」っていうふうで。

そっから、うちに来るようになった感じっすね。

山下敦は敗者復活戦を制したのだ。それはわずか「一ミリない」世界の闘いだった。それを敦の仕事場で監督の目の前でやり遂げたのであった。

そうするとですね。一回失敗してるじゃないですか。「絶対逃がさんぞ」っていう……。

もう、ほいで、金も考えずに、時間も考えず、メチャクチャ磨きましたね。型にしたんすよ。型にした後に、全面へら当てて、全面、一個一個彫ったように作る。

まあ、細かい……指摘を直して、ほいで、作ったら、とても印象が良くて。それからずっと作り続けれたんだけど。

そこで、ちょっと手を抜くと、全然だめっすね。

つまり少しでも監督からNG（No Good）が出るとまた他の鬼板屋へ行く危険を常に抱えながら敦は綱渡りのような真剣勝負を監督としていたのだ。監督自身もうかつな物は皇居に置けないので、重責を自ら背負いながら、この仕事にふさわしい鬼師を捜し歩いていた事になる。そして敦は監督の期待に応えたのだ。また予算も皇居の物件だからといってふんだんにあるわけは無く、そこそこの値段で、その値段を超えるものを作ろうという気魄《きはく》があるかどうかが現実に要請されてくる。敦はそれに正面から挑んだのであった。そのことを敦は次のように表現している。

コンマ何ミリとかのずれはあるんすけど。全体、パンッと見て、真っ直ぐピシッと芯通って、左右ピッと来とって、なおかつ、手作り感もあって、それ以上の何かがパーンっと出てる感じが出るのにえらい苦労しましたよ。

敦はさらに一言でこのことを言い直しているのがとりわけ印象的であった。

「圧倒的信仰心」っすか。

「圧倒的信仰心」で作ったものを復元するんすよ（図8）。

いきなり「信仰心」などが飛び出してくるとドギマギしてしまうが、「圧倒的信仰心」について敦はわかりやすく話してくれた。言われて初めてその心が胸にスッと入って来る。

それなりの、自分、信仰心ないんすけど。「当時の人になったような気持ちで……作る」。

はい。「なり切り」っすか。

作った人の、当時の信仰心に負けんぐらいの。ほいで、なおかつ、要は、「もとのやつよりいい物を作るぞ」ぐらいの気持ちっすね。なかなか腕がついてこんでいかんすけど……。

自分で言うのもなんすけど、「どうだ」ぐらいの……（笑）。

図８　尺三寸獅子口菊模様足付（山下敦作）

話をよく聞くと、敦の競争相手は現在の鬼師ではなく、過去であり未来の鬼師であった。見えない鬼師を相手に腕を競っているのだ。そのときに勝負を決めるのが「圧倒的信仰心」なのだという。敦はさらに具体例を挙げて話してくれた。

東本願寺って浄土真宗でしたっけ。確か。あっこの……平瓦と全部、瓦、確か、三河地方でやったじゃないかな、当時。そん時に「信仰心」っすよ。

お寺とかお坊さんに対する「信仰心」で一枚一枚切って、一枚一枚磨いて。一枚一枚細かい面をとって。

ほいで、今度、窯に。今の窯じゃないけど、昔のだるま窯かなんか知らんけど。穴かなんかに積んで、「心込めて作るじゃないっすか」。

お寺に作るもんすから、仏像があって、建物があって、それを守る瓦。そのぐらいの意識でみんなつくっとったわけだもんで……、やっぽいいんすよ。メチャクチャいいんすよ、ものが。

ところが現代はお寺の瓦を作るのでさえも、「ただの仕事になってしまっている」と敦は言う。

仕事。仕事っすよ。

図９　「平成の大改修記念品」を持つ山下敦

金っすよ。

信仰心が全くない。僕が見るに。多分ないっすよ。「そういう、目に見えん差がやっぱりね、なんか、有るような気がする」。

皇居の鬼瓦の仕事を体験して、敦はまた一回りも二《ふた》回りも成長したように思える。もともと皇居の屋根に載っていた鬼瓦を昔作った今は亡き鬼師たちと高度なコミュニケーションを交わしながら作ったことは疑いようがない事実である。敦は皇居そのものへ行ってその現場をも実際に中に入って見て来ている。そして何かを知ったのである。敦は皇居の改修工事を終えた時に、監督の松崎洋一から黒い地肌を持つ大理石に皇室の菊の紋を彫りこんだ「平成の大改修記念品」を別れ際に「残り物だけど」っとポンと渡されている。実際に仕事場で敦から直接見せてもらったが、実にあっけないほど小さな、手のひらほどのものであった。しかし、その価値は計り知れない。事実、㈱天木や他の瓦屋さんたちは「こんなもんもらった奴は見たことがない」と口々に言う（図9）。

まとめ

山下鬼瓦白地と山下鬼瓦そして鬼敦について見てきた。昭和四〇年創業のプレスの鬼板屋として始まった山下鬼瓦白地は創業者が今だに健在な事もあって、初代の生き様が生き生きと浮かび上がってくるところが特徴である。二代目に当たる山下敦は山下鬼瓦白地を継ぐ人物として今に存在しても決しておかしくない。しかし、初代の山下久男の決断と導きにより、一六歳にして「鬼師の世界」の門をくぐった。昭和六一年の事であった。この時は敦本人はまだ全く鬼瓦に興味はなく、目覚めていないのが大きな特徴である。反対に「鬼師の世界」からすぐに弾き出される始末であった。しかし、それが山下鬼瓦の始まりなのである。本人の自覚の有る無しに関わらず「鬼師行きのバス」に乗せられている。しかも鬼師になるのに最もいい年齢になるのを待っていたかのように。一般社会の常識からすると落ちこぼれになり、不登校生、不良少年といわれてもおかしくない敦であったが。

ところが丸市、山本鬼瓦、カネコ鬼瓦、鬼秀、さらに、鬼亮、梶川務、白鳳とさまざまな鬼板屋と関係を持ち、転々としていく人生を歩んでいる。一つの流儀にこだわらない、現代のバンクモノと言っても過言ではない。そして平成一三年から一四年にかけて修善寺の鬼瓦を手掛けており、山下鬼瓦として鬼師の世界にデビューを果たし、その実力を認められている。新しい鬼師の誕生である。また平成一八年からは三年ほどかけて、皇居の大改修工事に山下敦が主になって関わり、鬼瓦を作っている。現在では三州の手作り鬼師の中で若手実力者の一人と言っても言い過ぎではない。鬼敦の誕生である。山下敦がたどってきた道は一人の若者の変容の歴史である。そして、まるで導かれるかのように要所要所で重要な人物に出会っている。また大きな仕事が敦の実力を公開する場であるかのように舞い降りているのが特徴である。それは本人も大なり小なり自覚しているようである。皇居の物件についての敦の言葉がそのことを明白に示している。

一番運が良かったのは、要は、自分は、こういうの得意なんすよ。鬼秀さんみたいに鬼面がこんなところに、バーバー載っとったら、多分、自分じゃ勤まらんかったと思うし。

たまたま得意分野で……。

そうなんすよ。運も有りますよね。運と縁とみんなのサポートと。

図10　尺五寸古代鬼面前立又ぎ製作中の山下敦 (1)

図11　尺五寸古代鬼面前立又ぎ製作中の山下敦 (2)

図12　尺五寸古代鬼面前立又ぎ製作中の山下敦 (3)

図13　尺五寸古代鬼面前立又ぎ完成 (4)　山下敦

図14　玄武に布袋（山下敦作　高原隆所蔵）

まあ、やっぱ、こういうのは、自分で言っちゃああれだけど、来るべき、来るべくして、やっぱ、来る仕事みたいな。

たまに感じる事があるんすけど。

最後に敦が目指す鬼瓦について敦本人が語っている言葉をここに引用してまとめを締めくくりたい。

傷は無い方が良いから……、かつ、自分の目指すのは、形も良くて、ちゃんと瓦として機能して、ほいで、なおかつ装飾も柔らかくて、「ウォー」って唸《うな》るような。

それ、目指すんすけど、なかなか難しいっすよ（図10〜14）。

四　鬼瓦白地

［17］山吉系──鬼英

『鬼師の世界』は「黒地」から「白地《しらじ》」へと移る。高浜では鬼板屋が自ら窯を持ち、粘土の荒地から鬼瓦を成形して銀色《ぎんしょく》に焼き上げるまでを一貫して行うところを「黒の鬼板屋」といい、三州鬼瓦製造組合に彼らはだいたい加入して活動している。ところが全ての鬼板屋が必ず焼成するための窯を持っているかといえば「否」となる。鬼瓦を粘土から作るのだが、一番最後の工程に当たる焼成をせずに他の鬼板屋ないしは瓦屋へ商品として出荷する鬼板屋が存在する。粘土は文字通り粘り気のある水分を十分に合んだ土で、昔はそれぞれの鬼板屋が粘土を採取し、独自にいろいろな性質の土を混ぜ合わせて粘土を作っていたが、現在では鬼板屋とは別の粘土専門の会社が作る配合粘土を鬼板屋の大半は購入している。

鬼板屋は土状の粘土を荒地という厚さ三㎝ほどの板状に荒地出し機で作り、そこから身に付けた技を駆使して様々な鬼瓦を作っていく。「鬼」が荒地という粘土の板から作られるので、それを作る人々を「鬼師」または「鬼板師」という。粘土は水分を合み、ほぼ自在に鬼師が形を整えることが可能である。この段階での粘土の色はやや茶色がかった鶯《うぐいす》色である。その時の光線の加減で茶色っぽく見えたり、緑がかって見えたりする。ところが水分は次第に蒸発していき、粘土は徐々に白くなっていく。水分が十分に抜けきると、白色になり粘りは消え、手で加工する事は出来なくなるほど硬くなる。鬼師はこの粘土の水加減を調整しながら仕上げていくことになる。この粘土から水が抜けて鬼瓦の形になったものを「白地」と呼んでいる。鬼瓦としては半製品であるが、白くなった鬼瓦を作る人々を「白地屋」と呼ぶ。事実、白地屋の人々が加入している組合が「黒地」を作る人々と同じように存在している。三州鬼瓦白地製造組合がそれである。

このように「鬼板屋」は大きく「黒」と「白」の二グループに三州では分かれている。ただ囲碁の石のようにはっきりと「黒」と「白」に分離しているわけではない。どちらかというとオセロゲームに実態は近い。オセロゲームは一つのコマが黒と白の二面を持ち合わせており、その場の力関係によって「黒」か「白」かが決まる。鬼板屋の「黒」と「白」も似たところがあり、いくつかの鬼板屋が三州鬼瓦製造組合「黒」と三州鬼瓦白地製造組合「白」の二つに加入して活動しているのは事実である。

さてここでは「白地」の鬼板屋の中で手作りを専門に鬼瓦を作って

いる人々を取り上げ、彼らの生き様を描いてみたい。調査は黒地の鬼板屋と白地の鬼板屋をほぼ同時に進めていった。直接の理由は前述のようなオセロゲーム的な状況が「鬼師の世界」の実態であったからである。しかし、いざ彼らの世界を描く段階においては意図的に二者を分けた。そのほうが第三者が見たときにそこにある伝統文化が何かがわかりやすくなると考えたからであった。「文化を書く」上でもやはり便宜上書きやすく、そのための補助線を導入したことになる。

鬼英へは二〇一〇年三月五日に訪れた。もともと頭の中にあった鬼板屋ではなかった。山下鬼瓦の山下敦をたずねてしばらくインタビューをしていた時、山下敦本人が「鬼英さんはいいですよ。やってみられたらどうっすか」と話を持ちかけられたのが始まりである。そして山下さんと話をするたびに鬼英のことが話題に出るので、山下さんがそれほど認める人ならばということで継続してフィールドワークをすることに決めたのである。本来なら黒地の調査研究を完成した時点でいったん区切りを入れ、テーマは「黒地の鬼瓦」にして一つにまとめようと計画していたのだ。

しかし、山下さんと話しているうちに考えが変わり白地でも手作りの名手がいるという指摘を受け、白地の手作りをも加えてフィールドを広げるほうが鬼師のオセロゲーム的実態により近くなるかと考えたのがきっかけであった。おまけに話をする山下敦本人が黒地組合に所属しながら現在は実質白地屋をしているというオセロゲーム的存在だったので説得力があった。さらにその先の純白地屋への移行はある意味自然の流れのようなところがあったといえる。

鬼　英

［鬼英初代］

❖――春日英紀

鬼英こと春日英紀《ひでき》とは初めて今年（二〇一〇）三月五日に出会った。それから以後は再度、製作風景を写真に撮りに行ったり、山下鬼瓦や鬼十でもたびたび顔を合わすようになっていった。このことは逆にいうと鬼英と山下鬼瓦と鬼十は仕事を通じてとても付き合いが深く、そういった環境の中へ私が紛れ込んだ形になった事を意味する。もっとも初めて鬼英に会ったと書いたが、実際はすでにずっと前に会っていたのである。昔、福井製陶所へ福井謙一を訪ねていった時（平成一二年一月二六日）、謙一のすぐそばで鬼瓦を黙々と作っていた若い職人がいた。謙一は一言、「娘婿だんね」といったのを覚えている（図1、図2）。その時の職人が「鬼英」を興し独立した鬼師になっていたのである。つまり新しい鬼板屋の誕生が起きた事になり、奇しくもその鬼板屋の母体になった鬼板屋を偶然にもすでに調査していたのである。山下敦から「鬼英」と何度もいわれてもしばらくの間ピンと来なかったのはその新しさゆえであり、ここに新しい鬼板屋「鬼英」の誕生譚を書くことにする。

山下鬼瓦の工場へ春日英紀にまず来てもらい、バイクで車を先導してもらって目的の鬼英に行った。来た事のある道だったので変だなと思いつつ走っていると、何と鬼長の社長の本宅がある屋敷のすぐ隣を鬼長から借りて鬼英の工場としていた。もともと鬼長の手作り職人が使っていた建物だという。私は福井製陶所かその周辺でやっているの

図１　鬼瓦を製作中の福井謙一（平成12年１月26日）

図２　福井製陶所時代の春日英紀（平成12年１月26日）

かと思っていたのがあっさりはずされ、なるほどこれは本当の意味での独立だなと思った[1]。実際に独立したのは平成一九年九月一日の事である。鬼英こと春日英紀は昭和三九年一月二〇日に碧南で生まれている。父親の春日義明は鉄工所でサラリーマンとして職工をしていた。昔でいう鍛冶屋である。一時独立して鉄工所を経営していたが、主たる取引先の会社が倒産して経営が行き詰まり北新川にあった別の鉄工所へ勤めるようになったのである。また母親の美恵子は家が名鉄碧南駅に近かったので駅の駐輪所の管理の仕事をしていた。春日の今の職に繋がるものは見当たらない。ただ一つ、母方の祖父は群馬県で大工の棟梁をして弟子も多く抱えていたという。それを聞いたときこれはまるで瓦と無縁でもないなと思った。つまり父方、母方とも技術を身に付けて生活する家系となり、春日は両家系から何らかの技術的素養を受け継いでいる事になる。事実、小さい頃からものづくりが好きだったと春日は話してくれた。

物を作るっていうのは好きだったかもしれない。例えばあんまり絵を描いたりだとか、そういうのは苦手だったんすけど。字を……習字だとか。

あのう……、まあ良くある、例えば、段ボール箱だとか、その辺にあるような廃材を持ってきて、あのう……飛行機の形を作ってみたりだとか。

で、ただ飛行機を作るだけではなくて、実際乗ってみたくて、柱にロープをこうつけてブランコみたいにしてやってみたりとか。

そういうなんか遊びはようやってましたね。

うん。けど、まあ、といいながらも通知表の図工はいつも、多分「2」とか……。

春日は小学校の思い出に引っ掛けて面白い話をしてくれた。第四回飾り瓦コンクール作品展が高浜市のかわら美術館であり、春日の出品していた作品を小学校のときに世話になった先生が見て、わざわざ鬼英の工場をたずねて来てくれたのである。

たまたま裏に作業にいっとって、ここ（工場）開けっ放しで。で、ものの一〇分ぐらいたって戻ってきたら、ここ（テーブル）になんかポンってものが置いてあるんですよ。

あれ、なんだろう。あれ、誰か来たんだろうかって思ったら、あのう、名刺の裏書に、あのう、「たずねてきました」ぐらいなこと書いてあって。名刺を見たら、うんっ……これもしかして小学校……小学校三年、四年生のときの担任の先生で……。

わざわざたずねて来ていただいて。

で、すぐ電話して。ほいで……「いきなりどうしたんすか」っていう話をしたら、あのう、「飾り瓦コンクールの」、あのう、「君の作品の名前、プレートを見て春日英紀っていうのはわしの教え子だなあ」って覚えていただいてたんですよ。

ちょっと感激しましたね。

小学校の先生はどれほどの数の生徒を三〇年近くにわたって教える事になるのか分からないが、名前を覚えていてしかもたずねていくことはそれほど数ある事ではない。春日英紀は成績は当時、パッとしなかったかもしれないが、何かがあったと思わざるを得ない。私自身が現在学生に教えている立場にあるだけに尚更のこと春日の話の中で印象に残っている。

春日英紀を鬼師の世界へ導く事になった出来事は中学校を卒業してから付き合い始めた彼女との間に一六歳になって子供ができたことが発端であった。その彼女の名前が福井優子であった。

一六歳で出来ちゃったんですよ。で、気がついた時には、まあ、今の嫁さんなんですけど……。

もう、かなり、もう、あのう、たとえば、……あのう、中絶だとかできんぐらいの近くまで、もう、……日にちがたっちゃっとって。

で、まあ、自分的にも、いい加減な気持ちでつきあっとったわけじゃないし、「よし、じゃ、このまま行っちゃうか」って。

で、しこたま……両方の両親からしかられて、「どうするだ」って話で。「逃げちゃうか」なんて話もしとったんすけど。逃げたところでそんなんどうにもならへんし……。

で、まあ、こっちの嫁はんの、あれ（父親）ですよね、福井謙一ですよね。えらいようしてもらって。もう、家財道具から、ええ、もう、アパートまで全部手配してくれて。ほんで、「とにかく。まあ、お前、なんも持って来んでいいで、とにかく、お前……」、「うちの娘、まあ、大事にしてくれ」っていうふうで。

僕がひょろひょろって行って、すぐそこのアパートに入って、もうその日から生活が出来るような、あのう、……状態にしといてもらって。

まあ、ほいでも、あれですよね。感謝せないかんですね。

このようにして春日英紀は福井謙一の娘と巡り会い、何と結婚を一六歳で執り行い、それが縁で鬼板屋の門をくぐっている。しかも、ただ生活の面倒を見てもらっただけではなかった。福井謙一は春日英紀に生活の糧を得る手段までも提供したのであった。自らの意志で鬼板屋の門をくぐったわけではなく、全くの運命に導かれるように鬼板屋の世界へ入っているのが特徴である。

そこへ来て、仕事まで教えてもらっちゃって。あの時、もう、あのう、自分の周りで遊んどった友達がみんな言うんですよ。

「お前、あのときに子供が出来てなかったら、どっちの方向に行っとったと思う」だとか、そういう話になって。こりゃ、まあ、ろくな人生送ってなかった（大笑）。

不思議な縁である。一六歳で付き合っていた女性に子供を作るというと一般的な通念からするとかなりの不良かなと思うかもしれない。しかし、春日英紀は意外なほど真面目な人物であった。まず、子供が出来て逃げ出したいところを踏ん張って責任をとったところからしてその性格がわかるが、それは家族に対してだけでなく仕事においてもかわらなかった。

だで、あのう、一六で親父（福井謙一）に使ってもらって、福井製陶時代も、どうっすか……休みをもらうっていうのは、もうほんとの風邪引いちゃって、一年に一回ぐらい。どうにも、足腰も熱でかくかくになっちゃって、立てんようなときは休ませてもらったことあるんすけど。それ以外はほとんど休んだ事なかったすね。

今はちょっといかんすけどね。逆に自分で立ち上げ、やるようになっちゃうと自由が利きすぎて。

やる時にはもうある程度夜なべしてでも……。お客さんの納期が一番じゃないですか。で、もう、ターってやって、で、ちょっと余裕が出来ちゃうと、あのう、だらけるんですよね、やっぱり。

結果、春日英紀は福井謙一の娘との出会いを機に「鬼師の世界」に入ったことになる。しかも鬼師になるには理想的な中学卒業の一六歳であった。このタイミングは意図して行われたわけではないのは明らかであり、事実、春日はしばらく鬼師の世界に入りつつもその事に気づかなかった。

いやもう最初は漠然と、とにかく真面目に働いて、で、親父に給料もらって。で、子供食わしていかにゃいかんという事で、意外と何も考えずにやっとったとこがあるんですよ。

つまり、福井製陶所に入り、福井謙一のもとで仕事をするようになった春日英紀がやっていたのは鬼瓦のプレスをする仕事であった。ただひたすら真面目に鬼瓦のプレスを毎日していたのである。ところがそうした毎日の春日に転機が訪れる。

二〇歳ちょっと過ぎたころに、周りの子たちが、いろいろな役職だとか、自分で商売立ち上げて、結構、そのう、稼ぐようになったりだとか……。そういう話を聞くようになったときに、ああ、自分もこのままずっとなあなあで、そのう、まあ、プレスの仕事が誰でもやれるっちゅうわけじゃないですけど、まあ、例えば、一年、二年、こうやっとれば、それなりの形になるようなんじゃ、「つまらんな」って思ってですね。

で、片や親父（福井謙一）はお寺のなんかえらいむずかしそうな鬼を作ったりだとか……。

そういうのを見て、最初は全く興味なかったんすけど、かなり大きいもんになると、一人でもずり上げられんじゃないですか。ほうすると、呼ばれて、「ちょっと一緒に運んでくれー」って。

で、そんなのをやってるうちに、「ああ、自分もちょっとこういうものを一回作ってみたいな」っていう気になったんですよ。

で、親父に頼んだところ、最初は、あのう……親父も結構頑固者だったもんすから。「そんな、お前、甘いもんじゃないんだで、まだ早えー」っぐらいに言われたんすよ。

その時、春日は二二歳であった。当時はひたすら金型を使ってプレスで鬼瓦を起していたのである。福井製陶に入って七年目の出来事であった。自分の前にある宝に全く気がつかなかった春日が長い眠りから目を覚ました瞬間であった。異なる世界が見え始めたのである。同じ時間と同じ空間にそれは存在していた。福井が春日に仕事の世話はすぐにしたが、鬼師の道へと奨めなかったのには理由があった。福井には息子がいたのである。ところがその息子が鬼師に興味を示さなかったことが春日の仕事ぶりと並行的にあったことが大きな要因としてである。反対に期待していない娘婿の春日が遅まきながら、息子と似た環境の中から自ら意思表示をしたのである。

ええ、福井製陶にも、親父の実の息子がおったんすけど、その時、やっぱりプレスの方に先に入らして。

ここにも春日には何か鬼師へ導かれる力が働いていたように思われる。福井謙一は本心としては実の息子に「鬼師になってほしい」と願っていた事は間違いない。しかし、同時にその道の厳しさも十分に知り尽くしていたので、やる気を示さない息子よりも興味を自ら示す娘婿の春日を選んだのであった。

で、親父に頼んで、最初は「まあ無理だろう」ってことは言われとったんすけど。まあ、「じゃあ、一回やってみるか」ってことで。

で、両方やりながら。例えば、午前中プレスのほうやって、昼から、「じゃ、こっち来てやれ」ってことで。

それをやっとるうちに面白くなっていっちゃったんすよね。そのう、やっぱ、物作りっていうのが。

で、コツコツ……「馬鹿だ、戯《たわ》けだ」言われながら、教えてもらったような事はあるんすけど……。

鬼英の原点がここに語られている。春日英紀よりもはるかに恵まれた環境で育った福井謙一の実の息子が鬼師になる事に興味を示さないところに、娘婿の春日が興味を示し、嫌がるどころか面白くなっていったのである。春日自身の素質が適した土壌に移ったことにより今やっと芽を出し始めたのであった。

まず謙一のもとで始めたのは何と「踏鞴《たたら》踏み」からであった。

図３　「踏鞴踏み」をする春日英紀

図４　「踏鞴踏み」した粘土の固まりをスライスする春日英紀・優子

僕、いまだに踏鞴やっとるんすけど。で、山下君（山下敦）によく言われるんすよ。「今時、こんな事やっとるひとおらんよ」って。「ある意味、伝統のあれで残してほしいなあ」とか言って。冗談半分というか、言われるんすけど。

しかもこのように鬼英となった現在も踏鞴を踏み続けているのである。春日の生真面目さが良く現れていると思う。初心を忘れずで、よほど謙一に初めて教えてもらったときの感動が強かったのではないかと想像する。鬼英は踏鞴を踏むたびにその時のモードに心がスイッチするのかもしれない。それが全ての始まりであった。

踏鞴踏み……ただ単純に下に地板を敷いて、で、まあ、うちそこに土練機があるんすけど。半真空ってちょっと固めの粘土があるんすよ。それを買ってきて、まあ、土練機に放り込んで、まあ、水加減は適当に上からじょうろで水をチョロチョロ入れて。で、まあ、下から出てきた硬さをみて、使いやすい硬さにして、それを、塊を、その下に敷いてある地板に叩きつけて、ある程度の高さになったら、毛布を敷いて、ひたすら乗って、足でグニュグニュふんずけて。で、はみ出た分は、まあ、そのう、針金っすか。あれで、スパッと切って、また盛って。それをもうひたすら繰り返し、繰り返してやる。最終的には側面を綺麗にして、駒ですよね。積み木みたいな。駒を積んで、で、もうあと、横にダーっとスライスしてくって感じ。いまだにやっとるんすよ。逆に、もう、使いやすいんすよね（図３、図４）。

春日は機械で荒地を作る荒地出し機についても同時に言及している。

「何で使わんの」って言うんですけど、逆に、あのう、やっぱり何ていうんですかね、あれ。まあ、荒地出し機の機械も無いはないんですけど、話聞いとると、何か、こう、あれも一枚ずつ出てきたやつを積んで保管して、それを使ってくらしいんすけど。踏鞴の場合だったら、もう自分の好きな幅がいつでも取れるじゃないすか。で、まあ、場所も食わんし。

踏鞴の土だとたまに瑕《きず》が出る事があるという。どういう時に出やすいかというと、やはり踏鞴を踏めないほど忙しい時だという。

けっこう、あの、仕事が忙しくなってくると、踏鞴もふんどれんような時間のもったいなさの時があるんすよ。ほうすと、「ちょっと代わりにやって」とか。ほうすっと、慣れない人が踏むと、中に空洞が出来ちゃうんすよね。踏み切ってないもんですから。ほうすと、そういう粘土使って、製品を作ったって時はやっぱり締まっていないもんすから、瑕《きず》が出たりだとか……。

で、良いものを作るときは必ず自分で気の済むまで踏んづけてやって。ま、今回はいいだろうっていう時は、プレスの子たちをちょっと呼んで、「ちょっと作って」と言ってって。そんな風でやってましたね。

瑕が出るか出ないかの粘土の違いは感覚でわかるものだと春日はいう。

そのう、何ていうんすか、もう、触った感じも若干違いますよね。よく締まってるのと、締まってないのと。もう明らかに素人さんがまあ見てもわかると思うんですけど。空洞が、もう、スライスして、こうやってめくってく毎に、空洞がポンポンあるような踏鞴だと、まあ、あんまり良いもん出来んでしょうね。

今でもありますよ。ちょっと急いどって、あんまり念入りに踏んでないと。自分が踏んだやつでも、空洞がポンポン空いて。嫁はんが使っとって、「踏鞴ちょっと良くないよ」とか（笑）。

親方の謙一と一緒のときは次のような様子で踏鞴を作っていた。

踏鞴、基本的に高さでいったら、まあ、どうでしょうか。まあ、当時、高くつんどったんすけど、五〇㎝とか。

一つの踏鞴を作って、それをもう自分で全部使い切るんですよ。型を持ってきて、で、無くなると、また自分で。とにかく「自分で使う分は自分でやれ」という。

ええ、で、親父が使う分は、まあ、当然のことながら僕が。「ちょっと、踏鞴がなくなったで、やっとけ」という話。もう、ひたすらやってましたよ。

このことは伝統が福井製陶の謙一から鬼英の春日へと連綿と受け継がれている事を物語っている。そして、事実、「使いやすい」と春日は何度もいうのであった。

踏鞴を身に付けた春日は次に石膏型を起こす作業へ進んだという。その様子を春日は語ってくれた。

最初は、そのう、型、石膏型を起しっぱなしで、もう、形にしたものを、バリの一杯つい取るやつを、親父に任して。で、親父がやってくれとったんすけど。

つまり、春日が言っているように石膏型に粘土を入れて、ただ形になったものにして起こすだけをやっていたのである。

そうなんですよ。ひたすら起こすばっかで。

で、次の段階で、「水なで」っていうのがあるじゃないですか。ある程度表面を、あのう……水をつけて。磨く一歩手前の段階なんですけど。それを教えてもらって。

で、それが（水なで）そこそこやれるようになった時点で、じゃあ、次は、まあ、仕上げですか。……ていう段階ですね。

「踏鞴」、「型起し」、「水なで」、「本仕上げ」の順に仕事を覚えていったことになる。ただ職人によっては機械で荒地を作り、「型起し」をして、「水なで」を省き、いきなり「本仕上げ」に入る職人もいるという。石膏型を使って一人で仕上げる事が出来るようになると、いよいよ手作りの鬼瓦へと進むことになる。

で、一通り石膏型に関するものが合格もらえるようになってから、あのう、一品もんと言いましょうか……。紙っぺら一枚の図面から、粘土を切りつけて、顔を立ち上げて、裏表張って……。

で、あとは、まあ、雲だったら模様は粘土で付け土して。っていう風に順番に教えてもらったすけどね。

事実、ほぼ二人三脚のような形で親方から弟子へ技術が継承されていったことがわかる。実際、福井謙一にインタビューに行った時、福井製陶所の入り口から入って工場内に向かってすぐ右手の窓際のところが手作りの作業場となっており、窓の手前に作業台が長く横に窓に沿ってしつらえてあり、二人は並んで、窓に向かって右側が福井謙一、左側が春日英紀であった。二人は共に作業用の紺色の土にまみれた前掛けをして、無言で作業をしていた。流れる音はラジオの声と、すぐ後ろの工場からプレスの音がガチャンガチャンと響いていた。

春日は石膏型から型起しをマスターするのにほぼ一年かかったという。すでに六、七年近くプレスをやってきており、その時、へらで面取りをして仕上げる工程まではすでに手掛けていたのである。その分何も経験無しでいきなりゼロから始めた者と比べて格段に早かった事になる。

石膏で起して、形にして、水なでして、磨いて。時間はかかりましたけどね。

親父もやっぱり最初は、「いっくら時間がかかってもいいで、とにかく自分の気のすむまで」、あのう、「磨いてみて」、で、「俺に見せろ」ってことで。

で、納得したものを親父に持っていってって、「どうか……」。

「あかん」っつって（笑）。

そりゃあ、もう、ひたすら言われましたね。一番、あのう、うるさく言われたのは、あの、磨きよりも、「雲の芯」ってあるじゃないですか。一番最初の始まりの。雲の芯の、そのう、何ていうんすかね。へらの入れ方というか。あれは、もう、えらいうるさく言われましたね。

ええ、あとは、面取りもそうなんすけど、うちの親父の口癖としては、まあ、「鬼は、鬼瓦は、まあ、面で生きるだ」とか。あと、「雲の芯一つでかなり変わるだ」とか。そういうことはかなり厳しく言われたんすけど。

「面の取り方一つで生きるだ」とか。まあ、

寡黙な感じがする福井謙一が仕事に関してはかなり鋭く弟子の春日に対して語っていた事になる。聞きながら驚きと共に畏敬をともなう感動さえも覚えたほどである。福井は「見て覚える」をやはり小僧時代、修業先の「福光」の鬼板屋で実行していたのであるが、立場が変わった謙一は弟子に対し、「見て覚える」だけでなく、要所要所に的確な指導をしていたことが良く分かる。この違いはやはり春日英紀が単なる職人ではなく、身内で自分の文字通りの後継者だとはっきり認識していたからであろう。一子相伝が行われていたのだ。

一方、独立して鬼英となった春日英紀は教えを請う親方がいなくなってしまった今、親方の存在のありがたさを語ってやまない。技の継承はこうした「ありがたさ」をともなう尊敬とその自省にあるようである。

いまだに迷うんですよ。ほんと、ほんと。「あれ、これでええのかな」とか。

で、一番参考になるのは、あのう、親父が残してってくれた石膏がまだいまだに、まあ、当然あるもんすから。それを、あのう、注文が入ったときに、久々に、ああ、これは親父の型だなあと思いながら型起しをして、磨くじゃないすか。そうすっとやっぱり、「やっぱりスゲェんだな」っていう……のはありますね。

で、今、全く同じものを自分で、親父の作ったものをまねして作ってみろといわれても、多分……似たようなものは出来ると思うんすけど、あそこまではなかなか行けないすね。

春日の話を聞いていると、いかに親方であり親父である福井と一心同体であるかがヒシヒシと伝わってくる。二人が互いに媒体となっ

て、鬼瓦の伝統を、身体技法を、鬼の美を、共振させ合っているのである。春日が最初に型起しの合格が出たときの話をしているが、やはり、師弟が鬼を介して共振している様が伝わってくる。

合格……まあ、ええ、「まっこんなもんか」という。「絶対よし」、「これは上手に出来た」っていうのはその段階で言ってもらえんかったですね。

「ま、とりあえずこれならお客さんに出せるで、まあ、良しにしとくか」って事。

といっても、必ず親父の……手が必ず入るんすよ。どっかどっかで。例えば、雲の芯を直されたりだとか、ちょっと面のとり方を直されたりだとか。で、そこで初めて親父が、「よし、まあ、こんなもんか」って。で、「完成、持ってけ」って言われましたね。

手作りの鬼瓦の修業に入ったときも型起しのときと似た段階を踏んでいる。石膏型から起こすときはただひたすら型から起こす作業をやったことに相通じる作業を春日はしている。

手張りで作る鬼にしても、最初はもう、付け土、雲……を付けていく事も、当然やらしてもらえんですから。

もう、ひたすら土台作り。裏……ああ、表から側《がわ》を立ち上げて、裏を張って。大まかな形だけ作って、親父に流して。

それに親父が付け土をして、仕上げるっていう感じでしたね。

で、それもある程度のときが来たときに、「付け土をやってみるか」って話で。で、それも、まった、それ難しくて……。

側を張ったりするのはえらい褒められたんすよ。こればっかは褒められたんすよ。「お前、手が早くてなかなかいいぞ」って。「これだけ早く」、そのう、「土台の箱が、形が作れるなら、こりゃ、いいわ」ぐらいの。それは褒められたんすよ。

で、付け土の段階になったときに、「あ、これは、お前、モノにならんな」ぐらい（笑）。

「当分かかるぞ」って言われて。

でも、まあ、自分的にも、まあ、悔しかったもんすから、一生懸命がんばったすね。これもやっぱり、「これでいいだろう」と思って、親父を呼んで見てもらうと、「あかんがな」。

で、意外と、そのう、ここはこういう風にして、こういう風にとか、へらの入れ方だとか、そういうことは教えてくれんかったんですよ。

やっぱり、もう、「見て覚えろ」ぐらいのこと。

だで、その側磨《かわ》きの、あのう、石膏型の仕上げのときでも、結局、親父の作った原型の、あのう、原型で、へらを当てとる感覚っていうのがあるじゃないですか。それを、あのう、チャンとこう覚えて。「ある程度のよそ事……よそ見しとってでも、できるようにならにゃあかんわな」ってことで。

ここからもわかるように、春日は仕事場が文字通りの修業の場であり、福井から直伝の形で、厳しく仕込まれた事が見えるのである。一種の英才教育に近く、他の鬼板屋でしばしば聞かれされた「見て覚える」一辺倒のやり方は福井は取っていない。「見て覚える」は基本だが、要所要所をしっかりと押さえて、必要なところは見逃さず、言葉に出して教えていたのである。さらに、目の前で完成品にするための最後の手直しをもしていた。このことは修業中の鬼師にとって得る物は計り知れないものがあろう。

土台作りから付け土が手作りで出来るようになると、手作りの鬼瓦は一通りの工程が完了した事になる。春日に、「で、その次はあるのですか」と聞いてみた。すると、返ってきた答えが、「生き物」であった。これは他の鬼板屋でも良く耳にした言葉である。この範疇に入ってくるのが、立体的な形をした、植物、動物、人、そして鬼などが挙げられる。一方、普通の鬼瓦というのが、「鬼」の姿をぜんぜん持たない、カエズ、並鬼、影盛、経ノ巻といったものになってくる。後者を基準にしてなぜ前者のグループを「生き物」というかといえば、中心となる形が「生きた」ものを指しているからである。つまり前者のグループの関心は生きている証としての「生命感」、「躍動感」となる。単純に言うと「動き」が要求され、次元の違う世界となるのだ。

春日はこれまでの修業の流れを見てもわかるように、基本が型起こしから始めているので、「生き物」に要求される「動き」を表現する事が苦手というか、まだ未知の領域なのである。事実、師である福井は「生き物」の指導はしていない。これが福井なき現在、春日が向き合う次なる目標である事は明らかであろう。

生き物っていうのは、苦手だったもんすから、尚更、そういうものを作っていかんかったもんで、尚更できんすよね。

で、僕も今だにそうなんですけど、やってみるといいかなとは思って、結局、いつまでたっても形にならんもんすから、ついつい……。そのう、あのう、よそへ出しちゃったりだとかしちゃうんですけど。

僕の場合、ほとんど恥ずかしい話ながら、鬼瓦は、まあ何とか、何とか形になるんすけども、ただ……そのう、生き物っていう話になってくるとあれですよね。「ごめんなさい」って感じですよね。

この春日の言葉からもわかるように、鬼瓦の修業には大きく二段階あり、一般的な鬼瓦をマスターしたら鬼師として独立できる。しかし、すぐに次の山が聳《そび》えており、それが「生き物」の世界なのである。そしていわゆる鬼の姿をした鬼面瓦はこの第二の山に存在する。また春日は師匠の福井が常日頃手掛けていた経ノ巻、影盛などをお寺用に主に作り、一般用の住宅に載せる並鬼などを石膏型で量産して技を身に付けてきたのであった。つまり福井製陶時代、春日は第一の山の中で修業していた事になる。

春日に師の福井謙一から教わった事は何だと思うかと聞いてみた。

あのう、「真面目に、地道に、コツコツ」という、うーん、ことが、まあ、サラッと言っちゃうとその一言ですよね。

隣同士で、あのう、仕事をさせてもらっとって、何ていうんすかね、まあ、よく似た、そういう、何ていうの、気質というか、そういうのもあったかも知らんすね。

意外と自分、自分が自分で言うのも変なんすけど、けっこう、真面目にやるとこはやるっちゅうとこもあって。

まあ、親父は、まあ、ひたすら、日曜日も仕事やる人だったんすよ。趣味は全くなさそうで、ただ、その、うーん、仕事終えてからの酒飲み、酒を飲む事と、それぐらいの楽しみしかなかったんじゃないですかね。

まあ、長い時間、それこそ、朝から晩まで、同じ時間で、隣同士で、まあ、ほんとに会話っちゅう会話は無かったすけど。

ただ、まあ、親父の姿を見とって、あれですよね。あのう、ひたすら、まあ、コツコツ真面目にやっておれば何とかなるのかなっていう、そんな事は感じつつ、隣で仕事やってましたけどね。

春日は黙々と鬼瓦を朝から晩まで作り続ける福井の姿をいつも見ながら、同じように、やはり黙々と鬼瓦を作り続けてきたのであった。そして福井製陶はプレス部門が同時に存在しており、同じ工場内で、お袋、親父、春日、娘（嫁）、妹、弟と職人が一人といったいわゆる家内工業体制で鬼瓦を生産していた。ところが転機が福井製陶にやってくる。阪神淡路大震災（一九九五）以降、どんどん一般住宅の和瓦の需要が減り続け、不況が重なり、工場を操業すればするほど赤字になっていく事態になっていったのである。結果、二〇〇六年に福井製陶所をたたむ事にしたのであった。

とにかく、兄弟、身内というか、兄弟集まって、「もう、たたもうぜ」っていう話をして。で、それを親父に納得させにゃいかんじゃないすか。

で、親父のとこに話を持ってきたときも、「頼むで続けてくれ」って言ったんです。

まあ、親父がそれこそ生きとるうちは、何とかやってやりてえやって気持ちもあったんですけど。まあ、それは、何とか説得して、で、まあ、手作り部といいましょうか、屋号を変える形になっちゃうけども、自分が引き継いで、あのう、やってくでっていうふうで、それで親父も承知してくれたんじゃないのかな。

この時、二代続いてきた福井製陶は事実上閉鎖した。しかし、福井製陶所は内部に新しい生命を宿していた。その福井製陶所が培ってきた伝統のバトンを託された人物が春日英紀だった。春日は鬼板屋の慣習にもとづいて屋号を「鬼英」とし、独立したのである。福井謙一は福井製陶所から鬼英への移行を見届けたことになる。ある意味、福井は自身の技が継承されていったことを確認できて、本望だったと思われる。鬼英は確かに二〇〇六年に誕生した新しい鬼板屋であるが、福井謙一の父、福井眞二から始まり、さらには、眞二が職人として働いていた長坂末吉の鬼末へと繋がるある意味、三代の伝統をもつ鬼板屋であるともいえる。

謙一は鬼英が始まってしばらくは働きに来たという。

当初、こっち、僕が移った時、内職程度にはここの作業場でやっとたんですよ。獅子だとか、何ていうんですか、軽い小さい製品で、椅子に座ってでも出来るような。

あのう、一年ぐらいはなんやかんやで、手伝いに来てくれとったんですよ。

謙一はその翌年に入院し、二年前（二〇〇八）の夏に亡くなっている。まさに世代交代と共に鬼英が生まれたといえよう。ただ、謙一はこの世を去っていってしまったが、大切な伝統という名の遺産を春日に残していった。春日の身体にそれは身体知として今も生きた伝統として息づいている。しかし、それだけではなく、数多くの石膏型も残していったのである。春日は二つの点をあげて謙一の石膏型に助けられているという。

今までにちょっと複雑な図面が来て形にしてみた時に、果たして、この、何ていうんですか、雲の形状でいいのか。高さだとか。あくまで紙っぺら一枚の、何ていうんすか、平面図じゃないですか。それを立体的にもってくには、それはやっぱ、経験だとか、技術だとか。ま、基本はある程度あるかもしれんすけど。ほいじゃ、気に入ってもらえるような鬼を作ろうって思った時にはどうなんだろうかという……（図5）。

この平面から立体への移行のヒントとして謙一の石膏型がとても役に立つという。

どうにもわからん時には、あのう、大きさは別になるんすけど、形は基本的に一緒じゃないですか。それを引っ張り出してきて、生（なま）土を込んでみて、起こしてみて、で、「あっ、こういう風にやるんだなあ」って。

もう一つのケースが発注を受けたのと同じ石膏型が見つかったときだという。

たまにお客さんから発注もらったとき、「あっ、この鬼ってほいじゃあ、石膏型がどっかにあったなあ」って。で、ちょっと探しに行った時にあった時にはメチャメチャ嬉しいもんすよね。で、もう、使い終わった後は必ず、所定の位置に戻すんすけど、ただポンって置いて来るんじゃなくて、必ず手を合わせて、「親父、ありがとう」ぐらいの、本当にそういうことはやりますよ。

それは本心で自分の気持ちから、自然とこういうふうに手合わせて、石膏型プラス親父に対して、「ありがとうございました」、「助かりました」。

ところがなんとこの手を合わせて石膏型と謙一に感謝する儀式は実は春日が初めて行い始めた事ではなかったのである。春日によると、謙一も実はやっていたという。そしてそれをしているところを見た事があるというのだ。

図５　「二尺寸経ノ巻吹流」を製作中の春日英紀
(2010年)

(見たことが)あります。ていうのは、親父は自分で作った石膏型に対してそういう事をしとったんですよ。

やっぱり、向こうの職場(福井製陶所)も二階があったじゃないですか。で、基本的には、そのう、二階に石膏型は保管してあって。で、台車に使い終えた石膏型を載せて引いて行って、親父が上いって。まあ、上いったのは知っとるんすけど。

僕も違う用事で、たまたま二階に上がっていって、ああ、親父、型、片付けとるなあっていうふうに、普通に見ながらフッと行った時に、拝んどったんすよ。

「おっ、親父、仏さんに何拝んどんのかな」って、そん時は半分、馬鹿にしたような。馬鹿にはしなかったですけど。「何か年寄りくせえことやっとるな」ぐらいの。思っちゃっとったんすけど。

この不思議な符合は教えられたものではない。鬼瓦の製造にたずさわる者だけが体感的にわかる石膏型のありがたさへの自然な表現なのであろう。春日はダメ押しのように付け加えた。

うちの嫁さんもほいだで言うんすよね。さすがに手だけは合わせないですけど。あのう、間に合った時は、型が。「良かったね」って僕に言うんですよ。「謙一の作っとった型が残っとって良かったね」って。

図６　尺二寸蛇ノ目経ノ巻荒目足付（愛知県東海市　玉応寺　龍雲院　春日英紀作）

春日の謙一に対する師弟間の繋がりは謙一亡きあと尚更強まっている感がある。

去年（二〇〇九）の、うん、去年の夏に、やっぱ、そういうことあった時に、えらい助けられたんすよ。その石膏型があったことに対して。で、あん時は缶ビール買って、すぐそこに墓があるんすけど、墓石の上から缶ビールをぶっちゃけて、はい。お礼を、お礼ていうんすか、感謝の気持ちを表してきた事もあったっすね（図6）。

まとめ

二〇〇五年に新しい鬼板屋が高浜に生まれた。鬼英という。山下鬼瓦をフィールドワークしている時に、山下敦からその存在を知らされた。山下敦があまりにも熱を入れて鬼英を褒めるので、本来なら山下鬼瓦でとりあえず完了させる予定の「鬼師の世界」をさらに拡張する発端になったのが、この鬼英であった。しかし、実際に鬼英を立ち上げた春日英紀に会っていろいろと話を聞かせてもらうようになって、「鬼板屋の誕生譚」として最適のケースだと考えるようになった。三州の鬼板屋はほとんどが三代目ないし四代目となっており、その意味は、初代に関しては伝聞の形でしか伝わっておらず、ある意味、神話のような話になってしまい、限りなく霧がかかったように霞んでしまっているのが実態である。そういったところへ現われたのが、「鬼英」だった。しかも、もともとは福井製陶所の福井謙一の直弟子であり、娘婿である。さらに幸いな事に謙一が存命中に、謙一に私自身が会ってインタビューをしていたのである。これは何か面白いものになるといった予感のようなものがあった。結果、形となって現われてきたのは、一鬼板屋の「死」であり、一鬼板屋の「生」であった。そして見えてきたのが、築き上げてきた鬼板の伝統がまるで生きているかのように一つの鬼板屋から別の鬼板屋へと転生をする様《さま》だったのである。

本文中でも指摘したように、鬼英はこれまでの伝統にのっとった鬼瓦を継承発展させていくのか、それとも、新しい「生き物」の領域へと鬼瓦のバリエーションを広げていくのかは今のところ定かではない。まだ鬼英はある意味生まれたばかりである。しかし、先代の謙一は去り、今、春日が最も親しくしている鬼板屋の一つがこの調査の発端になった山下鬼瓦である。その山下敦が得意とする鬼の一つが「生き物」である事からして、春日英紀のとる道が今後、どのようになるのかが楽しみともいえる。長く調査を継続していると対象となる人々や物事が流転する様がありありと見えるようになってきたこの頃である。

注

[1]　鬼英は高浜市二池町の鬼長の工場を借りて始まった。ところが鬼長から立ち退き又は購入の話が二、三年前に来た。たまたま通りがかりに空き家を見つけ、そこを借家とし、鬼瓦の工場に改装して、平成二七年四月一日に移っている。石芳《いしよし》という昔からの瓦屋さんの元工場で、煉瓦造りの煙突が今も残っている。場所は高浜市田戸町四丁目六番地である（図7）。

図7　経済産業省より今利裕之《いまりひろゆき》氏「三州鬼瓦工芸品」の現場視察　「新」鬼英工場にて型起しの実演中
（中央：春日英紀　右：今利裕之　2017年7月21日）

[18] 山吉系――カネコ鬼瓦

「鬼師の世界」は大きく「黒地」と「白地」とに分けられる。事実、三州鬼瓦製造組合と、三州鬼瓦白地製造組合が高浜・碧南地区には存在している。前者が黒地の鬼瓦を製造し、後者は白地の鬼瓦を製造する。基本的には同じ製品なのであるが、黒地と白地は窯に入れて焼成する工程があるかないかの違いが、黒地であるか白地であるかを区別する。黒地といわれる最終製品と白地といわれる最終製品は色でいうと実際の見た目が「黒」と「白」とに分かれる。それゆえに「黒地」と「白地」と一般に言われている。また白地は未完成の状態であり、窯に入れ、焼かれてはじめて完成品となる。しかし、窯を持って焼くまでを行う鬼板屋と、窯は持たずに粘土から鬼瓦を作り、窯入れの手前までの半製品の状態で出荷する鬼板屋が存在し、この二種類の鬼板屋が相互に協力をしながら鬼瓦は作られていく。フィールドワークを始めた当初は、この違いがはっきりせず、なかなかピンと来なかったこともあり、まず冒頭に二つのタイプの鬼板屋の違いについて説明することにした。

『鬼師の世界』は大半が黒地のグループに所属する鬼板屋の話で占められている。事業の規模、その歴史的な流れからいっても黒地の鬼板屋のほうが白地のグループを一回りもふたまわりも上回っているのは事実である。しかし、萩原製陶所の記述（三四三～七一頁）を始めたあたりから、またもっと厳密に言うと、鬼百系の梶川務の記述（六〇～六八頁）から、白地についてすでに、ここ、そこで書いてはいる。ただ、今回、カネコ鬼瓦をここに紹介することは、『鬼師の世界』に白地の代表的な鬼板屋を書くことにより、鬼師の世界の地平を拡張することを目指している。『鬼師の世界』を書き始めたころは対象を黒地の鬼板屋にまずは絞る予定でいた。何しろ対象が広大で、絞る必要があると見たからである。ところが調査を進めていくうちに、黒地とも、白地ともいえる鬼板屋があることに気付き、さらに調べていくと、白地の世界へと踏み込まざるを得なくなるところへたどり着いてしまったわけである。黒地と白地はちょうど道教の陰陽思想にある太極の図のように全体が陰と陽とに大きく分かれていると同時にそれぞれの内に、反対の極を抱え込んでいるのである。その構造上の相似性は否定できないものがある。

カネコ鬼瓦

◈――兼子武雄

［カネコ鬼瓦初代］

カネコ鬼瓦の初代が兼子武雄である。武雄の生き様がそのままカネコ鬼瓦へと至る。これは白地の鬼板屋の基本的な特徴といえる。黒地の場合だと、各鬼板屋の初代の大半は存命しておらず、ほとんどが伝説上の人物となり、鬼板屋としての起こりが全く分からない状態になっている。ところがカネコ鬼瓦の場合はその初代がいまだに健在であり、いかに鬼板屋が起こっていったかが初代の武雄の話から明確にたどれることになる。いわば「鬼板屋の起こり」一般についてのヒントを投げかける実例となる。

武雄は昭和七年（一九三二）二月一日に愛知県の高浜に生まれている。高等小学校二年の時、つまり武雄が一三歳のときに、終戦を迎えている。学徒動員もあり、勉強はほとんどやったことがないと笑いながら武雄は話してくれた。卒業すると職があまり無いなか、土器屋へ入り土器を作る仕事についている。コンロとか土窯とかを作っていた。家のすぐ近くにあった山本土器屋というところで一年半ほど働き、次にコンロ屋の五平松という店で二年半ほど勤めている。しかし、「土器屋もちょっとあまりよくないなあ」、「鬼瓦というのもいいんじゃないかなあ」と考えるようになり、やはり武雄の家のすぐ隣にあった神仲という鬼板屋へ小僧として弟子入りをしている。武雄が一九歳になったころの出来事である。この頃（昭和二六年）高浜では土器屋と鬼板屋の勢力図が大きく変わろうとしていたものと思われる。武雄はその変化を鋭く見極めていたのである。

その頃は（土器屋は）多かったんですよ。ほりゃ何十軒ていうほどあったと思いますよ。土器屋さんっていうのは多かったんですよ。ええ。瓦屋さんは、まあ、この辺はねえ、大きな瓦屋さんにならん前はね、小さな瓦屋さんがいっぱいあったんですよ。鬼屋さんも相当数があったんですよね。そいだけど、土器屋さんがそれより多かったんじゃないですかね。あのー、土器というとあのー、いうなら、細かいのから大きなのまでね、いろいろね。土器屋さん、多かったですよ。それはそれで、土器をやっとったんですけど。それから、まあ、瓦屋の方がってなことで。まあ、土器のほうも、ちょっと下火になったっていうかね。コンロのようなものが売れんようになってきたってことだと思いますけど。

当時、神仲は初代の神谷仲次郎が親方として取り仕切っていた。すでに武雄は一九歳になっていたので、仲次郎が小僧としては二年間でいいだろうという事にしてくれたという。そして二九歳になるまでの一〇年間、神仲で職人として働いたのであった。神仲では直接、親方である神谷仲次郎から手ほどきを受けたわけではなく、仲次郎の一番弟子と言われた杉浦民一から鬼瓦を教えてもらったという。なぜ弟子の民一が教えたのかというと親方特有の事情があったからである。

いわゆる親方ていうのはね、まあ、いろいろと、窯とか、ほいから、外交もありますもんですから。ほいで、忙しいもんですから。

まあ、直接教えてもらったのは、民一さんに、大体教えてもらったかな。

民一はとても穏便な人だったという。そして神仲で小僧から亡くなるまで勤め上げた。「一番弟子」の意味は神仲に当時いた職人たちの間で一番できたのが民一であったこと。さらに、仲次郎の一番最初の弟子が民一であった。「亡くなるまで勤め上げた」の意味は、仕事がやれるうちはずっと神仲で職人として働いていたことを指す。民一の弟子であった武雄は民一の作る鬼を次のように表現してくれた。

これはね、…… あのう、なんていうのかな……、いわゆる「穏便な鬼だけど勢いがある」という。まあ、そんな言い方しかないわな。

けばけばしした鬼ではなかった。やっぱし「人柄が出る」っていうのかな。

派手なところはないんですよ。穏便に、……。なんていうのかな……。いわゆる、その、「自然さがある」というのかな。そういう鬼だったね。

いわゆる生き物を作られても、優しい。獅子、鬼面も作られたけど、やっぱし、優しさがある。

なんせ、けばけばしたものは無かったですね。

もう一人の職人さんは、ちょっと、けばけばしい、まあ、性分が出ていましたけどね。勢いもあったし。けばけばもしてましたね。

なかなかそういう鬼面を私もよう作らんけど（笑）。

作るものは、出ますね。あのう、「気性というのは出ますね」。

武雄が小僧として入った神仲の仕事場の様子を次に描写したい。武雄はそこで主に民一から鬼瓦の手ほどきを受けたのであった。

仕事場はね、まあまあ、あの、昔の工場としては立派な工場だったと思います。今の工場としてはね。まあ、風が通らんていう事はない。いわゆる、その、屋根でも、天井が張ってない。あの、いわゆる板がはってない、すのこの屋根だったよね。空からこう……何ていうんですか、陽が差して来るような。

（仕事で）ついとったってわけじゃないんですけど、その人（民一）の近くで、……。

あのね、昔は、今でもそうなんですけど、こう、ずっと並んで、仕事をしておりました。それを（仕事を）見よう見まねでってことですわね。わからんとこは教えてもらうという事で。

民一から神仲の仕事場で何を学んだのかと武雄にたずねた。

図1　鬼瓦を製作中の杉浦民一

何を教えてもらったというのかな……。ほりゃ、まあ、ヘラの使い方とか、いろいろ……。その作業工程ですね。これが、こうしたらいいとか、悪いとか、……ていう事を教えてもらったですね。

ええ、「何を」って言われると困るんですけどね。いわゆる、その、「見よう見まね」ってことが多いもんですから。はい。その当時は、手に取って教えてくれるという事はないもんですからね。

ええ。「見て覚える」という。こうやっとるから、これを覚えろとか。そういう事が多かったですね（図1）。

民一がいつも言っていた言葉とかがあるかと武雄に聞くとすぐに次のように答えてくれた。

まあ、いうなら……。何ていうのかな。言うなら「仕事は丁寧に」という事と、「あわてずに」ということ。ええ、「しっかり」ってことですよね。

言うなら、穏便な人ですから、口は絶対荒立ててものをいう人じゃないもんですから。ええ、「こうしたらいいぞ」、「こうしたらいいぞ」をいう事しかね、言わなんだしね。

それは、あの、ちょこちょこっとね、言われましたね。「ここはこれじゃいかんでや」という事をね。

このように民一から直接の指導を常日頃は受けていた武雄であった。しかし、親方の仲次郎も同様に仕事場にいるときは武雄の仕事ぶりを見ていたのである。

これは（ここはこれじゃいかん）、仲次郎さんからもよく言われましたけどね。というのも時々は見にみえるもんですから。隣でも多少は仕事してみえたけどね。

それから、また、その後になってから、仲次郎さんの息子さん、まあ、今、会長になって見えるけど、……仲達さんね、……が隣で仕事ならいましたので。ほいで、あのう、その人（仲達）と一緒にやっておりましたけどね。

何と、親方の仲次郎は一人息子である仲達を修業させるために同じ職場に入れ、しかも武雄の隣に並ばせて仕事をさせたのであった。仲次郎がいかに武雄を評価していたかを物語っている話といえよう。

民一さんはちょっと離れたとこでやってたもんですから。

その仕事場には七、八人の職人がその当時は常時いて、鬼瓦を作っていたという。

広いですよ。ずっと長い工場ですので。まだ他にも（他の仕事場）職人さんがみえたし。

そういった中で武雄によると民一が一番の職人であったのである。

まあ、それは一番だったね。

ここで、武雄の親方である仲次郎について描写したい。一〇年ほど前に神仲の工場で、その頃、社長であった仲達、さらには仲次郎からは孫に当たる晋（現在は㈱神仲の社長）から話を聞いたとき、仲次郎についての話はあまり聞けなかったので、ここに記録として残しておきたい（二七～三〇頁）。神仲に小僧からたたき上げて一〇年いた一職人が見た仲次郎についての姿である。

仲次郎さんて人もやっぱり穏便な人だったね。ええ、まあ、何ていうのかな、できる人っていうのかな。

やっぱし、職人から上がった人なんでね。ええ、一代でね、神仲っていうのを建てた人なんでね。穏便に我慢強くやられた人だと思いますよ。

戦争前から戦争にかけてね、大変な時期があったもんですからね。それを乗り越えて見えたていうのは大したもんだと思いますね。

あのう、人に好かれた人だと思いますね。

職人さん（には）、割合厳しかったですね、仕事面では。普通のことではね、穏便なね、方だったけど、仕事面では厳しかったね。

厳しい、……何ていうのかな。「これじゃだめだぞ」、というのをね、はっきり言う人でしたね。仕事面では厳しかったね。潰すってことはなかったけど、「これを直せ」ってことは言われましたね。

「直せ」の意味を武雄に聞くと説明してくれた。

「ここを直せ」という事ですね。「それができるまでやれ」ってことだね。

仲次郎の代は手作りだったと武雄は言う。ある程度、石膏型は使ってはいたらしい。

いろいろなもの、いわゆる、その、何ていうのかな、何でもできたんじゃないかな。いわゆる生き物からね。全部、いわゆる出来たもんだと思います。

「旅職人に行った」ていう話を聞きますもんね。「旅も出て、職人として、ほいで、始めた」って話聞きますもんね。

昔は大体旅職人で外に出て、修業してってことが多かったんですよね。うちらの時代はもうほとんどなくなったもんですからね。無かったですけど。あれだね、旅に出て、ほれで修業して、それから始められたという事は聞きましたけどね。

ええ、だで、まあ、何でも出来なきゃってことですよね。旅職人というと、一から一〇まで何でも「作れ」って言ったものを作らんと職人としては成り立たんで。

図面から自分でやるみたいだってね、旅職人ていうのはね。自分から図面を引いて、「こういうもの作れ」って言われると、それを図面引いて作るというもんだったらしいですね。うちらはそういう経験ないもんですから。

武雄は仲次郎が七七歳の時に書いた色紙を一枚大切に持っているという。

あのう、「喜ぶ」ですね。はい、そういう、あれが仲次郎さんの言葉じゃないかなと思いますけどね。どういう意味で書かれたかはちょっと……（笑）。

そんなような、いわゆる、人だったけどね。温和な人だったけどね。厳しい人だったけどね。柔和な人でよい人だったね。

まあ、ええ、神仲をやめるときに、まあ、言われたのは「おまえは他のものができるが、まだ生き物ができんでなあ」って言って（図2）。

その仲次郎の送別の言葉に対して武雄は次のように言っている。

図２　初代神仲　神谷仲次郎

（笑）その通りだったと思いますよ。まあ「生き物もちいとは覚えんといかんかなと思っております」って。

そして武雄は一言付け加えている。

前からちょこちょことやってはいますけど、まだほんとのものはできませんです（笑）。

ここで話を土器時代に戻し、なぜ武雄が土器屋から鬼板屋へ変ったのか、そのわけを考えてみる。高浜は戦争が終わった当時、まず土器屋が栄え始め、やがて瓦屋と鬼板屋が栄えてきた。武雄はこの流れの変化をしっかりととらえ、鬼板屋へ移っている。しかし、なぜ鬼板屋なのかが妙に引っかかったので、武雄に尋ねたのである。武雄は土器屋で働きながら次のように思っていたと言っている。

そういう事（鬼板屋の仕事）をまあ、やりたかったというのは事実なんです。単調な仕事じゃないもんですから。

まあ、「そういう事がやってみたいなあ」という気がしとったわけですし、まあ、その時代、まだ、一九や二〇歳のころなんですもんで、そいで、詳しいことはなくて、そういう事をやってみたいなというような気がしとったんです。

「そういう事をやってみたいな」という気持ちがどこから来たのかがさらに気になり、武雄に聞いてみると昔の記憶が浮かび上がったのである。

鬼板屋さんていうのはね、まあ、いわゆる昔、うちのおやじが、その、職人でちょっと行っとる時に、子供のころに、あのー、この工場へ行って、えー、真似事をしたことはあるんですけど。

つまり、武雄の父（兼子長一《ちょういち》）は農家として農業をやりながら、暇ができる時分は他へ仕事に行くという事をしていたのである。その仕事が鬼板屋の仕事だったことになる。

鬼瓦をやっとったけど、まあ、いうなら職人で、何ていうのかな、型起き物を作っとったぐらいなことだわな。いうなら、百姓の合間にやっとったぐらいだと思います。

働いた鬼板屋は鬼作であった（三〇九～一二頁）。杉浦作太郎のもとで職人として鬼を作っていたことになる。

うちのおやじに言わせると、「鬼仙の弟子になっとる」てなことを前に言っとったことがあるけどな。

さらに武雄は父が鬼作で仕事をしているのを記憶していたのである。

鬼作さんでは仕事しとったのは見たことがある。仕事場で見たことがある。やっとったという事は覚えがあるけどね。

私はね、子供の頃だけどね。まあ、小さい頃だと思うけどね、行ったことがある。

父は刈谷の方の人で、結婚して高浜の兼子家へ養子として来る前は養蚕教師をして、養蚕の指導に携わっていた。ところが高浜へ来て農業を始めると農閑期を使って夫婦で鬼作へ行き始めたのである。それゆえ、子供ができると、子供の武雄もつれて鬼作で仕事をしていたことになる。子供の武雄は鬼作で鬼板屋の仕事場で親の働く姿を見ながら、土遊びをしていたのである。この子供のころの原風景が土器屋で一九歳のころ、ヘラを使いながら土を相手に仕事をしているときに、武雄の心に蘇ってきたのだ。それが「そういう事をやってみたいな」という欲求として表れていったことになる。武雄はその気持ちを父親に打ち明けて、武雄の人生は大きく変わった。

おやじが頼みに行ったと思うだ。おやじが行って「そいじゃ聞いてきてやるわ」ってことで、確か、聞いたと思ったけどね。うん。

第二の変化は神仲へ入ってその一〇年後の二九歳の時に起きた。師の民一は小僧の時代から始めてずっと神仲で職人として働いてきた。ところが武雄は神仲から独立することを選択したのであった。

「うちでやりたいなあ」、何ていう気持ちもありましたので……。

武雄は神仲から昭和三三年（一九五八）ごろに独立を果たし、一人で家で仕事を瓦屋からもらいながら鬼瓦を作っていた。ちょうど同じ頃、仕事上、付き合っていたのが深谷定男であった。深谷は「鬼源」という鬼板屋の職人として長く働いていた。その深谷も武雄と同じように別の鬼板屋の鬼源から独立していたのである。つまり新興の鬼板屋がここに二つ生まれ、互いに協力し合いながら仕事をするようになっていった。武雄も深谷定男も元々いた鬼板屋こそ違え、手作りの鬼師であった。その二人がさらに仲間を募って立ち上げたのがフカヤ産業であった。昭和三八年（一九六三）の出来事である。おもしろいのはフカヤ産業が目指したのは手作りの鬼板屋ではなかったことである。全く新しい鬼板屋を構想し、実現化させようとしていた。

フカヤ産業というふうにしたのは手作りじゃなくて、プレスをやるという事で、その会社を興したんですよ。プレスの鬼瓦を作るという事で会社形式にして、ほいで仲間を作って、ほいで、会社を興して、ほいでプレスを入れて始めた。

まあ、その、うちが、まあ、あのう、「プレスの先駆者ではないんですけど、いわゆる、その、実際に始めたっていうのかな。それをものにしたのがうちら」。

このプレスができたのはね、だいぶ前にできたと聞いております。まあ、実際に稼働できたのはね（駒井　一九七二）。「実際に使い始めて、それの改良を重ねていったのがフカヤ産業だった」っていう事ですね。

「プレスの鬼瓦の会社」を象徴しているのがフカヤ産業に集まった武雄と深谷以外の三人の仲間であった。何と、石川武経《たけつね》が土器屋、田島敬《たかし》が鳥屋、加藤佐久次も鳥屋であった。実際に手作りの鬼瓦ができるのは武雄と深谷の二人だけであった。鬼瓦とは全く関係のないもので鬼瓦を作ろうと企画すること自体が当時としては破格であった。

プレスという事で、それが（鬼瓦）できたという事です。機械で鬼を作ったてわけです。

しかし、誰が高浜で最初にプレスをしようとしたかになると話が少しぼやけてくる。武雄はこの件に関しては次のように語っている。

最初にプレスにね、しようかなて思ったのは、あのう、今でもやって見える石英さんて人の親父さん。あのう、石川英雄さんて人なんだけどね。その人が、あのう、したって話は聞いてますけどね。

うちらが最初にプレスをやろうとして鍛冶屋さんへ行ったときに、その人がつくった金型があったんですよ。その金型があって、その金型で最初やりましたね。

それで石川英雄がつくった金型が最初の金型なのかと確認すると、武雄は返事をしたものの、否定するかのような内容の話になったのである。

最初の金型かな……？　えっとね、そのフカヤ産業に五人いた時に神仲さんにも金型があったでね。金型が違いました。ほいだで、私が、あのう、ちょっと間におらんようになって（神仲から独立した後）からですね。その当時にプレスの地というのが動いたんじゃないかな。

つまり、昭和三〇年代後半ごろ、プレス機械による鬼瓦の製作が複数の会社または鬼板屋でもって前後してほぼ並行して始まったことが見えるのである。その中でも本格的にプレス機械の鬼瓦製作を開始したのがフカヤ産業だったのである。本格的にプレス機械を使い始めるとすぐに起こることは、機械や工程の改良であった。武雄はフカヤ産業において完成された改良について語ってくれた。

昔は、その、最初やられたのは、鬼瓦で裏を張るという事が出来なかったんです。機械でね。それをやるようにしたというのが、まあ、うちらがね、フカヤ産業としてやった仕事だと思いますね。

武雄は鬼瓦の裏を機械で張る作業について説明してくれた。

いわゆる接着するということ。いわゆる焼いて離れんように、裏を張るという事です。それを機械でやるということ。その手順を考えた。

今は、まあ、みなさっさとやってますけどね。それを考えたのは私たちだったと思います。ヒントになったのは、接着面を多くするという事ですわね。

接着するとこを両方を斜交《はすか》いまっすぐに切ると広くなりますからね。そういう事を考えたんですよね。そういうことで、斜交いに切ってはりつけたという事ですわね。

いったい誰が考え出したのかと尋ねてみると、武雄はすぐに答えた。

誰が考えたではなしに、まあ、いわゆるみんなしてどうだろうという事でやってみようとなったわけです。

最初はプレスしたものをいったん外に出して、それをまた石膏の型に載せて、それで裏を張って、また、ほいから出してってことをやってたんですよ。最初はね、それを中でくっつけたらどうだという事で。それを中でくっつけたり、いろんなことをやりましたんですから。

工程としたらね、いかにしたら、上手くね、やれるかということも考えましたけどね。「できるだけ効率よく、早くね、安くできるか」ってことを。プレスを使うこと自体がそうなんですよね。

このようにプレス機械を実践的なものに改良していく作業はフカヤ産業の内部で新しいものを生み出す創造の情熱であふれたものにしていたと想像される。しかし、フカヤ産業を取り巻く環境はまだ伝統的な手作り鬼瓦の世界が主体であり、一〇年以上の歳月をかけて修業してやっと身につけた技術を持って鬼瓦が生産されていたのであった。そういった伝統的な鬼瓦を作る人々たちの外部からの非難・攻撃は想像を超える激しいものであった。

相当攻撃受けましたけどね。「プレスなんか作りやがって」って。ええ、いわれましたよ。おそらく手作りのほうのねえ、プロの方の人の話、聞いとられることあったと思いますけど。

組合なんか出てくと、「てめえなんだ」って。ようやられましたよ。よういじめられた（笑）。

白地屋でいじめられるんです。全部手作りの人ね。いわゆる、その、うちらより他の人は手作りで、石膏型で作っているんですわ。

数をどんどん作るからってことだわね。だいぶ攻撃されましたね(笑)。

「プレスが癌だ」って言って。

その当時は作れば売れるという時代があったもんですから。ほりゃ、まあ、プレスでも作ればどんどんと売れましたね。ようけ作って作って、多少安くてもね。よく売れる。それでコストを下げれるようにしたからね。それが癌だったわけだよね。「よういじめられたもんですわ」(笑)。

しかし、現在、そのフカヤ産業時代の仲間は武雄を除いて全部亡くなり、フカヤ産業も存在していない状態になって、唯一残ったのが武雄であった。それゆえに、武雄の語りはなおのこと貴重な証言として重みを増すことになる。武雄が話しているように、プレス機械による鬼瓦の量産システムの確立は、手作りによる鬼瓦にたずさわる鬼板屋から激しいバッシングを受けた。ところが武雄も深谷も、手作り鬼瓦の職人であり、この二人が中心になってプレス機械システムが改良構築されていったのである。武雄がなぜプレス機械に惹かれていったのかについて語っている。

だけど、そういう魅力はあったですね。プレスに対する、量産てことに対してはね。「新しいものを作る」という。

フカヤ産業作るって時でも、「うちは手作りやれるから仲間に入らねえで」って言われたけど……、私はそれに魅力はありましたもんですから。

ここでフカヤ産業の創設者である深谷定男についての武雄の話を引用する。直接フカヤ産業の始まりから深谷を見てきた人は武雄一人だからである。深谷がいなければプレスによる鬼瓦作りは発展がかなり遅れたはずなので、深谷への言及は記述する必要があろう。

何ていうのかな。悪くいう人もあるけど、私は、あのう、好きだったけどね。まあ、いわゆる一途なとこだね。

こうあったら、こうっていうね。我儘なとこは、わがままなところもありましたけどね。そりゃ、まあ、できた人だったと思いますよね。

この、手でつくっとったじゃ、需要に間に合わないんじゃないかなという事で、ほいじゃ、プレスという事を考えようという事で。プレスは確かにある。眠っとると。それを起こさんとあかんじゃないかなという話からですね。まあ、考えてみようという事で。まあ、いろいろ失敗もしましたけどね。

プレス仲間っていう、最初は会社というもんじゃなくて、プレスをやろうという仲間を最初に作った。仲間同士でやろうという事で、まあ、やりかけて、プレス一台入れるかという事で、それで入れて。そいからしばらくたってからだね。「じゃ、会社にするか」っていうね。

そういうふうになってくると、地元だけじゃなくて、県外まで売り出そうと、……てことですね。そうするには人が量産もせにゃいかんし。じゃ、会社で工場を建てて、ほいでやろうという。

その当時は、まあ、もうけたと思います。私はそっちの方はあかんですけど……（笑）。

深谷は手作りもしながら、プレスもしてみたり、プレス用の型を作ったりと、いろいろと仕事をしていたという。フカヤ産業にはプレスの注文のみでなく、手作りの鬼瓦の注文も入り、手作りの鬼瓦は、深谷と武雄がつくっていた。深谷は手作りでは何を得意としていたのかとたずねてみた。

一番得意だったのは、蛙が一番得意じゃなかったかな。蛙は上手だったよ。よくササっと手で作られておったで。ほいで、亡くなる前、何年か前にはお観音さんをなん体か作られたけどね。小さいのをね。

武雄はフカヤ産業に結果、二〇年働くことになった。昭和五八年（一九八三）、武雄が五六歳になってフカヤ産業を離れ、独立してカネコ鬼瓦を興したのである。武雄にフカヤ産業時代に何を学んだのかと聞いてみた。

ほりゃ、まあ、いろいろ学んだね。

「人と接すること」。人と接することが一番だったと思うね。人と接することに慣れたと思う。職人だけでやっとれば話もできんくらいと思いますけどね。

いうなら、「我慢強さ」。いうなら、「嫌み言われても、我慢して、叱られても頭を下げるじゃなくて、次を考える」と。それを覚えたという事だね。「世間を広く見えるようになった」という事だね。まあ良かったなと思っておりますけど。まあ、いわゆるそういう会社の中におったという事で、世間が広くなったと思いますけどね。我慢もできるようになったと思いますけどね。

武雄はフカヤ産業で主に手作りをしていた。しかも同時にフカヤ産業の窓口業務を任されていたのである。つまり顧客との対応ならびに製品の出荷の指示をして常時、顧客と接するようになったのであった。この顧客とのつながりが武雄が独立した時に生かされてくることになる。

武雄は息子の稔を連れてフカヤ産業から独立した。直接、独立のきっかけになったことは語っていない。ただ関連する独立につながる理由は武雄から聞くことができた。当時、武雄が五六歳になっていたので、一般のサラリーマンだと、退職してから関連会社へ再就職する年代であった。武雄は第二の人生を新しく事業を興し、カネコ鬼瓦にかけたことになる。もともと神仲から独立して一度はやったことのあ

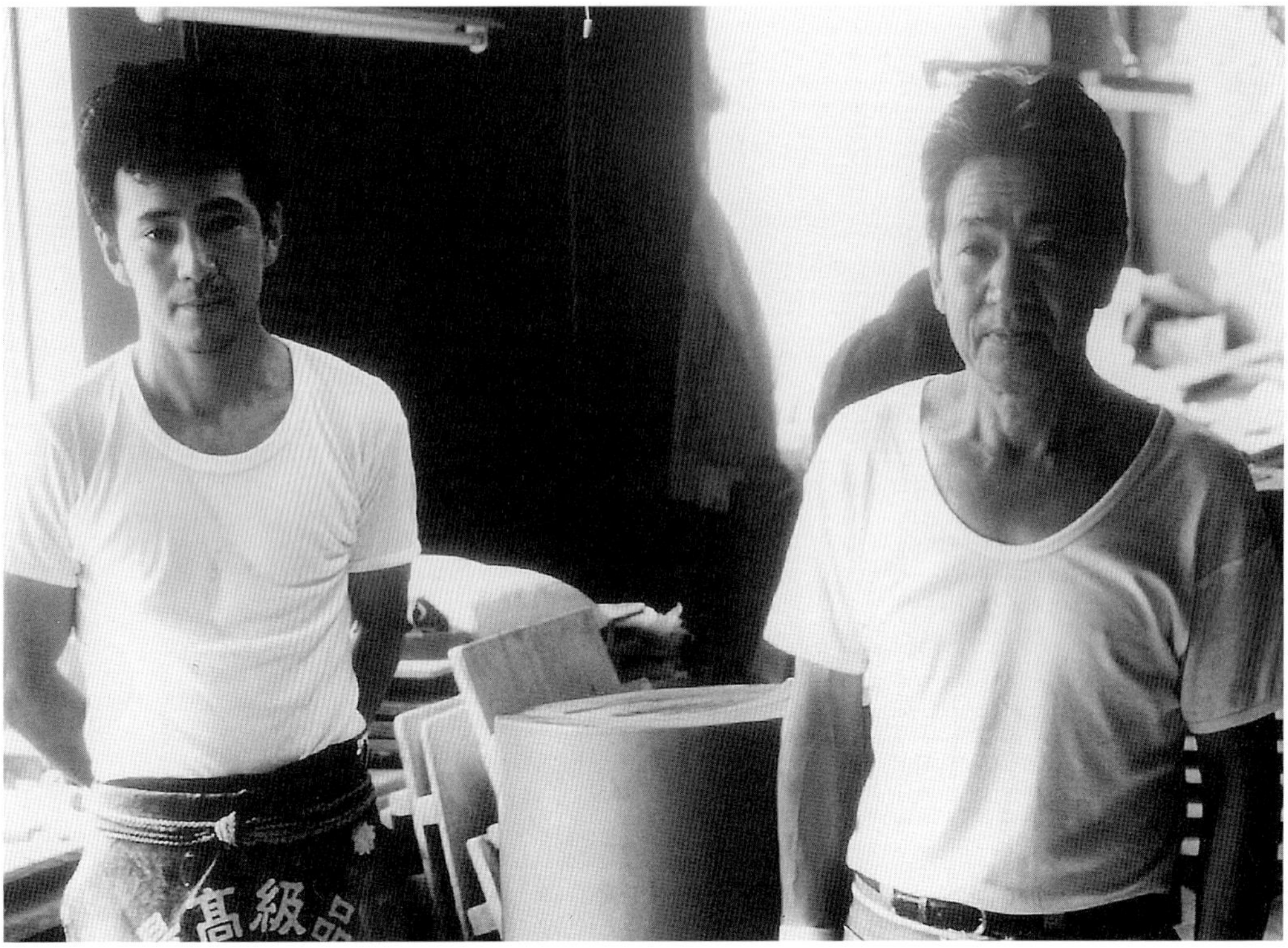

図3　兼子武雄（右）兼子稔（左）（平成11年9月2日）

る仕事なので、不安はほとんどなかったのではと思われる。むしろフカヤ産業で二〇年間実践を積んで、一回りもふたまわりも成長していた武雄は十分な自信を持って新しい事業に挑んだのである（図3）。

　プレスはやる気はなかったです。もう、あのう、「プレスは、まあ、皆がやるようになったから。もう駄目だ」という気持ちでしたね。

　つまりフカヤ産業が確立していったプレス機械鬼瓦製造システムは、二〇年の間に他社に広まっていき、プレスの鬼板屋が高浜市に乱立する状態になり、過当競争的な状況が生まれていた。

　今から生きるは、何ていうのかな、あのう、手作り。いわゆる自社で手作りを主にしやっていかんと生き残れない。また、それに、そういう仕事は金儲けできんけどね。まあ食うだけは食えるだなあと思って。

　まあ、深谷さんもよく言っておっただけど、「手作りは儲からん」てことは。確かにね。よく言っておられた。儲からん仕事は確かなんですよね。ずっと考えておりましたけどね。儲からん仕事ですよ。だけど食べれん仕事じゃないですよ。食べれるだけは食べれるけど、儲かる仕事ではない。量産できんからね。

　ただ、まあ、やりがいがあるというのか、難しさがあるから、やりがいがあるってことなんだけど。底が深いし。まあ、自分の、まあ、主観も入りますしね。ええ。こうやってみたいという気持ちもできますのでね。ほいだで、いいんだけどね。プレスはそのままだけどね。

武雄はこのようにプレスと手作りの違いについて話してくれた。プレスと手作りによる鬼瓦製作の違いは武雄の話からよく伝わってくる。しかし、鬼瓦は単なる製品、つまり屋根を葺く瓦として水や火から屋根を守るという機能を果たす性格を持つと同時に、美を表現する性格も同時に存在する。手作りの機能的な側面を追及するとプレス生産の開発が中心になり、フカヤ産業が追及した領域に至る。ところが鬼瓦作りを美的表現とみなすと、手作りのもう一方の領域には芸術性、独創性といった瓦の美の世界が広がっていく。武雄にこの点を指摘すると、武雄の考える瓦への姿勢が見えてきた。

そこまでは芸術家じゃないもんですから。だいたい、うちら自体が私の気持ちが鬼師じゃなくて、「真似師」だってよく言うんだけど（笑）。

「鬼師ではなく真似師である」という言い方は武雄の口から初めて聞いた話であった。他の鬼師からは耳にしたことはなかった。「真似師?!ですか」と驚いた私に対して武雄は話を続けた。

（笑）いわゆる見たものを、見てきたものを作りたいとか……、そういう方が、見て作る方が好きなもんですから。

独創的にこうやったらいいっていうね、……、考えたこともありますけど……。それを作って、どうこうっていうのはやらないもんですから。だで、まあ、見たものを、「これはいいな」、というものを作りたいなと思いますから。

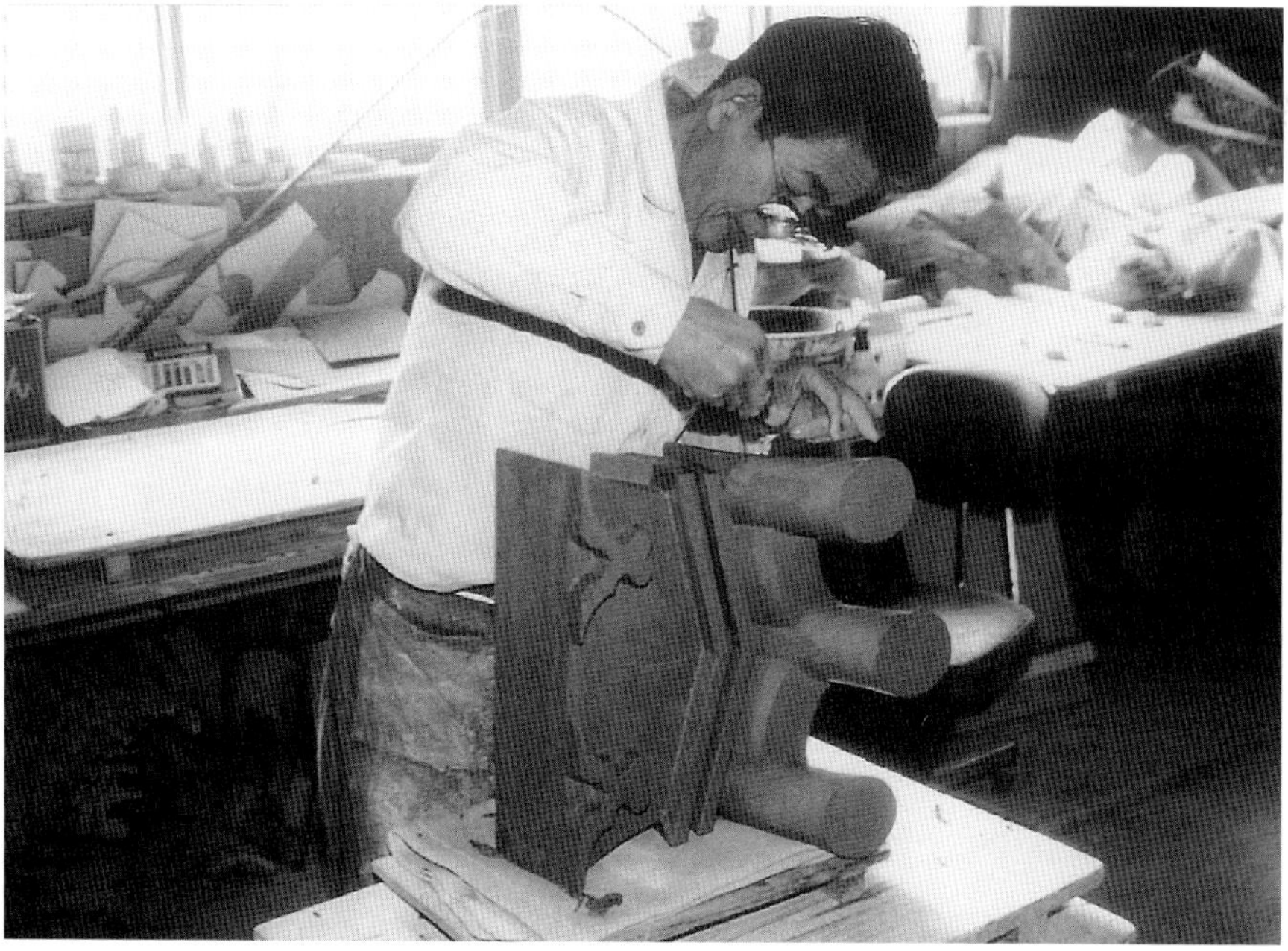

図４　鬼瓦を製作する兼子武雄（平成12年１月18日）

いいなってものは見た眼で、まあ、いうなら形がいいとか、こういうものがいいとかね。だいたい生き物とか、そういうもんが多いわけなんですけど。こういう変わったもんが面白いなあとか。そういう考えだけどね。

武雄が神仲を独立するとき、仲次郎から言われた別れの言葉「おまえは他のものができるが、まだ生き物ができんでなあ」がその後もしっかりと武雄の心に刻まれていることが伝わってくる。おそらく、いつも意識してその言葉を胸に技術の向上を図ってきたものと思われる（図4）。

流儀に関しては基本はあくまで神仲流である。一〇年間、実際に神谷仲次郎が興した神仲で小僧からたたき上げてきたのが武雄だからである。ところがその上にフカヤ産業で二〇年間、深谷定男と一緒に鬼瓦を作ってきた。フカヤ産業で手作りの中心になったのは深谷と武雄である。二〇年間、深谷から何も影響を受けずに事が運んだとは到底考え難い。深谷からむしろかなりの影響を受けたと考える方が自然である。ところが、深谷は「神仲」の職人ではなく、「鬼源」という鬼板屋で長く職人をしていた人物である。鬼源の流れを色濃く受け継いだ鬼師であった。

そういうね、混ざっちゃとるはね（笑）。ま、今は昔の流儀をどうのこうのっていうのは一切ありませんですから。好きなようにやってますよね。

まあ、いわゆる白地屋というもんでいくと、白地屋は半製品なんですよね。半製品だけど、白地屋としては製品なんですよね。だから「白地で、傷がないものを作れ」という事を最初から言うんですけどね。

「白地で切れるものは製品じゃない」と。それが、まあ、いわゆる流儀なんだけどね。難しいことはなくてね。

武雄は息子の稔以外に、三人の弟子をとり、鬼師として育て上げている。それゆえ、技術を伝えることには親方として特別に意識してきた経験を持つ人物である。武雄が鬼師になる時は神仲の民一から「見て覚える」ことを学んでいるが、逆の立場になった武雄がいかに弟子たちに教えてきたかをたずねてみた。

重点的に教えてくのは難しいんだけどね、やっぱし、いわゆる、「見て覚える」。「日にちが薬」。

まあ結果、「焦ってもやれない」ってことですよね。自分で、体で覚えていくしかないもんですから。いわゆるヘラ使いなんだけどね。それと、ほいから、「形を見て、覚えていく」ということ。それを作っていくという事だもんですから。

別にどうという事はないんだよね。うん。そこは難しいと思うけどね。たとえば、昔からよう言う、「見て覚えろ」、「見て覚えろ」ってことは言うだけどね。

図５　鬼板（粘土板）に図柄を描き込む兼子武雄（平成23年３月１日）

「見て覚えるしかない」と思うだ。細かいとこというか、ヘラの使い方とか、「こうやれ」って教えられるけど。自分でやれることは手を添えて教えることはできませんので、あとは自分しかないということ。「こうやってやれ」ってことは言えるけど。「やってやるという事は出来ないんですよ」。手を添えてなんて事はできませんもんで。

まあ、何でもそうだと思うけど。まあ、あのう、教えるっていっても、まあ、ほとんど「見て覚える」をやっていくしかない。「日にちをかけるしかない」とね。

三年、五年じゃだめだっていう事をよくいうだけどね。込み仕事[1]だから、我慢だわな。

うん。えらいこともあるでな。立っとればえらくなってくるし（笑）。腰曲げると腰が痛くなってくるし（笑）。難しいわな。体を、あのう、何ていうのかな、あのう、固定してやらんとできないもんですからね（図５）。

ここでまた流儀の話に戻りたい。自らの流儀を私のような部外者に説明するのはなかなか難しいものがあることは承知しているし、理解もできる。ところが、鬼師という同じ土俵の上では流儀がたとえ現代では昔ほど言われないにしろ、その違いが表面化してくることがある。その実例をここに示したい。すでに山下鬼瓦の山下敦については一六章で詳しく描写している。他の鬼師とはかなり変わった経歴の持ち主である。その山下敦はカネコ鬼瓦と弟子ではないがそれに類似した特別な関係を形成している。この山下敦とカネコ鬼瓦のやり取りが、いわゆる「流儀とは何か」についての具体的な実例を我々に提示してくれている。この件について話してくれたのは武雄の息子である稔であった。

仕事が多すぎて、（自分たちで）やれなくて、（仕事の）期間が決まってるんですよ。それが（カネコ鬼瓦だけで）出来なくて。

それで手作りをやっている人で頼めるとこがってことで、山下に持ってってやってもらうという話で。

最初にうちらが仕事を始めたころに、（山下の）親父さんが山下を「見てくれ」って、一回来たことがあるんですよ。うちらんとこに。そん時はこの工場じゃなくて、自分とこでやってたんで、狭くて、入れないんですよ。場所が。

あれ（山下敦）自体がよそのとこで修業してて、……　山本鬼瓦だったとか……。丸市の……。両方やってたんですね。そういう流儀がまた違うんで、あのう、あかんで……。また山本さんに入ってた頃だもんね、来たのが。やめてこっちに来るというのは失礼だであかんっていう話で断ったことがある。

それからだな。ほいで、あのう、山下が鬼秀か、静岡の、あそこに行ったり、瓦屋のどっかの西尾に行ったりして、いろいろなことやって、そういうやつ聞いてて、自分より年下だったんで……。ほいで「頼める」っていう話があったんですよ。あの、白地屋とか話しとって。「頼むことができるか」って言った時に、「いい」って言ったもんで……。

ほいで、やってもらう時点で、自分が行かなければ自分たちの形ができないんですよ。向こうの流儀でやられちゃうと、うちらの製品にならないんで……。ほんだもんで、あれのとこ頼みに行ったときに、「この形で作ってくれ」、「こういうやり方をしてくれ」。あのう、向こう、前はうーんと鬼を磨く時に柔らかかったんですよ。うちらは固いやつを磨くんですよ。そうすると光沢が違うんですよね。並べた時に。だもんで、「固くして磨いてくれ」って。

うん、ほいで、傷がよう、ちょっと出てたんで、「それもだめだで」って言って、作り方も教えて……。

自分がしょっちゅう、昼間に行けないんで、夜七時、（仕事が）終わってから行くで、あのう、「おるか」ってったら、「おる」ていうもんで。それでやっとって、やっとるとこを見た時に、もうだめだったもんで、「あかん」、「そのやり方じゃ、もう絶対切れるで、もうこれじゃ無理」って。そういう事全部一から教えたんで。

一つの鬼板屋内で収まり切らない仕事が来た場合、他所《よそ》の鬼板屋にその仕事を依頼する事態が生じた場合に流儀の問題が生じてくる。つまり同じ鬼板屋内では流儀は顕在化しにくいが、違う鬼板屋と仕事上

図6　鬼瓦を製作する兼子稔（平成23年2月25日）

で同じ仕事をするときに、流儀がいきなり表面化、前景化してきて、鬼師はその流儀の統一に全力を傾けることになる。流儀は今もはっきりと存在しているといえよう。

◈――兼子稔　［カネコ鬼瓦二代目］

カネコ鬼瓦は現在（平成二九年）、武雄はまだ健在で、親方としてカネコ鬼瓦を取り仕切っている。しかし、すでに生産の主力は二代目に当たる兼子稔に移り、現場で活躍しているのが実態である（図6）。その稔についてここでは言及する。生まれたのは昭和三六年九月一七日で高浜生まれの高浜育ちである。小学校、中学校のころはまだ父親が何をしているのかほとんど知らなかったという。理由は武雄がその頃はすでにフカヤ産業に勤めていて、家で仕事をしていなかったからであった。小、中学校のころは友達と遊ぶことが多かった稔が、鬼瓦の世界に直接触れるのは高校になってからである。

高校になってからかな、バイトをやったじゃんね。そこの場所（フカヤ産業）で。

高校の時からやっていたのは主に配達とかをしていて、少しずつ鬼瓦を仕事としている父を知り始めることになっていった。

ついて行くだけで、自分運転できないんで……。ほいだもんで、横に乗ってって鬼を運ぶのを手伝うだけ。あとは中で鬼を動かしたり、なんか積んだり、トラックに積むのを手伝ったり。そういう事を全部自分でやってた。

父の武雄は別のところで手作りの鬼瓦を作っていたのである。フカヤ産業は当時、一〇〇坪の二階建ての工場が二棟あり、一つがプレス工場、もうひとつが倉庫と窯になっていた。また窯のある建物の二階に乾燥場があり、手作りの工場になっていて延べ四〇〇坪の工場として鬼瓦を生産していたのである。稔は高校を卒業すると、すぐにフカヤ産業へ入ることになった。

配達半日、手作り半日で、最初始めたんです。

一緒にインタビューを聞いていた武雄が当時のことをさらに詳しく説明してくれた。

だいたい朝は手作りで、うちの隣に仕事しとって、ほいで昼からになると、配達に出るじゃんね。みんな出るから、振り分けて。

武雄の隣で実際に働き始めた稔も手作りを始めたころの話をしている。

最初は何やっとるか、わからなかったですね。たぶん。「これをやれ」と言われてやってただけで……。

うーん。でもだいたい、うちらの場合だと型起き物があって、形ができちゃうんで、それを……、型起きをやって何個か起こしたら、これがすみますよね。そしたら、それを仕上げる。それの繰り返しだったんですよ。（石膏型から）起こす。それをずっとやってたんで。

たぶん、最初は何カ月だと思うんだよね。ほいで、二年ぐらいで手作り自体はずっとやるようになってたんで。だもんで、それは多分、何ヶ月くらいで順番に覚えていったじゃないかな。

武雄は同じ仕事場で手作りをしながら、稔を指導していたわけであるが、その当時、どうしていたのか興味があったのでさらにたずねることにした。

別に。見てるだけですよ。いかんとこだけ言うだけで……。うちらも今でもそうなんだけど。

うん。だめなとこだけ、「あかん」て言うだけで、やり方がわからんやつは、もう最初に「こうやってやれよ」って言って教えて、もう、あとはやらしてるだけで……。まあ、大体その通りですね。まあ、今一人おるんだけど、それがやらしとるのと一緒。だもんで、わからん時に、「これがわからん」て言うと、「それをやってもらって、覚える」ていう。

だもんで、いろいろですね。あの、順番に難しくなってくんですね。作るもんが。

見とって、「これがやれるだらあ」ってて、これがやれるようになっていく。これしかないと思う。

今、うちらのここに来ると、一日立ってなきゃいけないんですよ。ほうすると、立っとれないっす。「丸一日立っとるっていうのは大変です」。うちらがやってたより（フカヤ産業時代）、ここで（カネコ鬼瓦）やっとるのが大変だと思うね、逆に。

つまり、フカヤ産業のころは朝作って、昼から配達に車で出かけていたので、今から考えるとはるかに楽だったと稔は言っているのだ。手作りを始めたころは何気なしに働いていた稔が、やがて手作りに興味を示すようになっていった。

三年か四年ぐらいだと思うけどね。まああのものができるようになってから。それまでは、もうなんか直されたりなんかするんで。それがもう直されなくなった頃かね。

手作りに慣れてくるとやがて型起き物ものから、図面を見て鬼瓦がつくれるようになってくる。

三年から五年ぐらいでたぶんできると思う。あのう、普通なオーソドックスなものはできると思いますね。型起きでやったやつの大きい版だとか。手で作らなきゃいけないやつ。こういうやつは図面からなんで。これだと三年から五年ぐらいたてば多分できちゃいますね。

その段階に来ると、やはり職人としての基礎が出来上がり、事実仕事場での扱いも変わってくる。

そのあたりからもうセイブンになっちゃうんですよ。あの、作ったもののいくらかがうちらにもらえる給料になるんです。

「セイブン」という知らない言葉が出てきたのでいったい何を意味しているのかを確かめた。

作った金額がありますよね。あの、白地で売れる値段がありますよね。それのパーセントです。

うん。だもんで、このものを作ると五〇％うちらが給料をもらえると……。だもんで、五〇万円のやつがくれば二五万円はうちらの方にもらえる。

もちろんこのセイブン（製分）[2]のパーセントは各鬼板屋において変化し、良質のものを作ると変化するという。型起きだと当然のことながら、たとえば三〇パーセントといったように下がるわけである。つまり出来高制になる。セイブンになると、それまでの時給制とは基本的に変わってくる。腕前が直接給料に反映されることになる。腕のいい職人は良いものが早くつくれるようになっていく。稔の言葉がそのことをよくあらわしている。

あの、できるようになれば、数が出来る。

欲が出ると早くやるようになる。こういう仕事はね、いうなら早くやるというか、やれば早くやれるし、ほれから、やらなきゃ、あの、……やらんでも済んじゃうんですよ。やってれば一つのものを一日いじくっとったって……。それを、ほのー、「いかに今の自分の腕を磨いて、早く正確なものを作るか」という事を習得するのが大変なんですよね。そいで、それを習得してしまえばあとは楽にできるということ。

最初はできないんですよね、それが。一本線を彫るだけでも、なかなか。「真っすぐな線を彫れ」って言われると、こうなって彫れちゃうんですよね、デコボコにね。それを真っ直ぐにしようと思うもんで、何べんでも彫ったり消したりするんですよね。まあ、そこらがね、早く彫れるように自分の手を磨くより手がない（笑）。

横で聞いていた父の武雄が息子の稔の話に付け足すように鬼師について語ってくれた。

あの、プレスの鬼でも右と左がよく見ると違うんです。結局、最初は手で作る原型なんですよ。まずねえ、良く見るとほとんどね。

まあ、いわゆる、その、機械で作ったもんじゃないでね。原型は手で作ったものを、あのー、原型に起こして、それを機械化するだけのことですからね。そりゃ、まあ、ほとんど違いますね。なかなか右と左とね、ピタッというわけにはいかんですね。同じように作るつもりでやるだけどね。

すぐに「右左がピタッと行く人は技術が高いという事ですか」と武雄に聞いてみた。

まあ、そういう事ですね。あの、彫りの角度でも違いますし、深さでも違いますし、そりゃ、まあ、えらい変わってきますね。

稔が続けて左右対称の難しさを話し始めた。

左右対称は難しい……、逆に（笑）。でも、ビシッとやっちゃうと、手作りじゃないでっていう人もおるしね。逆に……。

だもんで、「右と左が違うのが当たり前だ」って、手でやったやつは。

そして武雄が手作りの心のようなものを語るのであった。

そりゃねえ、覚えると面白いと思いますよ。ほいだけど、覚えるまでがねえ。ほりゃー、まあ、ちょっと五年、五年から一〇年。まあ、自分の思うように作ろうと思うと、一〇年かけんとねえ……。大変ですよ、そりゃ、思うようにやれんと怒れてきちゃうねえ（図7）。

（性格については）なんとも言えんねえ。気の短い人もいるし、関係ないと思うよ。まあ、そりゃあねえ、「好きだ」ってことが、まあ、一番。好きじゃなきゃいかんね、ほういうことをね。まあ、

図７　弟子に鬼瓦の指導をする兼子稔（平成23年２月25日）
「弟子は内藤貴文（図の右側）で平成21年９月より瓦屋の㈲石保《いしやす》から依頼を受け職人として教えている」

順番好きになってってっちゃうけどね。

どうして好きになれるのかと思い、武雄に聞くとすぐに返事が来た。

そりゃ、まあ、「面白さ」じゃない。「作る時の面白さしかない」と思うね。いわゆる陶芸家らがつくるのと同じようなもんで、そんな立派なもんはよう作らんけどねえ。陶芸家らが自分のイメージを、あのーねえ、それを出すというのと一緒じゃないですかねえ。

その自分が思ったイメージがうまく具体化、具象化できたその時が「面白さ」につながることになる。稔が武雄に続けてその時の微妙な心情を話すのであった。

うれしいですね。満足感があるというか。そりゃ、あのー、できて、仕上がったんだけど、格好悪いけど、まあ、品物にせにゃあいかんもんで、「まあ、いいや」ってそいつを納めちゃうんですけど、自分では不満足なこともあるでね、逆にいえば。

稔の言葉は鬼瓦は本来、製品であることをよくあらわしている。芸術品は多く作ったなかで作った本人が本当に満足のいくものを選び出して出品することができる。一方、鬼瓦は早くかつ良いものを作ることに力点があり、しかも歩留まりは高くないと採算は取れない。そういったなかにおいて、なおかつ光るものが生まれるのである（図８）。

最後に「カネコ鬼瓦」の由来について書いておきたい。フカヤ産業

図８　御所型一文丸二抱茗荷《だきみょうが》紋入り（兼子稔作）

から独立して白地の鬼板屋をおこす時、鬼板屋の独特な名称である鬼師の「鬼」と初代に当たる兼子武雄の頭文字をとって「鬼武」にすることが考えられたはずだが、実際につけた屋号は「カネコ鬼瓦」であった。昭和六二年（一九八七）に始まっている。これについては、稔がわかりやすく話してくれた。

ま、二人で考えて、ほいで「兼子」でもカタカナにして。そのまま名前を鬼瓦にすりゃあ、いいじゃないって感じで（笑）。それだけですね、うちらは。一番わかりやすいし。兼子が案外他のところでも浸透していたんで。あのう、親父の名前が。

「武雄」というのはあんまりいなかったんだけど、「兼子」ていうので案外知られていたんで、他のとこに。兼子の方がわかりやすいし、逆に「鬼武」何て言ったら、まあ、全然わからない（笑）。だもんで、兼子っていうだと、フカヤさんで、もう、手作りやってるていうのが全部、岐阜からほとんど知ってたから。だもんで、うちらが始めた時には岐阜しか行かない。営業はもう、こっち（高浜）はもうほとんど全然なくて、岐阜を三軒もらっただけだったね。

武雄もこの件についてコメントしている。

それに、なんていうんだ。やめた時に、「この三州では商売をやっちゃいかん」と思ったもんね。あのう、他の人に迷惑かけるから。

やらん方がいいだろうと思ってたけど。

岐阜の方ならね、まあ、いいだろうという事で、まあ、そういうふうで、まず岐阜の方へ、「ほういじゃ行って仕事もらってくっか」って行って。三河じゃね。近くじゃあんまり良くないから。

まとめ

カネコ鬼瓦についてまとめてみた。今回初めて独立した白地の鬼板屋を扱った。これまでは、黒地の中の白地屋といった黒とも白ともいえる中間地帯にある鬼板屋から明白に白地のみの世界で生きる鬼板屋に光を当てたことになる。その特徴はカネコ鬼瓦そのものが初代、兼子武雄の生きざまをそのまま現わしているという事だった。こういう事は黒地の鬼板屋ではありえなかったことである。黒地の鬼板屋を調査し、話を聞きながら、いつもまとわりついていたもどかしさがあった。それが初代がどういうわけかはっきりしないという事実であった。そのことはとりもなおさず、その鬼板屋の始まりが見えてこないという現象であった。

ところが、カネコ鬼瓦の場合は今まで闇のベールに包まれていた鬼板屋の始まりが初代が健在であることによって鬼板屋がどういう経緯でおこってきたのかを検証することができた。また、さらに、兼子武雄は昔も今も手作りの鬼師ではあるが、フカヤ産業と深くかかわり、プレス機械による鬼瓦の生産にも直接関係し、その発展に貢献していた。つまりプレスの機械生産システムは鬼瓦の技術に精通していた手作り専門の鬼師が深くかかわっていたことが浮き上がってきたことになる。そして、その発展に寄与したフカヤ産業の創立者たちは武雄を除いてすべて現時点（二〇一七年）では存命していなかったのであった。

カネコ鬼瓦の研究は大きく二つのことに結果として貢献する。ひとつが鬼板屋が一人の職人からいかに生まれていくのかを概観できること。二つ目が本来なら相反する二つの流れである手作りの鬼瓦製作とプレス機械による鬼瓦製作はもともとは根が一つであること。プレス機械生産による鬼瓦の発展に手作り専門の鬼師が大きくかかわっていたことが見えてきたのである。ところがひとたびプレスによる鬼瓦の機械生産システムが完成すると鬼子のように手作りの鬼師たちから嫌われ、誹謗中傷されたのであった。

注

［1］石膏型を使って粘土を込めて、鬼瓦を起こすことをいう。別名「型起き」という。

［2］セイブンとは「製品を分ける」の意味で、「製分」と書く。職人が作った製品となった鬼瓦をその製品に対して親方が職人に支払う人工《にんく》代金、材料その他の諸経費、親方の取り分と大きく三分割して、出来高として職人に支払う制度である。各鬼板屋によって「製分」の割合は異なる。このことから「早く、きれいに」作れる職人が腕の良い職人となってくる。長いフィールドワークの間、例外なく鬼師は「セイブン」の言葉は知っており、意味は説明してくれるが、それを表わす文字はわからなかった。平成二九年八月二八日に鬼亮こと梶川亮治に会って「セイブン」についてたずねた。「文字はわからない」と前置きをした後、亮治が自分の考えとして紙に「製分」と書いたのである。（図9）

図9

［19］山吉系——神生《かみせい》鬼瓦

現在（二〇一五年）白地の鬼板屋を中心にその実態を調査研究している。鬼英（四六三～八一頁）、カネコ鬼瓦（四八二～五〇五頁）、シノダ鬼瓦（五四七～七〇頁）、石英（五七一～九一頁）とすでに四軒の鬼板屋を手作りに特化した白地屋として取り上げ、その特徴を考察してきた。これら四軒の鬼板屋はいわゆる黒（地）の鬼板屋と比べるとその始まりが一世代も、二世代も、場合によっては三世代も遅いのが特徴で、結果、鬼板屋それ自体の歴史が浅くなる。しかし、黒の鬼板屋と同様に、鬼瓦の伝統を次世代からさらに次の世代へとつないでいっているのも事実である。

今回扱う神生鬼瓦は他の白地屋と同様に、黒地の鬼板屋に小僧として入り、年季が明けて職人となり、いくつかの鬼板屋を渡り歩き、鬼板屋として独立した例である。しかし、現時点では残念ながら次世代へ鬼瓦の伝統の継承が行われていない。おそらく他にも神生鬼瓦と同じ道をたどった鬼板屋が何軒もあると思われるが、これからその一つの例として、神生鬼瓦の始まりから今に至る一連の流れをまとめてみたい。

神生鬼瓦

◇——神谷益生

［神生鬼瓦初代］

神生鬼瓦を興した神谷益生は昭和一六年（一九四一）一一月二四日に今の高浜市で生まれている。平成二七年現在、益生は誕生日が来ると七四歳になる。神生鬼瓦の仕事場で現役として今も鬼瓦を作っている。工場は高浜市の沢渡町にあり、㈱石英で働いている岩月光男、岩月実親子の工場からすぐ近くに位置している。その工場はL字型をした二階屋で、一階は土間になっている。訪れた時、益生は一人で広い工場を行き来しながら、一つずつ鬼瓦を作っていた。話をする時も鬼瓦を作りながら話をするのである。神生鬼瓦をたずねたのはかなり前にさかのぼる。平成一二年一月二六日が最初の神谷益生との出会いである。そして平成二六年一〇月二四日に白地研究をまとめ始めてからまた再度訪問を始めたのである。実地調査が主体なので、文献調査のようにデータを比較的短期間にまとめることができず、全体像をとらえるのに時間がかかったのである。ただ時間がかかった分、世代交代の様子を実体験を通して知ることができ、研究に深みが出たことは事実である。調査における時間の厚みの重要さを身体で感じている。

白地屋である益生は鬼板屋に生まれたのではない。鬼板屋とはまったく縁もゆかりもない家庭に生を受けている。鬼板屋とつながりのある家に生まれること自体が特殊なのであるが、そうした鬼板屋に生まれた子供は男であると鬼師になるか、鬼板屋を継ぐかして何らかの形で鬼板屋に深く関わるようになることが多い。しかし、鬼板屋とはつながりのない家に生まれる人が大半のこの日本において、職業として鬼師になる道をとることはさらにまれなことと言える。益生は生まれたうちの家業を次のように話してくれた。

うちの親父はねえ、昔、行商なんてたってあったでしょう。何か売りに歩く。そういうふうな仕事が、行……、あのー、仕事だったよう。

「カンカン、カンカン」って、あのー、ブリキで作った缶をね、うん、売りに歩いとったよう。自転車に乗せて、うん。

それが神谷光治で、益生の父であった。男四人女一人の兄弟であり、そのうち鬼師になったのは益生一人である。何が理由で鬼とは全く関係のない家の子が鬼師の道を歩むことになったのか興味ある話なので益生に聞いてみた。

ねえ、まあ、近くにそういう、その家《うち》が（鬼板屋）あったという だけのことじゃないかなあ。鬼長さんの家、知ってみえるでしょう。あそこから、ほんのー、五〇mくらい南かなあ。

あのー、金の鯱《しゃち》ののっとる（神谷益生の本宅）家だけどねえ。今でも行けば、ちょっと鯱の色があせ、褪せちゃって、黄色い鯱になっちゃってるけど（笑）。そこの家。五〇mかそこら（図1）。

高浜市自体が日本において特殊な町で、鬼師が住む（棲む）。個々には高浜以外の町でも鬼師は人知れず棲んでいる。しかし、高浜では鬼師が他の町に比べると遙かに多く「棲ん」でいる。益生はなんと生まれた家から五〇m先に、鬼板屋の中では特に由緒ある鬼板屋、鬼長が目と鼻の先に位置する場所で育った。この特殊な環境が益生を鬼師の世界へ誘《いざな》う人物へと導く。その一つが三代目鬼長となる浅井邦彦との交流であった。

そのー、三代目、もう亡くなっちゃったけど……。邦ちゃんがねえ……。あの子がわしと同年だもんで……。ほんで、まあ、あの子も友達。友達と一緒に遊んだりなんかして、仲間だったもんだい。まあ、うん、そんな、そんなことでねえ。切っ掛けはそうだと思うよ。

益生と邦彦は家が近いだけでなく、小学校も同じ高浜小学校で、親しい友達だったのである。当然、益生は邦彦の家へ遊びに行くことになり、幼い頃から鬼師の世界をのぞき見ることになる。現在は鬼長の本宅は建て替えられて立派な建物になっており、一方の工場はそこか

図１　金焼鯱二尺五寸　神生鬼瓦自宅の棟（昭和50年　神谷益生作）

ら少し離れた二池町の広い敷地に移っている。鬼長本宅にあった旧工場の面影を残すのは春日英紀こと鬼英《おにひで》の工場がある建物が鬼長の敷地の一角に存在するのみである。鬼長も鬼英もすでに何度も訪れているので、益生の話を聞きながら益生の物語る世界がリアルに脳裏に立ち上がるのであった。益生が持つ鬼師の世界の原風景である。

　おう、鬼英さん（笑）。あの人がやっとるところが工場だったもんね。ほいで、今の鬼長さんの本宅のとこ、あそこがみんな工場だったね。工、工場はよそへ変わってねえ。

益生が邦彦と鬼長へ行って遊んでいた頃、鬼長の親方は二代目鬼長の浅井道夫であった。また初代の浅井長之助もまだ健在であった。益生によると「浅井長之助さんはわしら行った頃は、もう、えらいおじいさんで……」といい、長之助の印象については「さっぱり、さっぱりない」という。また親方であった道夫についても、「あーんまり、覚えはないなあ。子供の頃だもんで……」と話している。つまり、益生は三代目鬼長に将来なる浅井邦彦との交遊を通して、「鬼師の世界」へ足をいつしか踏み入れていったのである。

鬼師の世界へさらに入ることになったのがアルバイトであった。益生は小さい頃から家計を助けるためにいろいろなアルバイトをしていた。その一つがなんと鬼長でのアルバイトで、実際に鬼を作っていたのである。

　昔は、小さい頃はアルバイトをしたりなんかしとったわけですよねー。ええ、子供の頃はアルバイトをして、まあ、その、アルバイトが、アルバイトの一つに、この、鬼が入っていたということで……。

小学校の、中ぐらいから、アルバイトやってましたよ。たとえば新聞配達だとか、新聞売りだとかねー。牛乳を配達だとか。ああいうの、仲間の中でいろいろやりましたけどねえ。その中で、そうですねー。鬼も作ってたってことですよね。うん、今はあまりアルバイトやる子がないけど、その頃はみんながそうやってアルバイトしながら家庭を助けるというのかなあ、うん、そういう事してたもんですよね、うん。

鬼長さん、行ってみえたと思うけど。あすこがうちのすぐ近くなんですよ。ええ、本宅が近くですから。まあ、そんなことで、あすこで。まだ鬼長さん（浅井長之助）生きて見える頃。だから、今から……もう四〇、五〇年近く前の話だよねえ。

益生が語っていることはごく普通の人が鬼師になる前の一種の境界のような狭間に当たり、「鬼師の物語」の発生譚とも言えるある意味で異界への参入の有様である。

うーん、結局ねえ、あの、こういう型を、「型の中へ土を込んで、鬼を作る」っていう、そういう仕事。それから、仕上げやなんかは、やっぱり腕ができてこんと、できんもんですから、うん、あの、ただ作るだけの仕事。うん。

小学生の半ばくらいから、そういうような事してましたよ。ええ。まあ、それが、えー、わしは、まあ、中学卒なんですけども、卒業した時に、まあ、別に自分の行きたいとこもなかったし、やりたいこともなかったわけで、それなら、まあ、「このまま鬼を続けようか」というようなことで、この業界に入っちゃったわけですよねえ。

最初はアルバイトとはいえ、鬼長で鬼を作り始め、小学校半ばぐらいから中学校を卒業するまで続けている。そして中学校を卒業すると同時に鬼師の世界へ小僧として入ったのである。アルバイトは時間的にはほぼ毎日学校から帰って一時間から二時間、鬼長で鬼を作っていた。

時間は学校から帰ってきてからのほんの一時間か二時間か、それぐらいのもんじゃないの。日曜日はやったのかどうなんか、ちょっと覚え、記憶にないけど。

益生は鬼長でアルバイトをする切っ掛けについても話してくれた。それは友達の邦彦がアルバイトの話を持ちかけたわけではなかった。益生の父、神谷光次の仕事仲間であった神谷喜代一の口利きであった。

邦ちゃんとこ入る切っ掛けは、うちの親父の、その一緒にカンカン売りに歩いとった人が……。

この一緒にカンカン売りに歩いていた人が神谷喜代一であった。ところが喜代一はただのブリキ缶売りではなかった。鬼師だったのである。戦争中、鬼が売れなくなり、さらに終戦後も暫くそういった状況が続いていた。喜代一は戦争中に兵隊となり、鬼師の仕事からいったん離れたのだ。そして戦後、鬼師の仕事がすぐにはなかったので、カンカン売りをして生活していたのであった。益生の父、光治は偶然にもともと鬼師の人と一緒に仕事をしていたのである。

喜代一は戦後暫くして社会が落ち着き、鬼瓦の需要が出始めると、鬼師として他の鬼板屋の職人にはならず、自ら鬼瓦を作る白地屋を立ち上げたのであった。それが山キ鬼瓦である。喜代一は仕事仲間の光治との縁を通して、光治の息子の益生にアルバイト先を紹介したことになる。また益生が一五歳になり中学を卒業すると、社会に出るために仕事の斡旋もしている。

うちの親父の、その、一緒にカンカン売りに歩いとった人が、それをやめて……。その人は昔っからの、鬼、鬼の職人さんだってね。うん、ほんだもんで、うちの親父の友達ってのが、同業者かねえ、その人が、あのー、鬼屋を始めてさあ……。んで、あのー、その、福光さん（鬼板屋）とこへ紹介してくれたのかなあ。

つまり、益生はアルバイト先は鬼長であったが、長い間鬼長で働いたにもかかわらず、鬼長へは結局のところ入らなかった。鬼板屋の小僧として入った先は山本福光が経営する鬼板屋であった。現在の山本鬼瓦の前身である。

学校降りた時は、結局そのままやってくんじゃなくて、今度、あのー、小僧としてね。あの頃（一九五六年）、まんだ小僧っていうことをやってたわけでね。結局、仕事を教えてもらうというような、そういう、みんなそれぞれに小僧、昔は小僧をしてたんだけど……。小僧をやった人から、それから、あのー、そうじゃない、単に最初から、えー、セイブン（製分）いうのか、一ついくらとかいうようなやり方でやった人もあるけどねー。うちらの場合は小僧として、ええ。

えー、それは中学の終わりです。うん、そっから始めて三年半。

益生は神谷喜代一の紹介で山本福光の鬼板屋へ小僧として一五歳の時に入ったのだ。そして益生は三年半、山本福光のもとで鬼瓦の修業を開始したのである。この山本福光で益生は本格的に鬼師の技を身につけることになる。

その、福光さんっていううちなんですけど、すぐ隣でね。今の役場（高浜市役所）のすぐ前なんですけど。えー、そこで三年半。小僧として。まあ、そこで仕事を教えてもらって。教えてもらいながら、窯の仕事をやってみたり、土練機をやってみたり……。そういうようなことで、僕の場合は、そこ、三年半で結局よそへ出ちゃったわけなんですけど、うん。

山本福光の鬼板屋では親方の山本福光からは直接鬼瓦の指導はほとんど受けていない。益生は山本福光について次のように語っている。

福光さん、親方じゃん。親方ってことは、大将。うーん、福光さん、あっ、あれでもー、少しは作っとらしたなあ。たまには職場入って作っとらしたでねえ。うん、ほだ、全然できん人じゃない。うん、少しはできたと思うよ。

ほだけど、だいたいが、そのー、親方ってのは自分が売ったりなんかするのが仕事だもんで、そう作っとるのも時間が少ないと思うもんねえ。うん。それと、あの人、あのー、市会議員にもでとらしたし、それ、そんなことで、あんまり仕事はやっとるところは、あんまり見たことないなあ。

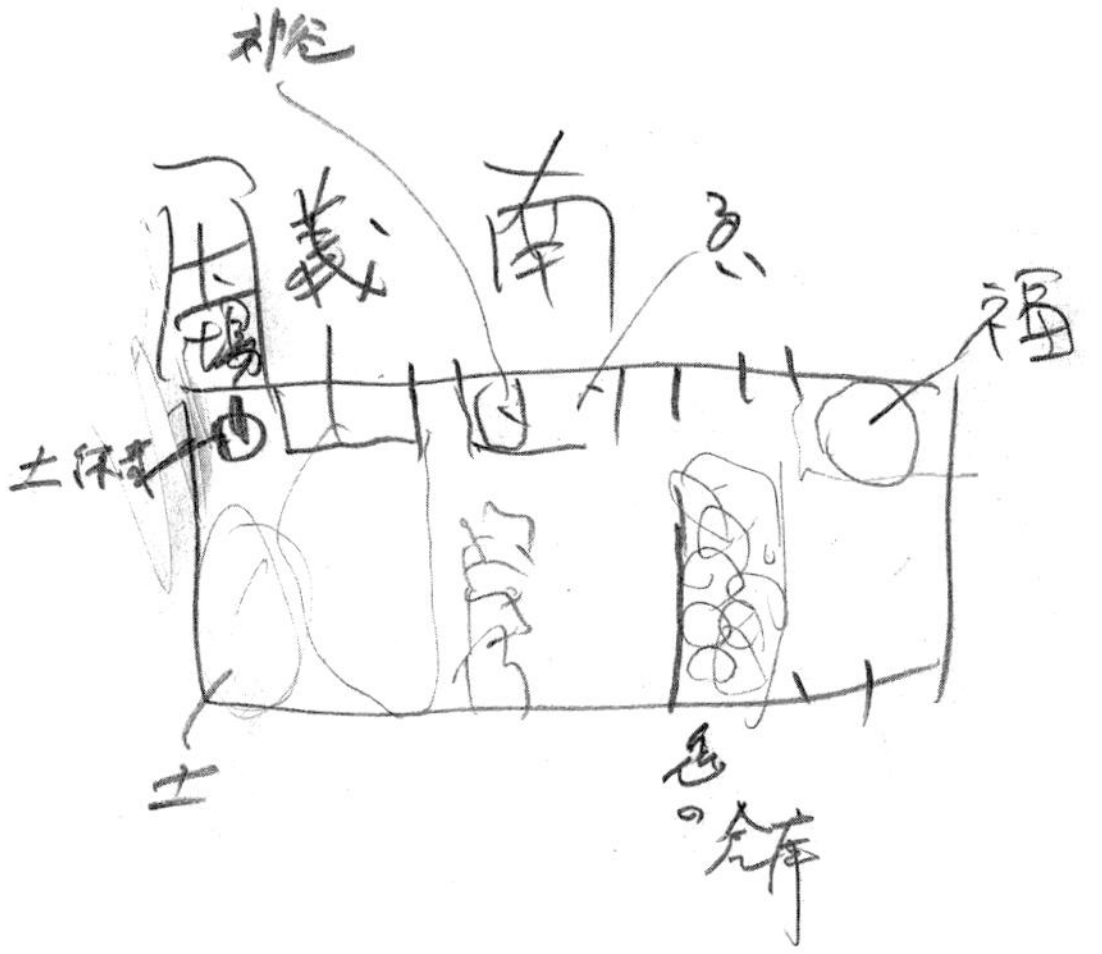

図２　鬼板屋山本福光の仕事場の間取り

親方の福光は仕事場にはあまり出ず、営業や他の仕事を主にしていた。一方、仕事場には職人が三人いて鬼瓦を作っていたのである。つまり山本福光では親方が中心になって鬼瓦を生産していくのではなく、職人を中心に鬼瓦が作られていたのである。そしてその職人の中に腕のよい中心的な職人がいてその人を中心に仕事場が動いていたのである。その中心人物が石川類次であった。益生は実質的にこの類次から鬼瓦を学んだと言える。その頃の仕事場の様子を益生は語ってくれた。工場の配置は現在の神生の仕事場とほぼ同じであった。南向きの窓際に仕事用の台ないしテーブルがまっすぐに並んでいた。益生に「当時の、あの、福光さんと同じような構造になってるんですか、ここは（神生鬼瓦）」とたずねると、一言、「そう」と返事が返ってきた。「うん、南、結局、あの、光が大切だもんで……。うん、北向いてやると……」。

えっと、位置はね……。義照君（杉浦義照）は、まあ、あのー、職人だもんで、離れて、これ、家《うち》があるよねー。

益生は仕事場の当時の様子を簡単に紙に描きながら説明していくのであった（図2）。

こっちが南だよねえ。うん、ほんで、入り口が、入り口が、この辺とこの辺と、この裏のとこと、この辺に入り口があって。ここに、ちょ、ちょっこらした仕切りがあって。ほいで、ここで、福光さんがやる時には、あのー、ここで仕事しとらした。テー、テーブル、ここ、ここだけの、ちっちゃいね。

ほれから、うーん、この入り口だったか、こっちの入り口だったかわからんが、ふーむ、ここに、テーブルがあって、ここ、テーブルがあって、ここが義照君。ほで、ここに土場があって、土場があって、ほで、ここで、土練機。ふん、この砕いた土をこっちへやって、ほいで、義照君の場所がここで、ほいで、ここが類さん。

ほんで、わしがここの隣で、類さんの隣で、うん、教えてもらいながら、やっぱり小僧だもんで、しょっちゅう見てもらわなあかん。うん、こんな絵だと思ったが、配置はね。

そして、それぞれのテーブルの後ろの土間に板を持ってきてその上にできあがった鬼がずらりと並んでいくのである。誰が作った鬼かは一目瞭然である。このように益生がいた仕事場には、師匠の石川類次と職人の杉浦義照、小僧の神谷益生、そして親方の山本福光の四人が仕事をしていたことになる。益生は類次のすぐ側で直接、類次から指導を受けていた。

うん、ほんで、わしがやっとるところを見てもらっとったでねえ。うん、こやって、一つ作ってもらって、作って、「これでどう」っていって聞いて……。

ああ、類さんが「いいよ」って言ったら、そいつはまた持ってって、また次のやつをやっとって、ほで、出来あがったら、「これでどう」って聞いて。

そういうふうなやり方でやっとったね。ダメな場合はその人が(類次)直してくれるじゃん。特にしかられることもなかったなあ。類さん、いい人だったもんで。そんなに叱るとかってそんなことなかったなあ。

ただ叱ることもなかったが、ほめることもなかったと益生はいう(図3)。

あんまりほめてもらえんかったもんな。まあ、だいたいが上手じゃなかったもんなあ(笑)。ほめてもらうほど上手なことやってへんかったで。

当時、益生は小僧として鬼瓦を作ってはいたが、他にも週に一回ほどは窯の仕事をしに行き、月に一回は同じ場所で土練機を動かし、粘土から鬼板を作っていたのである。また小僧の賃金についても話してくれた。当時、一日百円だった。小僧のこづかいといっている。月勘定で月末に支払われた。途中から一〇〇円から一二〇円になったという、最後まで一二〇円が続いたという。この状態が益生が小僧として山本福光にいた三年半続いたことになる。

一方の石川類次はジョウヨウ(常傭)として仕事をしていたという。常傭とは長期にわたって人を雇うことを指すが、益生は次のようにその仕事について話してくれた。

あの人(石川類次)が、ジョウヨウで仕事しとったねえ。ジョウヨウってことは一日いくらっていう、そういう仕事ねえ、うん。

あの人は、やっぱり、えっと、その、……、小僧に仕込むことだとか、ほれから型を作ったりとか、そういう風な仕事が、あの、あの人の仕事だったもんだね。ほで、あのー、特殊なものを作ったりしながらやっとらしたもんだ（図4）。

図３　作業中の石川類次（山本鬼瓦にて）

図４　牡牛の置物（石川類次作）

ジョウヨウ（常傭）とは一日一日で仕事をする人のことであり、別の言葉で言うと、日当で働く人となる。ただしジョウヨウとはただ日当で働くのではなく、仕事場において職人として主だった仕事を任された人を指す。特にむずかしい注文があった時は任されることになる。ジョウヨウとは別にもう一つ鬼師の世界で職人がとる仕事にセイブン（製分）というのがある。セイブンは益生の説明によると、「これ一つ作っていくらっていう人をセイブンっていう」と言う。益生は言葉を言い換えて次のようにも言っている。「出来高で仕事をしとる人をセイブン」、つまり当時は三つのタイプに鬼師は職種が分けられていたことになる。まず小僧（職人を目指す見習い）、そして小僧を勤め上げて職人の身分になり、セイブンとして働く職人。三番目が、ジョウヨウとなり、仕事場を主に任されている職人。こういった職人たちの上に親方がいて全体を束ね、鬼板屋を経営したのである。

益生は師匠である石川類次の話をしてくれた。益生が現在、鬼師として活躍できるのは小僧の時代に山本福光の鬼板屋で類次と三年半、テーブルを共にして鬼瓦を仕込まれたことが大きい。

類さんはねえ、いい人だったけ

どなあ。ほで、若い頃はねえ、あ、あの人はそこらじゅうまわっとったっつって。日本中ってのか……。

昔は、あの、瓦屋さんでね、鬼ってのは、鬼屋さんってのは、あんまり、あのー、他にはなくって……。このー、三河には鬼屋さんっていうのはあったんだけど……。他、あの、三州の他の、瓦作ったとこねえ……、そういうとこは、瓦屋さんが、瓦屋さんの器用な人が鬼を作ったりしとったもんで……。

ほで、あのー、瓦屋さん自体が鬼作ってるもんだ。もう、世界、世界中じゃない、日本中どこ行っても、そういう鬼を作る仕事があったみたいねえ。ほいで、類さんって人はそういう仕事、あのー、全国回って仕事しとったみたいな、そういう話を聞いたことがあったけどねえ。

こういった仕事をする鬼師をバンクモノ（晩苦者）と三州ではいう（高原　二〇一〇　鬼板師：一三〜一九）。いわゆる旅職人を指す。類次は若い頃、バンクモノとして鬼板の技を磨きながら実力がものをいう世界で生き抜いてきたのである。類次はバンクモノを通して培った鬼師としての実力もさることながら、さらに重要なことは、鬼師になる次の世代を担う人材の養成に貢献していることがあげられる。石川類次を師とする鬼師は少なくとも三人いる。福井謙一、杉浦義照、そして神谷益生である。益生が小僧として福光に入った頃にはすでに福井謙一はいなかったという。

まあ、福井さんは、わし、だいぶ上だもんだ。わしの、あの、入った頃は、もう、福井さんはおいでんかったけどね。うん、義照君が、えーっと、あの人、職に上がってじきぐらいだと思うよ。職人になってね。

当時の福光には類次たちが働いていた工場の他にもう一つ、「東の工場」という少し東の方へ離れたところに別の棟の工場があったという。そこには職人が三人いて、一人が益生と一緒に土練機で粘土を作ったり、窯の仕事を専門にしており、あと二人が鬼瓦を専門に作る職人であった。益生たちがいた工場は別棟の工場のように特に名前は付いていなかった。東の工場で働いていた職人は年配の人たちで構成されていた。それゆえ、後に鬼師として成長していったのは類次が育てた若い世代からなる福井謙一、杉浦義照、神谷益生の三人だったのだ。類次は他の職人が出来ない特殊な鬼瓦の注文が来た時は自らがその鬼を作っていた。

うん、他の人ができんようなことをあの人がやっておいたよお。

山本福光における石川類次の貢献度はきわめて大きい。類次は福光において重要な職人であったことは異論の余地がない。さらに三人の鬼師を同じ仕事場で小僧から育て上げたことは、福光という一つの鬼板屋を超えて、地域の経済、文化、伝統への多大なる貢献といっても言い過ぎではない。また一人の鬼師が一生の間に作る鬼瓦の多さとその広がりの度合いは日本中ということができ、そして鬼瓦の耐久性の高さを百年から長ければさらに二、三〇〇年以上にも続くことを考える時、その貢献は単に地域の領域に収まらず日本文化への貢献と言っても差し支えない。

なぜ類次のもとから多くの鬼師が巣立っていったのかについて益生にたずねてみた。個々人の才能があったことも大きな要因なのではないかというと興味ある答えが返ってきた。

うん……。

どっちかって言えば、そっちかもしれん。うん。いわゆる才能があったんじゃなあい。うん。そうだね。やってみてあかん人は、もう、やめってっちゃうもん。うん。

才能か環境かはすぐには白黒つけがたいが、この微妙なバランスのもとに鬼師が育つのは確かである。いくら才能があっても、適切な環境がないと鬼師にはなれないことも事実だからである。

何か類次から福光で小僧をしていた頃に言われたことを話してほしいというと次のように答えてくれた。

職人になって、まあ、すぐに、そこはやめちゃったけどねえ。わしのほうはねえ。

何にもなーい。何もなーい。へへへへ（笑）。

あっ、あるある。「はござく」。うん。わしが、だいたいが手がのろかったもんだ、「もっと早く」って事はよく言われたねえ。

うん、「上手に作れ」とは言われんかったなあ。わしらも早く作るなんか、いつでも出来ると思っつったもんで……。そうだねえ、そういうことはあったねえ。

益生に類次が言った言葉「はござく」は職人の特徴をよく表しているのかもしれない。上手に作る前に来るものは「早く作る」ということになる。「はござく」は職人の心といえる。上手はその後に付いてくるものなのである。

益生は三年半で年季を明け、職人になると、すぐに山本福光のもとを去った。そして山キ鬼瓦、つまり益生が二度世話になった神谷喜代一が経営する鬼板屋に移ったのである。

そこのうちが、うちのじき近くだもんだ、そこへ変わっただねえ。

何か特に理由があって替わったのかと再度たずねてみた。

あー、なんだったかなー。近いで、近いでと、その、おいさん自体（神谷喜代一）をよく知っとったってことなのかなあ。誘われたのかなー、行っただで。よう覚えがない。

山キ鬼瓦での仕事はどうだったのかと聞いたところ次のように益生は言うのであった。

そっから職人で始まっとうだねえ。うん、ほだもんで、それから、もう、今まで言われとったみたいに、数作らにゃ金にならんもんだあ。職人は、もう、一日いくらじゃないもんねえ。一ついくらだもんねえ。

高原　あっ、じゃあ、セイブン（製分）ってこと。

神谷　セイブン、うん、そう。セイブンになれば、もう、そこには一日おったって、一つも作らにゃ、金にはなりゃへんもんだ。うん。ほだもんだ、一生懸命作ったよ。それで、まあ、早くやることは、そで、覚えとるけどねえ。

山キ鬼瓦は入った時、益生が初めての職人で一人だけであり、親方の神谷喜代一と二人で鬼瓦を作っていったのである。あと、アルバイトが入ったという。

わしが初めてだもんで。今まで一人でやっておいた。うん、あとは、あのー、学生の、やっぱり、アルバイトだわ。うん、使っとったのは。わしが、その、鬼長さん行った、そうゆうようなアルバイトの子がおったけどねえ。それも知り合いの子。わしの友達だとかさあ、親戚だとか。いい気なひとならやりこいとかっつって、うん、やらしたぐらいの、それぐらいのもんだもんね。職人はわしだけ。あと、親方、親方兼作る人だねえ。

山キ鬼瓦で何を学んだのかとたずねると予想に反していい返事は返ってこなかった。

ふん。何も学んでないなあ。うん。そこは大したもん作らんかったもんね。ほんとに大したもん作らんかった。型で、ポンポコ、ポンポコ、作っていくような、そうゆう、そうゆうふうな仕事のうちだったもんね。うん。だもんで、今みたいにこういった手で作るものはほんとになかったねえ。

益生は福光で一八、一九歳の頃、職人になり、すぐに山キ鬼瓦へ移り、四年ほど職人として働き、二三歳の頃、山キ鬼瓦をやめている。山キ鬼瓦を出たあと、次に別の鬼板屋に入ったかというとそうではなかった。約半年ほど鬼師とは全く違う職に就いていた。

ほんの半年だよ。半年だよ。不動産の会社（笑）。何ででも、なんでもないなあ。新聞の広告に不動産の会社が募集しとったもんで、行ってみて、うん。

うーん。まあ、あの、やっぱり、遠かった。一番いかんなあ、遠かったねえ。名古屋までっていうのがねえ。うーん。名古屋の今池まで行っとったもんね。

うーん。ほで、あの時に不動産の試験があったんだけど、その試験を、あのー、受けたら滑っちゃってさあー（笑）。ほで、もうやめる気になっちゃっただな。あれでもし、通っ、通っとったら、不動産のほうへ、やっとったかもしれんねえ。

うん、それと、やっぱり遠いもんだ。もう、えらいだよねえ、通勤が。うん、片道一時間半。往復三時間。きついよー。ほいで、あんた、やっぱりー、えらいもんだあ、朝でも夜でも座りたいじゃん。ほなもんだ、朝でも、あのー、普通の時間に行くと超満員で座れへんもんだ。一番電車乗ってねえ（笑）。ほで、名鉄の普通電車で名古屋まで行ってねえ（笑）。そんなことやっつったもんで、うん。だで、ほで、夜帰るにはやっぱり、あそこ、麻雀やっとったもんで、麻雀誘われて、最終電車もうぎりぎりなんて位まで麻雀やって、ほで、また帰ってくる。また一番で出て行く（笑）。そのうち嫌気がさして来ちゃったのかな。うん、さすがにねえ（笑）。名古屋までえらいわあ。

益生は鬼師以外の仕事を半年ながらも体験して、また鬼師の世界へ舞い戻ってきたのである。三番目に入った鬼板屋が下鬼栄であった。下鬼栄は山本鬼瓦の系列である（一九四〜二〇五頁）。山本福光は当然のことながら山本鬼瓦の一族であり、初代山本鬼瓦に当たる山本佐市（一八七八〜一九六二）の次男であり、実質上、山本鬼瓦の二代目と言っていい人物である（一七一〜五頁）。その山本福光のもとで職人になった神谷益生は鬼師としては山本鬼瓦の系列に入る。それゆえ、益生が不動産会社を辞めて、下鬼栄に職人として入ったことは鬼の流儀からも系列からも合致している。しかし、益生自身はその事は意識しておらず、いきなり下鬼栄へ行って働くことになったのである。その当時、益生は二三歳か二四歳になっており、それから下鬼栄に職人としておよそ一〇年いたのである。益生はこの下鬼栄で本当の鬼師としての修業を積んだと語っている。

鬼栄さん行くようになってから、その頃に、別にどこ行ってもいいと思っていったんだけど、そこのうちは、もう、何でも、つく、作らしてくれるってのか……。

あのー、伝票に来るもんだ。

伝票に、次何やろうったって、伝票が来るもんだ。それ、いくら焼いても（笑）、焼いても作らないかんじゃん（笑）。職人としてはねえ。そうすると、もう、わからんと、隣にやっぱりおいでた職人さんに聞いたりしながら、やってたもんね。ほで、結局仕事をそこで一番よく覚えたね。

まあ、その、鬼屋の方、しょく、職人さん、たーんとおいでたけどお。ほで、その職人さん、みんなが、みんな、いろいろかの仕事やっておいたもんだ。ほだで、みんな上手じゃなかったのかなあ。うん。ほで、わしにも、えー、素人だからっつって、あのー、別に簡単なもんばっかじゃない。難しいもんも、何でもやらしてもらったもんだ。うん、多かったねえ。

益生は次に一九六四年頃から一〇年ほどいた下鬼栄の様子を話してくれた。当時の下鬼栄の仕事場が浮かび上がってくる語りになっている。できる限り益生の言葉で伝える。

当時はねえ、裏に、裏に夫婦の人と、夫婦の人と、一人もんの人で、裏に三人。

あそこは（下鬼栄）何軒でもあったよ。本宅のほうは仕事場になってたし、土練機場、ほれから道の東の方が、うん、道を隔てて南っ側に、一軒、真ん中に窯があって、その後ろにまた一軒あったもんだ。うん。三つの場（仕事場）、三つ。ほれからその真ん中に窯があって、うん、今でも窯は同じところにあるもんだねえ。

うん。ほいで、裏のほうにその三人がいて、わ、わしは南の方の一番東におったもんだ。その隣に夫婦の人がおいでて、その隣にわしと同年の子が一人おったけど、まあ、その子は、あのー、やったりやらんだったりていうような子だったもんだ。まあ、いちおう、その子の、えーと、工場あるんだ、三人、三人は三人、六人おいでたのかな、職人が。

ほで、あとはやっぱり、窯焚きをやるような人が一人おいでたもんねえ。窯と土練機をやる人が……。あの頃、うん、鬼栄さんは多かったよ。すごい多かったよ。

山本福光では益生の隣には石川類次が常におり、事実上の師匠になっていた。下鬼栄でも同様のことが起きたのである。実際に益生は下鬼栄時代に鬼瓦の技をさらに学び本当に修業になったと言っている。山キ鬼瓦の時と逆のことを話している。そして実質上、益生の師匠になったのが隣で働いていた職人の神谷正行であった。

その隣の人、普通の職人さんだもんだ。ほでも、やっぱり一緒に仕事をしとって、あの、あれでしょ、あのー、わからんとこがあれば、聞けば教えてくれるでしょう（笑）。

まあー、教えてくれん人もあるかもしれんけどさあ……。ほりゃ、近いもん。

正行さんと奥さんとね、二人で。年齢的にゃー、ま、えらい、あの頃、あの頃もうだいぶ離れつったな。うん、（益生が）二十代の頃に、五十代……。ほだ、正行さんが、どこで、どうやってらしたかは、今までの、ねえ、どこでやっとらしたかってことも全然わからんし、その時に鬼栄におったっていうことしか知らんもんだ。どこに、どこでやっとったって事も聞いたこともないしね。

うん、腕のいい職人さん。うん、まあ、だいたい職人さんっていうのは腕がよくなけりゃ、ふん、やれへんだもんで。

ほで、腕の悪い人が一人ずつおるもんだで、そういう人が窯番になったりね、うん、土練機やったりね。あー、おもしろかったなあ、そういう人がどこにも一人ずつおったねえ。福光さんはほんとにやれんような人が一人おったし……。

ただ益生もすでに職人なので、いわゆる師匠と小僧の関係とは違った形のものであった。益生が困った時に正行に聞くと、的確に教えてくれたのである。

うーん。教えてもらっ、わからんとこ聞いたぐらいのことで、うん。ただ、あの、こういうことがわからんっつっと、そいわ、あのー、これこれしかじかでってて、いうような教え方しとった……。

その時は（わからない時）、その時はその時で、あのー、口で聞いたことは口で、あのー、ん、何だ、仕事でわからんようなことは、仕事でやっとる時だったら、あの、箆《へら》で教えてくれたこともあったかもしれん。ちょっと覚えがないけどねえ。

一〇年一緒だったねえ。……わしがそこやめるまで一緒だったね

図５　神谷正行（左）、神谷フデ（右）
（昭和59年４月22日）

図６　ビン付一文字（神谷正行作）

え。

益生が下鬼栄に入って一〇年間、同じ仕事場で直接鬼について学んだ職人が神谷正行であった。ただ石川類次の時のように隣同士に並んで仕事をしたのではなかった。

うん、隣っていっても、この人はあれだもんねえ。あのー、仕切られちゃって、まるっきり隔離されとったもんだねえ。もう、ドアがあって、その向こうにおいでたという……。うん、分かれてった。うん、同じ建物だけど。

つまり、神谷正行夫婦は隣の扉と壁によって仕切られた部屋で益生たちとは独立して鬼を作っていたのである。そしてドアを通して互いに行き来していたのだ。益生はわからないことがあると正行のところへ行ってたずねていたのである。そして正行の教えはいつも的を射ていたのであった（図5、図6）。それは益生の言葉によく表れている。

うん、的確に教えてくれたと思うよ。

正行以外の他の職人とのつきあいはあったのかとたずねてみた。益生の話だと下鬼栄は多くの腕のよい職人が働いていたからである。

全然なかったね。うん。何か教えてもらうとかそういうことは更々なかったねえ。うん、その人が別に嫌いなわけでもないけどね。

このように益生は山本福光の時の石川類次、そして下鬼栄の神谷正行と二人の腕のよい職人と同じ屋根の下で仕事をするという幸運に恵まれて鬼瓦の技を磨いていったのである。下鬼栄では一〇年の長きにわたって職人として働いていたが、最終的には益生は独立の道を選んだ。しかもいきなり下鬼栄をやめたわけではない。準備を着々と進めていた。

うん、もう、その時に、この工場作っとったもん。鬼栄さんにおりながら。独立する前の何年か前から。「もうやめさしてもらうで」、「自分でやるで」ってことで。

うん。ほでー、工場が出来、出来て、ここが。やるまでのことは、あのー、行くとこもないもんだあ。ほいだもんだ、鬼栄さんで働かしてもらって。うん。ほいだもんだ、鬼栄さんやめた時にはすぐにこの工場へ来たっていうことだねえ。

うん、お蔭さんでこの土地を親父たちが買っといてくれたもんですから、場所的には困らなかった。あとはそこにうちを建てればいいという。うん。出たくても場所がないという人もあるもんね。やっぱり、ある程度の工場がないとこれもやっていけないもんですから。うん、お蔭さん。これがあったからそこへ工場を建てればいいという簡単なことからやれたじゃないかな。うん。その頃、鬼の需要も注文が多くて盛んでねえ。工場作ってるうちに、「うちにも入れてくれないかなあ」というような話も出てきたぐらい。うん、忙しかった頃だったもんでね。

なぜ独立した鬼板屋になろうとしたのか気になったので益生にたずねてみた。何らかの強い動機がないとそのまま職人として生活は出来るからである。もちろん職人として一人でやっていける腕がないことには独立はもとより考えられないのだが。

そうですえね。ひととおり出来るということになると、始めてから一〇年ぐらいかかったでしょう。うん、一番はじめの学校おりてから（鬼板屋）入ってから一〇年ぐらいは経たんとぼちぼちのものは出来んじゃないんですか。

うん。独立した時は子供が生まれてました。えー、あの時は「一生職人でもいかん」という気になったのかなあ。（家庭があるから）じゃあなくて、やっぱり、うーん、「一往何でもいいで、頭《かしら》になってみたいなあ、小さくてもいいで頭になって」、うちの親父の台詞なんですよね。これが昔からの「鯨のしっぽより、鰯の頭になれよ」って言うようなことをよく言ってたと思います。それを実行したということですかね、えー。

父親とは相談していないと言う。自ら決心して実行に移したのであった。長年の夢が叶う様々な条件が整っていたのを益生ははっきり認識していたのである。また働いていた下鬼栄の親方、初代鬼栄の神谷栄一にもしっかりした了承を得ていた。

あの、知って見えるとおり、あの、鬼栄さんの方も、いい方だもんで、「自分でやりたい」と言ったら、あの、「自分でやるならいいよ」って言ってくれてね。「よそへ回るならいかんけど」。そうは言われたんですけどね、うん。「自分でやるならしようがないで、ほんじゃあ、やりなさい」って言われたもんでね。やっぱり大事な職人さんが出て行っちゃうっていうことになると大変な事だもんでね。

独立となると自分の新しい鬼板屋の命名である。益生は屋号を「神生《かみせい》鬼瓦」と名付けた。命名について益生は次のように言っている。

結局ね、名前のつけようがなくて。高浜、「神谷」が多いんですよ。「かみ……」何て言ったら「神谷」ばっかで、わからんくなっちゃうもんな。神様の神に自分の名前の一つ、ホンじゃとろうかなと思った場合に、この「益《ます》」がどうもあんまり好きじゃあなかったもんだ。この後ろのほうをとってね、「益生《ますお》」の「生」をとって……、「神益《かみます》」か、「神生《かみお》」かに、そうしようかなと……。

いろいろ考えた末、「生」を当てることにして、読みづらい言い方はやめて、もっと読みやすいと思われる「せい」をとり、「神生」が生まれることになったという。

本当に名前なんてのは簡単な、誰が読んでもわかるような名前のほうが得だね。うん。未だに電話がかかってきても間違えて言う人があるもんで……。うーん、「かみおさん」とかさ。あっ、「かみしょうさん」とかいって言われるんですよ。

益生は三三、四歳の頃晴れて独立し、神生鬼瓦を興したのである。一九七五年頃の出来事である。仕事のほうは順調で、特に営業に出ることもなく注文が来るようになっていったのであった。

うーん。成長期というのかなあ。忙しい時だったもんだん。ただ仕事をしていれば電話がかかってきたというような。うん。自分で売りに歩いたという記憶もないし、えー、うん、二、三日前に行かれた鬼十さんでも来てもらえて買ってもらえるようになって、うん、仕事をしてると、あの、「こういうようなもの、作ってもらえんかな」って来たりねえ、したもんですから。うちはそういった販路拡張、自分でしたとか、そういうようなことはあんまりなかったですね。うん、お蔭さんで、うん、何とかこれで一生暮らせますわ。

益生は山本福光、山キ鬼瓦、下鬼栄と約一七、八年近く他の鬼板屋で働きながら技術を磨いてきたのだが、自分で鬼板屋を始めてからが本当の修業になったと語るのであった。

自分で始めてからが一番修業だったもんねえ。うん、もう、自分で始めてるもん、何でも作らにゃいかんでしょう、来るものは。

自分でやり出すと、もう何が来てもやらにゃいかんもんね。そうすると、今度、もう自分でやっとれば、他に隣でやっとる人もあらへんもんだに、聞くわけにもいけへんもんだにね。もう、あとは、ほら、自分でー、考えてやるしかしようがないわ。こいで、何でもやれるようになったかなあ。そこで何でもやれん人は、まあ、ほうちゃうわけだなあ。続かなくなっちゃうねえ（図7）。

独立のための重要な要素は、まず自ら何でも注文をこなすだけの技術が必要となり、日々の仕事が同時に、自らの腕を上げていったのである。益生はもう一つ重要な独立の要素を語っている。それが顧客の存在である。

もう一番の、独立になるのに一番のネックはやっぱりお客さんだった。うーん、お客さんが……、売れにゃしようがないもんで。「売れるのかな」って言うのがね、一番のネックだったね。

ほでも、おっ、お互い、あー、お互い、お互いじゃないわ、お蔭さんとねえ、あのー、やり出したらみんなが覗いてくれてねえ。どんどん買ってくれたもんだよ。うん、ほんなもんで意外と順調だったと思う。うん、「もうやめにゃいかん」って言うそんなこともなかったしねえ（図8）。

「お客」、「お客」と益生は何度も言うのであるが、なじみ深い言葉だけに、この世界とは縁のないものにはなかなかぴんとこない言葉なのが「お客」なのでたずねてみた。

今は、どう、同業者の人が多いけど、その頃は、あの、瓦屋さん。瓦屋さんであったり、そのー、同業者、まあ、同業者、……瓦屋さんが一番多かったかなあ。うん、その頃みんな個々にお客さん

図７　経ノ巻尺八寸を製作中の神谷益生（平成26年10月24日）

図８　古代若葉一文字一尺　多賀大社（平成24年　神谷益生作）

持ってたもんだねえ。今は、もう、大きいとこが瓦屋さんのお得意さん。うん、なっちゃって、わしらの、その人たちの、なんだ、下請けみたいな、そういう感じ。今はね。

時代が下るにつれて瓦屋さんがそれ自体が統合されていって、大きな瓦屋になっていったのである。昔は規模の小さな瓦屋さんがたくさん存在したのである。

そういうことだねえ。うん。（小さい瓦屋さんが）いっぱいあった。うん。いっぱいあったもんだ。それぞれにみんないろいろかの瓦屋さんが入ってねえ、うん、仕事があったんだけど。瓦屋さんが大きくなっちゃって、大きくなればそこに入っとる鬼屋さんも、そう余計は入れへんもんで……、うーん、ほで、そこへ入った人が、まっ、自分で出来にゃ、うちへ頼むっという、うん、そういう感じになってきたもんで。ほだもんだ、まあ、うちらでも何てのかなあ、同業者の下請けってのが、今はそういうの、そういう仕事が一番多い。

つまり、元請けの鬼板屋が存在し、大きくなった瓦屋と直に繋がっており、自分のところで注文に対処できない場合は他の同業者である鬼板屋へ下請けに出すのである。そして注文次第によってはそのさらに下請けへと続くことになる。すると下請けのそのまた下請けである鬼板屋は注文を選ぶ余地はなくなってくる。

作れた、作れんって言うよりも、作らにゃしようがなかったと……。そう、何でも作らにゃ仕事がなくなっちゃうもん。うん、そうだね。

益生は一人で勘考して作っていくのである。が、ただ一つ頼れる、相談できる相手があるという。それがなんと、「お客」なのであった。この場合のお客は同業者ではなく、瓦屋でも無く、その注文をくれた大元《おおもと》の本人を指す。

うん。あと、相談するだったら、その、あのー、お客さん、頼む人、お客さん。あのー、たとえば、うーん、鶴なら鶴でどういう格好をした鶴がいいだとか。うん、そんな感じのものがいいんだとかって、そういう相談は、ね、頼んだ人に相談はあるけど、それから先は自分で、そのー、形を考えて作っていかんと……。で、ようは、喜んでもらわにゃいかんの、一番は。そのためには相手の要望を聞いて、沿うようなものを作り上げていく。それの繰り返し。うん。

他の人が作った鬼を見て回ることはあまりないという。しかし、自分で作ったのを見に行くことはたまにあるという。

作るのが一番の勉強だもんだ。まあ、うちら作って勉強だね。

まとめ

神生鬼瓦に至る神谷益生の生きた道程《みちのり》を追った。鬼師の世界からは縁がない家庭に生まれたいわゆる一般人が鬼師へと成長し、独立して鬼板屋を興していった生き様である。ただ鬼師の世界とはいくら縁がないとはいえ、高浜の地に生まれたこと、そして自宅から五〇ｍほどの先に鬼師の世界においては由緒ある鬼板屋の鬼長が有り、しかもその鬼長の跡取りになる三代目鬼長の浅井邦彦とは同年で同じ高浜小学校の親しい友達であった。さらには父、神谷光治は鬼師の世界とは縁のないブリキ缶売りであったが、同じブリキ缶売り仲間がもともと鬼師であったという不思議な縁に取り囲まれて育っている。ただし、同じような環境にあった他の益生の兄弟（男四人、女一人）の中で鬼師になったのは益生一人であり、別の要因があることも事実である。

　益生は小学生四、五年頃からすでに鬼長で鬼を作るアルバイトを始めており、以来現在に至るまで手作りの鬼師の道をひたすら歩んできている。しかも鬼師になる道程で良い師匠に二度にわたって出会っている。山本福光の鬼師であった石川類次と下鬼栄の職人になった時に同じ仕事場で働くことになった神谷正行である。この二人との出会いは益生が思う以上に益生の人生に多大なる影響を及ぼしていると思われる。

　益生が手作り鬼瓦から軌道を外れかけたことは二回ある。一つが山キ鬼瓦を二三歳頃にやめて不動産会社に勤めた時である。半年でもどってきている。もう一つが益生が鬼師として独立し、神生鬼瓦を始めて五年ほどの時である。プレス機械を導入したのだ。これもやはり半年ほどでやめている。

> 物によってはプレスで作ったことがあったんですけど、結局、人を増やせば良かったんですけど、まあ、増やさなくって、自分であっちやったり、こっちやったり、いろいろかの仕事を……。結局、それだから手が回らなかったということで。

　このように二度ほど道草をしているが、ほぼ一〇歳頃から現在（七四歳）まで鬼師の道を着実に歩んできたのが益生である。益生の生き様は鬼師という伝統がいかに受け継がれていくかの具体的な例をリアルに示していると言える。

[20] 山吉系――伊藤鬼瓦店

白地の鬼瓦を手作りで、伝統的な手法を用いて製作する鬼板屋を調べてきて八軒目にたどり着いた。それが伊藤鬼瓦店である。他の七軒についてはすでに調査は終えている。鬼英（四六三〜八一頁）、山下鬼瓦（四二九〜五九頁）、カネコ鬼瓦（四八二〜五〇五頁）、シノダ鬼瓦（五四七〜七〇頁）、石英（五七一〜九一頁）、神生鬼瓦（五〇六〜二五頁）を見てもらえると三州鬼瓦の白地の世界が浮き上がって来るはずである。今回さらに伊藤鬼瓦店を加えることで、三州鬼瓦の生産拠点である高浜における「白地の世界」が完成する。[1] すでに完成している「黒地の世界」が形成する鬼師の世界と合体させ、照らし合わせることによって、鬼師の世界の全体像が完全とは言えないまでも、かなり詳細に見えてくる。そういった意味で、伊藤鬼瓦店が何らかの縁でもって、「鬼師の世界」の取りをとることになる。今から一五年前にすでに伊藤鬼瓦店には足を運び、いろいろ話をうかがってはいた。しかし、それからしばらくして、黒地の鬼板屋の調査に本格的に取り組み始め、流れに流れて今に至ったのである。振り返ってみれば、それほど鬼師の世界は深淵だったと言える。

伊藤鬼瓦店

❖――伊藤末吉　［伊藤鬼瓦店初代の父］

現在、白地の鬼瓦を製作する伊藤鬼瓦店は高浜市二池町に工場と自宅が隣接する鬼板屋で、すぐ近くには同業者の中では老舗に当たる鬼長の大きな工場が見える。伊藤鬼瓦店を興したのは初代の伊藤正男である。昭和一二年（一九三七）二月一四日生まれであり、今年（二〇一五）七八歳になり、すでに仕事の中心は二代目に当たる伊藤秀樹が受け継いでいる。しかし、仕事場と自宅が隣り合っていることもあり、一日に何時間かは仕事場に出て鬼瓦を今も製作している。自宅に上がって話を聞いている内にわかってきたことがある。伊藤鬼瓦店の初代は確かに伊藤正男なのだが、正男の先代、つまり父親に当たる伊藤末吉の存在を外すことは出来ないということである。伊藤末吉は明治三二年（一八九九）生まれであり、昭和四〇年（一九六五）六月一五日に亡くなっている。その末吉は鬼師ではなかったが、瓦を手作りで

図1　伊藤末吉

作っていた。さらに瓦の中でも通常の瓦の形状とは異なる、いわゆる特殊瓦にあたる「道具もの」といわれる瓦も注文に応じて作っていた。末吉は瓦職人で、窯を持たない白地屋であった。また一方で魚を捕るのが好きで、いつしか漁業もするようになっていったのである。末吉が道具ものを作るのが上手い職人だったことが、後に息子である正男が鬼師になる切っ掛けを生むことになる。末吉が瓦を作っていた頃、鬼瓦屋である鬼金から特殊瓦である道具ものの注文が来るようになり、鬼金と取引をするようになったのである。これが伊藤鬼瓦店の誕生譚である（図1）。

◈——伊藤正男　［伊藤鬼瓦店初代］

そういった家庭に生まれ育った正男は小さい頃のことを次のように話している。

> 私が中学の頃には、もう、親父はどっちかというと、あの、漁のほう、魚を捕るのが好きで、もう、彼（瓦を作ることを）止めちゃって、それでも記憶があるって……、小さい時はまだ（瓦を）やっとった。それから漁業に入ったわけです。うちの親父は……。

正男はそうした父親である末吉の影響を受けて、中学を卒業すると、夜間は定時制の高校に通いながら、末吉の仕事である漁業、特にちょうどその頃は海で寿司海苔を作る海苔屋をやっており、海苔の養殖をするようになったのである。しかし、この海苔屋の仕事をしたことが鬼師になる切っ掛けを作ることになる。正男は鬼板屋である鬼金にどうして入ることになったのか語っている。

> そのね、海苔っていうものは、だいたい半年ぐらいは、ゆう（遊、裕）があるもんですから、その時に鬼金さんに、私の親方ですね、鬼金さんに、「ちょっと手伝ってくれよ」ということで、（鬼金へ）行って、ほいで、それから私は鬼を教えてもらったもんですから。鬼金さんの、今のじゃない、先々代の、昭正君の前の直之さんの親父さん。

正男のいう鬼金さん、つまり先々代の、昭正君の前の直之さんの親父さんが、神谷金作（明治二七年～昭和四三年）である（一八七～九頁）。初代鬼金こと神谷金作と伊藤末吉とのつながりが縁となって、直接金作から声が掛かったのである。漁師をしていた正男はこの金作からの話を受けて、まずは海苔の漁の合間である五月から八月頃まで文字通り鬼金に手伝いに行くようになった。鬼金にこのようにして入ったのが一七歳の頃であった。はじめの話では荒地から粘土を作ったり、窯出しや窯焼きの手伝いをすることを頼まれていた。ところがある時、正男はいきなり「鬼瓦を作りたい」と親方である金作に言ったのである。

だけど、私は、フッと思って、それならば、「私は鬼の方がやりたいで」って言って……。そしたら、あのー、大将、社長が「あっ、そうか。ほんなら、やるか」と言って……。それから、あのー、窯へ入ったりすることを一切せず、即、小僧として鬼をやらしてもらったんだね。

だから、その頃は、まだ、あのー、機械化というものはないですから、全部手作り。図面描いて、……。それを、まあ、でも、二、三年やらしてもらったかなあ。手作りを主に。うん。

正男は最初は手伝いで、海苔をつくる仕事の「あい」に鬼金で働いていたが、昭和三〇年六月一日に正式に鬼金に入っている。正男が一八歳の時であり、それから一二年間、鬼金で仕事をし、昭和四二年六月に鬼金をやめている。正男が鬼金に入った頃、鬼金には鬼瓦を作る職人が五、六人いたという。「一流の、もう当然、年配の方」だと正男は言っている。親方の金作は正男が入った年に六一歳になっていた。そしてその頃、鬼金では二代目の神谷直之が昭和二六年に始めた塩焼き瓦の生産も行っており、当時の鬼金は鬼と瓦を作る工場であった（一八七～九四頁）。正男が働き始めた頃の鬼金について語っている。

鬼金さんって方は、鬼屋だけども、瓦屋だ。瓦もやっとる。両方とも。だから従業員が一〇何人おる……。

鬼を作るところと、瓦の工場と……。赤瓦って言って、釉薬の、今の……、前の……塩焼き瓦のこと……。うん、だもんで、私が入った時にはもう塩焼きやっておられたもんで、ほいで、鬼が足らんで、鬼やらしてもらっとった。

鬼瓦を作る百坪弱ほどの建物が二棟あり、赤瓦である塩焼き瓦を作る工場がまた別に建っていた。その中の鬼瓦を作る工場の一棟へ正男は配属されたことになる。そして、その工場で働いていたのが神谷政夫であった。この神谷政夫が実質上の正男の師匠となる。正男は神谷政夫を弟子親方とも呼んでいる。つまり、鬼金こと神谷金作の弟子で、正男の師であり、ある意味親方でもあったからである。

あのー、主《しゅ》に教えてくれとったのは、鬼金さんにおる神谷政夫さんっていうのが……、主に教えてくださった。それも職人だったけど……。その人と一緒に、工場で、一つの棟で、工場で、教えてもらっとった。手に取ってもらって。

あ、はい。だから、あのー、こうやって言っていいかわからんけど、鬼金さんの大将もよー教えてくれたけど、「こうした方がええぞ」ということを教えてくれたけど……。実質、私が見て覚えた仕事は神谷政夫さんちゅう方の、……職人さんだったね。

だから、その人は、あのー、何というか、我々は認定協会って昔はやってたんですね。その時の……、審査員ちゅうのかな。それをやってもらって。何だ、私が教えてもらって、私は一応、上級という、認定協会の……、第一回で受かったけどもね。その時は、一〇何人。やっぱり、そのー、叩き上げの人間ばっかだわね。うん。

つまり正男は鬼金に入るや、すぐに神谷政夫のいる同じ工場で二人で一緒に並んで仕事をし始めたのである。正男に師匠である神谷政夫からどのようにして鬼瓦の作り方を習っていったのかをたずねた。

やっぱり、あのー、我々、手にとってやらして……、覚えるじゃなくて……。その人の仕事を見て、真似て……、真似ちゃあかんけども、自分で作るわね。手に手を取ってやってくれちゃー何にもならんもんで……。弟子親方なもんですから……、大きいものも作ったり、何かしなさると、それを、あのー、なんだ、見て、置いてあるもんで、それを見て、自分で、それと同じようなものを作ってくわけね。手作りというものは。

ほだで、手で教えて……、手を、なんちゅうかな、「ここはあかんで、こうせよ」っていったことは言われるけど、「絶対、手で、自分の手では教えてくれんかった」もんね。あくまで、昔の、あのー、小僧なんて、みんなほうじゃない。親方は「これ見て覚えとけ」とか……、ほーだね。

逆に、今、潰《つぶ》され、つぶれとったということは……、ことによったら、わしの、私の、その人が、私の弟子親方が……。鬼金さんじゃなくって……（笑）。

この最後の「潰され、つぶれとった」ものは、もちろん正男が工場で作った鬼瓦である。その話は次のように始まる。

その頃は、今言う、えー、割合、職人気質の大将ばっかだったもんで、気に入らんとね……、変な話……、私は、まあ、「何とか出来た」と思って工場置いとくでしょう。ほで、朝行くと、つぶれとるわけよ。「これは気に入らん」って大将が……。今そんなことやったら、職人はおらへんけども……。昔はきっとおいでたと思う。そういう話も聞いたでしょう。そしたら、「いやいや、あかんじゃんか」って言ってね、もういっぺん作り直しだわね。ほんだもんで、その頃の鬼師たちは腕のいい人が多い。今もあるけど、若いもんでも、あるけども、その比じゃねえな、うん。

通常、仕上げた鬼は粘土の生乾きの状態で、作業する台のすぐ後ろに列を作って三和土《たたき》の上に並ぶ。翌朝、潰された鬼を見るということは、職人が帰ったあと、親方が鬼の仕上がりを見て回り、出来の悪いのがあると、おそらく足で踏みつぶしたのである。正男は「どっちかわからない」と、親方なのか弟子親方なのか、どちらが潰したのかわからないと言っているが、製品として出すのは親方なので、親方の金作がした可能性が高いと言える。

どっちかわからない。つぶれや、気に入らんのがわかっとるもんで、大将が……。「あかんわ」って言って、ほで、もういっぺんやると。ほんで上手く出来りゃー「あっ、それならええぞ」と言わさる。ということは売り物ですからな、品物は、うん。だから、この売れんようなもの作ったたって、結果、何にもならんもんですから、はい。だから、そういう具合で、その人に（神谷政夫）……。うん、鬼金さんおる時はずっと……、ついとったかな、はい。

正男は他にも興味深い技術の修得に関する職人の世界について語ってくれた。正男は「悔しい思い」と言っている。若い頃の出来事だが骨身にしみて記憶に残っているのである。

そりゃーもう、悔しい思いもかなりしましたけどね。それから、同じ、同僚、年ぐらいの人がいると競うわけ……。そんなもんですから、あの、ちょっと出来るようになってきたら、私の同僚にしても私より三つ上だったかな。ええ、その人は腕も良かった。割合良かった。そうするとね、まあ、たとえば、大きなもの、鬼というのはだいたい一棟に、大棟二個ほしいよね、左右に。均等に。だからね、二つやらしてくれるならいいわね。

一つずつやらされるわけ（エーッ、驚きの声）。はっはっはっ（笑）。だから同じ工場で……（笑）。その人と競うわけですね。そこで、まあ、あのー、「俺、どうでもいいや」って奴はつぶれて行くし……。

私の場合は、なまじ運がいいというか、悪いというか。あのー、私が鬼金入ってって、その人は、やっとらした人が入ってきた。だから、その人がどうしても何年か古いもんですから、知っとるし。だから「一対一でやれ」という。こういう、こういうやらせ方したらね、意地でもやらなね、うーん……。「もう負けめん」とね。あるでしょ。そうすると同僚の人も、逆に「若い人に負けたくない」ということで、また相手も逆に発憤するんで……。ま、あとで考えてみるとね（笑）。

ということで、まあ、技術とか、そういうことは、……ま、そんな感じで、今は何とか、上手いとは言わんが、まあ、なんとか、うーん……ということでね。

実際に正男から聴いた若い小僧から職人に成り上がる頃の苦い思い出は「鬼を潰された話」と「鬼の一対一対決」の二話である。こういう一種の身に堪《こた》える試練を一つ一つ乗り越えて、職人は技術を自分のものにしていったことが見えてくる。

ここからは正男の師匠である神谷政夫について紹介していく。正男が鬼金へ正式に入ったのは昭和三〇年で、正男は一八歳になっていた。神谷政夫と偶然に同じ棟の工場に配属され、政夫の下で鬼瓦の修業を始めたわけだが、その時、神谷政夫は二六歳年上の四四歳であった。つまり神谷政夫は明治四四年（一九一一）に生まれている。正男は師匠の歳を次のように覚えていた。

ほいで、何でわかるかというと、奥さんの干支が私と一緒の丑《うし》だ

図２　経ノ巻菊水足付四尺　熱海城（鬼金にて　神谷政夫作）
左：神谷直之、左から３人目：古沢（職人）
右から２人目：神谷虎一、右：伊藤正男

もんですから。ほいで、「伊藤さん、二回り私より下だ」と言われたことがあったので、二四……。その二つ上だもんで、二六……。そういうことかな。だもんで、一番バリバリやっておられた。いい時だわね。うん（図2）。

政夫が最も脂がのり、元気だった頃に伊藤正男は神谷政夫と同じ仕事場で並んで鬼を作り始めたのである。正男は師である政夫について話してくれた。

私にしちゃー、いい弟子親方だったね。あんまり怒りもせず。うん。ほいで、腕もいいと思ったし。はい。だで、あの、えー、人間が良かった方《かた》やね。私は本当なら教えてもらうには、ちょっと礼を出さないかんかったんだけども。

そう言ったら、「ほんなことはええで、重いものチョイと手伝ってくれ」ということでやらしてもらったわけやね。だから、あのー、なんといったかな、今でもやっとる……。あのー、石膏型のがあったもんで、ほんだもんで、そういうものは、私が作ったものは、私の給料っていうのかな。親方に対して通れば私は私でもらっとったわけ。

神谷さんは、あのー、絶対、「私から教えるで金を……」とかそういうことは一切言わず、ただ「見て覚えよ」と言うだけで教えてくれたで……。ほんで、今でも私は頭が上がらんのだけど、うん。

まあ、当然亡くなったけどね、うん。だもんで、昔の……、親方っていうのは、そういうのが多かったんじゃない。だから、あのー、私は若いもんに言うんだけんど……、教えてもらったら、昔で言うお礼を……。「給料もらってもええで、三年は教えてもらったところにおらなあかん」と……。今だと、覚えたら飛んでどこかに行っちゃうもんがあるもんねえ（笑）。

そうした習わしのようなものが鬼師たちの間に仁義のようにあったのかと正男に確認するように訊《き》いてみた。

内々にね。「やれ」とは言わんけど、その、自分は、我々の考えは、当然弟子方も一緒だけども、「覚えたら行っちゃったじゃなんの為にやったんだよ」と。「だって教えるのだって赤字だからね」。ある程度小遣いはくれるしね……。その私たちの持ち分でさえ……、品物がまともに出来んもんでね。今の会社だって同じや。出来ん奴が初任給をもらうとしても、私から言わせりゃー、ちょっとおかしいな。うん……。そういう、内々の、なんちゅうか、考えがあったな。

正男は当時の小僧から職人へと技術を身につけたあとの身の振り方に関する年季明けの慣習について語った。するとすぐに、神谷政夫のより具体的な「見て覚える」指導の仕方を話してくれた。

その、まあ、親方から神谷さんのとこへ、「こういうもの作れ」とかいうことがあるでしょ。そうすると、「伊藤、よー見とけよ」と。図面描《か》くにも、「見とけ」てって。ほんで、基本があるもんですからね。鬼というものは、いちおう、基本が四角いものであって、外の何分の一が、まあ、たとえば、足なら足と、そういうことがあるもんですから、「これを覚えとけ」と。ほいで事に依ったら、図面も描かしてくれたり……。その代わり、修正だね。完全なもの、まともに出来へんもんで……。神谷さんが直して、これで、こうやってって、ということで……。そのくらいで……、「そのくらい」って言っちゃいかんかな。あのー、あとは、やはり、見て覚える。今でも一緒じゃないかな。見て覚えんかぎりはな。うん、まあ。大事なものを触らしてくれへんもんでね。昔の職人さんは、当然プライドが有ったもんね、うん（図3）。

神谷政夫は最初の一つ目は正男の前で作って見せてくれたという。正男はそれに続けて、さらに説明していった。

あの、注文来たものをね。「それを見とれ」と。ほで、大きいものがあったり、小さいものがいろいろあるけんど……。ほれで、だいたい、あのー、施主、注文によって今でも一緒だけども、「こういう格好のものが欲しい」とか言われると、基本に外れるものもあるんやね。だけど、やはり、施主の好きな格好のものを作らなあかんでしょ。だから、そういうことはあったけれども、だいたい、基本ちゅうのかな、うん。こういうものは何寸の高さで、幅がどんだけで、まあ、尺ならば四掛けなら四寸で……。そういうことを教えてくれて。まあ、自分で覚えるわね。

図３　数珠掛け雲足付五尺（梅鉢紋　天理教名古屋支部　昭和29年　鬼金にて　神谷政夫作）

なかなか、あの、それまでは言っておくれんけど……（笑）。ほいで、今言った、ちょっと自分の弟子の作ったものを、「おまえ、ちょっと直してみろ」と。「俺、こっち作ったで、こっちをちょっと真似事して見ろ」ということでやらしてもらうんだね。ほの時も、まだだいたい直されとるけどね。まともに出来やへん。二年や三年じゃあね。

こういったことを幾度も繰り返しながら、鬼の作り方を覚えていくのである。かなりの根気と辛抱強さをも同時に鍛えながら、鬼師への道を歩むことになる。すると次なる段階へと入る。

「あっ、これまで伊藤は出来たで、まあ、これよりもうちょっと大きいのやろうか」、みたいな。難しいものをやるとか。そういうことで、それも、まあ、あくまで弟子親方よりは鬼金さん……、大将自体が売らなならんもんで、製品を見て、「あっ、自分はこれまで出来たなら、これも出来るだら」って言って、この時は、一人で一つのものをやらしてもらえるわけ。うん。だから……。

正男はこうした一人前の職人になる苦労や努力について語りながらも、自分の身を振り返りながら、生まれ持った才能ないし素質についても言及している。やはり様々なところで天分の有る無しを実感するのだと思われる。

私自身も小僧というのか、そういういい方はまだなかったもんですから、うん。あくまで見習いっていうことで……。私は恵まれとったな。かえって逆に、鬼金の金作さん自身だと、まっと厳しいよ。金作さん自身は現場入らへんもんですから。うん、だから、私の場合は神谷さんについたちゅうのと、同じところでやらしてもらったもんですから、かえって覚えるのも早かった。ほうじゃないかな。

だけど、今でも彫刻師と一緒で、やっぱりうちの息子を「気にいらん」て怒るんだけんど……。まあ、何年かはやっとるちゅうと、やっぱり、ほのー、自分の……、持って生まれた……、何て言ったらええな、その、才というか……、筋とか……、それはあるね。何十年経ってもあかんもんな。どーもうまく、本人は納得しとっても、私みたいに……、私だって、そー別にどってことないんだけども……。腕も良くないけれど……。そういうことはあるね。うん、だで、「器用さ」と言ってはなんだけど……。

そうした職人の生まれつき持っている鬼師としての素質があることを体験として認めつつ、正男はさらなる技術の修得について話すのであった。

まあ、なかなか先輩に追いつくことは無理なもんですから……。だけども、それに近く、その人には、「そのようになれ」と、「物になる」と……、言われたいことで、いくら潰されても、直されても、やはり我慢して、あのー、ほめられるって語弊があるけども、まあ、何とかなるかなあと……。「それなら、出せ」と……、言われる言葉が欲しかったもんですから。まあ、それこそ、ムカムカしても我慢したわね。まあ、あの、なかなか先輩に追いつくことはねえ……。今言った、三〇年、四〇年の人に、三年や五年の者が追いつくことは絶対に無理だったし、やはり、事実……、「そんな簡単なものじゃない」と自分で思ったもんだから……。

ほだで、「ちょっとでも上手にならんと」って言って、ほだで、親方がおらん時に、行って、見て、……ちょっとでも自分の……、覚えるっちゅうのかな……。作るような、そういった努力……、までいかんけども、やはり気持ちはあったな。うん。

正男が今話していることは明らかに他の鬼板屋でもよく耳にした「見て覚える」、またはさらに踏み込んで行われる、「技術を盗む」という行為に相当する領域の話になったので、もっと詳しく具体的に話してくれるように頼んだのである。

それがね、際《きわ》行って見とっちゃー、怒られちゃうもんね。「自分の仕事やれー」と、でしょう。だから……、今言った、一番ダメな……、親方が帰っちゃって、出て行って、帰っちゃったあとの、品物を見ると……。「ああ、ここはこういう具合で勢いがある」とか……。ほんだで、自分の手に来た時には、これを真似するんだね。あくまで真似だわ。そういうことだね。覚えるのが……、一番……。ほだもんで、さっき言ったように、「手を取って教えてくれるなんていうことはまずない」もんですから。

こうした陰の努力をしながら職人は腕を磨いていき、その上にまた師匠からの指導を受けながら技が身についていく。

ただ、自分の作ったものを親方が、弟子親方（神谷政夫）が直しといてくれる。「こうでなきゃあかん」って。だけど、自分せっかくやったものを直されるも、あんまり正直言って気持ちいいもんじゃないよなあ、わかっとっても。「少しでもなおされんような品物が作りたかった」ってことは言える。まあ、きっと、誰も、職人なんかみんな言っとると思うわな。はい……。だもんで、まあ、「それー、ああ、ええな」ってっても、他の人にも「上手に出来たな」って言われると、「あ、良かったね」という考えだわね。

それより、まあ、ないじゃない。自己満足は十人十色。見る人があるで……。職人になった者は……、芸術家というのか、そういう人方も、うん。「この歳でも、まだ自分が満足なのはなかなかできんもんね」。これはいいなんてものは五〇年もやっとって……、五〇年ばかやない、六〇年になるか……。うん、まあ、いくつもないんじゃないかな。うん。みんな……、職人さん、みんなそう思っとるよ、まず。うん。我々の年代は……。

正男は鬼金で様々な苦労、努力、工夫を重ねながら鬼瓦の技術を鍛えていき、鬼師になっていったのである。鬼金では弟子親方である師匠の神谷政夫と巡り会い、以来なんと政夫がこの世を去る（昭和五三年頃）まで、交流が続いたのであった。その師である政夫が常日頃鬼瓦を作る際に言っていた事を正男から話してもらった。

「勢いのいいものを作れ」と、それの一言だね。うん。あとは、あのー、えー、あまりごちゃごちゃせんで、ほんだもんで、今言った、下で見て、いくらきれいに作っても、あの、大きさによって、何間《なんけん》くらいの高さに上がっていくかわかるでしょう。だから、このくらいの、何十度、「四五度くらいのところから見た時に勢いのあるものを作れ」と。だから、「自分の作った鬼は見に行け」、……と。

ただ最後の「自分の作った鬼は見に行け」は職人にとっては難しい条件で、ほとんど見に行く機会はないという。理由は明快で、職人にどこの鬼を作っているのか、また出来上がってどこにその鬼が行き、どこの屋根に載っているのか親方が教えてくれないからだという。正男は後に独立して、自ら親方になった時、初めて最後の教えを実行することになる。

鬼金での職人生活は昭和四二年六月一〇日まで続いた。鬼金には昭和三〇年六月一日に入っているので、約一二年間神谷政夫から鬼の指導を受けたことになる。正男は次に丸市へ移った。当時栄えていた他の鬼板屋である。この丸市には昭和四八年七月一日まで職人として働いている。ほぼ六年間にわたっている。鬼金から丸市に移った理由は働いていた鬼金の工場の変容が大きい。もともと正男が鬼金へ入った頃、鬼金は鬼板屋と瓦屋が併設された工場であった。既に述べているように、鬼瓦職人と瓦職人が別々の棟の工場で仕事をしていた。ところが徐々に鬼瓦と瓦の生産の均衡が壊れていったのである。

鬼金さん（金作）は叩き上げの鬼板師だけども、直之さん（二代目鬼金）って人は戦争終わって……、ほんで帰っておいでてやられたもんで。ほんだもんで、鬼というのはあまり実績がねえだ。うん。だもんですから、かれこれ二六年か経ったら……。ほだもんで、終戦二〇年だもんで……、なかなかね、うん。その、こういうことから、瓦が忙しかったもんですから、瓦の方へ替わられて……。だからほうすると、どうしても、両方とも上手くいくはずがないもんだから。片っ方、鬼の方……、職人さんもいなかったし。まあ、少なくなっていったわけよね。うん、手薄になっていった。ほんで、私も、あんまりそういう感じだったもんで、弟子親方の神谷さんが、丸市さんは鬼一本で動いたもんだ、ほれで、そちらへ誘われて。ほれから何年か経ってから、私の方へ、やれ、「手伝いに来い」と。そう言われて行ったんですよね。

　鬼金での生産体制が世代交代に伴って、金作の「鬼瓦」から直之の「瓦」へと比重が移っていったのである。それに伴って、職人が他の鬼板屋へ移るという流れが出てきたのである。まず、なんと正男の師である神谷政夫が丸市という鬼板屋へ移り、暫《しばら》くして、政夫は弟子の正男を丸市へ呼び寄せたのであった。しかも、丸市でも鬼金と同じように師の神谷政夫と同じ棟の仕事場で並んで鬼を作ることになったのである。おそらく政夫が丸市の親方である加藤晴一とこの件について掛け合ったことは間違いない。

「何十坪もあるのを一人で使いきれんで」っていうことで、「良かったら大将も来てくれ」って。ほれで、だもんだで、伊藤さんいっぺん来て……、いやなら別で……、棟でやってもらうわけで、弟子親方は神谷さんっていうのも聞いておるもんで。ほんだったら、ここで神谷さんが一人でやっとるで、半分空いとるで、ここで自由にやらんかと。「やってくれんか」と言われたもんで……。こっちは別にね、「あっ、いいですよ」って言って。だから、すんなり入れたね、俺は。うん。

　このようにして、いったん途切れた師弟関係が何年かした後、すぐに復活したのであった。ある意味まれな例だと思われる。

まあ、いちおう、神谷さんが先……、出ちゃったもんで、鬼金さんでは、まあ、私は一人前ということで仕事をやってたけども。だから丸市さん行っても、そういうことだけんど。私としては、わからんことが……、聞きやすかったし。「神谷さん、どうやったらええですか」、「もう、ちょっと、どうしたらええな」、と言うと、「こう、こう、こーやってやれや」と向こうも教えやすかったんかな。うん、弟子だもんで、うん。他の職人さん、言ったら、怒っちゃうな。「うるせい」ってって。私は恵まれとったかな。

当時（昭和四〇年代）丸市を仕切っていた親方は初代の加藤晴一であった（三二一～六頁）。その晴一の元で職人として働いた一人が伊藤正男である。晴一のことを直接知っている丸市の職人として正男の話は、晴一という人物を浮き上がらせてくれるのであった。二〇〇七年以前に丸市についてまとめていた頃は加藤晴一について知っている職人を見つけることがなかったので、正男の話は貴重である。

丸市さんはねー、あのー、親父さんの方（加藤晴一）はねー、よー、仕事場もたまに来て、「こうやるとええで」って、まあ、弟子親方おるもんで……、神谷さんおるもんで、おる前じゃ言わんかったけど。

大将、たまに入ってくると、「どうかなー」と。「まあ、これでいいけども、俺はここはこうしたいな」といった事は言わした。まあー、流儀が違うもんで。

やっぱりねー、大将自体の腕が良かった。うん。あのー、元彦君（二代目丸市）の父親のね。どこの親方もだけど……、やっぱり頑固だったね。頑固って言っても、なかなか妥協しないというのかな。ただ私たちはいちおう職人として来とるもんで、ボロクソまで言わへんよ。だけど今言ったように、やっぱり……、腕のええ人だもんで、我々はまだ若いもんで、若造じゃん。そうすると、「俺、ちょっとここの辺、こーするとええと思うけど……、自分どうだよ」と。絶対、「こーせよ」とは言わへん。我々もいちおう職人としておるもんだで、それに、「あかん」って言ったら怒って止めちゃうのわかっとるもんで。そういうことは二、三言われたな。

そこで褒《ほ》められたのは、「伊藤、自分はシビがええ」と。「シビ」って彫ると言うこと。「自分、これ伸ばせ」って言われたのが、あのー、丸市さんの親父さんやったな。うん。

しかし、正男は六年後の昭和四八年に丸市を辞めている。正男が三六歳の時のことであった。正男はこの時、伊藤鬼瓦店として正式に独立して、親方になったのである。興味深いことに、この時もまた父親の伊藤末吉が息子である正男に大きく関与しているのであった。末吉が鬼瓦の為の仕事場を作る土地を持っていたこと。さらにそれ以上に重要なことは、末吉がもともと瓦の道具ものを作っていた関係上、鬼金の他にも取引先があったことがあげられる。鍋順瓦工業である。この社長が「鬼瓦を作れば製品を引き受ける」と正男に声をかけて来たのであった。当然のことながら正男は師の神谷政夫に相談し、諾《だく》を得て、伊藤鬼瓦店が誕生したのであった。既に末吉本人は昭和四〇年には他界しており、末吉は有形無形の遺産を正男に残していたことになる。

神谷さん、ここへよくおいでて、神谷さんに、「親父さんの関係の鍋順さんかな、全部やってけよと、俺一軒でやってけ」と言わせるけど、どうかなと言ったら、「うん、それはいいことだ」と。「職人……、ええけども、俺は一生職人だけど、自分でいいように……」。「自分とこの土地もあるし、やれるならやらんか」と言って。それで、「やれ」って言ってくれたもんで、やっただけどね。

そして、鍋順瓦工業と伊藤末吉との関係が、正男が職人から独立し、鬼板屋の親方になる直接の原因となったことは次の正男の話から明らかになったのである。

図４　神谷政夫（左）　伊藤鬼瓦店にて鬼瓦製作中

鍋順さんの先代というのかな……。親父さん。うちの親父との……、知り合いであったもんで……。瓦の時の……。そこの難しい物。手作りの物を、うちの親父がよっぽど頼まれてやっとったけどね。ほだもんで、うちの親父はどうも瓦師としては腕が良かったらしいね。うん、手先がようないと、そうでないとやれないね。鬼は作ってなかった。

で、私が……、鬼をやっとるということを聞かれて……。ほれでわかるんで、「うちの仕事をやってくれんか」と。ほれで、今でこそ……、鬼でも、専門でやっとるでしょう……。「前は瓦屋さんが自分でやっとった。全部」。うん。だもんですから、私は、あのー、作ったものを即、鍋順さんの工場へ持って行って、それで鍋順さんが焼いて、販売しとらしたでね。今はもう……、システムというか、変わっちゃったもんで……、やっぱり専門になってきちゃったかな、うん。

このように正男は父、末吉に誘《いざな》われるかのように鬼金の門を潜《くぐ》り、鬼師となった。さらに末吉から肩を押されるようにして鬼板屋の親方となり、伊藤鬼瓦店が誕生したのである。また正男は師に恵まれていた。なんと正男が親方として独立した後も師である神谷政夫は正男の元へ駆けつけてくれたのである。

私はやって（独立して）、ほやけんど、忙しいもんで……。そしたら、ちょうどその頃に、神谷さんも、「まー、えらいで」って言って引退する。辞められたもんで、ほれでも、それ聞いたもんで、

「神谷さん、俺やっとるけど、手がまわやへんで、ちょっと手伝ってくれんか」って。そう言って、あのー、鬼をちいと作ってもらった。だもんで、私はずっと……、神谷さんが亡くなるまで世話なっとったな。うん（図4）。

❖——伊藤秀樹　［伊藤鬼瓦店二代目］

伊藤鬼瓦店二代目が長男の伊藤秀樹である。昭和四三年一月一〇日生まれで現在伊藤鬼瓦の中心となって鬼瓦を作っている。秀樹は記憶の中にある子供の頃の伊藤鬼瓦の話を次のように語っている。

物心着いた時からですよね。こんな感じでずっとやってますね。ま、半分、遊び場がこの工場の中というか。そうですね。ほとんど変わってないので。そんな感じですね。親父もお袋も、あのー、二人で仕事やってましたので。もう、学校行って、帰ってくれば必ず工場は入るみたいな感じでしたね。

秀樹は岡崎にある愛産大三河高校へ進んでいる。その頃の伊藤鬼瓦に関連する話をしてくれた。

その頃までは……、自分は家《うち》を継ぐのかなとか……。若い頃ですからね、そういう意識はしていなかったです。

ま、今、今日も、お話聞かれたと思うんですけど、現状鬼瓦はね、ほとんど出ないような状況なので……。でも、中学ぐらいから、夏休みとか、長期の休みとかあると、家でアルバイトはしてましたかね。簡単なものですけど。プレスものだったり、もっと小さなものですとか。仕事の手伝いや配達のお手伝いとか。ごそごそは。

ですからそんな流れで卒業して、高校は行ったぐらいから、「家《うち》でやるようになるのかな」と自分は多少なりとは……。やはり就職活動する同級生もおりますし、そういう流れで……。「これからは自分の家でやるのかなー」と思いましたけど。

まー、どっか考えていたとは思いますけどね。もう高校三年の頃からですかね。まー、「家でやらしてもらえないか」ということを言いましたけど。

「やる気ならやれ」っていうことですかね。「それじゃ、お願いします」ということです。

秀樹はこのような流れで、自ら伊藤鬼瓦へ入っていったのである。やはり両親が目の前で働く姿を見て育ったことが大きく影響しているように思える。秀樹は他の鬼板屋へ修業に出されることはなく、鬼瓦の修業は父親である正男のもとで始まった。つまり父親の正男が親方であり師匠であった。そしてすぐに仕事場で技術の伝承が開始されたのである。

わからないことを聞いたり、ある程度は見て。手取り足取りという職業ではないんで。「ある程度は見て覚える」という。「どうしようもなく困ると聞く」という、そういう感じですねよね。ある意味、一種、職人の世界なので。

図5　伊藤正男（左）と伊藤秀樹（右）（平成４年頃（1992）　伊藤鬼瓦工場内）

ある程度、親父が元気だった時は、親父が大きな物を手作りで作って、僕はそれの小さな物とか、補助に付いてとか、やはり製品が大きくなると一人では動かせなくなるような大きさになってくるので、補助で付いて、その時に見て覚えるというか、そういうことですね。

まあ、でも僕が入った頃くらいから、お袋、もともと身体《からだ》があまり強くないものですから。多少動けると来るみたいな感じになっていましたね。実質二人ですね（図5）。

ここで秀樹が取った具体的な「見て覚える」の実践の仕方を是非教えて欲しいと聞いてみた。秀樹は次のように答えるのであった。

説明のしようがないんですよね、これが。それも製品によってそれぞれやり方が違うので。磨く方向から磨き方から。

そうですね。ほとんど磨き方とか、あーいうのも、他のものもそうですけど、ある意味、「感覚の世界」なんですよね。力入れすぎればつぶれちゃいますし、粘土も柔らかいのですから。その、どうやって覚えたかというと、「見て、自分でやって、製品になって初めて成功したのかな」って、そういう、ある意味、曖昧な世界だと思うんですけど。完全に感覚の世界ですね（図6〜8）。

つまり、その都度、その都度、製品を作っていく過程で、身体で覚えていく。または「出来た」という感覚を積み重ねていく。しかも「出

図６　ビン付菊水吹流し（伊藤正男作　1993年）

図７　鯱（伊藤正男作　1996年）

図８　鬼面数珠掛け荒目足付（伊藤正男作）

来た」という感覚が毎回、その都度、その都度、異なって現れる世界である。

そうですね。同じ製品、たとえばここに（インタビューをしている工場の中）この同じもの（経ノ巻という鬼瓦）が数ありますけど、その、これを磨くのにしても最初のと最後の粘土の堅さも違うので、また力の掛け具合も違ってきますし。ですから、感覚ですね。仕上げの仕方というのは（図9）。

次に高校を卒業して、親方のもとで働き始めて、いつ頃にある程度納得のいく物が出来はじめたのかとたずねてみた。回答は興味深いものだった。

それもね、難しいんですよね。未だにちょっときれいじゃないなと思うような仕上げもありますし、たぶん、親父もあの歳になっても持ってると思いますけど。納得した一つのものを作るというのは、職人の世界だと、それに近づけようという努力はあると思うんですけど、きっとこれが一〇〇だというのはたぶんどの職業の職人さんに聞いてもないんじゃないですか。

僕の考えですけど、「製品や相手、お客様の屋根に乗って、お客様が決めることじゃないですか」。そう思いますよ。初めて屋根に上がって製品なので。最終形態になるので。ですから鬼瓦によっては下で屋根に上げる前に下で見られる方も多いですよね。「こういうのが出来ました」って。すごく特殊なものになると。それを屋根に載せて下から見た時に、また印象が変わってくるんですよね。ものすごく細かい細工をして、下で一m、二mで見るときれいですが、上に上げると細かいのが見えないので、逆に荒い方が良かったとか。

ほんとに上がった時点のお客様が「これはいい」って思っていただければ一〇〇点とまではいかずも……。多分、物作りの職人さんは同じ事を言われると思うんですけど、みんな。そんな感覚ですよね。「ただ、作る方はもう満足はなかなかしないんじゃないですか」（図10）。

技術を高める工夫は当然のことながら日々要求される世界である。秀樹にこの事について聞くとさらにおもしろい話が返ってきた。鬼師の技術修得の基本は「見て覚える」である。これは別の言い方をすると「見て盗む」ことを意味する。それ故に鬼師の間では独特な慣習ないし動きが発生する。

やっぱり、同業者のとこに行った時に変わったような製品を作ってると、「ここ、こんな風にしてるんだー」とか、変な話かも知らんけど、仲のいいとこに行っても、「ちょっと覗かして」って、のぞかしてもらったり。なかなか覗かしてもらえないとこが多いんですけど……。

また「聞くこと」も重要な技術向上の手段になっている。実際、鬼師は正男もしばしば言っていたように、「手にとって教えることはな

図９　伊藤鬼瓦工場内と経ノ巻の行列

図10　鬼瓦製作中の伊藤秀樹（2015年）

い」のだが、「こうせよ、ああせよ」と適切な言葉による指示は行われる。秀樹も次のように話している。

お互い情報交換できる仲のいい同業者とかならね。それこそ「こういう風になったんやけど、どうしたらいい」とか。先輩方、ほとんど先輩方なので僕より。仲のいいとことかは「こうしたらいいんじゃない」とか教えてくれたり、「あー、じゃあ、そうしてみるかー」とか。「それを聞いて、やって、初めて少しずつこう変わっていく」のかなと思いますけど……。

秀樹の師匠は父親である正男であるが、他にも師というか、強いつながりのある人がいるのかたずねてみた。

うちはね、親父の代からお世話になっている今の春日（高浜市春日町）にあるシノダ鬼瓦さん。わからないことがあった時には……。親父は若い頃から仲良かったですよ。その関係もあって、いろいろ僕より先輩なので、僕の方から相談して聞いてもらって……。

親父さん（篠田勝久）はね、……宮本君（二代目シノダ鬼瓦宮本恭《やす》志《し》）は僕より五つくらい上だったかな。逆にそういうとこでないと。やっぱり他の取引のないような手作り屋さんは、同業者を嫌うんですよね。やっぱり、あの……、「盗まれる」というか。先程話したように、職人さんみんなそうだと思うんですけど。要は、いい方が悪くなっちゃうかも知れないんですけど、全てが商売敵なんですよね。昔は景気がいい頃は「仕事取って」、「取られた」というのが多かったみたいですけど。ですから、よほど気の許せる相手のところで聞くしか、逆に教えていただけない。もう、篠田さんは僕が若い頃からお世話になっているので……。

最後に秀樹は工夫の一つとして鬼を作る原材料である粘土の質の変化への対策を上げた。時代の変化（環境破壊、環境汚染、都市化、産業化）を直に受ける業種が瓦業界である。その影響が直に反映する原材料の粘土の問題は現場と直結しているのである。

粘土がどんどん悪くなってきているので、それに合わせた仕上げをしないといけないんですよね。昔の純粋粘土のように品質がいいような状態だとなかなか傷の出なかった製品も、どうしてもどんどん粘土自体の品質が落ちているので、傷も出やすくなるんですよ。だからそれを気をつけるっていうような感じですよね。

粘土屋さんからそういう情報も入って来ますし、まず僕ら「粘土の起こし」って言うんですけど、起こしてる時、仕上げをしてる時が一番わかりますね。

僕が入ってから（昭和六一年）でもずいぶん粘土の質が落ちてるので、きっと親父たちがやっとった時の粘土と比べると、ずいぶん品質は落ちてると思いますね。常滑で多少いいのがとれるような話も聞きますけど、そうすると単価が高くなっちゃうんですよね。粘土がたとえば倍の値段でいい粘土が出ても、製品に倍の値段に変えれるかと言ったら、そういう業界ではないので、嫌らしい話、金額的なものがどうしても掛かってくるので……。

ですから、その粘土に合わせた作り方というか、厚くしたり、薄くしたり、そういうとこに気を遣《つか》いますよね。傷が出たり、箆の減りも早いですし、まあ、そういうとこ気をつけるくらいですね。あとは一つ一つ丁寧に起こして、丁寧に仕上げるとこぐらいですかね。

◈——伊藤豊寿　［伊藤鬼瓦店二代目の弟］

秀樹には弟がおり、同じ工場で仕事をしている。秀樹にインタビューをしている時も、いきなり戸ががらがらと開いて入ってきて仕事を始めたのが豊寿《とよかず》であった。兄の秀樹とは四歳離れており、昭和四六年に生まれている。高校を卒業して、鉄工場や釣具屋で働いた後、二一歳になって伊藤鬼瓦店に舞いもどる形で入っている。やはり兄と同じように小さい頃から家業である鬼板屋を手伝ってきている。

中学、高校、まあ、夏休みとか、プレスをやってましたね。なんだかんだやっていた。小学校の時から配達について行ったりしてましたね。

豊寿は二一歳から働き始めると、仕事場ではプレス機械による鬼瓦の生産を任され、その中心となって今日に至っている。プレスの使い方は兄の秀樹から習ったという。ところが仕事量が、伊藤鬼瓦に入った当時から比べると半分以下に落ち込んでいる大きな変化に対応して、現在は鬼瓦の型を起こす仕事が中心になってきているのであった。また仕事量の減少に伴って、鬼の種類が限定されてきているのが現状だという。型を起こす上でいつも気をつけていることを話してく

図11　型起こし作業中の伊藤豊寿（2015年）

れた。

型がよう割れるんですよね。湿っちゃうと、ちょっと力を入れるだけでピシッと入っちゃうもんで、傷が。型が割れちゃうんですよね。それを気をつけてはやってますね。

単純に乾いとればある程度力を入れても大丈夫なんですよ。湿ってくると、ちょっとした力でも、割れちゃったりしますけどね。最後の一歩で、「これで終わりだー」って時に限って割れるんですよ（図11）。

ここでも兄の秀樹が言う「感覚の世界」が顔を覗かしていることがわかる。力加減という独特な感覚が物を言うのである。

まとめ

手作りの白地屋として八軒目に当たる伊藤鬼瓦店の三代にわたる流れを追ってきた。完成してみて改めて振り返ってみたい。確かに伊藤鬼瓦店は伊藤正男によって鬼板屋として起業され、正男は丸市の職人から独立し、親方になっている。しかし、伊藤鬼瓦店の始まりを作ったのは正男の父、伊藤末吉であることは明白である。しかも、ただ単に正男を漁師から鬼師へと誘《いざな》っただけではなかった。正男が小僧から初めて独立した鬼師になっていった鬼金での一二年間、さらに丸市に移って鬼瓦職人として働いた六年間を通じて実力をつけていた頃、親方になって鬼板屋を起こす原動力になったのも末吉であった。末吉が創り上げていた人脈が息子の正男にとってのかけがえのない財産となっていたのである。

もう一つの特徴が伊藤鬼瓦店の背後にあるもう一人の人物である。神谷政夫の存在である。鬼金で正男を小僧から鬼師へと育て上げたのは神谷政夫である。一二年間鬼金の同じ工場で並んで仕事をしている。政夫は鬼金を先に去り、別の鬼板屋である丸市に移る。しかし暫くして政夫は弟子の正男を丸市へ呼び寄せ、丸市でさらに六年間一緒に仕事をしたのである。ここまででも異常なのであるが、師の神谷政夫は弟子の伊藤正男の独立を支持し、親方になった正男の元に駆けつけ、さらに数年手伝った後、暫くしてこの世を去っている。

もちろん正男は伊藤末吉や神谷政夫以外にもたくさんの人たちに助けられ、支えられて、今の伊藤鬼瓦店を盛り立ててきた。しかし、この二人の存在なしには鬼師としての伊藤正男は存在せず、伊藤鬼瓦店もなかったことは事実である。伊藤鬼瓦店の物語は鬼師の伝統を支える人と人との強い絆の存在を事実として示していると言えよう。

注

［1］　白地の鬼瓦（手作り）の調査は二〇一五年の伊藤鬼瓦店を最後に完成している。しかし、『鬼師の世界』では時系列順に発表してきた成果を、鬼板屋の各系列順にグループ分けをして構成した関係で、最後に発表した伊藤鬼瓦店が、シノダ鬼瓦と石英を飛び越えて記載されている。それ故、二〇章の書き出しの文章は若干のズレが生じている。

〔21〕鬼仙系――シノダ鬼瓦

『鬼師の世界』は白地（鬼瓦：窯で焼く前の段階）といわれる鬼瓦を製作する鬼板屋の調査研究に入っている。すでに白地の鬼板屋として地歩を築いているカネコ鬼瓦について考察した。神仲という鬼板屋で修業を積み、親方の神谷仲次郎、筆頭職人の杉浦民一より神仲流の鬼瓦の流儀を受け継ぎ、独立後、深谷定男と協力して、フカヤ産業でプレス機械による鬼瓦製作の開発に取り組んだのが兼子武雄であった。のちにフカヤ産業から独立して、昭和五八年（一九八三）にカネコ鬼瓦を興している（四九三〜五頁）。

このカネコ鬼瓦の事例が示しているように、白地の鬼板屋は黒地（鬼瓦：窯で焼いた後の段階）の鬼板屋から派生してきていることがわかる。黒地の鬼板屋に小僧として入り、一〇年近く修業をしながら働き、やがて独立の気概と確かな技術を持つようになった職人が親方から離れ、新しい鬼板屋を興すのである。その場合、通常は窯を持たない白地の状態の鬼瓦を作る鬼板屋になる。そういった鬼板屋を白地屋と呼んでいる。カネコ鬼瓦と伊藤鬼瓦店そして鬼英に加えて、さらにシノダ鬼瓦を考察することによって、白地の鬼瓦を製作する白地屋の様子がより一層見えてくるはずである。

シノダ鬼瓦へは平成一二年と平成二四年にそれぞれ集中して調査を行った。その二つの調査を挟んで、時間にしてほぼ一二年の歳月が流れている。この間にシノダ鬼瓦では世代交代という大きな変化を現実にもたらしていた。幸いにして初代の篠田勝久はまだ健在であるが、今は仕事場にはほとんど出ていない。しかし、今回私のためにわざわざ自宅から仕事場にまで駆けつけてくれ、インタビューに応じてもらうことができ、事実前回は聞くことができなかったさまざまな貴重な話をうかがうことができたのである。

シノダ鬼瓦

◇――篠田勝久　［シノダ鬼瓦初代］

シノダ鬼瓦を興したのが、初代にあたる篠田勝久である。昭和一二年八月二九日に生まれている。両親はコンロ屋をやっていた。勝久の家の家計は苦しく、勝久本人の言葉を借りると「貧乏のどん底」にあったという。四人兄弟の三男坊で、小学生の頃にはすでに両親の仕事の手伝いをしていた。「学校もろくに行かんでねー」と自ら語っている。事実家計は本当に逼迫《ひっぱく》していたらしい。

まあ、とにかく生活やってけないもんだい、中学を僕は一、二年生から昼から、あのー、学校、行けれんだっただ。お金がなくてねー。

勝久は中学校一年まで手伝いとしてコンロを作り、中学二年になると、ほとんどまともには学校へは行かず、代わりに鬼長という黒地の鬼板屋へ昼から仕事に通い始めている。鬼長へ長くいくようになったきっかけが面白い。

あのー、（鬼長へ）かよっとるときにね。浅井長之助さだなー、俺の親方だ。そこの（鬼長）、あのー、裏に、こう飾ってあるだわな、鍾馗さんだとか、そういう作ったものが……。

そいつを見てからねえ。「あーんなものでかしてえなあー」と思ってねえ……。

まあ、「これだー」と思って。土が好きだったもんでー。

勝久が中学二年生の時に鬼長の門をくぐり、小僧として鬼板屋で働き始めたのであった。その当時、小僧も含めて一〇人ぐらいの職人が鬼長で働いていたという。

昔でいう、うん、あー、今でいうと小僧だなあ。ほいでー、まあ、自分で言っちゃいかんけど、案外、あのー、あの、自信があったもんだあ。ほいだもんで（笑）、あのー、いいもんやらしてもらったもんだいねえ。

勝久は最初、鬼長へ小僧として働いていたころ、鬼長の家の裏に置いてあった長之助の作った鬼瓦や鍾馗などの作品を見て、なんと胸の高鳴りを覚えたのである。この純粋な感動が、鬼師への道の始まりであった。何か知らない、心に響くものが勝久の胸の奥に存在していた。その後、小僧として仕事を続けていくうちに、勝久はその才能を開花し始め、急速に実力をつけて行ったのである。

結局、「腕の競争」だもんだ。あの、腕のええ人がええもんやる。やらしてもらえるもんだ。それで励みになる。だで、そんなん、すぐやめる子もおるしねえ。それに、「居残り合戦」だな。

それから、まあ、あのー、（腕の悪いものは）安いやつしかやらしてもらえん。今でもそうだよ。今でもねえ。その、もの（鬼瓦）によって、ものすごい差があるんだな。

腕が悪いと、やらされんもんな。そうだで、「努力ってんじゃなく、筋があるよ」。たとえ鬼板屋に生まれても、全然いかんひともある。それに、学問とはちょっと違うものがあるからよ。

勝久がいみじくも述べているように、鬼師になるには生き残りをかける厳しい競争にさらされることがわかる。しかもそれは当人の努力だけでは対応しきれない天性の資質がものをいう世界である。勝久が鬼長の裏で見た長之助の作った鬼瓦に過敏に反応したことは、勝久自身にその資質があったことを明示しているといえよう。勝久は自分の人生を振り返り、次のように言っている。鬼長の仕事場に入ってきたのが総勢三〇人ほどいたが、そのうち、手作りの職人となったのはわずかに一人か二人だという。いかに厳しい世界かがこの話からも見えてくる。

　三〇人ぐらいねえ、俺を入れて鬼長におったけど、手作りで残るのは、一人か二人だったなあ。それで、みんなサラリーマンになっとるよ。

　ほとんどの人が当時（昭和二〇年半ばごろ）中学一、二年の頃に、鬼板屋に入っていた。現在は高校または大学を卒業してから、鬼師を目指すのが普通になってきている。それと比べると今と昔の違いがよくわかる。

　そりゃー、あの、みんな一、二年生からだ。あの、卒業してからやるって人は少なかったなあ。

　勝久によると、小僧として鬼板屋に入ると、まず石膏型から鬼瓦を起こし、へらをかけて仕上がるようになることが目標になるという。そして型を作れるようになって一人前になる。通常は、最低四年はかかるという。その後は、他の現物の鬼瓦や、写真などを見て、自分で図面が引けて、図面を見ながら鬼瓦が作れるようになることが目標だという。この段階に達するにはふつう一〇年はかかると言われる。しかし、早い人は早いらしい。勝久は次のように述べている。

　それでも差がすごいあるよ。二、三年で、下手すると先輩よりうまくなっちゃう人もあるし。そりゃー、素質があるよ。

　あのー、やらしてみな、わからん。

　勝久は鬼長に入り、親方の初代鬼長にあたる浅井長之助のもとで、鬼瓦の修業を始めた。師匠が誰だったのか知りたかったので聞いてみた。

　わしゃ、師匠っていって、全然……。まあ、みんなそうだと思うけどね。

　自分でやっていくだな。職人に混じりながら……。見ながら、あの、盗み見たり、技を。盗んで覚えようっていうか……。あるところへ、うんじゃ……、そうそう、いちいち、こう、見に来たり……。

　ま、ねえ、宮本君（弟子）にもそうやって言うけど、もの、取るように。

　物を取るように……。もの見てねえ。でー、ものを見て、自分で

図1　鬼瓦を製作中の鬼長時代の篠田勝久

勉強するだ。

勝久の場合、あえて師匠といえば、浅井長之助になるわけだが、自ら、ほかの同じ仕事場にいた仲間の職人たちの仕事を見ながら、学んでいったことになる。勝久には何度か同じような質問をして、いろいろな機会に誰から鬼瓦の技術を修得したのか、先生にあたる人はいるのかと聞いたのだが、具体的な名前は親方を含めて一人として挙がらなかった。「見て盗む」がほかの職人から一人で学んでいく方法であった。それが勝久から返ってきた答えであった。勝久は鬼瓦を学んでいった様子を実際に話している。

最初は、そりゃー、石膏型の、二、三年は、「こいつやれ」、「あいつやれ」で、やるだけのことであって……。あとは注文で覚えていくだな。

ほいで、あのー、腕のいい人は、その親方で一人しか、芸人（名人）にはなれんねー。やっぱり。ほいだもんで、競争だわな、職人同士。ほいで、ええ名技だと、ええもんやらしてくれる。と、これ、お金はいい。でしょ。

ほうすると、いい方尽くしになる。金はもうかる。腕は上がってく。ほいで独立できるんだわな（図1）。

この話の中に、なぜ一つの鬼板屋の中にいる職人たちが、自然に淘汰されていき、年月を経て一人か二人の名人が誕生するさまが語られている。こうなると、作ることは職人に任せ、親方は材料の粘土を準備し、出来上がった白地の鬼瓦を焼く窯焚きと、配達、外交に専念することになる（一九六～八頁）。では名人になれなかったほかの職人たちはどうなるのであろうか。勝久は自分の体験から次のようになるという。

おれんとこで（鬼長）、一緒に何十人もやったけど、ほとんど機械（プレス機械による鬼瓦製作）に走っちゃとるもんね。プレスにね。ほんでー、残っとるは関係者（鬼板屋の家族の人）と俺ぐらいだわな。鬼長さんの中ではな。まあ、二、三人おるけど、サラリーマンやら、ほかあと、機械プレス等になっとるね。

ほいだで金儲けた人は、こう、プレスの人。今はいかんわなあ。資本もいるもんね。

カネコ鬼瓦で見てきたように、昭和三〇年代末から四〇年代、五〇年代にかけて、三州では多くのプレス機械による鬼瓦の生産が盛んになってきた（四八九～九五頁）。確かに、戦後、アメリカの大量生産方式が日本に伝わり、大量生産、大量消費、大量流通の流れが、日本社会に広がっていった。こういった影響を受けて、プレス機械による鬼瓦の生産が急速に増えて行ったのは事実である。ところが、勝久が言うように、鬼板屋の内部の職人たちにあった、職人間の激しい競争もプレス機械生産へ職人が流れる原因になっていたことが見えてくる。手作りの鬼師として生き残れるのはわずかだったのである。勝久はなんと自らの身内を例に職人の世界の厳しさを物語っている。

ほだけどねえ、僕もねえ、弟も、兄も、やったんだよ、鬼板を。ほだけど、俺にはかなわなかったもんで、ほいでー、やめたけんなあ。

うん。「やっぱりねえ、悔しくてやめるよ」。

兄弟なら協力して助け合って仕事をすると、普通、人道的に考えてしまいがちだが、鬼師の世界は実力がすべてなのであった。

（兄弟でも）差がつく。全然、向く人と、向かん人が……。

ほやあ、私なんかねえ、ほかのことは全然だめだよ。機械なんか。ただ土持つと、あんねえ、図面さえあやあ……、何でも、まあできるように……。

ほだけえ、人間の顔てやあ、難しいねえ。ほれし、動物……、な。

ほやねえ、ものすごいですよ。もう、ええ人と悪い人たあ、ものすごい違う。どんなに頑張っても全然ダメ。

逆に勝久が鬼長へ入ったころ、親方の浅井長之助のほかに誰か名人といわれる中心的な職人がいなかったのかと聞いてみた。

まあ、一人おらしたけど、まあ、死んじゃやした。あのー、大提灯があるとこ。あのー、何ていうとこだあ、あのー、碧南の方になあ……、その人が、……。もう上手《うま》かった。

あやーねえ、「誠一さん」ってってねえ。名前、知らんだけんなあ。忘れちゃった。ほの人、上手かったよ。「右と左とねえ、へら、両刀でやれるもんねえ」。

このように、勝久がよく覚えている腕のいい職人は「誠一」というひとであった。彼との交わりは語っていない。とにかく「誠一」のような人として生き残るのは大変な競争を勝ち抜いてこなければならないのは明らかで、勝久もそういった世界で生き残ってきた職人であった。それを証明していることが一つある。勝久は旧姓が神谷といい、同じ仕事場（鬼長）で働いていた長之助の妹、浅井ちよ夫婦（篠田平蔵、ちよ）の娘、篠田澄美江と、ちよの兄の長之助（親方）を介して、養子縁組をしてもらい、勝久は神谷勝久から篠田勝久になっている。親方の長之助が勝久の腕の良さを認め、浅井一族の身内としたのである。

まあ、あの頃ねえ、縁故、多かったよ、鬼板……。鬼長さんの、長之助さんの、あの姉妹……の子だなあ。

ここで親方の浅井長之助について述べたい。鬼長へは何度も訪問し、いろいろと主だった関係者に会って話を聞いている。しかし実際に会ったのは五代目、六代目の鬼長であり、結果としては当初の目的であった初代鬼長こと浅井長之助を直接知っている人物はいなかった。あくまでも鬼長に伝わる長之助の伝聞であった（二七七～八〇頁）。これはすでに何度も書いていることであるが、黒地の昔からある、名のある伝統的な鬼板屋は、初代が伝説の人物化しており、直接知っている関係者が極めて少ないのが実情である。勝久の場合、直接、初代鬼長の長之助のもとで鬼瓦の修業をし、さらに長之助の取り持ちで、鬼長の身内にまでなった人物である。それゆえ、初代鬼長、浅井長之助を語るに理想的な人物といえよう。

勝久の物語は戦後から始まる。昭和二五年ごろ、勝久は鬼長に小僧として入っている。その頃、鬼長では後継者問題が起きていた。このあたりの事は、上鬼栄という黒地の鬼板屋を調べていた時に、今は亡き、二代目上鬼栄、神谷知佳次本人から直接聞いている。知佳次は浅井長之助の次男である。昭和一八年（一九四三）に召集を受け、戦地へ行っている。昭和二〇年（一九四五）に高浜へ帰り、鬼長に入っている。それまでは知佳次は鬼師の修業を受けていなかった。理由ははっきりしており、知佳次が名前からも見て取れるように、浅井長之助の次男坊だったからである。それゆえ、召集を受ける前は名古屋市役所の職員をしていた。ところが、長之助の長男である道夫もすでに召集を受けて戦地へ行っていた。しかし、長男の道夫は終戦になっても帰国しなかったのである。事実は着任先の外地で、抑留されていたのであった。しかし戦後の動乱のため、道夫の生死ははっきりせず、鬼長では道夫は絶望視されていたのだ。これを受けて、長之助は次男の知佳次を鬼長の二代目とし、そのための修業を始めさせたことになる。知佳次が二二歳の時の出来事であった。

そうしたところへ、死んだと思われていた道夫が、無事日本へ帰国して鬼長へ戻ってきたのである。いつ帰国したのかは正確な確認はとれなかったが、このことと関連するかのように、次男の知佳次が二四歳（一九四七）の時に鬼長から上鬼栄（別の鬼板屋）へ養子に出されている（二六六～九頁）。その間のことを勝久が語っている。

その息子（道夫）は兵隊いっとって、「ほのひとは、本当は、戦死……してた」という情報がありましてねえ。ほいでー、「弟さん（知佳次）が跡取るつもりだった」けどねえ。

ほいでー、ところが生きて帰ってこいたもんだい、ひともめあったわけなんですよ。ほいだもんだいねえ、ほのー、お観音さん作った人のあとのー、腕のいい人おらんだったもん。

兵隊から帰ってきた人（道夫）が……、出来ないでしょう。道夫さんが、あのー、あのー、ほの人はー、あの、死なしたけえ。殺されへんけどねえ。ほいでねー、親子げんかをようしとってねえ。

このように、道夫は鬼師になる十分な修業を、二代目鬼長になるために受けるタイミングを失ったのであった。運悪く大東亜戦争に巻き込まれて、召集をうけ、さらには抑留という長期にわたる外地での生活を余儀なくされてしまったのである。そういったハンディを負いながら、鬼長の二代目となった道夫は長之助の育てた職人と長之助の残した図面を使いながら、鬼長を守っていったのである。しかし、跡取りの争いがしこりとなり、長之助との関係は修復されることはなかったのである。

話は長之助に戻る。まず勝久による長之助の逸話をここに紹介したい。これによって長之助の人物像がわずかながらも見えてくる。長之助の鬼師の一端を伝える話がある。

道具、土、持っとってねえ、あの、名古屋の東動物園あるでしょう。東山だったかん？ あっこで、土持ってってー、みんな、動物はあっこで、作ったの。見て。

つまり、長之助は動物園に行って、直接目当ての動物を見ながら、「粘土で写生」して、鬼瓦のひな型になるものを作ったことになる。この話は鬼長でも似たような逸話として伝わっている。六代目鬼長の浅井頼代が語っている。

まあ、やはり、作るのが好きでね。動物園行って、もう、じーっと、お弁当持って、動物見て、象なら象をね、一つ見て、自分でデッサンして、家に帰って、それを作って、原型を作ったり。だからそういう原型がいまだに家にありますけどね（二七八～九頁）。

長之助の描いたデッサンは旧鬼長の本宅にたくさんあったが、本宅を現在の建物に新築し、移転した折に処分してしまったと、頼代は述べている。

勝久は長之助の別の話もしている。これも一つの逸話といえよう。長之助の姿がやはり浮き上がってくる話である。

あのー、長之助さんは、ホントに、あの、腕がよかって、観音様でもできる素晴らしい天才だなと思うはなあ。あんな人はおらんよ。

（長之助さんは）良いとこあらへん。よい人はねえ、あのー、よいものはできない。憎ま、憎まれなー。うん、ほんなんねえ、ほやほやしてねえ、おるようじゃあ、もうだめだねえ。

まあ、「今日はわしこれやー」ってって、おそうまでねえ……、えっとー、（夜）九時までやっとたよ。ほいで、「風呂いってきやー」て、窯焚いて。ほいで、焚く。一週間に一回は焚くもんだい。ほいでー、サツマイモも焼いてくれて、「そいつを食ってけやー」っていうて。

また勝久は別の長之助の話に入った。この話はなぜ鬼長が鬼板屋として大きくなって行ったかの一端を物語っている。

あのー、長之助さんが作るんだ、石膏を、型を。僕らは見て……、まだ、そこまで腕は……。何でも作るけんねー、あのー、石膏を。でー、あのー、起こして。

長之助さんは、石膏は最初ですね。石膏型を始めたのが。ほいで、大量生産で……、株とあれで、ほやー、ものすごいよ。

勝久が話しているように、長之助の鬼長は、当時、石膏型をほかの鬼板屋よりもいち早く取り入れて、鬼瓦の大量生産を始めた鬼板屋の一つだった。長之助はそれによって得た利益を、株へ投資していたことになる。現在の鬼長の原型を初代がすでに始めていたことがわかる。

職場はしょっちゅう就いていました。ついてー、ラジオで聴いて、ほいで、（株式を）注文してー、ほいでー、あのー、（お金を）背負ってくるぐらい儲けたってねえ。

長之助は鬼師としての才能だけでなく、株式投資の才能をも持ち合わせていたのである。最後になるが、もう一つ逸話を紹介したい。すでに出てきているが、長之助は鬼長へ多大な遺産を残した。ところがもう一つ長之助が郷里高浜に残した遺産がある。高浜市観音寺境内にある高さ八ｍの美しい姿をした観音像がそれである。陶管製で作られており、この素材による観音像としては日本一といわれている。他にも陶管製の大物をいくつか製作しており、この町の美観に大きな貢献をしている。さて、その長之助の作った観音像についての逸話である。

まあ、お観音さんは、まあ、あのー、あれねえ、「山本富士子」っていう映画俳優の人知って見える？

あの人の顔……、目的で作らした。

つまり、長之助はなんと、観音様のモデルとして、昔から伝わるいろいろな観音像ではなく、長之助が美しいとみなした現代の女優を観音像のモデルとしたのである。観音像と「山本富士子」を重ね合わせたことになる。勝久は話を続けている。

お顔はね。

お観音さんの姿は昔から（伝統的な）あれが、すでにね、あるけんねえ（図2）。

ここで、勝久本人の話に戻りたい。ただこれまでの話からもうかがえるように、シノダ鬼瓦と鬼長のつながりは普通以上に強いものがある。勝久は一三歳の頃、鬼長に入り、鬼瓦の修業に励み、二五歳で鬼長から独立している。これからは勝久の鬼瓦に対する様々な思いを見ていきたい。まず、勝久が腕を上げた理由についてである。

腕はよくねえだあ。

欲が深いだけだわ。欲が深いてことは、ほうだよ、こすいことして、こすいじゃねえ。なんも、むだなとこ、土積まんでもええじゃないですか。今もほうですよ。重い方が弱いですよ、屋根が。僕のは軽いもんだん、かえっていいことしたなあと思った。ほいでねー、あのー、一〇キロ、普通の人が作ると。私だったら六キロくらいでできちゃう。ね、ほいでえ、どえらい額でしょう。

図２　衣浦観音像（初代鬼長　浅井長之助作）

これは鬼長にいた頃、身に付いた勝久の鬼長での生き残りをかけた戦術であった。

ぼくはね、やり方がこすかっただ。結局ね（笑）。厚いとこはねえ、何も土うめんでええもんだい。あのー、こうゆうとこ抜いちゃうんだあ、中をね。外さえよきゃええだもん。ほういうズルさがあったもんねえ。ほうだもんだいねえ、人の三倍か四倍ももうけました。

あのー、道夫さんとしては、あのー、「シノダの鬼板は軽い」ってって。

軽いわけだわなあ、肝心なとこ抜いちゃっとるもん、土を。こう大きな雲やなんか、あんた、鬼板、あんた、えらい重いがねー。ほんでは、爆《は》ぜるでしょう、窯で。ほいでー、親方というものは軽い物を構えてみたいじゃん。私のは軽いじゃん。ほいだと、ますます、あのー、親方、焼く方としては喜ぶじゃん。軽くてきれいで。

ほんだもんだいね、妬《ねた》まれましたわ（周りの職人さんに）。ものすごい。ほいでー、あいつあー、あんなん、親方に、あんなん、いい子になっちゃってってねえ。

とにかく競争でしたからねえ、ああー、昭和の、ああー、一桁周りの頃はねえ。まあ、その、ものすごい激しかったですよ。

勝久は他にも鬼瓦を作るうえで、工夫した話をしてくれた。勝久はいつも効率を考えて、いいなと思ったら新しいことを実行していたのである。勝久の言葉だと、「欲深い」、「こすい」やり方を身につけていったことになる。

うん、ほいで、こう、ひっつけるとこでも、塩をちょっと入れてねえ、水に。ほうすると離れないの。丈夫になる。そういう事をねえ、あのー、工夫したってか……。

ほれはねえ、あのー、ああいう、ああいう時代にねえ、「多少塩分が、土と引っ付きがいい」ってことを聞いたもんだい。こいつを、ほじゃ、鬼瓦に引っ付けて、上に乗せるだけで、普通にスースー、こうやって引っ付けてつくっとるじゃん。

僕は水をしゅーっと塩水をシューってやって、シューとやって、ちょっと抑えときゃ、ほやーね、あの、欲の深い作り方。

情報はねえ、なくてねえ、やっぱり、あのー、新聞とかなんとかでねえ、そういうことをねえ、あのー、陶芸家とか言っとったもんだい。

勝久は「欲の深い作り方」に至るその心について正直に語っている。

要は金もうけしたかっただけ（図3、図4）。

勝久はそのためにいつもいかに早く、無駄なく作るのかの工夫を勘考してやまなかったのである。それが延《ひ》いては自分自身の腕を上げるということにつながっていったことになる。勝久は同じような動機を別の言葉でわかりやすく説明している。動機の強さが即、実力の向上に結び付くことがわかる。その話は「なぜ二代目はだめなのか」という説である。事実、勝久も鬼長でそのことを目の当たりに体験している。

ありゃー、なんでだねー。やっぱり、あのー、芸能界と一緒でな

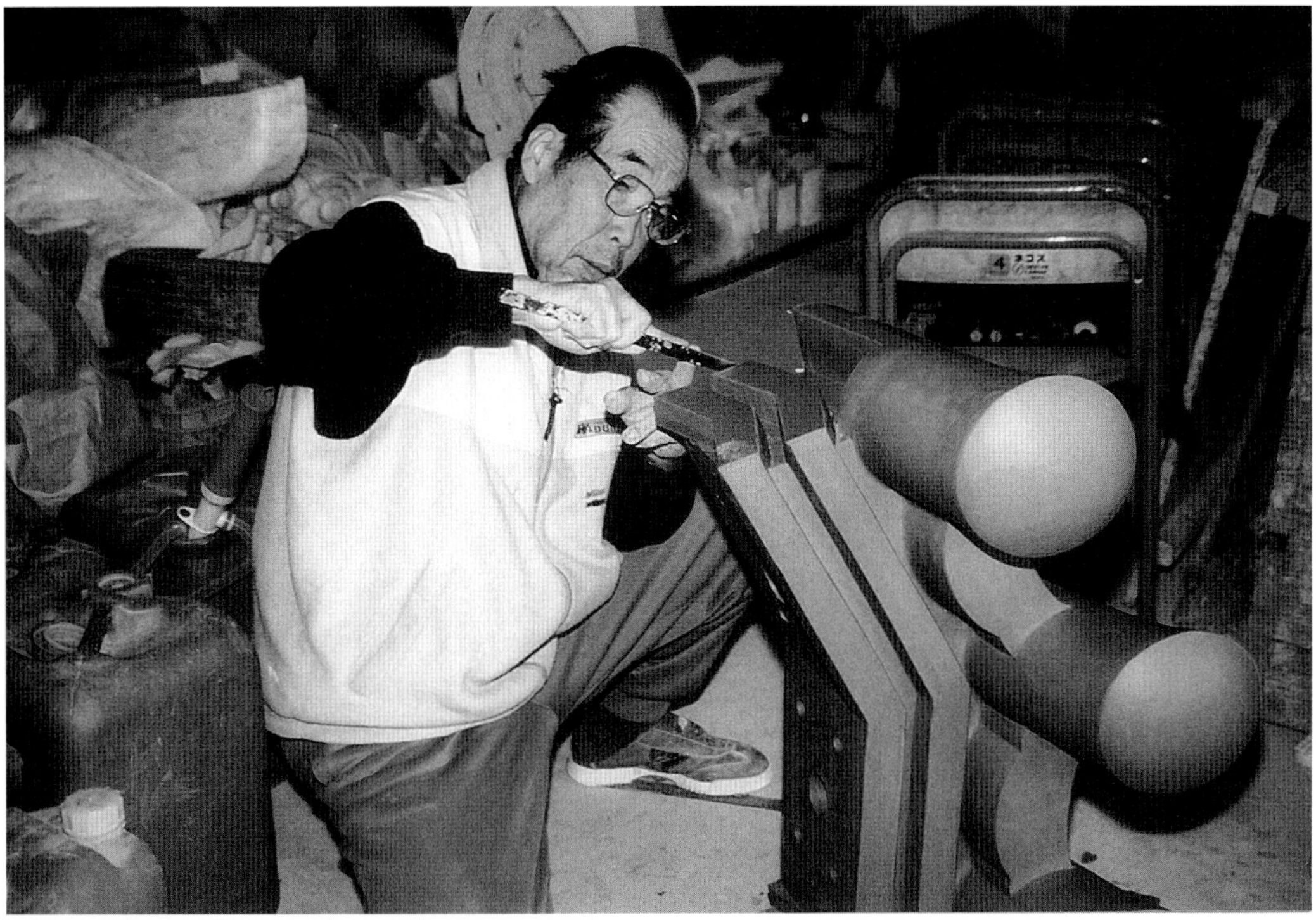

図３　鬼瓦を製作中の篠田勝久 (1)（平成12年１月28日）

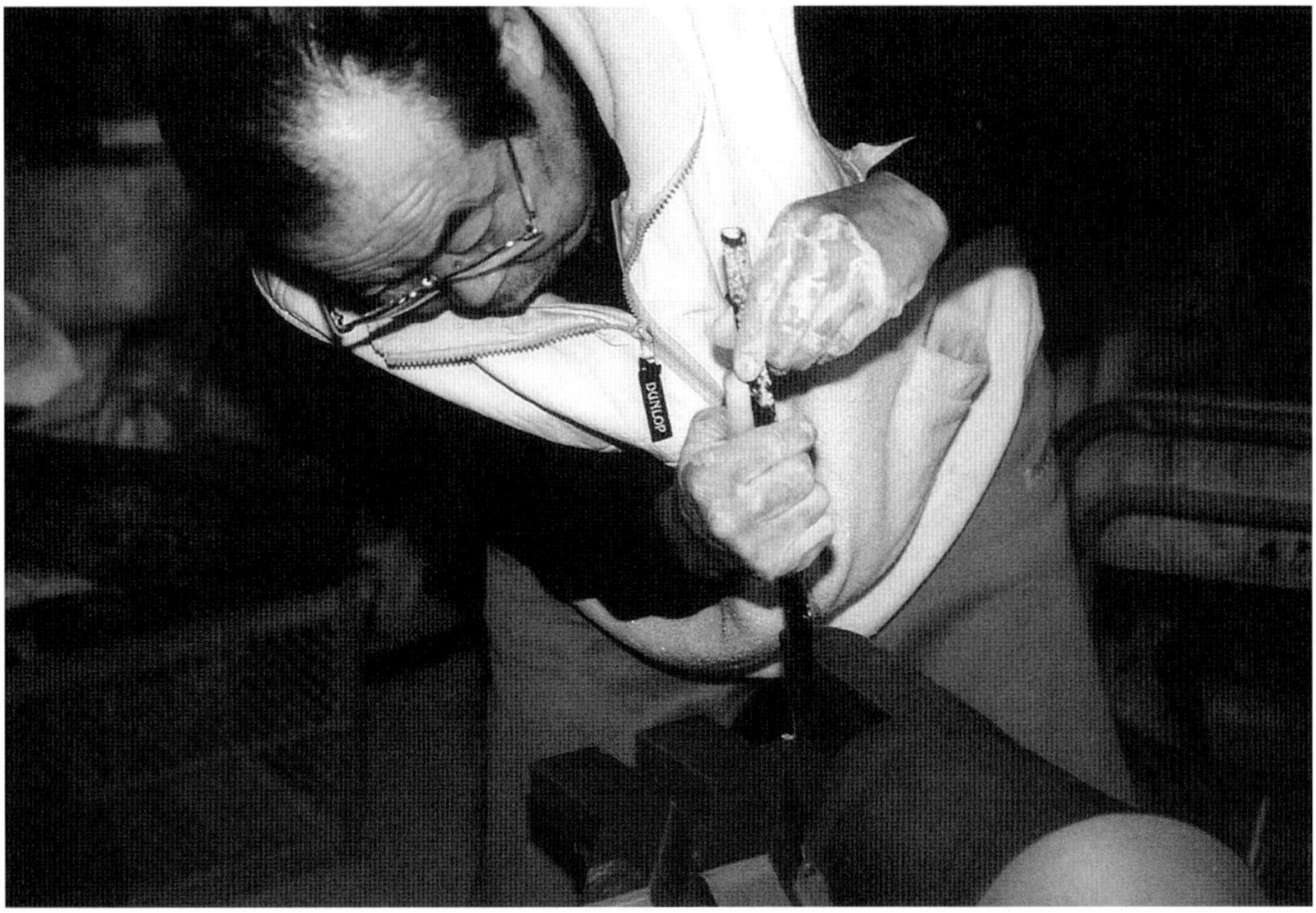

図４　鬼瓦を製作中の篠田勝久 (2)（平成12年１月28日）

あ、野村（野村克也）の子はあかん、長嶋（長嶋茂雄）の子はあかんってなもんでねえ。そうなっちゃうでないかな。結局、余裕、ゆとりがあっちゃってさー。めぐまれちゃっとるもんでだわ。じゃ、ねえかな。

そりゃー、俺はいつでもそう思う。「貧乏人のが強いなあ」と思うもんで。恵まれとるやつあ、案外……。

素質はあると思うわなあ。ほれだけど、あのー、何ていうかねえ、こう、闘志っていうものはやっぱり貧乏のやつは強いな。何となく命がけになっちゃうだなあ。

勝久が自分が生まれた家を「貧乏のどん底」と称し、実際に小学生の頃から家計を助けるために働かされたことがこの言葉とダブってくる。ただ勝久は例外があることを示唆している。

だけどねえ、あのー、もし、親が、これではと、死ぬと、やっぱり、素質、親子の素質は、あのー、あるもんだでね。

この話を聞きながらすぐに思い出したのが、鬼百の二代目、梶川賢一であった。初代鬼百の梶川百太郎は三七歳で他界している。残された一家は離散となり、十代の頃、賢一は鬼福窯業に小僧として入っている。そして努力して、いったんは途絶えた鬼百を再興したのである（五〇〜五四頁）。

鬼瓦の修業の基本は「技術を見て盗む」ことが勝久の話でも語られているが、その逆も存在する。つまり、職人が自分が持っている「技術を隠す」話についても、勝久は語ってくれた。

隠し合いっこするもんだ。

そんだで、あのー、みんな、型でもね、みんな内緒で隠しとくようなもんでね。うん。こういう図面でもねえ。

あのー、昔や何かは隠してね。ほいでー、「よく、擦《す》りガラスが……」。今は透明が多いけどね。見られんようにね。隠れてやるんだ。うん。こりゃ、技術の盗み合いっこだもんで。

今は、あのー、すごいオープンになって、みんなして、あのー、若い子だったら、型の貸し借りやらやっとるけどね。まあ、おら等の頃はそれどころじゃねえんだ。そんなどころじゃねえなあ。誰が型を貸してくれる。

何でもほうじゃないかなあ。商売ってのはな。まあ、あのー、マル秘ってやつはな。ラーメン屋でもほうじゃん。なかなか味を、あのー、いい味を教えてやるにゃーなあ。「息子でもなかなか親の味をすぐには教えてもらえん」って。そういう事はあるよ。

勝久は酒と鬼瓦製作についても語っている。これは個人差があり、一概には言えないが、酒の効用については一考に値する。

あのー、俺が昔酒を飲んで、こう、型作ったもんなあ。勢いよく。うん、こう一杯ひっかけてなあ。ほうするとねえ、勢いが湧くんだな。あの、「生きたもんができるな」って気がするよ。

あのー、「酒が飲みてえなあ」なんて思って、調子の悪い時の作品はだめだと思うねえ、俺は。

やっぱり、元気のいいねえ……、はつらつたる時の……、作品は違うよ。全然違うよ。

これは俺がよう、あの、覚醒剤で、芸能界の人がさあ……、あれ、わかるなあ。（覚醒剤を）やっとって作る、あの、曲でもねえ、そりゃー、「一杯ひっかけたとか、薬打ってやっとんのとは、どえらい違う」と思うよ。ほいだで、あれはのうならんだなあと思って……。芸能界ではな……。

盛り上げるんだわ。そういうとこは、あの、必要だと思うんだ。俺は酒でやるけど……、酒だけ。

あのねー、あのー、「調子の悪い時には、絶対生きたもんはできん」と思うな。

勝久はここに技術を超えた領域について自分の経験から、酒の効用について語っている。自ら作りながら、作品の出来具合の違いや変化を見てきて、初めて語れる事柄であろう。

鬼師になるのも大変であるが、鬼師として生き抜いていくのも大変である。鬼師は独特の持病がある。職業病といってもいい。それと付き合いながら、多くの鬼師は仕事をしている。勝久の話がそのすべてを物語っている。

やっぱり力仕事だで。これでみんな腰痛めちゃうよ。ほんと、俺も腰ガクガクだわ。なにせ（鬼瓦が）重いし。これ、中腰でこうやってやるでしょう。こいつ、三〇年も四〇年もやると、本当にねえ……。だで、女房でも整形外科へいっとるようなもんでねえ。ほいで、カネコさんだって毎日、あの、病院へ……。

みんないかれちゃう、腰。

俺が四二頃から、わしゃ、弱かったけれども、ちょっとやっぱり悪くなってきたけどな。やっぱり五十代になるとあかんなー。どうしても腰かけてやるようになる。その代り腕は上がるよ。うん、年数だもんな。

◈——宮本恭志　［シノダ鬼瓦二代目］

シノダ鬼瓦を現在運営しているのは宮本恭志《やすし》である。勝久は平成二三年（二〇一一）に引退している。実質上、親方は勝久から恭志に移っている。今は、勝久の娘、裕子と結婚した恭志夫婦二人が共同して仕事を続けている。

もうどれくらいだな、一年ぐらい前かな、急に「やめるわー」ちゅうって（笑）。ほしたら、もー、パタッと来んようになったもんで。まあ、（週に）二、三回来ちゃね、何か様子見に来るんですけど、まあ、製品作るっちゅうことは、まずないですね。

通常は長男がいれば鬼板屋の跡取りはほぼ自動的に決まるのだが、シノダ鬼瓦の場合、娘婿が継ぐ形になった。しかし、勝久には長男の盛夫がいた。勝久はもともとは自分の実の息子に鬼板屋を継いでもらいたかったと思うが、上手くいかなかったのである。

「やってくれんかなー」と思って……。だけど、わしが、あのねー、小さい頃から、あのー、中学入ったら、ああいう「仕事やれ」って言われとって、やでしょうがなかったんだわ。

ほいで、俺が、子供の、一人息子、あのー、なるべく「卒業してからやりゃいいや」と思っただわ。だけど、日常生活でやっとると、あのー、ワンマンで怒って仕事しとるもんだで……、「こんな親父と一緒にやりたねえわ」ってのが本音じゃねえかなあ。

そいで、東京行っちゃって……。

ほいで、あのー、あれー、「もっと俺が上手に小さい頃から荷出しとか何とか……、やらせやあ、やった」に言って、娘や何《なん》かに言われるけどねえ。

勝久が前に言っていた「なぜ二代目はダメなのか」が実際にシノダ鬼瓦にも昔起きていたことになる。それほどまでに技術の継承は難しいことがわかる。しかし、シノダ鬼瓦は宮本恭志に無事受け継がれている。勝久は恭志を実の息子以上に息子と思っているはずである（図5）。

宮本恭志は昭和三六年一二月二九日に大分県で生まれている。一八歳の時にトヨタ織機に就職して、愛知県に来た。剣道は三段で、高校の頃にはインターハイの代表として出場していたという実力の持ち主である。剣道部にスカウトという形でトヨタ織機に就職している。小さい時から家のために働いてきており、勝久と境遇がとても似ている。

新聞配達は小学校一年から。そうですね、中学二年くらいまで。もうあまりにも早く始めたせいか、もう当たり前のことになっていたね、新聞配達が。冬でも夏でもね。雷が鳴っても配達していた。

「苦にはならなかったか」とたずねると、すぐに返事が返ってきた。

全然。未だに雷が鳴るとうれしいね。だけど、結局はその新聞配達のお金は親にまず全部渡して……。そっから親が学校のお金とかは、そっから出したり……。

そういうところでは、おじいさん（勝久）とよく似とったね。うちがやっぱ、そんだけ貧しいというか、まあ、裕福というのではあまりなかったので。

図５　鬼瓦をずらす師弟（勝久と恭志　平成12年１月28日）

恭志は一八歳の時にトヨタ織機に入社したが、同期に入社した中に、勝久の娘、裕子がいたのである。縁があって二人は付き合うようになり、裕子の家《うち》に行くようになって初めて親の職業を知る。恭志の親は大工だったので、父親の仕事は、時々は父について行ったりして、見て育っていた。しかし、勝久のする鬼瓦の仕事は全く知らなかった。結婚したのは二二歳の時で、それから恭志は勝久の仕事の手伝いをするようになった。

七、八年くらいやっとったかな。こういう型起こし、……、石膏型の……。（会社の）残業がない時とかね、休みとか、おじいさんの鬼、三つ四つ作ればアルバイトになるもんで。

つまり、恭志は二二歳にしてある意味で小僧となり、鬼師の世界に入ったといえよう。一方、トヨタ織機での仕事は昇格するにつれて、数名の部下がつくようになり、現場の仕事よりも書類を書く仕事が多くなっていった。ところが、恭志は書類仕事が好きでなかった。

いろいろ書類に収めなきゃあかんでねー。もう、結局、建前があまりにも多いもんで、どうも俺には合わんなと。

「こういう鬼を作る、こっちの方が……楽しい。やっぱ、出来たときね」。完成するとね、それなりの喜びもあったしね。そういう感覚がやっぱ、最初から自分の中に、心にあった。

恭志は結婚すると、三年くらい会社の社宅にいたが、それから家をシノダ鬼瓦のすぐ近くに建てたのである。そして会社に通っていた。ところが会社よりも勝久の仕事場の方がはるかに近いことが恭志の人生を変えることになる。

すぐ近かったし、後は何の気なしに暇だったらほかのことやるよりも土触っとるのが面白かったし、興味があったし、いつでもやれるし。そういうのもあったし、うちでもやれるし、(勝久の)うち行ってもやれるもんねえ(笑)。

気軽だったよ。そういう……とってもやりやすかったし、ブローカーの人たちも、「やれやれ」って……。やれば自分の足しになるから。自分の事だし、楽なものじゃないけど、まあ、そういう業界の人も応援してくれたし。だんだんサラリーマンから気持がね……。

この業界でやろうかなあと。バックアップもそこそこやってくれそうだし。ここで、おじいさんだけではなく、やっぱ、ほかの業者の人がね……。

こういった流れの中で、恭志は三〇歳の時に、トヨタ織機をやめている。その頃、事実、シノダ鬼瓦には後継者がいなかったのであった。これも恭志の心を押した理由の一つであった。

後継者がおらんという事だし、身近でそういう状態があって……。で、「自分で手伝っとれて面白い」と。そう思えるなら十分かなと。

恭志は三〇歳で人生の大転換をする決心に至るまで、四、五年をかけて考えに考えている。会社に勤めながら、同時に、勝久のもとで手伝いながら考えたことになる。

自分も、その、「作り手としてずっと行きたい」って気持ちが二七、八くらいかな、だんだん強まってきて……。

会社ってやっぱり定年あるから。あと、定年の人を見とってね、あの、定年過ぎても、あまり、出会う人も……、会社を定年になったりして無気力状態の人を何度か見たから。それだもんで、やっぱ、こう、定年のない職業で、死ぬまで作り手でおられて、身近でそういうバックアップもある程度あって……。

で、最初はここに工場はなかったんだけど、うちでまあ、居《お》れて。自分の親が出稼ぎが多かったもんで。自分の家《うち》でやれるっていう……。それがすごい魅力だったんで。で、そういうのが、やっぱ、二七、八くらいにほとんど固まったかな。

恭志の場合、安定した職があっただけに、鬼師になる決心をするにはそれなりの年月をかけている。しかし、三〇歳でひとたびシノダ鬼瓦に入ることに決めると、あとは修業に専念することになった。

おじいさんが最初に始めるけど、あんまり、ああだ、こうだって言わんのね。で、おじいさん（勝久）と、おばあさん（澄美江）に起こしてもらったりとか、やってるのとか見て。やっぱ、おじいさんもさっき言っとったけど、見て覚えたね。そういうなかで、もう自然と自分の中になんかあったね。あまり、こう……ここをどうやったら、ああだったというよりも、自分のやり方の方が、あの、自分も「こういうやり方なんだろうな」っていうふうに思っとったし。

たまにちがっとると、「ここは違うよ」ってたまーに言ってくれて、それ以外はだいたい、あまり口出さなかった。で、焼き見て、「一個ぐらいは失敗してもいい」って。失敗した方がよくわかるからと思って、いいかなと思って。

つぶされたことはね、一回あったかな……。うーん。一回つぶされたことがあるわ。始めて間もないくらい。「こりゃあかん」と。もう、柄《がら》があまりにもねえ、一か所ならいいんだけど、何か所もきれいに入ってなかったりした場合、修理……修復しとるよりも、やり直したほうがきれいに上がるし。

自分で壊したことも時々あったという。失敗を何度もやりながら少しずつ上達していくのである。

その頃、自分が型起きして、剥《む》いてみて、「あっ、汚いなあ」って。何回か壊したことがある。自分から壊した。こう、型起きしてね。こんくらいあるやつを……「こりゃあかんわ」と。ぐしゃぐしゃにして。そしたら、おじいさんに、「何壊しとるだ」と。「いやあ、俺が気に入らなかった」と。「直しゃあ、直る」って言ってもね。あのー、きれいに起こしたかった。自分のなかで、その、こう「いいもの」というのは、やっぱずっとありますよね。結局、何に関しても、まあ、それはあるんじゃないかなと思うんだけど。

そういう技術もないのにね、偉そうにしてるっていう事は出来なかった。今は、多少欠いてても、この直しができるようになったけどね。「いやー、ちょっと失敗しちゃったな。まあ、いいや、あとで直そう」とかね（笑）（図6）。

この時、話を聞いたのは平成一二年であった。恭志は自分の技術の位置を次のように言っていた。

今は三八になったけど……、八年間たったけど……、まだ「自分ですべてやれ」っていわれても、ちょっと自信がない。やらされちゃえば、やっちゃうのかもしれないけど……。おじいさんの思っていることを「やれっ」て言ってね、……やっぱりね、おじいさんのやっとるとこを見とると、まだそこまではできんなと思う。だから、まだ独り立ちは……、そこまで行ってない。そんなレベルにない。

恭志は同じように、生き物に初めて挑戦した時のことを話してくれた。物事の始まりの記憶はやはり深く恭志の心に刻まれていた。粘土

図６　鬼瓦を製作中の宮本恭志（平成12年１月28日）

を自ら刻みながら、実は自分自身の心に刻み込んでいたのである。

初めて、「ほいじゃあ、やって見るわ」って……。その頃、そんなすぐには、一日じゃできんもんで。で、朝から工場来て、八時から五時のこの時間帯ではとてもじゃないけど……いっぺんでは無理だしね。

一回こう……やわらかい土だもんで、ある程度、こう、輪郭を作っても、ついでにほいじゃ、こう……その鼻の形とか、目の形とかにはならんもんで……、こう……、ねばねばしたのは……。ちょっと、こう、土がしまると竹べらで、さっと削れるようになる。

最初は土が引っ付いてきちゃう。だもんで、最初は、まあ、だいたいそういうふうでやっとんで、「どうかな」。他の仕事やりながら、「ああ、ちょっと……」。次の工程になって、「ちょっと触ってみようかな」って。

で、そういう……、で、やっとって、最初は荷が重くてね。思ったもんが出来んくてね。まあ、ホント、一番最初なんか、三回ぐらい作りなおしたよ（笑）。

つぶして、ほいでまたね、作って……ていうのは、やっぱ最初の頃よくやりましたね。自分が気に入らないんだよね。おじいさんが、「ああ、似てきたじゃん」って。

そういうふうにね、鬼には鬼の、やっぱこう……勢いとか、そういうのあるし。動物のやつは、動物の、こう……優しさもあるし……。

最近、だから、さっき言ったけど、馬の表情とかね、筋肉の付き方とか、そういうの、実際、ま、近くに馬飼ってるとこがあるもんで、そこ行って見て来たり、羊の顔を何か前に「作ってくれ」っていわれて、まあ、図鑑で……。自分の中にも羊っていうイメージはあるけど、羊ってやっぱ、こう……鬼とは逆くらい優しいっていう。その優しさってのは、どうやって表現しようかなって。

時々、だから一〇時までやることもあるんですが、それは慣れてきて……。五時に終わって、七時くらいからまたはじめて、それから二時間か三時間。一人でやることも。

　このように恭志は文字通り職人肌の人で、何かを作り始めると、異常に集中して取り組むのである。特に、注文が来た際の約束の期限や、それに伴って湧いてくるインスピレーションやイメージをしっかりと捉えるために、通常の仕事の時間を超えてもかまわずに一人集中するのである。しかし、その作りは鬼師流で、いわゆる陶芸作家とは視線が異なっている。

屋根乗ったのを、屋根乗った時を想像するんだ。おじいさんもそうなんだけど、鬼を上からこうやって覗《のぞ》くんじゃなくて、下から見る。それをイメージする。で、下から見たときにこう、合うのを。こんなとこを見とってもしょうがない。鬼でも、ちょっと、こう、屈《かが》んだような感じで。

見下ろした感じ。そういうのをイメージして。そういう、「見てるぞ」っていう、そういう作り方をするもんで。

見上げた感じで考える。まともに正面から見たやつじゃなくて、「見たときに、この葉っぱはどういうふうに映るかな」って。同じ銀色で、鬼（瓦）は黒くやってるもんで、影の具合を……。彫《ほ》りをこうやって入れたほうが影が映るで。

あの、……見栄えがいいと……。平らなとこは、こういう照りがきれいに出るように。で、深みを出すには……、浅く彫ってると、深みは出るような……。それをどうやったら……。だから、それを、どういつ影が出るのか……。

あとは、もう、屋根のバランス。だで、全体だね。

　恭志は自ら仕事場から外へ出ても、鬼瓦をいかに作ったらいいのかさまざまに工夫を凝らして研究している。

自分で図書館行って、資料とか見ながら。図書館は最初の三年くらいは毎週行ってたよね。高浜のね、図書館にあるもんでね。そこ行って、そこの二階が一応、瓦の資料館みたいになっとるんですけども。

二階にね、まあ、あの、昔の木型だとか、そういう瓦の一枚一枚の木型とかね。鬼瓦も、そういうものを作って……。古い鬼ももちろん展示してありますけどね。

最初の、ホント、三年くらいはよく通った。子供と一緒にね（笑）。子供も本借りに行くで。

鬼師は恭志に限らず、地元でいつも研究に研究を重ねている。ただこういった鬼師の地道な調査を通してやはりその土地の伝統が伝えられていくことが見えてくる。また鬼師は地元を超えた鬼瓦の調査も同じようにしている。鬼瓦はその性格からして、土地特有の伝統があると同時に、日本全体においても伝統の広がりを持つからである。

実際にも、天理教って奈良に本部ありますよね。あっこまで足運んだ。おじいさん達と一緒に。一回ね、見に行こうかと、じいさん、見たことなかったもんで。長年やっとっても本部は見たことないなあと。わからん時があるそうだで、一回行ってよかった。で、写真撮ったりなんかして。

やっぱ、行くとね、実際見るのと、こう、立体感が全然違うもんでね。「ああ、そうか、瓦なんか、すっごい、こんなにあるのか」、とかね。

「ああ、こういう作りなんだ」、とか。結局、最初に言ったように、作りをね、実際で見て。写真で見ると正面からしか見れんもんで、大きさ感じなかったんだけど、実際に見るとやっぱ、これだけ高いところで、これだけ大きいのなんて、相当……。「これ作るのも、どうやって割ってあるんだろう」って。分割しとるわけだでね。パズルと一緒で。

恭志は鬼師なので、一般の人が天理教本部に行って見るやり方と全く異なることが見えてくる。一般の人は、まず、屋根に視線は行かない。建物全体に視線を奪われてしまう。細部には目は届かない。自分が見に行きながら、受動的に見らされてしまう。一方、鬼師はすぐさま、わき目も振らず、目が屋根に走り、目指す瓦へとたどり着く。視線が能動的に動き、活発である。視線が生きている。しかも、作りの造形美に心を奪われることなく、鬼瓦を作った人の立場になって見る。

「あの角は外すよねー」とか、おじいさんと言ってた。「あれは右も左も別もんだなあ」。「上だけ外してあるなあ」とか。「足はどこで切ってあるなあ」とか。大きいやつは、「こりゃあ、五、六個で切ってあるんじゃないかね」。「そんなにかー」とか言ってね（笑）。「あそこに切れ目あるよー」、「ないよー」とか。

裏側がよくわかるもんで、裏側が、筋が……、あの、柄がないもんで。裏側行って見て。「多分、あっこも切れてる」なんて。

もう、あの、義理の親子っていうより、同業者なんで……（笑）。

このように、恭志と勝久は義理の親子であって、同業者であり、し

図7　鬼瓦を製作する宮本恭志（平成24年6月15日）

かも師弟関係にある。そしてその関係は深い信頼関係で結ばれている。通常の鬼板屋の中の親方と職人の関係をはるかに超えた別次元の関係の中で動いている。

まあ、ホントに、あの、義理のどうの、こうのっていうの抜きで仕事の話しちゃう。うちのおじいさんも、よう、同業者の中では頑固者でとおってる。わりと。ははは（笑）。で、「お前、よく一緒にやってるな」と。ハハハ（笑）。「よう一緒に居れるな」と。もう別に何ともないよ。俺も思ったこと言っちゃうし。おじいさんもそれに対して答えてくれるし。そういうお互いの信頼関係もあって……。

あの、ほかの人にはない物があるんじゃないかな。うちのかみさん（裕子）なんかは、「うちはおじいさんが頑固だから、あんたも頑固や」と。「頑固同士」って、よく言われる（図7）。

恭志は師である勝久を次のように表現している。勝久の仕事に対する姿がよくわかる言葉である。

おじいさんは、やっぱ、職人なんですよ。根っからの職人。「気に入らんとこあったら、売らん」と。

それぐらい言っとった。俺が始めた頃、「もう買ってくれんでいい」って。葉っぱが一枚違うくらいで、会社に文句言われたことがあって。「なら、もう買ってくれんでいい」。「お金、もらわん」って。本当、もらってないですよ。ものはないです（笑）。ものは行っちゃってるもんで。お金もらってないけど。その人、多分、売っちゃってるわ（笑）。

恭志は白地屋としてのハンディともいえる焼成の問題についても工夫を凝らしている。鬼瓦は焼き上げて初めて一個の完成した製品になる。ところが白地屋は窯に入れる前の、粘土から成形して乾燥させた状態までの鬼瓦を扱う。それを焼成する作業は別の業者の仕事になる。しかし、この最後の仕上げの工程で、いろいろと問題が出てくる。この問題にいかに対処するかについて恭志は語っている。

ただ作るだけっていうのは。まあ、本来、おじ、あのー、おじいさん（勝久）から考えると、まあ、「そこまで知らんでもいいんじゃねえか」みたいな（笑）。……いうところがあるんですよ。

それやし、焼けたやつも、そりゃ、よく、焼けたやつか、焼いた人に、あのー、傷の出具合とを聞きに行くんですよ。……んで、実際に出たやつを、（窯から）出たタイミングで、見に行きますねー。それは、もう、ずーっと始めた頃からやっとって、そんで、おじいさんと相談して、「こういうやり方はまずいんじゃないかあ」とか言いあって……。

そんなふうにね、こう、あのー、なんちゅうの、形状が変わればっていう事で。ほら、何ていうの、こらえを、「こらえ」って言うかね。「障子」っていうんだけど。あのー、補強、補強する部分。「あー、やっぱ、ここだけじゃ足りんよ」とかね。「もうちょっと、ここも入れようーよ」と。

「ちょっとずつ、ちょっとずつ」。

このように、シノダ鬼瓦では、白地屋としてのハンディをしのぐために、積極的に、特に恭志が中心となって、焼成後の鬼瓦の仕上がりを見に行って、どうすれば傷が出にくくなるかを研究し、少しずつ補強、補正をしてきている。軽量化、火の通り、穴のあけ方、形状などを、主に鬼瓦の裏側の構造について、勝久と相談しながら決めていっている（図8）。

まあ、そういうのも、焼けたやつを一回見んとね、わからんとこ結構あるんですよ。現場もそうやし、いろんな人のやつ、また、見してもらって、出来たやつを。「ここまでは、いらんだろー」とかね（笑）。そういうのはねー、よそ見んとわからん。おじいさん、あんまり人のやつ見たがらんもんで、窯やっとるところへ、「ちょっと見せて」ってって。

作り手だとなかなかねー、見してくれんところが多いもんでー。

まとめ

シノダ鬼瓦は初代から二代目への引継ぎが現在から振り返ってみれ

図８　経ノ巻蛇の目吹流し（宮本恭志作）

ば比較的順調にいった鬼板屋である。二代目の恭志が型起きができるようになり、さらに手張りという図面から粘土を板状にした鬼板を立体化して図柄を雲や波にして入れて様々な形の鬼瓦を作れるようになるまで育て上げたのが初代の勝久であった。しかし、しばらくの間は、最後の仕上げは、特に大きい物になると、勝久がすべて手がけていた。そのうちに勝久があまり得意としない注文を、恭志にまわし、仕上げまで任されるようになっていったのである。それが、復元とか、鬼面、獅子、シャチといった生き物と言われるものである。このようにして少しずつ、少しずつ、仕上げの段階に至るまで二代目に移って行ったのであった。

ところが、勝久は持病の腰痛がここ三年程から仕事にこたえるようになり、一日の仕事を早く切り上げるようになっていった。そして、やがて、「まあ、わしも長くはやれんぜ」と言い始め、実質的な仕事のすべての仕上げが恭志に移っていったのである。最後は、勝久が時々、仕事場へ出てきて仕上げ具合を見てくれていたという。

恭志は勝久が常々言い聞かせていたことを話してくれた。それは事実上、勝久から恭志へ仕事が受け継がれたことを意味している。

おじいさんが、もう初めの頃から言っとった、「それは守らないかんな」と思ってのは、やっぱ、これ、鬼瓦作るのに、あのー、「大胆になれ」っつの。

「大胆になり、かつ……」あのー、何ていうの、「繊細に……」。何か、裏表みたいだね（笑）。そういう事は常々よくいっとった。

シノダ鬼瓦の鬼板の伝統は、勝久の働いていた鬼長の浅井長之助から引き継がれて、勝久が長い年月をかけてその技術を独自に鍛え上げて、シノダ鬼瓦となり、今、二代目の宮本恭志にその伝統が受け継がれたのである。シノダ鬼瓦は鬼瓦の伝統がいかに伝えられていくかの具体的な事例を明白に示してくれている。また、いかに手作りの白地屋が職人から生まれてくるかを垣間見せてくれている。

[22] 鬼仙系――㈱石英（壱）

「鬼師の世界」では、窯で鬼瓦を焼くか焼かないか、つまり焼成前と焼成後によって製作中の鬼瓦の呼び名が変わる。焼成前の段階にある鬼瓦を白地といい、焼成後の鬼瓦を黒地と一般に呼ぶ。黒地の鬼板屋についてはほぼ調査は終えている。残る白地の鬼板屋を現在、一軒ずつ調べているところである。この白地の鬼板屋は実は二つのグループに大きく分けられている。一つが、伝統的な手作りによる鬼瓦を製作する鬼板屋と、もう一つが近代化されたプレス機械を使い鬼瓦を製造する鬼板屋である。ただこの二つの仕分けはあくまで仮に一般化した場合の話であり、両者は現実には重なり合って、手作りもすればプレスもするという鬼板屋も実際には存在している。同じ事が黒地の鬼板屋にも言うことができ、伝統の保持発展と近代化の導入とのせめぎ合いが常に進行しているのが鬼板屋の現場であり現状でもある。

今回は㈱石英を取り上げることにした。石英は鬼瓦組合という視点から見ると白地の鬼板屋といえる。事実、㈱石英は三州鬼瓦白地製造組合の組合員として登録されている。ところが、そのことはあくまで組合という組織としての話であり、現実は様々な顔を持つのが㈱石英の特徴である。この多面的、多角的な、独自の企業体として発展してきている石英の姿を可能な限り描写し、その特徴を考察してみたい。

㈱石英

◈――石川与松［石英初代の父］

㈱石英の起こりは石川与松《よまつ》にたどり着く。与松は明治一九年（一八八六）に生まれており、昭和三五年（一九六〇）に亡くなっている。与松は、しかし、鬼板屋ではなかった。「瓦屋の与松」と呼ばれており、黒瓦を作る瓦屋であった。また、代々にわたる瓦屋ではなく、元々は飲み薬屋をやって生計を立てていた。ところが高浜で明治時代になり瓦産業が急速に盛んになるのを見て、与松は仕事を薬屋から瓦屋へと変えたのである。残念ながらいつ頃瓦屋へ転向したのかはわかっていない。石英の現社長である石川定次は「石英」の始まりとしての与松について次のように話してくれた。

うちの先代が、もう、もっと前は、僕もね、それは知らないんですけど、薬屋だったという話ですがね。あの、その、漢方薬じゃないですけど、飲み薬屋をやってて、そこから、うちのおじいさん、僕にとってのおじいさんですね、が出たというか、こちらへ。もう少し向こうに住んでたっていう話なんですけどね。

ひいばあさんから……「薬屋だった」って話は聞いたやんね。薬局やってたって話なんですよ。元々は、あのー、新道というか、本町通りというんですかね……の方で、薬局をやってたというのはうかがっとったんですけどね……。

その薬屋をやっていた与松が瓦屋へと職を変える様を定次は次のように語っている。いわば、現在の石英の大本に至る始原に関する話である。

おじいさんが……、薬局が……、何て言うんですかね……、小さな薬局……、すごく小さかったらしくて、町の行商みたいな……、あの……、置き薬じゃないですけど……。そんなような、ちょっとはっきりしないんですけど。そんなようなことをやってて……。「これじゃいかん」ということで……、その、たまたま、その、まだ、明治、昭和なのか……、その境ぐらい。大正か、明治かの境ぐらいで、……黒の達磨窯を作られたというのは……。というようには、私も話を聞いておるんですけど……。

あの……、瓦屋の方が儲かる……という……、うん、置き薬やるなら、あの、本当に自分とこに店持って、きちっとした薬局をやるならいいけど、「今のままじゃあかんで」というような……。と聞いたことが……。子供の時でしたから、あんまりはっきり覚えてないんですけど、そんなようなことを、ちょろっと聞いたことはあるんですけど……。

このように物事の始原譚《たん》は当の本人がすでに亡くなって、石英の場合は、本人与松を直接知っている二代目（英雄）も亡くなり、三代目（定次）にその話を聞いていることも手伝い、明確さや具体性に欠いているのは否定できない。しかし、それでも見えてくるのものがある。それは与松が事実、瓦の世界に参入したことである。ただ与松はややバンクモノ的なところがあり、仕事は常には熱心ではなかったようである。そうした与松を支えたのが息子の英雄であった。英雄は与松が二五歳頃の子供である。与松が薬屋から黒瓦に移った時点ははっきりしていないが、仮に与松が三十代半ば頃の出来事だとすると、英雄は十分に父、与松の新しい仕事をかなり早い時期から手伝ったのではないかと考えられる。伝聞ではあるが、定次は黒瓦時代の様子を具体的に語っている（図1）。

まあ……黒瓦になって、まあ、うちのおじいさん（与松）は、おばあさん曰く、「遊び人だで、仕事はあんまりやらんかった」という風にもちょっと聞いておるんですけど……。

ほのかわり、うちの親父（英雄）が逆に働き者で、あの、すごい、黒瓦も親父が早くからやっとったという話は聞いとったですね。

で、戦争の時には、もう、立て掛けがあったという話だったもんで、黒の窯はあったんですよね、たぶん。あのー、そこに防空壕掘ってどうのこうのって、隠れとったという話もちょっと聞いとったもんですから……。

だで、その時には、もはや、瓦屋になっておったんだなーと思って……。うん、あれですけど、なんか一枚一枚、荒地も表に干して、うん、すくまして、ほいで、叩いて、こう、木型の上で、こう、やったとか、やらんとかね。で、それをまた干して、で、夜が来ると仕舞って、という……。なんかそれの繰り返しをやってたという話は聞いたことがあるんですけど……。

もう、私（定次）が入ってきたときは（一九七〇）、ほとんどプレスでしたもんね。金型で瓦を抜いてたもんですから、まあ、その時代は全く見てないんですけど。そういう話だけは親父からちょっと、過去はこうだったという話は聞いてはいるんですけどね。

図１　石川与松「瓦屋の与松」

◈――石川英雄　［石英初代］

英雄の父、与松は「瓦屋の与松」と呼ばれていた。その瓦屋から鬼板屋へと移り、今の石英の礎を創り上げていったのは英雄である。文字通り「石英」という名称そのものがそのことを如実に示している。英雄は明治四四年（一九一一）三月一一日に生まれている。そして平成一八年（二〇〇六）三月二四日に亡くなっている。石英を初めて訪れたのは平成一一年（一九九九）八月三一日のことであり、当時英雄は健在で仕事場に出て働いていた。しかし、その頃は私自身がまだ鬼師の研究調査に入って日が浅く、英雄とは立ち話を少しした程度で終わっている。再び石英を訪れた平成二五年には英雄はすでにいなかったのである。結果、英雄とはほとんどすれ違いに終わってしまった。もし話をもっと深く英雄から聞いていればと考えると、後悔の念が今も残るケースである。それ故、英雄に関することは英雄の長男である定次からの話に依っている。

英雄はまず父の与松が始めた黒瓦を作ることから瓦の世界へ入っている。ところが与松は息子の英雄を黒の瓦屋で終わらせることを良しとせず、英雄が一六歳の時に鬼板屋へ小僧として奉公に出すのである。この時、その時はまだ存在しない「石英」の未来への種が蒔《ま》かれたといえる。昭和一ないし二年（一九二六または一九二七）頃のことであった。与松は薬屋から瓦屋へ転業したものの、遅かれ早かれ鬼板屋の存在に気づき、瓦屋として鬼師に憧れたのではないかと思われる。

しかし、与松自身はすでに歳がいっており、小僧として始めるには難しく、自分の夢を息子の英雄に託したのである。英雄が小僧として出された先が鬼源という高浜では最も古いといわれた鬼板屋であった。昭和一一、二年の頃は鬼源を仕切っていた親方は創業者である初代鬼源の神谷春義である（二四八～五〇頁）。英雄が鬼源へ入ったのは、神谷春義が五〇歳前後の頃であり、鬼源の経営は軌道に乗り、勢いが仕事場に張り詰めていた頃である。定次はこの事に関しては次のように述べている。

与松ですけど、まあ、おじいさんが、あの、黒瓦を立ち上げて、まあ、要するに一代目ですね。立ち上げられて、その時に、うちの、まあ、あの、親父というか、お父さん、まあ、あの、一六歳で鬼源さんだったかな、そこへ、鬼板師としての修業に、一応行きまして。年季奉公ですね、昔ですから。

で、その、行っとる間、与松という私のおじいさんが黒瓦をずっとやって。今でいうと、達磨窯というか、粘土で、あの、土でぶっつけたような、こういう風になった達磨窯でスタートされたという風にうかがってはおるんですけど。

まあ、そうしてやっとるうちに、まあ、親父が年季奉公明けて帰ってきて……。あのー、まあ、あの、おじいさんと一緒に、まあ、ようは瓦屋のお手伝いして、まあ、鬼板師の腕を持ちながら瓦屋で跡を継いじゃった……という形なんですけど……。はい。

ここで注意を引くのが、なぜ英雄はせっかく鬼源で小僧からたたき上げて鬼師になりながら、鬼師として職人になるか、独立して鬼板屋を起こさずに、再び「瓦屋の与松」を受け継いだのかである。定次はこの事に関しては何も語っていない。おそらく最も現実的な理由は、「瓦屋の与松」が、英雄が鬼源で修業している間に思いのほか利益を上げるようになり、業績が安定して伸びていったことが大きな要因ではなかったのかと考えられる。事実、英雄は後に瓦屋を拡張し、「瓦屋の与松」から「石英赤瓦」へと大きな転換を図っている。それは黒瓦の製造から赤瓦（塩焼き瓦）への切り替えを意味し、それは同時に規模の拡大であった。窯が八百枚から約一二・五倍の一万枚が焼ける窯へと移ったのである。その頃高浜では塩焼き瓦が登場し、瓦屋としての生き残りをかけての最初の業種変更であった。実際に「瓦屋の与松」という黒瓦屋から「石英赤瓦」の塩焼きの瓦屋に変わったのは昭和三七年（一九六二）頃のことである。そのおよそ二年前の一九六〇年に英雄の父、与松は亡くなっている。英雄は五一歳にして自ら新しい事業へ挑戦したことになる。屋号「石英赤瓦」は英雄の意気込みを明確に示している。つまり「石英」は石川の「石」と英雄の「英」からなっており、石川英雄の赤瓦であることを意味している。ただこの切り替えの計画は与松がまだ存命中に英雄から切り出した話らしく、両者の間で実際のところ葛藤があったといわれている。

うちの親父も好奇心が強いんだかなんだか知らないですけど、まあ、その窯（与松が焼いていた達磨窯）、瓦で換算しますと八百枚くらいしか一窯で入らなかったんですよね。これをいきなり「一万枚入る窯を造りたい」と言い出しまして……。

で、ちょっとそこら辺で何か……。僕はまだ小さかったですから、まあ、後になって聞かされたことなんですけど。親父（英雄）とおじいさん（与松）との間で多少、「そんなもん、やってけない」とかどうのと、いろんな、こう……、があったらしいんですけどね……。どうもうちの親父が押し切ったっと。……という形で、その、一万枚の塩焼き窯が始まったと。

黒瓦から赤瓦への切り替えは父（与松）と子（英雄）の世代間の葛藤を経て、父、与松の死を契機に事実上の世代交代という形とって実現した。英雄にとっては父からの独立を意味する新事業への船出であった。かなりの決意と気負いがあったと思われる。このようにして、プレスの金型で瓦を抜いて一万枚の塩焼き窯で生産する石英赤瓦が始まった。当時の日本経済の急成長と相まって、経営は順調であった。

しかし、英雄の長女が名古屋鉄道三河線で、自転車に乗って電車とぶつかるという事故を起こし、名鉄を半日止めたことによって、多額の負債が英雄に突然生じたのである。定次は次のように言っている。

うちの一番上のお姉さんが、たまたま交通事故で、ちょっとひどい死ぬか生きるかっていう事故に……。もういろんな運営費用やら、もういろんな事で、仕事もほとんど、「ちょっと、石英さん危ないんじゃないか」というようなこともね、一時言われたらしいんですけど……。

当時、定次は幼稚園児でこの事について「記憶にはない」と言っている。しかし、石英の存亡をかけた忘れてはならない出来事として、姉たちからこの事件は語られてきている。

姉も自転車で、結果、名鉄電車とぶつかりまして、一年か二年ぐらいかな、もうほとんど起きることすらできない状態で、病院に入る形で。で、お袋は、その、付きっきりで行きっぱなしですから。仕事の方もそれこそ、だいぶ難儀したらしいんですけどね。

退院してきてリハビリして歩けるようになるまで、また相当な月日がかかったんですけど、その間、ほとんど親父が一人、借金は返さにゃいかんわ……。

電車関係ですから、いろんな、そこでね、半日も止めちゃったとか、いろんな事がありましたから。あの、そういう関係の諸々の何かあったたって話は後で聞いたんですけど。もうそうだで、それこそ「石英さんは、まあ、たぶん、潰《つぶ》れるぞ」という話もね、出とったらしいんですよ。

で、僕、全く知らなくて、真ん中の姉がよくこういうことを冗談半分で今でも言いますけど、「まあ、うちの親父は、よう、がんばった」と。「ここ、乗り切ったで、大したものだ」と。

この事件それ自体は一般的には不幸な出来事といえる。ところが約半世紀たった現在の時点から振り返れば、凶が転じて吉になっている。「石英」の存亡の危機ともいえるこの出来事は、これを家族一丸となって対処し、乗り切ったことが一家の伝説となり、逆に「石英」の基礎をしっかりと固める出来事に昇華されるに至っている。

僕の、その、自分の記憶にないんですけど。そうやって姉たちから言われて……。だから「何とかせにゃいかんな」という、その、高校時代にもそうやって、「ああ、俺は、まあ、絶対ここまで親父がやったんだから、跡取らにゃいかんな」という気持ちも芽生えておったのも事実なんですよね。

「せっかくここまで一生懸命がんばってくれたのを俺の代で無くすわけにはいかん」と。ですから、屋号も自分の屋号を使うんじゃなくて、「親の屋号をそのまま引き継ごう」ということで、あのー、ま、名前も変えず、「石英」ですけどね。まあ、昔は「石英赤瓦」。赤瓦っていうのは付いていたんですけど、それだけは外しまして、ただの「石英」っていうことで、ま、それを使って。ま、どうしてもね、石英っていう親父が立ち上げたものですから。

英雄は石英赤瓦を経営していったが、若い頃、鬼源で仕込まれた鬼師であることが忘れ切れていなかった。赤瓦を焼きながら、英雄は鬼瓦を作るようになっていくのである。石英赤瓦になって初めて鬼瓦の生産が始まった。「与松の瓦屋」から「石英赤瓦」への変換は一大事業ではあったが、同じ瓦屋という意味では同じ土俵内の出来事である。ところが、英雄が始めた鬼瓦作りは、規模からいうと赤瓦生産とは比べものにはならなかったかもしれないが、質的には大変革の始まりを意味していた。そして、それは英雄の父、与松がまさに夢見ていたことであった。瓦屋から鬼板屋への脱皮である。その様を定次が語っている。

窯の大きさも、まあ、千枚入るか入らん窯から、約一万枚入る大きな窯に変えて、あのー、やりかけながら……。自分が、やっぱり鬼瓦というのに、どうしても、あのー、見切りがつけられなかったというか、あきらめられないということで……。

あのー、塩焼きになりますと、四日から五日に一度の火入れになりますので、一日「窯あい」というのができるんですよね。その窯あいっていうのは、本当にもうやることがないんですよ。で、そこで、親父が、まあ、あのー、「鬼をもう一度やりたい」ということで、あのー、僕が小さかったんだけども、まあ、手作りの鬼を、また、そこで……始めて。

自分とこで作って焼いてっていうかたちまで全部……やり出して。塩焼きの瓦も焼きながら。プレスですね。手作りで抜くことも……。鬼をやりたい（図2）。

公害対策基本法（一九六七）

英雄は石英赤瓦が始まったことをきっかけにして、英雄自身が本来やりたかったことをやるようになったのである。それがまさに石英における鬼作りの始まりであった。この鬼作りは後に加速されることになる。本来本業として始めた赤瓦が娘の電車事故をも乗り越えて軌道に乗り出した頃、運命的な出来事が起きる。石英赤瓦の経営を支えていた、いわゆる日本社会の高度経済成長は負の遺産をも同時にもたらしていた。公害の発生が日本の各地に発生し始めていたのである。国はその対策として昭和四二年（一九六七）に公害対策基本法を制定している。さらに翌年には工場の媒煙、車の排気ガスを規制する大気汚染防止法を公布した。これを受けて瓦産業を抱える高浜は公害対策に乗り出すことになる。

図２　石川英雄　㈱石英にて大黒様を製作中
（1999年８月31日）

「三州のスズメは黒い」と言われ、いぶし瓦を焼くだるま窯から黒煙が上がっていた高浜町（現高浜市）は六九年、公害対策協議会を設置。翌年一月、業者に対する融資制度を設け、燃料を石炭から、煤の出ないガスへの切り替えを促していった（読売新聞 二〇一三年三月八日）。

どれほどの煙が高浜とその近郊から出ていたかは、「三州瓦七〇〇基超から煙」という見出しで、読売新聞の記事にその様子が描かれている。

> 昭和の初め、高浜市や碧南市、刈谷市などの西三河には七〇〇基を超えるだるま窯が、黒煙を吐いていた。「煤で前がかすみ、バスが時々、止まったこともあった。縁側を歩くと、足跡が付いた。煤が積もっていたからね」と高橋（秋人）が往時を振り返った。
> 「三州のスズメは黒い」とも言われた。三州とは三河の古称で、三州瓦の産地はかつて、煙に包まれていた（読売新聞 二〇一三年二月二二日）。

上記のように瓦の町高浜では実質的な公害対策が施行されたのは昭和四五年（一九七〇）一月からであった。これを境に瓦業界は石炭からガスへの燃料切り替えが行われ始めたのである。それと共に、高浜一帯から達磨窯のある光景が消えていったのである。

石英赤瓦も例外ではなかった。早急に対応を迫られる事態が発生したのである。その年、昭和四五年は奇《く》しくも、石川英雄の長男、定次が高校を卒業して石英赤瓦に入った年であった。絶妙のタイミングと言わざるを得ない。定次は石英赤瓦に入るとともに、この問題に直面することになる。石英赤瓦の場合、単なる燃料の切り替えで終わらなかった。営業の根幹を大幅に軌道修正する事態に直面する。それが瓦屋から鬼板屋への業種の切り替えであった。定次は次のように当時を振り返る。

僕が二一歳の時（昭和四八年）だから、どれくらいになるのかあれですけど、えー、まあ、要するに石炭ですね。石炭が、焼《く》べることが、その、要するに、もう汚染の関係上だめだという法律の規制が入ってきまして。

ま、たまたまうちの親父（英雄）が先代のおじいさん（与松）が黒（黒瓦）やってるときに、もう、あの、いろいろあったのかなんだかわからんのですけれど、鬼瓦の手作り職人という形で、あの、よそ（鬼源）へちょっと小僧に出たもんですから。

ま、その関係もあって、手作り関係はうちの親父に任せとけば何でもできるということで……。あの、もう塩焼きが、あと二年で、まあ、要するに、「石炭が焚けませんよ」という通知というかあれがあって。まあ、「じゃあどうしよう」と。

じゃあ、塩焼きを、当時もう、重油という、まあ、A重油ですけど……。あ、重油で潜《くぐ》ればまだやれたんですけど……。でも、それやるには設備がかかるし、まあ、ぼちぼち、今は高浜でも、どこでもやってると思いますけど、トンネル窯という一つの大きなそういう流れの方向転換のちょうど時期に差し掛かってまして……。もし、その設備をしても、たぶん、トンネルのそういう窯の、入れれば自動的に突き出されて出てくるというようなシステムのようなものには勝てないだろうということで……。

まあ、トンネル窯をやるには膨大な費用がかかる。じゃあ、親父が、「じゃあ、俺が手作りでずっとやって来たから、鬼瓦をやるか」という話になりまして……。

英雄と定次は塩焼き瓦の生産継続の可能性を石炭から重油への切り替えで対応しようと考えたが、設備の問題が生じ、さらに新たな問題であるトンネル窯の出現への対処にも追われたのである。定次は塩焼き窯を断念した理由をほかにも述べている。

要は「石炭はもう一切焚いてはならん」という条例ですよね。ほれで、重油に、A重油にその時は切り替えないと、あの、もう、塩焼きはやれないと。……ということで……悩んだんですよ。親父と一緒に、あの、「どうしよう」って言ったけど……。「よそがやるのを見て、ちょっと休業しよう」って。

よその人がやるのと見て、塩焼きの色を見たら……、あの、「赤く光る色から、茶色く光る色に」。やっぱり重油だと石炭と違って色が思うようにははじめの頃は出なかったということで、「これ、苦労しそうだよね」っていう話から、「じゃ、やめようか」という……。

このように石英赤瓦は当時の時代の流れであった塩焼き窯からトンネル窯への移行を取らず、瓦屋から鬼屋になるという異色の選択をしたのである。この選択が可能になった一番の理由はやはり石川与松にあるといえる。与松が息子の英雄を鬼源へ小僧として出したというその一手が「瓦屋の与松」を現在の㈱石英へと導いたのである。

> ちょうどね、あの、トンネルが増えてく時代で、塩焼きがなくなって……、トンネル窯に皆さん移行されていかれる。で、うちは、たまたま、撤退したわけではないんだけども……、一往、下がって、あのー、鬼屋になった。

◈――石川定次　［石英二代目］

石英赤瓦から鬼板屋の石英へと大きく舵を切る重大な時期に定次は英雄の期待を一身に背負って、昭和四五年（一九七〇）に高校を卒業するとすぐに石英赤瓦に入っている。定次は昭和二七年（一九五二）三月三日に生まれており、与松の黒瓦、そして英雄の赤瓦の時代を見ながら成長している。実際に定次も石炭を窯に焼《く》べたり、石炭を焚いた窯から出るコークスを拾い出したりといった仕事を手伝っていた。

> 生まれた場所は今ここに現在いる自宅で、はい、生まれまして。まあ、小さい頃から、あの、結果、家の商売をもう、ずっと見ながら育って来ましたから。僕としては、もう、その、小学、中学、高校出て、結果的には、もう、「後を継ぐもんだ」という形で、もう自分もそう思っていたし、それが必然的に当たり前という感覚で、もう、何も考えずにこの世界へ飛び込んで来たんですけども……。
> もう、見ているうちは簡単そうで、「あー、こんなの俺にもできるわ」と、実際そういう安易な気持ちであったんですけれども……。実際入って、こう時がたつにつれね、もう、だんだんだんだん、「いや、えらいことやっちゃったなあ」と……。「難しい世界に入ったなあ」という、その実感というのは、もう肌でひしひし感じてきました。

英雄は石英赤瓦に入ってきた定次に早速、鬼師になるための特別教育を施す。それは英雄が与松から受けたことと同じ手法であり、それは取りも直さず定次をほかの鬼板屋へ小僧として出すことであった。定次は次のように語っている。

> 私も、一八で、この……ていうか、一応、高校降りたときに、親父（英雄）はね……、何か先見の明があったのかは知らないですけど……、私を、あの、まあ、うちのせがれ（石川智昭）と一緒なんですけど、あの、「小僧に……出す」ってんで、いろんなとこにね……。
> 丸市っさんだとか、ほれこそ、鬼仙さん、鬼源さんだとか、いろんなとこに声かけて、「うちのせがれ、ちょっと仕込んでくれんか」という話を持って行ったんですよね。私も二回ぐらい一緒に付いてってたんだけど……。みんな断られまして……。「英雄さんの息子は預かれん」と、うん。「あなたにすごい腕があるのに、

仕込めれんかったら、うちがすごい恥をかく」と。だから、「あずかることはできない」と……。ことごとく断られまして、で、うちの親父が、「しょうがない、俺が教える」と言って、で、二年ぐらいやったんですけど……。

しかし、物事は思うようには運ばなかった。もし、定次が小僧としてほかの鬼板屋に入って年季奉公を努め上げていれば、英雄が当初思い描いていたように、定次は手作りの鬼師になっていたかもしれたい。ところが定次が石英赤瓦に残ったところ、暫くするとすぐに、その後を追うように、石英赤瓦自体が存続の危機に見舞われることになってしまう。定次はその渦中に投げ込まれることになる。その危機とは三州瓦産業全体を襲った国の公害対策規制の実施に伴う、高浜が取った石炭からガスへの燃料切り替え規制の施行にあった。この過程で英雄は瓦屋から鬼板屋になる道を選択する。それは当初、手作りの鬼板屋を意味していた。ところが手作りを修業し始めた息子の定次が、プレス機械による鬼瓦の生産の導入を提案するのである。

このまま、その、ただ手作りだけでやるなら、僕は、たぶん、将来的にあまりメリットがないじゃないかと……。ま、そういうことで、「プレスの機械を導入したらどうか」と……。で、手作りもやっていけばいい。そうすることで幅が広くなるし、まだその当時、その世界（鬼瓦業界）が、プレスっていう、そんなに普及していませんでしたから……。

まあ、新参者（石英赤瓦）があとから割り込んでいくには、やっぱりゆとりがないと。ま、僕なりの判断をしまして、で、（英雄と）話し合いをして、「ちょっとお金がかかるけども、やろうじゃないか」と。

まあ、僕も二一を過ぎたとこでしたし、あの、自分がやる気になってやりゃ、絶対借金は返せる。長い、その、自分らの将来がいっぱいあるんだし、「やってける」ということで、親父を、まあ、説得じゃあないですけど、賛同してもらいまして、で、まあ、一応、プレスを増やしまして……。

英雄によって瓦屋の石英赤瓦を鬼板屋へ転業する決定に続き、石英赤瓦は息子の定次によってプレス機械の導入とそのプレス機械による鬼瓦の生産に取りかかったのである。この事は手作りによる伝統的な鬼板屋を石英鬼瓦は最終的には目指さなかったと言うことができる。石英赤瓦自体が一万枚規模のプレス機械による赤瓦の生産を昭和三七年からすでに約一〇年間にわたって行っていたことが、鬼瓦のプレス機械導入に大きく影響を及ぼしているのは間違いない。プレス機械の現場をすでに知っていたことが大きい。さらに瓦の生産は塩焼き窯からトンネル窯へと当時移行しつつあった。その移行の可能性も石英赤瓦では実際に検討され、トンネル窯による瓦の市場規模の拡大を高い確率で予想できる立場にあった。

「このまま（手作りの鬼瓦製作のみ）だと、縮小してっちゃうぞ」……という話で……。ちょっと売る方にも力を入れないと……。ということで、結果、その、トンネル窯ができてくなかで、チャンスはここで拾っていかないと……。あのー、やっぱり伸びれへんということで……。

「これなら（手作りの鬼）俺でもいけるかな」と思ったんですけどね。すごい安易な気持ちですけど。ただやってみたらとんでもない難しい。ということで、やっぱり、それも（手作り）手伝いながら少しはやったんですけどね。ですけど結果的にね、数はできない。いろんな面で、「これだけでは僕はこの家を守ってく自信は無いな」っていう、まあ、自分なりの判断を、まあ、その、今でいえば、若造の時ですけど、ま、勝手な判断ですけどね。

俺はもっと売り上げを伸ばすには大量生産しかないと。もう手でこそこそやって、これやっとったって、何か人間が陰に籠《こ》もって行っちゃいそうだと。で、いざ一月たってみたらこんなことかと。これじゃあ、ちょっと寂しいものがあるなと。気持ちの中でね。

やっぱり、そのプレスもんという、大量に作れるというすごく魅力もありましたし。金は、まあ、どうしてもかかりますけど、でも、一回立ち上げちゃえば、これは償却できるなという気持ちはありましたね、心の中では。

こういったやりとりを定次は英雄と繰り返しながら、英雄が目指した手作りの鬼板屋からプレスを中心とする鬼板屋へと軌道を修正したのであった。

じゃ、「営業行けや」という話で……。で、まあ、親父の顔のわかってるとこは、「俺もついてってやるわ」という話から、ずっと回って、一緒にやって……。で、まあ、手作りが知らんどるうちに、おろそかになってしまったと。

親父も、物わかりのいい人だったというか、あの、僕がこうしたいということに対してね、反対はしなかったじゃんね。逆に、応援してくれたというか、「おい、手伝ったるで、やれ」ということで……。だから、手作りから、その、営業じゃないですけど、外回りに移るときも、べつに「ほんなん」とか、何とかとか、一言もなく、「おまえがそう思ったんなら、やれやええ」と……。「手作りは俺がやったるで」と。

このようにして、石英赤瓦は英雄による手作りの鬼瓦と、定次によるプレス鬼の生産の両方をする白地の鬼板屋へと変貌し、再出発していったのである。さらにこの実質的な瓦屋から鬼板屋への移行を受けて翌年の昭和四九年（一九七四）に社名を「石英赤瓦」から「石英工業」へと変更している。文字通り名は体を表すことになったのである（図3）。

さて、国が制定した昭和四二年（一九六七）の公害対策基準法に端を発する一連の各自治体における公害対策規制は、それまで培ってきた各地の伝統的な生活様式を一変させることになる。高浜も例外ではなかった。瓦屋や土管といった土ものの生産を主産業とする町で、一時は七〇〇基を超える達磨窯で町は黒煙に覆われながらも、賑わっていたところである。ところが、長い年月をかけて形成されてきた町のこの景観が、一連の法規制でもって、数年足らずのうちに消滅の道をたどったのである。高浜で当時の達磨窯が現存するのは田戸町にある高橋秋人のもの一基である。全国でも珍しい存在になっている。公害対策を取る必要があったとはいえ、別の意味からいうと、地域に根ざした伝統文化の一片の法による破壊でもあった。石英赤瓦の一連の変

図３　石川英雄（左）と石川定次（右）（1999年８月31日）

遷はその具体的な一例といえる。それが高浜を中心とした一帯の七百軒以上もの瓦や鬼瓦そして土管などの土もの生産者の間に起こったのである。高浜の町は一変したといって差し支えない。ちょうど石英赤瓦が石英工業になったように。

プレス機械の草分け

石英赤瓦から手作りの鬼瓦とプレス機械による鬼瓦を生産する石英工業になったのは昭和四九年のことであった。新しい白地の鬼板屋（白地屋）の誕生である。ところが、石川英雄は石英赤瓦の時代にすでにプレス機械による鬼瓦の製作に乗り出していた。つまり、塩焼きの瓦をプレス機械で抜き、塩焼き用の大きな達磨窯で焼きながら、鬼瓦を手作りで作り始めた英雄は、プレス機械による鬼瓦の製作をも始めたのである。一見、息子の定次主導のプレス機械による鬼瓦生産が石英工業になって始まったかのような流れに見えるが、始まりは石英赤瓦の中にすでにあったのだ。それもかなり早い時期から英雄はプレス機械による鬼瓦製作に取りかかっていた。まず石英赤瓦は昭和三七年（一九六二）頃に生産を開始していることが一つである。そして同じ頃、プレス機械による鬼瓦生産を企てた会社があった。フカヤ産業である。中心人物は深谷定男と兼子武雄であった。昭和三八年（一九六三）に設立されている。この二人のうち、実際に会うことができたのは兼子武雄であった。武雄は誰が最初にプレスを試みたかについてはっきりと述べている。

最初にプレスにね、しようかなて思ったのは、あのう、今でも

やって見える石英さんて人の親父さん。あのう、石川英雄さんて人なんだけどね。その人が、あのう、(プレスを) したって話は聞いてますけどね。

うちらが (フカヤ産業) 最初にプレスをやろうとして鍛冶屋さんへ行ったときに、その人が作った金型があったんですよ。その金型があって、その金型で最初にやりましたね (四九〇頁)。

石英赤瓦が一九六二年に設立され、フカヤ産業が一九六三年に始まっている。そして、武雄はプレス機械の最初の金型は石英赤瓦の英雄が作った金型を使用したと言っているのだ。この事は英雄が石英赤瓦を起こして塩焼き瓦を生産し始めるとほぼ同時に手作りの鬼瓦を製作し始めたことを意味し、さらにプレス機械による鬼瓦の製作にも着手し、鬼瓦の金型作りを試みていたことがわかる。当時まだ鬼瓦のプレス機械は初期段階にあり、この事から察するに、英雄はかなり先見の明のある人であったといえよう。定次もこの件を裏付ける話をしている。

金型を、この、鬼瓦として作ったのが……、うちの親父が第一号でしたもんですから。はい。で、土練機で出すにしても、まあ、その当時、土練機ってものがなくて、まあ、玉土の真空が入らない土練機しかなかったんですね。……で、それで、プレスに荒地を入れてやったところが、ひっついてしまって、柔らかすぎて、どうしても抜けないと。

うん、ということで、一時ちょっと、断念はしとったんですけど、その時に、まあ、あの、小さい波紋の五叉、六叉の金型を作ったのが、うちが初めてで、その時に、フカヤ産業さんの、まあ、亡くなられた先代の方(深谷定男)が、うちの親父と知り合いなのか、まあ、そこら辺は……、知り合いだったという話は聞いておるんですけど。

あのー、真空土練機をフカヤ産業さんが一番始めに入れられたのかな……。うん、で、その関係で、あの、うちは金型を遊ばせてたもんですから、もう使ってなかったもんですから。「だめだ」ということで……。で、深谷さんが「譲ってくれ」ということで、うちの親父が譲ったという話は聞いておりますけど。

それから、真空土練機が普及して、まあ、うちも、親父がさっきの話ですけど、あのー、まだそんなに……。深谷さんがメインで、まあ、プレスをやり出されて、まあ、そのあとぐらいから、うちが、まあ、やり出したと……。

以上の話から察するに、英雄は石英赤瓦の時、それも石英赤瓦を立ち上げて間もない頃にすでに鬼瓦のプレス機械生産を試み始めていたことになり、この分野における先駆者の一人であったことがわかる。しかし、誰がプレス用鬼瓦の金型を最初に作ったかについては、実のところ不透明である。兼子武雄が次のように言っているからである。

最初の金型かな……？　えっとね、その、フカヤ産業に五人 (深谷定男、兼子武雄、石川武経、田島敬、加藤佐久次) いたときに、神仲さんにも金型があったでね。金型が違いました。ほいだで、私が、あのう、ちょっと間におらんようになって（神仲から独立したあと）からですね。その当時にプレスの地というのが動いたんじゃないかな（四九〇～一頁）。

武雄が神仲から独立したのが昭和三三年（一九五八）頃であり、フカヤ産業が始まったのが昭和三八年である。そして石英赤瓦が昭和三七年に立ち上がっている。現在のところ誰が最初にプレス用の鬼瓦の金型を作ったかについては未定といえる。

白地から黒地へ

石英工業は白地の手作りとプレスを兼ねる鬼板屋として昭和四九年（一九七四）に石英赤瓦から名義変更して始まっている。当初は白地の鬼板屋であった。ところが、石英赤瓦の時代は実際に一万枚の瓦を焼く大きな窯を持っていた。またそれ以前も、達磨窯で、黒瓦を焼く瓦屋であった。その瓦屋が鬼板屋へ業種を変えて起きた重要な変化が一つある。もともと窯をもって仕事をしていたが、窯を待たない鬼板屋になったことである。白地屋である。この事は英雄と定次に心理的な空隙を生むことになる。窯を持つ黒の鬼板屋は高浜では二代、三代と続く格式と実績のある伝統的な鬼板屋である。英雄は確かに鬼源で小僧として働き、年季奉公を経て鬼師になった。しかし、本業は塩焼き瓦を生産する瓦屋であった。また英雄に続く定次は手作りの鬼師ではなく、プレス機械の鬼板屋を始めたことにより、当時、新興の鬼板屋としてはいきなり窯を持つ黒の鬼板屋として出発できなかったのである。定次はその独特な白地屋の感覚を述べている。

プレスをやって白地ばっか造っとってもということで……。結果的に、「ちょっと焼いてみたいな」と思う部分も……。まあ、昔、その白地（瓦）を僕も三年ばか焼いてましたから、やっぱり焼きっていうことに関してはすごく魅力がある。

で、あくまで白地（鬼瓦）を造るってことに関しては、もう、そっから一〇年以上経過しましたから。まあ、ある程度。だったら、今度、焼く方も少し考えていかにゃいかんじゃないかということで、僕もちょっと少し焼く方も考え出したんですけどね。

定次が言っていることは元々焼きを知っているものが抱く感覚である。定次は同様の感覚をもっと深めた言葉で語っている。

白地って造っていても、何かこう消化不良のような気がして……、自分自身。これをついでに屋根にたとえれば、その、買っていただけるものではない。どっかへ持ち込んで焼かなきゃいけない。焼いたものがどういう形で、どういう風に流れていくかというのは僕らではさっぱり把握できない。「こういうもの、作ってくださいよ」、「はい、わかりました」、「作りました」、「じゃあ、もうできました」と。まあ、それの繰り返しだけですから。

もう、僕らの業界の言葉で、半製品という言葉を使うんですけど、完全な製品じゃないんです。だから、さっきもちょっと出ましたけど、布袋さんを作っても、鍾馗さんを作っても、狸を作っても、あくまでそれは半製品であって、水をかければ溶けてしまうという状態で……。どうも自分自身の気持ちのなかに、こう、消化不良というか、何か、こう、「これじゃいかんじゃないか」という気持ちが常にこう存在して……。

ところが、定次が持つ白地屋としてのこの独特な感覚は別の経路から解消され、実際に窯を持つ鬼板屋へと変わることになる。定次の三人の姉たちのうち二人がそれぞれ鬼瓦屋へ嫁いだのであった。㈱大でんちこ鬼瓦に行った神谷等子《しなこ》、さらに、㈱鬼長に嫁いだ浅井頼代たちの関係から窯を持つ鬼板屋と姻戚関係でもって直接つながっていったのである。その上に、定次本人がなんと鬼長の娘である歳子を妻として迎えたことにより、鬼長とは特別の関係が形成されることになった。鬼長は黒の鬼板屋のなかでも伝統のある古株の一つである。その鬼長の今は亡き三代目浅井邦彦（歳子の兄で、頼代の夫）から定次は直に助言と援助を受けることになる。

もう一人の姉（頼代）が鬼長に嫁いでるんで。で、そちらの旦那（浅井邦彦）、ちょっとねえ、まあ、うちの兄さん亡くなっちゃったんですけど、そこの塗装などもさせてもらっとったり、いろいろしとって、まあ、そこが昔で言うと完全にプロの方でしたので。で、まあ、「おい、やりゃいいぞ」と。「まあ、何とかなるで大丈夫だ」という話で。「いかにゃあうちは、少しぐらい焼いたやつをうちで取ってやるよ」という感じのなかで、こう、少しずつ始めようかなという感じになって……。

はじめ、それでも自信が無かったものですから、小さい窯で、まあ、それでまた二年ぐらいやったんですけど。で、そこでやってみたら、「うーん、なかなかいいな」と。そんな感じで、じゃあ、大きな窯を入れてもう一個やろうと……。で、やり出した。でも、やっぱりここでもう一個大きい窯がほしいなと。

実際には昭和六二年（一九八七）に小さい窯を一基、平成六年（一九九四）に中型の窯を一基、そして平成一一年（一九九九）には大型の単窯を一基導入している。平成元年の一九八九年には定次は屋号を㈱石英にし、石英工業から再度の名称変更をしている。平成一一年の大型の単窯の導入により、石英は本格的な黒の完全製品を生産する鬼板屋に発展を遂げている。石英工業として白地の鬼板屋を立ち上げて二五年目の出来事であった。

白地から黒地への転換を成し遂げた定次はさらに発想を広げて、「一貫生産ができるようなシステムの構築」を現在（二〇一四）は目指すようになっている。

土からやりたかった。土元《もと》っていうのはできないですから……。我々には山もないし……。そんなん無理なんで……。そういうところでやられた配合粘土をうちが仕入れて、それで、土練機で出して、製造から乾燥、焼成、販売という、そこを一貫でやれたらいいなという……。うん、それは前から思ってたんですけどね。やっぱ、土練機がないと、やっぱり、こう、なんか、片端《かたわ》じゃねえか、うん……、ていう気持ちが自分のなかにちょっとあったもんですから。

で、たまたま、廃業される土練所をうちが借り受けて、で、そのまま、その土練所をうちが、……生かして使ってたんですけど。たまたま縁があって去年（二〇一三）、「買い取ってくれ」と……、ということで、土地と建物と機械全部、うちが一式、去年の一一月に買い取ったんですけど。まあ、それで、ちょっと、本人、苦しんどるんですけどね。

この荒地工場はすでにネクストという会社名で実際に稼働している。定次は荒地に続いて金型も一連のシステムのなかに組み入れている。

本当は、もう一個、金型も全部、その、自分とこで自家製造できたらいいよなと思ったですけど。それはちょっと断念しまして……。で、鍛冶屋も一軒辞めるというところがありましたから、「ほんじゃ、やめるなら……、うちの会社入《はい》れ」と。で、名前はあなたの存続でやってくれと。……んで、資本もあなた自分でやってて言って……。うちは金型をあなたに出すけど、優先的に、順位で、作ってと言う。……で、

今、うちの、あの、工場一部、あの、貸して、そこで機械も全部……、あの、入れて、そこで、やっておるんですけどね。

定次の考えは次の言葉によく表されている。それは単なる思いではなく、実際に実行に移されて、一つのシステムとして形成されつつあるのである。

「あとは、金型ができて、粘土があって、白地ができて、で、……焼くことができたら、これはほとんどオールマイティーに近いじゃないか」という、……ということを自分の頭の中で勝手に考えていたんですけどね。

◈——石川智昭　［石英三代目］

㈱石英はすでに手作りの鬼師として三代目が誕生し、石英の仕事場で鬼瓦を製作している。定次の息子、智昭がその人である。智昭は昭和五三年（一九七八）六月一四日に生まれている。智昭に最初に会ったのは実は石英の工場ではなく、カネコ鬼瓦であった。当時、智昭は兼子武雄の二代目、稔《みのる》のすぐ隣で、主に稔から指導を直接受けながら黙々と仕事をしていた。今回、二〇一三年一一月一四日に石英に来たときは、一階の仕事場と二階が事務室になっている建物のなかで、独立した鬼師として仕事に取り組んでいた。定次は息子の智昭を一人前の鬼師に育て上げていた。智昭に話を聞いたが、印象は職人肌の寡黙なタイプの人間であった。父、定次とは逆の静かな性格を持つ。その智昭が鬼師の始まりについて訥々と語ってくれた。

瓦自体も、そう、あまり興味が無かったというか、はじめは。

（鬼瓦を意識し始めたのは）やっぱり、その、修業に出たあたりからじゃないですかね。入るきっかけは、まあ、兼子さんのとこに修業に行ったのがきっかけなんですけど。

図4　石川智昭（左）　かわら美術館2Fにて鬼板師技能検定試験受験中（2007年9月16日）

一八、九ぐらいで。

高校生までは瓦には関心をそれほど持たなかったが、ただ石英の跡取りであることは常に意識していたのである。

まあ、「いつか継ぐのかな」っていうような意識ぐらいしか……。それは、もう、常々ね……。

定次は智昭が小さい頃からいつも家業を継ぐことに関してはしっかりと言い聞かせていたのである。定次は次のように言い添えた。

長男は継いで当たり前という……。そういう風に小さい頃から言ってきたんで。

これは定次だけでなく、母親の歳子も同じであった。しかも、定次も歳子も単に石英を継ぐのではなく、一人前の独立した手作りの鬼師になることを要求したのであった。二人の心は石英が正統な黒の鬼板屋になることを目指していたのである。歳子は智昭に次のように言っている（図4）。

絶対に、「手作り鬼瓦の職つけとけば、絶対に安泰だから」って。あの時は、まだ、鬼がよかったからですね。絶対やったら、絶対にいいから。プレスはみんなやれるけれども、手作りは、絶対、修業しないとやれないから。強引に言っちゃったから、ちょっと自分のなかでは何か、葛藤があったみたい。

智昭はこのように両親からの強い勧め、ないし強引な後押しをされて、鬼師の門を潜るのであった。入った先はカネコ鬼瓦である。選んだのは智昭本人ではなく、父の定次であった。定次はなぜカネコ鬼瓦を鬼瓦の修業の場として智昭に選んだのかを話してくれた。

私が選んだんです。選んだという言い方、失礼なんですけど。あの、やっぱ、大将（兼子武雄）、息子さん（兼子稔）もそうなんですけど、三州では、もうずば抜けて腕がよいということと、それから今の時代のニーズに合っているのかなと。

あのー、私が見さしていただいた部分のなかで、鬼屋さんでは、その、「見て盗め」という親方と……。うん、あの、「見て盗める時代ではないな」と私は判断しているのね。

そういう、今の若い子たちが、見て、盗んで、自分で、その、覚えるなんていう時代じゃないと。手取り、ほんとに、こう、へらをこうやって持つんだよ。こうやって彫るんだよって、口で言ってくれるそういう親方がいいなって思って。

あの、まあ、ちょっと深谷さんにおられる頃からちょっと知ってたもんですから。見てて、この人なら預けても上手に教えてくれるだろうなと。

カネコ鬼瓦は定次の頼みを最終的には受け入れ、智昭はカネコ鬼瓦で平成九年（一九九七）、一八歳で形式は昔のような小僧としてではなく、㈱石英の出向社員として給料は石英から出るかたちを取った。目的はただ一つ、鬼師になるために腕を磨くことであった。そして一〇年をかけてカネコ鬼瓦で修業をし、平成一九年に石英に鬼師として戻ってきている。平成一九年一二月六日には三州鬼板師技能試験の上級に受かっている。歳子は修業を始めた頃の智昭を次のように言っている。

最初はね、でもね、腫れ物に触るようでね。うん、イライラしてたからね。やっぱし、動かないから、手が。うん、「かわいそうだな」と思ったけど。「乗り越えたら、絶対に……」と思ってね。

無我夢中でしたね。本当に、優しく、手取り足取りみたいな。教えていただいて、はい。

智昭は歳子の話を聞きながら、静かに笑いながら話すのであった。いつ頃からへらが動くようになったのかと智昭にたずねてみた。

感覚……、どうなんですかね……。感覚……。まっ、よくわかんないですけど、なんか、「いつの間にか」って感じで……。「やれるなー」みたいな。あるとき、何か、「できるじゃないか」って。

えーっと、まあ、踏ん切りが付いたあとじゃないかなって思うん

図５　カネコ鬼瓦にて鬼瓦修業中の石川智昭（左手前）と親方の兼子武雄（右手奥）（2000年１月18日）

ですけど。

定次も歳子も智昭の側で話を聞きながら、定次が助け船を出してきた。

俺が見とったとき、三年から四年に入る頃から、うん、たぶん自信がちょっと持ててきたかなって見えたけどね。

七年目ぐらいからですかね。はい。親父さん（武雄）がね、「もう、智くん、大丈夫だよ」って言って。「まあ、ほかっとても、あとは、ちょっとできたやつを見て、いかんとこをちょっと直してあげやー、すむよ」とかって。そういう話は聞いておった（図５）。

石英の手作りの仕事場を持った智昭は現在は日々黙々と注文を受けた鬼瓦を製作している。その智昭は作るときの思いを語ってくれた。

品物が最終的に喜んでもらえたらいいなと……。注文したところから。という考えでやってますね。はい。「すばらしい」とか言ってもらえるといいなという……。

まとめ

㈱石英の成り立ちについて検討をしてきた。この事をもとに、これまで様々な鬼板屋を調べてきてわかった事実と比較することにより、石英の特徴が浮き上がってくる。石英は少なくとも調べた限りにおい

図６　カネコ鬼瓦にて――石川智昭（左）兼子武雄（中）兼子稔（右）（2000年１月18日）

て、他の鬼板屋とはかなり違っている。大きく異なる点は瓦屋から鬼板屋へと転業したことである。これまでの調査研究で見えてきた鬼板屋になるパターンは五つある。まず最も古い形として、バンクモノになり各地を転々としながら鬼師の修業をする形である。高浜の最も古い鬼板屋はこのバンクモノのなかで経営的才覚を持つものが故郷高浜へ戻ってきて始めたものである。次のパターンは新しく始まった高浜の鬼板屋で小僧として働き、年季を明けて独立し、自ら鬼板屋を始める形である。第三のパターンが鬼板屋に生まれたものが鬼師となり、跡を継ぐ形である。第四のパターンが鬼板屋に生まれたものが鬼師はもとからいる職人に任せ、自らは社長となり鬼板屋を経営する形である。第五のパターンがプレスの白地屋に生まれながらも、手作りの鬼瓦に興味を持ち、自ら努力して鬼師になり、独立して鬼板屋になる形である。

石英の場合は上記にあげた形とは別の新しいパターンを成す。つまり、瓦屋が鬼板屋になる形を取っている。その第一号が石川英雄であり、父、与松によって鬼板屋の鬼源で小僧から始め、年季を明けて鬼師になっている。しかし英雄が鬼板屋を起こすのは、英雄がなんと六三歳、昭和四九年石英工業を立ち上げたときのことである。この時初めて正式に瓦屋から鬼板屋になったのである。

石英の次の特徴は白地屋から窯を持って鬼瓦を焼き、製品化された鬼瓦を出荷する黒の鬼板屋（黒地）への移行をしたことである。この白地から黒地への移行は単なる窯の導入だけではなかった。英雄が鬼師として鬼板屋になったときの名称が石英工業となっている通り、英雄が鬼師として手作りの鬼を作っていったとはいえ、主たる製品はプレスによる大量生産の鬼瓦であった。事実、英雄から定次への交代は手作りの鬼師の存在が欠けていたのである。

その欠落を埋める作業が智昭の鬼師としての修業であり、その独立であった。これによって文字通り石英は瓦屋から鬼板屋になったといえる。ただ英雄から一世代飛んで智昭に移るとき、鬼師としての系統が断絶した。鬼源の系列からカネコ鬼瓦へと移ったのだ。カネコ鬼瓦は親方の兼子武雄が鬼板屋の「神仲」出身故に山本吉兵衛の系列に入る。石川福太郎系ということになる（二七～三〇頁）。石英は四世代をかけて、初代石川与松の夢を実現したのである（図6）。

［23］鬼仙系――㈱石英（弐）

鬼板屋を訪れては、そして、また別の鬼板屋を訪れてはと繰り返しながら「鬼師の世界」をできる限り現場に忠実に、自らの経験をもとに記述を通して描いてきている。平成一〇年（一九九八）六月七日が実質的なフィールドワークの始まりなので、現在（平成二六年）から振り返るとかなりの年月が経過している。今回はこれまで気づきながらも意図的に記述しなかった鬼師の世界を描いてみたい。鬼板屋には親方ないし社長と、職人ないし従業員がいる。しかし、職人のことを「鬼師の世界」に組み込むと大変な作業になるので、基本的には親方を中心にした鬼師の世界を構築してきた。この親方を中心においた鬼師の世界が核になることは明らかなのであるが、ここでは職人（身分が従業員）の世界に光を当てて別の角度から鬼師の世界を見てみたい。

㈱石英は現在手作りができる専門の鬼師を職人として二人抱えている。岩月光男、岩月実《みのる》の親子二代にわたる鬼瓦の手作り職人である。石英では手作り鬼瓦に関してはカネコ鬼瓦で修業を終えた三代目石川智昭の時代に入りつつあり、これに職人の岩月親子を加えると手作り鬼に関しては十分に需要に対処できる体制が整えられている。石英の手作り鬼は初代石川英雄に始まる。この英雄が昭和の初め頃（一九二六年）、当時、神谷春義が親方をしていた鬼板屋の鬼源へ小僧として入ったことが現在の鬼板屋石英に至る直接の発端である。しかし、石英は二代目石川定次の時に手作り鬼瓦の伝統が一時途絶える。ところが定次の姉、頼代が鬼源直系の鬼板屋「鬼長」に嫁ぎ、さらに嫁ぎ先から三代目鬼長浅井邦彦の妹、歳子が定次のもとへ逆に嫁いでくることにより、鬼長と強い姻戚関係が発生する。このような伝統と人間関係の交わりの結果、石英は「鬼師の世界」における位置は鬼源系列に入ることになる。

㈱石英

◈――岩月光男

現在、㈱石英で手作りの鬼師として働いている岩月光男（八三歳）は伝説の人であった。鬼師の世界を長く調べてきて、いろいろな鬼板屋で、いろいろな親方や職人から「凄腕の達人」として噂を耳にしながらなかなか会う機会が無かった人物である。理由は光男が職人であるからであった。実際に光男は過去、鬼仙、鬼作、鬼長と三つの鬼板屋を転々としている。正確には鬼仙、鬼作、鬼仙、鬼長、そして現在の働き口である石英と合計五つ鬼板屋を変えている。今回、石英を訪れた際にやっと会うことができた。どんな人かと工場の扉を開けたとき、現れたのは小柄な優しく静かなたたずまいの人であった。工場内は塵がなく、無駄がなく、きれいに整った空気に包まれていた。入った時、戸口に置いてあった板を踏んで、ガタンと大きな音を立てて仕事場の雰囲気を壊したのは私の方であった。その時、光男と実は黙々と仕事に取り組んでいた。二人だけが仕事をする平屋の手作り鬼瓦工場であった。

岩月光男は昭和六年（一九三一）一〇月二四日に高浜にあった鬼仙という鬼板屋に生まれている。この鬼仙に生を受けたことが光男が鬼師になった直接の原因である。鬼仙は岩月仙太郎（一八六七～一九四三）が初代である。仙太郎は各地を渡り歩く鬼瓦職人で、いわゆる晩苦者《ばんくもの》として遠州を中心に働き、鬼師の技術を身につけている。元々は高浜で魚の引き売りをしていたが、鬼師の仕事に興味を持ち、三州では修業をせずに遠州へ出かけ旅職人をしながら鬼師としての技を鍛えたのである。この仙太郎を頼ってきたのが甥の神谷春義であり、後に高浜へ戻り「鬼源」を興した。春義より数年遅れて仙太郎は高浜に戻り、「鬼仙」を大正元年（一九一二）に興している。高浜での鬼板屋としての始まりは鬼源と鬼仙は古さが前後して鬼源の方が先になる。しかし、鬼瓦の流儀の流れにおいて鬼源は春義が仙太郎の弟子であることから岩月仙太郎系の中に入ることになる（二九二～五頁）。光男はこのように高浜で最も由緒ある鬼板屋の一つに生まれたことになる。

光男の父は二代目鬼仙の岩月新太郎（一八九五～一九四三）である。新太郎は女六人男四人の子供をもうけている。光男は三男であった。ところが光男が小学校六年の時に父、新太郎が亡くなっている。三代目鬼仙を継いだのは長男の悦二（一九二一～一九四八）であった。ところが悦二は新太郎が亡くなって五年後の昭和二三年（一九四八）にやはり病で亡くなっている。鬼仙は伝統の後継者が次々と亡くなり、存亡の危機に立たされる。悦二の後を継いだのが次男の孝一（昭和二年生まれ）であった。しかし、四代目鬼仙、孝一は四男の岩月清によると、昭和三九年（一九六四）に鬼仙を破綻させ、家を出て行っている（二九五～七頁）。あとに残ったのは三男の光男と四男の清であった。当然のことながら、これまでの鬼仙の流れから行くと、三男である光男が五代目鬼仙を継ぐはずであった。しかし清によると光男は「性格的に商売をするのが嫌い」と言って断り、「鬼瓦の修業をする」と言って叔父の杉浦作次郎が親方をする鬼作へ職人として出て行ったのである。この昭和三九年事件が光男がこの年を境に職人人生を歩む発端となった重要な節目に当たる。本来なら五代目鬼仙として、親方として生きるその瞬間に本家の鬼仙を自ら出たのであった。光男は文字通りの職人といえる。

「凄腕の達人」と言われる岩月光男に会って聞きたかったことは、どのようにして鬼師としての技を身につけていったのかということであった。

> 親（岩月新太郎）はねえ、えーっと、僕が……自分が小学校六年生の時になくなっとるからねえ。親に習ったってゆうわけではない。それは（鬼師の技）……誰から習ったってゆうあれはない。家自体……先祖から鬼はやっとったもんだねえ。結局、習ったっ

てわけじゃあないけど、見とって、ほいでやったってわけだね。

実際に鬼瓦を作り始めたのは昭和二二、三年頃だという。光男が一六、七歳頃である。鬼仙の工場にいたのは兄の孝一（二〇歳頃）と光男の二人であった。親方がいない兄弟二人の仕事場だった。兄の孝一は鬼を作るのが上手かったのかとたずねてみた。

うーん。自分からいうとそんなに上手くない。

光男がそうした環境でどうやって技術を身につけていったのか不思議だった。それに答えるように光男は次のように話してくれた。

小さい時に、あ……まっと、あ……、小学校の小さい時の、あ、職人さんとかねえ、ええ、たくさんおった……いたもんだい。見とるわけで。全然、その、作ることはできないもんね。見とるだけで。……ぐらいのことだね。

実際に家の隣が鬼仙の工場で、小さい頃は工場に行っては遊んでいたという。また、「小学校の時でも粘土細工とか、あーゆうのが好きだったもんね」と言っている。さらに光男が鬼瓦を作り始めたのは一六、七歳頃のこととはいえ、一方で光男は小さい頃の記憶をたどりながら次のように話すのであった。

まあ、小学校六年ぐらいの時にも（鬼瓦作りを）やっとったことがあるもんねえ。親（新太郎）が死んじゃって。お父さん……親が死んで、まあ、その日は、あの、石膏型は土を込むだけだもんだいね。そりゃあ、あの、親が死んじゃったもんだね。その日は、まんだ、せ、せ、戦争中だったで、まんだ、鬼がちいとずつ売れとったもんでね。それでも作るの……。まあ、職人さんたちはみんな、まあ、戦争中で「鬼はいらん」ってゆって、やめちゃって……、いなくなったもんだい。ああ……、よくやったよ。六年ぐらいからやっとるでねえ、小学校。うん、おらが、に、日曜日だとか、ああゆう時ぐらいはね。やっとるって言わない。こう、小《ち》っちゃいもんならやれるもんね。やり始めたって、やっとったねえ。

確かに光男が言うように小さい頃から鬼仙という特殊な環境で鬼師の世界に育ったことはわかるが、戦争によって鬼仙から職人が離れていき、さらに鬼仙の親方である初代仙太郎（昭和一五年）、二代目新太郎（昭和一八年）、三代目悦二（昭和二三年）と次々と亡くなっている。鬼師になる環境は年を追うごとに悪く、厳しくなっていった。それでも幸いなのは光男は昭和六年生まれなので、これら亡くなった親方であり身内とそれぞれ長い短いはあれ共に生きたことも事実である。そして鬼仙の親方が亡くなってしまった時に、光男は本格的に鬼師の世界へ入ったのである。

現在の光男が作る鬼瓦は鬼瓦作りにおいて全くの素人の私から見ても、光男の鬼瓦は他の鬼板屋で作られる鬼瓦とははっきりと異なっている。流派ないし流儀が違うといえる。つまり光男は鬼仙の流儀を明白に受け継いでいる。いったいどうして光男が親方のいない鬼仙で鬼仙の流儀を身につけたのかに対する光男の答えが光男本人から語られている。

鬼仙の技術はね、鬼作という人……親方……大将が、あの、鬼仙からの出だもんね。鬼仙の、あ、僕たちの叔母さんの旦那さんだもんね。鬼作とゆう人がね、そいだもんで、まあ、鬼作さんってゆう人はねえ。あの、まあ、若い頃はもと鬼仙で、まあ親類関係だったんで、鬼仙で鬼を作っとって、そいで、あの、瀬戸窯業ができた時に一期生で、瀬戸窯業行かして、そいで、瀬戸で、まあ、卒業して、また鬼仙に戻ってきて、そいで独立して鬼作。そいで僕がここ一〇年、そこでずーっと修業てや修業だけども、まあ、結局、職人として働いとった。

つまり光男は戦争が終わり、鬼仙が鬼瓦を作り始めた昭和二二、三年頃から鬼仙でほぼ同時に鬼瓦を作り始め、四代目孝一が鬼仙を破綻させて出て行った昭和三九年まで鬼仙にいた。しかし、孝一のあと、五代目鬼仙になることを断り、「鬼瓦の修業をする」と言い、叔父の杉浦作次郎の元へ身を寄せたのである。この作次郎が初代鬼作であり、光男の親方であった。鬼作に職人としていた期間は一〇年で、昭和三九年から昭和四九年までである。光男が三三歳から四三歳の間であり、光男が修業の時代と呼ぶ期間である。この時に光男自身は鬼仙の流儀を会得したと考えている。光男は次のように答えている。

まあ……、結局、それは、まあ、仕事とか、食う、生活とか、もう必死になってやらんといかんでねえ。

ところが、鬼作で誰が一番腕があったのかと光男にたずねると、話が濁るのである。

まあ、よう知らんけどねえ、鬼作さんとこの腕があったって人はねえ。まあ、うん、まあ、みんなおらんくてねえ。まあ、結局、息子さんとかが、その人も、鬼やっとったでね。僕、鬼作行っとった時でも、結局、ほの……石膏型というモノができて来て。わかっていると思うけど、石膏型じゃなくて、本当に手で作る、手作りでやるのが鬼だから。その時は、まあ、自分が任されとったからねえ。鬼作の時はね、その時は、まあ、……。今でもほとんど石膏型でやるもんね。こーゆうもんとか、あーゆうもんでもね。手作りってゆうもんがあると、その時は任されとったわね。

鬼作に石膏型を導入したのは親方の作次郎であった。作次郎が修業時代に鬼仙から瀬戸窯業に行った折に学んできた、当時、最新の技術で窯業から鬼瓦の製作技術への移転であった。作次郎は石膏型の技術を窯業の世界から鬼瓦の世界へ導入した一人といえる（三〇九～一二頁）。それ故、鬼作では石膏型が多用されていった。結果、手作り職人の光男から見て鬼作には腕のいい職人はいなかったことになる。では鬼仙の技術を伝授したのは親方の作次郎になるのかとたずねると、光男は次のように語りはじめた。

んー、別に、そんなー、一〇年やったって、そんなに、まあ、強く教えてもらったってあれではなかったからねえ。

つまり、作次郎から教えてもらった覚えがないと言っているのだ。実際に「覚えがない」と光男は言うのである。ではどうして覚えたのかというと「見て覚えていった」のであった。ところがその見て覚えていく時に、何を、誰を、見て覚えていったのであろうか。

　まあ、誰をってゆうか……、まあ、作次郎さんってゆう人の作ったもんを見るぐらいのもんでね。やり方とかそういうことは教えてもらったことはないもんね。

光男は作次郎からは直接教えてもらうことはなく、作次郎が作ったものを見て、勘考しながら作っていったのである。この事を確認すると光男はうなずくのであった。

　そう、そう、そう。まあね、みんなそうだったね。

「見て覚える」。これが職人が鬼板屋で技術を身につける基本的な手段であった。その木がよい木かどうかを見分けるには、その木がつける実をもって判断しろと言うが、光男をその木の実とすると、もとの木である作次郎は鬼仙からその流儀を忠実に受け継いでいた鬼師であったといえる。鬼仙の流儀は岩月仙太郎から杉浦作次郎（もと鬼仙の職人）へ、そして杉浦作次郎から岩月光男（もと鬼作の職人）へ受け継がれていったのである。

光男は並の職人ではなかった。まず、本来、親方、それも高浜で最も由緒ある鬼板屋になるはずの人が、親方になることを自ら降りて、職人として生きる道を選んだ人である。さらにその地位を降りる動機が今日の光男を強力に後押ししている。

　結局ねえ、あの、「自分は、もう、あー、作る……、あれが（鬼瓦）好きだった」。好きだったもんだい。ただ、自分は作った方がいいもんだい（図1）。

さらに光男を鬼瓦を作る職人の道へ走らせたものがある。それは鬼仙の存続そのものに対する危機感である。ただ光男の意味する鬼仙は鬼板屋としての鬼仙というよりも、鬼仙が持つ鬼瓦作りの流儀であった。事実、鬼板屋の経営には光男は全く興味を示していない。

　バタバタバタって逝《い》ったもんだい、まあ、「何とかしなくちゃいかん」と。それだけだったけんね。「ン、何とかして鬼仙を継いで行かにゃいけん」っていう……。

鬼作で一〇年職人として働いた光男は、昭和四九年に鬼作を出て、再び鬼仙へ戻ってきている。その理由として鬼作が光男がいた一〇年の間に石膏型による型起こしのみならず、機械による金型でプレスによって鬼瓦の大量生産を始めたことを光男はあげている。

　あの、機械、機械で、金型でプレスしてやるようになっちゃったわけ。大量生産になって。鬼作おった時、みんななってきたもん。まあ、「プレスや型起こしや、そんなんじゃつまらん」と思って……。迷っとった時、鬼仙、……また手作りとか、あーゆうのがあるようになったもんで、こっちの技術を持って、そちらへ、

図1　鬼面を製作中の岩月光男　82歳（平成25年12月6日）

……もどった。

もどってきた鬼仙では五代目鬼仙として、四男の岩月清が親方として経営していた。光男は鬼仙で手作りの職人として平成一〇年（一九九八）六月まで働いている。鬼仙では清の二人の息子に影響を与えている。兄の岩月秀之と弟の岩月貴である。秀之が鬼仙に入ったのは平成五年（一九九五）で、貴が鬼仙に入った年は、貴が一八歳（平成元年）であった。二人は暫く窯の手伝いや配達をしながら、やがて鬼瓦を作り始めたのである。光男は平成一〇年六月に鬼仙を出ることになったが、その間兄弟は見よう見まねで鬼仙の流儀を光男から学んでいる（三〇〇～八頁）。光男は鬼仙を再度出た理由を語ってはいない。しかし光男が鬼仙を出て同じ岩月仙太郎系列の鬼長に移ってほぼ一年後の平成一一年九月六日に鬼仙は自己破産している。

　光男は鬼仙から鬼長の本宅がある二池町の近くの仕事場に移った。現在は春日英紀が鬼英《おにひで》の看板を上げて鬼板屋をしている。しかし、光男が移った先の鬼長はやがて経営の中心を内部の事情とはいえ、鬼瓦から平板瓦の生産に移し始め、最終的には手作りの鬼瓦から撤退したのである。光男は鬼長が経営方針を転換した煽《あお》りを受けて、平成一七年四月三〇日に鬼長を退社している。ただ鬼長は光男を無碍《むげ》に解雇したわけではなかった。鬼長はいろいろな意味でつながりを持つ石英へ話を持って行って、光男を陰ながら面倒を見ている。その結果、平成一七年五月一〇日に光男は鬼長から石英へと移り、現在に至るのである。石英の現社長である石川定次はその時のいきさつを次のように語っている（図2）。

図2　無量壽寺本殿大棟足のミニチュア版を製作中の岩月光男

「今月いっぱいで」とか……、とか……、言ってたもんですから、……社長（鬼長）が……。「ほいじゃ、うちがもらうわ」ってって……。

インタビューに同席していた定次の妻の歳子はもともと鬼長の出の人である。このあとすぐに話を受けて次のように続けた。

あそこは（鬼長）……、鬼をやってたんですけど、……だんだん瓦（平板瓦）に力を入れてみえて、……でだんだんとね。うん、……手作りの人は……いらなく……。

歳子の話をすぐに継ぎながら、定次は光男を即決で受け入れたことを教えてくれた。

……で、……ちょっと……そういう話しが向こう（鬼長）からあったもんで、……「ほいじゃ……、うちが即もらいます」って、……。うん、……何のためらいもなく……。

このようにして、鬼仙に生まれて育ち、鬼師となり、社会の表にはほとんど出ることのない職人ではあるが、その業界内では密かに名前が知れ渡っている人物が岩月光男である。平成二五年一一月一四日、光男は八二歳であった。その時に話してくれた鬼瓦作りに関する光男の話を記録としてここに紹介する。

高原　天性のものがあるのではと思うんですけど。

図３　無量壽寺本殿大棟本鬼面のミニチュア（一尺　岩月光男作　平成26年）

光男　うーん……。数作ればできるじゃないかねえ。
高原　いいものを見るように努力したとか、そういったことはないですか。
光男　ないねえ。
高原　鬼瓦を作るとはどういうことですか。
光男　ん……、わからん。……、簡単にいやあ、生活のためだけに……。
高原　なんか、こう、ある思いを込めて作るとか、そんなんはないですか。
光男　ないねえ。あんまりそういう気持ちはないねえ。
高原　作るのはおもしろいですか。
光男　おもしろくない。なかなか思うようにできない。

うーん。結局ねえ、これ、焼きもんだもんね、作る技術だけじゃあ、だめだと思うんですけどねえ。まあ、あの、最終的には、あの、窯だもんね。焼き上げだもんね。……焼き物はねえ。焼き物はねえ、だいたい一番、焼き物は土、技術、窯焼きね。ほいだでね、焼きが一番大事だでねえ。いくらきれいにでかしとったってねえ、こんなとこなんか傷ができとる。土が悪いともう傷も出るし。あのね、技術はね、一番あと。焼きもんはそう。特にあーゆう茶碗とか、あーゆうのが、焼きもんでも、えがんだり、傷が出ても、色がよけりゃあ、「いい」ってゆう、……なっとるけん。これも実際の使う屋根載せて、傷が出たため長く持たん。
一番あれは、あの、窯で焼くのは一番難しい。技術はあと。

粘土もいかんけんね。粘土も大事ね。実際に自分でも、でかしても、最後に傷が出る時がある。乾いてくる時にねえ。空気だけど。急に冷えたりなんかすると、ピシーッと切れちゃう。一晩でね。うん、だから難しい。だいたい土の多いとこと少ないとこがあるもんねえ。どうしても引っ張られちゃう（図3）。

◈――岩月実

岩月光男にはすでに後継者がいる。光男の息子の実《みのる》である。昭和四四年三月六日に高浜で生まれている。小さい頃から父、光男の仕事のことははっきり知っており、土にも触ったこともあるという。しかし、実が子供ないし少年時代を過ごした頃は光男が鬼作（昭和三九年～昭和四九年）そして鬼仙（昭和四九年～平成一〇年）で、職人として働いていた。もし光男が昭和三九年に鬼作へ行かずに五代目鬼仙として親方になっていれば、実の環境はかなり変わったと思うが、光男が職人だったことで、実は土に親しみながらも、鬼師の道へそのまま進むことはなかった。

バブルの頃なんで、あの……二五年前。専門学校行って。あの頃、花形でねえ。就職もすごい楽にできて、大卒でなくても、やっぱりそういう専門学校入っとれば、そういう……まあ、ところへ入れるんで。資格とかあれば。

社会に出て、実は富士通のディーラーのＳＥ（Systems Engineer）をしていた。ところが現実は実が思っていた世界ではなかったのである。「入ったんですけど、まあ、あんまりおもしろくない」と言っている。結果、実はその仕事をやめて改めて鬼師の世界へ入ったのである。平成七年（一九九五）、実が二六歳の出来事であった。その時の動機について実は少し話してくれた。

まあ、親父がやっとるもんでって……、感じですかねえ。まあ、あと、作ったもんが残るんで。……ってゆう感じで作ってみたいなあと思って。

父、光男からは特に何かの声かけはなく、あくまで実本人の決断であった。しかし、ＳＥから鬼師への切り替えは人生の大きな出来事である。それはいかに光男の後ろ姿の影響が強かったかを物語っている。誰にでもできる切り替えではないからである。

実が鬼師の世界の扉を叩いたのは二六歳の時であった。父、光男が一六歳で鬼瓦を始めたのと比べると年齢的には鬼師を始めるにはやや遅いといえよう。年齢に関しては大きなハンディキャップを負っているといえるが、実は他の多くの鬼瓦の初心者とは異なる遙かに有利な条件を持っていた。「凄腕の達人」と同じ業種の人たちの間で密かに噂される鬼師である光男に直接ついて修業できたことである。その上、実は光男とは赤の他人ではなく、光男本人の実子なのである。通常は、鬼師に鬼板屋の子供以外の者がなろうとする場合は、本人が直接腕のいい鬼師を選ぶことはできず、単に鬼板屋を選ばざるをえない。それさえも希望通り行くかどうかわからない。たとえ入れたとしても、すぐには本来の仕事をさせてもらえず、しばらくの間は雑用に回される可能性がある。ところが実の場合は光男が鬼仙にその当時いたこともあって、すぐに光男のもとで修業を始めることができたのであった。

まあ、僕（実）は、あの、最初は、まあ、誰もですけどできないんで。まあ、簡単なもんをちょっと作るぐらいですね。できないんで、最初は。簡単な仕事を分けてもらって、お、鬼仙における時はそれを（光男の）後ろでやっとったぐらいですね。

つまり、実は光男と同じ仕事場で光男の後ろに陣取り、二人で仕事を始めたのである。光男は自分の仕事をやりながら、実には実ができる仕事を渡し、実の実力の伸びと仕事の進捗状況を見ながら適切な仕事をその都度与えていたのである。

では実は素人の状態からどういうふうに鬼師になっていったのであろうか。光男の場合は作次郎という親方はいたが、ほぼ独学で鬼瓦の修業をしている。実の場合、目の前に最高の鬼瓦の職人がいて、しかもその人は自分の父親なのである。

「どういうふうに習う」っていうふうに聞かれても……。「習った覚えがない」ですからね。もう見るだけなんで。「できとるのを見て、まねして作るぐらい」。（光男が）作っとるとこも見るんですけど、見とってもできん。できん。やれないじゃないですか。やっぱり素人なんで。だもんで、できたやつを見て、見よう見まねでやるしかない。

光男からの教えはほとんどないのである。もっぱら自らが勘考しながら作っていくのである。

できんもんで、でき……、あれですねえ、できんもんはできんもんで……。うん、上手いことできんもんで、できるようにやるしかない（笑）。どう説明……どう説明していいのか、ちょっとわからんけどね。そうですねえ、まあ、知らんどる……「知らんどる間に、まあ、できるようになる」って言うか……。

実にいつ頃からやれるようになったのか、またそういった感覚がいつ生まれたのかと聞いてみた。

あれはねえ、わからんですねえ。いつも毎日、だってねえ、こういう仕事をやっとるもんで。いつ頃からって聞かれても知らんどる間にできる……、できるようになった。それも、うーん……、どうなのかな。よく見学に来る人とかにねえ、観光バスが時々来るんですよ。なんか、工務店の人が連れてきたり、屋根、屋根屋さんと一緒に来るんですけど……。で、聞かれるんですけど、うん、そんな、答えられんもんねえ。「いつ頃できるようになった」とか、「何年かかった」とか言われても、……知らんどる間にできるようになっとるでえ……。何日も同じ事やっとりゃ。（光男からの指示は）ないよねえ。だって、あの、図面とか来たらその通りに作りゃいいんで。「こうした方がいい」とかあんまり……（図4）。「こんな感じかなあ」ぐらいは聞くぐらいで。

そうですねえ、作り方が有ってないようなもんなんで。こういう

図４　沢渡町石英の手作り鬼瓦工場にて　岩月実（中央）と岩月光男（右手奥）

手作りもんは毎回違うもんを作るもんで、だもんで、ど、どうゆうふうにとかは考えんで、まあ、その、行き、……行き当たりばったりで作るもんで。だもんで、いろんなもん作っとるもんで、「追加で、二三年ぐらい前に作ったやつを作ってくれ」って言われても、もう覚えてないんで……。どうやって作ったかも忘れちゃっとるし、こんな時期、仕事はこういう仕事なんですけど、作ってるもんが全然違うもんで。うん、できるんですけど、毎回作るもんが違うもんで。

本人も気づかないうちに、毎日ただ作り続けているうちに、いつの間にかできるようになっていることが実の話から見えてくる。しかもいつもいつも同じものを作るわけではないので、逆に「毎回作るものが違うもんで」なかなかはっきりといつできるようになったかわかりづらいといえる。作る技術はその都度の勘考になり、その積み重ねから生まれる総合的な技術ともいえる。しかも毎回違うということは技術に終わりはないことになる。そういった中で何が作る時に一番大切なものなのかと実にたずねてみた。

乾燥。やはり、あの、乾燥ですね。作るのは作れるんですよ。で、作ってから窯に入れるまでに切れちゃったら、もうそこで切れたままですね。で、窯から出しても切れてるんで。で、結局は、あの、納期とか有るんで、それを直して出したりしないといかんもんで、結局またきれいには直すんですけど、見てもわからん程度に。ん……、直すんですけど、だけど結局、切れちゃっとるもんで作る人間からしてみると、「あっ、駄目じゃん」って。だったらゆっくり乾燥さして……、だもん、乾燥は一番。

さて、ここからは流儀とその伝達の仕組みについての考察である。光男や実が作る鬼瓦を見ていると素人の目にもわかるほどの独特な鋭さを伴う美しさといったような特徴がある。特に他の鬼板屋でできた鬼瓦と光男たちのものを二つ比べてみた時にはっきりと違いが出てくる。鬼仙が持つ鬼の流儀が違いとして浮かび上がる。実《みのる》は鬼仙の特徴、すなわち流儀について次のように話す。

説明が難しいねえ……。口では言えんね。見りゃたぶんわかるんですけど。何が違うって言ったら、……ま、簡単に言うとね、たぶんね、すごい大きいもんと、小さい……たとえば、ああゆうもん。……これは京都御所の小っちゃいミニチュア（鬼瓦）。でも、作りは一緒だと思います。で、よそのやつは、大きいやつは大きいなりに雑で、小っちゃいやつは小っちゃいやつで作りぬくいもんで、またちょっと、こう篦《へら》が入らんところはごまかしたりとかしとるかなってゆう感じで。で、親父（光男）が作ったやつは大きいやつも小っちゃいやつもたぶん一緒。

つまり光男は大きさの大小にかかわらず、緻密に作り、手を抜くことは一切しないのである。

雑とかじゃなく、バランスがいい。大きいやつも、小さいやつも。バランスがいいと思う。むずかしいねえ。ものを置いてもらうとすぐわかるんですけど……。目ではすぐわかるんですけど、言葉で言うと難しいね。たぶん、「大きいもんでも、小さいもんでも一緒」。他の人が作ると全然違うと思うよ。作り方は一緒だと思うんだけどね。作っているとこは見たことがないもんで、他の鬼屋さんの……。比べるとわかると思う。大きくなればなおさらわかると思う。

もう一方の、流儀の伝達の仕方ないしは、その仕組みについてはいわゆる「見て覚える」または「見て盗む」といろいろな鬼板屋でこれまでしばしば耳にしてきた言葉である。「見て覚える」と聞いて職人本人は実際に現場にいつもいるので、特に問題はないと思われる。職人自身は「そうだ」とうなずくだろう。ところが部外者は「見て覚える」はわかったようでよくわからない世界になる。実《みのる》はその言葉の中身について私にわかりやすく語ってくれた。それ故、いかにそれぞれの鬼板屋の独特な流儀が世代から世代へと伝わっていくのかがよくわかる。

「ただ作っとるもんを、いいもん見とるもんで」。まあ、「その違いだけだ」と思うんすけどねえ……。だいたいの、こう、作り方ってゆうか、細かい磨き方とかは別として、だいたいの作り方は、だいたいねえ、見とりゃねえ、覚わるしねえ。他の人はどうやって作っとるか知らんけど、自分は親父のやつを見て……。「あっ、これはこいやって作るんだ」っちゅうふうに、ほぼ覚えたぐらいで。でも、他の人の……、他の鬼屋さんの作り方は全く知らんもんねえ。ど、どうやって作っとるのかも見たことないもんね。「作った製品は見たことあるけど……。うん、作り方は見たこと

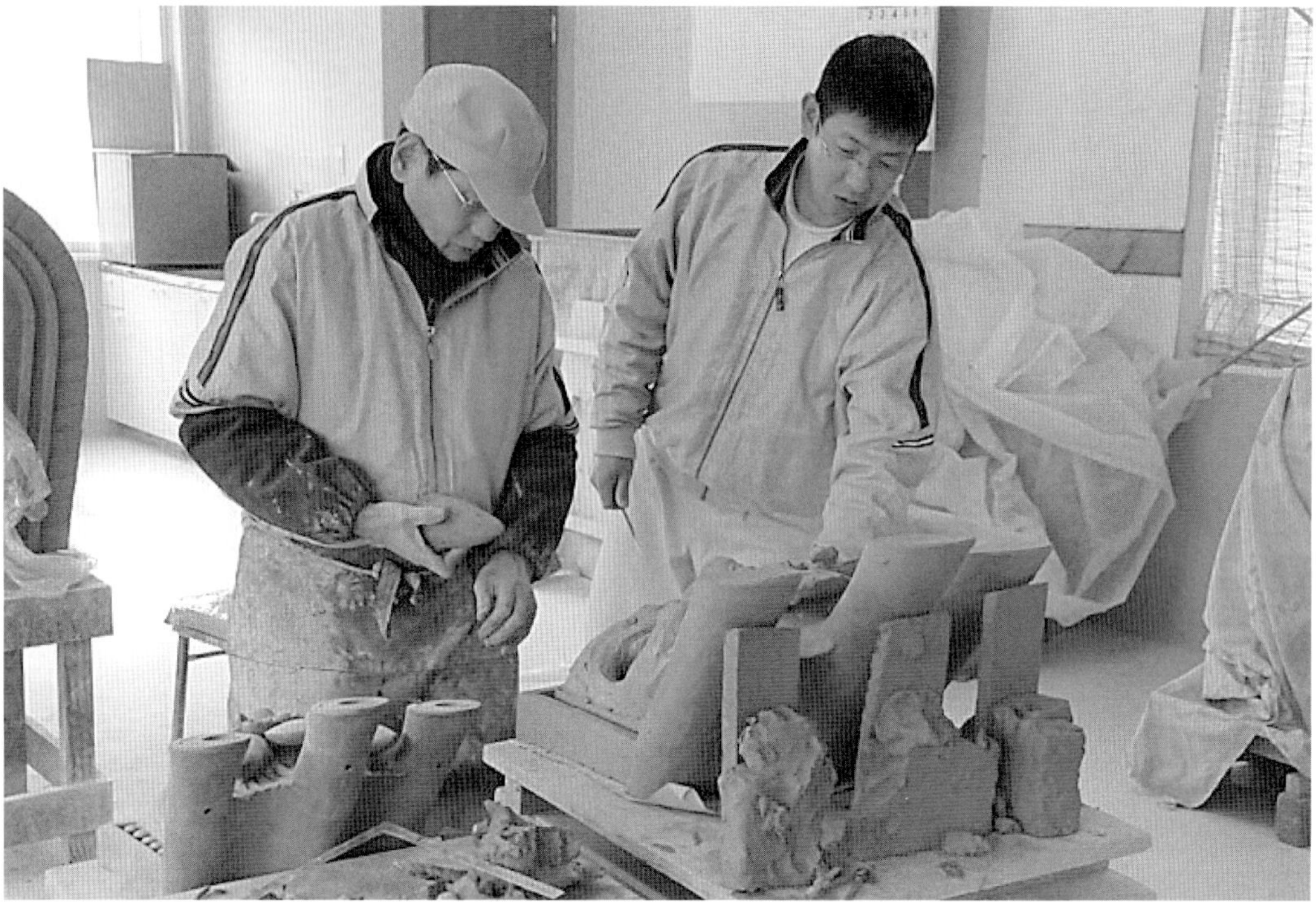

図５　岩月光男（左）と岩月実（右）

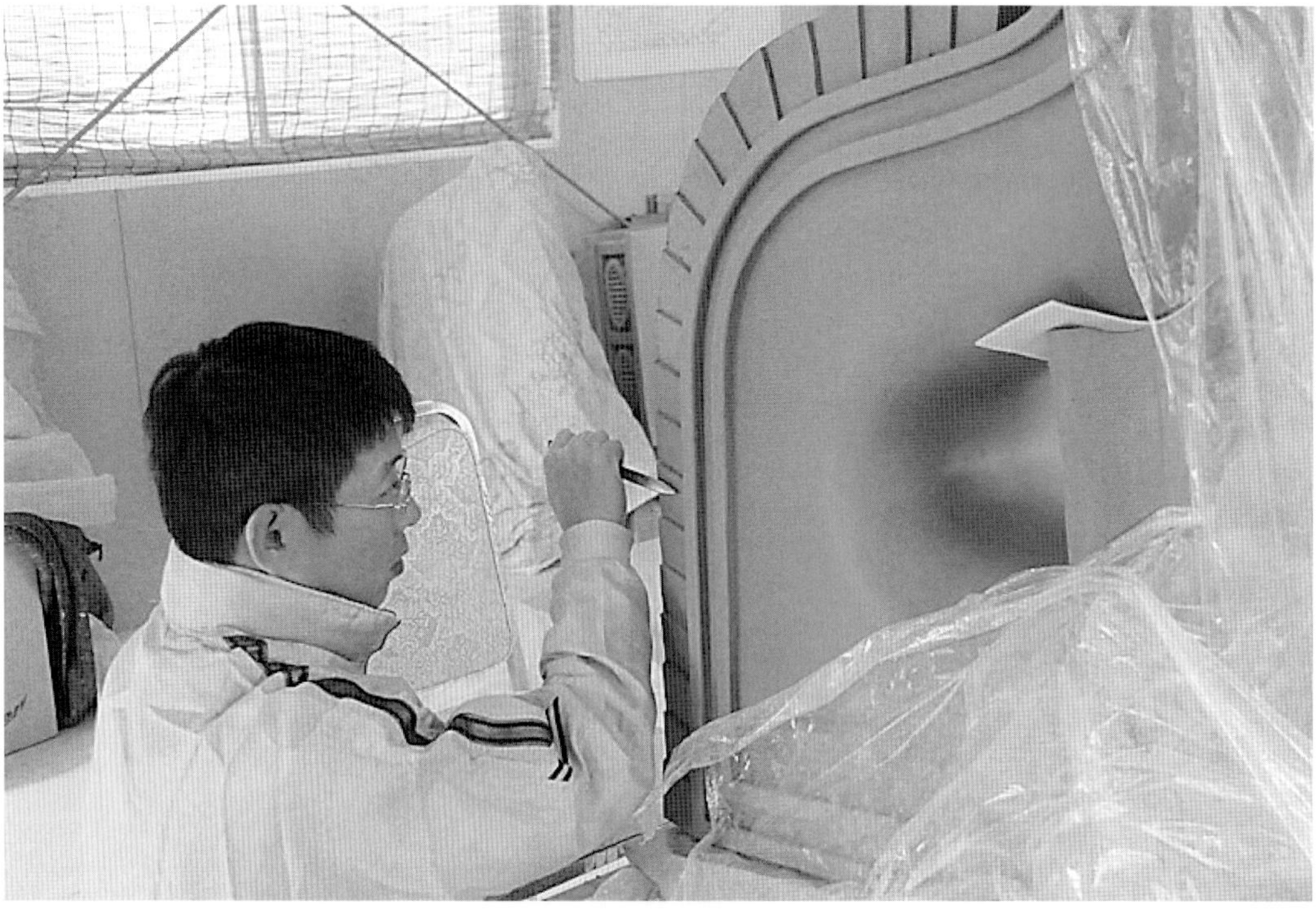

図６　鴟尾を製作中の岩月実

ない」。

実が語っているように「見て覚える」とは、同じ鬼板屋で、繰り返し見ることによって、作り方の技法が見る人の意識に写真のように刷り込まれていくことを指しているように思われる。そして、何を見たかが、流儀を決定していき、次の世代へと伝わっていくのである。ちなみに実の場合は光男と同じ仕事場で台を並べて約二〇年間、「光男が作る鬼瓦を見続けてきた」ことになる。そして「実際に自ら鬼瓦を日々作り続ける」ことによって、身体知に転化して生きた伝統となるのである（図5）。

実はさらに鬼瓦を製作する時の身体知の動く様をリアルに伝えてくれている。鬼亮こと梶川亮治が言う「空間のデッサン」に似ているのに少なからず驚かされるのも事実である（七一〜七二頁）。

もともとはねえ、小学校の時から図工とか好きだったもんで。自分は。絵とかもねえ、描《か》けんとちょっと（鬼は）できんかなあと思うけどね。絵、絵が描けんとちょっとできんかもしれんね。絵を描いとるじゃない。「絵を描いとるような感覚で作っとるようなイメージだなあ」。じゃなきゃ、多分できんと思うね。こう、真似て作るだもんで、たとえば漫画があるじゃないですか。「ドラえもん」とか。ドラえもん……この漫画をこう写すんじゃなくって、「見ながらこうやって描《か》く、粘土で」。「自分の手で、絵を描くような感じで作ってる」。僕らでも、こうゆうの（雛形）がなかったら作れんもんねえ。こんなん、はっきり言って、絵とこうゆうものがあれば作れるけど。ん……、「作れ」って言われたら作れんもんで。平面で来ると難しいけど作る。だけど、こうゆうもん（雛形とか実物）が来りゃあ、もう、もっと楽で、もう、作れるねえ（図6）。

まとめ

初代鬼仙の岩月仙太郎直系に当たる職人、岩月光男と岩月実親子について彼らが持つ鬼瓦の世界を考察してきた。鬼仙の鬼瓦作りの流儀を今に伝える「生きた仙太郎」とも言える職人である。残念ながら鬼仙そのものは鬼板屋としては現在存在していない。また同じグループの鬼作も存在していない。結果、岩月仙太郎系の鬼板屋はその数が少なくなっているのは事実である。その中で今も鬼仙の流儀を伝えているのが、独立した鬼板屋を持たない、親方ではない、職人の岩月光男と実なのである。鬼板屋は本来手作りの鬼瓦を作るのが仕事であった。その事によって各鬼板屋の鬼作りの流儀が親方並びに職人によって世代を超えながら伝えられていた。ところが岩月仙太郎系に関して言うと、鬼作によって始まった石膏型の技術の鬼瓦への導入、さらには金型を使ったプレス機械による鬼瓦生産方式の導入によって鬼瓦の大量生産が行われるようになったのである。これは鬼作に限らず他の鬼板屋にも波及していった。本家の鬼仙、そして鬼長もその例外ではなかった。大量生産が始まると、鬼板屋の技術の核心に当たる手作りの伝統が徐々に蝕《むしば》まれ、やがて駆逐されていく。手作りで鬼を作る必要がなくなるからである。一方、鬼板屋では当然のことながら世代交代が必ず起きる。伝統の継承と世代交代は密接に関連している。伝統の継承が十分に成されない次の世代が現れた時、鬼板屋の存続はきわめて危険な状態になっていく。鬼仙の場合は短期間に続けて世代が三代交代する状況に陥り、伝統の継承が不可能になり危機的な状況になった例である。そうした場合、手作りのできる職人に頼るか、プレス機械に頼るかという岐路に鬼板屋は立たされる。後者を選択すると鬼板屋は継続できてもその鬼板屋が本来持つ鬼作りの流儀は消えてしまう。フィールドワークを長期にわたって続けてきたことによって見えてきた事実である。

岩月光男と実は鬼仙の系図からいうと五代目鬼仙、六代目鬼仙に本来なるはずの人である。しかし、事情により自ら職人の道を選んで今日に至っている。鬼仙は五代目を継ぐ時、不幸にも経営と技術の分離が親方に起こり、後に鬼板屋としての鬼仙は経営に失敗して消滅したのである。しかし、一方の分離していった鬼仙の技術はしっかりと岩月光男と実に継承され、「隠れた鬼仙」として今も存続しているのである（図7）。

図7　無量壽寺奥の院唐門本棟鬼瓦　釈迦如来、普賢菩薩、文殊菩薩座像一尺二寸（平成18年　岩月実作）

五　鬼瓦文化と土管文化の共生

[24] 杉浦彦蔵と窓庄

一九九八年六月六日にアメリカ民俗学者、ヘンリー・グラッシー教授（インディアナ大学）と共に旅した日本の古都、奈良で見た一般民家の屋根に触発されて始まった「鬼師の世界」の調査研究は二〇〇八年一〇月三一日の今日に至ってもなお継続している。今回の対象となる鬼板屋は「窓庄」という。これまで様々な鬼板屋を訪れ、調査して来たが、「窓庄」は色々な意味において異色である。まず、そもそもの調査の始まりが依頼であった。愛知県高浜市は瓦の町であり、そこに「鬼みち案内人の会」がある。そこの会員である川角信夫さんが「三州鬼板師の系譜と作品」というものを作成されていた。その時、私とやり取りが少しあった。その関係からか、二〇〇七年一〇月五日にメールで「窓庄」について、その概要の通知が届き、さらにインタビューの依頼があった訳である。

これまで依頼されてインタビューや調査はしたことが無く、少し戸惑ったが、考えた末、やって見ることにしたのが事の起こりである。少し戸惑ったのは他にも理由がある。それは、「窓庄」は確かに鬼師の系譜には入っているが、現在は既に廃業しており、これまで調査してきた「現役の鬼師」の流れから外れている事が念頭に直ぐに浮かんだからであった。さらにもう一点引っかかった事がある。「窓庄」はその名のとおり、鬼師から文字通り外れていることであった。インタビューの直接の対象者は杉浦彦治《ひこじ》といい、屋根に取り付ける瓦製の天窓を作られていた人である。結果、考えた末、鬼板屋の変遷を調べるいい機会だと捉え直し、この依頼を受けたのである。

インタビューを行いに高浜に出向いたのは、二〇〇七年一〇月一三日であった。高浜市役所で彦治さんの息子さん（杉浦敏晴）と落ち合い、直ぐ近くにある杉浦家へ案内してもらった。そこは「まど庄鉄工所」となっていた。つまり、家業は既に天窓から鉄工所へと大きく様変わりをしていた。しかし、通常の鉄工所とは違い、プレス用の金型をも製作しているいわば現代プレス瓦の大本の一つであった。つまり杉浦家は瓦産業の世界で変貌を繰り返して来ている家系といえる。ある時は、瓦屋、ある時は鬼板屋、またある時は天窓屋といった具合である。

窯庄の始まり

◈——杉浦彦蔵　［杉浦彦蔵初代］

杉浦家が瓦屋を始めたのは杉浦彦蔵の代に遡る。二代目窯庄杉浦彦治から数えると、三代ほど昔の事になる。彦治から見ると彦蔵は曽祖父に当たる。彦蔵は新家《あらや》として出て、新しく瓦屋を始めている。元々の本家は「くど屋」であった。竈《かまど》作りが仕事だったのだ。彦蔵はまず旅職人として、色々な所をまわって仕事をしながら修業していたようである。彦治は次のように言っている。

まあ、わしがた、あの、ちーちゃい時に死んでらしたもんだい、はっきり分からんけどな。

昔は、あの、旅へ出てな、旅ってってって。信州とか、あーゆーとこへ行って、あの工賃が良かったもんだいな。ほいで、あのー、陽気のいい時はそういうとこで、職人して来て、ほいで寒い時は仕事が出来んもんだい。なんしょ、いくらコモで囲っとっても、凍《い》てちゃうげなでなあ。ほんで寒なると、こっちへ来て、こっちで、何かやっとっただけどな。

ほんで、その内に、ま、ここで落ち着いたんだな。

彦治の窯庄はこの杉浦彦蔵が始めた瓦屋を本家《ほんや》とする新家である。

その彦蔵は天保八年（一八三七）に生まれている。亡くなったのは昭和二年一〇月一三日で九一歳であった。いつ頃に彦蔵が瓦屋を高浜の春日町で始めたかは正確には分からないが、仮に三〇歳とすると、一八六七年、つまり慶応三年となる。江戸時代の最後の年にあたる。翌年は明治維新である。これによっておよその時代背景が推測できる。彦治はその本家があった昔を次のように回想する。

在所が直ぐ前の道を行った突き当りが、この下が、あの、昔、港だったもんだいな。ほいで、あの、ポンポン船に横付けで、荷を積みよった（図1）。

彦蔵は旅職人を終えて瓦屋を始めるにあたり、重い瓦を運搬しやすい場所として港の直ぐ近くに居を構えたのである。当時の運搬手段は荷車か船であった。船は紀州から「焚き物」と呼ばれる薪、木の葉、松葉、石炭などの主に土管や瓦の燃料を運んで来た。その帰りの空船に、高浜で製品となった土管や瓦や鬼瓦を載せて、伊勢、豊橋、遠くは関東までも回航していた。ただ現在はこの辺り一帯は埋め立てられ、昔の面影は殆ど無い（図2）。

彦蔵は瓦屋としてかなり成功したらしく、職人が一四、五人いて、働いていたという。屋号は四角い枠で囲んだ杉浦彦蔵という印を製品に押して使用していた。また、彦蔵は美濃・尾張地震の時に瓦屋としてひと財産を形成したという。これは明治二四年（一八九一）一〇月二八日に発生した日本史上最大の直下型地震で、濃尾地震とも呼ばれている。規模（マグニチュード）は推定で、Ｍ８・０ともＭ８・４とも言われている。被害は岐阜県、愛知県はもとより、滋賀県、福井県

図１　高浜港（土地の人は「港」と呼ぶ）　土管等の舟積み風景（大正10年頃）

図２　初代杉浦彦蔵瓦工場（本家と旧高浜港（写真上部分））

にも及んでいる。死者が七二七三名で、全壊家屋は一四万二一七七戸となっている。この全壊家屋の数の多さは一般の人々にとっては大災害を意味するが、瓦屋にとってはいきなり巨大マーケットが目の前に現れた事になる。高浜の瓦屋、鬼板屋はこの時期、一気に潤った事になる。杉浦彦蔵も例外ではない。仕事そのものが元々現金収入である。彦治によると、彦蔵は余剰になった現金をさらに運用し、近郊の農民に貸していたという。農民が返済できなくなると、抵当に入れていた田地が充てられた。彦治はその様を次のように語っている。

ま、金があったもんだん。ま、昔の高利貸っていうだかな。それで貸しとってな。

ほいで、ま、百姓なんか金借りると、ま、なかなか現金収入というのは無いもんだいな。ほいで、あの、秋のとりえ（穫《と》り入れ）が済むと、「やい、あそこの田んぼが貰えたで、落穂拾って来い」って言うもんだん。方々の田んぼへ行ってな。手で刈るもんだん、どうしても穂が落ち取るもんだん。紙袋いっぱい拾って来よったけどなあ。

「何で田んぼがもらえただなあ」なんて子供だったら、わからへんもんだい。

ところが、大東亜戦争後、そういった状況に対して、どんでん返しが起きたのである。

あの、戦後は、あの、何て言うだ……。

農地改革でなあ、小作の方々が安う貰いさった。

彦治が語ってくれた杉浦彦蔵の経済運営の仕方は決して特殊ではなく、現金収入が基本の瓦屋や鬼板屋では普通に行われていたものと思われる。それ故、「鬼板屋は旦那衆が多い」と言われるのかも知れない。この言葉はよくフィールドワークをしている時に耳にした。

◈——杉浦曽根松　［杉浦彦蔵二代目］

杉浦彦蔵の二代目は杉浦曽根松である。彦治の祖父である。曽根松は明治一〇年（一八七七）生まれであり、昭和二四年（一九四九）に亡くなっている。七二歳であった。彦蔵の時は瓦専門であった。しかし、曽根松は手が器用だったのか、鬼師になった。彦治の曽根松の話である。

利口な人だったかな。利口で器用だもんだん。あのー、鬼板の方始めてな。

ほーすっと、ひと屋根受けると、全部、瓦から鬼から皆自分のもんで間に合うもんだいな。

つまり、曽根松は瓦屋でありながら、鬼板屋をもやり始めた事になる。しかし、曽根松は旅職人になったわけでもなく、また、何処かの鬼板屋へ小僧として入った訳でもなかった。曽根松は同じ町内、春日町に在る鬼板屋の鬼源の元へ通ったのであった。鬼源は高浜で最も古い鬼板屋と言われている。そこの初代、神谷春義に鬼板の作り方を習ったのである。しかし、普通はなかなか外部の者には教えない技術であり、そういう習慣であった。まして明治時代のことなので、他人が鬼師になるには小僧として修業する他は手段は殆ど無かったと思われる。ところが曽根松は立派な鬼師になっている事からして、鬼源は瓦屋の「杉浦彦蔵」と何らかの仕事上の強い繋がりがあったものと思われる。彦治は次のように言っている。

瓦屋の出で、ほいで、二代目の曽根松さんが鬼源さんに教えてもらって。鬼を……。

私が「曽根松さんは鬼源さんの職人さんになったという事ですか」と問うと、彦治は以下のように答えた。

なっていない。

友達だもんだい。

鬼源さんから言うと弟子だ（笑）。

曽根松は根が器用なのであろう。そして鬼源の親しい友達であり、さらに、瓦と鬼瓦の売り買いも互いにしていた仲だと思う。「どうして習ったのか」と言うと、彦治は次のように話してくれた（図3）。

図３　経ノ巻吹流足付（杉浦曽根松作　春日神社拝殿　高浜市）

図４　天女の舞（杉浦曽根松作　蓮乗院　高浜市）

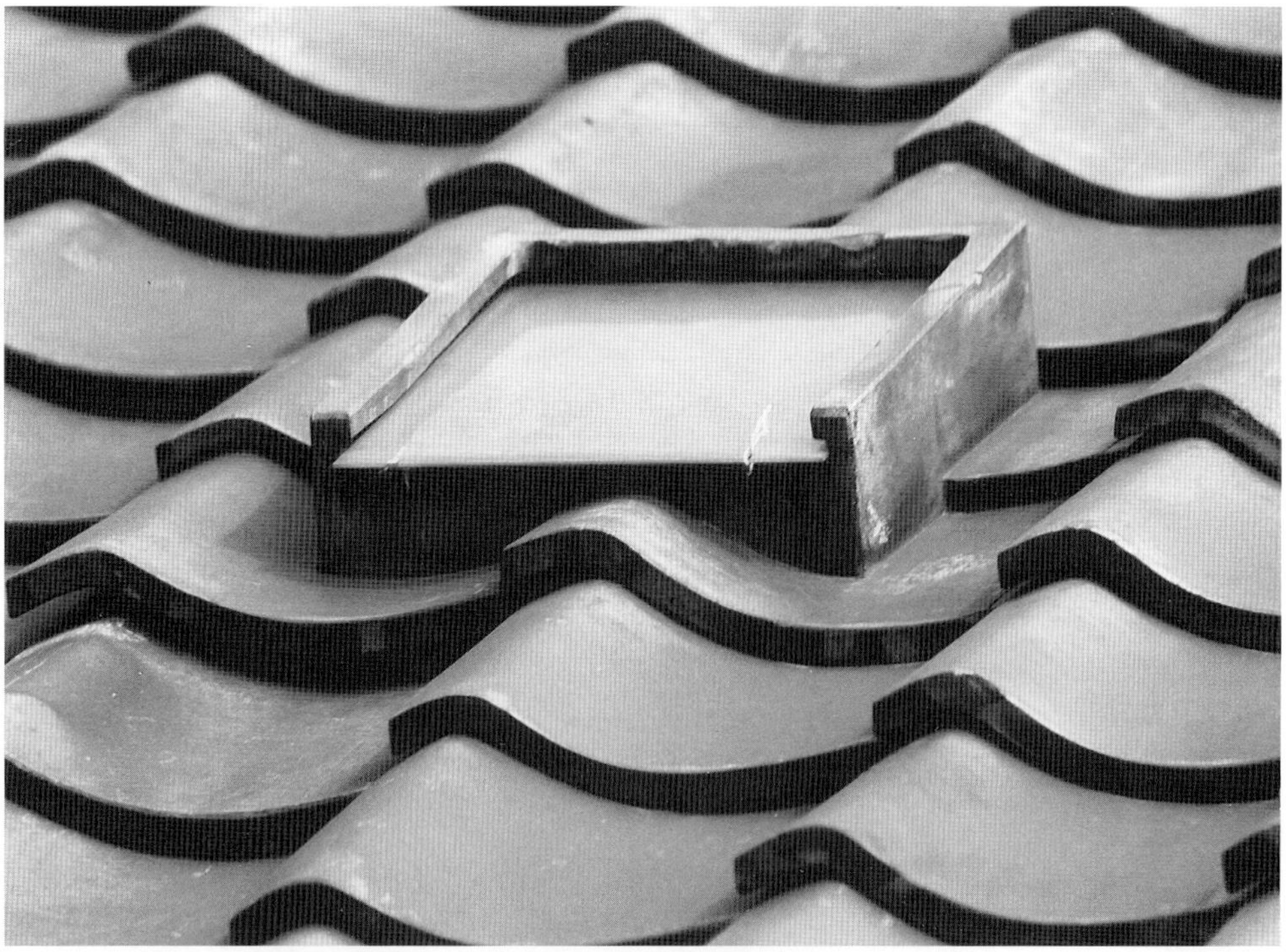

図５　天窓（杉浦彦治家の屋根　杉浦彦治作）

うん、見本があるもんだいな。あのー、焼いたやつがな。ほいだで、見様見真似で。難しいもんは、「どうやってやるだ」って。近くだもんだん。

もちろん彦治も実際に曽根松が鬼板を鬼源で習っていた頃の様子は知らないはずなので、はっきりした事は今の段階では分からない。ただ鬼源の神谷春義と杉浦曽根松が特殊な間柄であった事は確かである。また残っている鬼瓦から見ても曽根松の作る鬼瓦が鬼源の鬼瓦と同系統のものである事は明白である。つまり、鬼瓦が「鬼面」ではなく、「経ノ巻」系なのである。しかし、曽根松は本当に器用だったらしく、細工物で「生き物」と言われるものも残している。現在残っているもので分かっている鬼瓦は春日神社拝殿の経ノ巻である。また、生き物では高浜市役所の向かい側にある蓮乗院の「天女の舞」などがある（図4）。

また曽根松は父、彦蔵同様に家業を盛り立てたらしく、町会議員に二回なっている。旧高浜町が現在の高浜市になったのは一九七〇年一二月一日の事である。杉浦家が最も勢いがあった時代である。このように、公私とも活躍した曽根松であるが、さらにもう一つ重要な事を成している。「天窓」の発明である。当時の日本家屋は家の内部が全体に暗く、さらに、くど（竈）で煮炊きをしていたので、煙が部屋に流れていた。それに目を付けた曽根松は、瓦製の天窓を屋根に取り付けて、「明かり取り」と「煙抜き」の工夫をしたのである。曽根松の天窓は急速に広がったらしく、戦前に既に六社が天窓製造、販売をしていた。いわゆる「窓庄」の発端がここに生まれた事になる。このように曽根松はただ単に手先の器用な職人であるだけでなく、家全体または日本家屋全体を視野に入れながら物事を考えるかなり頭のいい人だったように思われる。「用」と「美」を同時に追及した人とも言える（図5）。

◈——杉浦義正　［杉浦彦蔵三代目］

曽根松の元に二人の兄弟が出、事実上「杉浦彦蔵」のあとを二人が継いでいる。兄の杉浦義正と、弟の杉浦庄之助である。そして三代目杉浦彦蔵となったのは兄の義正であった。彦治から見ると叔父に当たる。曽根松の工場で職人と一緒に義正と庄之助は働きながら修業した。義正はとても器用な職人だったという（図6）。

あの、何て言うかな。いろんな、あのー、役瓦っていうだかな。色んな鬼板はもちろん、色んな、作る名人だったな。よー見ると、

図6　三代目杉浦彦蔵（杉浦義正）

へらで磨いて仕上げるだけど、ほやー、あの、器用な人だった。

まあ、仕事一本だな。しょっちゅう、子供ん頃見とる。

ほいで、この義正さんの嫁さんが大垣屋の、あのー、瓦屋から嫁しておいどるもんでなあ。ほいで、ま、在所の方が一軒、あの、受け持つと、ほーすると、それん、天窓から鬼全部売るもんだんな。

この話をしながら彦治は昔の自分自身の記憶を語り始めるのだった。

そういう物を、あのー、車引きってって。あの、大八車で引くおばさんら等が、あの、しょっちゅう行き来しとるだけど。

おばさん方の都合の悪い時には、「やい、持ってってくれよ」って子供の頃に行きよっただ。ほいたら、このお祖父さんが、「ご苦労さん、ご苦労さん」ってって、昔の事だ、一銭しか小遣いもらえんやつを、あの、五銭くらいおくれただ。ほいで、あのー、新聞紙に切ってやって、ほいで、財布なんあやへんもんだい、包んで、直ぐ、一軒前が駄菓子屋だったもんなんな。ほいで、飴なら五つ六つ買えよったもんだいな。一銭でな。

ほいだで御の字だ、五銭もらや（笑）。一銭で飴がこんな奴が五つ六つも買えると、まあ、二、三時間しゃぶっとる（笑）。

図7　覆輪《フクリン》足付鬼（杉浦義正作　杉浦敏晴撮影）

距離にして四、五キロを子供たちが手伝いがてら、重い大八車に鬼瓦を乗せて運んでいた事になる。そして義正が何を作っていたかを尋ねると彦治な次のように言った。

鬼。鬼。まっ、専門かな。

鬼とは鬼瓦の事である。ただ大きく分けると鬼面が付いているものと、鬼面以外のものとに二分される。鬼の顔が付いているのか再度聞いてみた。

それが鬼面ていうだけど、これが普通の鬼瓦だな。これが普通の細工だな。

「経ノ巻」タイプかと聞くと、

ほーだな、こういうもの。そうそう。

つまり、鬼源の流れを受け継いでいる事が分かる。経ノ巻中心の鬼瓦を義正は主に作っていた事になる。そして、生き物は殆ど作らず、もっぱら鬼瓦を製作していたという。「鍾馗さんのような物はどうですか」と聞いてみた（図7）。

うーん。作ったことはねえな。

うん、鬼専門だな。

窓庄

◇――杉浦庄之助

［窓庄初代］

一方、弟の庄之助は新家となり独立している。この時、庄之助は「窓庄」と屋号を名乗り、現在の杉浦彦治の住む屋敷に天窓用の達磨窯を作ったのである。兄の義正は鬼師として「杉浦彦蔵」を継いだのに対し、弟の庄之助は、何人かの職人を連れて、天窓を受け継いだのである。ここに曽根松が始めた「鬼板屋」兼「天窓屋」が、庄之助の独立を機にそれぞれに二分された事になる。それゆえか、庄之助は鬼師でありながらも、独立してからは鬼瓦は殆ど作らなかったという。庄之助の分家に際して、父の曽根松、兄の義正と弟の庄之助の親子間で何か約束事をしたのかもしれない。庄之助を父に持つ彦治はつぎのように言っている。

親父も、どっちかゆーと、細工もんがメインだもんだいな。ほんだで、鬼はあんまり作っとらんかったな。獅子、牡丹、ほれから、鴟尾とかな。そうしたもの。あの、鬼の、何だ、屋根の両隅にな。

ま、ほとんどがお寺専門かな。

庄之助は独立の際、連れて来た職人に、天窓を作らせ、庄之助はもっぱら細工物を作っていたのである。

戦前は、戦時中か、職人さんも置いたもんだん。あのー、それ全部まかせっきりで、自分は、あのー、そういうな、細工もん、ま、鍾馗が多かったかな。

石膏型があってな。ほいで、押して、ま、このくらいのやつな。ほいで、ほいつを粘土をこうして押して、親父が仕上げするでな。なかなか仕上げは難しいもんでな。

高原　その鍾馗さん、石膏型のいわゆる原型なんですけど、誰が作られたんですか。

うーん。親父。

ほいで、鬼板師は、全部な、あの、石膏買って来て、ほいで、溶いて、作るだよ。

家《うち》の親父はしょっちゅう、あの、そういう細工もん作っちゃー、最初のやつを、あのー、石膏を溶いて、あのー、作って。丸型でな。

高原　お父さん、鍾馗専門に作ってたって言われるんですけど、鍾馗以外には作られなかったんですか。

鍾馗専門。

理由はやはり相当の需要があったからである。当時、尾張地方には屋根の上に鍾馗を載せて、厄除けや魔除けとして使っていた（図8）。

尾張方面。あっちが、そういう御幣担ぐって言うだけどな。「よその鬼が玄関覗くと縁起が悪い」って事で、二つ三つ必ず上げよった。

ほいだで、作っても作っても出よったもんな。

窯庄は天窓も作ったが、鍾馗も作った鬼板屋であった。一般の鬼板屋から庄之助の時にかなり変容した事がわかる。鬼板屋の主力である鬼瓦が欠落している事がその理由である。そして庄之助自身は棟飾りと言われる役瓦をもっぱら作ったのである。その中でも専門としたのが鍾馗ということになる。その鍾馗の説明を製造元である彦治は再度次のように言う。

昔はこの鍾馗が縁起もんでな。あのー、外から玄関から、あの、「よその鬼瓦が覗くと、鬼が覗く」って、嫌がって。ほーせると、家《うち》もあがっとるだけど、鬼を載せる。ほいで、鍾馗を載せて、鬼を睨《にら》めて。

鎮めるというだかな。そういうこと。ほいだで、この辺りは割りに使わんけど、尾張の方に行くと、一軒の家で、二つも三つも載せとるでな。あっちからもこっちからも。

図８　鍾馗（杉浦庄之助作　杉浦彦治家の屋根　高浜市）

ほいで、ほいだもんだい、わしがた、そういう窯というより、そういう鍾馗を作るのが専門だったな。

このように、庄之助だけでなく、彦治も父の後を継いで鍾馗を作っていたのである。ところが戦時中になると、窯庄は製造を中止する。製品の需要が無くなったのだ。

戦時中に天窓が出んようになって、えー、まあ、工場も納屋も天窓で一杯になっちゃって。で、あのー、カネマル（神谷製陶㈱）という土管屋がな、あのー、耐火煉瓦を始めたもんで。

ほんで、そこへ使ってもらいにな、窯焚きで行って。昔は、あのー、家でゴロゴロしとると、徴用で豊川の海軍工廠とかあーゆーとこへ引っ張られちゃうもんだいな。で、ほんなとこ引っ張られると、どーもならんもんだんな。

ほんで近くだもんだん、自転車で通って。

庄之助は天窓が出なくなった事と、徴用逃れのために土管屋であるカネマルに働きに行っていた。そこでは手先の器用さを買われて異形型煉瓦を作っていた。

あのー、耐火煉瓦のな、異形煉瓦ってって、溶鉱炉の口の所《とこ》かな。色んな形のやつが注文が来るもんだい。それを親父が作っとった。

普通の何のやつは機械でパシャンパシャン抜けるだけどな。色んな、あの、大きさの、こんな大きなやつもあったけど。そうしたもんが注文が来ると、もー、型が出来やへんもんだい。親父が手作りで。

彦治は天窓が戦争中に出なくなった理由を話してくれた。

一八年かな、（政府の方から）やめろじゃないけど、あのー、「空襲警報で明かりが夜漏れるでいかん」でってなってな。

ほいだで、製品が売れんようになった。

ほや、あのー、空襲警報のたんびに、あの、上登ってなんて出来んもんだい。ま、筵《むしろ》なんかで天窓囲って。ほんなようなもんだなあ。

昔の人は戦時中は哀れなもんだな。ほやー、あの、軍需工場の者は景気が良かっただけどな。

庄之助は天窓と鍾馗を主に作る窓庄を始めたわけだが、特に「生き物」を作るのが得意だったらしく、大型の作品をかなり手掛けており、野外用として注文を受けては作っていた。現在、庄之助亡き後（昭和四一年六月一四日）、庄之助を偲ぶモニュメントとして残っている。一つ戦前で代表的なものが、旧満州国撫順《ぶじゅん》に建てられた撫順神社の境内に置かれていた一対の土管焼きの獅子である。これは昭和七年（一九三二）頃納めたものという（図9）。この像については彦治と息子の敏晴はずっと気にかかっていたらしく、私に現在の中国で撫順神社がどうなっているのか調べてほしいと頼まれたのである。愛知大学で教えている関係で、何人も中国人留学生を知っており、その中には実際に私が持つクラスの学生だった人たちもいたので、ある学生（劉婉悦《リュウワンユエ》）に相談してみた。すると何と彼女は瀋陽《シェンヤン》出身で、撫順《フーシュン》は隣の街だという。それで夏休みに帰省した折に現地へ行って見てくれたのであった。しかし、撫順神社も獅子も既にそこには無く、市民が憩う公園になっていた（図10）。

ただそれと同じ様式の獅子を昭和一五年に高浜町（当時）の春日神社に庄之助の兄弟八人が寄贈している。これは現在も残り、実際に見る事ができる。この獅子も撫順神社のものと同様に土管焼きである。茶色ないし焦げ茶色の照りのある像である。庄之助は家《うち》で作り、三河高浜駅の西にあった森五郎作という親戚にあたる土管屋の窯で焼いて満州の撫順へと出荷したという（図11）。

戦後になっての庄之助の代表作としては昭和三〇年に作った高浜小学校正門前に楠木正成《まさしげ》・正行《まさつら》の親子像（楠公《なんこう》さんの桜井の別れのシーン）がある。現在は周りを木々に囲まれて見えにくくなっている。この楠公像にはいわれがあり、戦前、庄之助の兄弟が還暦祝いで楠公さんの馬に乗った「銅像」をこの学校に寄付したのである。しかし、戦時中に金属製のものは政府の指示で供出する事が決定され、この像が学校から国へと動いたのである（図12）。

供出で取られちゃったもんだい、台だけ残っとって、「何か作ってくれよ」ってことで、ほいで、馬は焼き物《もん》で出来んもんだいな、

図９　獅子（土管焼　杉浦庄之助作　満州撫順神社　満州国）

図10　児童公園（中華人民共和国撫順市　劉婉悦撮影）

図11　獅子（杉浦庄之助作　春日神社　愛知県高浜市）

図12　楠公像（杉浦庄之助作　高浜小学校正門）

足があるもんだいな。ほいで、何ていうだ、楠公さんの桜井の別れの……、

あそこの、ま、行って見たらいいけど……。

こういった話の後、土管焼きの大きな像の作り方を彦治は説明するのであった。

あの、鬼板師はな、大きな鬼を、あの、切ってな。細かく切って、ほいで、組んで作ったもんで。

これも、細かく見てもらや分かるけど、これくらいの大きさに切っちゃー、張り、原型がこんなやつがモデルがあって。

ほいで、線引いて、細こう……。難しいだよ。

色、揃えにゃいかんしな。

ほいで、土管屋さんの真ん中の一番ええとこで焼かした。色がちゃんと取れるところでな。色がちゃんと揃わにゃ、見苦しいもんな。

銀色のやつは、大体、その、あのー、一〇〇〇度ぐらいか一一〇〇度くらい焼いたとこで、あのー、窯ん中へ松木を一杯詰めて、ほいで、「燻《いぶ》し」ってってな、あのー、二時間くらい燻すと、ああいう風に銀色が付くわけだ。

ほいだけど、あの、土管は、あのー、土管は一一〇〇か二〇〇く らいまで焼いて、ほいで塩を、岩塩ていうだかな、こんなもんのやつを、二、三べん焼《く》べて、ほんで艶付けるていうだかな。

ほんで、釉薬なしで、あーゆー、ツルッとしたなあ、赤瓦の方だけど……、

そう、塩焼き瓦と同じ式。

彦治は父、庄之助の事をこう語っている。

わしがたがー、子供の頃にふと目を覚ますと、夜中でも電気点けてやっとったって事かなあ。

そして、庄之助が亡くなる頃の話が次であった。庄之助は六七歳で亡くなっている。

親父が六七か、六七でのーなったもんだいな。

親父がそんなん根詰めて細工を作っとって。わしがた、夜間、こっちから見えるもんだい。「まんだ電気点《つ》いとる」、「まんだやっとる」って。

図13　初代窯庄　杉浦庄之助

そいで、お宮の獅子なんかな、こうやって、あのー、気が向くと夜中でもやる。

ほんだもんだん、若い時は丈夫で、医者にかかったていうことなんか無かっただけどな。無理がたたったじゃねえかな。

五八、九で神経痛とリュウマチかな、両方が出ちゃってな。ほれが交互に回って、手が悪い時は足が、足が悪い時は手が。手がいい時は、あの、粘土持って来て、何か（笑）やっとっただけどな。

ほいで九年悪かったもんな。

次の彦治の言葉は庄之助の人柄を良く表している（図13）。

ほりゃー、人に好かれたな。真面目で。

仕事一本。

酒は飲まんし。

◈——杉浦彦治　[窯庄二代目]

杉浦彦治は大正一三年（一九二四）三月六日に生まれている。六人兄弟の長男である。小さい頃は下の兄弟の子守をしたりしていたという。

職人さんがおったもんだい、子供の頃は工場には入らなんだけど。

昭和一三年（一九三八）に小学校卒業して、それから、あのー、工場に入ってやるようになったです。

彦治は小学校を卒業すると直ぐ庄之助の工場に入り、働き出したのである。当時、工場には三人職人が居て、全員が窯瓦を作っていたという。彦治は庄之助と仕事を始めたらしい。

家《うち》の親父が窯瓦と、ほれから、あの、鍾馗さんていう、そういう物を石膏型でおいて（押して）、わしがおいて、親父が仕上げをする。

で、ほいで、窯の中に入れて焼くもんな。ほいだで、あの、何ていうだ、わしがたは、窓瓦とそういう細工もんと半分だな。

　庄之助自身が鬼師ではあったが、すでに鬼板をほとんど作っておらず、天窓と細工物だけを作るようになっていたせいか、理想的な年頃に窓庄に入った彦治は、鬼板の技術を全く継いでいないのであった。「長男に天窓だけでなく、鬼師の技術も教えようとしなかったのですか」と聞いてみた。

ン、こっちもやる気はねえしな（笑）。

これでもどうも釈然としなかったので、もう一度、「杉浦さんに作れとは言わなかったのですか」と問うと……、

言わんかったな（笑）。

見込みが無かっただ（笑）。

ほんだで、わしは、まあ、ほとんど、天窓だけだな。

あの、職人さんがおった時分は、あのー、鍾馗さんな。そういうの、主にやってな。

せがれは、まあ、不器用であかんと（笑）。

　このように彦治は自らを一方的に卑下している。ただ、色々な鬼師の現場を数多く見て回った経験から言うと、庄之助自身が何らかの理由ないしは約束を父、曽根松と兄、義正と交わし、鬼板を作ることを止めたのではないかと思われる。それ故、庄之助の工場の職人は天窓だけを作っていた訳である。庄之助だけが根が鬼師という職人なので、細工物をもっぱら作っていた訳である。そういった環境の窓庄に入った彦治は自ずと、環境に適応して行ったのである。他の鬼板屋では、多くの鬼師から、子供の頃の思い出として、父、または両親が、さらには職人たちが鬼瓦を一生懸命作っている姿を見ながら仕事場で粘土と戯れて遊びつつ、無意識に「鬼師の世界」に馴染《なじ》んでいった話を何度も聞かされている。ところが、窓庄にはそういった鬼師が存在しておらず、彦治は年齢的には鬼師になるには最適の時期に、窓庄に入ったにもかかわらず、鬼師になる環境が無かったのである。言葉の習得の例がこの状況をより鮮明に説明してくれる。彦治の年齢だと、一二歳頃である。この年齢から外国語を始めればとても有利である。しかし、もし環境がずっと日本国内であったなら、その外国語が母語並の自然な言語になる事はほぼ限りなく零に近い。生きた言語環境が存在しないからである。これと似たような事が彦治に起きたという事になろう。

　彦治は昭和一九年（一九四四）に海軍に行っている。広島の掃海隊に配属された。アメリカ軍が空襲に来て、瀬戸内海に落としていった機雷の掃海が任務であった。とても危険な仕事で、命懸けであったと思われる。

ほやー、あのー、機雷が爆《は》でるとすごいもんでなあ。二〇〇m位

離れたところで、同じように並んで走っとって、ほんで、わし非番だもんだい、ベッドで寝とったら、ドーンという音がして、背中痛《い》ったいくらいショックがあってな。ほいで、うちの船がやられたと思って、そのまま乗っとりゃ、ズブーっと下へ潜っちゃうもんだい。ほいで甲板の方出たら、うちの船ポコポコ走っとる。

隣の船、電柱ぐれえの水柱が立って、隣の船がやられてな。

ほいで、ほの機雷が泥ん中に潜っとったげなもんで、泥水。普通は白い、あのー水柱なんだけどな。ほいで、あのー、沈没せんだったけど、中、泥まみれで。

ほいつが、ドロドロで、まー、洗濯利きゃあへんで、まー、ふて(捨て)たって言っとったけどな。

インタビューする中で、やはり戦争体験は強烈な記憶としてあるらしく、彦治から様々な戦争の話を聞いた。その中でも彦治の原爆体験は特別に印象に残っている。

わしがた不慮の兵隊だけど、あのー、「防空掘りに、応援行け」ってって、防空掘り手伝っとった。

ほいで、出て来たらボカンだもんな。距離にしてどのくらいかなー。

彦治がその時いた町は広島の川尻であった。港町だったというので、現在の川尻町であろう。呉市にも市内に川尻町がやはりあるのだが、これは町内の名前である。地図で見ると、広島の中心部から直線で二五㎞ほどの距離である。

海岸線にずーっと防風林て言うかな、こんな、あのー、赤松のな、あの松林があった。ほいで助かった。無かったらもろにやられちゃう。

ちょうど出て来たら、あのー防空壕掘って、ほいで、五、六人でトロッコで出て来ただな。外へ出たら、ドーーンて。ま、ピカだ。ほいで目とられちゃって、「なんだ、なんだ」って大騒ぎになっちゃって。

ほや、この辺でピカッと光って、ほいで、普通の爆弾と違って、音もドーーンというような音で、ほいで、凄いキノコ雲で……。ほいで、ショックで腹を押さえるような爆音……。あの、ちょうど昔写真を撮るときのマグネシウムが……。あれ、あんな感じ。うん。

それからは鼻血が良く出たという。髪の毛が抜け、眉毛さえも抜けた。

鼻血が出よったな、顔洗ってな、ほいで、目つぶって洗っとるもんだん。あのー、手ぬぐいで拭くと、真っ赤だもん。あれっ、って見ると、洗面器が真っ赤。

眉毛なんかもこうやって撫でると五、六本抜けちゃう。

彦治が高浜へ帰って来たのは昭和二〇年の暮れの事であった。終戦から帰省するまでの間は、今度はアメリカ軍の指令で、アメリカ軍が落としていった機雷の掃海の仕事を瀬戸内海でしていたのであった。しかし、彦治が戻ってくると、窯庄はとたんに活気づいたのである。

バタバタッと、倉庫が一杯にあって、あのー、天窓が一年で全部出ちゃって、問屋の方が、「はよ作れ」、「はよ作れ」てって、あのー、せっつかれて、ほんでわしが始めて。

わしの弟が二人一緒にカネマルに居ったけど、やめて、ほいで家《うち》で、ま、家だけで、始めて。戦後始めて、天窓をな。

この時、彦治は二一歳であった。戦争を境に彦治は本格的に天窓作りを始めた事になる。この時、庄之助は四五歳であり、窯庄が本当に活気付き始めた時期だったと思われる。ところが庄之助はカネマルから窯庄に戻り、本来の仕事は急速に増えて来てもマイペースで自分の仕事をしていたのであった。

天窓を始めてから、何かな、ま、親父が注文があると、獅子とか鴟尾とか、ちょっとやっとったけどな。ほれと、あの、狸とかな。頼まれてな。根が好きだもんだん。

天窓のほうが忙しいもんで、「断れ」、「断れ」って言っても、「うん、うん」て言いながら（笑）、好きな事やってな。手作りだもんだいな。

戦後は本当に忙しかったようである。

まあ、この辺だと、ほとんど名古屋へ行ったかな。ほれから、ま、トラック輸送が利いて、船で、あの、伊勢の方までも運んで。ここに、港があるもんだい。ポンポン船で、伊勢の方へ運んだり、ほれから、名古屋が主かな。

彦治は天窓について色々と話をしてくれた。私自身は天窓は元々昔から在った物と思っていたが、そうではなかった。

わしのお祖父さん（曽根松）が勘考して作った。

昔の家《うち》は暗かったもんな。こんなサッシで、こう窓なんて、無かったもんな。夜んなると、雨戸閉めて、昼間は、ま、障子があや、こういうなー、紙の障子をはめるような事でな。

ほいだで、暗かったもんだん、一つずつ付けれたかな。

つまり明かり取りと台所の煙を流す、または抜くために天窓を付けた事になる（図14）。

ほいだで、一軒建てると、煙筒窓が二つ三つと、ほれから暗いと

図14　天窓を持つ屋根（杉浦彦治家）

こな、裏側は、暗きゃ、裏側へはめるとかな。ほいだで、何とか手作りだもんな。何枚も出来やへんもんだい、何とか仕事になっとった。

あーへん。

私は天窓を瓦製にしたのが曽根松の勘考だと思っていたので、その前は何が材質だったのかと尋ねた。

思わず、「無い?!」と言っていた。「天窓自体が無かったんですか」。

うん、そういう事。

名古屋なんか行くと軒がくっついとるげなもんだん、ガラス障子じゃ用を足さんわけ。こう狭いもんだで。ほいで六枚窓とかな。あれを付けると、あのー、ガラス障子の一方振り、明かりが取れるという事でな。

天棚とか、天井とか、また破ってな。

だから、新築の為の需要が在っただけでなく、古い家も天窓を改造して取り入れたのであった。そして、家が建ち込む名古屋は大きな市場となったのである。

「暗い」でって、あのー、わしが等がはめ行った事もある。「屋根屋さん、一枚だけじゃ足らんで来てくれへん」って。

高いとこじゃいかんけどな。低い、この、あのー、何だったか、「晩、仕事済んでから、はめてあげらー」ってって。近くだったら、はめに行ってやったけどな。

図15　二代目窓庄　杉浦彦治

「あそこ、欲しいだけど」、なんて言われると、「ほいじゃ、やってやるわ」って。

夏場の日の長い時は、仕事済んでから行ってはめてあげて（図15）。

実際に昔の家で天窓が無い場合どういった状態になっていたか話してくれた。

お勝手が煙筒（煙突）の無い家《うち》は、お勝手がみんな炊きもんでやられたもんだい。煙だらけだもんだい。ほいだで、煙だいて、わしが作ったあいつが、ガラスはめる、あのこんな溝を掘って、ガラスをはめるようになったけど、あれ無しでな、上へ板をのして、ほいで、下から竹で、こうして開けて、ほいで、煙を出して使っとった。明かり取りじゃなしに。

家《うち》でも向こうがお勝手で、昔は、みな、竈《くど》で焚きもんくべとったもん。ずっとここへ来とって、ここら部屋が真っ黒け。

「部屋中に煙が流れていたわけですか」と聞くと、

うん、流れた。ほいだで、あの、何て言うだな、煙を出すあれを付けて。煙突をな。

確かに昔からの家は中へ入ると黒光りをしていてとても重厚な趣がある。もちろん使われている柱そのものが太い事もあるが、あの黒光りは、生活の煙が長年にわたって煤《すす》として天井や梁《はり》その他に付いた物であったのである。それゆえに年中行事として年末に「煤払い」が日本全国行われていたわけである。

ところが、天窓は昭和六三年（一九八八）をもって製造が中止に至っている。その直接の原因となったものが蛍光灯の登場であった。

売れ行きが悪くなったのは蛍光灯が出てからかな。

蛍光灯は好きなとこ付けれるもんな。

明るいもんな。

電灯は昔から在ったのだが、蛍光灯になって天窓は駆逐された事になる。天窓は昼光を屋根から入れることが生命であり、人々は喜んで取り付けた。電灯は確かに明るくはなるが、何処か赤暗い雰囲気になる。夕暮れの光である。ところが蛍光灯は昼間のような明るさで部屋全体に行き渡る。それが電灯と蛍光灯の違いである。そして、この昼の明かりを生む蛍光灯は取り付けが簡単でしかも思うところに取り付けられる。此れゆえに、天窓はその役割を終えたのであった。

逆に言うと、蛍光灯が出る前までは天窓はとても重宝されたのである。事実、天窓は窓庄が一軒で独占的に作ってはいなかった。すでに曽根松の時代から天窓は他の工場《こうば》でも生産されていたのである。さらにそういった天窓を作る人々が組合も組織して活動していた。

昔の組合の人がたはわしより、どうだや、うちの親父より年配の人がただな。組合で、四、五軒あったもんで。「昔はよー儲かったなー」てって。「馬車一杯、あのー、引いてった瓦より、リヤカーで持ってった窓瓦の方が値が良かった」ってって。で、新川の人なんかは、川でみな積んで、あっちの方へ運ばされよったもんな。

昔は現代のように、特許権とか、知的所有権などといった考えは無かった。曽根松が考案した天窓は需要が多くなると、直ぐに他のところが真似て広がって行ったのであった。

あのー、お祖父さん（曽根松）が問屋売り込んどったら、この下にあるだけど、窓源さんていう人があってな、窓始めたもんで、「窓源」って言うだけど。「彦蔵（屋号）さん、うまいもん作らしたな」って。

その人が職人四、五人、あのー、使って大々的に「窓源」っていう屋号で始めらした。ほいでその弟子が、高浜で、窓清さんかな。うん、ほれから、ま、つぶれちゃったけど、碧南でな、「窓辰」つぁん。ほれは、わし方の親父より大きかったな。

「窓辰」はその工場の規模も、本人の年齢も、曽根松よりも上であったという。

その人がたは川も近かったし、専門で。

天窓の需要は実際、雪だるま式に増えて行ったようである。現代のように様々なメディアを通して需要を作るのではなく、口コミが主であった。

ほや、まあ、あのー、京都、奈良、大きなとこ見て、瓦屋へ頼んで、「あれ、付けてくれ」って。貼り付けて。そういった風で、だんだん、段々……。

このようにして、天窓の注文が次々に「杉浦彦蔵」へ来るようになって行った訳であった。しかし、曽根松は瓦屋であり、鬼板屋であり、さらに天窓を新たに始めたばかりであり、その対応に追われる事態になったのである。その解決策として、庄之助が天窓製造を専門とする「窓庄」を興して独立したのである。

家《うち》の方は鬼やら何やらやっとったもんで、専門でやれんもんだい。ほんで、家の方へ新家に出て、ほんで家は窓瓦専門でやるようになって。

そして、ちょうど、「杉浦彦蔵」で起こったと同じように、窓庄でも、そこで働いていた職人が仕事を覚えると、独立して自分の天窓の工場を持って製造を始めたのである。結果、曽根松の発明した天窓は、まず、内部から、鬼板と天窓をそれぞれ専門とする窯に分岐したことになる。その年は昭和八年（一九三三）であった。この時、天窓用の窯が現在の杉浦彦治の地所に築かれ、窓庄が誕生した。その後、天窓の需要の伸びと共に、次々と天窓専門に作る工場がその外部に生まれていったのである。戦前にはその数が六軒になっていた。窓庄（高浜）、窓源（高浜）、窓清（高浜）、篠源（高浜）、窓辰（碧南）、丸文《まるぶん》（碧南）がそのグループである。このうち丸文は販売のみで製造はしなかったという。昭和一八年（一九四三）には戦争の悪化が国内にも直接及び始め、アメリカ軍による空襲が始まり、政府の指導で夜間の明かりの制限が厳しくなって天窓は製造中止に追い込まれる。つまり、天窓は昭和八年以降、わずか一〇年間で急激に広まって行ったことになる。天窓を作る工場の数の増大がその事を如実に物語っている。

戦後になって天窓生産が再開されたのであるが、実際に天窓を生産していたのは窓庄と窓清のみであった。この体制が蛍光灯の登場まで続き、最後まで続けたのは窓庄で昭和六三年（一九八八）に製造を中止している。さらに、庄之助が築いた天窓用の窯は平成一五年（二〇〇三）九月七日に解体されたのである。

戦前に天窓を作る工場が増えてくると、人々は窓瓦組合を作り、過当競争が起こらないように窓瓦の価格を調整していた。会合は年一回で、現在高浜市のかわら美術館の直ぐ前の丘にある観音寺に集まっていた。

みな、わしの親父より年上の人ばっかでな、わしが一番若いもんだいな。下っ端で、「観音様、またお願いします」ってって借りに行ったり、ご馳走を頼んだり（笑）、色々値上げる話もしてな。毎年のように、一割か二割ぐらい上げてってな。ほいだで、そういう、定価表を作ってな。問屋へ配ってな。

組合長ていうだか、長はあってねー様なもんだ（笑）。

彦治は天窓の作り方を説明してくれた。大量生産ではなく、手作りである。多くの注文に応じるにはかなりの人手が必要とされる仕事である。まず天窓を作るには二人必要だという。通常の瓦よりもサイズが全体に大きくなるので、ずらしたり、運んだりする人手が要るのである。その役を窯庄の彦治の場合は妻の夏子がしていた。夫婦で天窓を作っていたのだ。

天窓の作り方

(1)　生の瓦（通常の和瓦）をかけ破って作る。「かけ破る」とは、複数の瓦が重なり合う表と裏の面に刻みを入れて、ザラザラにし、水を打って「のた」を作り、貼り付ける事。「のた」とは瓦と瓦を貼り付ける糊《のり》のようなもの。白地（粘土）を水に溶かしてドロドロにしたもの。

(2)　一方で、四角い枠組みを生の粘土で作る。または円筒を生粘土（荒地）から作る。木の枠を置いて粘土の荒地を合わせた後、切って枠を作る。

(3)　重ね合わせた瓦に四角（枠用）または円（円筒用）の穴を開ける。

(4)　(1)、(2)、(3)の工程でそれぞれ完成した生の状態の粘土を合体させる。

(1)〜(4)の工程で天窓の成形が完成する。一日で六枚窓の場合、二人でやって五、六枚程度が限度だという（図16）。

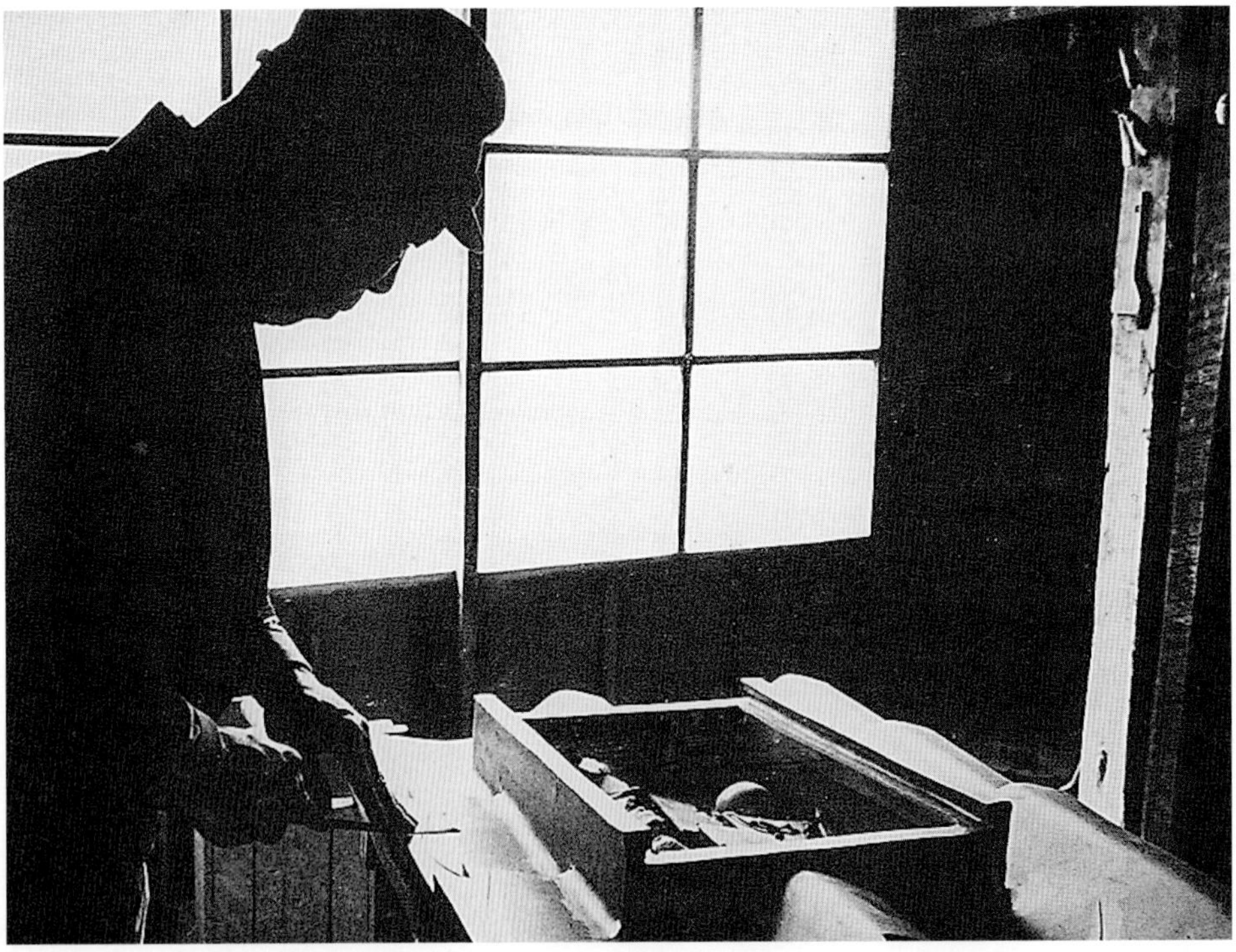

図16　天窓作業風景（6枚窓　杉浦彦治　昭和62年　杉浦敏晴撮影）

(5) 乾燥させる。工場の土間に四〜五日間半乾きになるまで家の中で乾かす。その後《あと》一〜二日間、外で天日干しをして完全に乾燥させる。

(6) 窯積み。窯の下から

第一層　六枚窓　三列×一七＝五一枚。

第二層　四枚窓　一〇〜一一枚。

第三層　一枚窓と二枚窓を入るだけ入れる。

(7) 焼成。

① 朝、火を入れ二四時間焚き続ける。八時間あぶり、八時間中焚き、八時間流し焼き。

② 窯の上にある窓から温度を見て、一〇〇〇度の火になったら火を止める（一〇〇〇度を超すと切れが入るため）。

③ 焚口より松葉と松木を込んで、二、三時間燻す。

④ 丸四、五日寝かす。

⑤ 取り出し。

燃料はまず松木の炭を入れ、松葉に火を点けて、木っ端を入れて熾《おき》を作る。熾が出来たら石炭をくべていく（図17）。

杉浦彦治が最後の天窓職人という事になる。天窓が祖父の曽根松によっていつ頃発明されたのかははっきりしていない。しかし、徐々に広がって行き、ついには「杉浦彦蔵」を鬼板専門と天窓専門の二つの窯に二分するほどに昭和の初めにはなった事になる。それを象徴する出来事が、庄之助の昭和八年に築かれた天窓窯である。現在はその窯はすでに無く、「まど庄鉄工所」としてその名前にのみわずかに昔の記憶が刻まれている（図18〜20）。

図17　天窓窯　杉浦彦治・夏子（杉浦敏晴撮影）

図18　６枚窓（天窓）

図19　４枚煙突窓

図20　１枚煙突窓

（上図すべて杉浦彦治作　杉浦敏晴撮影）

まとめ

「杉浦彦蔵」そして「窓庄」は瓦屋が鬼板屋へ、さらには天窓屋へと変遷を遂げていった異色の鬼板屋である。全盛期は二代目杉浦彦蔵の時代である。この時には瓦屋、鬼板屋、天窓屋が同じ工場の中に同居し、生産されていた。全て手作りであったから、その工場は沢山の職人と様々な瓦で壮観な態を成していたものと思われる。この全盛期を築いたのが二代目杉浦彦蔵こと、杉浦曽根松であった。まず単なる瓦屋から自ら脱皮して鬼師になり、屋根瓦の注文を一箇所で全て賄える体制を作っている。全く鬼板を作る環境が無いところから鬼板の技術を習得する事は大変な努力と抜きん出た才能が必要である。現代では萩原製陶所の萩原尚が土管屋からプレスの鬼板の職人、そして手作りの鬼師へと進んでいる例が一つあるのみである。この萩原尚と似たような事を明治時代に曽根松は行った事になる。

　曽根松の凄いところは、瓦屋と鬼板屋に加えて、全く新しい瓦を考案したことであった。「天窓瓦」である。この発明は日本人の家屋に明るい光をもたらした。当時（大正時代から昭和初期）は瓦屋が最も栄えていた時代であった。そこへ全く新型の瓦が登場し、それが直接に日常の人々の暮らしを改善する事が明白になった時、高浜の瓦屋と鬼板屋の間に落雷のような衝撃が走ったのは確かである。それを成したのが高浜の鬼師である杉浦曽根松であったから尚更である。文字通り人々の生活に光明が射したのである。いかに曽根松が鬼師の間で高く評価されていたかは昭和初期に撮られた三州鬼瓦製造組合の会合の集

図21　三州鬼瓦製造組合会合　昭和初期の鬼師（料亭竹善にて　高浜町）

合写真がはっきりと物語っている。曽根松は「杉浦彦蔵」として中央最前列に座してその両端が、左、鬼兵（石川兵次郎）、右、鬼源（神谷春義）である。それだけではない。最後列の左端には息子の杉浦庄之助が窓庄として同じ写真の中にいるのである。この事からして、この写真は年代が昭和八年以降に撮られたものだという事も分かる。なぜなら庄之助は昭和八年に天窓窯を築いて「窓庄」に成っているからである。つまり、この写真の中には鬼師で天窓師が二人いることになる。曽根松は三州鬼板屋組合の寵児であった事は疑いない。何しろ、あの高浜で最も古いと言われる鬼源の神谷春義が弟子である曽根松に中央の席を譲っているのである。まして時代は昭和初期である。席順は絶対であったと思われる。この写真はずっと以前から知っていた。しかし、なぜ鬼源が中央最前列にいないのか不思議に思っていた。今回、窓庄をフィールドワークして初めてその謎が解けた気がする（図21）。席順は次の通りであった。

・神谷春義（鬼源）右
・杉浦曽根松（二代目杉浦彦蔵）中央
・石川兵次郎（鬼兵）左

曽根松の次の代は天窓が急速に出始めた事もあって、弟の庄之助が独立し、天窓専門の窓庄となる。兄の義正は鬼師として「杉浦彦蔵」を継ぐ。ところがその次の代になるとなんと窓庄も「杉浦彦蔵」もそれぞれ家業を止めてしまうのであった。四代目杉浦彦蔵は杉浦久義が継ぎ、伊勢湾台風後（昭和三四年九月二六日）、鬼板屋を廃業して、発泡スチロールを作る会社に転業している。この時点で「杉浦彦蔵」は途絶えた事になる。一方、二代目窓庄となった杉浦彦治は昭和六三年（一九八八）まで生産を続けている。しかし、蛍光灯が広まった事により、天窓は競争力を一気に失い、天窓そのものがその使命を終えたのであった。

[25] 浅井長之助と衣浦観音像

愛知県高浜市待護山の山頂に観音寺がある。小高い丘のようなところで、その境内の中に町を見守るように立っているのが衣浦観音像である。昔は、待護山の下は崖で、海辺になっており三河湾が広がっていた。高浜と対岸の亀崎を結ぶ渡し船が行き来をしており観音像は舟の安全を祈願するために作られたともいう。ただ昭和三一年には衣浦大橋ができ、昭和四三年には無料化がなされ、対岸との往来は便利になっている。実際には観音像は昭和三四年三月一五日に建立されており、台座には浅井長之助が作った一二体の十二支像が配置され、卯《う》の方角、つまり東を正面にして高浜の町に向かって立っている。観音像は塩焼きで仕上がった陶管製であり、この作りのものとしては日本一の大きさと言われている。観音寺の建つ丘、待護山のふもとにあるかわら美術館の野外広場に出ると、丘の上に立つ美しい観音像がはっきりと目に入ってくる。ある意味で、陸の灯台のような眺めになっており、高浜市の顔と言えよう。

ところで、今回のテーマはこの顔についてである。つまり、「衣浦観音像の顔のモデルは誰なのか」が、主題である。衣浦観音像を作った人物ははっきりしている。初代鬼長の浅井長之助である。鬼長についての調査をまとめたのは二〇〇四年の事である（二七七〜九一頁）。その時に初めて浅井長之助と衣浦観音像のつながりについて言及した。しかし、当時はその観音像に具体的なモデルがあるとは全く念頭になく、事実、インタビューした人々も、職人としての長之助と直接つながりを持たなかったこともあり、長之助と観音像との関係に深く踏み込む余地はなかった。

篠田勝久と浅井長之助

その関係が思いがけずも浮上してきたのには訳《わけ》がある。一九九八年に始まった「鬼師の世界」の旅は、さまざまな鬼板屋を巡って行くなかで、二〇〇〇年にはシノダ鬼瓦へとたどり着き、それからさらに巡り巡って、再度シノダ鬼瓦へ至ったのが二〇一二年の事である。偶然にもシノダ鬼瓦の初代篠田勝久は鬼長で修業をし、鬼師になった人であった。鬼長に小僧として入ったのは昭和二五年（一九五〇）頃である。その当時、勝久の親方は初代鬼長、浅井長之助であり、その長之助のもとで腕を磨きながら職人として働き、昭和三七年（一九六二）

図１　衣浦観音像（高浜市祷護山観音寺　浅井長之助作）

に、独立している。現在（二〇一三年）、直接、浅井長之助を知っている数少ない人物のひとりであり、しかも鬼長という鬼板屋で、鬼師としての長之助をじかに知っている人物は今現在、他にはいないのではないかと考えられる。それゆえに勝久の長之助に関する話は貴重なものと言えよう。その長之助にまつわる話の中で出てきた話題が衣浦観音像を作った長之助の物語であった（五五二～五頁）。衣浦観音像は実際に行って見るとよくわかるが、高さ八mの堂々とした像であり、表面に塩焼きがよくかかった茶褐色の光沢のある美しい姿をしている。勝久に会うまでは実はここまでであった。これほどのものを残した浅井長之助という人はかなり腕の立つ鬼師だったのだなあと素直に思っていた。ところが二〇一二年六月一五日に勝久に会って話を聞いていたところ、思いもかけず勝久が長之助と観音像の関係について言及し始めたのである（図1）。

まあ、お観音さんは、まあ、あのー、あれねえ、「山本富士子」っていう映画俳優の人知って見える？

あの人の顔……、目的で作らした。

お顔はね。

お観音さんの姿は昔から（伝統的な）あれが、すでにね、あるけんねえ。

勝久は「衣浦観音像にはモデルがある」と言っているのである。昔から伝わっている観音像ではない。長之助は長之助が美しいと見なした女優、「山本富士子」を観音像のモデルとして観音像を製作したことになる（五五四～五頁）。

この時、実は、「山本富士子」を衣浦観音像の写真と並列させてどこまで似ているのかを見比べてみようとしたいきさつがある。すでにすべての内容は書き上げており、あとはその場に合う適切な写真が入手できればほぼ終わりという段階にあった。その時、原稿の締め切りが近づいていて時間がほとんどなかったこともあり、思わず二人の知り合いにメールを送り、今回の件を話して、山本富士子の写真を依頼した。一人が郷里の山口県周南市にあるマツノ書店主、松村久氏であり、もう一人が㈱あるむの川角信夫氏であった。松村氏からは市の図書館に行くように言われた。すぐに豊橋市立図書館に行くと必要な資料はその場で入手できた。ところが、川角氏からは次のようなメールが届いた。

山本富士子の第二報です。家の者に聞いたら「あれは昭和天皇の奥さん（平成に亡くなった皇太后）だ」という話を聞いている、と言っていましたが、山本富士子で裏が取れますか。それなら安心ですが。

川角氏は高浜の人で、鬼瓦関係の人々とも交流があり、こちらが知らない話を知っておられたのだ。この川角氏のメールがきっかけで今回の調査は始まっている。

これは何とか解決しなくてはいけないと次第に考えるようになり、まずは山本富士子説が出たシノダ鬼瓦へ行くことにした。シノダ鬼瓦の現親方は宮本恭志である。シノダ鬼瓦は二一章（五四七～七〇頁）で詳しく述べたとおり、その始まりが鬼長から起こっている。初代篠田勝久（旧姓神谷勝久）が昭和二五年頃に鬼長の小僧となり、現在に至っている。さらに、勝久が鬼長で職人をしていた時、腕の良さを買われて親方浅井長之助の妹、「ちよ」の娘、篠田澄美江と養子縁組を行い、篠田勝久となっている。すなわち、シノダ鬼瓦は浅井一族の一員であり、鬼長系の職人として長之助の流儀を今に受け継ぐ鬼板屋ということになる。そして、勝久は直接、親方である長之助を職人として知っている人物なのだ。

森五郎作とヤマ森陶管、第四工場

さてここからは時系列に沿って浅井長之助と衣浦観音像について述べていく。まず川角氏のメールの件を宮本恭志に伝えて、「山本富士子なのか、昭和天皇の奥さんである香淳皇后（一九〇三～二〇〇〇）なのか」はっきりさせたい旨を話した。すると、恭志はひとりの人物を紹介してくれた。鈴木康之という人で、何と勝久の自宅の一軒おいて隣に住んでいる人であった。早速、恭志に家まで連れて行ってもらった。

いきなりの訪問にもかかわらず、家はこぎれいで、入り口にある庭には大きな池があり、様々な色の大きな鯉が群れを成して悠々と回遊していた。家の中に入り、こちらの意向を改めて伝えた。しばらく話したのち、インタビューに入ることになった。鈴木康之は昭和七年二月四日生まれであり、終戦後の昭和二一年（一九四六）、一四歳の時に三河高浜駅のすぐ近くにあった森五郎作の経営するヤマ森陶管の第四工場へ入社している。生まれは衣浦大橋を渡った、高浜から対岸にある亀崎であった。少し鉄鋼関係の仕事もしたが長続きせず、ヤマ森で土管屋の職人として土管を作っていた。現在は土管屋は高浜から姿を消してしまっているが、かつては瓦屋と同様に高浜の主要産業の一つであった。明治末から大正にかけて土管が製造されるようになり、大正三年の三河鉄道開業に合わせて、三河鉄道沿線に土管屋が広まっていった。ところが戦後しばらくすると、土管と競合するヒューム管や塩化ビニール管に押され始め、平成一六年三月有限会社森組陶管製造所が解散して、高浜市から土管産業が事実上姿を消したのである。高浜の土管産業の調査は内藤良弘によって綿密になされている（内藤 二〇〇八）。

鈴木康之との話から長之助とヤマ森陶管との関係がまず浮き上がってきた。そもそもなぜ康之が重要な人物としてここに登場しているかの理由から始めたい。浅井長之助がヤマ森陶管の工場で衣浦観音像を製作したことが第一の理由である。長之助は自分の仕事場である鬼長でこの観音像を作ったのではない。第二の理由は、康之がヤマ森陶管で職人として働いていたことがあげられる。第三の理由は、ヤマ森陶管で職人をしていた時に衣浦観音像の製作が同じ仕事場で始まり、長之助の仕事の手伝いをしたことである。以上のような理由が鈴木康之にインタビューをする強い動機になっている。康之に浅井長之助と森五郎作との関係を聞くと次のように話している。

それーは、聞く話によると……。

すぐにそれに続いて康之の奥さんである、その場に同席していた登志子が答えている。

そこは、ちょっとー、はっきりしたことはわからんね。

続けて康之が、同じようなことを話すのであった。

まんだ餓鬼の頃（二〇歳ごろ）だで、はっきりしたことはわからん。ヤマ森の社長さんと、それから、あのー、鬼長さんがねえ、その人とどういう関係だったか……。

まあ親しくはしていたということは確かだと思うけどねえ。

商売上の付き合いかと問うと、それもありだと言いながら、登志子は歳についても言及した。

同い年くらいじゃなあい。ちょっとヤマ森の社長さんの方が若かったたか。

浅井長之助は神谷長之助として明治二五年（一八九二）に生まれて、昭和三九年に亡くなっている（二七七頁）。一方の森五郎作は明治二二年（一八八九）生まれであり、昭和四二年に亡くなっている（内藤 二〇〇八）。つまり、二人は同郷で、ほぼ同年代であり、同時代を過ごしてきており、長之助が鬼板屋、五郎作が土管屋という他の産業と比べるときわめて近い業種となり、親しい間柄ではなかったかと推測される。

登志子（昭和九年九月二七日生まれ）は自分自身の事とヤマ森の事を少しずつ分かるように説明してくれた。

ヤマ森っちゅうのは九人の兄弟がいやすってねえ、そいで確か九人だった。ほいで工場が九個あるんですよ。第一から第九までねえ。

それで、そういう関係で、あのー、うちらの、あのー、第一工場の方へ、みんな、あのー、就職、ねえ、昔だから小学校降りて小僧に入ったわけねえ。

それで、親が、そこで、あのー、勤めておって、で、自分は、あのー、第一の、第一っちゅうと、本家なんですけどね。本家じゃなくて、分家の方の第四工場の方へ、の、小僧に、あのー、あれ、あのー、入って、そのー、第四の「しゃ」ー、あのー、社長さんていう人が森五郎作さんで……。

で、その森五郎作さんの親の代わり、まあ、昔だとのれん分けっていうような感じ、あの工場を一つ持たしておくれて、土管屋をやっとったんだけど、それはもう潰れちゃったんですけどね。

このように登志子は康之よりも早く小学校を卒業してすぐにヤマ森陶管に、親がやはりヤマ森で働いていた関係上、小僧として入ったのである。また、配置先がのちに康之が入社してくることになる同じ第四工場の、森五郎作のもとで働いていた（図2）。登志子が述べてい

図２　ヤマ森陶管　第四工場全景

るように、ヤマ森陶管は創業者が森千代吉といい、明治三〇年に始まり、千代吉の子供が九人ほど生まれ、それぞれに陶管工場を持たせていき、第一工場から第九工場を持つ一大陶管グループ会社を形成し、高浜では代表的な町の有力者になっていったのである（内藤 二〇〇八）。町の有力者としての一端を示しているのが、高浜の町政に一族の者が多くかかわっていたことであろう。

あの、第一の、第一っちゅうと本家ですけどねえ。本家の人が高浜の、ちょ、町長さん。

それから、まだ、一つは、あのー、第四の、その、森五郎作さんの娘さん……、金吾さんか。森五郎作さんの息子さんが、市会議員やらして。町長議員だあ。あの当時だでなあ。

第八のやつ、第八の、第八工場の人もやらしたね。町会議員。だもんで高浜として有力者だ。

ヤマ森陶管グループは会社の財政的な基盤を背景に、町の政治にかかわる高浜の有力者として、高浜の町に積極的に貢献することを意識していたように思われる。康之は次のように言っている。

どうだろうな、高浜の有力者等がそろって、「何かやるか」って話になって、「お観音さんでも作るか」ってって、ほいで、そこで、鬼長さんが、名前が出たんじゃねえ……、どういうふうだか知らんが、それこそ小さい二〇歳前の事ですもんねえ。

どのように、どこで観音像をつくる話が出たのかはっきりは分からない。しかし、七代目鬼長の浅井和美によると、長之助は、ある時、夢の中に誰かが長之助の枕元に立ち、「観音像を作りなさい」と告げられたという。そして、長之助は「いつか観音像を作りたい」と思うようになったという。一方、森五郎作の孫にあたる森和信は「長之助が観音像を作る場所を探していた」と聞いているという。このようにして長之助の観音像の話が、何らかの形で森五郎作に伝わり、観音像製作の具体的な計画が高浜の一大事業として現実化していったのである。

面白いことに森一族の中でとりわけ変わっている人物がいた。それが第四工場の社長、森五郎作であった。森九人兄弟の中で五郎作が中心となって高浜に対して今日でいう町の文化財に値するものを寄贈し残している。他の兄弟も大なり小なり貢献はしていると思われるが、森グループの中で特に文化財に関して中心的な役割をなした人物が森五郎作であった（図3）。昭和九年（一九三四）二月春日神社正門に狛犬を一対、土管焼きで焼いて奉納している。杉浦庄之助に製作を依頼している。また同様に杉浦庄之助によって作られた同じ形の狛犬が満州国撫順神社に納められていた（六二〇～一頁）。また昭和二九年一二月には高浜小学校正門の南側に楠木正成《くすのきまさしげ》父子の像が寄贈されている。この時も窓庄の杉浦庄之助が製作を請け負っている（六二〇～二頁）。そして、今回の主題である観音寺の衣浦観音像である。この時は観音像建立奉賛会が設置されて、観音像が建立されている。森五郎作が窯元となり、浅井長之助が製作している。昭和三四年三月一五日に建てられている。さらに大山公園には長之助が作り、森五郎作土管窯で焼成された大たぬきがある。この陶管製たぬきは、昭和三九年一〇月四日に建立されている。このように高浜には土管製の特大モニュメントが土管屋の当時の隆盛をしのばせる重要な文化財としてあちらこちらに点在している。その文化財製作の中心人物が森五郎作であった。康之は長之助と関わり合いを持つようになったいきさつを語っている。

図3　森五郎作

　まあ、わしが等が、あのー、鬼長さんて名前を知るようになったのは、お観音さんを作るで、あの、土管屋の、職人だねえ。そういう人が等に、あの、「手のすいたときは手伝ってやってくれよ」って話から、鬼長さんってことを知るようになっただあ。ん、わしの場合はね。

観音寺は康之・登志子夫婦にとっても記念碑的な存在であった。

　俺ん等が結婚したー……が（昭和）三三年だから。ほんで、お観音さんが出来て、あのー、出来て、あの、祝いをやるときに、が、俺ん等が結婚した年だっただあ、あの、なあ……。

観音さんがあそこに建った時に、ちょうど結婚した。三三年です。

正式な建立年次は昭和三四年三月一五日となっている。ところが昭和三三年（一九五八）には建立の工事が始まり、実際に観音像が一般に姿を現したのである。観音像が作られる下準備についても康之・登志子の話から具体的に見えてくる。

俺ん等が結婚した……が三三年だから、そのー、二年くらい前だなあ。

（登志子）二年……まっと前じゃないー……。

下準備ってのが何年ていうほどかかって、大きな工場を、の、平屋を、それを二階張りにして。仕事場作るがために……。二階で（観音像の）仕事して、下は土管屋やっとるてえことだったかな。

（登志子）その第四工場で……。

その支度《したく》まで入れると、二年ばか前じゃねえ……三〇、二〇何年、七、八年。

いきなり観音像を作る仕事に取り掛かったのではなく、まず観音像を作る場所をこしらえる作業があったことになる。それは第四工場の土管を作る仕事場で、その建物を平屋から二階に改造して、一階はこれまで通りに土管の仕事場とし、新しく作った二階は長之助が観音像を作る作業場としたのである。

その前の支度がー、結構時間かかっとるだと思う。

工場から直して、二、二階にして、それで、お観音さんを作るがために大きな板がいるでしょう。それを、板を、今度、大府の、確か、あのー、材木屋さん。森五郎作さんの、あの、息子さんの奥さんの在所が大府で、材木所をやってみえたから。そっから、あのー、頼まれて、板を持って、それで板を始めから作って。だで、板から、土から、どうしたっていうとー、ほやあ、二、三年はどうせんでもかかる。

もともと平屋だった工場を二階にしたわけだが、二階にするやり方が異なっている。

（工場は）二階建てじゃないで、それを二階にし直して、直してってゆって、縁《えん》を張っただけだけど……。もともと高い工場の、……、丈の高い工……。

（登志子）十分二階張ってもねえ、上下の、あの、高さがありましたので……。

つまり、工場内部に板で縁を張って、中二階にして仕事場をわざわざ新たに増築したのである。しっかり打ち合わせを行い、綿密に計画を立てて、五ヶ年計画のようなプランを作り実行に移したのだ。

もう一つの下準備が土の調合であった。全長八ｍの土管製の観音像を作るのである。長之助は鬼瓦の土は扱い慣れていたとしても、土管用の土は初めてであった。

（登志子）土って言っても、こんな乳鉢ですってねえ。いろんな調合して……。あのー、収縮具合とか何とか。で、それを、また、これくらいの水盤をいくつか作られたね。

そー、作って、どんな程度の縮み具合か。それは、あのー、小僧さんがやられとるわけですけどね。

（康之）土管の粘土に、また、あの、大きなもん（観音像）作るだから、縮み具合がみな違っちゃっちゃあ、上手に合わさらんで……。その研究でも二、三年かかってるけどなあ。ほいだで昭和二〇……七、八年。

（登志子）そんくらいは、ま、

（康之）……の頃からやられとるじゃないかなあ。実際、あのー、それまでの、きっと、親方てえだか、社長さんが等の打ち合わせに、まで入れると、かなり……。うん、作ってもらえるとか、作るならどれくらいのもの作るとか、打ち合わせが当然あったわけだから。

このような下準備の動きを実質的に支えていたのが森五郎作であった。五郎作は他の兄弟にはない、もう一つ変わったことをしている。満州の撫順へ土管工場を作り進出して行ったのである。

ほやー、親方（森五郎作）の腹の太いってことは言うまでねえ事だと思うね。

（登志子）あの、五郎作さんて人は、満州にねえ、工場広げて、ほいで何人かこちらから小僧連れて、向こうへ渡ってねえ、満人たちを使ってみえたわね。土管屋を。

で、私の父（杉浦正利）は、あのー、まあ、一番弟子みたいなので、五郎作さんについて……。毎年夏しか帰って来ないです。それまで満州で。ほいだで、小さい時父親と暮らしたっていう覚えはないです。

ともかく五郎作さんて人は肝が太っとい人かしらねえ（笑）。

で、私らもー、向こうへ、「満洲へ、みんな家族行くか」って言っとったんですけど。母親（杉浦はつゑ）が「やだ」ってってねえ（笑）。こっちで頑張って、あの、ほんで、五郎作さんとこの第四工場っていうところで仕事やってたんですよ。

このように森五郎作は創業者、森千代吉に生まれた九人兄弟の中で、戦前は満州にも土管工場を唯一建設した進取の気性を持った人物であった。さらには陶管製の狛犬、楠木正成父子像、観音像、大たぬきといった高浜に今も残る記念碑的な土管時代の大モニュメントを次々と作っていった。なぜこういった通常の土管以外の土管製像創作に興味を抱いたのかはわからないが、単なる土管製造に飽き足らず、土管製造の枠を超える美の地平に魅かれて五郎作は歩みを進めたといえよう。すでに述べている通り五郎作は狛犬、楠木正成父子像を窓庄の杉浦庄之助に製作を依頼し、観音像と大たぬきを鬼長の浅井長之助に製作させている。杉浦庄之助、浅井長之助ともに鬼師である（二七七〜八〇頁）。この時に土管の世界と鬼板の世界がめぐり会うことになった。その産婆のような仲介役をしたのが森五郎作であった。産み出された数々のこれら名作は三河の土を母体にして、鬼師によって形作られ、土管職人によって土管窯で焼成されたのであった。土管屋と鬼板屋の共同作業《コラボレーション》は新しい文化の誕生であり、美の表現であった。しかし、土管産業が高浜から消えたことによって新しい美の地平線はその姿を消してしまった。土管屋と鬼板屋のコラボレーションの消滅であった。数々の特異な共同作業によって産み落とされたモニュメントはありし日の土管業界の威光と、土管屋と鬼板屋のコラボレーションから生み出された独特な高浜の美を今に伝えるのである。それゆえにこれらの像は人と土地と伝統が生み出した高浜の貴重な文化財と言える。

衣浦観音像のモデル㈠

さていよいよ観音像のモデルについての話に入りたい。この場合、モデルとはいえ、顔のモデルを意味する。像の本体そのものは新たに創造されたものではなく、伝統的な観音像の形を受け継いでいる。しかし、観音像の顔かたちを浅井長之助は現代的なものに作り変えたのであった。長之助は何かを作る時、とくに鬼瓦の世界でいわゆる「生き物」といわれる、鬼や、神像や、十二支像や、人物や、動物や、植物といった具象的な何かを作る際、具体的に参考になるものがある場合は、直接見て作る習慣があった。「粘土で写生《デッサン》」しながら生き物を作る技術を鍛えていたのである（五五三頁）。これに関する話を新しく鈴木康之と登志子から聞くことができた。

鬼長さんていう人は、たぬきを作られたですよねえ、大山（公園）にある。あっちの大きな、あがっとる大きなやつ。あれを作るがために、岡崎まで、あのー、お弁当持って、たぬきを観察に行かれとったもんね。

鬼長こと浅井長之助は、観音像を作った後、そのほぼ六年後の昭和三九年（一九六四）に高浜市大山公園にやはり観音像と同様の土管製の大たぬき（高さ五・二m）を第四工場で製作、森五郎作が自らの窯で焼成している。その時、康之と登志子は同じ工場にいて、長之助がどのようにして「たぬき」を作ったかを実際に見ているのであった。

電車に乗って、「てい……」、定期券を買って行かれとったわ（笑）。

ほやあ、あらためて作るでも、工場へ来て、お観音さんちょっと直いただか何だかで、土をこれくらい持って、岡崎城まで行くだからねえ。岡崎城の、あの、お城の所にちょっとした動物園が……。そこのたぬきが、おっ、おったもんでえ。そいつをモデルに、弁当持って通わして、ねんどで、あのー、見本てだか……。

うん、雛《ひな》形を作って、ほいつを持ってきて、この何倍ってて……。


ほいだでー、仕事にものすごい熱心な人。普通なら弁当もって通わへんよ（笑）。それこそ、本で「たぬき」見て、それででかそうと思やあ、出来るわけだわ。それ、弁当持って、それも、毎日だから。定期券買って、ほうして通っただあ。

「今から行ってくらあね」ってって、私らがその時に、あの、駅と工場と近かったから、こっちの東を通《とお》って、かよって……。ほやあ、仕事熱心な人だった。あれくらい熱心でなきゃ、ええものはできんわいと思って……（笑）。


では、長之助が何をいったいモデルに観音像を製作したのであろうか。観音像は高さが八ｍの巨大な立像である。神像ではあるが、人物像の範疇にも入る。全体の形状はもちろん大事であるが、やはり肝腎要《かなめ》な場所は顔かたちと言えよう。長之助のものづくりの習慣としての「粘土のデッサン」のモデル選定は今となっては長之助亡き後、知る由《よし》もない。しかし、何らかのヒントは当時の長之助を知る人たちによって伝えられている（図４）。

鈴木康之・登志子は実際に第四工場で浅井長之助が観音像を製作する現場で一緒に仕事をしていた人物である。文字通り、長之助が何をモデルにしていたかの目撃者である。二人は次のように言っている。


ほやあ、あの、鬼長さが、あいだけの仕事やる人が……、土管屋のー、職人てーと、わしが等はの、仲間が、三、四人おったか。

図４　浅井長之助（前列左端　工場ではいつも前掛をしていた）

丸さん、亀さん……。

（登志子）ああ、若い人んが等ね。

うん、そういう人が等に相談に来たってことが印象に残るな。相談……だねえ、仕事場で、「こういう時はどうせるだらあ」とか……。ほいでー、またあー、さっきの話じゃないが、あの、写真持ってきて、え、あの、それこそ、昭和天皇の、お、皇后様、と、それから、中村錦之介かねえ……。それを二枚持ってきて、これを、でー、あの、「合併さしたものを顔にしたいが、どう思う」ってつて、相談されたねえ。ほやあ、なかなかできることじゃないわね。

（登志子）「それをモデルに顔のふくよかさを……」……のが、私言われたでねえ。

（登志子）皇后陛下さんと、錦之介の写真をね。

ほいで、わしが等が全然わかる歳じゃないしー、それこそ、いいか悪いかってやあ、いいとか悪いとかぐらいの返事しかできんわけなあ。こうした方がええとか、ああした方がええとかいうような意見の言える歳じゃないし……。

（登志子）「山本富士子」って言われたけど、山本富士子って私は（仕事場で）見たことないけど……。実際つくる時点では、あのー、錦之介と、皇太后さんの写真を持ってきて、見てつくっとらして……。

（登志子）そうして、こう「ふわあっと、こう、ふくよかさのある顔をー」ってって、「それをお観音さんにしたい」と言って。

二人の話から次の事が浮かび上がってくる。まず、長之助が衣浦観音像のモデルにした人物は、一人ではなく二人であったことが第一点である。そして、その二人は一人が昭和天皇の皇后である香淳皇后、もう一人が当時人気俳優でもあった歌舞伎役者の中村錦之介である。さらにこの二人をモデルにした理由が語られている。「顔のふくよかさ」を、つまり顔の輪郭を観音像の顔に反映させようとしたことになる。持ってきた山本富士子の顔写真のコピーを見せると、康之と登志子は次のように言うのであった。

うん、知ってるよ。あの、映画にもよく出て（笑）。こやあ、ミス日本だがねえ。

（登志子）私はこの写真、見たことないですよ。あの、（長之助が）持ってみえたのはねえ、富士子のはねえ……、皇后さんと錦之介の写真は見たんですけどねえ。

ここで、観音像と二人のどういったところが実際に似ているのかと聞いてみた。

図５　香淳皇后（昭和天皇の皇后）

図６　中村錦之助

　ああ、あの、強いて言うなら頬っぺたのふくらみが、あのー、似てるっていうだか、写真に、あの……と思ったことはあります。

　ほやあ、ま、錦之介の写真は……。

（登志子）あの人はどっちかってえと、ここがふっくらしてるねえ、錦之介の若い頃はねえ。で、私はその時に、「ああそうか」、と思って、「ふっくらしとるとこ、モデルにしとらせるんだな」と思ったことはあるんですけどねえ。

このように康之も登志子も山本富士子はよく知ってはいるが、長之助の観音像のモデルには全く登場したこともないと断言するのであった。二人が森五郎作の第四工場の観音像製作現場で見たのは長之助が香淳皇后と中村錦之介の写真を前に立てかけて、作業をしていた長之助の姿なのである（図5〔女性自身編集部編　一九八六：一四七〕、図6〔萬屋　一九九五：六四〕）。

　ほやあ、お観音さんの顔を作るのは一番最後だから……。あの、下から順番に作ってって、一番最後に顔を二つ作ったです。そこにお観音さんがあるだけど、下から順番に作った……。

　うん、雛形です。

　下から、あの、輪切りにしてって、あの、順番に作ってってって、一番最後の顔を作る時点で、あの、今でいう皇太后さんの写真と錦之介、うん、この写真、この顔だね。これがいくつに切れとるだらあ……。八……七つか八つに切れとると思います。ほれから縦にも切れとる。全部でーきっと、五〇か六〇になっとるじゃないかな。

ここに二つの興味深い観音像に関連する物件が登場する。一つが観音像は製作する時に顔の部分は一つではなく、二つ作ったことである。二つ目が観音像の雛形の存在である。まずは観音像の頭部にかかわることについて見て行きたい。

ちょうど顔を、このあたりから、できているから、上が……。まあ、試験的に作った顔という事だねえ。はい。ほいで、二つ目のやつが、お観音さんの本体にのっとるやつ。

康之によると、最初の観音像の顔は現在、鬼栄さんの所にあるという。鬼栄は二軒同じ名称の鬼板屋が高浜にあり、康之に確かめたところ、上鬼栄という。何週間かたって、実際に行って見てみると、ちょうど事務所の前にある駐車場の隅に土管製の観音像の顔が置いてあった。

焼き上がってからも、一年ばかじゃないよね、(工場に)置いてあるの。ほやあ、あの、テレビの取材もあったしねえ、ラジオの、あー、アナウンサーも、がとうも来たこともあるし、ほいで、まんだテレビがねえ、白黒でー、当然白黒の時代で、まだどこの家庭にもテレビがはいっとらん時分で、「今日テレビの取材で何時からやる」ってって、となり、見に行った覚えがあるもんなあ(笑)。ほやあ、テレビに映るかもしれんてえ(笑)。

このように観音像の製作現場をメディア関係のものが取材に訪れるようになって第四工場は観音像が完成するにしたがって、賑やかになっていったのである。

前もね、工場に誰かか、あの、写真撮りにねえ、作業してたり、焼き上がった時にねえ。あのー、「今日取材がある」てうと、「あんまり埃《ほこり》だらけじゃいかん」てって、雑巾かけてきれいにして……。

(登志子)私がやる役目で(笑)。その時にー、「テレビにー、ちょこっと出るかもしれん」ってって……(笑)。どうしても埃がかかっとるでしょう。だから、もう、今日誰かおいでるとー、あの、五郎作さんが、「おい、今日、だれだれさんがおいでるで、お観音さんを拭いとくれ」って言われるもんだい、バケツに水汲んでねえ、で、雑巾できれいに拭いてねえ。

で、沢山ですもんねえ、(観音像の)上から下までだから。あのー、これを幾切れか並べてあるから順番にずーっとねえ(図7)。

ばらばらの観音像の部分、部分が作業場にズラッと横に並べて置かれてあったのである。組み立てられてはおらず、観音像のパーツが一つずつ置かれていたのだ。工場で組み立てるに十分な天井の高さがなかったのである。一つ一つの大きさが一m四方ほどは十分にあり、さらに厚みが六㎝はあるもので、中は空洞だが、支柱になる障子がいくつも入り、大きく、重い物であった。

大きいもんです。そいつがいくつかかって、並んでるでしょう。だからそれをずっと雑巾掛けして（笑）。顔も、ザッ、ねえ、まあ、顔だけは、しっ……、丁寧にやったかねえ、あっはははは（笑）。

この時、顔の部分は二つあった。頭部は上から頭蓋骨を真横に顔面部分と後頭部分に二つに縦に切って、顔に傷を入れることを避けている。身体の部分は下から輪切りにして、像を分割して製作したのである。そして、頭部は前にも述べているように試験用と本番用の頭部が二体作られた。ここからもいかに長之助が顔作りに慎重に慎重を期して臨んだかがわかる。そして、観音像の本体と本番のための頭部は昭和三三年に観音寺境内に移され、組み立てられていったのである。一方の試験用の頭部は六代目鬼長の浅井頼代によると、森五郎作の第四工場の乾燥場に長く置かれていたという。森五郎作の孫にあたる森和信によると、この頭部は半製品を置く倉庫に置かれてあり、「納戸」と呼んでいたという。頼代のいう乾燥場と「納戸」は同じ場所を指しているものと思われる。昭和三八年に工場が取り壊されることになった時、観音像頭部の引き取り先を五郎作がさがしていたところ、名乗りを上げたのが、上鬼栄二代目、神谷知佳次であった。知佳次は長之助の次男であり、上鬼栄へ鬼長から養子として入った人物である。その知佳次が父、長之助の思い出の品として長之助が試験的に作った観音像の頭部を引き取ったのであった。現在（二〇一三年）もその頭部は上鬼栄に置かれてある。

図7　鈴木登志子

さてもう一つの観音像に関する物件が観音像の雛形である。鈴木康之・登志子から話を聞いているときに、康之が立ち上がって土間にある棚から降ろしてきたものがその雛形であった。本来、鬼師は大物を「でかす」時は、雛形を作る習慣がある。しかし、場所が鬼長ならまだしも、鈴木家にそういったものがあるとは思いもよらず、いきなり目の前に出されたときは驚きとともに、何ともいえない感動のようなものが湧いてきた。この観音像の雛形はなんと大中小が三体ある。鈴木家の玄関を入ると、土間になっており、そこの下駄箱の上に観音像が三体並べてあった。

そこにお観音さんがあるけど……。

うん、雛形です。衣浦観音のそのままの姿。

（登志子）これのねえ、これくらいのやつも一番初めにあっただよ。これより小さいやつがあったじゃん。うち。

（康之）これが一番大きいだらあ。

（登志子）雛形ではね。こんな小さいやつは、一番、これくらいのが一番小さい。

結局、見せてもらった雛形は大中小と三体あった。大が四三cm、中が二三cm、小が一七・五cmほどのものである。今は黒っぽいこげ茶色をしており、妙に人を引き付ける魅力があった。康之はこの大中小の観音像の雛形の意味を教えてくれた。

まあ、内緒話みたいなもんだけどが、寄付によって大きさが違っとるです。これを記念品として贈る、金高によって大きさが違っとる。

衣浦観音像の話が出たときに作られたのが観音像建立奉賛会であった。つまり、衣浦観音像建立のための寄付金の受け入れ団体が設置され、高浜の人々に寄付が呼びかけられたことになる。その寄付金の多寡によって大中小の三種類の大きさの観音像の雛形が記念品としてそれぞれ寄付行為者に渡されたのである。衣浦観音像はこういった意味においても高浜の人々の善意に支えられた観音像であると言えよう（図８）。

その当時、康之は第四工場の職人をしており、観音像に興味があったらしく、記念品として作られた数多くの雛形観音像の中に、細かい部分、例えば指とかが欠けたりしていわゆる失敗作となった観音像を工場から譲り受けて家に持ち帰っていた。そして、欲しい人があるとその都度渡していた。

こういうこと言っちゃいけんけど、傷があるってって捨てるわけにはいかんでしょう。目玉がついてるし。ほいだもんで、家にい

図８　衣浦観音像雛形（浅井長之助作　鈴木康之所蔵）

くつもあったです。

(登志子) あったけど、どっかへ、誰かへやった。うーん。ほしいっていう人があると持ってってもらって……。

(登志子) これは、この大きさのは私がみんなにあげたもんだい。ようけ注文して作ってもらっただね。あの子供会のね、役員やっとった時に、解散したとき、記念にってって。

このように衣浦観音像建立奉賛会とは関わりのない人たちにも、観音像の雛形は渡って行っているのであった。雛形の話に続いて、康之は長之助が観音像を作っていた時、どういった作業を手伝ったのかを聞かせてくれた。

まあ、結局、手伝うってってても、あの、重いものをずったり、あの、それから、あの、二階だから、あの、粘土を上へあげるの手伝ったり、今みたいにエレベーターがあるわけじゃない。手でこうやって抱いちゃ上げるだから。そういう事を手伝ったわけ。ほいでー、仕事の合間見ちゃあ、重いものを場所ちょっと変えてみたり、そういうの手伝っとるだよ。

ほいだで、あのー、こういう、(観音像の部分は) 中が、あのー、く、く、空洞になっとるわねえ。中と外と一緒に乾くようにしてかんと、傷が出ちゃうから。中へ電球を入れたり、練炭をこう、温度つけて乾かしたり。

(観音像の) 一番下だと、あの、これぐらいに切ってあるわねえ……。そいで、中切るにつけて、お観音さんの外回りだと、中に、まあ、ひと巻き、土で壁を作ります。ほいで、壁、あのー、縦に切るああいう寸法だして、あのー、しょ、障子みたいに入れて、それの計算したり……。

ほいで、中は、か、乾きがうんと遅くなるから、ほこへ、電球入れて、それから、寒い時は凍《い》てるから、それを防御せるために、練炭入れたり……　ほれはー、簡単な苦労じゃないと思います。

(登志子) あれ、電球は何個くらい入れて……三個やそっから、ずっと入れて、真中へ……。偏っちゃいかんで、真中へ。八寸 (約二四cm) の練炭をねえ……入れて。で乾燥。

なんか練炭焜炉《こんろ》なんかあっただねえ。八寸の。普通なら小さいけど、こんな大きな練炭の、は、覚えているけど……。

それが、一つや二つじゃないでしょう。順番に作ってくに点《つ》けて、あのー、こいつが四つに切れとるとすると、一週間か十日、置いちゃあ、次のやつにかかるから、作りかけはいっぱいあるわけ。ほれを全部同じように乾かしてくってことは、相当神経使います。

鈴木康之と鬼瓦

康之と話しているうちに妙なことに気が付いた。土管屋の職人なのに土管以外のものをいろいろ作っていたようなことを話すのである。長之助の作った観音像の乾燥の話をしていた時のことである。どのように乾燥させていくのかを話しているうちに、いつの間にか観音像が長之助の観音像だったはずなのに、康之の作った観音像へ変わっていたのである。

（登志子）うちの大きなお観音さん作った時、やっぱり下から作ってくから、上へ行くまでに下が乾燥しちゃったね。真っ白けに。

いきなり何か違う観音像の話に入ったので、何の観音様なのですかと聞き返して、康之が作ったものと分かったのである。

（登志子）六寸くらいあったじゃない。うちの場合はね。こういうふうに細かく切りこなし、一回ずうっと、自分で設計しといて、あの、絵に描いといて、そいつを見ながら下から土をだんだん、土積み上げて……。

（康之）ほいで、あのー、ここら辺までもう白くなっとるでしょう。完全、上行くまでは、真っ白だもんねえ、下は。

そして、また、長之助の観音像へ戻るのであるが、やがて自分自身の話へ入るようになった。

ここで切ってあるとすると、ここまではね、一つの板で作って、ほいで、その、二段目はまた違うほうで作る。別々のとこで作って、あとで合わせて。

（登志子）だから大変ですよねえ。

つまり、素人の私は像全体を一気に作って、窯で焼成するために、分割するのかと思って聞いていたら、そうではなかったのであった。

（登志子）こう、型紙があって、それに合わして、作って、部分、部分を全部別で作ってかれて……。

（康之）こういう厚みのあるものの設計図というのは難しいです。紙に書いたものは厚みがわからんでしょう。それが一番難しいです。わしも大きなものは作った覚えがあるもんだい、ただ、「何々を作れ」って、奥行きがわからんわ。写真を持ってきて、「これを作れよ」ってってても、奥行きが写真だとわからんで、それで一番苦労せるですね。

話が康之の話に時々なり始めたので、何か作られていたのかと聞くと、なんと明らかに鬼師がする仕事だったのである。郡上八幡のシャチ、豊橋市役所の近くにあるお寺の鬼瓦、知多には観音像、といったふうに、とても土管屋がする仕事内容ではなかった。土管屋の職人であるはずの人が、なぜ鬼を作るのかと思い、しばらく訳が分からなくなった。しかし、康之からの説明を聞いて、康之は土管屋の職人から鬼師になった人だということに気付かされたのである。康之は昭和四五年ごろに森五郎作の第四工場を退社している。康之が三八歳ごろであった。そして康之はなんと鬼瓦を作り始めたのである。一四歳から土管屋の職人をしてきた人が、捜し出した先が、瓦関係の仕事であり、そこは登志子の兄の瓦工場であった。その工場が杉浦陶管瓦工業㈱といい、土管や瓦を製造していた。ところが工場の縮小にともないその半分を鬼瓦部門にし、杉浦社寺としたのである。

（登志子）鬼に変わったのは、あのー、兄が左前《ひだりまえ》ならんうちに、あの、在所の方が、まあ、古くなってきて、ほいで、まあ、工場の方、小さくするってて、こう、窯も築きなおさにゃ、あのー、危険だからってって。で、ほいじゃあ、兄が、あのー、工場を半分鬼瓦にするて言いかけて、で、私、下の弟の方がちょっとしたもの作るようになって、で、私ら夫婦が鬼の方へ一年生でやり始めて。で、見よう見まねで、弟子も、あんた、入ったことないもんでね。

話を聞いていると、やはり長之助の観音像つくりを長期にわたって目の前で実際に見、長之助という鬼師の仕事ぶりに刺激され、本来持っていた康之の才能が活性化したようにとれるのである。ちょうど篠田勝久こと神谷勝久が長之助の作ったものを見て、「作ってみたいなあ」と憧憬したことと重なり合ってくる（五四八頁）。康之の場合は、長之助と実際に何年も同じ仕事場で働き、長之助の仕事ぶりを直接目のあたりにしたのであるから、その影響力は絶大なものがあったと思われる。

あのー、土管やっとる頃からカエル作ったり、たぬき作ったり、ああいう、お、おもちゃを作るのが好き……。ほいで、鬼なら似たような仕事だで、ええかなと思って（笑）。

（登志子）で、まだ、その時は土管やっとったから土管の方、「本社の方へ（第一工場）来てなんか土管のことやるか」って言われたけど……。

「鬼をやってみたい」ってって、そう言うから。（兄の工場が）近くだから、すぐそばでしたもんだいねえ。それこそ三分も行けば工場へ行けるから、こっちから通った方がいいで、遠くの向山（森陶管本社工場）行くよりもねえ。ええ、で、まあ、兄のところで仕事するようになって。

このように森陶管本社向山工場へ移る話もあったにもかかわらず、慣れ親しんだ土管屋から鬼師の世界へ康之は自ら入って行ったのである。

ほやあ、土管の二〇年、三〇年やったもんが、手作りで鬼作れったってできるわきゃねえわなあ。ほいだでえ、仕込んでくれた人は、やりにくかっただろうなとは……。半端なことしかできんもんを、それし、年がいっとるもんだい、仕込む方が困るなあ。あまり若造ならいいてえこと言って（笑）。

その仕込んだ人、つまり師匠になった人が鬼末こと石川要《かなめ》であった。偶然にもすでに要には会って話を聞いていた。鬼末は三州鬼瓦の

図９　鈴木康之（左）と石川要（右）

元祖と言われる山本吉兵衛（一八三〇〜一九〇四）の直弟子のひとり、長坂末吉が直接興した鬼板屋である。その二代目鬼末が石川要《かなめ》であった（四六〜四九頁）。要は経営していた鬼板屋が行き詰まり、杉浦社寺で鬼師として受け入れられ働くようになった人であった。この石川要のもとで、康之は鬼作りを身につけていったことになる。もともと「生きもの」を作るのが土管職人時代から好きだった康之は、鬼師の要とともに仕事をしながら見て覚えたという。師にあたる要は本当の職人で、仕事は丁寧すぎるほどであったという。また人が良すぎて、経営にはあまり向かない性格の人だったらしい。石川要に直接会ってインタビューをした時もそうだったが、いつも酒気が抜けない、赤ら顔をした人であった。それが原因で身体を壊している。一方、兄の瓦工場を康之がやめたのが平成一〇年（一九九八）の一二月の事であった（図９）。

観音像と塩焼き

土管焼きは塩を投入して焼き上げる塩焼きである。観音像はそれゆえに塩焼きであり、事実上、焼成によって投入された塩とともに真っ赤になった窯の中で炎と塩によって浄化されているといってよい。念のために康之に観音様は塩焼きかどうかと聞くと、すぐに返事が返ってきた。

塩焼きです。

おらんとうが焼いただから。全部、あの、窯へ詰め、土管と一緒に詰め込んで焼きました。

（登志子）それも土管をずっと下へ。

（康之）あの、大きな窯でね、ちょびっと焼くってことは損だも損だし、冷《さ》めるが早いから乳《にゅう》（貫乳）が入っちゃうです。あの、冷ます時に。ゆっくり冷まさんといかんから、他のもんを入れて、温度を保ちながらゆっくり、じりじり冷まさんと、ええものは出んです。

（登志子）だからお観音さんだけを切ったやつを窯に入れて焼くことは不可能だね。すき間がすくから。その間の温度がうんと変わってきちゃうで、ひびが入っちゃうといかんもんね。

このように窯の中に土管をできるだけ詰めて、土管の上へ観音像のそれぞれの部分、部分を並べて窯詰し、焼いたのである。

（観音像は）上です。だから、ああいうものは、積んだ、積んだら、上手に積めればいいけど、あの、ちょっとでもずれとると、重なったとこが下がります。ほう、ほうすると水平のもんが波打つもんだい、出来るだけ、あの、荷をかけんように焼かんと。

（登志子）ほんなん、焼いとると、ほんっとに焼けた時なんか、鉄の棒でグサッとさせるもんね、ドロドロになってるもんだいねえ。

（康之）ほいで、あの、大きなものは冷ますが難しいで。温度下げる時が。上げるときは三日かかっても四日かかっても、じりじり上げてけばいいけど、急に下がすと乳が入るので、あの、目に見えんけど、細かい傷を……、叩くと、あの、音が違うわねえ。

だから、ああ、あれ、ひと窯で四日かかります。ひと窯で四日火を焚きっぱなしです。

石炭。石炭ばっかだね。石炭の方が色がいいもんね。うん、あの、ガス窯よりも。ガス窯から一三〇〇度まで上げるてえことは不可能に近いじゃないかな。ほいだけ上がらんと思う、力がないで。

一二〇〇から一三〇〇、窯はこう、丸《まある》くなっとるもんねえ。上は一三〇〇くらい行きますね。ほいで下で、一〇〇〇ちょっとぐらい。どうしても上の方が度が上がるわなあ。

つまり、窯の上部に並べられた観音像は一三〇〇度近くの高温で焼かれたことになる。

（登志子）だからこのお観音さん焼くでも、こう、部分、部分で切ってあるから、土管の上、ずーっと、ある程度土管積んで、その上、板……。

（康之）金板かな。炭化でできた板が……。そいつを並べて、その上へ、あの、並べて焼くです。

康之は第四工場の土管窯で、衣浦観音像の焼成に直接携わった職人のひとりだったのである。

それにたずさわったっていうのが、まあ、生きてるとわしぐらいだろうな。まあ、あとはみな、お観音さんになっちゃっとる（大笑）。

衣浦観音像のモデル㈡

鈴木康之・登志子に話を聞いた限りでは、衣浦観音像のモデルは明らかであった。長之助が森五郎作の第四工場で実際に観音像を製作していた時にモデルとして二枚の写真を目の前に置いていた。一枚が昭和天皇の皇后である香淳皇后であり、もう一枚が歌舞伎俳優の中村錦之介であった。

鈴木夫妻に丁重に礼を述べ、挨拶して帰る途中、事態があまりに違うことに驚き、もう一度シノダ鬼瓦に立ち寄ることにした。このままでは帰れないといった気分だった。仕事場では宮本恭志夫婦が鬼瓦を作っていた。恭志にすぐに事情を話して、出来れば篠田勝久に会いたいと頼んだのである。恭志はすぐに電話を取り、勝久に時間があるかどうか尋ねてくれた。するとすぐに来てもいいということになり、この時に初めて勝久を迎えに自宅を訪れた。

家に入って少し話をしていると、勝久が持ってきて見せたのが、なんと観音像の雛形であった。さらには、勝久は自分で衣浦観音像を写真に撮り、自作のコラージュ風にしたてた観音像の絵をいくつも見せてくれた。そして、そのうちの一枚を進呈してくれた。やはり勝久は衣浦観音像に特別な思い入れがあるようであった。一通り話をすると、いったん勝久の家を出て、恭志のいるシノダ鬼瓦の仕事場へ勝久と一緒に車で行った。その仕事場で、恭志とともに仕事をしている勝久の娘、裕子がいる中、勝久に鈴木夫妻から今しがた聞いたばかりの衣浦観音像のモデルの話をしたのである。すると、勝久は言下に、『顔は山本富士子をモデルにして作った』と長之助さんから直接、仕事場で聞いただ」とはっきりと何の迷いもなく、言い切ったのであった。長之助は鬼長の仕事場で職人に、「お観音さんのモデルは山本富士子だ」とはっきりと話していたことになる。山本富士子は昭和六年（一九三一）一二月一一日生まれであり、昭和二五年（一九五〇）、当時一八歳で読売新聞社主催のミスユニバース大会で、第一回目のミス日

図10　山本富士子

本に選ばれ、その後、女優として映画やテレビで活躍した人である。衣浦観音像の製作期間は昭和三〇年あたりから昭和三三年ごろまでと考えられ、山本富士子がもっとも輝いていた頃にあたり、長之助が観音像のモデルとして選んだとしても何ら不思議はない（図10〔山本 二〇〇二：四六〕）。

二〇一三年三月四日に上鬼栄の社長、神谷英廣に電話をした。上鬼栄には英廣の父、知佳次が森五郎作から譲り受けた、知佳次の父、浅井長之助の作った試作の衣浦観音像の頭部がある。川角氏のメールに昭和天皇の皇后説を聞いたのは上鬼栄の社長からで、古くからの友達でもあるという。こうしたいきさつで、誰から皇后説を聞いたのか尋ねるために英廣に電話をした。するとその答えは意外な展開を見せた。まず「香淳皇后説を誰から聞いたのか覚えがない」という。そのあとに、付け加えるように小声で、実はもう一つ話があり、「自分の叔母にあたる浅井みとむがモデル」と聞いているというのであった。自分も何となく似ている気がするという。この話を聞いたのは鬼長の元社長であった浅井頼代からだという。それでさらにその裏を取るために、鬼長へ電話してこの件について聞いてみた。電話に出たのは鬼長の現社長、浅井和美であった。頼代の長女である。ところが、和美によれば、それは「みとむ」ではなく、長之助の奥さんであった「きみ」であるという。和美が言うに、みとむは長之助の長男、道夫の嫁であり、そういった話は聞いたことがないという。しかし、鬼長で代々聞かされている観音像のモデルは長之助の嫁である「きみ」だという。直接母の頼代に確かめたらいいということになり、頼代の電話番号をもらった。こうして頼代と電話を通して話ができるようになった。頼代は以前、鬼長へ調査に来た時に、鬼長の本宅で直接会って話をしたことを覚えていた。頼代は神谷英廣にはこの件は話した覚えがないと言い、観音像のモデルについては、「きみ」であると聞いているという。また和美も、頼代も、「雰囲気」、「輪郭」が似ているという（図11）。

図11 浅井きみ

以上のように、衣浦観音像のモデルは、昭和天皇の皇后、香淳皇后、中村錦之介、山本富士子、そして浅井きみの四人となった。

まとめ

浅井長之助が製作した衣浦観音像のモデルを追って調査してきた。篠田勝久の山本富士子説、鈴木康之・登志子の香淳皇后・中村錦之介説、浅井頼代・和美の浅井きみ説、そして神谷英廣の香淳皇后、浅井みとむ説と合計五人のモデルが結果として登場したことになる。このうち、「浅井みとむ」は浅井頼代・和美の話から「浅井きみ」の覚え間違い、ないしは聞き違いであろう。なぜこのように複数のモデルが存在するのか不可思議であるが、それぞれの話の中にヒントがあるように見える。

まず実際に製作者の長之助が観音像を製作していた現場、森五郎作の第四工場にともにいて、長之助が製作しているところを目で見、長之助の製作の補助を実際にした鈴木康之・登志子の話である。長之助は観音像を作る作業場に香淳皇后と中村錦之介の写真を置いていたことは事実であろう。ところが長之助が何をその二枚の写真から参考にしていたかが重要になる。康之・登志子は次のように述べている。

（康之）それを（写真）二枚持ってきて、これを、でー、あの、「合併さしたものを顔にしたいだがどう思う」ってって、相談されたねえ。

（登志子）「それを（写真）モデルに、顔のふくよかさを……」のが、

（長之助が）私に言われたでねえ。

（康之）皇后さんの写真を持ってきて見てつくっとらして……。

（登志子）そうして、こう、「ふわあっと、こう、ふくよかさのある顔を」ってって、「それをお観音さんにしたい」と言って……。

さらに出来上がった観音像を見て二人は次のように言っている。

（康之）あの、強いて言うなら、「頬っぺたのふくらみが、あのー、似てる」っていうだか、写真に、あの、と思ったことはあります。

（登志子）あの人は（錦之介）どっちかってえと、ここがふっくらしてるねえ、錦之介の若い頃はねえ。で、私はその時に、「ああそうか」と思って、「ふっくらしとるとこ、モデルにしとらせるんだな」と思ったことはあるんですけどねえ。

この話から長之助のモデルの参考の仕方や見方が見えてくる。重要な言葉がある。「合併さしたものを顔にしたいと思うがどう思う」である。そして、この二枚の写真から取り出してきたのは「顔の、頬っぺたのふくよかさ」であった。

次に鬼長の家族、浅井家に伝わっている衣浦観音像のモデルは「浅井きみ」である。何が似ているかについて、鬼長の六代目頼代、七代目和美は、「雰囲気、輪郭」だと述べている。

ところが、鬼長の仕事場で、長之助とともに仕事をしていた職人、篠田勝久が長之助本人から直接聞いた話によると、「顔を、山本富士子をモデルにして作った」となっている。この場合、顔の輪郭ではなく、顔そのものと言えよう。筆者自身も山本富士子の顔立ちに観音像は似ていると思う。川角氏も「ネットで見たら添付の写真（山本富士子）はちょっと似ているかなと思いますが……」という。

つまり、以上の点から見えてくることは、長之助は衣浦観音像のモデルはだれか特定のひとりではなく、複数のモデルを採用して、長之

図12　衣浦観音像

助が頭の中で、それぞれを「合併」させて、一つの観音像の顔に合成させたのである。この工程を経て、その時代を反映させつつ、同時にこの世のものではない観音像の姿を創造しようとしたと考えられる（図12）。

おわりに

「鬼師の世界」を彷徨《さまよ》っては立ち止まり、また彷徨ってはと繰り返しながら、振り返ってみればほぼ一八年の歳月が過ぎていた。豊橋から高浜までの国道二三号は文字通り私にとって鬼瓦街道となった。最初は地図を頼りに車で走っていた道は工事が始まり、いつしか下道に変わり、代わりに二三号は立派な高架をなすバイパスとなっていた。街中を走っていた道は山中を走るようになった。地図帳がいつしか消え、ナビに変わった。そのナビも古くなり新しいナビに変わった。二三号線を幾度往復したか数えきれない。朝豊橋を立ち、夜豊橋に戻った。時に重い鬼瓦を車に乗せて。その車自体も変わった。三菱のパジェロイオから、同じ三菱のアウトランダーへと。いずれも白。さらには住む場所さえも変わり、今五度目の住み家にいる。そして、その間知り合った恩師のような幾人もの鬼師さんも亡くなっていった。合掌。

　そこまでして通ったその「鬼師の世界」がどこにあるのかといえば、地理的には日本国の愛知県高浜市と碧南市に主として存在する。ただし、普通にこの二つの街を歩いて回っても「鬼師の世界」は見えて来ない。通常の生活空間からは隔たった場所に鬼師は棲《す》む。人は住むが、鬼師は棲む。こう言って表現すればその世界の違いが感覚的に伝わってくるかもしれない。なぜ棲むのかと言えば、やはり鬼師には一般の人とは違う「凄《すご》み」があるからである。ひっそりとして凄《すさ》まじい。鬼師の世界を旅していて常に感じる独特な気配のようなものと言える。その気配に惹かれて、呑み込まれて、憑かれたようになって、巡礼者のように鬼師の世界という霊場を巡り歩いていたのかもしれない。

　鬼師と言われる人はこの凄みを持つ。一見するとひっそりとした佇《たたず》まいの中に凄みが潜み、時に立ち上がる。この気配は鬼師の世界全体にオーラのような広がりを見せている。包み込んでいるともいえる。その中でもこの独特な気配を圧倒的に力強く放っている鬼師が実際に棲んでいる。いわゆる伝統的な手作りによる鬼瓦の技を修得し、独自に発展させている人々だ。「凄腕の職人」と職人が呼ぶ。こうした鬼師が作る鬼瓦には魂が自ずと宿る。鬼師の持つヘラ先に生命が光るのである。

「鬼師の世界」は一度や二度の探索ではまず見えて来ない。辛抱強い、地道な、長い、長い道程《みちのり》を抜けた暁に初めてその姿を現わす。山登りにも似ている。途中、ちらりハラリとその一端を垣間見ながらも、我慢の末歩き通し、山頂にたどり着いて突然、全景が眼下に広がる感覚である。その「鬼師の世界」の全体像を表す地図がこの度やっと完成した。「三州鬼師の系譜」(一)、(二)、(三)、(四)がそれである。これでもって三州の鬼師の世界がある意味一望できる。一種の連山であり、山脈をなしている。二大山脈が大きく広がっているのがわかる。「山本吉兵衛系」と「岩月仙太郎系」が三州における鬼師の山脈群の中心をなす。それぞれの山脈の最高峰が山本吉兵衛であり、岩月仙太郎である。「鬼師の世界」の創始者である。

この二大山脈とは別の山脈も存在する。市古吉太郎を祖とする鬼吉系がその一つにあたる。重要な鬼板屋をいくつも内包している。さらに一回り小振りな山脈が鬼萬系である。野々山萬作をその祖とする。鬼吉系と鬼萬系の祖については現在のところその事実を押さえることができず、それぞれの祖のさらなる祖が判明する可能性は否定できない。またいくつかの小山もあるが、孤立はしておらず、その基層は鬼師の世界を形成するほかの連山に連なっている。

また系譜を見ると、各山脈における始祖といわれる人とその周辺に位置する人々の中にはバンクモノ（晩苦者）といわれる鬼の旅職人であった人が多いことがわかる。この旅職人の存在と鬼師の系譜を見比べると、鬼師の伝統が三州とは離れた別の土地からの伝播であることが見えてくる。三州という土地に鬼師の伝統という種子がバンクモノたちによって撒種されたのだ。それが現在の鬼師の世界を形成する山脈へと成長したのである。撒かれたその土地は肥沃であったといえる。始祖となったバンクモノたちの目は的を射ていた。各地にあった鬼師の伝統をバンクモノは自らの腕に統合し、三州の地にその技をもたらし、やがて根を下ろし、独自の世界へと成長していった。現在の「鬼師の世界」の存在そのものが始祖たちの眼の正しさの証となっている。

「鬼師の世界」がユニークなのはその日常から逸脱した「見えない世界」としての存在でありながら、いきなり反転して、ただ見えるだけでなく、どこにも、いつでも、毎日、「見える世界」になっている不可思議な構造を持っていることにある。その「見えない世界」と「見える世界」をつなぐものが、鬼師たちが作る一連の膨大な生産物なのである。それは「鬼瓦」と呼ばれ、寺院のみならず一般民家の屋根の棟にも載っている。それゆえ、人々は毎日意識していなくても、鬼瓦は日常生活に溶け込んでおり、ある意味不可視のようになっている。人々は意識して鬼瓦を見ることはまれである。しかし人々は見ていなくても、いつも見ているのが鬼瓦である。「裸の王様」の逆versionである。事実、鬼師たちは次のようによく言っている。「鬼瓦は窯で焼いて完成ではないよ。屋根の上に上げて完成だよ。だから作ったもの（者・物）は見て来い」と。見えない世界と見える世界の接点がそこにある。

この二つの世界をさらに重厚なものにしているのが「時」の存在なのである。日本という空間上の鬼瓦の広がりに加えて、時の重みがそこへ加わってくる。日本へ瓦が伝えられたのは西暦五八八年頃と言われている。そしてさまざまな変遷を瓦は経て、鬼瓦（オニ）が生まれたのは一三六二年頃のことであった。日本独自の瓦すなわち和瓦ができたのが一六七四年である。見えない時の厚みが空間的な瓦の遍在性に深みという重厚さを与えている。日本文化がそこに息づいている証である。この日本の伝統文化を形作り、伝えてきた人々が瓦師であり鬼師なのである。しかも形づくられた伝統文化は生まれたその瞬間は窯から出た一個の黒い煤《すす》けた鬼瓦にすぎないが、それがしかるべき場所である家の棟端に納まると、日本家屋へと変貌し、それがやがてはその土地の景観となり、年月を経て、日本の景観を形成していくのである。

鬼師たちが、そしてそこに住む人々が、長い年月をかけて作り上げてきた日本の景観が今、急激に、急速に、失われようとしている。ここ二〇年ほどの間に日本の町々はその景観を無秩序に壊し、崩して来ている。統一のとれていた景観美が無残な姿に変貌しつつある。町が意味のないパッチワークのようになっていく。和瓦を抱《いだ》く日本家屋が姿を消しつつあり、替わって建てられているのは町の伝統と調和を無視した洋風な、それ自体を見れば一見モダンな感じがする家屋の群れである。瓦そのものも和瓦が消え、平板と言われる洋瓦になり、今はさらに瓦そのものも葺かない屋根を持つ家が増えてきている。海外に出て感動するときは、訪れた街の景観の美しさに出会った瞬間であることが多い。そういった町は独特な統一感を持って形成されている。それがその町が持つ文化であり、その地方が持つ文化になり、町々が集まって延《ひ》いてはその国が持つ文化となり、公共が持つ美となる。日本も例外ではない。日本も日本という独特な時空間を構成する。それが日本という景観である。日本の各地を旅してみて、海外からの観光客が多いのは、「日本の景観」を保持し、維持する努力を町全体でしているところである。各家庭が持つ家屋の公共性の重要さに気が付いている町と言える。町を意識している町である。日本の町のその大半は建物の公共性の重要さにまだ目覚めていない。洋風化の吹き荒れる、ディズニーランド化する日本の景観に海外から来る人々は目を向けない。二〇二〇年の東京オリンピックには間に合わないとはいえ、将来の日本人が誇れる日本の景観を今から復活することが緊急の日本的な課題であろう。いつの日か、未来の日本人が我々に感謝する日が来るかもしれない。

「鬼師の世界」を追及しているうちに気付かされていった次第である。世界中でグローバル化が急速に進む現在、日本の景観の再生はその重要性を増してきていることは疑いない。その鍵となるのが「家が公共性を持つ」意識の普及であり、日本の景観を形作る最小単位としての屋根の細胞にあたるものが、「和瓦」であり、「鬼瓦」であることの認識である。建物なら必ず持つ屋根にそして鬼瓦に人々は注意を払うべきである。昔の日本人は祈りをささげていた場所である。その一番高いところに鬼瓦がある。和風なのか洋風なのか。ここは日本なのだ。和風の屋根のかなめである鬼瓦を作る人が鬼師である。鬼瓦が屋根に納まることでその建物に生命《いのち》が宿る。日本を日本人の手で取り戻したい。

追記

一九年の歳月（一九九八～二〇一七）をかけて、『鬼師の世界』が完成し、世に出ることになる。今は亡き父、茂、そして会えなくなった母、美和子、長男、悠にこの書を捧げたい。また、世話になった鬼師の方々とその家族の方々に心からの感謝の気持ちを伝えたい。彼らの協力なしには研究はできなかったのであるから。そして直接の家族、特に真由美には様々な形で支えてもらい感謝してやまない。本書の刊行にあたっては、出版社あるむの川角氏と寺西氏に協力をたまわったことをここに記したい。なお、本書の出版は愛知大学出版助成金の交付を受けたことを記し、謝意とする。長い、長いフィールドワークが今、ここに、実を結ぶことは望外の喜びである。

平成二九年一一月二六日

高原　隆

初出一覧

［序］「鬼師の世界――三州鬼瓦の伝統と変遷」『文明21』第九号：二二七―二四七頁

［1］「鬼師の世界――黒地：山本吉兵衛系⑴」『文明21』第一〇号：一六三―一八九頁

［2］「鬼師の世界――黒地：山本吉兵衛系⑵」『文明21』第一一号：八一―一三二頁

［3］「鬼師の世界――黒地：㈱柳沢鬼瓦と鈴木製瓦」『愛知大学綜合郷土研究所紀要』第五五輯：四七―六三頁

［4］「鬼師の世界――黒地：山本鬼瓦系⑴」『文明21』第一五号：一八三―二〇八頁

［5］「鬼師の世界――黒地：山本鬼瓦系⑵」『文明21』第一六号：九三―一一六頁

［6］「鬼師の世界――黒地：山本鬼瓦系⑶―1」『愛知大学綜合郷土研究所紀要』第六二輯：三七―五四頁／「鬼師の世界――黒地：山本鬼瓦系⑶―2」『文明21』第三八号：一一五―一三九頁

［7］「鬼師の世界――黒地：神谷春義・岩月仙太郎系⑴」『文明21』第一二号：一一三―一六五頁

［8］「鬼師の世界――黒地：神谷春義・岩月仙太郎系⑵」『文明21』第一三号：一五五―一七五頁

［9］「鬼師の世界――黒地：神谷春義・岩月仙太郎系⑶」『文明21』第一四号：九七―一一一頁

［10］「鬼師の世界――黒地：丸市、（杉荘）、萩原製陶所⑴」『文明21』第一九号：五五―七二頁

［11］「鬼師の世界――黒地：丸市、（杉荘）、萩原製陶所⑵」『文明21』第二〇号：七九―一〇〇頁

［12］「鬼師の世界――黒地：丸市、（杉荘）、萩原製陶所⑶」『文明21』第二一号：七三―九五頁

［13］「鬼師の世界――黒地：鬼十」『文明21』第二四号：三一―二五頁

［14］「鬼師の世界――黒地：鬼福製鬼瓦所、藤浦鬼瓦⑴」『文明21』第二二号：八三―一〇四頁

［15］「鬼師の世界――黒地：鬼福製鬼瓦所、藤浦鬼瓦⑵」『文明21』第二三号：三五―五六頁

［16］「鬼師の世界――黒地：山下鬼瓦と白地：山下鬼瓦白地」『愛知大学綜合郷土研究所紀要』第五六輯：五一―七八頁

［17］「鬼師の世界――白地：鬼英」『文明21』第二五号：五三―七五頁

［18］「鬼師の世界――白地：カネコ鬼瓦」『愛知大学綜合郷土研究所紀要』第五七輯：一―二二頁

［19］「鬼師の世界――白地：神生鬼瓦」『文明21』第三五号：九九―一二二頁

［20］「鬼師の世界――白地：伊藤鬼瓦店」『愛知大学綜合郷土研究所紀要』第六一輯：二五―四三頁

［21］「鬼師の世界――白地：シノダ鬼瓦」『愛知大学綜合郷土研究所紀要』第五八輯：一―二一頁

［22］「鬼師の世界――白地：㈱石英」『文明21』第三四号：一五一―一七五頁

［23］「鬼師の世界――白地：㈱石英⑵」『愛知大学綜合郷土研究所紀要』第六〇輯：三七―四九頁

［24］「鬼師の世界――黒地：杉浦彦蔵と窓庄」『愛知大学綜合郷土研究所紀要』第五四輯：五七―八一頁

［25］「鬼師の世界――浅井長之助と衣浦観音像」『愛知大学綜合郷土研究所紀要』第五九輯：三三―五四頁

参考文献

ＯＮＩＸ『鬼瓦総合カタログ』ＯＮＩＸ　一九九二
荒川盛也編「だるま窯〈上〉」『読売新聞二〇一三年二月二二日』読売新聞社　二〇一三
〃「だるま窯〈下〉」『読売新聞二〇一三年三月八日』読売新聞社　二〇一三
石川篤哉『信じて耐えて待つ〈上・下〉』自家出版　一九九九
石田高子『甍のうた――三州瓦に生きる人々』愛知県陶器瓦工業組合　一九八三
大江町役場総務企画課編『城と鬼瓦』日本鬼師の会　二〇〇一
小林章男『鬼瓦』大蔵経済出版　一九八一
〃『生きている鬼瓦』石州瓦販売協業組合　一九八五
〃『鬼瓦　続』私家版　一九九一
駒井鋼之助「三州瓦」『日本産業史大系』東京大学出版会　一九六〇
〃『粘土瓦読本――三州瓦のあゆみ』彰国社　一九六三
〃「三州瓦の変貌」『研究紀要』第三号　社会経済史研究所　一九六六
〃「鬼瓦の呼称」『史跡と美術』第三八七号　史跡美術同好会　一九六八
〃『かわら日本史』雄山閣　一九七二
佐藤郁哉『フィールドワーク――書を持って街へ出よう』新曜社　一九九二
〃『フィールドワークの技法――問いを育てる、仮説をきたえる』新曜社　二〇〇二
三州鬼瓦製造組合・三州鬼瓦白地製造組合『三州鬼瓦総合カタログ二〇〇〇年度版』三州鬼瓦製造組合・三州鬼瓦白地製造組合　二〇〇〇
女性自身編集部編『御素顔の皇后さま――美しき日本の母の年輪』光文社　一九八六
吹田市立博物館編『達磨窯――瓦匠のわざ四百年：平成九年度特別展』吹田市立博物館　一九九七
杉浦茂春編『高浜市誌資料(六)』高浜市　一九八二
高浜市伝統文化伝承推進事業実行委員会編『鬼瓦をつくる――愛知県高浜市の三州瓦』高浜市伝統文化伝承推進事業実行委員会　二〇〇三
高原隆「鬼師の世界――三州鬼瓦の伝統と変遷」『文明21』第九号　二〇〇二
〃「鬼師の世界――黒地：山本吉兵衛系(1)」『文明21』第一〇号　二〇〇三
〃「鬼師の世界――黒地：山本吉兵衛系(2)」『文明21』第一一号　二〇〇三
〃「鬼師の世界――黒地：神谷春義・岩月仙太郎系(1)」『文明21』第一二号　二〇〇四
〃「鬼師の世界――黒地：神谷春義・岩月仙太郎系(2)」『文明21』第一三号　二〇〇四
〃「鬼師の世界――黒地：山本鬼瓦系(1)」『文明21』第一五号　二〇〇五
〃「鬼師の世界――黒地：神谷春義・岩月仙太郎系(3)」『文明21』第一四号　二〇〇五
〃「鬼師の世界――黒地：山本鬼瓦系(2)」『文明21』第一六号　二〇〇六
〃「鬼師の世界――黒地：丸市、(杉荘)、萩原製陶所(1)」『文明21』第一九号　二〇〇七
〃「鬼師の世界――黒地：丸市、(杉荘)、萩原製陶所(2)」『文明21』

〃 第二〇号 二〇〇八

〃「鬼師の世界――黒地：丸市、(杉荘)、萩原製陶所(3)」『文明21』第二一号 二〇〇八

〃「鬼師の世界――黒地：杉浦彦蔵と窓庄」『愛知大学綜合郷土研究所紀要』第五四輯 二〇〇九

〃「鬼師の世界――黒地：鬼福製鬼瓦所、藤浦鬼瓦(1)」『文明21』第二二号 二〇〇九

〃「鬼師の世界――黒地：鬼福製鬼瓦所、藤浦鬼瓦(2)」『文明21』第二三号 二〇〇九

〃「鬼師の世界――黒地：鬼十」『文明21』第二四号 二〇一〇

〃「鬼師の世界――白地：鬼英」『文明21』第二五号 二〇一〇

〃『鬼板師――日本の景観を創る人々』あるむ 二〇一〇

〃「鬼師の世界――黒地㈱柳沢鬼瓦と鈴木製瓦『愛知大学綜合郷土研究所紀要』第五五輯 二〇一〇

〃「鬼師の世界――黒地：山下鬼瓦と白地：山下鬼瓦白地」『愛知大学綜合郷土研究所紀要』第五六輯 二〇一一

〃「鬼師の世界――白地：カネコ鬼瓦」『愛知大学綜合郷土研究所紀要』第五七輯 二〇一二

〃「鬼師の世界――白地：シノダ鬼瓦」『愛知大学綜合郷土研究所紀要』第五八輯 二〇一三

〃「鬼師の世界――浅井長之助と衣浦観音像」『愛知大学綜合郷土研究所紀要』第五九輯 二〇一四

〃「鬼師の世界――白地：㈱石英」『文明21』第三四号 二〇一五

〃「鬼師の世界――白地：㈱石英(2)」『愛知大学綜合郷土研究所紀要』第六〇輯 二〇一五

〃「鬼師の世界――白地：神生鬼瓦」『文明21』第三五号 二〇一五

〃「鬼師の世界――白地：伊藤鬼瓦店」『愛知大学綜合郷土研究所紀要』第六一輯 二〇一六

〃「鬼師の世界――黒地：山本鬼瓦(3)－1」『愛知大学綜合郷土研究所紀要』第六二輯 二〇一七

〃「鬼師の世界――黒地：山本鬼瓦系(3)－2」『文明21』第三八号 二〇一七

内藤良弘『高浜の土管屋さん』私家版 二〇〇八

長野市立博物館編『屋根瓦は変わった――信州の瓦屋と三州の渡り職人：第四一回特別展』長野市立博物館 一九九八

福住治夫編『鬼・鬼瓦』ＩＮＡＸ出版 一九八九

藤原勉・渡辺宏『和瓦のはなし』鹿島出版会 一九九〇

森郁夫『瓦』法政大学出版局 二〇〇一

山下晋司・船曳建夫編『文化人類学キーワード』有斐閣 一九九七

山本富士子『いのち燃やして――女優、妻、母として ただひたむきに』ワン・ツー・ワン・プロダクツ 二〇〇二

萬屋錦之助『わが人生 悔いなくおごりなく』東京新聞出版局 一九九五

やまだようこ編『人生を物語る――生成のライフストーリー』ミネルヴァ書房 二〇〇〇

人 名 索 引

ア 行

阿川典夫（あがわのりお）……………………………7
浅井和美（あさいかずみ）………………………… 659
浅井きみ（あさいきみ）…………………………… 659
浅井邦彦（あさいくにひこ）…………………281–282, 507–508, 585
浅井寿美正（仮名）（あさいすみまさ）………283–290
浅井ちよ（あさいちよ）…………………………… 552
浅井長之助（あさいちょうのすけ）………… 248, 250, 263–265, 269, 277–281, 508, 550–553, 637–639, 640, 643–650
浅井道夫（あさいみちお）………280–281, 552–553
浅井みとむ（あさいみとむ）……………………… 659
浅井頼代（あさいよりよ）………277–278, 282–283, 591, 651
石川要（いしかわかなめ）…………46–49, 655–656
石川清（いしかわきよし）…………………………49
石川武経（いしかわたけつね）…………………… 490
石川定次（いしかわていじ）…………………579–586
石川時春（いしかわときはる）………………… 42, 44
石川歳子（いしかわとしこ）……………………… 585
石川智昭（いしかわともあき）………………586–589
石川八郎（いしかわはちろう）………………… 40–41
石川英雄（いしかわひでお）…… 282, 413, 572–579
石川福太郎（いしかわふくたろう）……… 15, 27, 28
石川房江（いしかわふさえ）……………………… 370
石川ふさ子（いしかわふさこ）…………………… 212
石川兵次郎（兵頭）（いしかわへいじろう）….368–369
石川幸雄（いしかわゆきお）…………40, 41–43, 45
石川与三郎（いしかわよさぶろう）……………… 298
石川良雄（いしかわよしお）…………………… 40–41
石川与松（いしかわよまつ）…………………571–573
石川類次（いしかわるいじ）……… 38, 42, 173–174, 185, 209–220, 242–243, 511–515
市古朗（いちごあきら）…………………………… 324
市古吉太郎（いちごきちたろう）……………324–325
市古毅（いちごたけし）…………………………… 324
伊藤喜代春（いとうきよはる）…………………… 163
伊藤志づ（いとうしづ）…………………………… 140
伊藤末吉（いとうすえきち）…………………526–527
伊藤田平（いとうたへい）………………………… 336
伊藤豊寿（いとうとよかず）…………………545–546
伊藤豊作（いとうとよさく）………… 139–143, 162
伊藤秀樹（いとうひでき）……………………539–545
伊藤正男（いとうまさお）…………… 527–538, 541
伊藤用蔵（いとうようぞう）…………………135–138
伊藤善朗（いとうよしろう）………… 142–147, 162
岩瀬善四郎（いわせぜんしろう）……………………6
岩田源兵衛（いわたげんべい）……………………15
岩月悦二（いわつきえつじ）……………………… 296
岩月清（いわつききよし）……………………297–300
岩月キン（いわつききん）………………………… 310
岩月久美（いわつきくみ）……………………307–308
岩月孝一（いわつきこういち）…………………… 297
岩月新太郎（いわつきしんたろう）……………… 295
岩月仙太郎（いわつきせんたろう）…………… 15, 25, 247–248, 292–295
岩月貴（いわつきたかし）……………………300–303
岩月長十（いわつきちょうじゅう）……………… 293
岩月秀之（いわつきひでゆき）………………303–308
岩月光男（いわつきみつお）………… 297, 300–302, 305–306, 592–600
岩月実（いわつきみのる）……………………600–606

運慶（うんけい）……………………………………95

カ 行

快慶（かいけい）……………………………………95
梶川絢子（かじかわあやこ）…………………98, 109
梶川賢一（かじかわけんいち）……51–54, 55, 61–62, 110, 558
梶川賢司（かじかわけんじ）………………… 58–60
梶川俊一郎（かじかわしゅんいちろう）……… 76–106, 110–111
梶川務（かじかわつとむ）…… 15, 19, 50–51, 60–68, 71, 110, 147, 447–448
梶川初枝（かじかわはつえ）………………… 52–53
梶川百太郎（かじかわひゃくたろう）………… 15, 27, 50–51, 204
梶川守男（かじかわもりお）………………… 54–57
梶川亮治（かじかわりょうじ）……68–76, 78, 84–86, 106–135, 147, 237–241, 363–421, 447, 605
春日英紀（かすがひでき）…・39, 100–101, 464–480
片山幸一（かたやまこういち）………………… 413
加藤いち（かとういち）……………………… 324
加藤市郎右衛門（かとういちろうえもん）………… 326
加藤佐久次（かとうさくじ）………………… 490
加藤進（かとうすすむ）………………………… 4
加藤潮光（かとうちょうこう）…………54, 62–65, 110
加藤晴一（かとうはるいち）………322–326, 536–537
加藤元彦（かとうもとひこ）…………………323–324, 326–334, 436
兼子武雄（かねこたけお）…439, 483–498, 582–583
兼子長一（かねこちょういち）………………488–489
兼子稔（かねこみのる）……………………499–505
神谷愛子（かみやあいこ）…………………195–196
神谷昭正（かみやあきまさ）………………… 187, 194
神谷岩根（かみやいわね）…………………260–263
神谷栄一（かみやえいいち）…………………194–198
神谷栄吉（かみやえいきち）………… 248, 263–266, 290, 295
神谷勝義（かみやかつよし）…… 189, 250–252, 311
神谷喜之助（かみやきのすけ）………………… 195
神谷喜代一（かみやきよいち）…430–431, 509–510, 515–516
神谷金作（かみやきんさく）………187–189, 527–528
神谷源之丞（かみやげんのじょう）……………… 247
神谷等子（かみやしなこ）…………………… 585
神谷晋（かみやしん）…………………………29, 33–36
神谷慎介（かみやしんすけ）…………………… 272
神谷すま（かみやすま）………………………… 195
神谷仙太郎（かみやせんたろう）………………… 168
神谷知佳次（かみやちかじ）………………266–269, 552–553, 651
神谷長之助（かみやちょうのすけ）………… 248, 277, 290, 295
神谷豊国（かみやとよくに）…………………… 173
神谷直之（かみやなおゆき）………………187–188, 189–194, 528
神谷仲次郎（かみやなかじろう）…・27–29, 155–163, 483–488
神谷伸達（かみやのぶたつ）…………29, 30–33, 413
神谷花身（かみやはなみ）…………………… 265
神谷治之（かみやはるゆき）……188–189, 198–204
神谷春義（かみやはるよし）……… 15, 25, 247–250, 263–264, 295, 613–615
神谷彦七（かみやひこしち）…………………… 168
神谷英廣（かみやひでひろ）……269–272, 659–660
神谷博基（かみやひろもと）………………252–260
神谷正男（かみやまさお）…………………… 436
神谷政夫（かみやまさお）…………………528–539
神谷正司（かみやまさじ）…………………… 298
神谷正行（かみやまさゆき）………………518–520
神谷益生（かみやますお）…………………506–525
神谷道子（かみやみちこ）…………………… 188
神谷光治（かみやみつじ）…………………… 507

川角信夫（かわすみのぶお）……………… 609, 639
瓦大工吉重（かわらだいくよししげ）………………13
木村捷三郎（きむらしょうざぶろう）………………11
金原富士男（きんばらふじお）………………… 449
楠木正成（くすのきまさしげ）……………… 620, 622
楠木正行（くすのきまさつら）……………… 620, 622
グラッシー，ヘンリー（ぐらっしー，へんりー）… 3, 609
香淳皇后（こうじゅんこうごう）……… 640, 648–649
小林章男（こばやしあきお）…………11, 13, 19, 20, 112–113
小林留夫（こばやしとめお）…………………… 298
駒井鋼之助（こまいこうのすけ）……………… 6, 11
小松国男（こまつくにお）…………………………15
小矢喜太郎（こやきたろう）…………………… 154

サ　行

三枝惣太郎（さえぐさそうたろう）…………53–54, 64
坂田才一（さかたさいいち）…………………… 154
佐々木徳四郎（ささきとくしろう）……………… 298
篠田勝久（しのだかつひさ）………… 544, 547–559, 637–640, 658
篠田澄美江（しのだすみえ）…………………… 552
篠田裕子（しのだゆうこ）……………………… 559
杉浦五一（すぎうらごいち）…… 324, 347, 353, 358, 359–362, 364–366
杉浦作次郎（すぎうらさくじろう）…………309–312, 315–316, 595–596
杉浦佐馬義（すぎうらさまよし）……………273–275
杉浦庄之助（すぎうらしょうのすけ）…………617–624
杉浦伸（すぎうらしん）……………… 273, 275–277
杉浦節夫（すぎうらせつお）…………………317–319
杉浦曽根松（すぎうらそねまつ）……………612–615, 627–631, 634–636
杉浦達雄（白鳳）（すぎうらたつお）…………447–451
杉浦民一（すぎうらたみいち）…………29, 483–486
杉浦彦治（すぎうらひこじ）…………………624–634
杉浦彦蔵（すぎうらひこぞう）………………610–612
杉浦博男（すぎうらひろお）…………………312–316
杉浦広吉（すぎうらひろきち）………………… 420
杉浦福吉（すぎうらふくきち）………………… 298
杉浦由太郎（すぎうらよしたろう）……………… 273
杉浦義照（すぎうらよしてる）…· 173–194, 207–226, 438
杉浦義正（すぎうらよしまさ）………………615–617
鈴木一太郎（すずきいちたろう）……………… 391
鈴木かず（すずきかず）……………………409, 424
鈴木菊一（すずききくいち）…………………396–400
鈴木喜三郎（すずききさぶろう）…………153–154, 162–163
鈴木きよ（すずききよ）………………………… 410
鈴木清十（すずきせいじゅう）………………… 139
鈴木登志子（すずきとしこ）……640–641, 646–653
鈴木博（すずきひろし）……………………400–406
鈴木福松（すずきふくまつ）…………………391–396
鈴木やす（すずきやす）……………………409, 423
鈴木康之（すずきやすゆき）………… 640, 646–653, 653–658
関保寿（せきやすかず）……………………………65

タ　行

田島敬（たじまたかし）………………………… 490
橘の寿王三郎吉重（たちばなのじゅおうさぶろうよししげ）…………………………………………19
田中満（たなかみつる）………………………… 162
都築鎌三郎（つづきかまさぶろう）……………… 379
寺沢孝明（てらさわたかあき）……………………78
徳川吉宗（とくがわよしむね）………………10, 14

ナ　行

長坂末吉（ながさかすえきち）…· 15, 27, 36, 39, 40, 46–49

永坂杢兵衛（ながさかもくべい）……………113–115
長嶋茂雄（ながしましげお）……………………… 558
中村錦之助（なかむらきんのすけ）…………649–650
西村半兵衛（にしむらはんべい）……………………10
野々山萬作（ののやままんさく）…………… 392, 664
野村克也（のむらかつや）……………………… 558

ハ 行

萩原明（はぎわらあきら）………336–337, 341–342, 343–345
萩原栄太郎（はぎわらえいたろう）…………336–337
萩原清市（はぎわらきよいち）………………337–341
萩原慶二（はぎわらけいじ）…………………345–352
萩原尚（はぎわらひさし）……………………353–371
橋爪英雄（はしづめひでお）…………………… 190
服部秋彦（はっとりあきひこ）……100–101, 382–387
服部勝次郎（はっとりかつじろう）………………… 374
服部十太郎（はっとりじゅうたろう）…………373–378
服部末男（はっとりすえお）…………………378–382
日栄富夫（ひえいとみお）……………………226–246
深谷定男（ふかやさだお）…255–256, 290, 489–496
福井謙一（ふくいけんいち）…… 36, 37–40, 42, 47, 174, 185, 468–480
福井眞二（ふくいしんじ）……36–37, 39, 46–47, 49
福井八蔵（ふくいはちぞう）………………………15
福井優子（ふくいゆうこ）……………………467–468
福山すすむ（ふくやますすむ）………………… 371
藤浦長実（ふじうらおさみ）…………………411–424
藤浦五郎（ふじうらごろう）…………………408–412
藤浦郷乃（ふじうらさとの）………………… 411, 423
藤浦勉三（ふじうらべんぞう）………………… 410
藤浦理子（ふじうらみちこ）…………………… 409
藤沢一夫（ふじさわかずお）………………………11

マ 行

前田伸治（まえだしんじ）……………………… 117
松村久（まつむらひさし）……………………… 639
宮本恭志（みやもとやすし）…………………559–570
森五郎作（もりごろうさく）………… 620, 641–646, 646–653
森千代吉（もりちよきち）……………………… 642

ヤ 行

柳沢シズエ（やなぎさわしずえ）……………156–157
柳沢昭二郎（やなぎさわしょうじろう）………150–159
柳沢利巳（やなぎさわとしみ）………………159–161
矢野静夫（やのしずお）………………………… 298
山下明治（やましたあけじ）…………………… 430
山下敦（やましたあつし）………100–101, 433–459, 497–498
山下こう（やましたこう）……………………… 430
山下久男（やましたひさお）…………………430–433
山下美知子（やましたみちこ）………………431–433
山本吉兵衛（やまもときちべい）……15, 25, 26, 51, 166, 168–169, 175, 177, 204–205
山本源太郎（やまもとげんたろう）……………… 166
山本佐市（やまもとさいち）………… 166–171, 187
山本定子（やまもとさだこ）………………… 298, 301
山本種次（やまもとたねじ）……231–236, 437–439
山本成市（やまもとなるいち）…………49, 171–172, 175–176
山本信彦（やまもとのぶひこ）…· 167, 176–185, 323
山本福光（やまもとふくみつ）…… 38, 49, 166–167, 171–175, 176, 210, 510
山本富士子（やまもとふじこ）…………… 554, 639, 648–649, 658
山本よし（やまもとよし）……………………… 171

ラ 行

劉婉悦（リュウワンユエ）……………………620–621

事 項 索 引

ア 行

カ 行

サ　行

タ　行

ナ 行

ハ 行

マ　行

ヤ　行

ラ　行

ワ 行

【著者紹介】

高原　隆（たかはら　たかし）

1955年　山口県徳山市（現周南市）生まれ
1995年　米国・インディアナ大学大学院ブルーミングトン校卒業 PhD
現　在　愛知大学国際コミュニケーション学部比較文化学科教授
主要論文＝“The Visible City and the Invisible City: Toward a Postmodern Folklore of Place” 1995. 6. 博士論文
著　書＝『鬼板師──日本の景観を創る人々』あるむ2010
研究分野＝アメリカン・フォークロア、人類学、記号論
研究テーマ＝アメリカにいた時は主に「人間のアイデンティティと身体と場所」の関係について調査・研究をしてきた。日本に帰ってきてからは、それから派生した研究を始め、「鬼師の世界」と「日本の陶彫」の研究を並行してきて18年余になる。
研究方法＝ヘンリー・グラッシー教授（インディアナ大学フォークロア研究所）とともに二人で、日本の各地でおこなったフィールドワーク体験が基礎になっている。

鬼師の世界

2017年11月26日　第1刷発行

著者＝高 原　隆©

発行＝株式会社 あるむ
〒460-0012 名古屋市中区千代田3-1-12　第三記念橋ビル
Tel. 052-332-0861　Fax. 052-332-0862
http://www.arm-p.co.jp　E-mail: arm@a.email.ne.jp

印刷＝興和印刷　製本＝渋谷文泉閣

ISBN978-4-86333-131-0　C3039